VOLKSWAGEN BEETLE & KARMANN GHIA

VW ビートル & カルマン・ギア 1954〜1979

メンテナンス & リペア・マニュアル

MIKI PRESS
三樹書房

はじめに

この"メンテナンス＆リペア・マニュアル"は、自分の愛車をできるだけ自分の手でベストコンディションに保とうとするオーナーのために特別に書かれたものです。本書は、主に自動車のメンテナンス関連を中心に広く出版活動を続けているイギリス／アメリカの出版社、ヘインズ社より発行された原書（英語版）を日本語に翻訳したものです。

本書の構成

本書のメインパートは章立てで構成され、各章は車両を構成するそれぞれの"系統"別になっています。各章は、セクション（節）に分けられ、そのセクションには番号が付いています。さらに各セクションは、パラグラフ（段落）に分かれ、これにも番号が付いています。特に細かい作業を必要とする所では、写真あるいは図が添付され、それらには該当するセクションとパラグラフを表わす番号（例：5.1＝セクション5のパラグラフ1）と共に説明が加えられています。

巻頭には全体の目次があり、各章の最初のページには、その章のセクションの目次が、そして巻末には50音順の索引を設けています。

特に注意がない限りは、ナットやボルトは、反時計回りで緩め、時計回りで締め付けを行ないます。また同様に特に断わりがない限り、文中での「右」「左」は、車の前進時の進行方向に向かっての方向を言います。

本書は、基本的に1954年から1979年までに生産された全てのビートルおよびカルマン・ギアをカバーしていますが、年式やモデル、仕向地などによる仕様の違いは無数にあり、具体的な年式やモデルを全て記述して説明するのは非常に困難です。そのため、大まかに前期モデル（タイプ）あるいは後期モデル（タイプ）という形で表現している場合もあります。したがって、事前の知識や本書の説明によって、自分の車がどのモデル（タイプ）に該当するか判断して下さい。

「1975年以降のモデル」と言った場合、1975年を含みます。
「1975年以前のモデル」と言った場合、1975年を含みます。

また本書は、基本的にアメリカおよびヨーロッパ仕様の車両をベースに書かれたもので、説明の一部が日本仕様車とは異なる場合があります。

特記事項について

本文中には以下のような特記事項があります。

備考：
作業を適切に行なうためのアドバイスや、理解を促すための補足事項など。

注意：
作業を行なう時に特に注意すべき事項や、特別な手順や要領。ここに記された事項に注意しないと、車や部品が損傷することがあります。

警告：
作業を行なう時に絶対に守らなければならない安全のための注意事項や、特別な手順や要領。ここに記された事項を守らないと、車や部品が損傷するだけでなく、人間が怪我をしたり、最悪の場合には死に至る恐れがあります。

用語について

日本で使われている自動車用語は、ほとんどが英語の読みをカタカナで表記したものです。しかし、その"英語"にもアメリカ式とイギリス式があり、両者が混用されているのが現状です。また、日本人のメカニックしか使わない和製英語や造語、俗称も多数あります。

全くの素人、少しは整備経験がある人、プロメカニック、それぞれの今までの知識と経験により、同じ部品を異なる名前で呼ぶこともあります。プロメカニックでも整備する車の車種やジャンルが違うと、やはり同じ部品を異なる名前で呼ぶことがあります。したがって、名前だけではその部品を明確に特定できない場合もあります。

本書では、できるだけ一般の人がわかると思われる名称の使用と統一を心がけています（ここで言う一般の人とは、ある程度以上の知識と経験がある人を指します）。ただし、ある特定の部品を明確に表現するために、あえて聞き慣れない名称（俗称）や、プロの専門用語、業界用語を使っている場合もあります。

「異音同意語」の例：
オイルストレーナー＝オイルフィルター。　オイルパン＝オイルサンプ。
ケーブルガイドチューブ＝ボーデンケーブル＝アウターケーブル。
コンロッド＝コネクティングロッド。ストレーナーカバー＝オイルドレンプレート。
スロットル＝アクセル。　　　　　　　バルクヘッド＝ファイヤーウォール。
バルブコッター＝バルブキーパー。　　バルブリフター＝タペット。
ハンドブレーキ＝サイドブレーキ＝パーキングブレーキ。
ピストンピン＝リストピン。　　　　　ブレーキランプ＝ストップランプ。
ロッカーカバー＝ヘッドカバー＝バルブカバー。
軸方向の遊び＝スラストすき間＝エンドプレイ。
半月キー＝ウッドラフキー。

本書で使用の単位について

新計量法の施行に伴い、国際単位系（SI単位）を使うことになっていますが（自動車の整備に関係があるところではトルクや圧力）、本書ではまだ現場で広く使われ、馴染みのある旧単位を使用しています。トルクレンチや圧力計（タイヤのエアゲージなど）がSI単位表示の場合は、必要に応じて、0-12ページの換算表を参照して、換算して下さい。

	旧単位	SI単位
・トルク	kg-m	N-m
・圧力	kg/cm²	kPa

写真・イラストについて

この日本語版は、基本的に英語版と同じ写真・イラストの原版を用いて、イギリスにて印刷したものですが、英語版作成時にヘインズ社がVW社の純正マニュアルから転載した写真・イラスト・配線図は（すでに原版の段階から）一部不鮮明なものがあります。ご了承下さい。

ご注意

本書の内容が正確であるよう最大限の努力を払っていますが、万が一、本書の内容に誤りや情報不足があった場合、またそれに起因していかなる事故、死傷、損害等が発生した場合も、本書の制作に携わった著者、訳者、監修者、編集者、発行者、出版社、販売者等はその責任を一切負いません。読者及び作業者が自分自身の責任において、充分に注意して作業を行なって下さい。

VW Beetle & Karmann Ghia Automotive Repair Manual 1954 thru 1979 All models
Copyright © Haynes Publishing Group 1991
Japanese translation rights arranged with J.H. Haynes Company Ltd.
through Japan UNI Agency, Inc., Tokyo.

All rights reserved. No part of this book may be reproduced or transmitted
in any form or by any means, electronic or mechanical, including photocopying, recording or by any
information storage or retrieval system, without permission in writing from the copyright holder.

目次

はじめに	0-2
モデルの概要	0-5
シャシー番号	0-5
作業上のアドバイス	0-6
工具	0-7
ジャッキアップとけん引	0-9
ジャンピング(他車のバッテリーを借りて行なうエンジン始動)	0-10
安全に関する注意事項	0-11
換算表	0-13
故障診断	0-13

第1章	定期メンテナンス	1
第2章	エンジン脱着／オーバーホール	2
第3章	冷却／暖房系統	3
第4章	燃料／排気系統	4
第5章	エンジン電装系統	5
第6章	排出ガス浄化装置	6
第7A章	マニュアル・トランスミッション	7A
第7B章	セミオートマチック・トランスミッション	7B
第8章	クラッチ／ドライブトレーン	8
第9章	ブレーキ系統	9
第10章	サスペンション／ステアリング	10
第11章	ボディ	11
第12章	ボディ電装系統／配線図	12
索引		索引

1967年型 VW ビートル

1974年型 VW スーパービートル

モデルの概要

本書が対象とする車両は、設計上は大変よく似ている。カルマンギアは、まったく違うモデルのように見えるが、プラットホームと基本構成部品は共通である。

これらのモデルで使われている水平対向式4気筒エンジンの燃料系統には、キャブレターか電子制御式インジェクション（燃料噴射）が採用されている（「インジェクション車」）。点火系統は、全てのモデルについて、ポイント式が用いられている。

エンジンは、4速マニュアルまたは3速セミオートマチックトランスミッション（スポルトマチック）を介して後輪を駆動する。前期のモデルには、車軸自体がサスペンションの一部として応力を支持するスイングアクスル式リアサスペンションが使われている（「スイングアクスル車」）。

それに対して、後期のモデルの場合、ドライブシャフトは後輪に動力を伝達するだけである。このドライブシャフトは内側と外側の両方にCVジョイントを持つ（「ダブルジョイント車」）。

フロントについては、ほとんどのモデルが、トーションバー、トレーリングアームおよびテレスコピック式ショックアブソーバーから構成される独立式サスペンションを採用する（「トーションバーモデル」）。

1971年のスーパービートル以来、一部のモデルには、マクファーソンストラット式フロントサスペンションが採用されている（1975年以降については、全車このタイプのフロントサスペンションを採用）（「マクファーソンストラットモデル」）。

ステアリングは、ほとんどのモデルにおいてウォーム＆ローラー式で、ステアリングギアボックスはフロントアクスルビームに取り付けられている。ただし、後期モデルには、ラック＆ピニオンタイプのステアリングが使われている。

リアサスペンションは、全てのモデルにおいてトーションバータイプであるが、スイングアクスル車とダブルジョイント車では若干構造が異なっている（詳細は第8章を参照）。リアサスペンションにはテレスコピック式ショックアブソーバーが使われている。

ブレーキは前期モデルは4輪ともドラムブレーキであるが、後期モデルの一部には、前輪にディスクブレーキが採用されている。

シャシー番号

クランクケースの、ダイナモ台座のすぐ下の部分に打刻されたエンジン番号。（その上に見える"Zündfolge"は点火順序）

車両製造時の設計変更は頻繁に行なわれるものであるため公表されていない。パーツリストはシャシー（車台）番号を基準に編集されているため、修理のための部品を注文する際には、シャシー番号が必要となる。

シャシー番号

シャシー番号はリアシート下のフレームトンネル部と、トランクルーム内、スペアタイヤの裏側にある車両識別プレートに打刻されている。また、車検証にも記載されている。

エンジン番号

エンジン番号はクランクケースの、ダイナモ台座のすぐ下の部分に打刻されている（写真参照）。

エンジン番号の頭のコードは年式によって異なる。詳細については第2章を参照。

作業上のアドバイス

車体とその構成部品類をメンテナンス、リペア、オーバーホールする際は、必ず以下の手順や指示を守ること。これは作業を効率的に行なうため、また作業水準を高めるためのガイドである。

接合面とガスケット

2つの部品を接合面で分割するときは、マイナスドライバーや同様な工具を接合面に差し込んでこじって外そうとしてはいけない。もし誤って接合面を損傷してしまうと、組み立てた後にオイルなどが漏れる恐れがある。接合した2つの部品を分割するには、接合面に沿ってプラスチックハンマー等で叩いて衝撃を与えて外す。但し、この方法は接合部に位置決めのドエルピン（ダボ）が使われている場合には適さない。

2つの部品の接合面にガスケットが使用されている場合は、組立時に必ず新しいガスケットを使用すること。また作業手順に特に指示されていない限りは、必ずガスケットを乾いた状態で（＝何も付けないで）取り付ける。接合面がきれいで乾いていて、古いガスケットのかすが完全に取り除かれていることを確認する。接合面を清掃する場合は、表面を傷つけたり損傷したりしない工具を使用し、バリや傷がある場合はオイル砥石、目の細かいヤスリで取り除く。

ネジ穴などは細長いブラシなどを通して清掃し、ネジロック剤のかすなどは、特に指示のない限りきれいに取り除く。

穴、通路、パイプなどはすべて詰まりがないようにきれいに清掃し、できれば圧搾エアを吹いて中のゴミなどを取り除く。

オイルシール

オイルシールは、幅の広いマイナスドライバーや同様な工具を使って、コジって取り外す。あるいは、タッピング・ネジをねじ込んで、プライヤーなどを使ってそれを引っ張って取り外してもよい。

オイルシールは、単体あるいはアッセンブリーで取り外した場合でも、必ず新品に交換しなければならない。

リップ部が非常に薄く加工されているシールは損傷しやすく、それが接触する側の部品の表面が完全にきれいでないとダメで、もし傷や溝などがあると簡単に損傷してしまい、シール性が損なわれてしまう。このような場合、その部品の傷等を修正できなく、また位置を変えることが許されない場合は、その部品を交換しなければならない。

シールのリップ部は、取付時に損傷を与える可能性のある部分から保護しておく。可能であれば、ビニールテープなどを巻き付ける。シールのリップ部を取付前にオイルで潤滑し、二重リップのシールの場合、2つのリップ間にあいたすき間にグリスを詰めておくとよい。

特に指示がなければ、シール類はリップ部をシールされる潤滑油等の側に向けて取り付ける。

シールの取り付けには、パイプ状のドリフト（打ち込みのための工具）や、適切なサイズのソケットレンチのコマや木片をあてがって打ち込み、シールの取付穴に段差がついている場合は、シールをその段差に接するまで打ち込む。シール取付穴に段差がない場合は、シールの上面が取付穴の上面とぴったり揃うようにする（特に指示がない限り）。

ネジ穴とボルト、ナット類

ネジやボルト、ナットが固着して緩まないのは、たいていネジ穴やネジ山が錆びついているからである。その場合、高浸透性の潤滑剤スプレー（CRC-556など）を吹き付けて、しばらく浸透を待ってから、緩めてみる。インパクトドライバーあるいはインパクトソケットを使うと、緩む場合がある。ナットやボルトであれば、ポンチやタガネとハンマーを使って、緩める方向に叩くのも1つの方法である。

スタッドボルトの取り外しには、通常、ネジ山の部分にナットを2つ取り付けて、下側のナットを上側のナットで固定し（＝ダブルナットをかける）、下側のナットにスパナをかけてスタッドボルトを緩めて外す。あるいは、それ専門のスタッド・エキストラクターを使用する。ねじ切れたり折れたりして、ネジ穴の中に残ってしまったスタッドやボルトには、スクリュー・エキストラクターを使う。

ボルト、スタッドを取り付ける際は、その前にネジ穴からオイル、グリス、水、その他の液体が完全に取り除かれていることを確認する。これらが残っていると、ボルト、スタッドをねじ込んだ時に、最悪の場合、油圧の働きで本体にひびが入ることがある。

割りピンを入れるために溝付きナットを締め付ける場合、規定のある場合はナットをその締付トルクまで締め付けてから、次の割ピン穴に合うようにさらに締め付ける。特に指示がない限り、絶対にナットを手前の割ピン穴に合わせるために緩めてはいけない。

ナットやボルトを規定の締付トルクまで締め付けられているかチェックする、あるいは締め付け直す場合、いったんボルトやナットを1/4回転だけ緩めてから、規定トルクまで締め付ける。

合いマーク

接合している2つの部品を分割し、あとでそれを元通りに取り付けるような場合は、その位置が分かるように2つの部品の合わせ目に合いマークを付けてから取り外す。状況に応じて、ケガキ針でけがく、あるいはタッチアップペイント等で線を引くなどの方法を使う。

ロックナット、ロックワッシャー

相手の部品やハウジングに対して回して取り付けるボルトやナットには、その部品やハウジングとボルトやナットの間に必ずワッシャーを入れなければならない。

スプリングワッシャーはビッグエンドベアリングキャップ固定ナットやボルト等の重要な部品を固定する場合は必ず新品に交換する。

ナット、ボルトを固定するため、折り曲げて使用するロックワッシャーは必ず新品に交換する。

セルフロッキング・ナットも、長期間使用すると締付力が失われてくるので、新品に交換する。

のが望ましい。

割ピンは、穴に合った正しいサイズの新品に必ず交換する。

ネジ山にネジロック剤が塗布されていた場合は、ワイヤーブラシと溶剤等を使ってそれを全て取り除いてきれいにしてから、取付時に新しいネジロック剤を塗布して使用する。

特殊工具、専用工具

本マニュアルの整備手順には、油圧プレス、2本爪または3本爪の汎用プーラー、バルブスプリング・コンプレッサーなど特殊工具や、VWの専用工具が必要な場合がある。できる限り特殊工具や専用工具を使わない一般的な作業方法を記しているが、他に方法のない場合は特殊工具や専用工具を使用するしかない。これは安全、また効率の良い作業をするためには必要なことである。作業者が高度なテクニックの持ち主で、作業手順を完全に理解している場合以外は、特殊工具や専用工具の使用が指定されている箇所に他の方法を使ってはいけない。怪我をする危険があるばかりでなく、関連部品に損傷を与え、大きな出費となることがある。

環境への配慮

抜き取ったエンジンオイル、ブレーキフルードなどは、環境を汚染しないように適切な方法で処理すること。特に廃油は新しいオイルを購入した店にひきとってもらうか、近くのガソリンスタンド等に頼んでその処理を依頼すること。

グリス等の種類

グリスは含まれている成分や添加物、機能、あるいは使用目的によって分類することができる。そのため、同じようなグリスでも様々な名称で呼ばれている。したがって、本書で説明している名称とは違っても、それぞれの部位や目的に合った適切なグリスを使用すれば良い。

成分や添加物別の例
・モリブデングリス
・リチウムグリス
・シリコングリス
・グラファイトグリス

機能別の例
・高温（耐熱性）グリス
・耐水性グリス
・耐ゴム性グリス
・鳴き防止グリス
・焼き付き防止グリス（ボルトやナットのコジリ防止用）

使用目的別の例
・シャシーグリス
・ベアリンググリス
・クラッチグリス
・CV ジョイントグリス
・ラバーグリス
・ブレーキグリス
・ディスクパッドグリス
・組立用潤滑剤（ASSEMBLY LUBEなどという商品名で市販されている。モリブデンを含有しバルブ系などに使用すると効果がある）

工具

はじめに

　良質の工具を選ぶことは、自動車のメンテナンスやリペアを行なう人にとって基本的な条件である。但し、まだ何も持っていないオーナーが全て買い揃えようとすると、一時的に大変な出費となり、D.I.Y.で浮く金額よりも多くなってしまう。しかし、もし購入した工具が安全基準を満たしていて、品質の優れたものであれば、長年の使用にも耐えるので、いずれそれだけの投資に見合うはずである。

　本マニュアルに説明した様々な作業を行なうにあたって、一般の平均的なオーナーがどんな工具を揃えれば良いか、3種類に分けてリストアップした。

　初心者は、「メンテナンス及び簡単なリペア用工具セット」を参考にして、まず簡単な作業から始めてほしい。そして、自信と経験が増すにしたがって、徐々に難しい作業にトライし、また必要に応じて「リペア及びオーバーホール用工具セット」に含まれる工具を買い足していけばよい。そうする内に、一度に大きな出費をしなくても、いつの間にかそれらの工具が揃っているはずである。初めから無理に全てを揃えても、使わなければ意味がない。

　経験豊富なホームメカニックで「リペア及びオーバーホール用工具セット」がほとんど揃っている人は、必要に応じて「特殊工具」の中から、価格に納得できるものを買い足していけばよい。

　工具について、全てをここで説明することは到底できない。もっと詳しく知りたい人には、工具の選び方、使い方に関する本が多数出ているので、そちらを参照されたい。

「メンテナンス及び簡単なリペア用工具セット」

　このリストにある工具は日常のメンテナンスと簡単な修理を行なう際に、最低限必要と思われるものである。

- ☐ コンビネーションレンチ（片方がスパナ、片方がメガネレンチになっている）：（8～21mm）
- ☐ モンキーレンチ（最大幅35mmくらいのもの）
- ☐ ヘキサゴン（六角）レンチ
- ☐ スパークプラグレンチ
- ☐ プラグギャップゲージ
- ☐ シックネスゲージ
- ☐ マイナスドライバー（中）
- ☐ プラスドライバー（中）
- ☐ プラスチックハンマー
- ☐ プライヤー
- ☐ ニッパー
- ☐ エアポンプ
- ☐ エアゲージ
- ☐ オイル差し
- ☐ 布ヤスリ
- ☐ ワイヤーブラシ（小）
- ☐ ジョウゴ、オイルジョッキ
- ☐ オイル受け皿
- ☐ 検電テスター（テストランプ）

「リペア及びオーバーホール用工具セット」

　以下に示す工具は、大がかりなリペアやオーバーホールにあたって必要になるもので、前述の「メンテナンス及びリペア用工具セット」を補足するものである。いずれも比較的高価であるが、大変に便利なものである。特に各種サイズのソケットレンチがあると、万全である。

- ☐ ソケットレンチ（サイズは前記リストと同様）
- ☐ スピンナーハンドル（ソケット用）
- ☐ ラチェットハンドル（ソケット用）短、長
- ☐ エクステンションバー（ソケット用）
- ☐ ユニバーサルジョイント（ソケット用）
- ☐ ヘキサゴンレンチ（ソケット用）
- ☐ トルクレンチ
- ☐ ロッキングプライヤー（"バイスグリップ"）
- ☐ ウォーターポンプ・プライヤー
- ☐ フレアナット・レンチ
- ☐ スチールハンマー
- ☐ マイナスドライバー（大）
- ☐ マイナスドライバー（小）
- ☐ プラスドライバー（大）
- ☐ プラスドライバー（電気用、小）
- ☐ ラジオペンチ
- ☐ 電工ペンチ（圧着プライヤー）
- ☐ サークリップ（スナップリング）プライヤー（内側用、外側用、各種サイズ）
- ☐ グリスガン
- ☐ ケガキ針
- ☐ スクレーパー
- ☐ センターポンチ
- ☐ ピンポンチ
- ☐ ドリフト（打ち抜き工具）
- ☐ タガネ
- ☐ 金ノコ
- ☐ 万力
- ☐ ヤスリのセット
- ☐ オイル砥石
- ☐ ワイヤーブラシ（大）
- ☐ フロア（ガレージ）ジャッキ
- ☐ リジッドラック（ウマ）4脚
- ☐ 輪止め
- ☐ サーキットテスター
- ☐ ノギス
- ☐ ストレートエッジ（スチール製直定規）
- ☐ バッテリー充電器
- ☐ バッテリー比重計
- ☐ ギアオイル注入ポンプ
- ☐ 17mmの六角レンチ（トランスミッションドレンボルト用）
- ☐ トルクスレンチ
- ☐ 作業灯

特殊工具

　このリストの工具は通常使う機会の少ない特殊なものであり、また非常に高価である。頻繁に高度な作業をするのでなければ、これらを全て購入するのは経済的ではない。もし必要があれば、友人やクラブ単位で協同で購入するのが、よいだろう。

- ☐ バルブスプリング・コンプレッサー
- ☐ ピストンリング・コンプレッサー（ビートル専用）
- ☐ ピストンリング脱着器具
- ☐ ボールジョイント・セパレーター（タイロッドエンド・プーラー）
- ☐ 各種プーラー（汎用およびビートル専用：クランクプーリー、クランクシャフトギア、ディストリビューター、オイルポンプなどの取り外しに必要）
- ☐ クラッチディスク・センター出し工具（ビートル専用）
- ☐ インパクトドライバー
- ☐ インパクトレンチ
- ☐ マイクロメーター
- ☐ ダイヤルゲージ
- ☐ ストロボ式タイミングライト
- ☐ ドエルテスター／タコテスター
- ☐ コンプレッションゲージ
- ☐ ブッシュ／ベアリング脱着器具
- ☐ 電動ドリルとドリル刃のセット
- ☐ スタッド・エキストラクター
- ☐ スクリュー・エキストラクター
- ☐ タップとダイスのセット
- ☐ エンジンスタンド
- ☐ 油圧プレス

工具の購入

　購入に際しては工具専門店がベストである。専門店では自動車用品店に比べて幅広い品ぞろえをしている。

　ホームセンターやディスカウントストアなどで手頃な価格の工具が売られているが、安全基準を満たした良質な工具を購入するようにする。

工具の手入れ

　工具は常にきれいにしておく。使用後は、しまう前にウエスを使って、ホコリやオイル／グリス、金属粉などを拭き取る。使用後、そのまま散らかし放しにしてはいけない。ドライバーやプライヤーは、ラックを使ってガレージの壁に掛けておくとよい。その他のスパナやソケットレンチは金属製の工具箱に収納する。測定機器やゲージ等は傷がついたり、錆びついたりしない場所に収納しておく。

作業場所

　工具と共に忘れてはならないのが、作業場所である。もし日常点検以上の作業をするのであれば、何らかの作業場が不可欠である。ホームメカニックが、エンジンやその他の部品を、ガレージや作業場以外の場所で取り外しを行なうなら、必ず屋根が必要である。

　可能な限り、分解作業はきれいで平らな作業台かテーブルで、適切な作業高さで行なうこと。

　作業台には万力が必需品である。開口部が100mmあればたいていの作業がこなせる。すでに説明したように、作業に必要となる工具、潤滑剤、洗浄液、タッチアップペイントなどが収納できる、清潔で乾燥したスペースも必要である。

　そのほか、作業場をきれいに保つため、古新聞や、糸クズの出ないウエスをたくさん用意しておく。

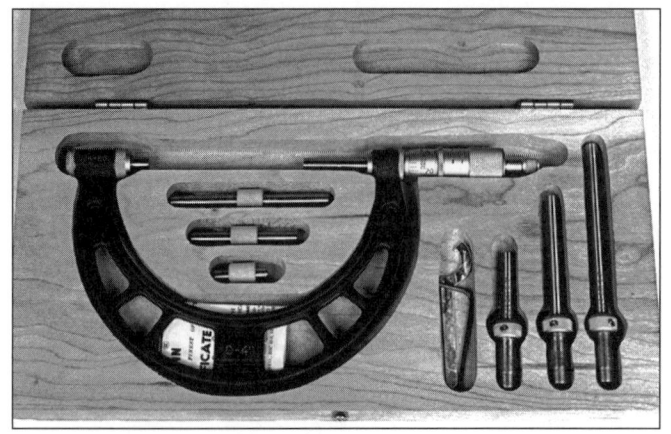
マイクロメーターセット

ダイアルゲージセット

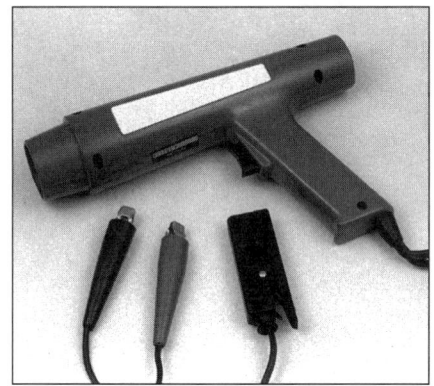
タイミングライト

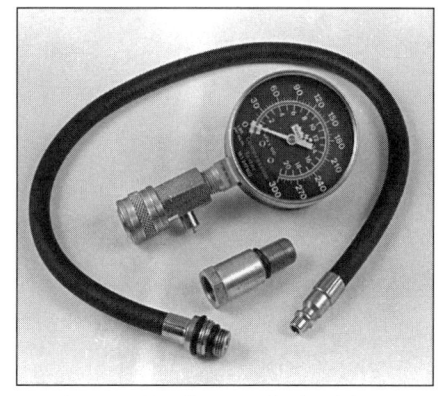
コンプレッションゲージ（スパークプラグアダプター付き）

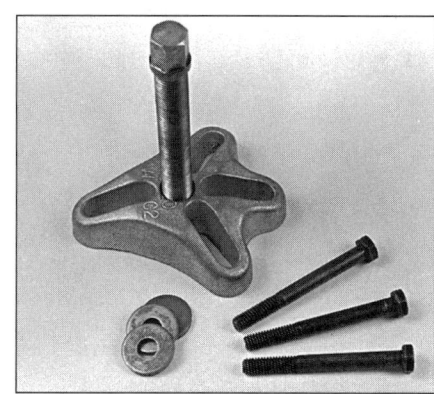
ステアリングホイールプーラー

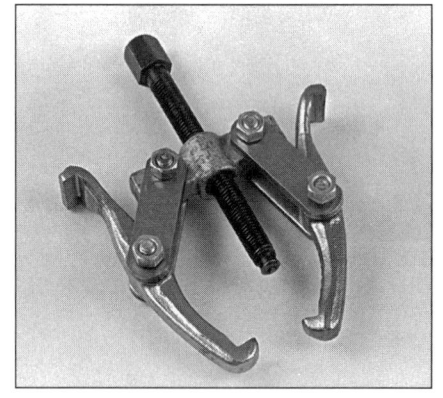
汎用プーラー（2本爪）

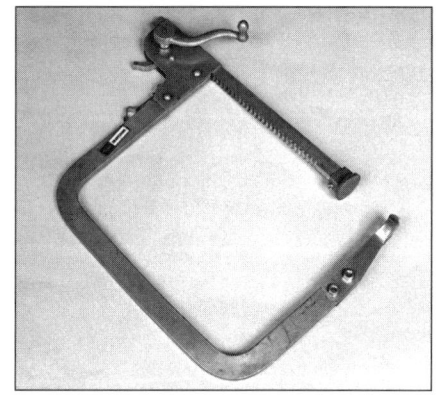
バルブスプリングコンプレッサー

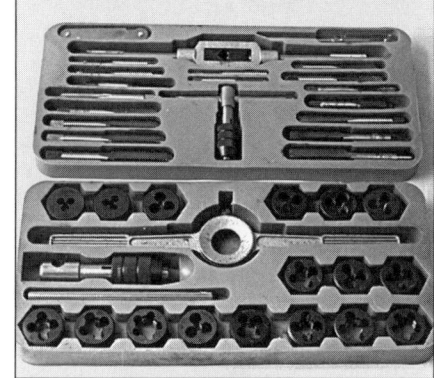
タップ＆ダイス・セット

ジャッキアップとけん引

ジャッキアップ

警告：車載のジャッキは、タイヤ交換の際、およびリジッドラックをかけるときまでの作業にのみ使用すること。リジッドラック（ウマ）を使わず**ジャッキだけで車を上げた状態で、車の下にもぐっての作業は絶対にしないこと。**
また、たとえリジッドラックで支持している状態でも、エンジンを始動したり、締付トルクの大きいボルトやナットを緩めたり締め付けたり、ドアの開閉や車内への出入りを伴う作業は厳重な注意を払って行なうこと。**万一、車がリジッドラックから外れて作業者の上に車が落ちれば、作業者が死傷する恐れがある。**
フロアジャッキやリジッドラックは製品の取り扱い説明、注意事項等を良く読んで正しく使用すること。
注意：ジャッキアップした状態でドアを開けるとボディが歪むことがある。

タイヤ交換時

警告：パンクのため路肩でタイヤ交換を行なう際は、他の交通から離れた安全な場所に停車して、常に周囲に注意を払いながら作業すること。必要に応じて、発煙筒や三角停止表示板を使用して、後続車に注意を促すこと。

車は平坦で、安全なところに停めること。シフトレバーをリバース位置にする。ハンドブレーキを引く。フロントフードを開けて、スペアタイヤと工具を取り出す。持ち上げない側のタイヤの前後に輪止めをする。車載工具のプーラーを使って、ホイールキャップを取り外す（装着車）。ホイールボルトを緩める。ただし、まだ取り外さないこと（1回転半も回せば充分である）。
ジャッキのアームをサイドシル下のジャッキサポートに差し込む。ホイールボルトレンチのバーをジャッキの上側の穴に差し込み、レバーを上下に動かして、車体を持ち上げる。ジャッキの下の地面が柔らかい場合は、ジャッキの下に木の板を敷いておくと良い。ブロックや石などは、車両の重みで砕ける恐れがあるので決して使用しないこと。
車輪が地面から離れるまでジャッキを操作する。車輪を支えて、ホイールボルトを取り外して、車輪を取り外す。
スペアタイヤを取り付けて、ホイールボルトを取り付け、ボルトがきつくなる程度まで締める。車を下ろすまではいっぱいまで締め付けないこと。いっぱいまで締め付けようとすると、ジャッキが外れる恐れがあり危険である。
ジャッキの下側の穴にホイールボルトレンチのバーを差し込んで、レバーを上下に動かして車を下ろす。ジャッキを取り外して、各ホイールボルトを対角線上に締め付ける。輪止めを外す。できるだけすみやかにトルクレンチを使って正規の締付トルクで締め付ける。

整備作業時

フロント：整備のために車の前部を持ち上げる場合は、前述の手順に従って車の片側を持ち上げてから、トーションバーモデルはフロントアクスルビーム（トーションバーチューブ）の下（図参照）、ストラットモデルはコントロールアーム後方のボディクロスメンバーの下にリジッドラックを置く。ジャッキを操作してリジッドラックの上に慎重に車を下ろす。上記の部分がリジッドラックの上に確実に載るように、必要に応じてリジッドラックの位置を微調整する。確実に支持されたことを確認する。もう片側も同じ手順で作業する。
フロアジャッキ（ガレージジャッキ）を使用する場合は、後輪に輪止めをして、ジャッキを車の前方から差し入れて、フレームヘッドの中央部分を持ち上げる。

リア：整備のために車の後部を持ち上げる場合は、前述の手順に従って車の片側を持ち上げてから、リアトーションハウジング（トーションバーチューブ）の下にリジッドラックを置く。ジャッキを操作してリジッドラックの上に慎重に車を下ろす。上記の部分がリジッドラックの上に確実に載るように、必要に応じてリジッドラックの位置を微調整する。確実に支持されたことを確認する。もう片側も同じ手順で作業する。
フロアジャッキを使用する場合は、前輪に輪止めをして、ジャッキを車の後方から差し入れ、トランスミッションの下に、フレームフォークにまたがる形で強固な木の板を当てて、持ち上げる。

けん引

故障等で自走できなくなった場合は、レッカー車によって後輪を地面から離した状態でけん引してもらうべきである（アーム装置で吊り上げるか、後輪をドーリーに載せる）。
四輪とも接地した状態で、ロープ等により他車からけん引してもらうことも可能ではあるが、長い距離や高速走行は勧められない。ロープ等によりけん引してもらわなければならない場合は、必ずシフトレバーをニュートラル位置にして、イグニッションキーをON位置にして、ステアリングロックを解除し、ウィンカーやブレーキランプが点灯するようにする。けん引してもらうときは安全に充分注意するとともに、道交法上の規則に従うこと。

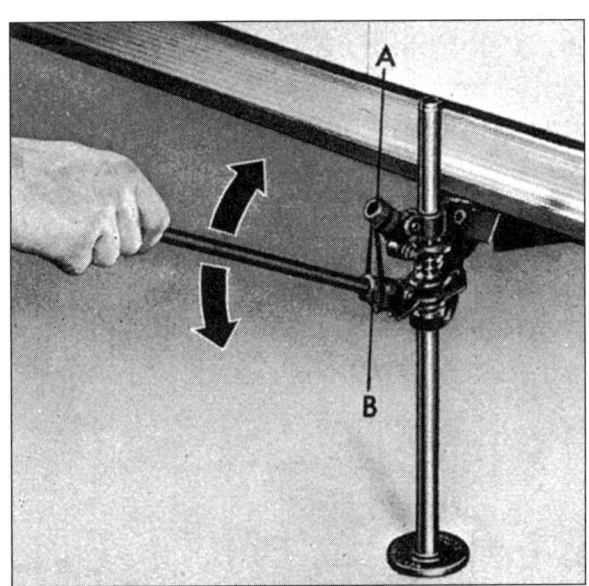

ジャッキをサイドシルの後部付近のジャッキサポートに挿入する。車を持ち上げるときはバーをA（上側）に、下げるときはB（下側）に挿入する

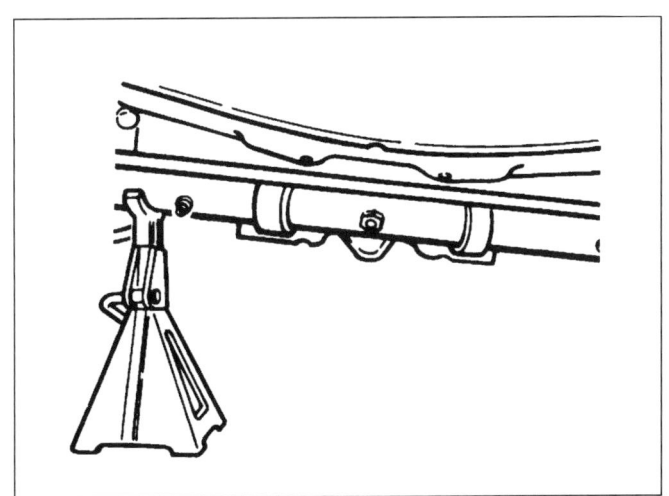

フロントサスペンションがトーションバータイプの車の場合は、フロントアクスルビーム（トーションバーチューブ）の下にリジッドラックをかける（この図は左側にかけたところ）

ジャンピング：他車のバッテリーを借りて行なうエンジン始動

他車のバッテリーを借りてエンジンを始動する場合は、以下の注意事項を守ること：

a) 他車のバッテリーを接続する前に、必ずイグニッションスイッチを OFF 位置にする。
b) ライト類、ヒーターおよびその他の電装品をオフにする。
c) 他車のバッテリーと（上がってしまった）自分の車のバッテリーの電圧（6V または 12V）が同じであることを確認する。
d) 他車と自分の車は決して接触させないこと。
e) シフトレバーはニュートラル（MT車）またはパーキング（AT車）位置にする。
f) 他車のバッテリーがメンテナンスフリー（MF）タイプでない場合は、エア抜きキャップを取り外して、そこにウエスをかぶせておく。

赤色のブースターケーブルを両方のバッテリーのプラスターミナルに接続する（写真参照）。

黒色のブースターケーブルの一端を他車のバッテリーのマイナス端子に接続する。このケーブルのもう一端は、バッテリー上がりを起こした車の適当なアース（ブラケットやボルトなどの金属部）に接続する。

他車のバッテリーから電気をもらってエンジンを始動したら、エンジンをアイドル回転させて、接続の逆手順でブースターケーブルを外す。

マイナス端子(1)には、アースケーブルが接続されている。
プラス側ケーブル(2)には、絶縁されたケーブルが接続されている。
写真の場合は6Vバッテリーなので（セルキャップが3つ）、救援車のバッテリーも6Vでなければならない(12Vバッテリーの場合はセルキャップが6つ)

安全に関する注意事項

いくら熱心でも、あわてて作業して安全を軽視するようなことがあってはならない。簡単な注意事項を守らない、または注意を一瞬怠ることが事故の原因となる。事故の危険は常に存在しており、以下に列記した事項に注意すれば充分というわけではない。むしろ、危険を認識してもらうとともに、安全作業に対する意識を改めて喚起する意味で載せている。

基本的な注意事項（してはいけないこと、しなければならないこと）

- ジャッキアップしただけで（リジッドラックを使用せずに）、車の下にもぐって作業してはならない。
- 必ず、車重に応じたリジッドラックを規定の位置に掛けてから作業すること。
- ジャッキアップしているときは、極端に固い固定具（例：ホイールナット）は緩めようとしないこと。誤って、車がリジッドラックから外れる恐れがあり、危険である。
- トランスミッションがニュートラル位置（またはパーキング位置）であり、ハンドブレーキがかかっていることを最初に確認せずに、エンジンを始動しないこと。
- 火傷しない温度まで下がったことが確認できるまで、エンジンオイルは抜き取らないこと。
- 火傷を防ぐため、充分に冷えるまでエンジンや排気系統の部品には触れないこと。
- ガソリンやブレーキフルードなどの有毒な液体を口に含んだり、皮膚に付けてまま放置しないこと。
- ブレーキライニングから出るホコリは吸い込まないこと。ブレーキライニングに含まれている物質は危険である（以下の「アスベスト」の項を参照）。
- オイルやグリスはフロアにこぼしたまま放置しないこと。すべって転ぶ前に拭き取っておくこと。
- サイズの合わないレンチなどの工具を使用しないこと。誤ってすべると怪我の原因となる。
- ナットやボルトを緩めるまたは締め付けるときは、レンチを押す方向に動かさないこと。必ず、手前に引く方向に動かすこと。ただし、どうしても押す方向に操作しなければならない場合は、レンチがすべったときに誤って手をけがすることがないようにするため、レンチを握らずに手のひらで押すようにする。
- 重たい部品は一人で持とうとせず、他の人に手伝ってもらうこと。
- 作業を早く終わらせたくても、安全性に問題のある方法では作業しないこと。
- 作業中は、車の近くに子供や動物を近づけさせないこと。
- ドリル、サンダー、グラインダーなどの電動工具を使用する、または車の下にもぐって作業するときは必ず保護メガネを着用すること。
- 衣服や髪の毛などが長い場合は、誤って可動部品（ファンベルトなど）に近づけないように注意すること。
- ジャッキを使用する場合は、そのジャッキが車重に適したものであることを確認する。
- 一人で作業しているときは、定期的に他の人に見に来てもらうこと。
- 手順をよく考えて作業して、組み立てや締め付けが正しいことを常に確認すること。
- ケミカル用品やフルード類を使用した後は、しっかりとフタを閉めて、子供やペットなどの手の届かないところに保管すること。
- 自分の車の安全性は、自分だけでなく他人にも影響することを念頭におくこと。
- 疑問な点があれば、プロのアドバイスを求めること。

アスベスト

ブレーキライニング、クラッチライニング、トルクコンバーター、ガスケットなどの摩擦材、絶縁材、密閉材等にはアスベストが使われている場合がある。アスベストは人体に有害なので、これらの部品から出るホコリは吸い込まないように充分注意する必要がある。アスベストが含まれているかどうか分からない場合は、アスベストが含まれているものとして作業すること。

火災

ガソリンは非常に燃えやすい物質であることを常に念頭においておくこと。整備を行なう場合は、決してたばこを吸ったり、裸火を近づけないこと。しかし、それだけで火災の危険が無くなるわけではない。短絡したときに金属面に発生する火花や、状況によっては人体に蓄積されている静電気によっても気化したガソリンに火がつく場合があり、特に換気をしていない閉めきったところでは火災の危険がさらに高くなる。部品の洗浄液として決してガソリンを使用しないこと。必ず専用の洗浄剤を使用する。燃料系統または電気系統の整備を行なう前には、必ずバッテリーのマイナス側ケーブルを外すこと。エンジンや排気系統が熱くなっているときは、間違っても燃料をそれらの部品にかけないこと。燃料系統や電気系統の火災に適した消火器をガレージまたは作業場の手の届くところに常時置いておくことを強く勧める。燃料系統や電気系統から発生する火災は、決して水をかけて消そうとしないこと。

臭気

臭気には有毒な成分も含まれており、一定量以上を吸い込むと気絶したり最悪の場合死に至るケースさえある。燃料蒸発ガスおよび洗浄剤などから発生するガスもこうした有毒物質のひとつである。こうした揮発性の液体を抜き取ったり注入したりする場合は、必ず良く換気されたところで行なうこと。洗浄剤を使用する場合は、容器に書かれている使用上の注意をよく読んでおくこと。

何の注意書きもない洗浄剤は決して使用しないこと。

ガレージなど閉めきったところでは、決してエンジンを始動しないこと。排気ガスには非常に有毒な一酸化炭素が含まれている。エンジンを始動する必要がある場合は、必ず戸外で行なう、または少なくとも車体の後部を作業場の外に出してから行なうこと。

作業場に点検ピットがある場合は、車をピット上に載せたままでガソリンの抜き取りおよび注入またはエンジンの始動は決して行なわないこと。ガスは一般的に空気よりも重く、ピット内に溜まるため、そこで作業していると最悪の場合死に至るケースすら考えられる。

バッテリー

バッテリーには、決して火花や裸電球を近づけないこと。バッテリーは、正常な場合でも引火性の高い水素ガスを発生する。

燃料系統または電気系統の整備を行なう前には、必ずバッテリーのマイナス側ケーブルを外すこと。

充電器を使ってバッテリーを充電する場合は、できればバッテリーのキャップやカバーは緩めておく（密閉型バッテリーまたはメンテナンスフリーバッテリーは除く）。急速充電は、バッテリーが破裂する原因となるので避けること。

バッテリー（メンテナンスフリータイプを除く）に蒸留水を入れるとき、およびバッテリーを運ぶときは充分注意する。バッテリー液は、腐食性が強いため、衣服や皮膚に付着させてはならない。

バッテリーを清掃する場合は、誤ってバッテリー液の硫酸の粉が目に入らないようにするため必ず保護メガネを着用すること。

家庭用の電源

家庭用の電源で作動する電動工具、点検ランプなどを使用するときは、必ず確実にコンセントに差し込んで、必要に応じてアースを取ること。それらの工具は湿気の多い場所では使用しないこと。また、繰り返しになるが燃料や燃料蒸発ガスの近くでは火花や熱を発生させないこと。

点火系統の高圧電流

エンジン回転中またはクランキング時に（スパークプラグケーブルなどの）点火系統の部品に触れると感電する恐れがある。特に、湿気を帯びていたり絶縁が不充分な場合はその危険性が高くなる。最悪の場合感電死に至るケースも考えられる。

換算表

長さ
1 in.（インチ）	=	25.4 mm（ミリメートル）
1 ft.（フィート）	=	0.3048 m（メートル）
1 mile（マイル）	=	1.609 km（キロメートル）

重量
1 lb.（ポンド）	=	0.4536 kg（キログラム）
1 oz.（オンス）	=	28.35 g（グラム）

体積
1 in³ (cu in.)（立方インチ）	=	16.387 cm³ (cc)（立方センチメートル）
1 US gal.（米ガロン）	=	3.785 リットル
1 Imp. gal.（英ガロン）	=	4.546 リットル

トルク
1 kg-m（重量キログラムメートル）	=	9.807 N-m
1 N-m（ニュートンメートル）	=	0.102 kg-m
1 lb-ft（重量ポンドフィート）	=	0.138 kg-m
1 kg-m（重量キログラムメートル）	=	7.233 lb-ft

圧力
1 kg/cm²	=	98.07 kPa
1 kPa（キロパスカル）	=	0.010 kg/cm²
1 psi (lb/in²)（重量ポンド毎平方インチ）	=	0.0703 kg/cm²
1 kg/cm²（重量キログラム毎平方センチメートル）	=	14.22 psi
1 bar（バール）	=	1.02 kg/cm²

速度
1 km/h（キロメートル毎時）	=	0.6213 mph
1 mph（マイル毎時）	=	1.609 km/h

温度（換算のための計算式）
°C（摂氏） = (°F - 32) x 0.56
°F（華氏） = (°C x 1.8) + 32

故障診断

エンジン、エンジン性能関連
始動しようとしてもエンジンが回らない 0-14
エンジンは回るが始動しない 0-14
冷間時のエンジン始動不良 0-14
温間時のエンジン始動不良 0-14
スターターモーターの異音
(特にリングギアとの噛み合い時に大きい) 0-14
エンジンが始動するが、すぐに止まってしまう 0-14
エンジン下にオイル溜まりができる 0-14
アイドリング不安定 0-14
アイドル回転時にエンジンが失火する 0-14
走行スピード全域でエンジンが失火する 0-14
加速時のもたつき 0-14
定速走行時にエンジンにしゃくりが発生する 0-15
エンスト 0-15
エンジン出力不足 0-15
バックファイヤーが出る 0-15
加速時または登坂時にエンジンがノッキングする 0-15
エンジン回転時に油圧警告灯が点灯する 0-15
ディーゼリング(イグニッション OFF 後にエンジンが回り続ける)... 0-15

エンジン電気系統
バッテリーが充電されない 0-15
オルタネーター／ダイナモ警告灯(チャージランプ)が消灯しない .. 0-15
イグニッションスイッチを ON 位置にしたときに、オルタネーター／ダイナモ警告灯(チャージランプ)が点灯しない。 0-15

燃料系統
燃料消費量が多い 0-15
燃料の漏れまたは臭気 0-15

冷却系統
オーバーヒート 0-15
オーバークール(冷えすぎ) 0-15

クラッチ
ペダルが床まで着いてしまう。ペダルに抵抗がない、少ない ... 0-16
ペダルが固い 0-16
ギアが入らない 0-16
クラッチの滑り
(エンジン回転数が上がるのに車速が上がらない) 0-16
クラッチがつながる時にジャダー(振動)が出る 0-16
クラッチ部の異音 0-16
クラッチペダルがフロアに踏み込んだ状態から戻らない 0-16

マニュアルトランスミッション
低速時の打音 0-16
主に旋回時に異音が発生する 0-16
加速または減速時に(厚い金属部品がぶつかり合うような)
鈍い音がする 0-16
振動 0-16
エンジンがニュートラル位置で回転中に異音が発生する 0-16
特定のギアで異音が発生する 0-16
全てのギアで異音が発生する 0-16
ギア抜け 0-16
ギアオイルの漏れ 0-16
ギアが入ったまま、抜けない(ギアが噛んだ) 0-16

セミオートマチックトランスミッション
フルード漏れ 0-16
トランスミッションフルードが茶色になっている、焦げ臭い ... 0-16
フルスロットル時にクラッチが滑る 0-17
ギア選択後にクラッチが異常に滑る 0-17
クラッチの切れ不良 0-17
クラッチが切れない 0-17
ギア選択時にエンストする 0-17
エンストして、再始動できない 0-17
ギア選択後にクラッチがつながらない 0-17
ギア選択後にジャダー(振動)が発生する 0-17
アイドル中にシフトレバーを放すと車両が少し動く 0-17
トルクコンバーターの異音 0-17
加速不足(エンジン出力は問題なし) 0-17
ニュートラル以外のギア位置でエンジンが始動する 0-17

ドライブシャフト
加速時に振動が発生する 0-17
高速での振動 0-17

ブレーキ
制動時に車が片方に引っ張られる 0-17
異音(ブレーキをかけたときにキーキー音がする) 0-17
スムーズにブレーキがかからない、
または制動時にびびりがある(ペダルに脈動を感じる) 0-17
ブレーキペダルをかなり強く踏み込まないと、
車を停止させることができない 0-17
ブレーキペダルのストロークが過大 0-17
ブレーキの引きずり 0-17
ジャダー(振動)または制動力が不均等 0-17
踏み込んだときに、ブレーキペダルがスポンジのように柔らかい .. 0-17
ブレーキペダルを床面まで踏み込むときに、
ほとんど抵抗を感じない(軽すぎる) 0-17
ハンドブレーキが利かない 0-18

サスペンション、ステアリング
車が片方に引っ張られる 0-18
タイヤの異常摩耗または過度な摩耗 0-18
ホイールから「ゴツンゴツン」という異音がする 0-18
シミー、揺れまたは振動 0-18
ステアリングが重い 0-18
直進性および復元性に問題がある 0-18
車体前部の異音 0-18
車体のふらつき(走行安定性が悪い) 0-18
制動時にステアリングが安定しない 0-18
制動時または旋回時にピッチングまたはローリングが大きい ... 0-18
サスペンションが沈みすぎて、車体の腹を地面に打つ 0-18
タイヤの外側が連続してカップ状に摩耗している 0-18
タイヤの外側の端が異常に摩耗している 0-18
タイヤの内側の端が異常に摩耗している 0-18
タイヤのトレッドが部分的に摩耗する 0-18
ステアリングの過大な遊びまたは緩み 0-18
ステアリングギアの異音、ガタ 0-18

このセクションは、比較的よく発生するトラブルについての簡単な故障診断となっている。トラブルとその推定原因は、エンジン、冷却系統などの各系統または構成部品ごとの大きなタイトルに分けて記載されている。また、そのトラブルを扱っている章への参照も記載されている。

故障診断は、決してプロのメカニックにしかできない神秘的な熟練技ではない。トラブルに対して正しい知識を持ち、体系に基づいた適切なアプローチをすれば、故障診断はそれほど難しいことではない。複雑なトラブルに対しても、必ず簡単な解決法から始めて、消去法によって徐々に原因を絞り込んでいくことが重要である。基本的なことは決して無視すべきではない。例えば、単なるガス欠や、一晩中ライトを点灯したままにしたことが原因かもしれない。自分はそんな単純なミスは絶対にしないとは過信しないこと。

最後に、なぜトラブルが起こるのか明確に原因を突き止めるとともに、再発防止策を講ずること。ある接続箇所の接触不良で電気系統が故障した場合は、再発を防止するために他の接続箇所も点検しておく。特定のヒューズが連続して切れる場合は、単に交換するだけでなく、なぜ同じヒューズが切れるのか原因を追求すること。また、小さな部品の故障がより大きな部品やシステム全体の故障や機能不良を暗示している場合もある。

エンジン、エンジン性能関連

1.始動しようとしてもエンジンが回らない

1. バッテリー端子の接続が緩んでいるまたは腐食している（第1章）。
2. バッテリー上がりまたは不良（第1章）。
3. シフトレバー（AT車）がニュートラル位置になっていない（第7B章）。
4. 始動回路の配線の損傷、緩み、接触不良（第5および12章）。
5. スターターモーターのピニオンがフライホイールのリングギアにかみ込んで離れない（第5章）。
6. スターターマグネットスイッチの不良（第5章）。
7. スターターモーターの不良（第5章）。
8. イグニッションスイッチの不良（第12章）。
9. スターターピニオンまたはフライホイールの歯が摩耗または欠けている（第5章）。

2.エンジンは回るが始動しない

1. フューエルタンクが空になっている。
2. バッテリー上がり（エンジンの回転が遅い）（第5章）。
3. バッテリー端子の接続が緩んでいるまたは腐食している（第1章）。
4. インジェクション車：フューエルインジェクターの燃料漏れ、コールドスタートバルブ、フューエルポンプ、燃圧レギュレーター等の不良（第4章）。
5. インジェクション車：燃料がリングメインに達していない、またはインジェクション系統の不良（第4章）。
6. 燃料がキャブレターに達していない（第4章）。
7. 点火装置が湿っているまたは損傷している（第5章）。
8. スパークプラグの摩耗、不良またはプラグギャップの不良（第1章）。
9. 始動回路の配線の損傷、緩み、接触不良（第5章）。
10. コンタクトブレーカーポイントのギャップ不良（第5章）。
11. イグニッションコイルの配線の損傷、緩みまたは接触不良、あるいはコイル自体の不良（第5章）。

3.冷間時のエンジン始動不良

1. バッテリー上がりまたは充電状態の低下（第1章）。
2. チョークの故障または調整不良（第4章）。
3. 燃料系統の故障（第4章）。
4. インジェクション車：コールドスタートバルブの故障（第4章）。
5. インジェクション車：インジェクターの燃料漏れ（第4章）。
6. 点火系統の不良（第5章）。

4.温間時のエンジン始動不良

1. エアクリーナーの詰まり（第1章）。
2. 燃料がフューエルポンプ、キャブレターまたはインジェクション系統に達していない（第4章）。
3. バッテリー接続部の腐食、特にアース接続部の腐食（第1章）。
4. スターターモーターの摩耗（第5章）。
5. インジェクション車：インジェクターの燃料漏れ
6. インジェクション車：サーモタイムスイッチの故障（第4章）。
7. チョークの故障または調整不良（第4章）。

5.スターターモーターの異音
（特にリングギアとの噛み合い時に大きい）

1. スターターピニオンまたはフライホイールの歯が摩耗または損傷している（第5章）。
2. スターターモーター取付ボルトの緩みまたは脱落（第5章）。

6.エンジンが始動するが、すぐに止まってしまう

1. イグニッションコイルまたはディストリビューターの接触不良または緩み（第5章）。
2. イグニッションコイルの不良（第5章）。
3. 充分な燃料がキャブレターまたはフューエルインジェクターに達してない（第1および4章）。
4. インテークマニホールドとスロットルボディ間のガスケットからの負圧漏れ（第4章）。
5. パイロットジェットカットオフバルブの故障（第4章）。

7.エンジン下にオイル溜まりができる

1. オイルストレーナーのカバープレートまたはドレンボルトのワッシャーからのオイル漏れ（第1章）。
2. オイルプレッシャースイッチからのオイル漏れ（第2章）。
3. ロッカーカバーからのオイル漏れ（第4章）。
4. プッシュロッドチューブからのオイル漏れ（第2章）。
5. オイルクーラーまたはオイルクーラーシールからのオイル漏れ（第3章）。
6. エンジンオイルシールからのオイル漏れ（第2章）。

8.アイドリング不安定

1. 負圧漏れ（第2および4章）。
2. EGRバルブの漏れ（第6章）。
3. エアクリーナーの詰まり（第1章）。
4. フューエルポンプが充分な燃料を供給していない（第4章）。
5. タイミングギアの摩耗（第2章）。
6. カムシャフトのカム山の摩耗（第2章）。
7. スロットルボディのポートの詰まり（第4章）。
8. キャブレターの調整不良または摩耗（第4章）。

9.アイドル回転時にエンジンが失火する

1. スパークプラグの摩耗またはプラグギャップの不良（第1章）。
2. スパークプラグコードの不良（第1章）。
3. バキューム漏れ（第1章）。
4. 点火時期の不良（第1章）。
5. 圧縮圧力のシリンダー間の不均等または低下（第2章）。
6. 混合気の調整不良（第4章）。

10.走行スピード全域でエンジンが失火する

1. フューエルフィルター／キャブレター／インジェクターの詰まり、燃料系統の異常（第1章）。
2. インジェクターの燃料噴射量不足（第4章）。
3. スパークプラグの不良またはプラグギャップの不良（第1章）。
4. 点火時期の不良（第5章）。
5. ディストリビューターキャップまたはローターの亀裂（第1および5章）。
6. スパークプラグコードの漏電（第1または5章）。
7. 排出ガス浄化装置の部品の不良（第6章）。
8. 圧縮圧力のシリンダー間の不均等または低下（第2章）。
9. 点火系統の不良（第5章）。
10. インジェクション系統、インテークマニホールド、エアレギュレーターバルブまたはバキュームホースからの負圧漏れ（第4章）。

11.加速時のもたつき

1. スパークプラグの不良（第1章）。
2. キャブレター／インジェクション系統の調整または不良（第4章）。
3. フューエルフィルターの詰まり（第1および4章）。
4. 点火時期の不良（第5章）。
5. インテークマニホールドからの負圧漏れ（第2および4章）。

12. 定速走行時にエンジンにしゃくりが発生する

1. 吸気漏れ（第4章）。
2. フューエルポンプの不良（第4章）。
3. フューエルインジェクターのコネクターの緩み（第4章）。
4. インジェクション車：ECUの不良（第6章）。
5. インジェクション車：エアフローメーターの損傷（第4章）。

13. エンスト

1. アイドル回転数の調整不良（第1章）。
2. フューエルフィルターの詰まり、または燃料系統の異常あるいは燃料系統に水が侵入している（第1および4章）。
3. ディストリビューターの部品が湿っているまたは損傷している（第5章）。
4. 排出ガス浄化装置の部品の不良（第6章）。
5. スパークプラグの不良またはプラグギャップの不良（第1章）。
6. スパークプラグコードの不良（第1章）。
7. インテークマニホールドまたはバキュームホースからの負圧漏れ（第2および4章）。
8. バルブクリアランスの調整不良（第1章）。
9. パイロットジェットカットオフバルブの不良

14. エンジン出力不足

1. 点火時期の不良（第5章）。
2. ディストリビューターシャフトの遊びが大きい（第5章）。
3. ディストリビューターキャップ、ローター、コンタクトブレーカーまたはコードの摩耗（第1および5章）。
4. スパークプラグの摩耗、不良またはプラグギャップの不良（第1章）。
5. キャブレターまたはインジェクション系統の調整不良または過度な摩耗（第4章）。
6. イグニッションコイルの不良（第5章）。
7. ブレーキの引きずり（第9章）。
8. AT車：オートマチックフルードのレベルが正しくない（第1章）。
9. クラッチの滑り（第7Bまたは8章）。
10. フューエルフィルターの詰まり、または燃料系統の異常（第1および4章）。
11. 排出ガス浄化装置の機能不良（第6章）。
12. 圧縮圧力のシリンダー間の不均等または低下（第2章）。
13. 排気系統の詰まり（第4章）。

15. バックファイヤーが出る

1. 排出ガス浄化装置の機能不良（第6章）。
2. 点火時期の不良（第5章）。
3. 点火系統の二次電圧の不良（スパークプラグの碍子部の亀裂、スパークプラグコード、ディストリビューターキャップまたはローターの不良）（第1および5章）。
4. キャブレターまたはインジェクション系統の調整不良または過度な摩耗（第4章）。
5. フューエルインジェクター、インテークマニホールド、エアレギュレーターバルブまたはバキュームホースからの負圧漏れ（第2および4章）。
6. バルブクリアランスの調整不良またはバルブのカジリ（第1章）。

16. 加速時または登坂時にエンジンがノッキングする

1. 燃料のオクタン価が不適正。
2. 点火時期の不良（第5章）。
3. キャブレター／インジェクション系統の調整不良（第4章）。
4. スパークプラグまたはスパークプラグコードの不良または損傷（第1章）。
5. 点火装置の摩耗または損傷（第5章）。
6. 排出ガス浄化装置の不良（第6章）。
7. 負圧漏れ（第2および4章）。

17. エンジン回転時に油圧警告灯が点灯する

1. オイルレベルの低下（第1章）。
2. アイドル回転数が規定値を外れている（第1章）。
3. 回路のショート（第12章）。
4. オイルプレッシャースイッチの不良（第2章）。
5. エンジンのベアリングまたはオイルポンプの摩耗（第2章）。

18. ディーゼリング（イグニッションOFF後にエンジンが回り続ける現象）

1. アイドル回転数が高すぎる（第1章）。
2. エンジン作動温度が高すぎるまたは低すぎる（第3章）。
3. パイロットジェットカットオフバルブの故障（第4章）。

エンジン電気系統

19. バッテリーが充電されない

1. オルタネーター／ダイナモの駆動ベルト（ファンベルト）の異常または調整不良（第1章）。
2. バッテリー液レベルの低下（第1章）。
3. バッテリー端子の接続が緩んでいるまたは腐食している（第1章）。
4. オルタネーター／ダイナモが充電しない（第5章）。
5. 充電回路の配線の損傷、緩み、接触不良（第5章）。
6. 車体と配線ハーネスの短絡（第12章）。
7. バッテリーの内部不良（第1および5章）。

20. オルタネーター／ダイナモ警告灯（チャージランプ）が消灯しない

1. オルタネーター／ダイナモまたは充電回路の不良（第5章）。
2. オルタネーター／ダイナモ駆動ベルト（ファンベルト）の異常または調整不良（第1章）。
3. オルタネーター／ダイナモ・ボルテージレギュレーターの作動不良（第5章）。

21. イグニッションスイッチをON位置にしたときに、オルタネーター／ダイナモ警告灯（チャージランプ）が点灯しない。

警告灯のバルブまたは回路の不良（第12章）。

燃料系統

22. 燃料消費量が多い

1. エアクリーナーエレメントの詰まりまたは汚れ（第1章）。
2. 点火時期の不良（第5章）。
3. 排出ガス浄化装置の機能不良（第6章）。
4. キャブレター／インジェクション系統の内部部品の摩耗または損傷（第4章）。
5. タイヤの空気圧不足またはタイヤサイズの間違い（第1章）。

23. 燃料の漏れまたは臭気

1. フューエルフィードラインまたはリターンラインの漏れ（第1および4章）。
2. 燃料の入れ過ぎ。
3. キャニスターの詰まり（第1および6章）。
4. フューエルインジェクターの内部部品の摩耗（第4章）。
5. インジェクターの燃料漏れ（第4章）。
6. キャブレターの摩耗（第4章）。

冷却系統

24. オーバーヒート

1. ファンベルトの滑り（第1章）。
2. ファンシュラウド裏側の吸気に詰まりや干渉がある（第3章）。
3. サーモスタットの不良（第3章）。
4. 点火時期の不良（第5章）。
5. 混合気の不良（第4章）。

25. オーバークール（冷えすぎ）

サーモスタットの不良（第3章）。

クラッチ

26. ペダルが床まで着いてしまう。ペダルに抵抗がない、少ない
1. レリーズベアリングまたはフォークの損傷（第8章）。
2. クラッチプレッシャープレートのダイアフラムスプリングのヘタリ（第8章）。

27. ペダルが固い
1. クラッチケーブルの摩耗（第8章）。
2. クラッチレリーズシャフト／ハウジングの摩耗（第8章）。

28. ギアが入らない
1. トランスミッションの不良（第7章）。
2. クラッチディスクの不良（第8章）。
3. プレッシャープレートの不良（第8章）。
4. プレッシャープレートとフライホイール間のボルトの緩み（第8章）。
5. シフトロッドの結合ピンの緩みまたは脱落（第7A章）。

29. クラッチの滑り（エンジン回転数が上がるのに車速が上がらない）
1. クラッチディスクの摩耗（第8章）。
2. リアメインオイルシール（第8章）またはトランスミッション・インプットシャフトシール（第7A章）からのオイル漏れが原因で、クラッチディスクにオイルが付着している。
3. クラッチディスクのなじみ不良。新品の場合、なじむまでに30～40回の発進操作が必要となる。
4. プレッシャープレートまたはフライホイールの振れ（第8章）。
5. クラッチスプリングのヘタリ（第8章）。
6. クラッチディスクのオーバーヒート。冷えるまで待つ。

30. クラッチがつながる時にジャダー（振動）が出る
1. クラッチディスクのフェーシングに付着したオイルが焦げているまたはフェーシング表面が硬化している（第8章）。
2. エンジンマウントまたはトランスミッションマウントが劣化または緩んでいる（第2および7章）。
3. クラッチディスクハブのスプラインの摩耗（第8章）。
4. プレッシャープレートまたはフライホイールの振れ（第8章）。
5. フライホイールまたはクラッチプレッシャープレートへのフェーシングの焦げ付き（第8章）。

31. クラッチ部の異音
1. レリーズシャフトの取付不良（第8章）。
2. レリーズベアリングの不良（第8章）。
3. クラッチディスクのダンパースプリングの不良（第8章）。

32. クラッチペダルがフロアに踏み込んだ状態から戻らない
1. レリーズケーブルの引っかかり（第8章）。
2. レリーズベアリングまたはフォークの損傷（第8章）。

マニュアルトランスミッション

33. 低速時の打音
ドライブシャフトのCVジョイントの摩耗（第8章）。

34. 主に旋回時に異音が発生する
ディファレンシャルギアの異音（第7A章）。*

35. 加速または減速時に（厚い金属部品がぶつかり合うような）鈍い音がする
1. エンジンマウントまたはトランスミッションマウントが緩んでいる（第2および7A章）。
2. ケース内のディファレンシャルピニオンシャフトの摩耗*
3. ドライブシャフトのCVジョイントの摩耗または損傷（第8章）。

36. 振動
1. ホイールベアリングの不良（第1および10章）。
2. ドライブシャフトの損傷（第8章）。
3. タイヤの変形（第1章）。
4. タイヤのバランス不良（第1および10章）。
5. CVジョイントの摩耗（第8章）。

37. エンジンがニュートラル位置で回転中に異音が発生する
インプットギアベアリングの損傷（第7A章）。*

38. 特定のギアで異音が発生する
1. 常時噛み合いギアの摩耗または損傷（第7A章）。*
2. シンクロナイザーの摩耗または損傷（第7A章）。*
3. リバースフォークの曲がり（第7A章）。*
4. 4速ギアまたはアウトプットギアの損傷（第7A章）。*
5. リバースアイドラーギアまたはアイドラーブッシュの摩耗または損傷（第7A章）。*

39. 全てのギアで異音が発生する
1. ギアオイルの不足（第7A章）。
2. ベアリングの損傷または摩耗（第7A章）。*
3. インプットギアシャフトの摩耗または損傷（第7A章）。*

40. ギア抜け
1. シフト機構の摩耗または調整不良（第7A章）。
2. トランスミッションマウント／エンジンマウントの緩みまたは摩耗（第7A章）。
3. シフトリンケージがスムーズに動かない／カジリ（第7A章）。
4. シフトフォークの摩耗（第7A章）。*

41. ギアオイルの漏れ
1. ファイナルドライブフランジ・シールの摩耗（第8章）。
2. トランスミッション内のギアオイルの過多（第1および7A章）。
3. インプットギアシャフト・シールの損傷（第7A章）。
4. アクスルブーツの破れ（第8章）。
5. アクスルチューブリテーナー・ガスケットの漏れ（第8章）。

42. ギアが入ったまま、抜けない（ギアが噛んだ）
1. ロックピンまたはインターロックピンの脱落（第7A章）。*
2. シフトロッドの結合ピンの緩みまたは脱落（第8章）。

* 上記の説明は、現象に対する対応策としては、サンデーメカニックの範囲を超えているが、原因を特定する上でプロのメカニックと相談する際の参考とする。

セミオートマチックトランスミッション

43. フルード漏れ
1. ATFフルードは濃い赤色をしている。エンジンオイルが風によって飛んでトランスミッションに付着する場合も多く、このエンジンオイルの付着をATFフルードの漏れと混同しないこと。
2. 漏れ箇所を特定するためには、最初に脱脂剤またはスチーム洗浄によってトランスミッションハウジングからホコリや汚れをきれいに取り除く。次に、フルードが風で漏れ箇所から飛び散らないようにするため、低速で走行する。ジャッキアップして、フルードの漏れ箇所を特定する。

44. トランスミッションフルードが茶色になっている、または焦げ臭い
トランスミッションフルードが焦げている（第1章）。

45. フルスロットル時にクラッチが滑る
1. クラッチペダルの遊びの不足（第7B章）。
2. クラッチフェーシングの汚れ（第2および7B章）。
3. クラッチフェーシングの摩耗（第7B章）。

46. ギア選択後にクラッチが異常に滑る

1. キャブレターとコントロールバルブ間のホースの漏れ（第7B章）。
2. コントロールバルブフィルターの詰まり（第7B章）。
3. 減圧バルブのアジャストスクリューの締め込み過ぎ（第7B章）。

47. クラッチの切れ不良

1. バキュームホースまたはバキュームタンクの漏れ（第7B章）。
2. クラッチペダルの遊びの過大（第7B章）。
3. サーボの不良（第7B章）。

48. クラッチが切れない

1. ソレノイド回路の断線（第7B章）。
2. シフトレバーとフレーム間のアースの接触不良（第7B章）。
3. サーボにつながっているバキュームホースの曲がりまたは潰れ（第7B章）。
4. サーボの不良（第7B章）。

49. ギア選択時にエンストする

1. サーボとコントロールバルブ間のホースの漏れ（第7B章）。
2. サーボの不良（第7B章）。

50. エンストして、再始動できない

1. コントロールバルブとキャブレターまたはバキュームタンク間のホースの漏れ（第7B章）。
2. バキュームタンクの漏れ（第7B章）。

51. ギア選択後にクラッチがつながらない

1. シフトレバースイッチの固着（第7B章）。
2. ソレノイド回路の短絡（第7B章）。
3. コントロールバルブのソレノイドの固着（第7B章）。

52. ギア選択後にジャダー（振動）が発生する

1. クラッチフェーシングのオイル付着（第7B章）。
2. キャリアプレートの歪み（第7B章）。

53. アイドル中にシフトレバーを放すと車両が少し動く

1. アイドル回転数が高すぎる（第1章）。
2. コントロールバルブの調整不良（第7B章）。

54. トルクコンバーターの異音

1. ATFレベルの低下（第1章）。
2. ATF液圧の低下（第7B章）。
3. コンバーターまたはコンバーターシールの漏れ（第7B章）。

55. 加速不足（エンジン出力は問題なし）

トルクコンバーターのワンウェイクラッチの不良（第7B章）。

56. ニュートラル以外のギア位置でエンジンが始動する

ニュートラルスタートスイッチの機能不良（第7B章）。

ドライブシャフト

57. 加速時に振動が発生する

1. トーインの過大（第10章）。
2. スプリングプレート高さの不良（第10章）。
3. 外側または内側のCVジョイントの摩耗または損傷（第8章）。
4. 内側のCVジョイント・アセンブリのカジリ（第8章）。

58. 高速での振動

1. フロントホイールまたはタイヤのバランス不良（第1および10章）。
2. フロントタイヤの変形（第1および10章）。
3. CVジョイントの摩耗（第8章）。

ブレーキ

注：ブレーキに不具合があると考える前に、以下に問題がないか点検する：
 a) タイヤの状態および空気圧が適正であること（第1章）。
 b) フロントホイールアライメントが正しいこと（第10章）。
 c) 車重が不均等にかかっていないこと。

59. 制動時に車が片方に引っ張られる

1. タイヤ空気圧の不良（第1章）。
2. フロントホイールアライメントの不良（調整要）
3. 前輪または後輪のタイヤが左右で違っている。
4. ブレーキラインまたはホースの詰まり（第9章）。
5. ドラムブレーキまたはキャリパー・アセンブリの不良（第9章）。
6. サスペンション部品の緩み（第10章）。
7. バックプレートまたはキャリパーの緩み（第9章）。
8. ブレーキシューまたはパッドが片減りしている。

60. 異音（ブレーキをかけたときにキーキー音がする）

ブレーキパッドまたはシューの摩耗。パッド／シューをすぐに新品と交換する（第9章）。ディスク／ドラムも損傷がないか点検する。

61. スムーズにブレーキがかからない、または制動時にびびりがある（ペダルに脈動を感じる）

1. ディスクの振れが過大（第9章）。
2. パッドの不均等な摩耗（第9章）。
3. ディスクの不良（第9章）。
4. ドラムの偏心（第9章）。

62. ブレーキペダルをかなり強く踏み込まないと、車を停止させることができない

1. ブレーキ系統の部分的な故障（第9章）。
2. パッドまたはシューの過大な摩耗（第9章）。
3. キャリパーまたはホイールシリンダー内のピストンが固着しているまたは動きが渋い（第9章）。
4. ブレーキパッドまたはシューがオイルやグリスで汚れている（第9章）。
5. パッドやシューを新品と交換して、まだなじんでいない。ブレーキディスクやドラムになじむまでには、一定の時間が必要である。

63. ブレーキペダルのストロークが過大

1. ブレーキ系統の部分的な故障（第9章）。
2. マスターシリンダー内のフルード不足（第1および9章）。
3. ブレーキ系統内にエアがかみ込んでいる（第1および9章）。
4. ブレーキの調整不良（第9章）。

64. ブレーキの引きずり

1. マスターシリンダー・ピストンが正しい位置に戻っていない（第9章）
2. ブレーキラインまたはホースの詰まり（第1および9章）。
3. ハンドブレーキの調整不良（第9章）。

65. ジャダー（振動）または制動力が不均等

1. ブレーキペダル機構のカジリ（第9章）。
2. ブレーキライニングにグリスやオイルが付着している（第9章）。

66. 踏み込んだときに、ブレーキペダルがスポンジのように柔らかい

1. 油圧ライン内のエア混入（第9章）。
2. マスターシリンダー取付ボルトの緩み（第9章）。
3. マスターシリンダーの不良（第9章）。

67. ブレーキペダルを床面まで踏み込むときに、ほとんど抵抗を感じない（軽すぎる）

1. キャリパーまたはホイールシリンダーのピストンからフルードが漏れているため、マスターシリンダーのリザーバー内のフルードがほとんどない、または全然ない（第9章）
2. ブレーキラインの緩み、損傷または接続の不良（第9章）。

68. ハンドブレーキが利かない

ハンドブレーキケーブルの調整不良（第9章）。

サスペンション、ステアリング

注：サスペンションとステアリングの故障診断を行なう前には、以下の事前点検をすること：
a) タイヤの空気圧が正しいか、また均一に摩耗しているか。
b) ステアリングコラムとステアリングギアの連結部に緩みや摩耗がないか。
c) フロントおよびリアのサスペンションおよびステアリングギア・アセンブリーに緩みや損傷した部品がないか。
d) タイヤの変形またはバランス不良、あるいはリムの変形、ホイールベアリングの緩みまたは不具合がないか。

69. 車が片方に引っ張られる

1. 規定以外のタイヤが取り付けられている、またはタイヤ同士の種類が違う（第10章）。
2. トーションバーの損傷またはヘタリ（第10章）。
3. ホイールアライメントの不良（第10章）。
4. フロントブレーキの引きずり（第9章）。

70. タイヤの異常摩耗または過度な摩耗

1. ホイールアライメントの不良（第10章）。
2. トーションバーの損傷またはヘタリ（第10章）。
3. タイヤのバランス不良（第10章）。
4. ショックアブソーバーまたはストラットダンパーの摩耗（第10章）。
5. 過積載。
6. 定期的にタイヤのローテーションを行なっていない。

71. ホイールから「ゴツンゴツン」という異音がする

1. タイヤのこぶ（第10章）。
2. ショックアブソーバーまたはストラットダンパーの作動不良（第10章）。

72. シミー、揺れまたは振動

1. タイヤまたはホイールのバランス不良または変形（第10章）。
2. ホイールベアリングの緩みまたは摩耗（第1および10章）。
3. タイロッドエンドの摩耗（第10章）。
4. ボールジョイントの摩耗（第1および10章）。
5. ホイールの過大な振れ（第10章）。
6. タイヤのこぶ（第10章）。

73. ステアリングが重い

1. タイロッドエンド、ボールジョイントおよびステアリングギア・アセンブリーの潤滑不足（第10章）。
2. フロントホイールアライメントの不良（第10章）。
3. タイヤ空気圧の低下（第1章）。

74. 直進性および復元性に問題がある

1. ボールジョイントおよびタイロッドエンドの潤滑不足（第10章）。
2. ボールジョイントのカジリ（第10章）。
3. ステアリングコラムのカジリ（第10章）。
4. ステアリングギアの潤滑不足（第10章）。
5. フロントホイールアライメントの不良（第10章）。

75. 車体前部の異音

1. ボールジョイントおよびタイロッドエンドの潤滑不足（第1および10章）。
2. ショックアブソーバーまたはストラットダンパーの損傷（第10章）。
3. コントロールアームブッシュまたはタイロッドエンドの摩耗（第10章）。
4. スタビライザーバーの緩み（第10章）。
5. ホイールボルトの緩み（第1および10章）。
6. サスペンションボルトの緩み（第10章）。

76. 車体のふらつき（走行安定性が悪い）

1. 規定以外のタイヤが取り付けられている、またはタイヤ同士の種類が違う（第10章）。
2. ボールジョイントおよびタイロッドエンドの潤滑不足（第1および10章）。
3. ショックアブソーバーまたはストラット・アセンブリーの摩耗（第10章）。
4. スタビライザーバーの緩み（第10章）。
5. トーションバーの損傷またはヘタリ（第10章）。
6. ホイールアライメントの不良（第10章）。

77. 制動時にステアリングが安定しない

1. ホイールベアリングの摩耗または調整不良（第10章）。
2. トーションバーの損傷またはヘタリ（第10章）。
3. ホイールシリンダーまたはキャリパーの漏れ（第10章）。
4. ディスクまたはドラムの振れ（第10章）。

78. 制動時または旋回時にピッチングまたはローリングが大きい

1. スタビライザーバーの緩み（第10章）。
2. ショックアブソーバーまたはストラットダンパーの摩耗（第10章）。
3. トーションバーの損傷またはヘタリ（第10章）。
4. 過積載。

79. サスペンションが沈みすぎて、車体の腹を地面に打つ

1. 過積載。
2. ショックアブソーバーまたはストラットダンパーの摩耗（第10章）。
3. トーションバーの損傷またはヘタリ（第10章）。

80. タイヤの外側が連続してカップ状に摩耗している

1. フロントホイールまたはリアホイールのアライメント不良（第10章）。
2. ショックアブソーバーまたはストラットダンパーの摩耗（第10章）。
3. ホイールベアリングの摩耗（第10章）。
4. タイヤまたはホイールの過大な振れ（第10章）。
5. ボールジョイントの摩耗（第10章）。

81. タイヤの外側の端が異常に摩耗している

1. タイヤ空気圧の不良（第1章）。
2. 旋回時の速度が高すぎる。
3. フロントホイールアライメントの不良。アライメント調整はプロのメカニックに任せる。

82. タイヤの内側の端が異常に摩耗している

1. タイヤ空気圧の不良（第1章）。
2. フロントホイールアライメントの不良。アライメント調整は、プロのメカニックに任せる。

83. タイヤのトレッドが部分的に摩耗する

1. タイヤのバランス不良
2. ホイールの損傷または変形。点検して必要に応じて交換する。
3. タイヤの不良（第1章）。

84. ステアリングの過大な遊びまたは緩み

1. ホイールベアリングの摩耗または調整不良（第10章）。
2. タイロッドエンドの緩み（第10章）。
3. ステアリングギアの緩み（第10章）。
4. ステアリング・インターミディエイトシャフトの摩耗または緩み（第10章）。

85. ステアリングギアの異音、ガタ

1. ステアリングギアの潤滑不足または不良（第10章）。
2. ステアリングギア取付部品の緩み（第10章）。
3. ステアリングギアの内部不良（第10章）。

第1章
定期メンテナンス

目次

1. メンテナンススケジュール 1-3
2. はじめに 1-4
3. エンジン調整に関する全般的な説明 1-4
4. 油脂類のレベル（液量）点検 1-4
5. タイヤとタイヤ空気圧の点検 1-6
6. バッテリーの点検とメンテナンス 1-7
7. エンジンルーム内のホースの点検、交換 1-8
8. ワイパーブレードの点検、交換 1-9
9. エンジンオイルの交換 1-9
10. ドライブシャフトブーツとCVジョイントの点検 1-10
11. サスペンションとステアリングの点検 1-10
12. 排気系統の点検 1-11
13. トランスミッションオイルのレベル点検 1-11
14. タイヤのローテーション 1-11
15. ブレーキの点検 1-12
16. 燃料系統の点検 1-13
17. エアクリーナーのメンテナンス 1-13
18. ファンベルトの点検、調整、交換 1-13
19. ニュートラルスタートスイッチの点検（セミオートマ車のみ） 1-14
20. シャシーのグリスアップ 1-15
21. フューエルフィルターの清掃 1-15
22. セミオートマチックトランスミッションの整備 1-16
23. トランスミッションオイルの交換 1-16
24. 排出ガス浄化装置の点検 1-16
25. スパークプラグの点検、交換 1-17
26. プラグコード、ディストリビューターキャップ、
    ローターの点検、交換 1-18
27. ポイントとコンデンサーの点検、交換 1-19
28. 点火時期の点検、調整 1-20
29. アイドル回転数の点検、調整 1-21
30. バルブクリアランスの点検、調整 1-22
31. クラッチペダルの遊びの点検、調整 1-23
32. ホイールベアリングの点検、グリス充填、調整 1-23
33. 排気ガス再循環装置（EGR）の整備 1-24

整備情報

推奨オイル／フルード

エンジンオイルの規格	API規格SGまたはSG/CEのマルチグレードオイル
エンジンオイルの粘度	下記のチャートを参照
セミオートマチックトランスミッション	
トルクコンバーター用フルード	Dexron II オートマチックトランスミッションフルード
ギアボックス／ディファレンシャル用オイル	API GL-5 SAE 75W90W または 80W90W ハイポイドギアオイル
マニュアルトランスミッション（ギアボックス／ディファレンシャル）用オイル ..	API GL-5 SAE 75W90W または 80W90W ハイポイドギアオイル
ブレーキフルード	DOT 3 または DOT 4 規格のブレーキフルード

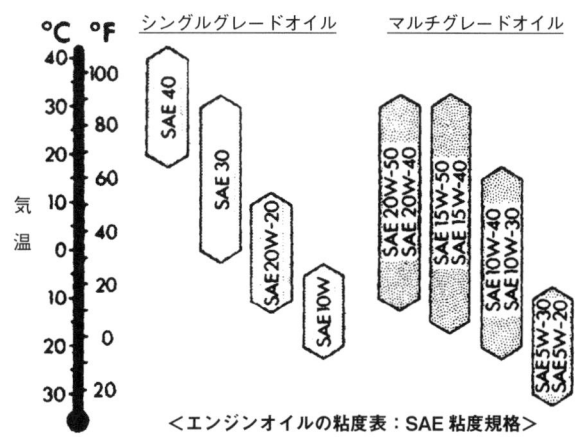

＜エンジンオイルの粘度表：SAE粘度規格＞

エンジン

スパークプラグ................................	Bosch W8AC、Bosch W8AP、NGK BP6HS など
スパークプラグギャップ...................	0.6 〜 0.7 mm
ポイントギャップ............................	0.4 mm
ドエル角..	44 〜 50°

点火時期
- 1954年〜1965年モデル........................... 10°BTDC（上死点前）
- 1966年〜1967年モデル：エンジン番号がFOまたはHOで始まる車両　7.5°BTDC
- 1967年〜1970年モデル：エンジン番号がH5で始まる
  - セミオートマ装備のフューエルインジェクションモデル............. 0°(TDC)（上死点）
- 1970年8月〜1973年春までのキャブレターモデル、
  - およびマニュアルトランスミッション装備のインジェクションモデル... 5°ATDC（上死点後）
- 1973年春〜1974年のキャブレターモデル........... 7.5°BTDC
- 1975年以降のマニュアルトランスミッション車..... 5°ATDC
- 1975年以降のセミオートマ車......................... 0°(TDC)

クランクシャフトプーリーのタイミングマーク（切り欠き）
- マークが1つのプーリー................. 7.5°BTDC を示す
- マークが2つのプーリー................. 左側のマーク：7.5°BTDC
  - 右側のマーク：10°BTDC
- マークが3つのプーリー................. 左側のマーク：0°(TDC)
  - 中央のマーク：7.5°BTDC
  - 右側のマーク：10°BTDC

スパークプラグキャップの抵抗値............	5k 〜 10k Ω
エンジン点火順序...............................	1-4-3-2

アイドル回転数
- キャブレターモデル
  - マニュアルトランスミッション車........ 800 〜 900 rpm
  - セミオートマ車............................... 900 〜 1000 rpm
- フューエルインジェクションモデル
  - マニュアルトランスミッション車........ 800 〜 950 rpm
  - セミオートマ車............................... 850 〜 1000 rpm

バルブクリアランス（エンジン冷間時）
- 1954年〜1960年（36hp）
  - インテークバルブ............................ 0.1 mm
  - エキゾーストバルブ......................... 0.1 mm
- 1961年〜1965年（40hp）
  - インテークバルブ............................ 0.2 mm*
  - エキゾーストバルブ......................... 0.3 mm*
- その他の全モデル
  - インテークバルブ............................ 0.15 mm
  - エキゾーストバルブ......................... 0.15 mm

*セクション30の注を参照

ファンベルト
- たわみ... 15 mm 前後

クラッチ
- ペダルの遊び.................................. 10 mm 〜 20 mm

ブレーキ
- ディスクブレーキパッドの厚さ（最小限度値）....... 1.6 mm
- ドラムブレーキシューライニングの厚さ（最小限度値）
  - リベット式ライニング......................... 1.6 mm
  - 接着式ライニング............................. 1.2 mm
- ハンドブレーキの調整........................ レバーのラチェット機構の作動音 4 〜 5 回

サスペンションとステアリング
- ステアリングホイールの遊び（限度値）........... 25 mm
- タイヤ空気圧（車体に表示のある場合はその表示に従うこと）
  - バイアスタイヤ
    - フロント....................... 1.1 kg/cm² 　110 kPa*
    - リア............................. 1.7 kg/cm² 　170 kPa*
  - ラジアルタイヤ
    - フロント....................... 1.7 kg/cm² 　170 kPa*
    - リア............................. 1.9 kg/cm² 　190 kPa*
    - リア（1973年1月以降）.... 2.0 kg/cm² 　200 kPa*　 *概算値

締付トルク　kg-m
- オイルストレーナーカバー.................... 0.7
- ホイールボルト
  - 5本タイプ（M12 x 1.5）................... 10.0
  - 4本タイプ（M14 x 1.5）................... 12.0 〜 13.0
- スパークプラグ................................. 3.0 〜 4.0

シリンダー番号（上から見た図）

（および、No.1 シリンダー上死点時のタイミングマーク、ディストリビューターのドライブシャフト、ローター、プラグコードの位置関係の例）

定期メンテナンス　　　　1-3

1. メンテナンススケジュール

　本書のメンテナンススケジュールは、読者（つまり、プロのメカニックではない）が作業をすることを前提にしている。以下のメンテナンススケジュールは、毎日運転する車のために最低限必要となる定期点検整備を説明している。常時最高の状態に保ちたい人は本セクションで説明する手順のいくつかを規定よりも短いインターバルで実施してもよい。頻繁にメンテナンスを行なえば、それだけ性能や燃費が良くなるばかりか、中古車として売却するときのリセールバリューも高くなるため、頻繁なメンテナンスを推奨する。ホコリの多い地域で使用する、アイドリングまたは低速走行する時間が長い、あるいは外気温が氷点下の地域で短い距離（数km程度）を走行する機会が多い場合も、規定よりも短いインターバルでメンテナンスを実施することを勧める。

500km毎または週に一度（どちらか早い方）

- エンジンオイルレベルの点検（セクション4）
- フロントウィンドーウォッシャー液レベルの点検（セクション4）
- ブレーキフルードレベルの点検（セクション4）
- タイヤとタイヤ空気圧の点検（セクション5）

5000km毎または3ヶ月に一度（どちらか早い方）

上記の点検項目に以下の点検を追加する：
- セミオートマチック用フルードレベルの点検（セミオートマ車のみ）（セクション4）
- エンジンオイルの交換（セクション9）
- シャシー各部のグリスアップ（セクション20）
- バッテリーの点検／整備（セクション6）
- ファンベルトの点検および必要に応じた調整（セクション18）

1万km毎または6ヶ月に一度（どちらか早い方）

上記のすべての点検項目に以下の点検を追加する：
- ワイパーブレードの点検と必要に応じた交換（セクション8）
- クラッチペダルの遊びの点検および必要に応じた調整（セクション31）
- エンジンルーム内の全ホース類の点検および必要に応じた交換（セクション7）
- タイヤのローテーション（セクション14）
- バルブクリアランスの点検および必要に応じた調整（セクション30）
- ブレーキ系統の点検（セクション15）*
- アクスルシャフトブーツとCVジョイントの点検（セクション10）
- ニュートラルスタートスイッチの点検（セミオートマ車のみ）（セクション19）

2万km毎または12ヶ月に一度（どちらか早い方）

上記のすべての点検項目に以下の点検を追加する：
- エアクリーナーの整備（セクション17）
- フューエルフィルターの整備（セクション21）
- 燃料系統の点検（セクション16）
- 圧縮圧力の点検（第2章参照）
- スパークプラグの交換（セクション25）
- コンタクトブレーカーポイントとコンデンサーの交換（セクション27）
- スパークプラグコード、ディストリビューターキャップおよびローターの点検と必要に応じた交換（セクション26）
- アイドル回転数の点検および必要に応じた調整（セクション29）
- 点火時期の点検および必要に応じた調整（セクション28）
- バルブクリアランスの点検と必要に応じた調整（セクション30）
- トランスミッションオイルのレベル点検（セクション13）*
- サスペンションとステアリング関連部品の点検（セクション11）*
- 排出ガス浄化装置の点検（装着車）（セクション24）
- 排気系統の点検（セクション12）
- セミオートマチックトランスミッションの整備（セクション22）

5万km毎または24ヶ月に一度（どちらか早い方）

- ホイールベアリングの点検とグリスの充填（セクション32）
- トランスミッションオイルの交換（セクション23）*
- 触媒コンバーターの交換（装備車）（セクション24）
- EGRシステムの整備（セクション33）

この項目は、以下に示す過酷な条件下で車を使用しているか否かによって変わる。過酷な条件下で使用している場合は、「」で示した項目すべてを通常の半分の間隔で実施すること。過酷な条件とは、以下に示す条件の1つ以上に適合する場合を示す：
- ホコリの多い地域で使用している
- アイドリング時間が長いまたは低速で走行する機会が多い
- 外気温度が氷点下の地域で、数km程度の短い距離を走行する機会が多い

2. はじめに

この章では、サンデーメカニックがVWビートル/カルマンギアの性能、燃費、安全性を最適な状態に保ち、長持ちさせるための作業項目を説明する。

この章の冒頭には基本となるメンテナンススケジュールが載っている。

走行距離/時間によって決まっているメンテナンススケジュールおよびそれぞれの該当セクションに従って整備すれば、結果的に車を長期間故障なく使用することができるはずである。ここで説明するメンテナンススケジュールは規定の時期に規定の項目を漏れなく実施してこそ効果があり、部分的に実施しない項目がある場合は、結果が違ってくる。

車を整備するときは、作業の内容あるいは部品同士に関連はなくても、取付位置が近いなどの理由から作業手順の多くをグループとしてまとめることができる(またはそうすべき)ことに気づく。

例えば、シャシーのグリスアップのために車を持ち上げた場合は、ついでに排気系統、サスペンション、ステアリングと燃料系も点検すべきである。タイヤのローテーションを行なっているのであれば、すでにタイヤを取り外しているのだから、ブレーキとホイールベアリングもついでに点検するのが自然である。

最後に、トルクレンチは買うか借りるかして準備しておくこと。たとえ、ただスパークプラグを締め付けるためだけに必要な場合でも、時間があれば、ついでに他の重要な固定具(ボルトやナット)の締付トルクを点検した方がよい。

ここで説明するメンテナンスの第一歩は、実作業に入る前にあなた自身を準備することである。まず、始めようとしている作業手順に関係する全てのセクションを通読してから、その作業に必要となるすべての部品と工具のリストを作って、準備する。この準備段階で不明点がある場合は、専門店などに相談して事前に不明点を解決しておくこと。

3. エンジン調整に関する全般的な説明

本書で言うエンジン調整とは、特定の作業手順ではなく個々の作業を組み合わせて実施することを示している。

本書で説明する規定のメンテナンススケジュールを守って、フルードレベルや摩耗の早い部品を定期的に点検・整備していれば、エンジンは常に良好な状態を保ち、故障の発生も少ないはずである。

ただし、現実には定期点検を怠ったためにエンジンが不調になる場合もある。特に、定期点検やメンテナンスを怠っていた中古車を新たに購入した場合は、要注意である。そうした場合は、定期メンテナンスとは別にエンジン調整が必要になる。

エンジンの不調を診断する際に最初に行なうことは、シリンダー圧縮圧力(コンプレッション)の点検である。圧縮圧力の点検(第2章参照)は、エンジンを構成する多数の内部部品の全般的な性能のバロメーターであり、エンジン調整および修理の基本となる。例えば、圧縮圧力の点検により内部部品が摩耗していると判断できれば、通常の調整を行なってもエンジンの不調を完全に修正することは不可能で、時間とお金の無駄となることが事前にわかる。従って、圧縮圧力の点検は非常に重要であり、点検の際には適切なコンプレッションゲージを使って正しく作業することが必要となる。

以下は、不調に陥ったエンジンを元の状態に戻す際に必要となる作業の一覧である。

第一段階の作業

- バッテリーの清掃、点検
- エンジンのオイル類の点検
- ファンベルトの点検、調整
- スパークプラグの清掃、ギャップ調整
- ディストリビューターキャップとローターの点検
- スパークプラグコードとイグニッションコイルコードの点検
- コンタクトブレーカーポイントの点検、調整
- 点火時期の点検、調整
- バルブクリアランスの点検、調整
- アイドル回転数の点検、調整
- エアクリーナーの点検
- エンジンルーム内の全ホース類の点検

第二段階の作業

上記の作業に加えて、以下の作業を実施する。

- スパークプラグの交換
- フューエルフィルターの整備
- エアクリーナーの整備
- EGR/排出ガス浄化装置の点検(装着車)
- 点火系統の点検
- 充電系統の点検
- 燃料系統の点検
- エアクリーナーの整備、交換
- ディストリビューターキャップとローターの交換
- スパークプラグコードの交換
- コンタクトブレーカーポイントとコンデンサーの交換

4. 油脂類のレベル(液量)点検

1. エンジンオイルやブレーキフルードといった油脂類は車にとって欠かすことができない部品の1つである。車を使用するに伴って、これらの油脂類は徐々に汚れたり劣化してくるので、定期的に交換しなければならない。油脂類を補充する前に、この章の「整備情報」を参照して、適切な油脂類を使用すること。

備考:油脂類の点検は、車を水平なところに駐車してから行なうこと。

エンジンオイル

→写真4.2, 4.4, 4.6参照

2. エンジンオイルのレベルは、オルタネーター/ダイナモの近くにあるレベルゲージで点検する(写真参照)。レベルゲージは、金属チューブを介してエンジンオイルパン内に浸かっている。

3. オイルレベルは、走行前あるいはエンジン停止後約15分経過してから点検すること。走行直後はオイルの一部がエンジンの上部に残っているため、レベルゲージの読み取り値が不正確になる。

4. チューブからレベルゲージを引き抜いてから、

4.2 エンジンオイル・レベルゲージは、ダイナモ/オルタネーターの下にある

きれいなウエスまたはペーパータオルで先端を丁寧に拭き取る。拭き取ったレベルゲージを金属チューブにいっぱいまで挿入してから、再び抜き取る。レベルゲージの先端に付着したオイルを確認する。オイルレベルが上限と下限の間にあれば正常である(写真参照)。

5. 約0.5リットルのオイルを補充すると、オイルレベルが下限マークから上限マークまで上昇する。エンジン損傷の原因となるので、オイルレベルは下限マークより下に低下しないように注意すること。逆にオイル量が多すぎると、スパークプラグにオイルが付着して点火不良を起こしたり、オイル漏れやオイルシールが傷む原因となる。

6. フィラーキャップを取り外して、オイルを補充する(写真参照)。ジョウゴまたはオイルジョッキを使い、オイルがこぼれないように注意する。オイルを補充したら、フィラーキャップを取り付ける。エンジンを始動してから、オイルストレーナーカバーまたはドレンプラグの周囲にオイル漏れが発生しないか注意深く観察する。

エンジンを停止して、オイルがオイルパンに戻るまでの時間を待ってから、再度オイルレベルを点検する。

7. オイルレベルの点検は、故障を未然に防止する上で重要なメンテナンス項目である。頻繁にオイルが減る場合は、オイルシールの損傷、接続部の緩み、またはピストンリングあるいはバ

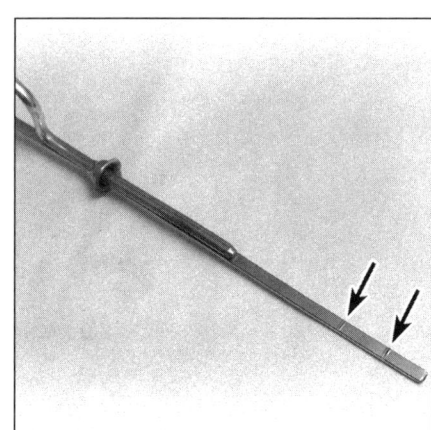

4.4 オイルレベルは上側と下側のマークの間に維持する

定期メンテナンス

1-5

4.6 オイルフィラーキャップは、ダイナモ／オルタネーターの右側にある

4.8 ホースを外して、リザーバータンクのフィラーキャップを取り外す

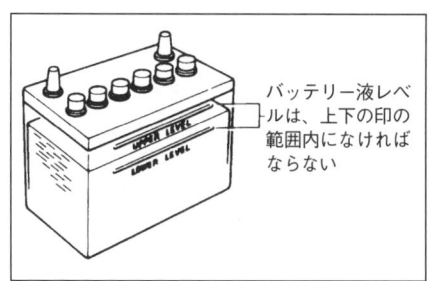

4.9 バッテリー液量は、すべてのセルでバッテリー側面の上下の印の範囲内に保つこと。補充する場合は必ず蒸留水を使うとともに、決して規定量以上入れないこと。入れすぎると、充電中にバッテリー液が噴き出す恐れがある

ルブガイドの摩耗が原因でオイル漏れが発生している兆候である。また、オイルの状態も点検すること。レベルゲージのオイルを拭き取る前に、親指と人差し指で挟んでゲージ先端に向かって指を滑らせる。指に付いたオイルに汚れや金属粉が見られる場合は、オイルを交換すること（セクション9参照）。

ウィンドーウォッシャー液

→写真4.8参照

8. フロントウィンドーのウォッシャー液は、フロントフードを開けると、スペアタイヤの隣にあるプラスチック製のリザーバータンクに入っている（写真参照）。温暖な地域の場合、このリザーバーには普通の水を補充すればよいが、液面はタンク容量の3/4を越えないようにすること。寒冷地の場合は、氷点を下げるために自動車用品店で売られているウィンドーウォッシャー液を使用する。容器に記載されている説明に従って、ウォッシャー液を水と混ぜる。スペアタイヤの空気が充分に入っていることを確認して、タイヤとリザーバーの間にホースを接続する。（ウォッシャーはスペアタイヤの空気圧を利用している）。

バッテリー液

→図4.9参照

9. ビートルのバッテリーは、リアシートクッションの下にある。カルマンギアの場合は、エンジンルーム内に取り付けられている。保護カバーを取り外してから、各バッテリーセルのバッレベルが上限と下限の間にあれば正常である（図参照）。レベルが低い場合は、フィラー／ベントキャップを取り外してから、蒸留水を補充する（メンテナンスフリーバッテリーを除く）。キャップを取り付けて、しっかりと締める。
注意：バッテリー液を入れすぎると、充電時にバッテリー液があふれ出して、腐食や損傷の原因となる恐れがあるので注意する。

ブレーキフルード

→写真4.10a、4.10b、4.10c参照

10. ブレーキフルードのリザーバータンクは、フロントフードの下にある。初期モデルの場合はスペアタイヤの近くにあり、後期モデルの場合は運転席側のフードスプリングの近くにある。カルマンギアでは、インストルメントパネルカバーの裏側にある（写真参照）。

11. リザーバーが透明タイプの場合、ブレーキフルードレベルがリザーバー側面の MAX と MIN マークの間にあることを目視により確認するだけで良い（マークがない場合は、リザーバーの繋ぎ目のライン、またはリザーバー容量の3/4を上限の目安にする）。初期モデルでは、キャップを取り外す必要がある。

12. フルードレベルが低い場合は、リザーバーカバーの上面をきれいなウエスで拭き取って、ホコリが入らないように注意しながら、リザーバーカバーを取り外す。

13. ブレーキリザーバーには必ず規定のブレーキフルードを補充する（この章の「整備情報」を参照）。異なった種類のブレーキフルードを混ぜると、ブレーキ系統が損傷する恐れがある。補充するときは上限を超えてフルードを入れないこと。
警告：リザーバーにブレーキフルードを入れるときは、ブレーキフルードが誤って眼に入ったり塗装面にかからないよう注意する。開封してから1年以上経過している、または開けたまま放置していたブレーキフルードは使用しないこと。
ブレーキフルードは大気中の湿気を吸収する。湿気を含みすぎると、ブレーキ性能が低下する原因となる。

14. リザーバーキャップを取り外した際に、リザーバー内のフルードの汚れを点検する。ブレーキフルード内にホコリや沈殿物がある場合は、ブレーキフルードを交換すること。

15. リザーバーの適切なレベルまでブレーキフルードを入れた後に、フルードの漏れや湿気の混入を防ぐためにキャップを確実に閉めておく。

4.10a 初期モデルの場合、ブレーキフルードリザーバーはスペアタイヤの裏側、フロントウィンドーウォッシャーリザーバーの隣に位置する

4.10b 後期モデルの場合、リザーバーはフードスプリングの隣に位置する

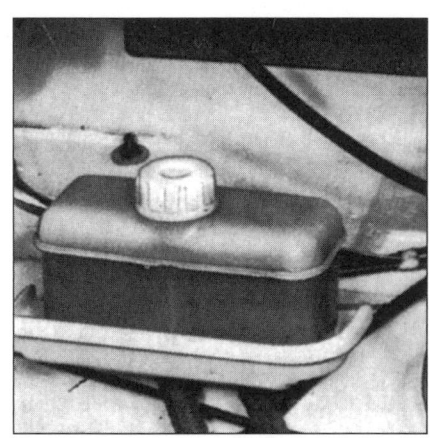

4.10c カルマンギアの場合、リザーバーはインストルメントパネルカバーの裏側に位置する

定期メンテナンス

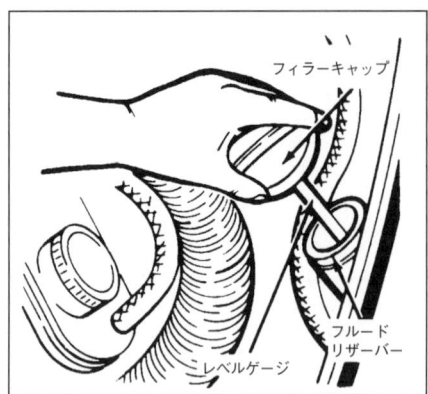

4.20 セミオートマチックトランスミッションのレベルゲージは、エンジンルーム内の右側にある

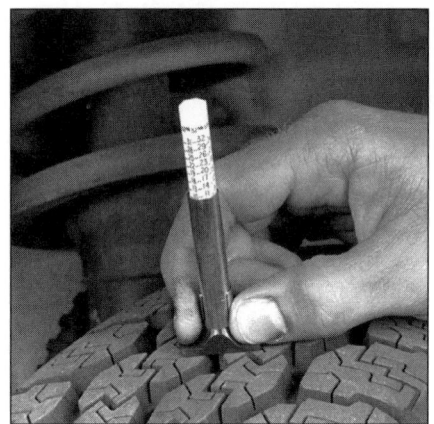

5.2 タイヤの摩耗は、タイヤ溝ゲージを使って点検する。このゲージは自動車用品店などで購入可能

空気圧不足

トーイン不良またはキャンバー過大

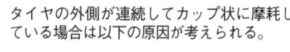
カップ状摩耗

タイヤの外側が連続してカップ状に摩耗している場合は以下の原因が考えられる。
・ホイールまたはタイヤのバランス不良、ホイールの損傷または変形などの機械的な不具合または空気圧不足
・タイロッドまたはステアリングアイドラーアームのガタ、摩耗
・サスペンション部品のガタ、損傷または摩耗

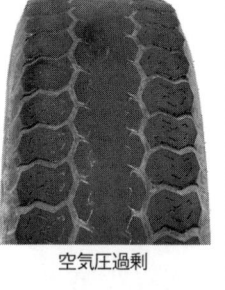
空気圧過剰

アライメント不良による端部の毛羽立ち摩耗

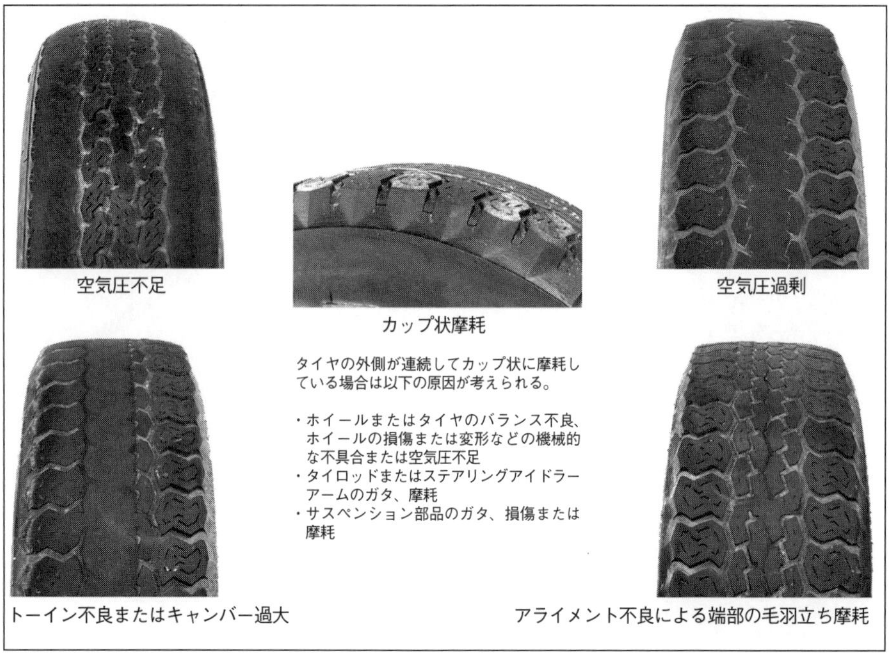

5.3 これらの写真を参考にして、タイヤの状態を判断するとともに、異常摩耗の原因を推定して必要に応じて修正する

16. リザーバー内のブレーキフルードは、ブレーキライニングの摩耗に伴って正常時でもわずかに減るものである。しかし、マスターシリンダー内のフルードを規定のレベルに維持するために頻繁に補充しなければならない場合は、フルード漏れが発生しているので、すぐに修理が必要である。ホイールシリンダーまたはキャリパーだけでなく、すべてのブレーキラインおよび接続部も点検する。

17. ブレーキレベルを点検した際に、リザーバーが空になっている（または空に近い）場合は、ただちにブレーキフルードを補充して、漏れがないか注意深く点検すること（第9章参照）。

セミオートマチックトランスミッション用フルード

→図4.20 参照

18. セミオートマチックトランスミッション用フルードのレベル点検は非常に重要である。フルードレベルが低下すると、駆動力が伝達されなくなる原因となる。逆に、入れすぎるとフルード内に気泡が発生して駆動ロスが生じたり、フルードの漏れ、あるいはコンバーター損傷の原因となる。

19. 水平なところに駐車して、ハンドブレーキをかける。

20. エンジンを切って、レベルゲージを引き抜く（図参照）。レベルゲージは、エンジンルーム内の右側のバルクヘッド付近にある。

21. きれいなウエスでレベルゲージを拭き取って、フィラーチューブにキャップが接するまでレベルゲージを再挿入する。

22. レベルゲージを引き抜いて、フルードレベルとフルードの状態を確認する。レベルが低下している場合は、ジョウゴを使ってレベルゲージチューブから規定のオートマチックトランスミッションフルードを補充する。

23. 規定のレベルにちょうど達するだけの推奨フルードを補充する。補充するときは、液量を確認しながら少しずつ入れる。

24. レベルと同時に、フルードの状態も点検する。レベルゲージ先端に付着したフルードが黒または赤褐色になっている、または焦げたような臭いがする場合は、フルードの交換が必要である（セクション22参照）。フルードの状態がおかしいと思う場合は、新しいフルードを購入して、色と臭いを比べる。

トランスミッションオイル

25. セミオートマ車とマニュアル車の両方とも、トランスミッションには点検／フィラープラグが設けられており、レベルを点検する際はこのプラグを取り外さなければならない。詳しくはセクション13を参照する。

5. タイヤとタイヤ空気圧の点検

→写真5.2、5.3、5.4a、5.4b、5.8参照

1. タイヤを定期的に点検すれば、パンクで困ることも少なくなるであろう。それと同時に、大きな故障につながる可能性のあるステアリングおよびサスペンションの問題をあらかじめ発見することもできる。

2. タイヤ溝の通常の摩耗は、簡単なタイヤ溝ゲージ（写真参照）で点検することができる。タイヤ溝が1.6 mmになったら（ウェアインジケーターが現われることでも分かる）、タイヤを交換する。

3. タイヤの異常摩耗がないか点検する（写真参照）。カップ状摩耗、フラットスポットおよびタイヤの片側の偏摩耗などは、フロントホイールアライメントおよびバランスの不良が原因となっている。これらの不具合が見られる場合は、タイヤショップまたは工場で修正してもらう。

4. タイヤに亀裂がないか、パンクしていないか、釘などが刺さっていないか念入りに点検する。タイヤのトレッド面に釘が刺さっている場合でも、タイヤの空気はすぐには抜けず、少しずつ抜ける場合がある。空気が少しずつ抜ける場合は、バルブコアが緩んでいないか点検する（写真参照）。タイヤに何か刺さっていないか、また過去のパンク修理箇所から空気が漏れ始めていないか念入りに点検する。チューブレスタイヤの場合、タイヤとリムの間に錆が発生して、エア漏れの原因となる場合も多い。エア漏れが疑われる場合は、該当個所に石鹸水をスプレーしてみると簡単に確認することができる（写真参照）。漏れていれば、泡が出るはずである。パンク箇所が大きくなければ、通常タイヤショップやガソリンスタンドで修理してもらうことができる。

5. 各タイヤの内側のサイドウォールを念入りに点検して、ブレーキフルードやアクスルのグリス漏れがないか確認する。フルードやグリスが付着していればすぐに該当箇所の点検を行なう。

6. 空気圧を正しく保てば、タイヤの寿命および燃費が延びるし、全般的な乗り心地も向上する。タイヤの空気圧は見た目では正確に判断できない（特にラジアルの場合はそうである）。従って、タイヤ空気圧ゲージが必要となる。グローブボックス内には正確なタイヤ空気圧ゲージを常備しておくこと。ガソリンスタンドで見かけるホースの先のノズルに取り付けられている空気ゲージは、不正確な場合が多い。

7. タイヤ空気圧の点検は、必ずタイヤが冷えて

定期メンテナンス 1-7

5.4a タイヤの空気が早く抜ける場合は、まずバルブコア（虫）を点検して緩んでいないことを確認する（専用工具＝虫回しを使うとよい）

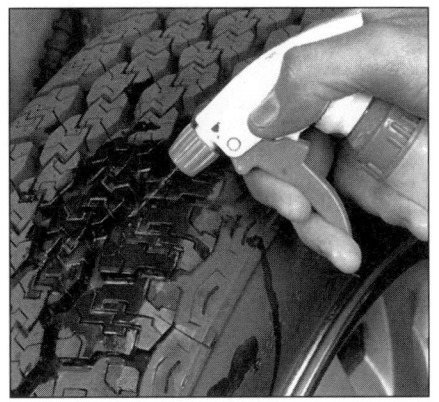

5.4b バルブコアが緩んでいなければ、ジャッキアップして、そのタイヤをゆっくりと回転させながら、トレッド面に石鹸水をスプレーしてみる。空気漏れがあれば泡が出るはずである

5.8 タイヤを長持ちさせるには、週に一度は空気圧を点検する（スペアタイヤも忘れずに点検する）

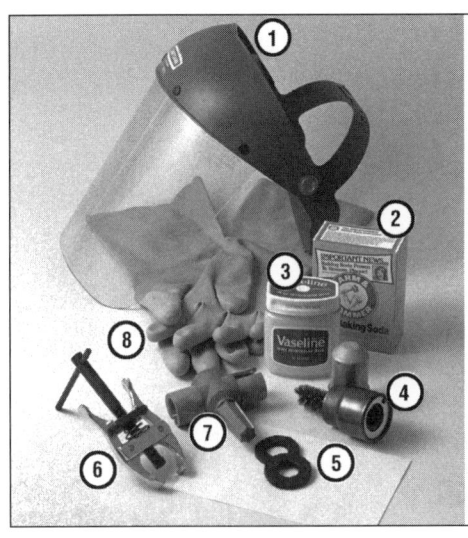

6.1 バッテリーのメンテナンスにあると便利なもの

1 フェイスシールド／保護メガネ：ブラシで腐食や汚れを取り除くときに、それが飛び散って目に入る危険がある
2 重曹：酸による腐食を中和する際は、重曹を溶かした温水を使う
3 ワセリンまたはグリス：バッテリー端子に塗布して、腐食を防止する
4 バッテリー端子／ケーブル用清掃工具：バッテリー端子とケーブルクランプから腐食をきれいに取り除くにはこのようなブラシを使うと便利である（※日本ではあまり販売されていない）
5 フェルト製ワッシャー：バッテリー端子の上にこのワッシャーを置いてから、ケーブルクランプを取り付けると、腐食しにくい
6 プーラー：ナットまたはボルトを完全に緩めた後でも、ケーブルクランプがバッテリー端子からなかなか外れない場合がある。この工具を使えば、損傷することなくケーブルクランプをバッテリー端子からまっすぐに引き抜くことができる
7 バッテリー端子／ケーブル用清掃工具：上記4と目的は同じであるが、違うタイプのもの
8 ゴム手袋：バッテリーを整備する際の安全対策として必要になる。バッテリーの中には希硫酸が入っていることを忘れないように

いるときに行なうこと。この場合の「冷えている」とは、タイヤ空気圧を点検する前3時間以内に1km以上走行していないことを意味する。タイヤが暖まると、空気圧が0.3～0.6 kg/cm²程度上昇することは珍しくない。
8. ホイールから突き出ているバルブキャップを緩めて、ゲージをバルブにしっかりと押しつける（**写真参照**）。ゲージの読み取り値をメモして、車体のプレート（装着車）、タイヤ自体またはこの章の「整備情報」に記載された推奨空気圧の値と比較する。バルブコアからホコリや湿気が入らないようにするため、バルブキャップを確実に取り付ける。4本すべてのタイヤを点検して、必要に応じて推奨空気圧まで空気を補充する。
9. スペアタイヤも忘れずに空気を補充しておく。

6. バッテリーの点検とメンテナンス

→写真6.1、6.3、6.6a、6.6b、6.7a、6.7b参照
1. バッテリーのメンテナンスを定期的に実施することは、エンジンをすぐにかつ確実に始動する上で非常に重要である。ただし、バッテリーのメンテナンスを行なう前に、安全に作業するために必要となる工具が揃っていることを確認する（**写真参照**）。
2. また、バッテリーのメンテナンスを行なう際には、守るべき注意事項がいくつかある。バッテリーのメンテナンスを行なう前には、必ずエンジンと全ての電装品をオフにする。リアシートからクッションを取り外して、バッテリーのマイナス端子からバッテリーケーブルを外す。
3. バッテリーは、可燃性があり爆発を起こす恐れのある水素ガスを発生する。バッテリーの周囲に、火花、タバコ、マッチなどを決して近づけないこと。作業するバッテリーの上面に脱着式のキャップが設けられている場合は、キャップを開けて、バッテリー液レベルを点検する（写真参照）。バッテリーの充電は、必ずよく換気されたところで行なうこと。
4. バッテリー液は有毒で腐食性を持つ希硫酸を含んでいる。バッテリー液が誤って目、皮膚または衣服などに付着しないように注意すること。また、間違っても口に入れないこと。バッテリーの付近で作業する場合は、保護メガネを着用する。子供をバッテリーに近づけないこと。
5. バッテリーの外側の状態を点検する。バッテリーのプラス端子およびケーブルクランプには、通常ゴムかプラスチックの保護カバーが付いて

6.3 バッテリーのバッテリー液レベルを点検する際は、セルキャップを取り外す。液量が少ない場合は、必ず蒸留水を補充する

定期メンテナンス

いるが、その保護カバーが切れたり、損傷していないか確認する。保護カバーが端子全体を保護していること。接続部の腐食または緩み、ケースまたはカバーの亀裂、取付クランプの緩みがないか点検する。ケーブルの全長に渡って、亀裂または銅線が露出している箇所がないか点検する。

6. 特に端子のまわりに白い粉のような堆積物が見られる場合は、腐食を示すので、バッテリーを取り外して清掃する（**写真参照**）。レンチでバッテリーケーブルクランプの固定ボルトを緩めて、最初にマイナス側ケーブルを外して、端子に接触しない位置にケーブルを退けておく（**写真参照**）。次に、取付クランプのボルトおよびナットを外して、クランプを取り外してから、バッテリーを取り出す。

7. ケーブルクランプは、重曹を溶かした温水とブラシを使って念入りに清掃する（**写真参照**）。バッテリーケースの上面と端子は同じ溶液を使って清掃すればよいが、その溶液がバッテリーに入らないように注意する。ケーブル、端子およびバッテリーケースの上面を清掃するときは、保護メガネとゴム手袋を着用して、誤って目や手に溶液が付着しないように注意する。また、作業は古着を着て行なう。誤ってバッテリー液が付くと衣服に穴があく。端子の腐食がひどい場合はワイヤーブラシで清掃する（**写真参照**）。清掃した箇所は、丁寧に水拭きしておく。

8. バッテリーを取り付ける前に、バッテリートレイを点検する。バッテリートレイが汚れているまたは腐食が見られる場合は、バッテリートレイを取り外して重曹を溶かした温水で清掃する。キャリアの取り付けブラケットを点検して、腐食がないか確認する。腐食が見られる場合は、清掃する。腐食がひどい場合は、地金が出るまでブラケットを磨いて、亜鉛コート（下塗り剤）をスプレーしておく。

9. バッテリーキャリアとバッテリーを取り付ける。バッテリーを取り付ける際は、キャリアの上に配線や部品などが残っていないことを確認する。

10. 最初にプラス側ケーブル、次にマイナス側ケーブルの順でケーブルクランプを取り付けて、ボルトを締め付ける。腐食を防止するため、ワセリンまたはグリスをバッテリー端子およびケーブルクランプに塗布する。

11. 取付クランプとボルトを取り付ける。バッテリーがしっかりと固定する程度までボルトを締め付ける。バッテリーケースに亀裂が入る恐れがあるので、くれぐれも締めすぎないこと。

12. 充電、ジャンピング等のバッテリーに関する詳細は、第5章および本書の冒頭を参照する。

7. エンジンルーム内のホースの点検、交換

概説

1. エンジンルーム内は高温のため、エンジン、アクセサリー部品、排出ガス浄化装置に使われているゴム製またはビニル製ホースは徐々に劣化している。ホース類の亀裂、クランプの緩み、硬化または漏れがないか定期的に点検すること。

2. すべてではないが、フィッティング部にクランプ（ホースバンド）で固定されているホースもある。クランプが使われている場合は、クランプが緩んでいないか点検する。緩んでいると

6.6a バッテリー端子が腐食すると、通常、細かい白い粉が出てくる

漏れの原因となる。クランプが使われていない場合は、ホースが差し込まれている部分が膨らんだり硬化していないか点検する。

バキューム（負圧）ホース

3. ホースは、各システムに応じて、要求される肉厚、耐衝撃性、耐温度性が異なる。ホースを交換するときは、必ず同じサイズで同じ特性を持つ新品と交換すること。

4. ホースを点検する際の最も良い方法は、多くの場合、車両から完全に取り外してから点検することである。複数のホースを取り外す場合は、各ホースおよびフィッティング部（接続先）を荷札等で識別して、再接続時に間違えないようにする。

5. バキュームホースを点検する際は、相手となるフィッティング部も同時に点検しておく。フィッティング部の亀裂、およびそこに接続されるホースに歪みがないか点検する。亀裂や変形は漏れの原因となる。

6. 予備のバキュームホースは、負圧（バキューム）漏れを検出するサウンドスコープとして使用できる。ホースの片方を耳に当てて、他方をバキュームホースおよびフィッティング部の周囲に当てて、「シュー」という負圧漏れを示す音が

6.7a バッテリー端子表面の腐食をきれいに取り除く（このようなバッテリー端子専用のブラシがあると便利である）

6.6b レンチを使ってバッテリー端子からケーブルクランプを外す。腐食によりナットの角が丸くなってしまっている場合は、プーラーが必要になることもある（ケーブルを外すときは、必ずマイナス側から先に外し、接続するときはプラス側ケーブルを先に接続する）

出ていないか確認する。
警告：バキュームホースをサウンドスコープとして使用する場合は、ファンベルトやプーリーなどのエンジンルーム内の可動部品に触れないように充分注意する。

フューエルホース

警告：ガソリンは引火性が極めて高いため、燃料系統の各部品の整備を行なう場合は充分注意が必要である。作業場でタバコを吸ったり、作業場に裸火や裸電球を持ち込まないこと。燃料が皮膚に付着した場合は、石鹸と水ですぐに洗い流すこと。燃料系統の整備を行なう際は、保護メガネを着用して、Bタイプ（油火災用）の消火器を手元に準備しておくこと。
インジェクション仕様車の場合、燃料系統が加圧されているので、フューエルラインの接続を外す場合は、最初に燃圧を抜かなければならない（詳細は第4章を参照）。

7. 各フューエルホースの劣化またはすり切れを点検する。ホースが曲がっている箇所およびホー

6.7b ケーブルクランプ内側の腐食をきれいに取り除く（バッテリー端子はわずかにテーパー状になっているので、クランプの内側もそれに合う形をしている。あまり研磨しすぎないこと）

定期メンテナンス

スとフューエルフィルターの接続などの各フィッティグ部の直前は特に亀裂がないか念入りに点検する。

8. フューエルホースを交換する場合は、高品質のものを使用する。フューエルホースを交換する際に、補強の入っていないバキュームホース、透明なビニールチューブ、ウォーターホースなどは決して使用しないこと。

9. フューエルラインには、一般的にスプリング式クランプ（ホースバンド）が使われている。これらのクランプは、一定の年数を経過すると張力がなくなる場合が多い。ホースを交換する場合は、スプリング式のクランプをスクリュー式のクランプと交換する。

金属パイプ

10. フューエルポンプとフューエルインジェクションユニット間のフューエルラインの一部には、金属パイプが使われている場合が多い。この部位のパイプに曲がり、しわ、または亀裂が発生していないか慎重に点検する。

11. フューエルパイプを交換する場合は、必ず鋼鉄製のシームレスのものを使用する。銅製やアルミ製のパイプでは、強度に欠けるため、エンジンの振動に耐えることができない。

12. マスターシリンダーおよびブレーキプロポーショニングバルブ（装着車）に接続されているブレーキパイプに亀裂または接続部の緩みがないか点検する。ブレーキフルードが漏れている場合は、すぐにブレーキ系統の念入りな点検が必要となる。

8. ワイパーブレードの点検、交換

→図8.6 参照

1. フロントウィンドーワイパー／ブレード・アセンブリーは、損傷、緩み、ブレードの亀裂または摩耗がないか、定期的に点検すること。

2. 時間の経過とともに、ワイパーブレードには油膜が付着して払拭性能が低下するので、中性洗剤等を使って定期的にブレードを清掃すること。

3. ワイパーが作動することによりボルト、ナットなどの固定具が緩む場合があるので、ワイパーブレードを点検するときは、同時にこれらの緩みも点検して、必要に応じて増し締めしておく。

4. ワイパーブレードに亀裂、摩耗または反りが見られる、またはワイパーを作動させてもきれいに拭き取らなくなったら、新品と交換する。

5. 初期モデルの場合、ワイパーブレードは小さなスクリューでアームに固定されている。交換作業のため、ガラスからアーム・アセンブリーを持ち上げる。スクリューを緩めて、アーム・アセンブリーをずらして外す。ブレードゴムは、裏金に貼り付けられているが、交換するときはこの裏金とアセンブリーで交換することになる。取り付けは取り外しの逆手順で行なう。

6. 後期モデルの場合は、各種のワイパーブレードが使われている。ガラスからアーム・アセンブリーを持ち上げて、固定スプリングを縮めてブレードを外す。ブレードがフックから外れるまで、ブレードを内側にずらしてから、フックに沿ってアームから取り外す（図参照）。

7. ブレードのフレームからブレードゴムを取り外して捨てる。

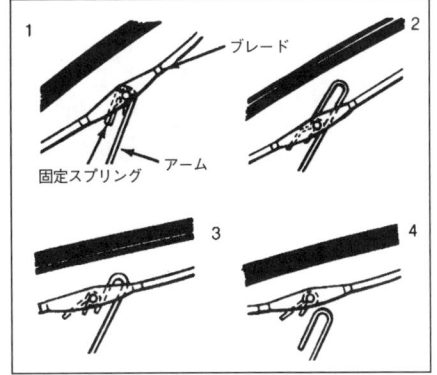

8.6 ワイパーブレードの取り外し手順の一例

8. 新しいブレードゴムを取り付けるときは、パッケージに入っている説明書に従う。ブレードゴムを正しく取り付ける。

9. 取り付けの逆手順で、ワイパーアームにブレードを取り付ける。「カチッ」という音が聞こえるまで、固定スプリングを確実に固定する。

9. エンジンオイルの交換

→図9.7、9.14 参照

1. エンジンオイルが劣化して、薄まったり汚れてくると、エンジンの早期摩耗の原因となるので、こまめにエンジンオイルを交換することは、サンデーメカニックがエンジンを故障から守る上で最善の予防策である。

2. この作業を始める前に、必要となる工具がすべて揃っていることを確認する。抜き取り用のオイル受け皿、レンチ類およびこぼれたオイルを拭き取るために多めのウエスや新聞紙も必要となる。

3. リフトアップする、ラダーレール（傾斜板）に載せる、またはジャッキアップ後リジッドラックで支えておくなどすれば、車の下にもぐって行なう作業はずっと楽にできる。

警告：ジャッキアップした場合は必ずリジッドラックで支えてから作業すること。

4. 初めてオイル交換をする場合は、下回りを観察してドレンプラグ（装着車）とオイルストレーナーカバーの位置を確認しておく。実際の作業ではエンジンや排気系統の部品が熱くなっているので、火傷などを負わないように充分注意する。

5. 水平な場所に駐車する。エンジンを始動して、通常の作動温度になるまで暖機する。暖まれば、オイルやスラッジが抜けやすくなる。暖機したらエンジンを切る。オイルフィラーキャップを取り外す。

6. ジャッキアップして、リジッドラックで支える。

警告：怪我防止のため、ジャッキアップしただけでは、車の下にもぐっての作業は決して行なわないこと。車載のジャッキはタイヤ交換だけを前提としている。車の下にもぐって作業する場合は、必ずリジッドラックで車を支えること。

7. 熱くなった排気装置に触れないように注意しながら、オイルパンの下にオイルの受け皿を置いて、ドレンプラグ（装着車）を取り外す（**写真参照**）。**備考**：36hpエンジンの場合、ドレン

9.7 ドレンプラグ／オイルストレーナー・アセンブリー（代表例）
1　ガスケット
2　オイルストレーナー
3　ガスケット
4　カバープレート
5　キャップナットとワッシャー
6　ドレンプラグとワッシャー

プラグの位置が若干中心からずれている。エンジンが熱くなっている場合は、ドレンプラグを緩めてから外れる直前の数回転は軍手などを着用した方がよいかもしれない。ドレンプラグが付いていない車の場合（後期モデル）は、オイルストレーナーカバーの周囲のナットを緩める。**警告**：熱いオイルに触れて火傷をしないように注意する。

8. 古いオイルを受け皿に抜き取る。古いオイルの中に金属の粉や破片が入っていないか点検する。

9. オイルを完全に抜き取ったら、ドレンプラグをきれいなウエスで拭く。たとえ小さな金属片でもドレンプラグに残ったままにすると、新しいオイルがすぐに汚れることになる。

10. ドレンプラグの開口部の周囲を清掃して、ドレンプラグを取り付けてから、確実に締め付ける。ただし、締めすぎてねじを切らないように注意すること。

11. オイルストレーナーカバーの周囲からナットを取り外す。カバーとストレーナーを取り外す。

12. オイルストレーナーとカバーを点検して、清掃する。

13. 古いガスケットの残りかすを取付面に残しておかないこと。頑固な残りかすは、必要に応じてスクレーパーで取り除いてもよい。きれいなウエスを使って、エンジンブロックの取付面を拭き取る。

14. 新品のガスケットとワッシャーを使って、オイルストレーナーとカバーを取り付ける。この章の「整備情報」の項に記載されている締付ト

定期メンテナンス

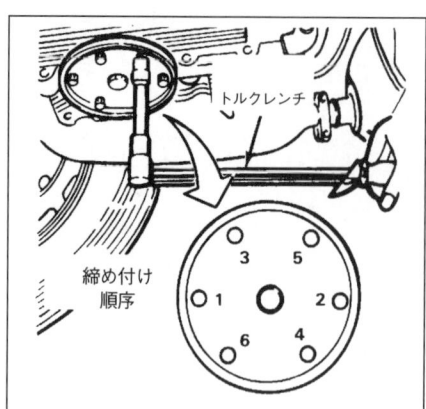

9.14 図示の順序でナットを締め付ける

10.3 ブーツの亀裂、切れおよびクランプの緩みを点検する

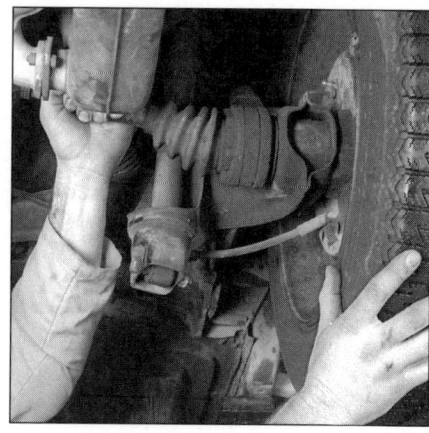

10.5 ドライブシャフトを握り、ホイールを両方向に回して、ガタを点検する

ルクに従って、図示の順序でナットを締め付ける（図参照）。

15. 工具類とウエス、その他すべてを車体の下から片付ける。特にオイル受け皿は中のオイルをこぼさないように注意する。その後、車体を下ろす。

16. オルタネーター／ダイナモの近くにあるオイルフィラー開口部から新しいエンジンオイルを注入する。オイルを注入する際は、ジョウゴまたはオイルジョッキを使って、エンジンの上部にオイルがかからないようにする。約2.5リットルの新しいエンジンオイルを注入する。ただし一度に全量を入れず、少な目に入れる。オイルがオイルパンに入るまで数分待ってから、オイルレベルゲージでオイルレベルを点検する（セクション4を参照）。オイルレベルがゲージの上側のマーク付近にあれば、フィラーキャップを取り付けて手で締めてから、エンジンを始動して新しいオイルを循環させる。

17. エンジンを数分間回転させる。エンジンが回転している間に、車の下を観察して、オイルパンのドレンプラグおよびオイルストレーナーカバー付近にオイル漏れがないか点検する。漏れがある場合は、エンジンを止めて、ドレンプラグまたはカバーを少し増し締めする。

18. オイルがオイルパンに戻るまで数分間待ってから、レベルゲージでオイルレベルを再点検して、必要に応じてレベルがゲージの上側マークに達するようオイルを補給する。

19. オイル交換後しばらくの間は、オイル漏れがないかオイルレベルが正しいかどうかこまめに点検する。

20. エンジンから抜き取った古いオイルは、再使用できないので適切な方法で廃棄する。オイルを購入した店や、自動車修理工場、ガソリンスタンドで引き取ってもらうとよい。オイルが冷えた後に、適当な容器に移して持っていく。

10. ドライブシャフトブーツとCVジョイントの点検

ドライブシャフトブーツの点検

→写真 10.3、10.5、10.6 参照

1. ドライブシャフト（アクスルシャフト）ブーツは、初期モデル（スイングアクスル車）の内側ジョイント、または後期モデル（1968年以降のセミオートマ車と1969年以降のマニュアルトランスミッション車）のCVジョイントを損傷から守り、ホコリや水などの異物の侵入を防止するための部品なので、大変重要である。

2. 車を持ち上げて、リジッドラックで確実に支える。

3. ブーツの破れまたは亀裂およびクランプの緩みを点検する（写真参照）。亀裂やグリス漏れが見られる場合は、第8章の手順に従ってブーツを交換する。

CVジョイントの点検（後期モデル）

4. ドライブシャフトまたはCVジョイントの不具合の現象として、もっとも一般的なものは走行中に発生する異音（打音）である。

5. ドライブシャフトを握り、ホイールを両方向に回転させてみて、CVジョイント部に過大な動き（ガタ）がないか点検する（写真参照）。過大な動きがあれば、スプライン部が摩耗しているかCVジョイントにガタが発生していることを示す。

6. 取付ボルトの緩みを点検する（写真参照）。取付ボルトを第8章の「整備情報」に記載された規定トルクで締め付ける。

7. 不具合のあるジョイントを交換する（第8章参照）。

11. サスペンションとステアリングの点検

→写真 11.9 参照
備考：ステアリングとサスペンションの詳細図は第10章を参照する。

車輪を接地した状態での点検

1. 停車して前輪を直進位置にした状態で、ステアリングホイールをゆっくりと前後に揺らす。このときの遊びが過大な場合は、フロントホイールベアリング、キングピンまたはリンクピン、ボールジョイントまたはステアリング系統のジョイントが摩耗している、あるいはステアリングギアの調整不良または摩耗が考えられる。各修理手順については第10章を参照する。

2. ラフロードで車体の挙動が大きい、横揺れが大きい、コーナリング時に車体が傾く、またはステアリングが重いなどの他の症状があれば、ステアリングまたはサスペンションの構成部品に不良があると考えられる。

3. 各車輪について、数回車体を上から手で押して放してみてショックアブソーバーを点検する。1～2回上下に揺れてから元の位置に戻れば正常である。何度も上下に揺れ、揺れの収まりが遅い場合はショックアブソーバー／ストラットがへたっているので、交換が必要である。手を放してから車体が揺れているときに、サスペンションからきしみ音や異音が聞こえないか確認する。サスペンションの構成部品に関する詳細は第10章を参照する。

4. フロア下面の前部と後部で、地面までの距離を測定して、車体の前後の地上高を測定する。また同様にフロア下面の右側と左側で地上高を測定する。車体が前後左右のいずれかの方向に傾いていないか点検する。車体が傾いているまたは地上高が一定でない場合は、車を揺らしてみて水平になるか確認する。揺らしてみても水平に戻らない場合は、トーションバーの調整不良、サスペンション部品の摩耗または緩みを点検する（第10参照）。

10.6 取付ボルトを締め付ける

定期メンテナンス

11.9 ボールジョイントブーツの損傷を点検する

車体を持ち上げた状態での点検

5. 車を持ち上げて、リジッドラックで確実に支える。ジャッキアップについては、本書の冒頭の「ジャッキアップとけん引」を参照する。
6. タイヤに異常摩耗がないか、空気圧が適正かどうか点検する（第5章参照）。ホイールベアリングがスムーズに動かない、または異音が発生する場合は、第10章を参照してホイールベアリングを交換する。
7. ステアリングシャフトとステアリングギア間のユニバーサルジョイントを点検する。ステアリングギアハウジングのオイル／グリスが漏れたり、あふれ出していないか点検する。ダストシールとブーツが損傷していないこと、ブーツクランプが緩んでいないことを確認する。ステアリングリンケージの緩みまたは損傷を点検する。タイロッドエンドの遊びを点検する。サスペンションとステアリングの各部品について、ボルトの緩み、部品の損傷または外れ、ラバーブッシュのへたりがないか点検する。他の人にステアリングホイールを左右に切ってもらいながら、ステアリング系統の部品の動き、摩耗およびカジリを点検する。ステアリングの構成部品がステアリングホイールの動きに追従していないと思われる場合はガタの箇所を特定する。
8. ボールジョイントの摩耗を点検する（1966年以降のモデル）。車体前部を上げて、リジッドラックで確実に支える。その際、前輪を直進位置にして、後輪には輪止めをする。前輪を取り外す。片側ずつ、ロアテンションアームの下にフロアジャッキを掛けて（マクファーソン・ストラットを除く）、アームが通常の走行時の位置になるようにする。ブレーキ／バックプレート・アセンブリーの上下を手で持って揺らしてみて、ガタがないか点検する。ガタが大きい場合は不具合のある部品を交換する。フロントボールジョイントの交換手順については第10章を参照。
9. ボールジョイントブーツの損傷およびグリス漏れを点検する（写真参照）。ブーツが損傷している場合は、新品と交換する（第10章参照）。

12. 排気系統の点検

1. エンジンが冷えた状態で（走行後少なくとも3時間経過後）、エキゾーストマニホールドとエンジンとの取付部から、テールパイプの先までの排気系統すべてを点検する。車を持ち上げて、リジッドラックで確実に支える。
2. エキゾーストパイプとその接続部に漏れ、過度な腐食、損傷がないか点検する。各ブラケットおよびクランプが良好な状態にあり、緩んでいないことを確認する。
3. 同時に、ボディの下回りに穴、腐食、継ぎ目の割れなどがないか点検する。ボディの下回りにすき間や穴が開いていると、排気ガスが車室内に侵入する原因となる。ボディの穴やすき間は充填剤やパテなどで埋めておく。
4. 排気系統には、カタカタ音などの異音が発生することがよくある。エキゾーストパイプ、マフラーおよび触媒コンバーター（装着車）を揺らしてみる。排気系統の構成部品がボディの部品と接触していると考えられる場合は、排気系統の取り付け位置を調整する。
5. テールパイプ先端の内側を観察して、エンジンのコンディションを点検する。ここに発生している堆積物を観察すれば、エンジンの調子が分かる。テールパイプが黒くすすけている、または白い堆積物が付着している場合は、燃料系統の点検および調整を含むエンジン調整が必要な場合が多い。

13. トランスミッションオイルのレベル点検

→図13.1参照

1. オイルレベルを点検するために、車を持ち上げて、リジッドラックで確実に支える。プラグは、トランスミッションケースの左側にある（図参照）。17mmの六角レンチでそのプラグを取り外す。プラグを取り外した穴に指を入れる。穴の下端までオイルが入っていれば、規定のレベルである。
2. オイルが足りなければ（穴の下端までオイルが入っていない場合）、注入ポンプを使ってオイルを補充する。この章の「整備情報」に記載された指定のオイルを使用する。オイルが穴から流れ出し始めたら、注入を止める。
3. プラグを取り付けて、しっかりと締め付ける。少し走行してから、オイル漏れがないか点検する。

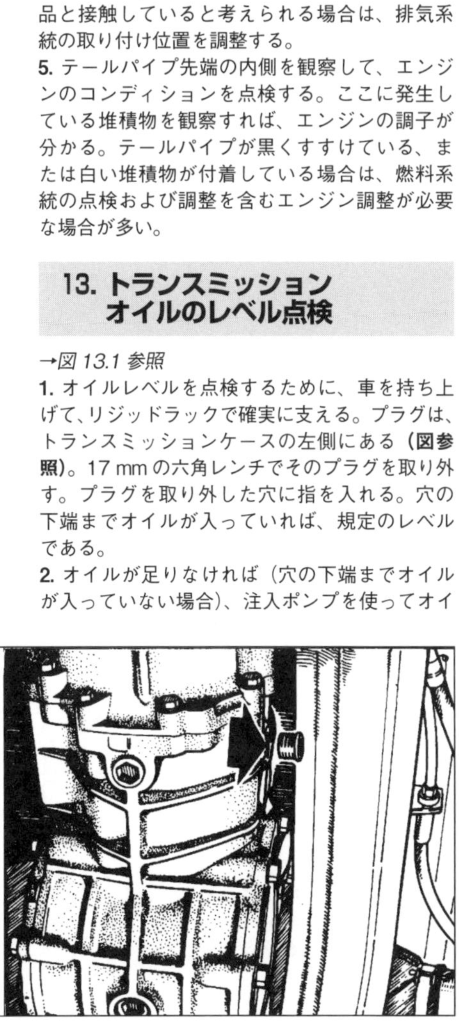

14. タイヤのローテーション

→図14.2参照

1. タイヤのローテーションは、規定の時期および偏摩耗が見られる場合に実施する。車を持ち上げてタイヤを取り外すことになるので、ついでにブレーキも点検しておく（第15章参照）。
2. ラジアルタイヤは、規定のパターンでローテーションを実施する（図参照）。
3. 車を持ち上げて、タイヤを交換するときは、本書の冒頭に記載された「ジャッキアップとけん引」を参照して適切な方法で行なうこと。リアブレーキを点検するときは、ハンドブレーキをかけないこと。車が動かないように輪止めをしておく。
4. できれば、4輪とも持ち上げたい。リフトで車全体を持ち上げるか、または各車輪をジャッキアップして、規定の位置にリジッドラックをかけて車を支える。必ず、4本のリジッドラックを使って車を確実に支えること。
5. ローテーションの後、必要に応じてタイヤの空気圧を点検調整して、ホイールナットの締め付け具合を点検する。
6. ホイールおよびタイヤに関する詳細は第10章を参照する。

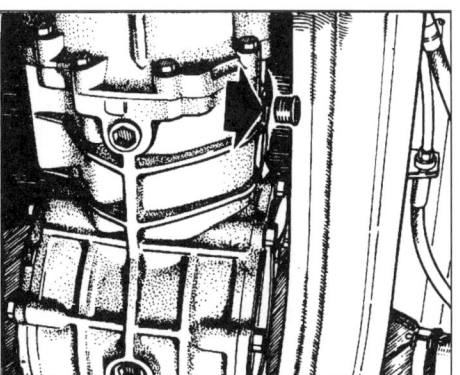

13.1 トランスミッションの左側のプラグ（矢印）を取り外す

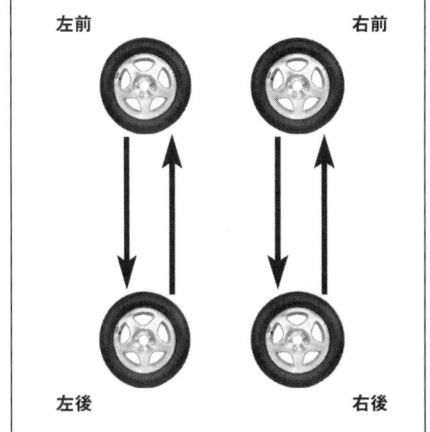

14.2 タイヤのローテーションパターン（ラジアルタイヤの場合）

1-12　定期メンテナンス

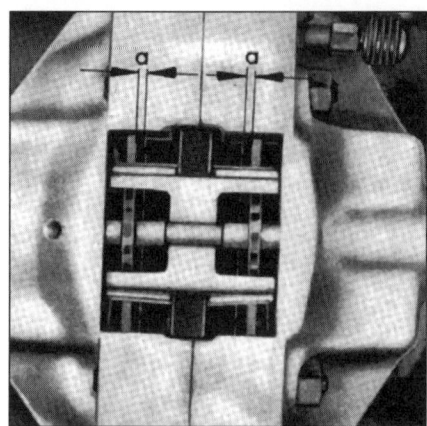

15.7 ブレーキライニングの厚さ「a」を点検する

15.8 5穴ホイールの場合はドラム外側の点検穴からドラムの中を点検する

15. ブレーキの点検

備考：ここで説明するメンテナンスの第1歩は、実作業に入る前にあなた自身を準備することである。まず、始めようとしている作業手順に関係する全てのセクションを通読してから、その作業に必要となるすべての部品と工具のリストを作って、準備する。この準備段階で不明点がある場合は、専門店などに相談して事前に不明点を解決しておくこと。ブレーキ系統の詳細については、第9章を参照する。

1. 規定の点検時期に加えて、ホイールを取り外した場合、あるいは故障が疑われる場合は、必ずブレーキの点検を行なう。以下の現象があれば、ブレーキ系統が故障している可能性がある：
・ブレーキペダルを踏むと車が片方に寄る。
・ブレーキをかけると、引きずり音やきしみ音がする。
・ブレーキペダルのストロークが大きい。
・ペダルを踏み込むと脈動を感じる。
・ブレーキフルードがタイヤまたはホイールの内側に漏れている。

2. ビートルのブレーキには摩耗インジケーターが付いていないので、ブレーキライニングを定期的に点検する必要がある。

3. ホイールキャップを取り外して、各ホイールボルトを緩める（ただし、取り外さないこと）。

4. 車を持ち上げてリジッドラックで確実に支える。

5. ホイールを取り外す。

フロントディスクブレーキ（装着車）

→写真15.7参照

6. フロントディスクブレーキ装着車の場合、各キャリパーに2枚のパッド（インナーとアウター）が取り付けられている。これらのパッドは、各キャリパーの開口部から点検することができる。

7. キャリパーの端部および開口部から、パッドの厚さを点検する（写真参照）。パッドのライニングの厚さが本章の「整備情報」に記載された限度寸法より薄くなっている場合は、パッドを交換する。

ドラムブレーキ（フロントとリア）

→写真15.8、15.9、15.12、15.14参照

8. 5穴ホイール装着車の場合、ブレーキドラムを外さずにブレーキシューライニングの厚さを点検するには、ホイールキャップを取り外して、ホイールを回しながらドラムの外側の点検穴から点検する（写真参照）。

9. 4穴ホイール装着車の場合、ブレーキドラムを外さずにブレーキシューライニングの厚さを点検するには、バックプレートからラバープラグを取り外して、懐中電灯を使ってライニング

15.9 4穴ホイールの場合は、バックプレートの点検プラグを取り外して、ブレーキシューを点検する

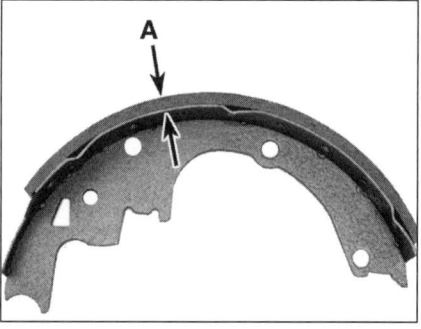

15.12 ライニングがブレーキシューに接着されている場合は、ライニングの厚さは図示のようにライニング表面からシューの金属面までで測定する。リベット留めの場合は、ライニングの表面からリベットの頂面までで測定する

を点検する（写真参照）。さらに念入りなブレーキの点検を行なう場合は、以下の手順に従う。

10. リアブレーキドラムの取り外しについては第9章を参照して、フロントブレーキドラムの取り外しについては本章のセクション32を参照する。

11. 警告：ライニングの摩耗に伴って発生するホコリやブレーキ構成部品に堆積した汚れには、有害物質であるアスベストが含まれている場合がある。圧縮空気を使ってこれらのホコリを吹き飛ばしたり、誤って吸い込んだりしないこと。ホコリを拭き取るときは、ガソリン等の溶剤は使用しないこと。ホコリを受け皿に洗い流すブレーキ系統専用のクリーナーを使用すること。ブレーキクリーナーを浸したウエスでブレーキ部品を拭き取った後は、汚れたウエスとクリーナーをフタの付いた容器に保管して、内容物を明示しておく。ライニングを交換する場合は、できるだけアスベストを含んでいないものを使用する。

12. ブレーキドラムを取り外したら、ブレーキシューライニングの厚さ（写真参照）を測定するとともに、ブレーキフルードやグリスで汚れていないか点検する。ライニングの厚さがシューの金属面またはリベットの頂面から1.6mm未満になっていれば、ブレーキシューを新品と交換する。ブレーキシューに亀裂がある、光沢がある（ライニングの表面が光って見える）またはブレーキフルードやグリスで汚れている場合も、交換が必要である。交換手順については第9章を参照する。

13. シューリターンスプリング、シューホールドダウンスプリングおよびブレーキ調整機構が正しく取り付けられており、不具合でないことを確認する。スプリングがへたっていたり、変形していると、ライニングが引きずりを起こして、早期摩耗の原因となる。

14. ラバーブーツを慎重にめくって、ホイールシリンダーに漏れがないか点検する（写真参照）。ブレーキフルードがブーツの裏側に付着している場合は、ホイールシリンダーを交換する（第9章参照）。

15. ドラムに亀裂、傷、条痕、打痕がないか点検する。布（紙）ヤスリを使って研磨しても修正できない場合は、専門業者に研磨を依頼しなければならない（詳細は第9章を参照）。

16. 第9章およびこの章のセクション32を参照して、ブレーキドラムを取り付ける。

17. ホイールを取り付けて、各ホイールボルトを手でいっぱいまで締める。

18. リジッドラックを取り外して、慎重に車を下ろす。

19. 各ホイールボルトをこの章の「整備情報」に記載された規定トルクで締め付ける。

ハンドブレーキ

20. ハンドブレーキをゆっくりと引き上げて、いっぱいまで引くまでにラチェット機構の作動音「カチッ」が何回聞こえるか数える。作動音がこの章の「整備情報」に記載された回数分聞こえれば、正しく調整されている。作動音の回数が多いまたは少ない場合は、ハンドブレーキの調整が必要である（第9章を参照）。

21. ハンドブレーキのもう一つの点検方法は、急な坂道に車を停めて、ハンドブレーキをかけてトランスミッションをニュートラルにすることである（この点検は必ず車に乗ったままで行な

定期メンテナンス

15.14 ホイールシリンダーブーツを慎重にめくって、フルード漏れながないか点検する。漏れがあれば、シリンダーの交換または修理が必要になる

17.5 「Olstand」（ドイツ語でオイルレベルの意）の線までオイルを補充する

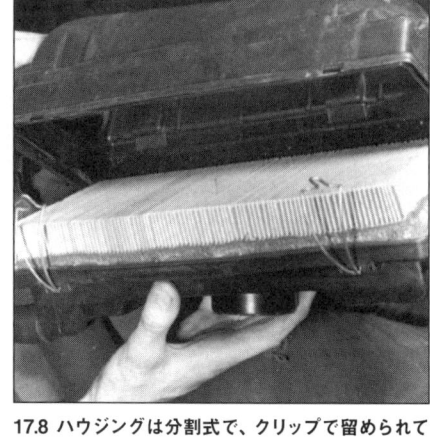
17.8 ハウジングは分割式で、クリップで留められている

うこと）。ハンドブレーキをかけていても車が動き出してしまう場合は調整が必要である（第9章参照）。

16. 燃料系統の点検

警告：ガソリンは引火性が極めて高いため、燃料系統の各部品の整備を行なう場合は充分な注意が必要である。作業場でタバコを吸ったり、作業場に裸火や裸電球を持ち込まないこと。燃料が皮膚に付いた場合は、すぐに水と石鹸で洗い流すこと。燃料系統の整備を行なう際は、保護メガネを着用して、Bタイプ（油火災用）の消火器を手元に準備しておくこと。

1. 運転中、または車を駐車した後に、ガソリンの臭いがする場合は、すぐに燃料系統を点検する。
2. フューエルフィラーキャップを取り外して、損傷または腐食がないか点検する。ガスケットの密着面が損傷していないことを確認する。ガスケットが損傷または腐食している場合は、交換する。
3. フューエル供給ラインおよびリターンラインの亀裂を点検する。各クランプがフューエルラインをしっかりと固定していることを確認する（フューエルインジェクションモデルの場合は特に念入りに点検する）。

警告：フューエルインジェクションモデルの場合は、燃料系統の部品を整備する前に燃圧を抜く必要がある。燃圧の正しい抜き方は第4章を参照する。

4. 燃料系統の部品のいくつかは車両の下側に取り付けられているので、車をリフトアップすれば簡単に点検することができる。リフトがなければ、車を持ち上げて、リジッドラックで確実に支える。フューエルタンクの下面に穴、亀裂等の損傷がないか点検する。
5. フィラーネックとタンク間の接続箇所は特に重要である。ゴム製のフィラーネックの場合は、クランプの緩みやゴムの劣化により漏れが発生することがある。これらは、普通のサンデーメカニックでも修正できる問題である。

警告：（ゴム製の部分を除いて）フューエルタンクの修理は絶対にしないこと。裸火や溶接トーチを近づけると、フューエルタンク内の蒸発ガスが爆発する危険がある。

6. フューエルタンクに接続されているすべてのホースとパイプ類を念入りに点検する。接続部の緩み、ホースの劣化、ホースおよびパイプのしわ等の損傷がないか点検する。フューエルインジェクションモデルの場合、これらのフューエルラインの点検は特に念入りに行なうこと。必要に応じて、損傷した部位を修理または交換する。

17. エアクリーナーのメンテナンス

湿式エアクリーナー：清掃

→写真17.5参照

1. 第4章を参照して、エアクリーナーを取り外す。
2. オイル受け皿などにエアクリーナー・アセンブリーを置く。
3. クリップを外して、カバーを取り外す。
4. ハウジング内のオイルをきれいに空ける。溶剤を使ってハウジングとカバー部を念入りに清掃して、乾燥させる。
5. エアクリーナーハウジングをエンジンに取り付ける。この章の「整備情報」に記載されている推奨エンジンオイル（グレード／粘度）をハウジングの規定の印（**写真参照**）まで注入する。
6. エアクリーナーカバーを取り付ける。

乾式エアクリーナー：エレメント交換

→写真17.8参照

7. 1973年以降のモデルの場合、エンジンルーム内のハウジングの中に交換可能なペーパー製エレメントが入っている。このエレメントを取り外す場合は、分割式のエアクリーナーハウジングを結合しているスプリングクリップを外す。
8. カバーを上げて、エアクリーナーエレメントを取り外す（**写真参照**）。
9. エレメントの外側面を点検する。汚れている場合は、エレメントを交換する。ホコリが少し付いているだけの場合は、裏面から表面に向けて圧縮空気で吹き飛ばしてやれば再使用可能である。**警告**：保護メガネを着用する。エレメントはペーパー製なので、洗ったりオイルに浸すことはできない。圧縮空気を使ってもきれいにならない場合は、新品に交換する。

注意：エアクリーナーを取り外したままでは、絶対に運転しないこと。エンジンが摩耗する原因になるだけでなく、バックファイヤーによりエンジンルーム内に火が出る危険すらある。
10. 取り付けは取り外しの逆手順で行なう。

18. ファンベルトの点検、調整、交換

→写真18.2, 18.3, 18.4, 18.5, 18.6a, 18.6b参照

点検

1. オルタネーター／ダイナモの駆動ベルト（通常、ファンベルトと呼ばれる）は、エンジンの後方にある。このベルトの状態および調整の良否は、エンジンの作動にとって非常に重要である。ファンベルトは材質およびそこにかかる大きな応力の問題から、年数が経つにつれて張りがなくなり、劣化してくる。従って、ファンベルトは定期的に点検しなければならない。
2. エンジンを停止してから、エンジンフードを開けて、ファンベルトを確認する。ベルトに剥離（芯材とゴムの接着の剥がれ）、亀裂、およびベルト自体の硬化等がないか点検する（**写真参照**）。擦り切れた部分や光沢のある（光っているように見える）部分がないかも点検する。ベルトの点検は両面とも行なう。ベルトの内側は、ベルトをねじって点検しなければならない。目視ではよく分からない所は手で触ってみる。上記の不具合のいずれかが認められる場合は、ベルトを交換する。
3. ベルトの張りを点検するには、プーリー間のベルトの中央（**写真参照**）を指で押して、物差しでたわみ量を測定する。基準値はこの章の「整備情報」に記載されている。

注意：新品のベルトを取り付けた場合は、必ず200kmほど走行後にベルトの張りを再点検する。

調整

4. 上側のプーリーの切り欠きにスクリュードライバーを挿入して、回り止めをする（**写真参照**）。オルタネーター／ダイナモ・シャフトのナットを取り外す。ワッシャー、スペアシム、外側プーリー（プーリーの外側半分）を外す。
5. ベルトの張りは、この二分割のプーリーの間に挟まれたシムの数を変えることにより、調整

1-14　定期メンテナンス

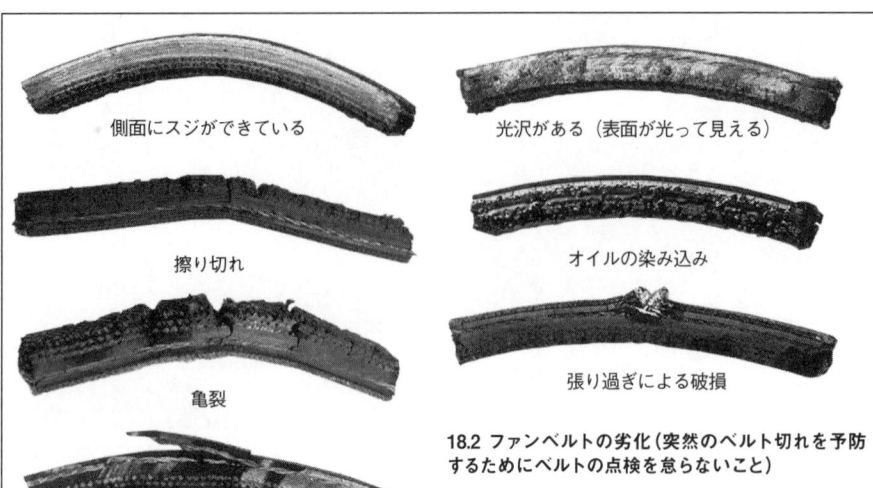

18.2 ファンベルトの劣化(突然のベルト切れを予防するためにベルトの点検を怠らないこと)

（側面にスジができている／擦り切れ／亀裂／剥離／光沢がある（表面が光って見える）／オイルの染み込み／張り過ぎによる破損）

18.3 ベルトの中央を押して、たわみを測定する

18.4 ナットを緩めるときは、スクリュードライバーを差し込んでプーリーの回り止めをする

する（写真参照）（プーリーの溝はV字型になっており、シムの増減によってプーリーの実質的な外径が増減する）。シムを増やせばベルトの張りが緩み、シムを減らせば張りがきつくなる。

備考：シムは薄いものであるが、1枚増やすまたは減らすだけでもベルトの張りは大きく変わる。

6. ベルト、シム（必要分）、外側プーリー、シム（スペア）、ワッシャーおよびナットを取り付ける（写真参照）。上記の方法でプーリーの回り止めをして、ナットを確実に締め付ける。

7. ベルトの張りを再点検する。必要に応じて、張りが正しくなるまで作業を繰り返す。

交換

8. ベルトを交換する場合は、上記のファンベルトの調整手順に従って外側プーリーを外したら、ベルトをクランクシャフトプーリーから取り外す。

9. 必ず同じ規格のファンベルトに交換する（購入の際は、古いベルトを持っていって、長さ、幅および形状を直接確認するとよい）。

10. ファンベルトを交換した後に、ベルトがプーリーにピッタリと合っていることを確認する。

11. 上記の手順に従って、ベルトを調整する。

19. ニュートラルスタートスイッチの点検（セミオートマ車のみ）

警告：以下の点検中に、車が突然動き出して、怪我や部品の損傷につながる場合がある。点検中は車の周囲に充分な空間をあけると同時に、ハンドブレーキをしっかりとかけて、ブレーキペダルを踏んでいること。

1. セミオートマ車には、シフトレバーをニュートラル位置にしていないとエンジンを始動できないようにするニュートラルスタートスイッチが装着されている。

2. 各ギア位置でエンジン始動を試みる。ニュートラル位置でのみ、スターターモーターが回れば正常である。

3. ニュートラルスタートスイッチの交換手順は、第7B章を参照する。

18.5 必要に応じてシムを増減する

18.6a 外側プーリーを取り付けるときは、ベルトを所定の位置に保持しながら行なう

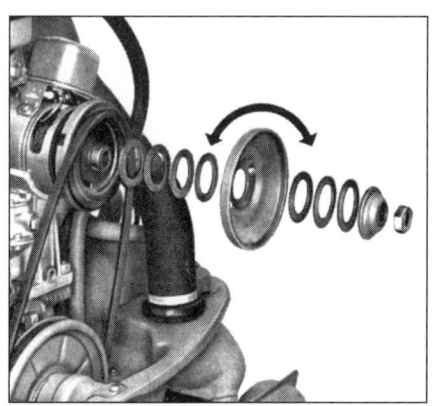

18.6b プーリーの構成部品：展開図（シムの位置を入れ替えてベルトの張りを調整する）

定期メンテナンス

1-15

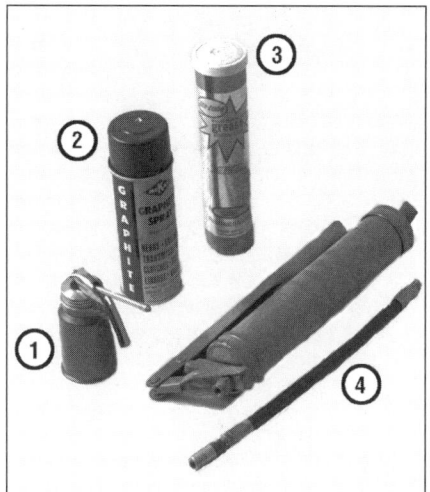

20.1 シャシーのグリスアップに必要な工具と油脂
1. エンジンオイル：ドアのヒンジやフードのヒンジには、粘度の低いエンジンオイルをこのような缶（オイラー）に入れて使用する
2. 黒鉛スプレー（鍵穴潤滑剤）ロックシリンダーの潤滑に使用する
3. グリス
4. グリスガン：写真のグリスガンは、ホースとノズルが着脱可能なもの

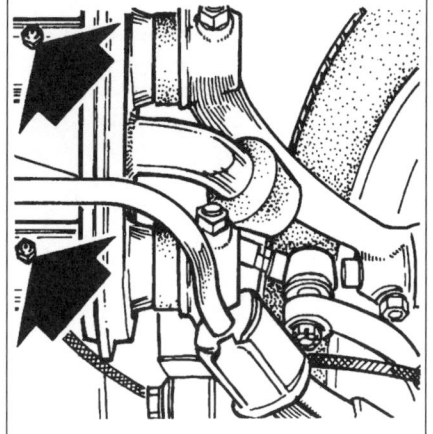

20.4 アクスルビームの両側にあるニップル（矢印）にグリスを充填する

20. シャシーのグリスアップ

→写真 20.1, 20.4 参照
1. シャシーのグリスアップには、きれいなウエスおよび車を安全に持ち上げて支えるための機器（ジャッキとリジッドラック）以外には、ほんの数種類の油脂と工具が必要となるだけである。
2. 車を持ち上げて、リジッドラックで確実に支える。
3. ゴミを取り除くために、グリスガンのノズルから少量のグリスを押し出してから、ウエスでノズルを拭き取る。
4. （マクファーソンストラットタイプのフロントサスペンションを装着したスーパービートルを除いて）フロントアクスルビーム（**写真参照**）には4箇所のグリスニップルがある。さらに、モデルによってはタイロッドエンドにもグリスニップルが設けられている。
5. グリスニップルをきれいなウエスで拭き取って、グリスガンのノズルをしっかりと押し当てる。グリスガンのレバーを操作して、アクスルビームまたはタイロッドエンドのダストブーツから古いグリスが出てくるまでグリスを充填する。
6. 各構成部品およびグリスニップルから余分なグリスを拭き取る。
7. 車を地面に下ろす。
8. フロントフードとエンジンフードを開けて、ラッチ機構に少量のグリスを塗布する。他の人に車内からフロントフードのリリースノブを操作してもらいながら、ラッチとケーブルの接続部にグリスを塗布する。車内のシートレールにもグリスを薄く塗布する。
9. 各ヒンジ（ドアとフード）およびキャブレターのリンク機構には、少量のエンジンオイルを塗布して、スムーズに動くことを確認する。また、ディストリビューターローターの下にあるディストリビューターシャフトの中心部にもエンジンオイルを1～2滴垂らしておく。
10. キーロックシリンダーには、ホームセンターなどで売られている鍵穴潤滑剤（パウダースプレー）を塗布するとよい。

11. 1965年以前のモデルの場合は、ステアリングギアボックスの頭部に付いているフィラープラグを取り外す。このプラグは、スペアタイヤの裏側、運転席側にある点検プレートを取り外すと見えるはずである。オイルがフィラー穴の下端いっぱいまで入っていれば正常である。必要に応じて、マニュアルトランスミッションに使われているものと同じオイルを補充する（この章の「整備情報」を参照）。

21. フューエルフィルターの清掃

警告：ガソリンは引火性が極めて高いため、燃料系統の各部品の整備を行なう場合は充分な注意が必要である。作業場でタバコを吸ったり、作業場に裸火や裸電球を持ち込まないこと。燃料が皮膚に付いた場合は、すぐに水と石鹸で洗い流すこと。燃料系統の整備を行なう際は、保護メガネを着用して、Bタイプ（油火災用）の消火器を手元に準備しておくこと。

キャブレターモデル

→写真 21.4a, 21.4b, 21.5 参照
1. 作業上必要であれば、エアクリーナー・アセンブリーを取り外す（第4章参照）。
2. フューエルポンプに接続されている各フューエルホースを点検する。ほとんどのモデルにおいて、フューエルポンプとキャブレター間のホースの途中に樹脂製の小さなフィルターが設けられている。
3. 自分の車に、このフューエルフィルターがある場合は、ホースを手早く外して、新しいフィルターを接続する。フィルターに付いている矢印が燃料の流れる方向（フューエルポンプからキャブレターへ）を向くように取り付けること。
4. ほとんどのモデルにおいて、フューエルポンプ内にはフィルタースクリーンが入っている。スクリューまたはボルトを取り外して、カバーを外す。フィルタースクリーンを取り外す（**写真参照**）。
5. フューエルポンプの頭部に4個のスクリューがある後期モデルの場合は、後部にフィルターがある。バンジョーボルトを取り外して、フィルタースクリーンを取り出す（**写真参照**）。
6. 溶剤（キャブレタークリーナーや灯油）でフィルタースクリーンを洗ってから、新品のガスケットを使って元通りに取り付ける。

21.4a カバーのボルトを取り外す（写真は初期モデル）

21.4b カバーを取り外すとフィルタースクリーンがある（写真は後期モデル）

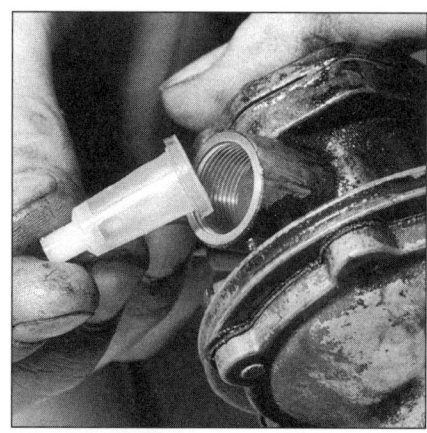

21.5 モデルによっては、この位置にフィルタースクリーンがある

1-16　定期メンテナンス

21.7 インジェクションモデルの場合、フューエルフィルターは車体右側のフロント下部に位置する

22.5 コントロールバルブからフィルター（矢印）を取り外す

フューエルインジェクションモデル

→写真21.7参照

7. フューエルフィルターは、フューエルタンクの下に取り付けられている（**写真参照**）。車体前部を持ち上げてリジッドラックで確実に支える。
8. フューエルインジェクションモデルにおいて、フューエルフィルターを取り外すときは、その前にフィルターとタンク間のフューエルラインを一時的にクランプで止めておく。
9. 燃料がこぼれるので、フューエルフィルターの下に受け皿を置く。ブラケットからフィルターを外す。各ホースクランプを取り外して、フィルターから各フューエルラインを外す。
警告：保護メガネを着用する。
10. フィルターに付いている矢印が燃料の流れる方向（フューエルタンクからエンジンへ）を向くようにして、新しいフィルターを取り付ける。各ホースクランプを取り付けて、しっかりと締める。ブラケットがあれば、ブラケットにフューエルフィルターを取り付ける。
11. リジッドラックを外して、慎重に車を下ろす。
12. エンジンを始動して、燃料漏れがないか点検する。

22. セミオートマチックトランスミッションの整備

→写真22.5参照

フルード

1. セミオートマチックトランスミッションには、2種類の異なるフルードが使われている。トランスミッション・アセンブリーのギアボックス／デファレンシャル（トランスアクスル）部にはギアオイル（セクション13参照）が、トルクコンバーター部にはオートマチックトランスミッションフルード（ATF）がそれぞれ使われている。
2. トルクコンバーターのフルードレベルを点検して、必要に応じて補充する（セクション4参照）。メーカーでは定期的なフルード交換は推奨していない。

クラッチの遊び

3. 正常でもクラッチディスクが摩耗するに従って、クラッチの遊びが少なくなり、そのままメ

ンテナンスを怠るとついには完全に故障してしまう。点検と調整手順については、第7B章を参照する。

クラッチの接続速度

4. クラッチの接続が遅い（滑る）または早い（ショックがある）場合は、コントロールバルブの調整が必要かもしれない。調整手順は第7B章を参照する。

コントロールバルブのフィルター

5. トランスミッションを整備したときは、必ずコントロールバルブのフィルター（**写真参照**）を交換する。

シフトレバーの電気接点

6. シフトレバーには、クラッチを制御する電気接点が設けられている。この接点が摩耗すると、クラッチが正常に作動しなくなる。清掃と調整手順については、第7B章を参照する。

23. トランスミッションオイルの交換

→写真23.2、23.4参照

1. 車を持ち上げて、リジッドラックで確実に支える。
2. トランスミッションの下にオイル受け皿を置く。17 mmの六角レンチを使って、ドレンプラグ（**写真参照**）を取り外して、トランスミッションオイルを完全に抜き取る。**備考**：セミオートマチックモデルにはドレンプラグが設けられていない場合がある。吸引ポンプを使って、フィラープラグの開口部からトランスミッションオイルを抜き取る。
3. ドレンプラグを取り付けて、しっかりと締め付ける。同じ工具を使って、アクスルシャフトの前のトランスミッションの左側にあるフィラープラグを取り外す。
4. フィラープラグの穴からこぼれ出すまで新しいオイルを注入する（**写真参照**）。トランスミッション用オイルについては本章の「整備情報」を参照する。
5. フィラープラグを取り付けて、しっかりと締め付ける。リジッドラックを外して、慎重に車を下ろす。

24. 排出ガス浄化装置の点検

燃料蒸発ガス排出抑止装置

1. 燃料蒸発ガス排出抑止装置（EVAPシステム）は、フューエルタンクから出る燃料蒸発ガスを活性炭キャニスターに一時的に蓄えてから、インテークマニホールドに送り、空気と混合させることによりシリンダー内の燃焼室で燃焼させるシステムである。
2. このシステムに不具合が発生すると、通常エンジンルーム内が明らかにガソリン臭くなる。ガソリンの強い臭いがする場合は、キャニスター（ビートルでは後ろの右側フェンダー内、カルマンギアではエンジンルーム内にそれぞれ取り付けられている）とEVAPシステムの各ホースを点検する。
3. キャニスターが交換時期（走行8万km）に達している、詰まっているまたは活性炭が外に漏

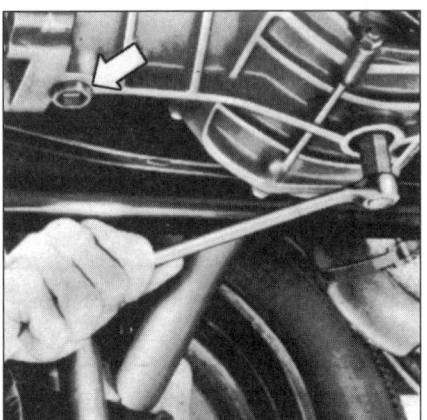

23.2 ドレンプラグを取り外す（2箇所）

23.4 トランスミッション側面のフィラープラグ穴からオイルを注入する

定期メンテナンス

1-17

れている場合は、交換する。
4. 交換手順については第6章を参照する。

ブローバイガス還元装置（PCV）

5. ブローバイガス還元装置（PCVシステム）は、クランクケースとエアクリーナーを結ぶブリーザーホースのみで構成され、PCVバルブは使われていない。従って、メンテナンスとしてはホースを点検して、必要に応じて交換するだけである。

触媒コンバーター

6. 1975年モデルから（主にカリフォルニア仕様、アメリカ仕様車で）採用されている触媒コンバーターは、排気ガスを化学反応により浄化することを目的としている。触媒に使われている物質は年数とともに効果が薄れてくるため、触媒は交換が必要である。メーカーでは約5万km毎の交換を推奨している。詳しくは第6章を参照する。

排気ガス再循環装置（EGR）

7. このシステムに関する詳細は、セクション33および第6章を参照する。

25. スパークプラグの点検、交換

→写真25.1、25.4a、25.4b、25.10参照

1. スパークプラグの交換には、ラチェットレンチと、スパークプラグ専用ソケットが必要になる。また、スパークプラグギャップの点検および調整の専用工具（プラグギャップゲージ）が必要である（写真参照）。
2. スパークプラグを交換する場合は、新しいものを購入して、ギャップを調整した上で、（スパークプラグコードの混同を防ぐために）1本ずつ交換すること。
備考：新しいスパークプラグを購入するときは、自分の車に適合したものを選択すること。
3. 新しいスパークプラグに不具合がないか点検する。プラグのガイシ部に亀裂がある場合は、使用しないこと。
4. 新しいスパークプラグのギャップを点検する。スパークプラグ先端の電極間にギャップゲージを挿入して、プラグギャップを点検する（写真参照）。電極間のギャップが、スパークプラグメーカーまたはラベルに規定の数値であれば正常である。プラグギャップが不正であれば、ギャップゲージの電極曲げ具を使って、接地（側方）電極を慎重に曲げる（写真参照）。
5. 接地電極が中心電極に対してずれている場合も、同様に電極曲げ具を使って位置を調整する。
注意：新しいプラグのギャップを調整しなければならない場合は、必ず接地電極の根本を曲げること。先端は触らないこと。

取り外し

6. スパークプラグコードを混同してしまう恐れがあるので、スパークプラグの脱着は1本ずつ行なうこと。1本のスパークプラグからコードとキャップを取り外す。コードを外すときは、（コードではなく）キャップ部分をつかんで、少しひねるようにしてまっすぐに引き抜く。
7. 圧縮空気が使えるのであれば、作業を進める前にスパークプラグ部から異物やホコリを吹き飛ばして取り除いておく（自転車用の空気入れでも用は足りる）。
8. スパークプラグを取り外す。
9. この時点で、取り外したスパークプラグをこの本の裏表紙内側に載っている写真と比較して、エンジンの全体的な作動状態を判断するとともに、そのスパークプラグを交換するのか再使用するのかを決める。

取り付け

10. プラグ穴のネジ山を損傷せずにスパークプラグを挿入することは意外に難しい。確実に作業するために、スパークプラグの先端に内径の合ったゴムホースを取り付ける（写真参照）。このホースが、スパークプラグをプラグ穴に挿入する際にユニバーサルジョイントの役目をする。プラグと穴が正しく合っていないと、ホースが滑るので、ネジ山を損傷することがない。スパークプラグのネジ山はきれいに掃除し、固着防止剤や耐熱グリスを軽く塗布する。スパークプラグがプラグ穴に正しく挿入できたら、スパークプラグをしっかりと締め付ける。ただし、締め付けすぎに注意する。できればトルクレンチこの章の「整備情報」に示した規定トルクで締め付ける。

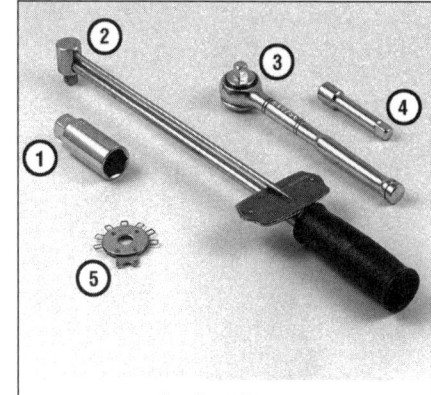

25.1 スパークプラグの交換に必要な工具

1. スパークプラグソケット
2. トルクレンチ：必須ではないが、スパークプラグを正確なトルクで締め付けることができる
3. ラチェットレンチ：スパークプラグソケットを回すための標準的な工具
4. エクステンション：モデルやアクセサリー部品によっては、エクステンションやユニバーサルジョイントが必要になる場合がある。
5. スパークプラグギャップゲージ：ギャップの点検に使用するゲージで、色々なタイプがある

11. 新しいスパークプラグにプラグコードを接続して、取り外し時と同じようにキャップ部をひねりながら、しっかりとはまるまで挿入する。
12. 残りのスパークプラグコードについても同様の手順で、スパークプラグの混同を避けるため、1本ずつ交換していく（1本の交換が済んでから、次のプラグコードを外す）。

25.4a ギャップの点検にはワイヤータイプのゲージを使うとよい。指定サイズのワイヤーを電極間に差し込んで、少し抵抗を感じるのが適正なギャップである

25.4b ギャップの調整は、側方（接地）電極だけを矢印の方向に曲げて行なう。このとき、中心電極のガイシ部に傷や亀裂を発生させないように充分注意する

25.10 スパークプラグを取り付けるとき、内径の合ったゴムホースを使うと、ねじ山の損傷を防ぐとともに作業時間を短縮することができる

定期メンテナンス

26. プラグコード、ディストリビューターキャップ、ローターの点検、交換

→写真 26.11a, 26.11b, 26.12a, 26.12b, 26.12c

1. 新しいスパークプラグを取り付けるときは、必ずプラグコードを点検すること。
2. エンジンを回した状態で以下の手順によりプラグコードを目視点検する。換気を良くし、ガレージを暗くしてから、エンジンを始動して各プラグコードを観察する。エンジンの可動部品に触らないように注意する。プラグコードに損傷があれば、その損傷箇所にアーク放電または小さな火花が見えるはずである。アーク放電が見える場合は、どのコードに問題があるのかメモした上で、エンジンを切って冷えるまで待ってから、ディストリビューターキャップとローターを点検する。
3. スパークプラグコードを点検するときは、混同を避けるために1本ずつ行なうこと（1本の点検が済んでから、次のプラグコードを外す）。プラグコードの順番を間違えると、エンジンが正しく回転しなくなる。車両出荷時のプラグコードには取付位置を示す番号が付いているはずである。その番号が見えなくなっている場合は、番号を書いたビニールテープをプラグコードに巻いておくとよい。
4. スパークプラグからプラグコードを外す。プラグコードのキャップ部を持って、多少ひねりながら引っ張って外す。決してコード自体を持って引っ張らないこと。
5. ディストリビューターからプラグコードを外す。この場合もコードでなくコネクター部分を引っ張ること。
6. プラグキャップ内側の端子部に腐食（たいてい白い粉末状）が付いていないか点検する。キャップ外側のシールラバーに亀裂や損傷がないか点検する。
7. きれいなウエスを使って、コードの全長に渡って汚れやグリスを取り除く。コードの清掃をしたら、焼け跡、亀裂などの損傷がないか点検する。プラグコードのディストリビューターとの接続部が腐食していないか点検する。
8. プラグコード／キャップをスパークプラグに戻す。スパークプラグの先端にしっかり押し込んで、きちんとはまったことを確認する。プラグコードをディストリビューター側にも取り付ける。
9. 残りのプラグコードも同様に点検するが、混同を避けるために、必ず1本のコードの点検が済んだら、スパークプラグとディストリビューターにそのプラグコードを接続してから、次のコードを外して点検するようにする。
10. 新しいプラグコードあるいはキャップが必要な場合は、自分の車に合ったものをセットで購入する。交換の際も点火順序を間違えないために、プラグコードの脱着を1本ずつ行なうこと（1本の交換が済んでから、次のコードの交換を行なう）。

26.11a 2個の固定クリップ（矢印）を外して、ディストリビューターキャップを取り外す

11. 2個の固定クリップを外して、ディストリビューターキャップを外す。キャップの内側を観察して、亀裂、漏電の跡（黒いカーボンが細い筋のように付着している）、摩耗、焦げ跡または接触不良がないか点検する（写真参照）。センターカーボンとスプリングが摩耗、損傷していないことを確認する。
12. ディストリビューターシャフトからローターを外して、亀裂や漏電の跡がないか点検する。一部のモデルには、ディストリビューターキャップの下にダストカバーが設けられている

※この写真は別な車(6気筒)のもの

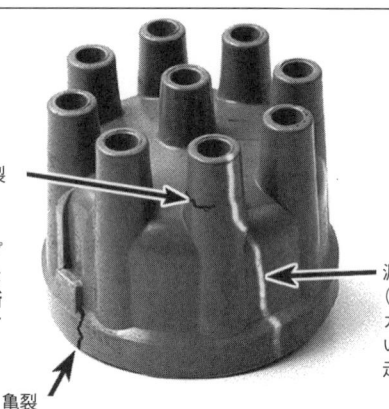

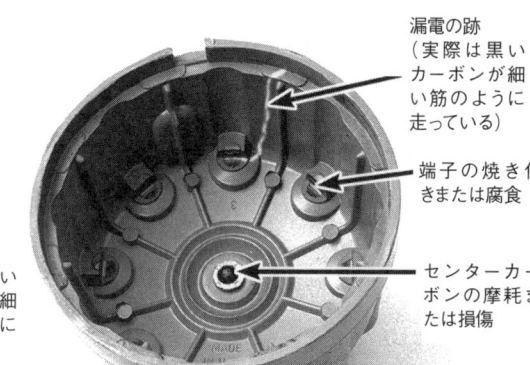

プラグコード接続口の損傷または亀裂

26.11b ディストリビューターキャップを点検する際に、確認しなければならない一般的な不具合を示す（判断に迷う場合は新しいものと交換する）

漏電の跡（実際は黒いカーボンが細い筋のように走っている）

亀裂

漏電の跡（実際は黒いカーボンが細い筋のように走っている）

端子の焼き付きまたは腐食

センターカーボンの摩耗または損傷

スプリングの張力不足

ローター先端の腐食

亀裂

26.12a ローターはまっすぐに引き抜く：取り付けるときはディストリビューターシャフトの切り欠き（矢印）とローター内側の突起の位置を合わせる

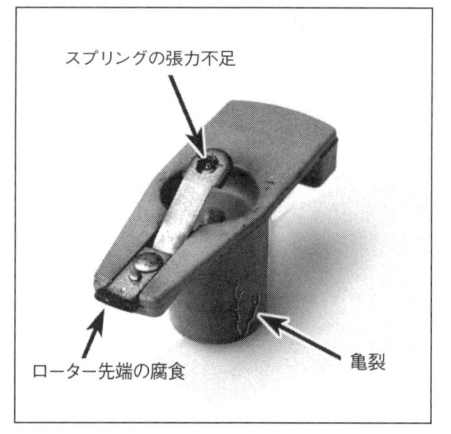

26.12b ローターは、図示位置に摩耗や腐食がないか点検する（判断に迷う場合は新しいものと交換する）

26.12c 一部のモデルではダストカバーが付いてる。取り付けるときは位置決め用の突起（矢印）をハウジングの切り欠きに合わせること

定期メンテナンス

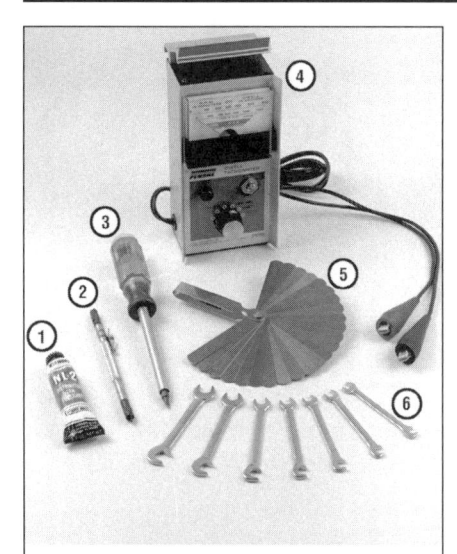

1-19

27.3 ドエル角の調整とポイントの交換に必要となる工具と油脂類

1 ディストリビューター（のカム山）用グリス（なければ普通のグリス）
2 スクリューホルダー：この工具には、スクリューをしっかりと保持する特殊なツメが付いており、スクリューを誤って落とすことがない
3 磁石付きスクリュードライバー：上記の2と同じ目的で使用する。これらの特殊なスクリュードライバーを持っていないと、ディストリビューター本体の中に誤ってポイントの固定スクリューを落とす恐れがある。
4 ドエルテスター：ポイントギャップを正確に調整するためには、ドエル角を測るドエルテスターが必須である。テスターの接続は付属の説明書に従って行なう
5 シックネスゲージ：ポイントギャップ（開いたときのポイント間のすき間）の調整に必要となる
6 ディストリビューター内の狭い所でも作業ができる特殊なレンチ。特に、ポイントにリード線を固定しているナット／ボルトを緩める際に必要となる

27.5a ポイントの端子からリード線を外す

（写真参照）。損傷や不具合があれば、キャップとローターを交換する。
13. 新しいキャップを取り付けるときは、古いキャップからプラグコードを1本ずつ外しては、新しいキャップの同じ箇所に接続する作業を繰り返す。古いキャップからすべてのプラグコードを一度に取り外してしまうと、点火順序を間違える原因となる。

27. ポイントとコンデンサーの点検、交換

→写真 27.3、27.5a、27.5b、27.5c、27.6、27.9a、27.9b、27.10、27.11 参照

点検

1. エンジンのNo.1シリンダーを上死点位置にする（第2章参照）。
2. ディストリビューターキャップとローター（および装着車の場合はダストカバー）を取り外す（セクション26参照）。
3. コンタクトブレーカーポイントに焼損やアーク放電の跡がないか目視にて点検する。接触面がきれいで荒れていなければ正常である。また、接触面同士が接した際に全面がぴったりと接していなければならない。接触面のずれや、斜めに接している場合、あるいはポイントの片側が凹状に、もう片側が凸状に摩耗している場合はポイントを交換する。交換にはいくつかの工具が必要となる（写真参照）。

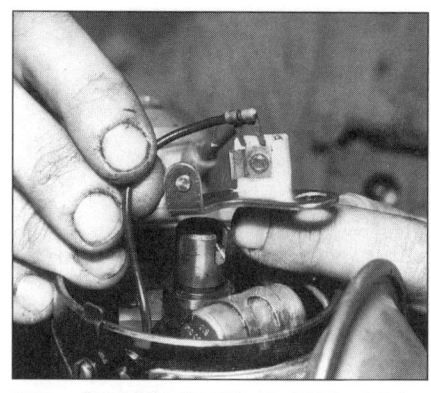

27.5b 一部の初期モデルでは、リード線のコネクターがスクリューで固定されている

27.5c 固定スクリューを取り外す

交換

4. ビートルは何十年にもわたり生産されたので、数種類のポイントとコンデンサーが使われている。初期のモデルには2分割式のポイントセットが使われ、後期モデルには一体式のポイントセットが使われている。さらに、コンデンサーはディストリビューターの外側に取り付けられている場合とディストリビューターの内部に取り付けられている場合がある。点火系統の新しい部品を購入する場合は、ディストリビューターの番号（ハウジングに付いている）に従うこと。古いコンタクトポイントとコンデンサーと見比べて、正しい部品かどうか確認する。取り外し前に取り付け位置と方法を確認しておく。
5. ポイントからリード線を外して（写真参照）、

27.6 このようにポイントの接続部が外側にある場合は、矢印のスクリューを取り外して、コネクターブロックをハウジングから引っ張って外す

27.9a 点火系統の部品：ボッシュ製ディストリビューター

1 ピンとアジャストスクリュー
2 進角プレート
3 リターンスプリング
4 アース接続
5 プルロッド
6 コンデンサー
7 固定スクリュー
8 ブレーカーアーム
9 ブレーカーアームスプリング
10 一次側リード線
11 バキュームユニット

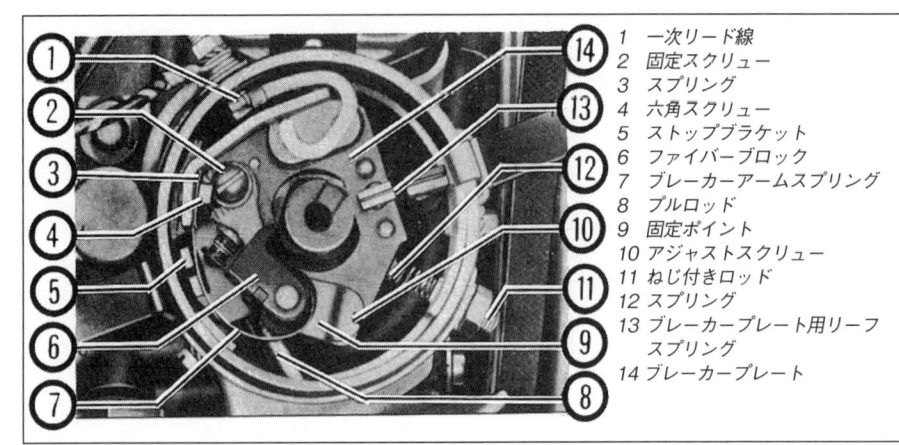

1-20　定期メンテナンス

```
1  一次リード線
2  固定スクリュー
3  スプリング
4  六角スクリュー
5  ストップブラケット
6  ファイバーブロック
7  ブレーカーアームスプリング
8  プルロッド
9  固定ポイント
10 アジャストスクリュー
11 ねじ付きロッド
12 スプリング
13 ブレーカープレート用リーフ
   スプリング
14 ブレーカープレート
```

27.9b 点火系統の部品：VW製ディストリビューター

27.10 ヒール部がカム山の頂上（矢印）に乗るようにする

固定スクリュー（**写真参照**）とクリップ（装着車の場合）を取り外す。ポイントを取り外す。

6. コンデンサー取付スクリューを緩めて、コンデンサーを取り外す（**写真参照**）。備考：一部のモデルでは、取付スクリューを外すためにはディストリビューターをエンジンから取り外す必要がある（第5章参照）。

7. ディストリビューターの摩耗および損傷を点検する。また、ディストリビュターシャフトのブッシュの緩みも点検する。

8. コンタクトアームのヒール部と接触するカム山にグリスを薄く塗布する。シャフトの中空部のフェルトにオイルを1〜2滴垂らす。

9. コンデンサーとポイント（**写真参照**）を取り付けて、ポイントの固定スクリューを軽く締める。

10. ブレーカーアームのヒール部が、ディストリビューターのカムの頂上に乗るようにする（**写真参照**）。この位置が、ポイントが最も開いた位置である。

11. 小型スクリュードライバーを使って、この章の「整備情報」に記載されているギャップになるまでポイントを動かして調整する。ポイントの接触面に油分などを付けないように、きれいなシックネスゲージを使ってギャップを測定する（**写真参照**）。

12. 調整が済んだら、スクリューを締めてポイントを固定してから、ギャップを再点検する。

13. ポイントギャップはドエル角を測るドエルテスターを使って再チェックするとなお良い。ドエルテスターに付属の説明書に従って、ドエル角がこの章の「整備情報」に記載の範囲内になるようにポイントを調整する。

14. ポイントギャップ（またはドエル角）の調整が済んだら、点火時期を調整する（セクション28参照）。

28. 点火時期の点検、調整

注意：点火時期の点検および調整は、ポイントギャップの調整（セクション27参照）が済んで、エンジンを暖機した後に行なうこと。

静止タイミング法（1967年以前の全車）
→写真 28.1、28.3 参照

1. イグニッションスイッチがOFFの状態で、レンチを使ってプーリーを時計方向に回し、クランクシャフトプーリーの切り欠き（点火時期を示すタイミングマーク）とクランクケースの合わせ目の位置を一致させる（**写真参照**）。ディストリビューターキャップを外し、ローターが本体の縁に付いた刻み目を指していることを確認する。

備考：1967年8月より前に製造されたエンジンは、クランクシャフトプーリーに切り欠き（タイミングマーク）が2つある。左側のマークがBTDC（上死点前）7.5°を、右側のマークがBTDC 10°を示している。それ以降の車で3つのマークが付いているエンジンの場合は、左側のマークがTDC 0°（上死点）、中央のマークがBTDC 7.5°、右側のマークがBTDC 10°をそれぞれ示している。

2. ディストリビューター本体の位置を手で動かせるようになるまで、ディストリビューター底部のボルトとナットを緩める。

3. 検電テスターのアース線をエンジンの適当な場所にアースする。備考：検電テスターは、自分の車の電気系統（6Vまたは12V）に適合したものを使用すること（たいてい共用可能だが）。イグニッションスイッチをON位置にする（ただし、エンジンは始動しない）。ディストリビューターから出ている細いリード線（通常は緑色）が接続されているイグニッションコイルのマイナス側（1番端子）に検電テスターの先を当てる（**写真参照**）。

4. ローターの回転方向に少しディストリビューター本体を回す（この章の「整備情報」を参照）。まだ、検電テスターは点灯しないはずである。さらに、検電テスターが点灯するまで、ローターの回転方向にディストリビューターをゆっくりと回す。検電テスターが点灯する正確な位置を見つけて、ディストリビューターの固定ボルトを締め付ける。ディストリビューターキャップを取り付ける。

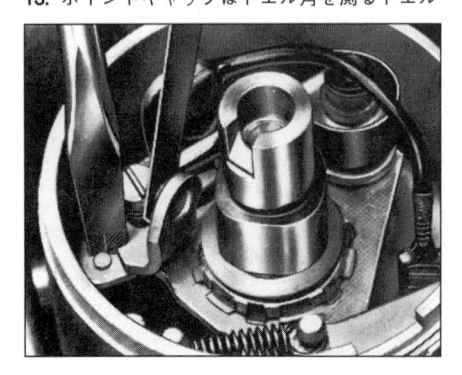

27.11 このようにスクリュードライバーでポイントの位置を微調整する

28.1 タイミングマークとクランクケースの合わせ目（矢印）の位置を合わせる

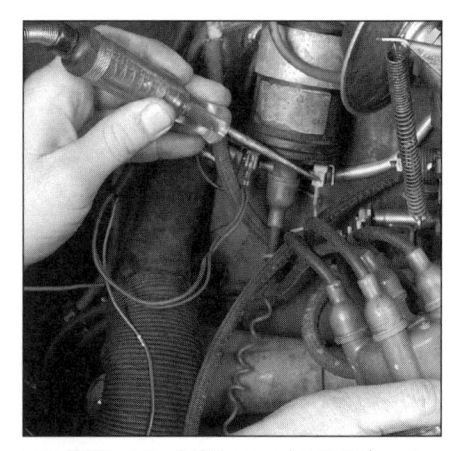

28.3 検電テスターを接続して、ディストリビューターを回しながら、テスターが点灯する正確な位置を探す

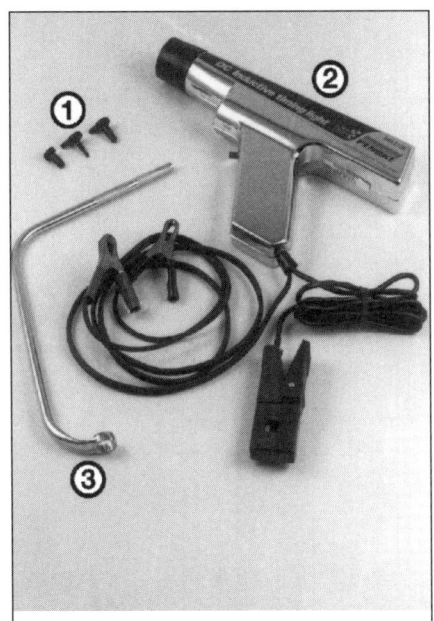

定期メンテナンス

1-21

28.5 点火時期の点検／調整に必要な工具

1　バキュームホース用の栓：ほとんどの場合、バキュームホースは接続を外して栓をしておかなければならない。このような栓がなければ、ゴルフのティーやボルトなどで代用する
2　ピックアップ式タイミングライト：No.1 シリンダーのスパークプラグが点火するときに発光する。タイミングライトに付属の説明書に従って接続する
3　ディストリビューター用レンチ：一部のモデルにおいて、普通のレンチやソケットではディストリビューターの固定ボルトを回すことが難しい場合がある。そうした場合は、図示のような特殊なレンチが必要になる

29.6 スロットルストップスクリュー

29.7 ボリュームコントロールスクリューは、キャブレターの底部付近にある

29.8 1970 年以降のキャブレターの調整スクリュー

1　スロットルストップスクリュー
2　ボリュームコントロールスクリュー
3　バイパススクリュー

タイミングライト法（1968 年以降の全車）（それ以前の車にも適用可）

→写真 28.5 参照

警告：この方法では、エンジンを回転させておく必要がある。手や配線などがファンベルト等の可動部品に巻き込まれないように注意する。ゆったりとした衣服や長髪、ネクタイ等も、誤って怪我をする原因になる。

備考：以下の点火時期調整手順は、1968 年式以降のほとんどのモデルに適用される。ただし、エンジンルームのラベルに別な手順が記されていた場合は、ラベルの手順に従うこと。

5. No.1 シリンダーのスパークプラグコードにタイミングライト（**写真参照**）を接続する。ピックアップは No.1 シリンダーのプラグコードに取り付ける（取付方法の詳細はメーカーの説明書に従う）。**備考**：タイミングライトの電源はイグニッションスイッチを ON 位置にした状態でイグニッションコイルのプラス端子（#15）から取ることができる。コード類がファンベルトに巻き込まれないように注意すること。
6. ディストリビューター本体の位置を手で動かせるようになるまで、ディストリビューター底部のボルトとナットを緩める。
7. クランクシャフトプーリーのタイミングマークとクランクケースの合わせ目を確認しておく（写真 28.1 参照）。**備考**：1967 年 8 月以前に製造されたエンジンの場合は、タイミングマークについてセクション 28 の手順 1 の備考を参照する。

備考：ディストリビューターに 1 本のバキュームホースが接続されている 1970 年モデル全車および 1973 年春から 1974 年までのモデル［車台番号が 11326474897（M/T 車）または 1132690032（A/T 車）から始まる車両］の場合は、バキュームホースの接続を外して、栓をした状態で点火時期を調整する。ディストリビューターに 2 本のホースが接続されている場合は、両方とも接続したままにしておく。1975 年以降のモデルの場合は、エアクリーナーにつながっているキャニスターのホースを外して、栓をしておく。

8. エンジンを始動して、アイドル回転させる。アイドル回転数は、この章の「整備情報」に記載の範囲内に維持すること（セクション 29 参照）。タイミングライトでクランクシャフトプーリーのタイミングマークを照らす。タイミングマークとクランクケースの合わせ目が一致して見えるように、ディストリビューター本体を回して調整する。
9. エンジンをいったん停止してから、ディストリビューターの固定ボルトを確実に締め付ける。
10. エンジンを始動し、点火時期を再点検する。
11. エンジンを停止し、タイミングライトを取り外す。

29. アイドル回転数の点検、調整

1. アイドル回転数の調整は、必ずポイントと点火時期の点検・調整が済んでから行なうこと。エンジン性能および排ガス中の CO や HC の濃度が、このアイドル回転数によって大きく左右される。
2. 車が動き出さないようするため、ハンドブレーキをしっかりとかけ、輪止めをする。トランスミッションをニュートラルにする。
3. タコテスター（回転計）のコードを No.1 シリンダーのプラグコードに取り付ける（取付方法の詳細はメーカーの説明書に従う）。
4. エンジンを始動して暖機する。チョークが完全に解除され、ファーストアイドルカムの段差部がスロットルレバーのスロットルストップスクリューの先端に当たってないことを確認する。
5. エンジンをアイドル回転させる。タコテスターに表示されているアイドル回転数を読み取って、この章の「整備情報」に記載の規定値と比較する。アイドル回転数が低すぎるまたは高すぎる場合は、以下の手順で調整する。

1969 年以前のモデル

→写真 29.6, 29.7 参照

6. スロットルストップスクリュー（**写真参照**）を回して、アイドル回転数がこの章の「整備情報」に記載されている規定値になるようにする。
7. ボリュームコントロールスクリュー（**写真参照**）をゆっくりと時計方向に回していき、エンジン回転数が低下し始める位置で回すのをやめる。次にその位置から、今度はアイドル回転数が最も高くなる位置までこのスクリューを反時計方向に戻していく。ただし戻す量は、アイドル回転数が低下し始める位置から 1/2 回転の範囲内にとどめること。アイドル回転数を確認し、必要に応じてスロットルストップスクリューで再調整する。

29.14 フューエルインジェクションモデルのアイドルスピードスクリューの位置（矢印）

30.5 取付スタッドが突き出ているかどうか確認する

30.6 スクリューを回して、バルブクリアランスを調整してから、ロックナットを締め付ける

1970年モデル
(30 PICT-3 キャブレター)
→写真29.8参照

8. バイパススクリュー（**写真参照**）を回して、この章の「整備情報」に記載されている規定値になるまで、アイドル回転数を調整する。
注意：このキャブレターの場合、スロットルストップスクリューには触れないこと。

1971年～1974年モデル
(34 PICT-3 キャブレター)

9. いったんエンジンを停止する。スロットルストップスクリュー（写真29.8参照）を反時計方向に回して、スクリューの先端がファーストアイドルカムから離れるようにする。次に今度はスクリューを時計方向に回して、ファーストアイドルカムにちょうど接する位置にする。この位置からスクリューをさらに時計方向に1/4回転回す。
10. ボリュームコントロールスクリューをゆっくりと時計方向に回していき、奥に軽く接したところで回すのをやめる。この位置からスクリューを2.5～3回転戻す。
11. エンジンを始動し、バイパススクリューを回して、アイドル回転数がこの章の「整備情報」に記載されている規定値になるまで調整する。
12. ボリュームコントロールスクリューを回して、アイドル回転数が最も高くなる位置に調整する。次に回転数が20～30rpm分低下する位置まで、ボリュームコントロールスクリューをゆっくりと時計方向に回す。
13. アイドル回転数が規定値になるまで、再びバイパススクリューを回して調整する。

フューエルインジェクションモデル
→写真29.14参照

14. アイドル回転数がこの章の「整備情報」に記載されている規定値になるまで、アイドルスピードスクリュー（**写真参照**）を調整する。

全モデル

15. 安全のためクラッチを踏んだ状態で（セミオートマ車を除く）、スロットルを急に（少々乱暴に）踏み込んでから離してみる。アイドル回転数の調整が正しくて、エンジンが暖機されていれば、エンジンは止まったりしないはずである。アイドル回転数を再点検後、エンジンを切っ

て、タコテスターを外す。

30. バルブクリアランスの点検、調整
→写真30.5, 30.6参照

1. エンジンが完全に冷えるまで待つ（できれば、エンジンを切ってから一晩置いておく）。
2. トランスミッションをニュートラル位置にして、エンジンをかけずにNo.1シリンダーを上死点位置にする（第2章参照）。
3. ロッカーカバーを取り外す（第2章参照）。
4. 車の下にもぐって、No.1シリンダーのバルブを確認する（この章の「整備情報」に載っているシリンダーの番号図を参照。ただしこの図は上から見た図である点に注意）。両方のバルブ（吸気と排気側）は完全に閉じているはずである（つまり、バルブがロッカーアームに押されていない）。閉じていなければ、再度No.1シリンダーを上死点位置にする手順を実施する。
5. この章の「整備情報」に記載されているバルブクリアランスの規定値（下記の備考を参照）に応じたシックネスゲージをアジャストスクリューとバルブステムの先端の間に差し込んで引き抜いてみる。シックネスゲージがわずかに抵抗を感じる程度で抜き差しできれば、バルブクリアランスは正常である。**備考**：1961年から1965年モデルの場合は、ほとんどのエンジンに長いロッカーアームシャフト取付スタッドが使われている。また、すべてではないが1971年までのエンジンにも同様に長いスタッドが使わ

れている場合がある。これは、シリンダーヘッドの反対側を見れば判断できる（写真参照）。もしスタッドが突き出ていれば、それらは長いタイプのスタッドである。必ずすべてのスタッドを点検すること。右側ヘッドと左側ヘッドで違う場合がある。スタッドが長い場合は、インテークのクリアランスを0.2mmに、エキゾーストのクリアランスを0.3mmに、スタッドが短いモデルの場合は両方のクリアランスを0.15mmに調整する。
6. 規定の厚さのシックネスゲージが入らない、または緩すぎる場合は、ロックナットを緩めて、バルブステムとアジャストスクリューの間にシックネスゲージが少し抵抗を感じる程度で抜き差しできるようになるまでアジャストスクリューを調整する（**写真参照**）。ロックナットを締め付けて、バルブクリアランスを再点検する。
7. そのシリンダーのもう一方のバルブについても、同様の手順で調整する。
8. クランクシャフトプーリーに、TDCマークから180°の位置の印を付ける。クランクシャフトプーリーボルトにレンチをかけて、クランクシャフトを180°（1/2回転）時計方向に回す。これにより、次の点火順序のシリンダーが上死点位置になる。上記の4、5、6の手順を繰り返す。1-4-3-2の点火順序に従って、各シリンダーで同様に作業する。
9. ロッカーカバーを取り付ける。

31.1 クラッチペダルの遊びを点検する

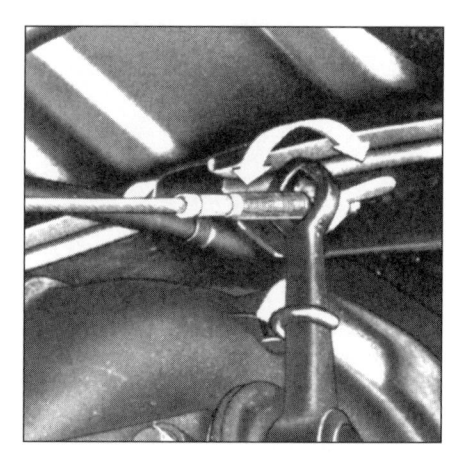

31.3 後期モデルの場合、クラッチの調整に蝶ナットが使われている

定期メンテナンス

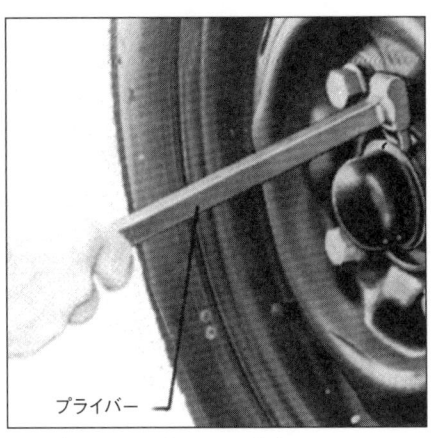

32.6 ダストキャップをこじって外す

32.8 ロックボルト(矢印)を緩めて、ナットを外す

32.11 ハブからシールをこじって外す

31. クラッチペダルの遊びの点検、調整

→図31.1, 写真31.3参照

1. クラッチペダルを軽く押して、ペダルの動きに抵抗を感じるまでの距離(遊び)を定規で測定する(図参照)。ペダルの遊びが、この章の「整備情報」に記載された限度値以内であれば正常である。限度値を外れる場合は調整する。
2. 車を持ち上げて、リジッドラックで確実に支える。
3. クラッチケーブルのアジャスターは、車の下から覗いて、アッパーエンジンマウントの隣、トランスミッションの左側にある。ロックナットを緩めて(装着車)、遊びが適正になるまでアジャストナット(写真参照)を回す。必要に応じて、ケーブル自体が回らないようにするためプライヤーでケーブルを保持する。
4. ペダルの遊びを調整した後に、ロックナットを締め付ける(装着車)。
5. ペダルの遊びを再点検する。

32. ホイールベアリングの点検、グリス充填、調整

フロントホイールベアリング

→写真32.6, 32.8, 32.11, 32.15参照

1. フロントホイールベアリングは、ブレーキライニングを交換したときまたは約5万km走行毎に整備すること。また、何らかの理由で車の前部を持ち上げたときにも、必ずついでに点検しておくこと。
2. 車を持ち上げて、リジッドラックで確実に支える。車輪を回して、異音、回転抵抗、ガタがないか点検する。引きずりや抵抗がなく、車輪がスムーズに回転することを確認する。
3. タイヤの上側を片方の手で、下側をもう一方の手でつかむ。車輪をスピンドル軸方向に(前後に)動かす。過大な動き(ガタ)があれば、ベアリングを点検してから、必要に応じてグリスを充填するかベアリングを交換する。
4. 車輪を取り外す。
5. ディスクブレーキ装着車の場合は、ブレーキパッドの間にちょうど挟める大きさの木片を作って、パッドが飛び出さないようにしておくとよい。ブレーキキャリパーを取り外して(第9章参照)、針金で邪魔にならない位置に吊っておく。
6. 運転席側の車輪の場合は、スピードメーターケーブルの先端からクリップを取り外す。左右どちらの車輪の場合も、ハブからダストキャップをこじって外す(写真参照)。
7. ダブルナットを装着した初期モデルの場合は、ロックタブを曲げ戻して、ロックナットを緩める。後期モデルの場合は、六角レンチを使ってスピンドルナットのロックボルトを緩める。
8. スピンドルの先端からスピンドルナットとワッシャーを取り外す(写真参照)。注意:左車輪のスピンドルは左ネジになっている。
9. ハブ・アセンブリーを少し引き出してから、元の位置に押し戻す。この作業により、アウターベアリングがスピンドルから離れて、取り外しができるようになる。
10. スピンドルからハブ・アセンブリーを引っ張って外す。
11. スクリュードライバーを使って、ハブの裏側からシールをこじって外す(写真参照)。シールを外すときは、シールの取付状態を確認しておくこと。
12. ハブからインナーホイールベアリングを取り外す。
13. 溶剤を使って、ベアリング、ハブ、スピンドルから古いグリスをきれいに除去する。この作業には小さなブラシがあると便利である。ただし、ベアリングのローラーの間にブラシの毛を残さないこと。各部品を自然乾燥させる。
14. ベアリングに亀裂、熱による変色、ローラーの摩耗等がないか念入りに点検する。ハブ内のベアリングレースに摩耗または損傷がないか点検する。ベアリングレースに不具合があれば、必要な設備を持っている専門の業者にハブを持っていって、古いベアリングレースを取り外して新しいものを圧入してもらう。ベアリングとレースはセットになっているので、決して古いベアリングを新しいレースに組み付けないこと。
15. ベアリングにホイールベアリング用グリスを充填する。ローラーのすき間、コーン部(内側)、ケージなど各部にグリスをまんべんなく塗り込める(写真参照)。
16. スピンドルのアウターベアリング接触部、インナーベアリング接触部、段差部、シール接触部にグリスを薄く塗布する。
17. ハブ内のベアリングレースの内側に少量のグリスを充填する。
18. グリスを詰めたインナーベアリングをハブの裏側に取り付けて、ベアリングの周囲に少し多めにグリスを塗布する。
19. インナーベアリングに新しいシールを取り付けて、ハンマーと木片を使ってハブと面一の位置になるまでシールを均一に打ち込む。
20. スピンドルにハブ・アセンブリーを慎重に取り付けて、グリスを塗布したアウターベアリングを所定の位置に押し込む。
21. ワッシャーとスピンドルナットを取り付ける。遊びがちょうどなくなる位置までナットを締め込む。
22. ハブを前進方向に回して、ベアリングをなじませてから、あとで遊びの原因となる余分なグリスやベアリングのバリを取り除く。
23. スピンドルナットの締め付け状態に変化がないか確認する。
24. 緩みや遊びが完全になくなるまで再度手でスピンドルナットを締め込む。この位置から、プレロード(初期荷重)を少しかけるためにレ

32.15 手のひらにグリスを適量取って、そこにベアリングを押しつけるようにしてグリスを塗り込める

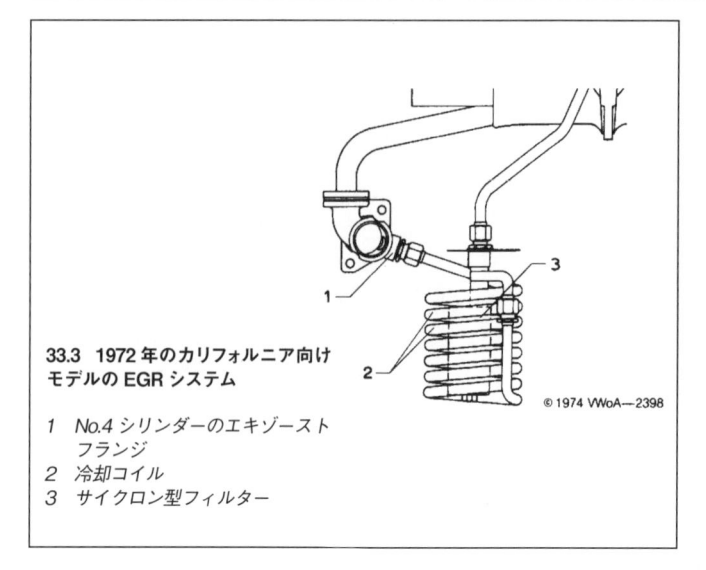

33.3 1972年のカリフォルニア向けモデルのEGRシステム

1 No.4 シリンダーのエキゾーストフランジ
2 冷却コイル
3 サイクロン型フィルター

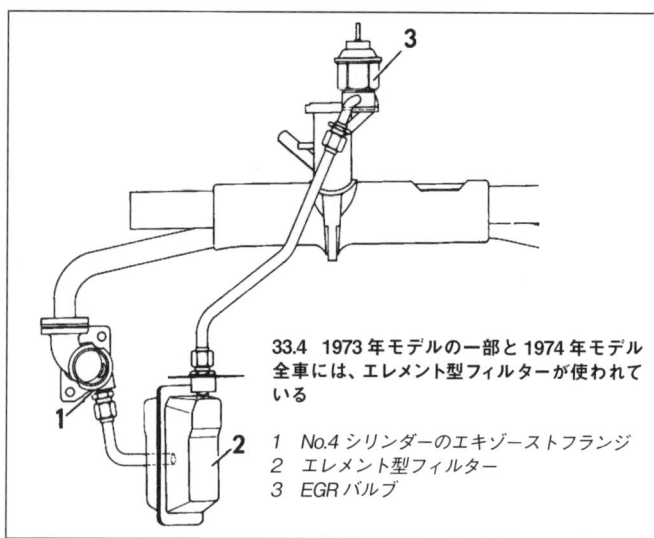

33.4 1973年モデルの一部と1974年モデル全車には、エレメント型フィルターが使われている

1 No.4 シリンダーのエキゾーストフランジ
2 エレメント型フィルター
3 EGRバルブ

ンチを使ってそのナットをさらに1/4回転締め込んでから、約1/8回転戻す。軸方向の遊びの許容値は0.03〜0.012mmとなっている。

25. 初期モデルの場合は、ロックタブと外側のナットを取り付ける。外側のナットを内側のナットに締め込んで、ロックタブを曲げる。必要に応じて、内側のナットの回り止めをするため、レンチで内側のナットを保持する。後期モデルの場合は、六角レンチを使ってスピンドルナットのロックボルトを締め付ける。

26. ハンマーで叩いて、ハブにダストキャップを取り付ける。

27. 運転席側の車輪は、スピンドルの裏側からスピードメーターケーブルをダストキャップに通す。クリップを取り付けて固定する。

28. ディスクブレーキ装着車の場合は、ローターをブレーキキャリパーに近づけてから、挟んでおいた木片を慎重に取り外す。キャリパーを取り付ける(第9章参照)。

29. 全モデルにおいて、ハブにホイールを取り付けて、各ホイールボルトを仮締めする。

30. タイヤの上側と下側を両手で持って、このセクションで前述した方法に従ってベアリングにガタがないか点検する。

31. 車を下ろし、ホイールボルトを本締めする。

リアホイールベアリング

32. 備考：この手順は、CVジョイントタイプのリアアクスルを装着した1972年以前のモデルにのみ適用される。リアホイールベアリングは、5万km毎に取り外した上で、清掃と汎用グリスを充填することになっている。リアホイールベアリングの整備には特別な工具と手順が必要になるので、修理工場に依頼することを勧める。それでも自分でやってみたい場合は、第10章を参照する。

33. 排気ガス再循環装置 (EGR) の整備

→図33.3, 33.4参照

1. EGRシステムは以下の北米向けモデルに標準装備されている：1972年のカリフォルニア向けモデル、1973年のセミオートマチック車および1974年以降の全車。

2. 1975年以降のモデルでは1万5000マイル(約2万5000km)毎にEGRサービス警告灯が点灯する構造になっている。後期モデルにはEGRフィルターがない場合もあるが、EGRバルブは取り外してカーボンを取り除くこと(EGRバルブの取り外しについては第6章参照)。整備後は、警告灯背面のリセットボタンを押して、EGRサービス警告灯をリセットしておく。

3. EGRフィルターは3万マイル(約5万km)毎に交換する。1972年のカリフォルニア向けモデルの場合は、フィルター(図参照)を取り外して、溶剤で洗浄する。このフィルターは、後期に採用された使い捨てタイプのものとも互換性がある。

4. 後期モデルには、エレメントタイプの使い捨てフィルターが使われている(図参照)。マフラーのエキゾーストフランジとインテークマニホールドからフィルターを取り外す。新しいフィルターとガスケットを取り付けて、ボルトを確実に締め付ける。

2-1

第2章
エンジン脱着／オーバーホール

目次

1. 概説 2-3
2. ロッカーカバーの脱着 2-4
3. ロッカーアームとプッシュロッドの脱着 2-4
4. インテークマニホールドの脱着 2-5
5. エキゾーストマニホールド／ヒートエクスチェンジャーの脱着 ... 2-6
6. オイルポンプの脱着、点検 2-8
7. オイルプレッシャーリリーフバルブとコントロールバルブの脱着 ... 2-10
8. 圧縮圧力の点検 2-11
9. No.1 シリンダーの上死点(TDC)の位置決め ... 2-11
10. エンジンオーバーホールに関する全般的な説明事項 ... 2-11
11. エンジンの取り外し方法と注意事項 2-12
12. エンジンの取り外し 2-12
13. エンジンオーバーホール時の選択肢 2-15
14. エンジンオーバーホール：分解手順 2-15
15. フライホイール／ドライブプレートの取り外し ... 2-18
16. エンジンの外付け部品の取り外し 2-20
17. シリンダーヘッドの取り外し 2-20
18. シリンダーヘッドの分解 2-20
19. シリンダーヘッドの清掃と点検 2-21
20. バルブまわりの修正、交換 2-22
21. シリンダーヘッドの組み立て 2-22
22. シリンダー、ピストン、ピストンリングの取り外し、点検 ... 2-22
23. クランクシャフトの取り外し 2-25
24. カムシャフトとバルブリフターの点検 2-27
25. クランクシャフトの点検 2-27
26. クランクケースの清掃と点検 2-27
27. コンロッドの点検 2-27
28. シリンダーのホーニング 2-28
29. エンジンベアリングの点検 2-28
30. クランクシャフトの組み立て 2-29
31. コンロッドの取り付け 2-30
32. クランクケースの組み立て 2-32
33. ピストンとピストンリングの組み立て 2-34
34. シリンダーの取り付け 2-35
35. シリンダーヘッドの取り付け 2-36
36. クランクシャフトの軸方向の遊びの点検、調整 ... 2-36
37. クランクシャフトオイルシールの交換 2-37
38. フライホイール／ドライブプレートの取り付け ... 2-38
39. エンジンの外部部品の組み立て 2-38
40. エンジンの取り付け 2-38
41. オーバーホール後の最初のエンジン始動と慣らし運転 ... 2-38

整備情報

全般

点火順序	1-4-3-2
油圧（通常の作動温度での最低限度値）	2.0 kg/cm² (2500 rpm 時)
圧縮圧力	
最低限度値	7.0 kg/cm²
シリンダー間の圧縮圧力の差（限度値）	1.5 kg/cm²
シリンダーボア	
1200 cc.	77 mm
1300 cc.	77 mm
1500 cc.	83 mm
1600 cc.	85.5 mm
ストローク	
1200 cc.	64 mm
1300 cc、1500 cc、1600 cc	69 mm

カムシャフト、ベアリング

カムシャフトジャーナル部外径（全て）（新品時） ...	24.99 ～ 25.0 mm
カムシャフトベアリングのクリアランス	
新品	0.02 ～ 0.05 mm
摩耗限度値	0.12 mm
軸方向の遊び	
新品	0.4 ～ 0.13 mm
摩耗限度値	0.16 mm
ギアバックラッシュ	0.0 ～ 0.05 mm

コンロッド、ベアリング

ベアリングオイルクリアランス	
新品	0.02 ～ 0.08 mm
摩耗限度値	0.15 mm
ビッグエンド軸方向の遊び（スラストすき間）（全て）	
新品	0.1 ～ 0.4 mm
摩耗限度値	0.7 mm
ピストンピンオイルクリアランス（全て）	
新品	0.01 ～ 0.02 mm
摩耗限度値	0.04 mm

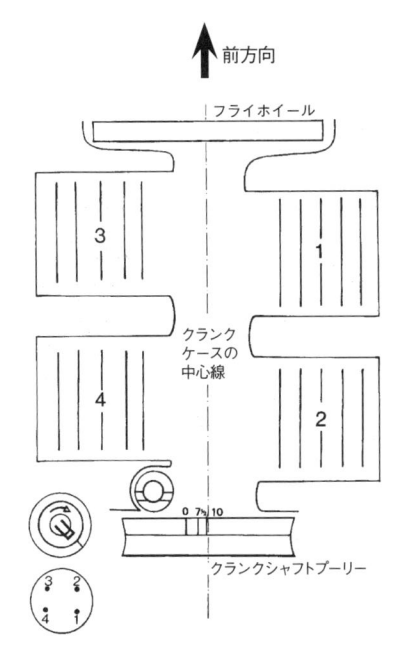

シリンダー番号（上から見た図）

（および、No.1 シリンダー上死点時のタイミングマーク、ディストリビューターのドライブシャフト、ローター、プラグコードの位置関係の例）

ピストンピン外径
　　1200 cc. .... 19.996 〜 20.000 mm
　　1300 cc、1500 cc、1600 cc .... 21.996 〜 22.000 mm
コンロッドの重量を示す識別色
　　1200 cc. .... 茶色または白　　487 〜 495 g
　　1200 cc. .... 灰色または黒　　507 〜 515 g
　　1300 cc、1500 cc、1600 cc .... 茶色または白　　580 〜 588 g
　　1300 cc、1500 cc、1600 cc .... 灰色または黒　　592 〜 600 g

クランクシャフト、メインベアリング
ジャーナル部外径
　　No. 1、2、3 メインベアリング .... 54.97 〜 54.99 mm
　　No. 4 メインベアリング .... 39.98 〜 40.00 mm
クランクピン外径
　　1200 cc. .... 54.97 〜 54.99 mm
　　1300 cc、1500cc、1600 cc .... 54.98 〜 55.00 mm
ジャーナル部オイルクリアランス
　　No. 1、3 メインベアリング
　　　新品 .... 0.04 〜 0.10 mm
　　　摩耗限度値 .... 0.18 mm
　　No. 2 メインベアリング
　　　新品 .... 0.03 〜 0.09 mm
　　　摩耗限度値 .... 0.17 mm
　　No. 4 メインベアリング
　　　新品 .... 0.05 〜 0.10 mm
　　　摩耗限度値 .... 0.19 mm
クランクシャフト軸方向の遊び
　　新品 .... 0.07 〜 0.13 mm
　　摩耗限度値 .... 0.15 mm
ジャーナル部楕円度（限度値） .... 0.03 mm
クランクピン楕円度（限度値） .... 0.03 mm

オイルポンプ
ギア／シャフトの軸方向の遊びの限度値（ガスケットなし） .... 0.1 mm
ギアバックラッシュ .... 0.03 〜 0.08 mm

ピストン、シリンダー、ピストンリング
ピストンリングとリング溝のすき間
　　No.1 コンプレッションリング
　　　新品 .... 0.007 〜 0.09 mm
　　　摩耗限度値 .... 0.12 mm
　　No.2 コンプレッションリング
　　　新品 .... 0.05 〜 0.07 mm
　　　摩耗限度値 .... 0.10 mm
　　オイルリング
　　　新品 .... 0.03 〜 0.05 mm
　　　摩耗限度値 .... 0.10 mm
オーバーサイズピストンの種類 .... 0.5 mm と 1.0 mm
ピストンリングの合い口すき間
　　コンプレッションリング
　　　新品 .... 0.30 〜 0.45 mm
　　　摩耗限度値 .... 0.90 mm
　　オイルリング
　　　新品 .... 0.25 〜 0.40 mm
　　　摩耗限度値 .... 0.95 mm
シリンダーとピストン間のすき間（全て）
　　新品 .... 0.04 〜 0.05 mm
　　摩耗限度値 .... 0.20 mm
シリンダーの楕円度（限度値） .... 0.01 mm

バルブ、スプリング
インテークバルブステム外径
　　新品 .... 7.94 〜 7.95 mm
　　摩耗限度値 .... 7.90 mm
インテークバルブガイド内径 .... 8.00 〜 8.02 mm
エキゾーストバルブステム外径
　　新品 .... 7.91 〜 7.92 mm
　　摩耗限度値 .... 7.90 mm
エキゾーストバルブガイド内径 .... 8.00 〜 8.02 mm

エンジン脱着／オーバーホール

バルブスプリング長さ（荷重をかけた時の値）
- 1200 cc .... 33.147 mm（荷重：41～47 kg 時）
- 1300 cc、1500 cc、1600 cc .... 30.988 mm（荷重：61 kg 時）

バルブヘッド部の厚さ（限度値）................. 0.8 mm

締付トルク kg-m

- クランクシャフトプーリーナット 4.5
- オイルポンプナット 2.0
- シリンダーヘッドナット（締付順序については本文を参照する）
  - 1 段階目の締付トルク 1.0
  - 2 段階目の締付トルク
    - 1969 年以前のモデル 3.2
    - 1970 年以降のモデル
      - M10 ナット 3.2
      - M8 ナット 2.5
- フライホイール／ドライブプレートのグランドナット（押さえナット）
  - 1200 cc、1300 cc、1500 cc 30.0
  - 1600 cc 35.0
- クランクケースのナットとボルト
  - M8 .... 2.0
  - M10 または M12 .... 3.5
- コンロッドのナット（またはボルト）.............. 3.3
- ロッカーシャフト取付ナット 2.5
- トルクコンバーターとドライブプレート間のボルト ... 2.5
- オイルストレーナーカバーのナット .... 第 1 章参照
- オイルクーラー取付ナット .... 第 3 章参照

エンジンコード一覧表

生産時期	排気量	エンジンコード	出力 (hp)
1953 年 12 月～1960 年 7 月	1200 cc	1, 2, 3	36
1960 年 8 月～1965 年 7 月	1200 cc	5, 6, 7, 8, 9	40
1965 年 8 月～1966 年 7 月	1300 cc	F0	50
1966 年 8 月～1967 年 7 月	1500 cc	H0	53
1967 年 8 月～1969 年 7 月	1500 cc	H5	53
1969 年 8 月～1970 年 7 月	1600 cc	B	57
1970 年 8 月～1971 年 9 月	1600 cc*	AE	60
1971 年 8 月～（カリフォルニア仕様のみ）	1600 cc*	AH	60
1972 年 10 月～	1600 cc*	AK	46
1974 年 12 月～（フューエルインジェクション車）	1600 cc*	AF, AJ, AS	48

* デュアルポート仕様

1. 概説

　この章では、車上でのエンジン整備、エンジンの脱着、オーバーホールの各手順を説明する。この章の初め（セクション 2 から 9）までが車上整備である。ほとんどの修理には、エンジンの取り外しが必要となるが、そうしたエンジンの脱着を必要とする修理手順が残りのセクションで説明されている。

　本書が対象としているエンジンは、1200 cc、1300 cc、1500 cc および 1600 cc である。これらの 4 気筒エンジンは、空冷式の水平対向エンジンである。クランクシャフトは、アルミ合金製シェルベアリング（メタル）を介して、二分割式マグネシウム合金製クランクケースの中央で支持されている。カムシャフトは、クランクシャフトの真下に配置され、クランクシャフト後端のギアによって駆動される。カムシャフトも二分割式クランクケースの中央で支持されている。1966 年以降のモデルの場合は脱着可能な二分割式のシェルベアリング（メタル）が使われている。

　ディストリビューターは、クランクシャフト後端部に取り付けられたギアによって脱着可能なシャフトを介して駆動される。このシャフトには、キャブレターモデルのフューエルポンプ作動プランジャーを駆動するカムも設けられている。

　オイルポンプはギア式で、クランクケースの後部に組み込まれ、二分割式クランクケースの中央で支持されている。オイルポンプは、カムシャフト後端部の溝と嚙み合って駆動される。

　フィンの付いた 4 本のシリンダーは、それぞれ独立しており、左右 2 気筒ごとにバルブおよびロッカー機構を組み込んだシリンダーヘッドを共有している。シリンダーヘッドとクランクケース間にはプッシュロッドチューブが取り付けられ、その中にプッシュロッドが通っている。プッシュロッドは、カムシャフトからバルブリフター（タペット）を介して駆動され、ロッカーアームを動かしてバルブを開閉する。ロッカーカバーは、スプリングクリップでヘッドに固定されている。

　フライホイール（またはセミオートマ車のドライブプレート）は、4 個のドエルピンによってクランクシャフトの前端部に位置決めされ、大型のボルト（グランドナットと呼ばれる）によって固定されている。なおこのグランドナットには、マニュアルトランスミッションのインプットシャフトを差し込むニードルローラーベアリングが組み込まれている。クランクケースのフロントオイルシールは、フライホイール中央のハブと接している。オイルを保持するために、

2-4　エンジン脱着／オーバーホール

2.3 スプリングクリップをこじって外す

2.6 ロッカーカバーに新しいガスケットを取り付ける

3.2 ロッカーシャフト取付ナット（矢印）を取り外す

クランクシャフトの後端部にはオイルスリンガーが設けられ、クランクシャフトプーリーハブには螺旋状の溝が加工されている。クランクケースの底部中央にはオイルストレーナーが取り付けられ、その中心にオイルポンプへオイルを吸い上げるオイルサクションパイプが出ている。このストレーナー以外にオイルフィルターの類は付いていない。

ダイナモ（＝直流式発電器）（1973年以降のモデルではオルタネーター＝交流式発電器）は、エンジンの上の台座に取り付けられ、Vベルト（ファンベルト）を介してクランクシャフトプーリーによって駆動される。冷却ファンは、このダイナモ／オルタネーター・シャフトの前端部に取り付けられている。冷却ファンは板金製のハウジングの中に収まり、シリンダーに空気を送る。

エンジンの識別

作業の対象となるエンジンの型式を知ることは、多くの作業において基本となる。元々搭載されていたエンジンを他の年式のエンジンに載せ換えている車も多い。エンジン番号は、別表に示すように識別コード（数字／文字）で始まる。エンジン番号はダイナモ／オルタネーターの台座の底部に打刻されている。

2. ロッカーカバーの脱着

→写真2.3, 2.6参照

1. 車が前に動き出さないようにするため、両方の前輪に輪止めをしておく。車体後部を持ち上げて、リジッドラックで確実に支える。
2. ロッカーカバーの真下の床面にオイル受け皿を置く。
3. スプリングクリップをこじって外し、ロッカーカバーを取り外す（写真参照）。
4. カバーが固着している場合は、慎重にこじるかプラスチックハンマーで軽く叩く。カバーを曲げたり変形させないように注意する。
5. 古いガスケットをきれいに取り除く。溶剤を使ってカバーを清掃し、乾かす。
6. カバーに新しいガスケットを位置決めして（写真参照）、シリンダーヘッドに取り付ける。
7. カバーをスプリングクリップで確実に固定する。
8. エンジンを始動して、オイル漏れがないか点検する。

3. ロッカーアームとプッシュロッドの脱着

→写真3.2, 3.3, 3.4, 3.5a, 3.5b, 3.6a, 3.6b, 3.10参照

取り外し

1. ロッカーカバーを取り外す（第2章参照）。
2. ロッカーシャフト取付ナットを取り外す（写真参照）。このナットは、特殊な銅メッキを施してあるので、他のナットと混同しないようにすること。
3. ロッカーシャフト・アセンブリーをスタッドから取り外す（写真参照）。
4. 1966年～1976年モデルの場合は、スタッドシールを取り外す（写真参照）。
5. 各プッシュロッドを取り外して、取付時に同じ所に取り付けることができるように整理しておく（写真参照）。備考：36hpモデルの場合、プッシュロッドとリフターは一体となっている。その場合は、エンジンを取り外して、クランクケースを分解する必要がある。
6. ロッカーアームとシャフトを分解するつもりであれば、各ロッカーアームに印を付けて、組立時に同じ所に取り付けることができるようにしておく。端部のクリップを取り外して、ロッカーシャフトから各部品を抜き取る（写真および図14.3eを参照）。
7. 各部品を溶剤で洗浄してから、摩耗や損傷がないか点検する。プッシュロッドの接触面とアジャストスクリューの先端を点検して、ロッカーシャフトに深い窪み（摩耗）がないことを確認する。各プッシュロッドを平らな面で転がして回して、曲がっていないか確認する。必要に応

3.3 スタッドからロッカーシャフト・アセンブリーを取り外す

3.4 1966年～1976年モデルの場合は、スタッドシールを取り外す

3.5a 各プッシュロッドを取り外す

エンジン脱着／オーバーホール　　2-5

3.5b 取付時に元の位置に正しく戻すために、このように段ボール箱に穴を開けてプッシュロッドを整理しておくと良い

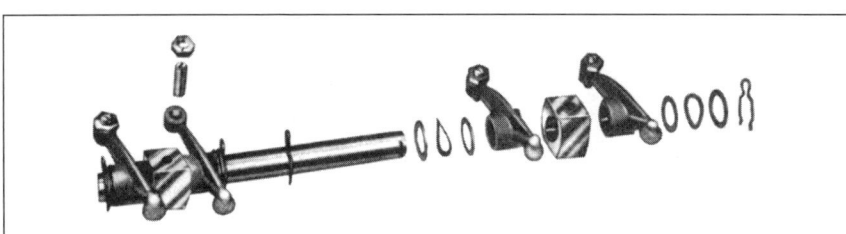

3.6a 1965年以前のロッカーアーム・アセンブリー：展開図

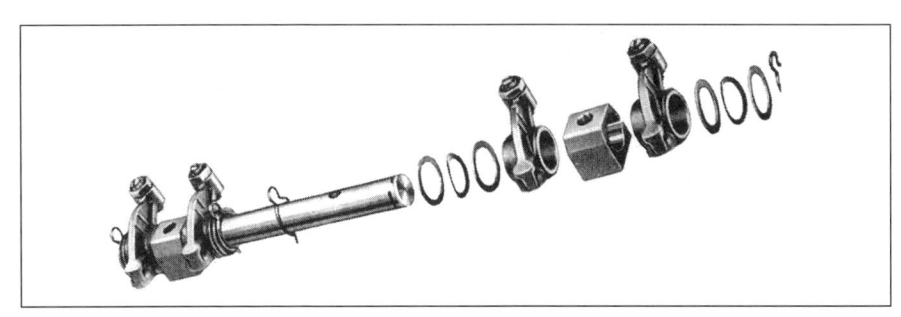

3.6b 1966年以降のロッカーアーム・アセンブリー：展開図

じて交換する。

取り付け

8. 各部品に組立用潤滑剤（0-6ページ参照）またはきれいなエンジンオイルを塗布する。（分解した場合は）ロッカーシャフトとアームを組み立てて、プッシュロッドを取り付ける。
9. 1966～1976年モデルの場合は、新しいスタッドシールを取り付ける。スタッドシールは2種類ある。元のものと同じタイプのシールを使うこと。スタッドの周囲に溝がある場合以外は、ドーナツ型のシールを使用する。
10. スタッドにロッカーアーム／シャフト・アセンブリーを取り付ける。1966年以降のモデルの場合、ロッカーアーム／シャフト・アセンブリーを取り付けるときは、シャフト支持ブラケットの面取り部が外側を向き、溝が上側を向くようにする（写真参照）。
11. すべてのプッシュロッドがロッカーアームにはまっていることを確認する。各ワッシャーと銅メッキナットを取り付けて、この章の「整備情報」の項に記載されている締付トルクに従って締め付ける。
12. 各バルブのクリアランスを調整する（第1章参照）。
13. ロッカーカバーを取り付ける（セクション2参照）。

4. インテークマニホールドの脱着

シングルポートエンジン（1970年以前のモデル）

→写真4.2, 4.3, 4.5a, 4.5b, 4.6参照
1. 取付位置があとで分かるように、各スパークプラグコードに荷札等で番号を付けた上で取り外す。キャブレターを取り外す（第1章と第4章参照）。
2. インテークマニホールド／プレヒートパイプの周囲からシュラウドを取り外す（写真参照）。
3. プレヒート（吸気予熱）パイプを外す（写真参照）。次に、両方のシリンダーヘッドからインテークマニホールドを外す。
4. ダイナモを外して、冷却ファンハウジングを持ち上げて、その下にインテークマニホールドを通す（第3章と第5章参照）。
5. 古いガスケットとシールを取り外す（写真参照）。フランジ部とプレヒートパイプに特に注意

3.10 シャフト支持ブラケットの面取り部が外側を、溝の部分が上側をそれぞれ向くようにして、ロッカーアーム／シャフト・アセンブリーを取り付ける

しながら、インテークマニホールドを清掃して点検する（写真参照）。マニホールドの内側からカーボンを取り除く。
6. 新しいシールとガスケット（写真参照）を使っ

4.2 プレヒートパイプの周囲からシュラウドを取り外す

4.3 エキゾーストマニホールドからプレヒートパイプを、シリンダーヘッドからインテークマニホールドをそれぞれ外す

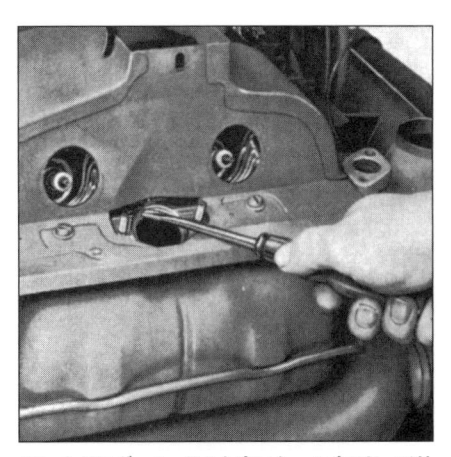

4.5a シリンダーヘッドから古いシールをこじって外す

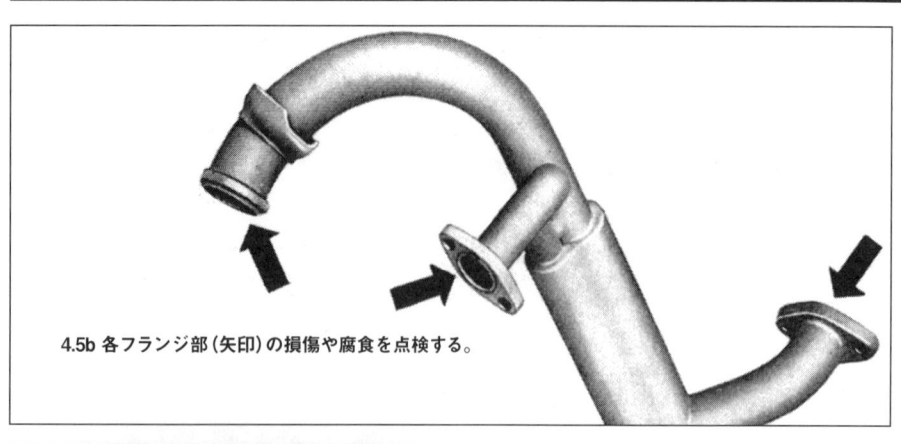

2-6 エンジン脱着／オーバーホール

4.5b 各フランジ部（矢印）の損傷や腐食を点検する。

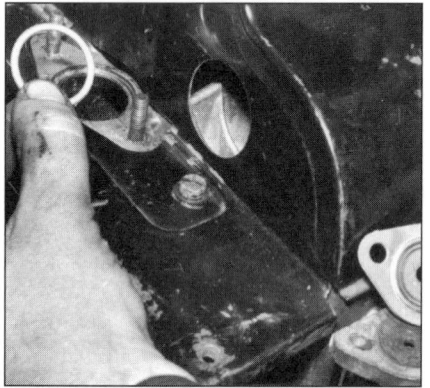

て、インテークマニホールド／プレヒートパイプを取り付けて、各固定具を確実に締め付ける。

7. 残りの部品の取り付けは、取り外しの逆手順で行なう。

デュアルポートエンジン（1971年以降のモデル）

→写真4.8, 4.9a, 4.9b, 4.10, 4.13, 4.15参照

8. ブーツのクランプを緩めて（写真参照）、エンドピースからブーツを外す。
9. プレヒートパイプの周囲からシュラウドを取り外す（写真参照）。
10. 取付ナットを取り外して、エンドピースを持ち上げて外す（写真参照）。
11. キャブレターまたはスロットルバルブハウ

ジングを取り外す（第4章参照）。

12. ダイナモ／オルタネーターを外して、冷却ファンハウジングを持ち上げて、その下にインテークマニホールドを通す（第3章と第5章参照）。
13. ナット（写真参照）を取り外して、エンジンからインテークマニホールドの中央部を持ち上げて外す。
14. 古いガスケットとシールを取り外す。プレヒートパイプとフランジ部に特に注意しながら、インテークマニホールドを清掃して点検する。マニホールドの内側からカーボンを取り除く。
15. 新しいシールとガスケット（写真参照）を使って、インテークマニホールドを取り付けて、各固定具を確実に締め付ける。
16. 残りの部品の取り付けは、取り外しの逆手順で行なう。

5. エキゾーストマニホールド／ヒートエクスチェンジャーの脱着

→写真5.3, 5.4, 5.5, 5.7, 5.10, 5.11, 5.12a, 5.12b参照

取り外し

1. 車が前に動き出さないようにするため、両方の前輪に輪止めをしておく。
2. 車体後部を持ち上げて、リジッドラックで確実に支える。
3. 車の下にもぐって、ヒートエクスチェンジャー

4.6 新しいガスケットとシールを取り付ける

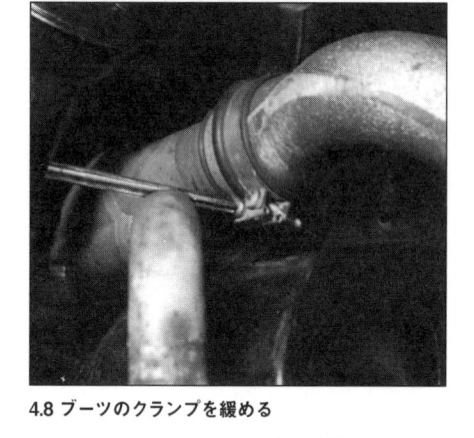

4.8 ブーツのクランプを緩める

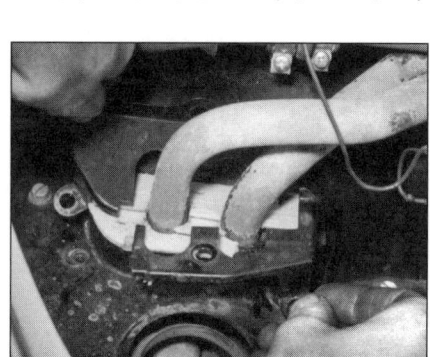

4.9a シュラウドを取り外した後...

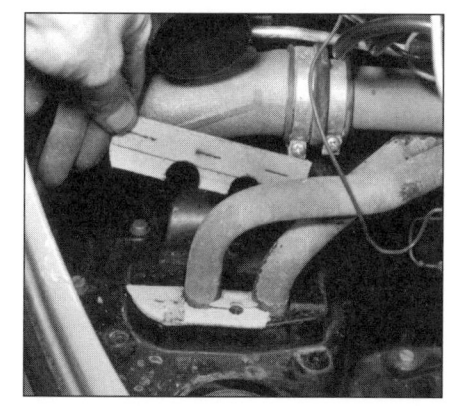

4.9b プレヒートパイプからインシュレーターを取り外す

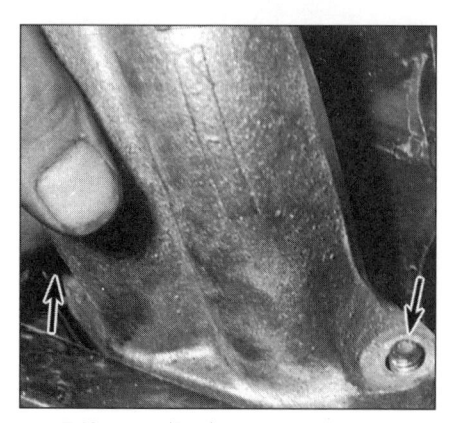

4.10 取付スタッド（矢印）からナットを取り外して、シリンダーヘッドからエンドピースを取り外す

4.13 ナット（矢印）を取り外してエンジンからインテークマニホールドの中央部を持ち上げて外す

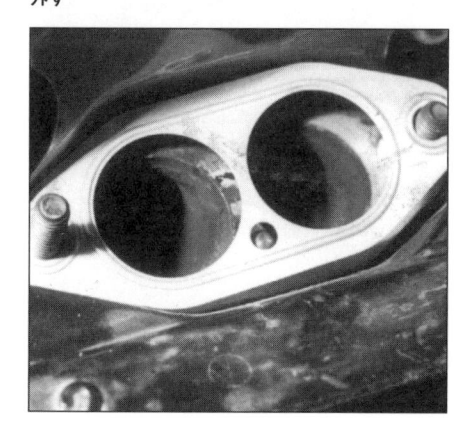

4.15 スタッドとドエルピンに新しいガスケットを取り付ける

エンジン脱着／オーバーホール　2-7

5.3 エアシュラウドのスクリュー（矢印）を取り外す：写真は代表例

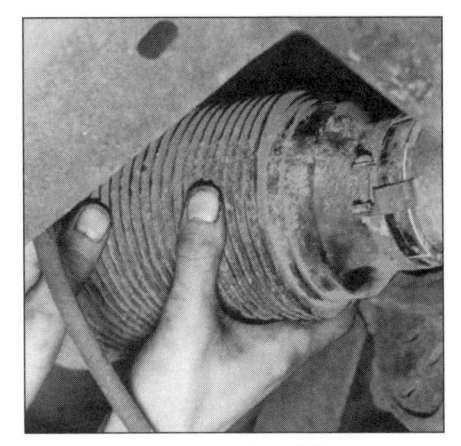

5.4 クランプを緩め、エアダクトを縮めてから、ヒートエクスチェンジャーの先端から外す

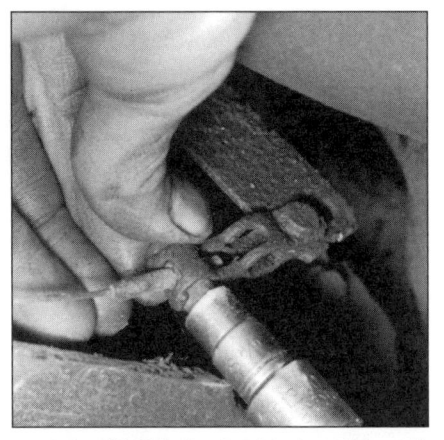

5.5 クランプを緩め、ヒートエクスチェンジャーの前端部からヒーターコントロールケーブルを外す

からエアシュラウドを取り外す（**写真参照**）。
4. 両側からホットエアダクトを取り外す（**写真参照**）。
5. ヒーターコントロールケーブルの接続を外す（**写真参照**）。
6. マフラーを取り外す（第4章参照）。
7. ヒートエクスチェンジャーをシリンダーヘッドに固定している各スタッドのねじ部に浸透潤滑剤を塗布してから、ナットを取り外す（**写真参照**）。
8. スタッドから抜けるまで、ヒートエクスチェンジャーを車両前方に引っ張ってから、床に下ろす。
9. 取付フランジ部から古いガスケットを取り外す。

取り付け

10. 各取付フランジ部に新しいガスケット（**写真参照**）を取り付ける。
11. ヒートエクスチェンジャーをエンジンに位置決めする（**写真参照**）。各取付ナットを取り付けて、しっかりと締める。
12. 残りの部品の取り付けは、取り外しの逆手順で行なう（**写真参照**）。

5.7 シリンダーヘッドのスタッドからナット（矢印）を取り外す

5.10 スタッドに新しいガスケットを組み付ける

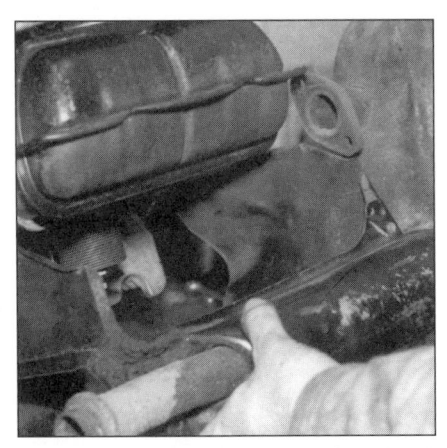

5.11 ヒートエクスチェンジャーをエンジンの上に位置決めする（写真は初期モデル）

5.12a ヒートエクスチェンジャー／フロントエキゾーストパイプの断面図（1962年以前のモデル）

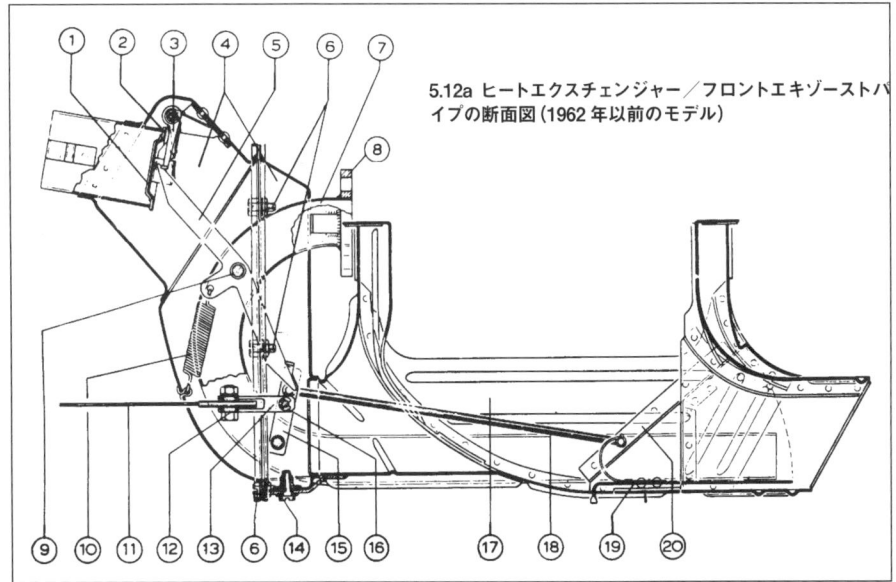

1 暖気アウトレットフラップ
2 ガスケット
3 フラップ作動レバー
4 ジャンクションボックス
5 レバー
6 フランジスクリュー
7 エキゾーストパイプ
8 エキゾーストパイプフランジ
9 レバーピボットピン
10 リターンスプリング
11 コントロールケーブル
12 ケーブルクランプ
13 ケーブルリンク
14 固定スクリュー
15 作動レバー
16 サークリップ
17 冷気メインアウトレットダクト
18 リアフラップ接続ロッド
19 リアバッフルフラップ
20 リアフラップストップレール

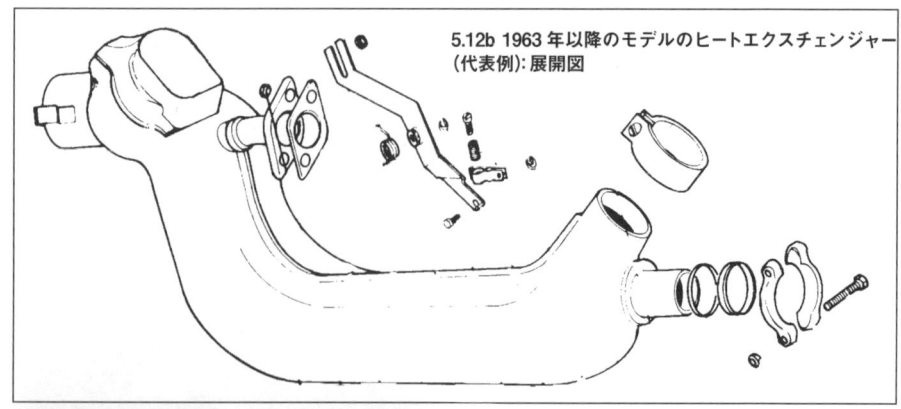

エンジン脱着／オーバーホール

5.12b 1963年以降のモデルのヒートエクスチェンジャー（代表例）：展開図

6.5 クランクシャフトボルトを緩めるあるいは締め付けるときは、プーリーにプライバーを挿入して、クランクシャフトの回り止めをする

6.6 専用のプーラーを使ってプーリーを取り外す

6.7 2本のスクリュー（矢印）を外して、シュラウドを取り外す

6. オイルポンプの脱着、点検

備考：オイルポンプは、年式やモデルによって数種類のものが使われている。セミオートマチックモデルには、特殊な二分割式ポンプが使われており、1971年5月以降については、全車に大容量のオイルポンプが採用になっている。オイルポンプを交換するときは、自分の車に適合したものを選ぶこと。

取り外し

→写真6.5、6.6、6.7、6.9a、6.9b、6.11参照

1. バッテリーからマイナス側ケーブルを外す。
2. ハンドブレーキをかけて、シフトレバーを4速位置に入れ（MT車のみ）、クランクシャフトの回り止めをする。
3. クランクシャフトプーリーカバー（装着車）と（マフラーの上にある）リアカバープレートを取り外す。
4. ファンベルトを取り外す（第1章参照）。
5. クランクシャフトプーリーのボルトとワッシャーを取り外す（写真参照）。
6. 専用のプーラー（クランクプーリープーラー：VW専門店で入手可能）を使って、クランクシャフトプーリーを取り外す（写真参照）。
注意：プーリーを取り外す際に、爪をかけるタイプの汎用プーラーを使用したり、プーリーをこじったりしないこと。プーリーまたはクランクケース（あるいは両方）が損傷してしまう。
7. シュラウドを取り外す（写真参照）。
8. セミオートマチック車の場合は、オイルポンプからプレッシャーラインとリターンラインを外す。
9. 全モデルにおいて、4個のシールナット（写真参照）を取り外してから、オイルポンプカバーを取り外す。
10. オイルポンプからギア、ガスケット、プレートおよびシール（該当車）を取り外す。
11. ケガキ棒で、ポンプハウジングとクランクケースの接合面に合いマークを付ける。専用のプーラー（オイルポンププーラー：VW専門店で入手可能）（写真参照）を使って、クランクケースからオイルポンプボディを取り外す。
注意：オイルポンプを取り外すときは、こじらないこと。ポンプまたはクランクケース（あるいは両方）が損傷してしまう。
備考：エンジンを完全に分解するつもりの場合は、ポンプの取り外しはクランクケースを分解した後であれば特殊プーラーがなくても可能である。

点検

→写真6.13、6.14参照

12. 古いガスケットをきれいに取り除く。溶剤ですべての部品を念入りに洗浄してから、摩耗や損傷がないか点検する。
13. ギアのバックラッシュ（写真参照）を測定して、この章の「整備情報」に記載の規定値と比較する。
14. ギアの軸方向の遊び（写真参照）を測定して、この章の「整備情報」に記載の規定値と比較する。
15. ギアとシャフト間の遊びを点検して、ガタが認められる場合はポンプを交換する。

取り付け

→写真6.16、6.17、6.18a、6.18b参照

16. シール剤を使わずに、ポンプに新しいガスケットを取り付ける（写真参照）。
17. スタッドにポンプをはめる（写真参照）。
18. ギアにエンジンオイルを塗布して、ポンプに取り付ける（写真参照）。ギア間のすき間にワセリン（またはグリス）を塗布する。こうすることで、ポンプは早くオイルを吸い上げることが

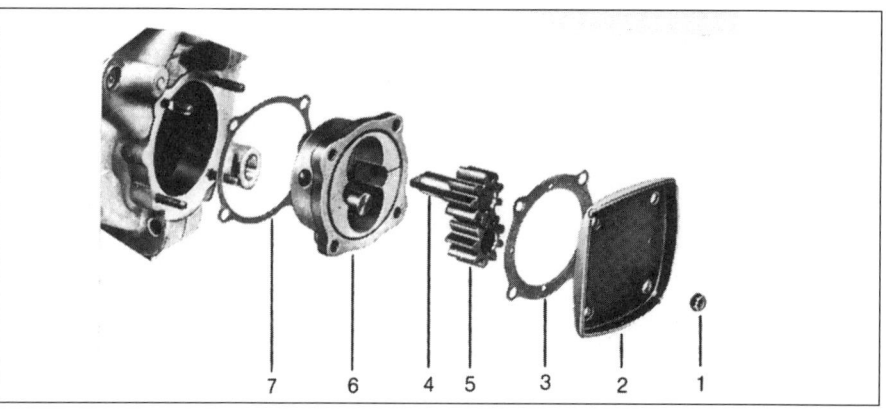

6.9a オイルポンプ：展開図（MT車）

1 シールナット（4個）
2 オイルポンプカバー
3 オイルポンプカバー・ガスケット
4 ドライブシャフト／アッパーギア
5 ロアギア
6 オイルポンプハウジング
7 オイルポンプハウジング・ガスケット

エンジン脱着／オーバーホール

2-9

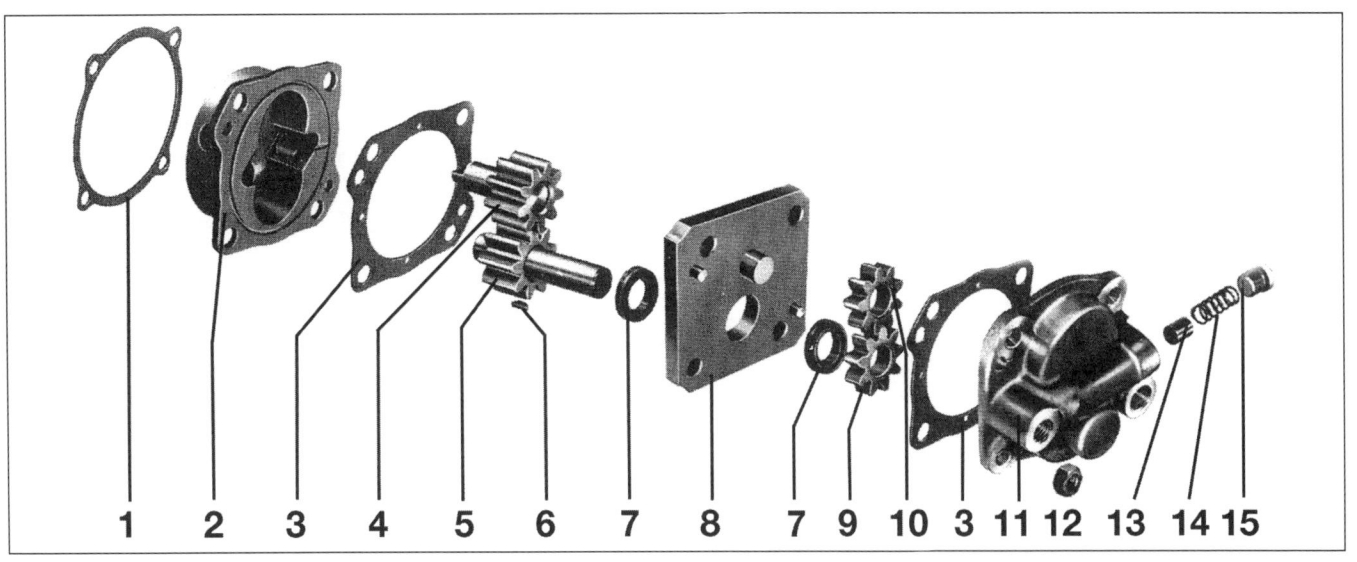

6.9b オイルポンプ：展開図（セミオートマチック車）

1 ハウジングガスケット
2 オイルポンプハウジング
3 インターミディエイトプレートガスケット（2枚）
4 オイルポンプアッパーシャフト／ギア
5 オイルポンプロアシャフト／ギア
6 半月キー
7 オイルシール（2個）
8 インターミディエイトプレート
9 ATFポンプロアギア
10 ATFポンプアッパーギア
11 ATFホース用フィッティング付きカバー
12 シールナット
13 ATF液圧リリーフピストン
14 リリーフスプリング
15 プラグ

6.11 専用のプーラーを使って、オイルポンプボディを取り外す

6.13 オイルポンプのギアバックラッシュを測定する

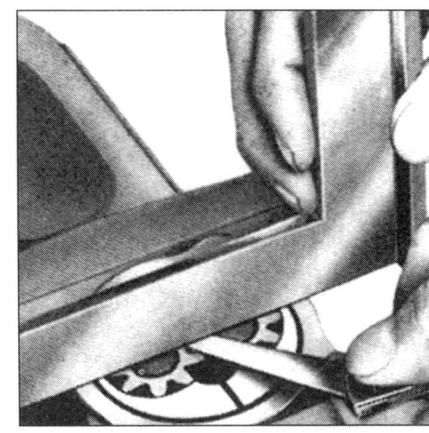

6.14 ギアの軸方向の遊びを測定する

6.16 シール剤を使わずに、ポンプに新しいガスケットを取り付ける

6.17 スタッドにポンプをはめる

6.18a アッパーギアを最初に取り付けて、ギア先端のツメがカムシャフトの溝にはまるようにギアを回してから...

2-10　エンジン脱着／オーバーホール

6.18b ... ロアギアを取り付ける

19. 取り付けは、取り外しの逆手順で行なう。ポンプカバーを取り付けるときは、新しいガスケットと新しいシールナットを使う。この章の「整備情報」に記載された締付トルクに従って、オイルポンプカバーナットとクランクシャフトプーリーボルトを締め付ける。

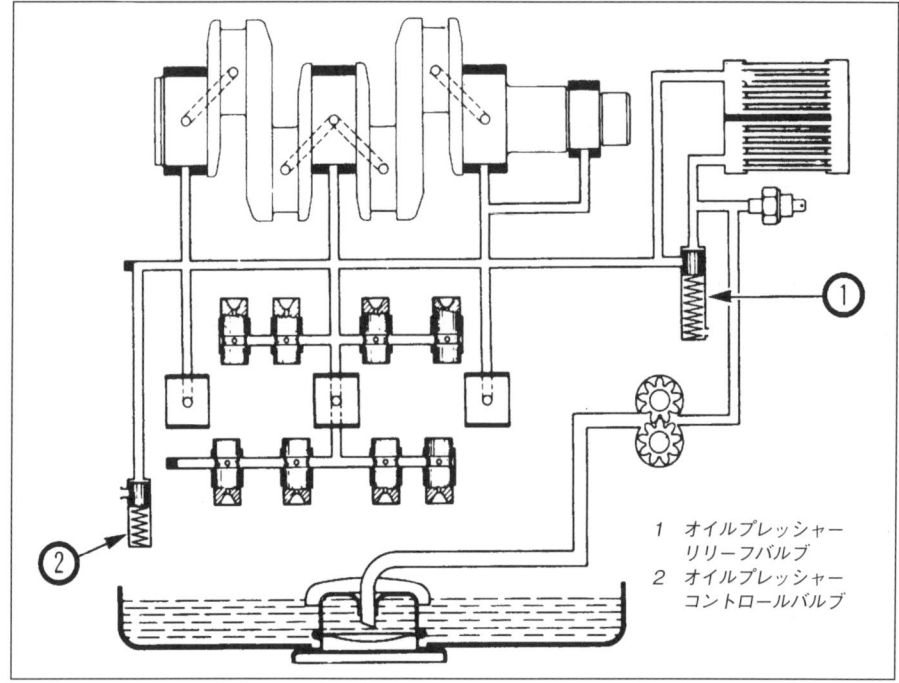

7. オイルプレッシャーリリーフバルブとコントロールバルブの脱着

→写真 7.1, 7.4, 7.6 参照
備考：1969 年以前のモデルでは、オイルポンプの付近にオイルプレッシャーリリーフバルブだけが設けられている。オイルプレッシャーコントロールバルブは、1970年モデルになってから、エンジンのフライホイール側に追加となったものである。オイルプレッシャーリリーフバルブは、オイルが冷えて粘度が高い場合にオイルがオイルクーラーに入る前に余分な油圧を下げる働きをする。オイルプレッシャーコントロールバルブは、逆にオイルが熱くて粘度が低くなったときにクランクシャフトベアリングにかかる油圧を保つ働きをする。

取り外し

1. オイルプレッシャーリリーフバルブとコントロールバルブは、スプリングの張力で保持されたプランジャー（ピストン）であり、クランクケース左側の前部と後部にそれぞれ大きなスクリュープラグ（写真参照）によって取り付けられている。これらのバルブは、エンジン車載状態からでも車の下から取り外すことができる。
2. 車が前に動き出さないようにするため、両方の前輪に輪止めをしておく。車体後部を持ち上げて、リジッドラックで確実に支える。
3. バルブを取り外す場合、エンジンオイルをあらかじめ抜いておく必要はないが、バルブを外すときに多少オイルがこぼれるので受け皿を下に置いておく。
4. 大型のスクリュードライバーで、プラグ（写真参照）を取り外す。プラグを外すと、スプリングとプランジャーが出てくるはずである。クランクケース内のボアにプランジャーが固着している場合は、10 mm のタップを使ってプランジャーを引き出す。備考：1970 年以降のモデルでは両方のバルブを取り外すが、両バルブのプランジャーとスプリングに互換性はないので、混同しないように注意する。1967 年モデルの車台番号が 117054916 でエンジン番号が HO 225117 以降の車両からは、オイルプレッシャーリリーフバルブのプランジャーに環状の溝が設けられている。

取り付け

5. プランジャーとクランクケースのボアに挿入する際は、スムーズに入らなければならない。少しでも引っかかりがあれば清掃して取り除くこと。プランジャーやボアに著しい傷があれば、損傷した部品を交換すること。
6. プランジャーにオイルを軽く塗布して、クランクケースのボアに挿入する。1970年以降のモデルでは、2個のスプリングのうち大きい方がオイルプレッシャーリリーフバルブ用で、クランクケース後方、オイルポンプ付近にあるボアに挿入する（写真参照）。短い方のスプリングは、オイルプレッシャーコントロールバルブ用で、クランクケース前方、トランスミッションマウント付近にあるボアに挿入する。
7. スプリングは、プランジャーとプラグの窪みに正しくはめて、必ず新しいシールを使用すること。各プラグを確実に締め付ける。

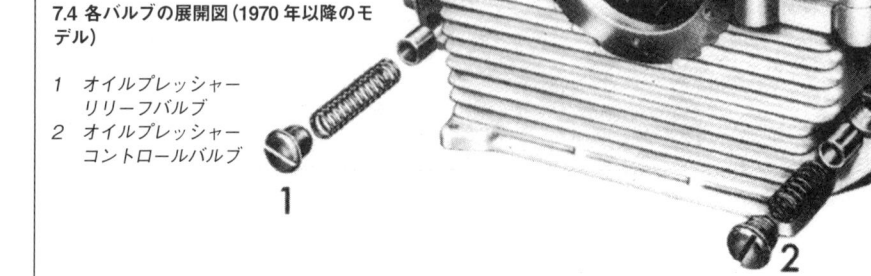

7.1 潤滑系統図（図は 1970 年以降のモデルを示す）

1 オイルプレッシャーリリーフバルブ
2 オイルプレッシャーコントロールバルブ

7.4 各バルブの展開図（1970 年以降のモデル）

1 オイルプレッシャーリリーフバルブ
2 オイルプレッシャーコントロールバルブ

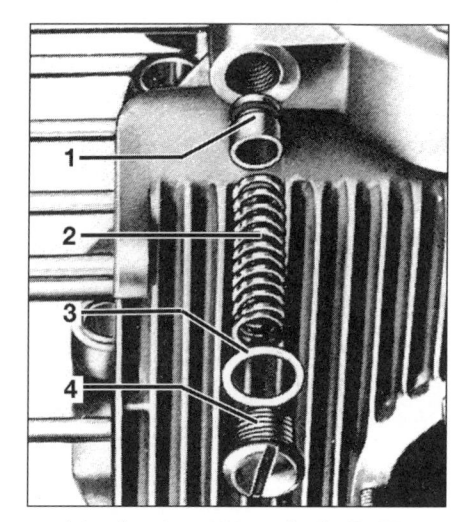

7.6 オイルプレッシャーリリーフバルブの展開図

1 プランジャー　　3 ガスケット
2 スプリング　　　4 プラグ

エンジン脱着／オーバーホール

8. 圧縮圧力の点検

→写真8.4 参照

1. 圧縮圧力（コンプレッション）を点検することにより、エンジン内部のピストン、ピストンリング、バルブがどのような状態にあるか分かる。圧縮圧力が低下している場合は、ピストンリングの摩耗、あるいはバルブやバルブシートの不具合により気密不良になっていると判断することができる。備考：この点検を行なうときは、エンジンを通常の作動温度まで暖機するとともに、バッテリーを満充電しておくこと。

2. 各スパークプラグコードに識別用の荷札等を付けた上で、スパークプラグから外す。スパークプラグコードの取り外しは、スパークプラグの周囲を清掃してから行なうこと（清掃には、圧縮空気を使うと良い）。警告：保護メガネを着用する。スパークプラグの周囲を清掃しておかないと、圧縮圧力を点検する際にシリンダー内にホコリが入る恐れがある。エンジンからすべてのスパークプラグを取り外す。

3. スロットルバルブをいっぱいに開けたまま保持して（何らかの手段で固定する）、イグニッションコイルのBAT（またはNo.5）端子からコードを外す。

4. No.1 シリンダーのスパークプラグ穴にコンプレッションゲージを取り付けて、エンジンを最低4回（圧縮行程を4回）クランキングして、ゲージを読み取る（写真参照）。エンジンが正常であれば、圧縮圧力がただちに上昇するするはずである。1回転目（最初の圧縮行程）での圧縮圧力は低いが、その後（2～4回目に）徐々に上昇するようなら、ピストンリング、ピストン、シリンダーが摩耗していると考えられる。1回転目（最初の圧縮行程）での圧縮圧力が低く、その後（2～4回目）も上昇しなければ、バルブからの漏れまたはシリンダーヘッドの亀裂が考えられる。最も高い読み取り値を記録する。

5. 残りのシリンダーについても同じ作業を繰り返して、この章の「整備情報」に記載の規定値と比較する。

6. 普通のエンジンの場合、プロメカニックはシリンダーに適量のオイルを注入して、シリンダー壁面にオイルが付着した状態でもう一度点検を行なうことが多い。ただしこの方法は、水平対向エンジンではうまくいかない。圧縮圧力が低いまたはシリンダー間で著しく異なる場合は、エンジンを取り外してオーバーホールする前に、修理工場で専門機器による点検を依頼する。漏れ箇所を正確に特定できるとともにその程度も分かるはずである。

9. No.1 シリンダーの上死点（TDC）の位置決め

→写真9.7 参照

備考：ディストリビューターの脱着については、第5章を参照する。

1. 上死点(Top Dead Center=TDC)とは、クランクシャフトの回転に伴いピストンがシリンダー内で最も高い位置に達したときのことである（水平対向エンジンの場合でも便宜上、上下方向で考える）。ピストンが上死点に達するのは、圧縮行程と排気行程の2回あるが、通常単に上死点と言う場合は、圧縮上死点を指す。通常、クランクシャフトプーリーに付いているタイミングマーク（切り欠き）を基準

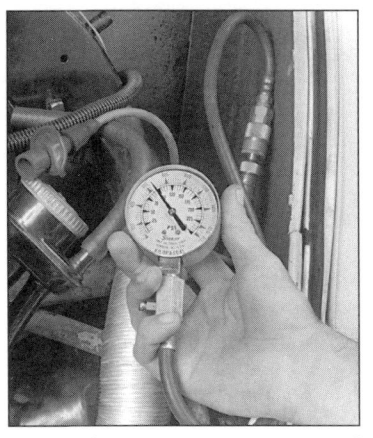

8.4 コンプレッションゲージは、スパークプラグ穴にねじ込んで取り付けるタイプが使いやすい

にして、No.1 シリンダーの圧縮上死点を確認する。備考：大部分のモデルにおいて、プーリーの切り欠きは正確な上死点 (0°TDC) ではない（第1章の「整備情報」およびセクション28を参照）。しかし、バルブクリアランスの調整作業では、それを上死点と考えて支障はない。

2. No.1 シリンダーを上死点位置にすることは、バルブまわりの調整およびディストリビューターの脱着など、多くの作業において基本となる。

3. No.1 シリンダーを上死点位置にするには、以下のいずれかの方法によりクランクシャフトを回さなければならない。なお、エンジンは通常、は時計方向（向かって右）に回す。警告：この作業を始める前に、トランスミッションをニュートラルにして、イグニッションコイルのNo.15 端子からコードを外して点火系統が作動しないようにしておくこと。

a) 理想的なのは、クランクシャフトプーリー・ボルトにレンチをかけて、クランクシャフトを回す方法である。

b) クランクシャフトプーリー・ボルトに合うレンチがなければ、ダイナモ／オルタネータープーリー・ナットを回す。このナットを回せば、ファンベルトを介してクランクシャフトが回る。

4. 第1章を参照して、ディストリビューターキャップを取り外す。

5. ディストリビューター本体には、ディストビューターキャップのNo.1 スパークプラグ端子の真下位置に小さな刻み目がある。

6. クランクシャフトプーリーのタイミングマークがクランクケースの合わせ目と一致するまで（上記手順3の方法で）クランクシャフトを回す。

7. これで、ディストリビューターのローターがディストリビューター本体の刻み目と同じ位置を指しているはずである（写真参照）。ローターが正反対（180°）を向いていれば、ピストンは排気上死点位置になっている。

8. ローターの位置が180°ずれていた場合は、クランクシャフトを時計方向にちょうど1回転（360°）回す。これで、ローターの位置は刻み目と一致するはずである。クランクシャフトプーリーのタイミングマークの位置が合って、かつローターがディストリビューターキャップのスパークプラグコードのNo.1 端子を指している（つ

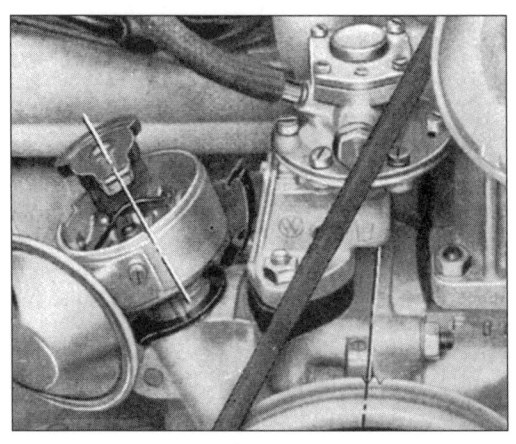

9.7 No.1 シリンダーが（圧縮）上死点位置にあるとき、ローターはディストリビューター本体上部の刻み目と同じ位置を指し、クランクシャフトプーリーの切り欠き（タイミングマーク）はクランクケースの合わせ目と一致する

まり、ディストリビューター本体の刻み目と位置が揃っていれば）、No.1 シリンダーは圧縮上死点位置にある。

9. No.1 シリンダーを圧縮上死点位置にした後、クランクシャフトを180°ずつ回転させていけば、残りのシリンダーも点火順序(1-4-3-2)に従って圧縮上死点位置にすることができる。

10. エンジンオーバーホールに関する全般的な説明事項

→写真10.4a, 10.4b 参照

エンジンを完全に分解してオーバーホールすべきかどうかは、多くの事項を考慮しなければならないので、必ずしも簡単に決めることはできない。

走行距離が長いからと言って必ずオーバーホールが必要になるわけでもないし、逆に短いからと言って不要というわけでもない。どれくらいの間隔で整備するかが、最も重要な問題となるであろう。規定の定期点検整備に加えて、エンジンオイルを定期的に交換していれば、何千キロも安心して運転することができるであろう。逆に、エンジンの定期点検整備を怠れば、かなり早い時期にオーバーホールが必要となる場合も考えられる。

10.4a オイルプレッシャースイッチを取り外してから…

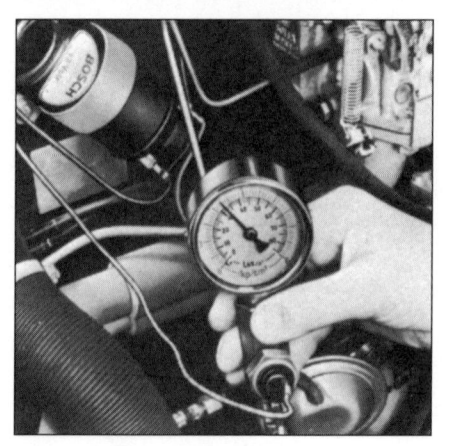

10.4b . . . 油圧ゲージを取り付ける

オイルの消費量が増え、排気ガスが青白くなってきたら、ピストンリングまたはバルブガイド（あるいは両方）を点検する必要がある。ピストンリングまたはバルブガイド（あるいはその両方）に不具合があると判断する前に、オイル漏れがないことを確認する。必要となる作業の程度を判断するために、圧縮圧力の点検を行なったり、自動車修理工場に専門機器による点検を依頼する。

エンジンから騒音、異音、打音が発生する場合は、コンロッドまたはメインベアリング（あるいは両方）に不具合があると考えられる。オイルプレッシャースイッチを取り外して、その代わりに油圧ゲージを取り付けて、油圧を点検する（**写真参照**）。ゲージの読み取り値をこの章の「整備情報」に記載の規定値と比較する。油圧が著しく低い場合は、ベアリングまたはオイルポンプ（またはその両方）が摩耗していると考えられる。

エンジン出力の低下、エンジン回転の不安定、バルブ機構からの異音、燃費の悪化などの症状が出ている場合もオーバーホールが必要となる（特に、これらの症状がすべて同時に発生している場合はそうである）。すべてのエンジン調整を行なっても症状が改善されない場合は、分解してオーバーホールする以外に方法はない。

エンジンのオーバーホールは、内部の部品を新品エンジンの規定値まで修理することを含む。完全にオーバーホールする際は、ピストン、シリンダーおよびピストンリングを交換すること。ただしシリンダーについては、摩耗の程度が軽い場合は（ボーリングとホーニングによって）修正する。ボーリングを行なう場合は、新しいピストンが必要になる。通常は、補用品の新しいピストン、リングおよびシリンダーをセットで購入するよりも、古いシリンダーをボーリングした上で、ピストンとリングを単品で購入した方が安くつく。

メインベアリング、コンロッドベアリングおよびカムシャフトベアリングは新品と交換して、クランクシャフトは必要に応じてジャーナル部を研削して修正する。また各バルブも、オーバーホールの時点で最良な状態でなければ、整備しておいた方がよい。エンジンをオーバーホールしている間に、フューエルポンプ（キャブレターモデル）、ディストリビューター、スターターおよびダイナモ／オルタネーターなどの他の部品

もついでに点検および修理するとよい。

備考：エンジンをオーバーホールするときは、ダクト類、ファンベルトおよびサーモスタットなどの冷却系統の主要部品も必ず交換する。オイルクーラーは、詰まりや漏れがないか念入りに点検する。不具合が疑われる場合は、新品と交換する。なお、オイルポンプのオーバーホールは勧められない。エンジンをオーバーホールしたときは、必ず新品と交換する。

エンジンのオーバーホールを始める前に、作業手順を熟読して、作業の目的と必要となる工具等を確認しておくこと。エンジンのオーバーホールは特別難しい作業ではないが、時間がかかる。少なくとも２週間は車を使えなくなると考えておくこと。特に、自動車専門の機械加工の専門業者（内燃機屋）に加工や修理を依頼しなければならない部品があれば、時間が余計に必要となる。部品が入手できるかどうかをあらかじめ確認し、必要となる特殊工具や機器は事前に用意しておく。各種の精度の高い測定工具が必要となるが、ほとんどの作業は一般的な工具で行なうことができる。特殊工具や測定機器が必要な作業については、専門業者に依頼する方法もある。

備考：どんな整備と修理、加工を業者に依頼するかは、エンジンを完全に分解して、すべての部品、特にクランクケースを点検してから決めること。現状のエンジンをオーバーホールするのかリビルト品と交換するのかを決める際には、クランクケースの状態が主な判断基準になるので、クランクケースを念入りに点検するまでは、決して部品を購入したり加工しないこと。クランクケースの状態が極端に悪ければ、リビルト品を購入した方が安上がりの場合もある。

最後に、オーバーホールするエンジンを将来の故障から守り、できるだけ長持ちさせるために、作業は清掃の行き届いた作業場で慎重に行なうこと。

11. エンジンの取り外し方法と注意事項

エンジンを取り外して、オーバーホールや大がかりな修理をする必要があると判断した場合は、いくつか事前に行なっておかなければならないことがある。

適切な作業場の選択は、非常に重要である。作業場は車を保管しておくだけの適切な広さが必要となる。ガレージや専用の作業場がない場合でも、少なくとも作業を行なう地面は、アスファルトかコンクリートで覆われた平坦できれいな場所を選ぶこと。

取り外し作業を始める前に、エンジンルームとエンジンの清掃をしておく。フロアジャッキとリジッドラックまたはリフトも必要になる。これらの機器が、車の重量に適合していることを確認する。エンジンを車から取り出すときは、安全を第一に考えて慎重に作業すること。

エンジンを取り外した経験があまりない場合は、他の人に手伝ってもらうこと。経験を積んだ人にアドバイスを求めるのも良い考えである。エンジン脱着時など、作業のすべてを自分一人で同時に行なうことができない場合もある。

あらかじめ、作業の進め方を考えておくこと。作業の前に、必要となる工具と機器のすべてを準備または購入しておく。エンジンの脱着を安全にかつ容易に行なうには、本書の冒頭に紹介したレンチ、スクリュードライバー、ソケットの工具セット、木製ブロック、（こぼれたオイル、クーラントまたはガソリンなどを拭き取るための）多めのウエス、洗浄剤等が必要となる。

車はしばらくの間使用できなくなることを念頭に置いておくこと。サンデーメカニックでは特殊工具がないためできない作業については、専門業者に依頼しなければならない場合もある。こうした業者はスケジュールが詰まっている場合も多いので、修理やオーバーホールにかかる時間を正確に見積もるために、エンジンを取り外す前にあらかじめ相談しておくと良い。

エンジンの脱着は、常に慎重に作業すること。ちょっとした不注意が、大きな怪我につながりかねない。計画を立てて、時間をかければ、たいていの作業はうまく行くはずである。

12. エンジンの取り外し

→ 写真 12.9, 12.11a, 12.11b, 12.11c, 12.15, 12.16, 12.17, 12.18a, 12.18b, 12.19, 12.20, 12.21, 12.22, 12.23a, 12.23b, 12.25 参照

警告：ガソリンは極めて引火性が高いため、燃料系統の各部品の整備を行なう場合は充分な注意が必要である。作業場でタバコを吸ったり、作業場に裸火や裸電球を持ち込まないこと。燃料系統の整備を行なう際は保護メガネを着用して、Ｂタイプ（油火災用）の消火器を手元に準備しておくこと。

1. 適切な工具と機器をあらかじめ準備しておけば、エンジンの取り外しはかなり簡単である。エンジンがひどく汚れている場合は、まず清掃する。

2. エンジンを取り外す際は、車の後部を持ち上げる。エンジンは、２本のスタッドと２本のボルトでトランスミッションに固定されている。エンジンを取り外すときは、これらの固定箇所からエンジンを引っ張って外して、車から降ろさなければならない。トランスミッションから外れたら、すぐにフロアジャッキでエンジンの重量を支える。

3. 必要となる機器を用意していれば、エンジンの取り外し自体は自分一人でもできるが、エンジンを床面に下ろすときは注意を要する。エンジンを置くときに、数センチでも落としてしまうと、アルミ製のクランクケースに亀裂が入る恐れがある。ビートル／カルマンギアのエンジンは、普通のエンジンと違って、前側にフライホイール／ドライブプレートが付いている。エンジンの前側または後ろ側と言う場合は、常に車に搭載された状態での位置を示す。

4. 固い平坦な場所に車を停めて、トランスミッションをニュートラルにしてから、両方の前輪に輪止めをして、車が動き出さないようにする。

5. バッテリーからマイナス側ケーブルを外す。

6. エンジンオイルを抜き取る（第１章参照）。

7. エンジンフードを開けて、支柱で支えるか、フード自体を取り外す（第11章参照）。

8. エアクリーナー・アセンブリーを取り外して、1968年と1969年モデルの場合は、スロットルポジショナーも取り外す（第４章参照）。

9. すべてのバキュームホース、排出ガス浄化装置のホースおよび配線に識別用のラベルを付けてから、それぞれの接続を外す。ラベルは荷札やビニールテープに油性ペンで接続先の部品名などを記入していくとよい（**写真参照**）。次に、

エンジン脱着／オーバーホール

2-13

12.9 接続を外す前に各配線に識別用のテープ等を付ける

12.11a (装着車の場合は) クランクシャフトプーリーカバーを取り外してから...

12.11b ...両側のプレヒートパイプのシールプレートを取り外して(キャブレターモデル)...

エンジンメインハーネスの各クリップを外して、ハーネスをエンジンルームの片側に寄せておく。再取り付け時に迷わないために、必要に応じて、取付位置が分かる写真を取っておくか、イラストを描いておく。

10. スロットルケーブルを外す（第4章参照）。
11. ファンハウジングからエアダクトを外して(1963年以降のモデル)、リアカバープレートを取り外す（写真参照）。
12. ディストリビューターを固定しているクランプスクリューを緩めて、バキュームダイアフラムがエンジンの方を向くようにディストリビューターを回す。
13. 車体後部を持ち上げて、リジッドラックで確実に支える。後輪のすぐ前にある、左右のトーションアームの下にリジッドラックを掛ける。
14. 車の下から作業して、左右のヒーターフラップまたはヒートエクスチェンジャーからヒーターコントロールケーブルを外す（必要に応じて、第3章を参照）。
15. エンジンとシャシー間のフューエルラインを外して、栓をしておく。フューエルラインは、トランスミッションの左側に配置されている。フューエルインジェクションモデルの場合は、最初に燃圧を抜いておく（第4章参照）。キャブレターモデルの場合は、エンジンに最も近い接続箇所でホースを外し、ホースに栓をする（写

12.11c ...リアカバーを外す

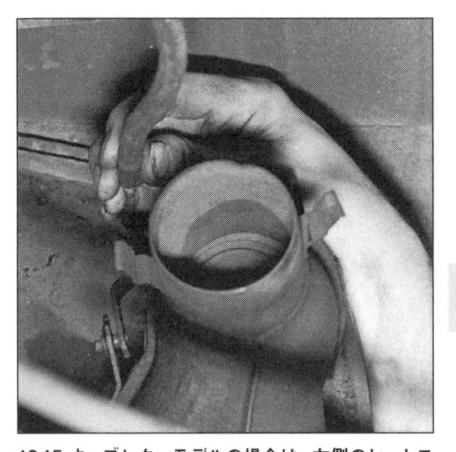

真参照)。
16. エンジンの左右にあるヒートエクスチェンジャーを車体のダクトに接続しているフレキシブルダクトを引っ張って外す（写真参照）。

セミオートマチックモデルのみ

17. エンジンの近くの油圧ラインを外す（写真参照）。フルードがこぼれるので、あらかじめ受け

12.15 キャブレターモデルの場合は、左側のヒートエクスチェンジャーの上にあるフューエルラインを外す

皿を置いておく。接続を外したラインは、フルードが流れ出ないように先端に栓をしておく。
18. 12角ソケットを使って、トルクコンバーターをドライブプレートに固定している4本のボルトを取り外す。これらのボルトは、ベルハウジングの開口部から作業できる（写真参照）。レンチを使ってクランクシャフトプーリー・ボルト

12.16 ヒートエクスチェンジャーをボディのダクトに接続している中間ダクトを取り外す

12.17 フィッティング(矢印)を外して、栓をする(同サイズのユニオンの反対側を溶接で塞いだ物を用意しておくと便利である)

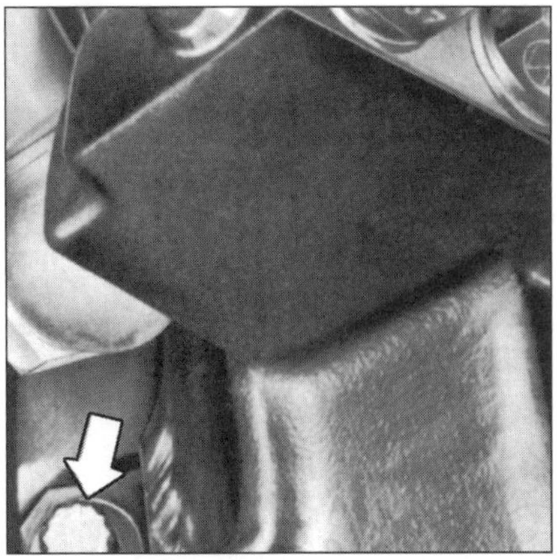

12.18a キャブレターモデルの場合は、この開口部(矢印)からトルクコンバーボルトの脱着を行なう

エンジン脱着／オーバーホール

12.18b フューエルインジェクションモデルの場合、トルクコンバーターのボルトは、プラグを取り外して、この開口部（矢印）から脱着する

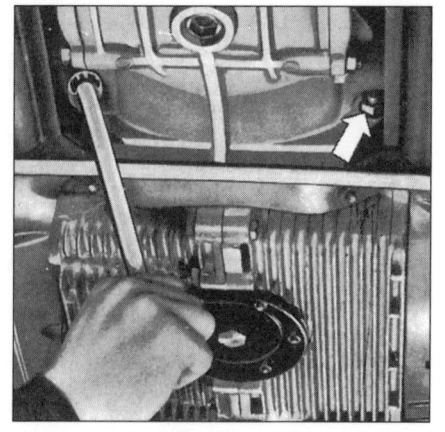

12.19 下側の2個の取付ナットまたはボルトを取り外す

12.20 ファンハウジングとバルクヘッドの間からレンチを入れて、上側のナット／ボルトを取り外す

を回すことで、各ボルトを開口部に持ってくる。

全てのモデル

19. 下側の2個のエンジン固定ナット（マニュアルトランスミッション）またはボルト（セミオートマチックモデル）を取り外す**（写真参照）**。これらの固定ナットまたはボルトは、エンジンの中心線からは左右に約10 cmの位置にあり、エンジンとトランスミッションを結合しているフランジの底部からは上に約5 cmの位置にある。

20. 1970年以前のモデルの場合は、ファンハウジングとバルクヘッドの間からレンチを入れて、上から両方の上側エンジン固定ナットを取り外す**（写真参照）**。後期モデルの場合は、回り止めのためにボルトの頭に設けられた平坦な部分がトランスミッションに引っかかって止まるようになっている。これにより、ボルトを押し出さない限り、簡単にナットを取り外すことができるようになっている。備考：ロッキングプライヤーでボルトを固定しても良い。1971年以降のモデルの場合、左側の上側固定ボルトについては下側から取り外す。この作業には、ソケットとユニバーサルジョイント付きのエクステンションがあればベストである。

21. 最後の固定ボルトを外すと同時に、フロアジャッキでエンジンを支える。支持する面積を広くするために、フロアジャッキの皿の上に大きめの木製ブロックを置いて、ジャッキの皿がクランクケースの中心の真下に来るようにジャッキを位置決めする**（写真参照）**。

22. トランスミッションから10cmほどエンジンを引き出すとエンジンが外れる**（写真参照）**。なかなか外れない場合は、少し揺すってみると良いかもしれない。外れたら、ファンハウジ

12.21 エンジンの中心部にジャッキを位置決めする

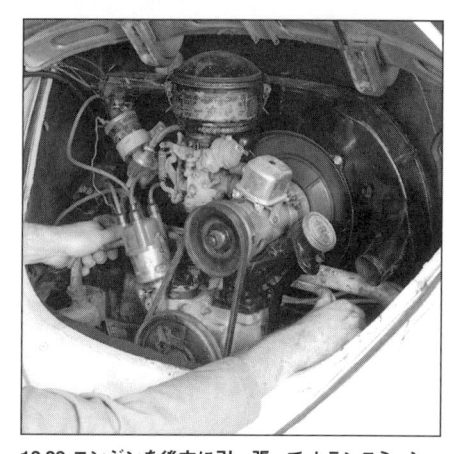

12.22 エンジンを後方に引っ張って、トランスミッションとの結合を外す

ングのチューブからスロットルケーブルを外して、バルクヘッドにテープで止めておくこと。

23. エンジンを慎重に下ろす。注意：MT車の場合は、クラッチディスクがトランスミッションのインプットシャフトから完全に抜けたことを確認してから下ろすこと**（写真参照）**。両側に木製ブロックを置いて、その上にエンジンを載せる**（写真参照）**。

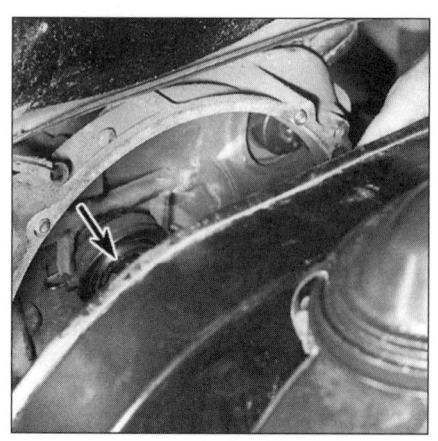

12.23a MT車の場合は、エンジンとトランスミッションの間を見て、クラッチがインプットシャフト側（矢印）から完全に抜けたことを確認する

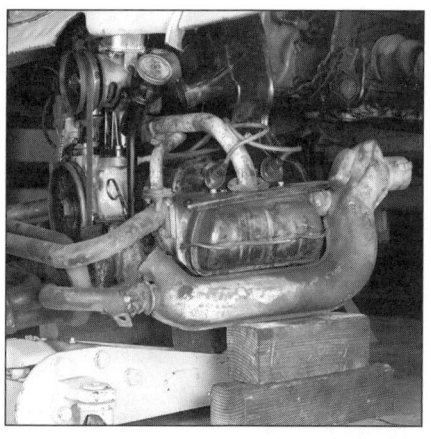

12.23b 両側のヒートエクスチェンジャーの下に位置決めした木製ブロックの上にエンジンを下ろす

12.25 適当な金属板や針金などでトルクコンバーターを固定しておく

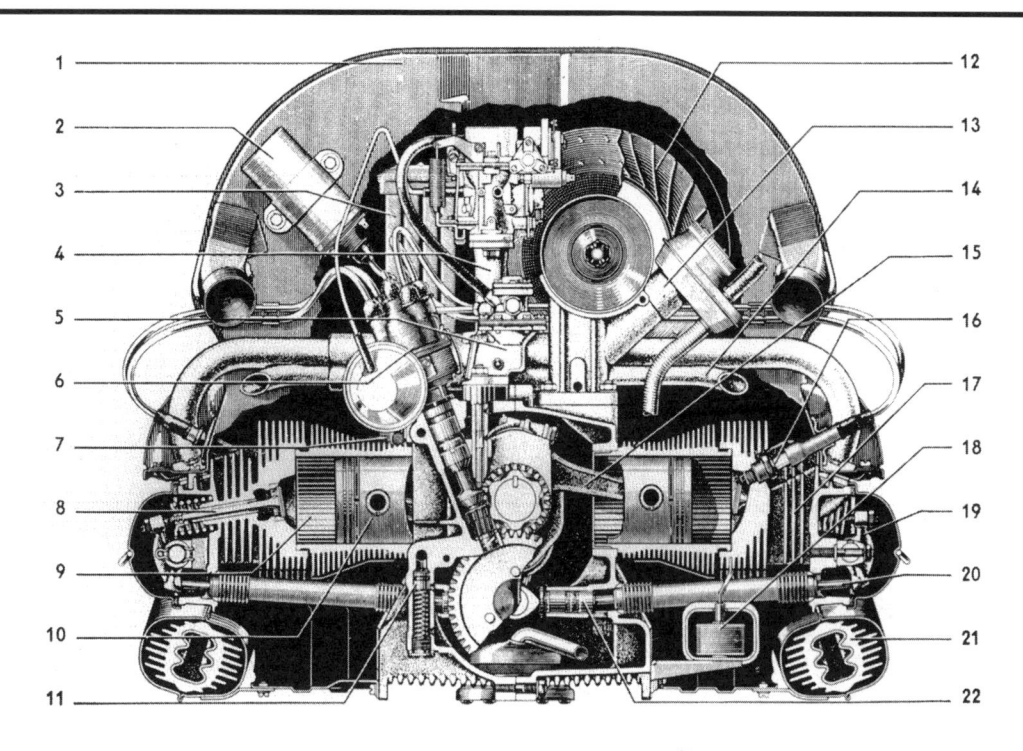

エンジン脱着／オーバーホール　　2-15

14.3a エンジンの断面図

1　ファンハウジング
2　コイル
3　オイルクーラー
4　インテークマニホールド
5　フューエルポンプ
6　ディストリビューター
7　オイルプレッシャースイッチ
8　バルブ
9　シリンダー
10　ピストン
11　オイルプレッシャーリリーフバルブ
12　ファン
13　オイルフィラー
14　インテークマニホールドプレヒートパイプ
15　コンロッド
16　スパークプラグ
17　シリンダーヘッド
18　サーモスタット
19　ロッカーアーム
20　プッシュロッド
21　ヒートエクスチェンジャー
22　バルブリフター
23　キャブレター
24　ダイナモ
25　フライホイール
26　クランクシャフト
27　オイルポンプ
28　カムシャフト
29　オイルストレーナー
30　クラッチ

備考：この図には、三分割のインテークマニホールドや一体型のフューエルポンプ等の後期の設計変更のすべてが含まれているわけではないが、基本的なレイアウトは同じである。

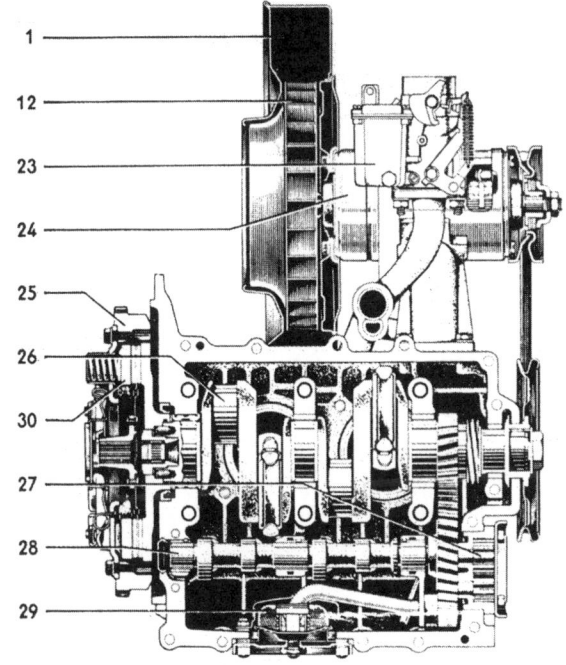

24. ジャッキを外して、人力でエンジンの片側ずつを持ち上げながら、他の人にエンジンの両側に置いた木製ブロックを片側ずつ取り外してもらう。エンジンが転倒する恐れがあるので、必ず片側ずつ取り外すこと。エンジンを床の上に置けば、充分に低くなって、車両の下からエンジンをずらして取り出すことができるはずである。

25. セミオートマチックモデルの場合は、トルクコンバーターの脱落防止のため、金属板や針金で所定の位置に固定しておく（**写真参照**）。

13. エンジンオーバーホール時の選択肢

サンデーメカニックがエンジンをオーバーホールする場合、エンジンの状態およびその他の条件によっていくつかの選択肢がある。

まず、エンジンの状態を点検して、どこまで分解する必要があるか判断する。通常、シリンダーヘッド／シリンダー／ピストンまでの分解（いわゆる"腰上"）と、それ以上（いわゆる"腰下"）の分解に区分できる。後者、すなわちクランクケースの分割は大がかりな作業で難易度も高い。

どこまで分解する必要があるか判断し、それが技術的に自分で可能な作業か、また費用的にも見合う作業かどうか判断する。自分自身の今までの整備経験、部品の入手状況と価格、機械加工業者の加工賃（クランクシャフトの修正など自分ではできない作業の分）、作業全体にかかる時間、などに基づいて判断する。

自分では無理そうな場合、あるいは費用や手間がかかりすぎる場合は、専門業者に依頼する方法や、すべてが完全に整備されたリビルトエンジンを購入する方法もある。

14. エンジンオーバーホール：分解手順

→写真／図 14.3a, 14.3b, 14.3c, 14.3d, 14.3e 参照

1. エンジンスタンドがあると、エンジンの分解整備はずっと簡単になる。エンジンをスタンドに固定する前に、フライホイール／ドライブプレートは取り外しておくこと。

2. エンジンスタンドがなければ、木製ブロックを使って作業場の床または頑丈な作業台の上に

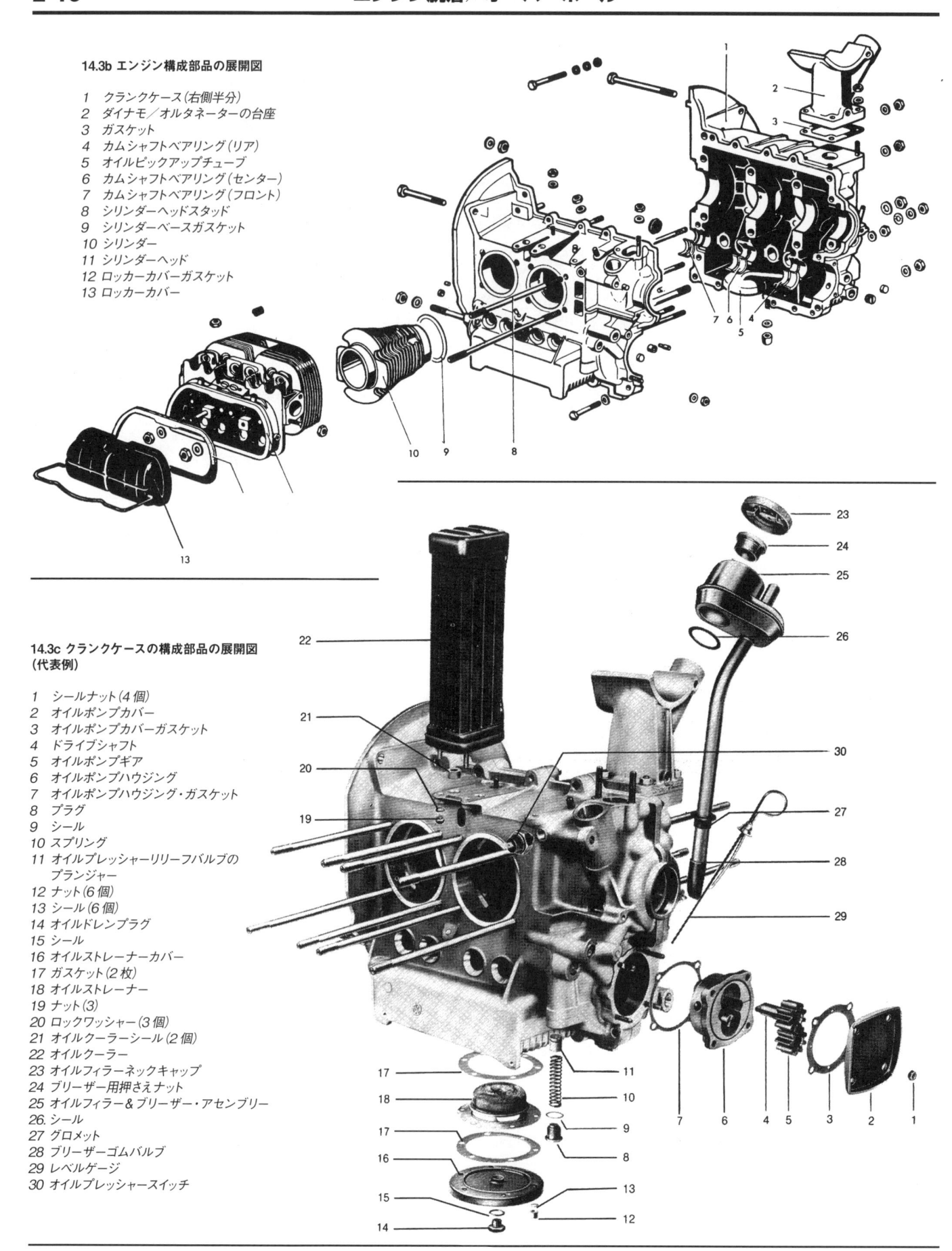

2-16　エンジン脱着／オーバーホール

14.3b エンジン構成部品の展開図

1. クランクケース（右側半分）
2. ダイナモ／オルタネーターの台座
3. ガスケット
4. カムシャフトベアリング（リア）
5. オイルピックアップチューブ
6. カムシャフトベアリング（センター）
7. カムシャフトベアリング（フロント）
8. シリンダーヘッドスタッド
9. シリンダーベースガスケット
10. シリンダー
11. シリンダーヘッド
12. ロッカーカバーガスケット
13. ロッカーカバー

14.3c クランクケースの構成部品の展開図（代表例）

1. シールナット（4個）
2. オイルポンプカバー
3. オイルポンプカバーガスケット
4. ドライブシャフト
5. オイルポンプギア
6. オイルポンプハウジング
7. オイルポンプハウジング・ガスケット
8. プラグ
9. シール
10. スプリング
11. オイルプレッシャーリリーフバルブのプランジャー
12. ナット（6個）
13. シール（6個）
14. オイルドレンプラグ
15. シール
16. オイルストレーナーカバー
17. ガスケット（2枚）
18. オイルストレーナー
19. ナット（3）
20. ロックワッシャー（3個）
21. オイルクーラーシール（2個）
22. オイルクーラー
23. オイルフィラーネックキャップ
24. ブリーザー用押さえナット
25. オイルフィラー＆ブリーザー・アセンブリー
26. シール
27. グロメット
28. ブリーザーゴムバルブ
29. レベルゲージ
30. オイルプレッシャースイッチ

エンジン脱着／オーバーホール

2-17

置く。エンジンスタンドを使わずに作業する場合は、誤ってエンジンを倒したり落としたりしないように充分注意すること。

3. リビルト済みのエンジンと交換するつもりであれば、新しいエンジンに付け替えるために、最初に古いエンジンからすべての外付け部品（図参照）を取り外さなければならない。ここまでの作業は、エンジンを完全に分解してオーバーホールする場合も同じである：

- エアクリーナー・アセンブリー
- クラッチとフライホイールまたはドライブプレート
- サーモスタット（1963年以降のモデル）
- ダイナモ／オルタネーターとファンハウジング
- 冷却ファンシュラウド
- オイルクーラー
- ディストリビューターと駆動機構、スパークプラグコード、スパークプラグ
- フューエルポンプ（キャブレターモデルのみ）
- フューエルインジェクション関係の部品またはキャブレターインテークマニホールド
- 排出ガス浄化装置関係の部品（装着車のみ）
- エキゾーストマニホールド／ヒートエクスチェンジャーとマフラー
- クランクシャフトプーリー

備考：エンジンから外付け部品を取り外すときは、再取付時に迷わないようにするため、取付方向、取付位置、接続先などに充分注意すること。ガスケット、シール、スペーサー、ピン、ブラケット、ワッシャー、ボルトなどの小物部品の取付位置はメモなどを取っておく。

4. クランクケースまでは分割しない（クランクケース、カムシャフト、バルブリフター、クランクシャフト、コンロッドについてはそのまま残す）場合は、シリンダーヘッド、ピストンおよびシリンダーを取り外す。

5. 完全に分解してオーバーホールするつもりであれば、以下に示す基本順序に従ってエンジン内部の部品を取り外す。

- ロッカーカバー
- ロッカーアームとプッシュロッド
- インテークマニホールドとエキゾーストマニホールド／ヒートエクスチェンジャー
- 冷却ファンシュラウド
- シリンダーヘッド
- シリンダーとピストン
- クランクケースを分割する。
- オイルポンプ
- カムシャフトとバルブリフター
- クランクシャフトとコンロッドアセンブリー

6. 分解とオーバーホール作業を開始する前に、以下の工具を用意しておくこと。

- 一般的なハンドツール
- 部品を整理しておくための小さいボール箱とビニール袋
- ガスケットスクレーパー
- クランクシャフトプーリー取り外し工具
- マイクロメーター
- ゲージ類
- ダイアルゲージセット
- バルブスプリングコンプレッサー
- シリンダー研磨用砥石と電動ドリル（必要に応じて）
- タップ／ダイスセット
- ワイヤーブラシ
- オイルギャラリー用ブラシ
- 洗浄剤

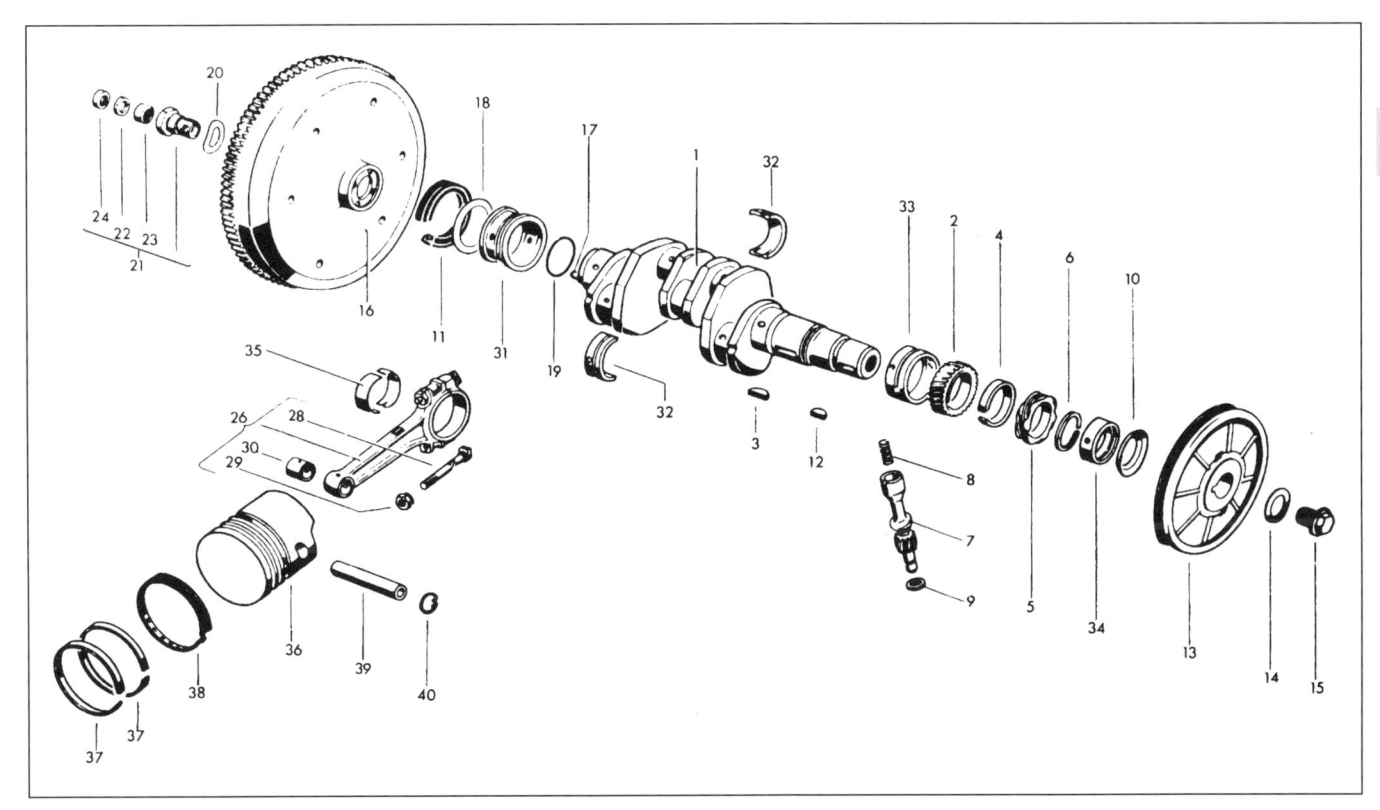

14.3d クランクシャフトの展開図

1 クランクシャフト	11 オイルシール	22 シールワッシャー	33 No.3 メインベアリング
2 クランクシャフトタイミングギア	12 プーリー用半月キー	23 ニードルローラーベアリング	34 No.4 メインベアリング
3 半月キー	13 クランクシャフトプーリー	24 カラー	35 コンロッドベアリング
4 スペーサー	14 ワッシャー	25 （欠番）	36 ピストン
5 ディストリビュータードライブ	15 ボルト	26 コンロッド	37 ピストンリング
6 固定リング	16 フライホイール	27 （欠番）	38 オイルリング
7 ディストリビュータードライブシャフト	17 ドエルピン	28 コンロッドボルト	39 ピストンピン
8 スプリング	18 スペーサー	29 ナット	40 サークリップ
9 ワッシャー	19 シール	30 ブッシュ	
10 オイルスリンガー	20 ロックワッシャー	31 No.1 メインベアリング	
	21 グランドナット	32 No.2 メインベアリング	

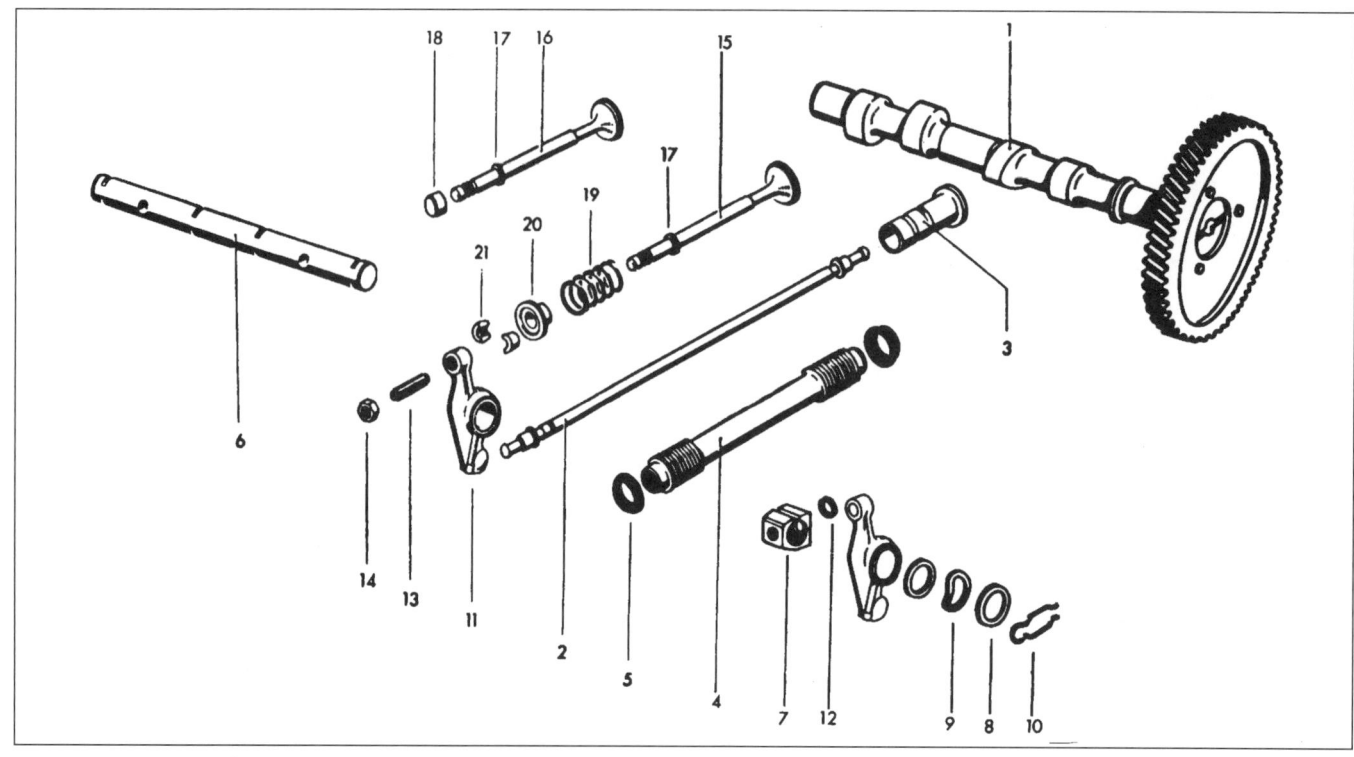

2-18　エンジン脱着／オーバーホール

14.3e カムシャフトとバルブの展開図

1　カムシャフト／ギア
2　プッシュロッド
3　バルブリフター
4　プッシュロッドチューブ
5　プッシュロッドチューブ・シール
6　ロッカーシャフト
7　シャフト支持ブラケット
8　スラストワッシャー
9　ウェーブワッシャー
10　固定クリップ
11　ロッカーアーム
12　シールリング
13　バルブアジャストスクリュー
14　ロックナット
15　インテークバルブ
16　エキゾーストバルブ
17　オイルワイパー
18　バルブキャップ
19　バルブスプリング
20　バルブスプリングシート
21　コッター

15. フライホイール／ドライブプレートの取り外し

→写真 15.3a, 15.3b, 15.3c, 15.10 参照

1. エンジンを取り外した後は、第8章の手順に従ってプレッシャープレートとクラッチディスクを外す（MT車のみ）。バランス不良を防止するため、取り外し前にプレッシャープレートとフライホイールの位置関係が分かる印を付けておくこと。

2. フライホイール／ドライブプレートは、1本の大型のボルト（グランドナットと呼ばれる）によって固定されている。MT車の場合は、このグランドナットにパイロットベアリングが組み込まれており、クラッチを交換した場合は必ず交換しなければならない。

3. このグランドナットは非常に固いので、緩めるまたは締め付けるときは、クランクシャフトの回り止めのための特殊工具（MT車用についてはVW専門店で入手可能）を使用する（**写真参照**）。写真のような特殊工具がない場合は、スチール製のL字型アングル材を使ってフライホイールを固定する。クラッチプレッシャープレートの2本のボルトを取り付けて、L字型アングルを2本のボルトの間に渡す（**写真参照**）。注意：この作業に使ったボルトは曲がる可能性があるので、再使用しないこと。

4. スピンナーハンドルと 36 mm のソケットを使って、グランドナットとワッシャーを取り外す。再取付時にフライホイール／ドライブプレートを同じ位置に取り付けられるように、クランクシャフトのドエルピンとそのピンに接したフ

15.3a フライホイールの回り止めに使う特殊工具（矢印）

15.3b セミオートマチック車のドライブプレートの固定用特殊工具（矢印）

15.3c 特殊工具がなければ、スチール製のL字型アングル材を使ってフライホイールを固定する

エンジン脱着／オーバーホール

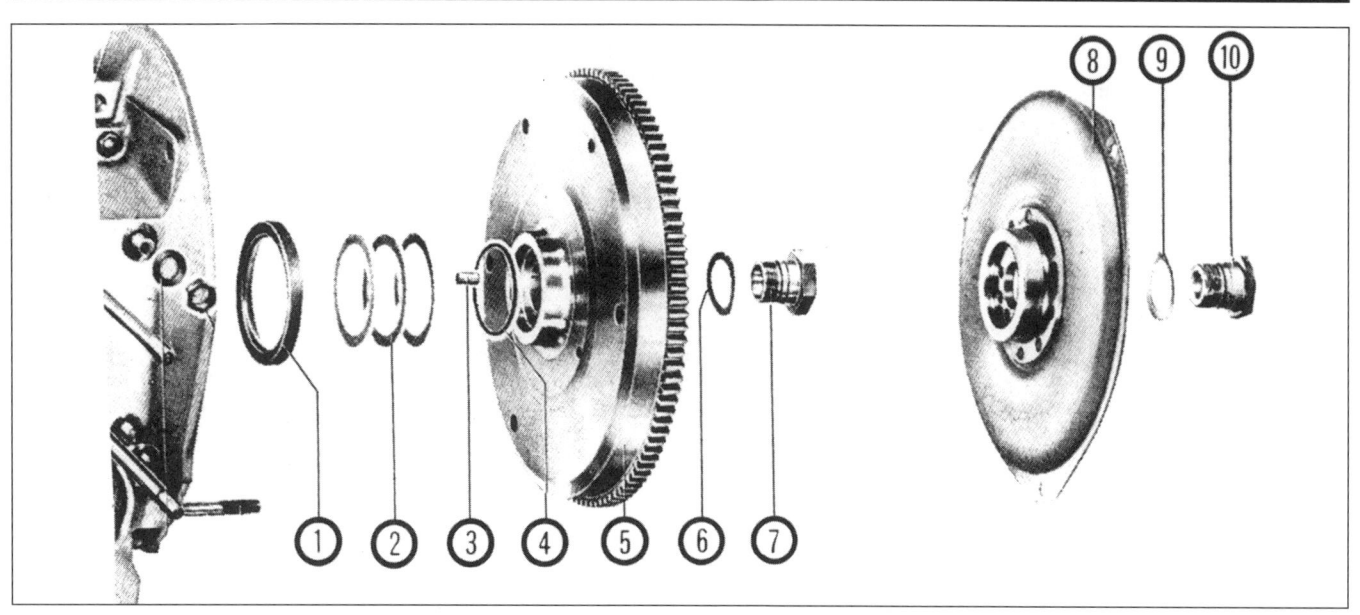

15.10 フライホイール／ドライブプレートの構成部品の展開図

1. クランクシャフトオイルシール
2. シム（3枚）
3. 鋼鉄製のドエルピン（4個）
4. Oリング
5. フライホイール（マニュアルトランスミッション車）
6. スプリングワッシャー
7. グランドナット（ベアリング組み込み）
8. ドライブプレート（セミオートマチック車）
9. スプリングワッシャー
10. グランドナット（ベアリングなし）

ライホイール／ドライブプレートのハブにペイントで合いマークを付ける。クランクシャフト側の合いマークは、フライホイール／ドライブプレートを外すまでは付けることができない。フライホイール／ドライブプレートを取り外した後は、忘れずにクランクシャフト側に合いマークを付けること。

5. フライホイール／ドライブプレートは、クランクシャフトの先端に4個のドエルピンで位置決めされているので、フライホイール／ドライブプレートを揺らして緩めてから、まっすぐに抜き取る。

6. フライホイール／ドライブプレートが外れたら、（装着車の場合は）使われているガスケットの種類（金属か紙）を確認しながら、4個のドエルピンに取り付けられているガスケットを取り外す。上記で説明したように、合いマークを付けたドエルピンに対応するクランクシャフトの位置にも合いマークを付ける。

7. 各ドエルピンは、クランクシャフトとフライホイール／ドライブプレートの両方に圧入されている。従って、いずれかのドエルピンが緩んでいると、いくらグランドナットが固く締まっていてもフライホイール／ドライブプレートが緩む恐れがある。フライホイール／ドライブプレートが緩んで、ドエルピンの穴が広がってしまうと、フライホイール／ドライブプレートおよびクランクシャフトを交換しなければならない。

8. スターターリングギアの歯を点検する。リングギアの歯が著しく損傷している場合は、フライホイール／ドライブプレートを交換する。

9. オイルシールが接触するフライホイール／ドライブプレートのボス部を点検する。溝が摩耗している場合は、フライホイール／ドライブプレートを交換する。

10. 1966年以降のモデル（エンジン番号がFO 741385以降）の場合は、フライホイール／ドライブプレートのゴム製Oリングシール（**写真参照**）を交換する。

11. 先端の薄いスクリュードライバーを使って、オイルシールを慎重にこじって外す。シムを保管しておくこと。

12. フライホイール／ドライブプレートを最終的に取り付ける前に、クランクシャフトの軸方

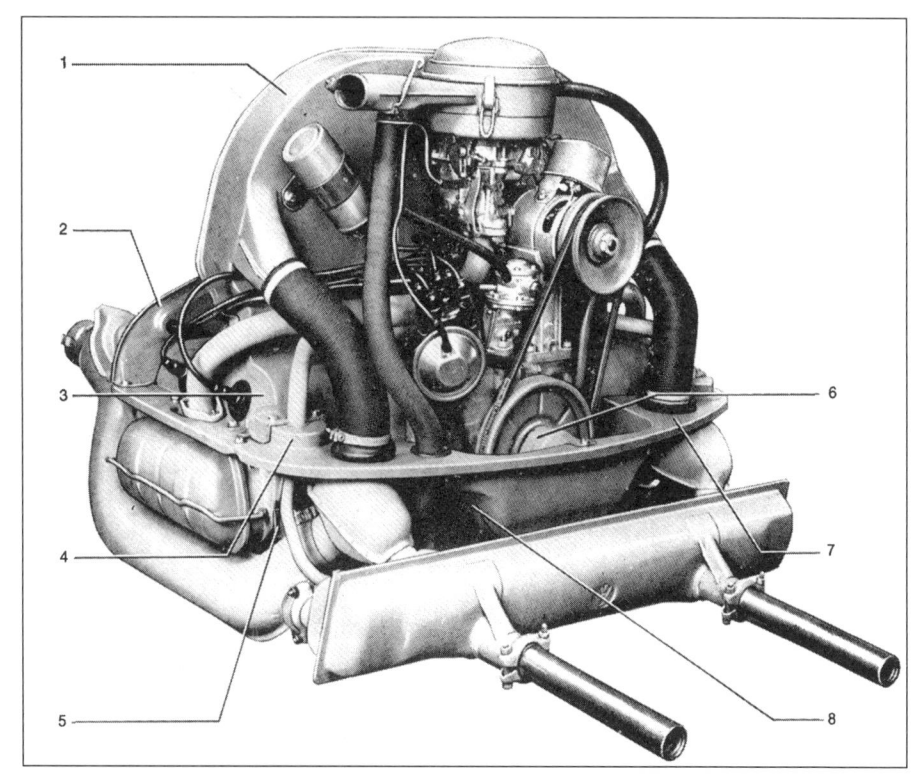

16.2 クーリングシュラウドの詳細

1. ファンハウジング
2. フロントエンジンカバープレート
3. シリンダーカバープレート
4. プレヒートパイプのシールプレート
5. エアデフレクタープレート
6. クランクシャフトプーリーカバー
7. リアエンジンカバープレート
8. クランクシャフトプーリー・ロアプレート

エンジン脱着／オーバーホール

向の遊びを点検する（セクション36参照）。
13. シールとフライホイール／ドライブプレートの取り付けに関しては、セクション37と38を参照する。

16. エンジンの外付け部品の取り外し

→写真16.2参照
1. オルタネーター／ダイナモとファンハウジングを取り外す（第5章参照）。
2. フロントエンジンカバープレートを取り外す（**写真参照**）。
3. クランクシャフトプーリーカバーを取り外す。
4. プレヒートパイプのシールプレートを取り外す（装着車）。
5. インテークマニホールドを取り外す（第4章参照）。
6. マフラーおよび触媒コンバーター（装着車）を取り外す（第4章参照）。
7. エキゾーストマニホールド／ヒートエクスチェンジャーを取り外す（セクション5参照）。
8. 暖気エアダクトの後部とリアエアデフレクタープレートを取り外す。
9. シリンダーカバープレートを外す。
10. クランクシャフトプーリーとプーリーの裏側にあるカバープレートを取り外す（セクション6参照）。
11. オイルクーラーを取り外す（第3章参照）。
12. ディストリビューターとドライブシャフトを取り外す（第5章参照）。
13. オイルプレッシャーリリーフバルブとコントロールバルブ（装着車）を取り外す（セクション7参照）。
14. キャブレターモデルの場合は、フューエルポンプを取り外す（第4章参照）。
15. オルタネーター／ダイナモ用の台座を取り外す（36hpモデルを除く）。

17. シリンダーヘッドの取り外し

→図17.2参照
1. セクション2と3の手順に従って、ロッカーカバー、ロッカーアームおよびプッシュロッドを取り外して、各部品を点検する。
2. 図示の順序で各シリンダーヘッドナットを1/4〜1/2回転だけ緩める（**図参照**）。すべてのナットが緩むまで、各ナットを1度に少しずつ緩めていく。すべてのナットを取り外した後、少し引っ張ってシリンダーヘッドを外す。**備考：**シリンダーヘッドの特殊ワッシャーは、再組立時のために、針金で束ねて無くさないように保管しておく。
3. シリンダーヘッドとクランクケースの間に位置するプッシュロッドチューブを取り外して、シリンダーヘッドを引っ張って外す前に各シリンダーとシリンダーヘッドの結合が外れていることを確認する。シリンダーヘッドを外せば、4本のプッシュロッドチューブもシリンダーとともに外れてくる。1965年以前のモデルの場合は、シリンダーヘッドとシリンダー間の銅製シールを取り外す。シリンダーヘッドを取り外すだけの場合、クランクシャフトを回さないのであれば、シリンダーはそのままにしておけば良い。整備上、クランクシャフトを回す必要があるのなら、針金を使って各シリンダーをクランクケースに固定しておく。

18. シリンダーヘッドの分解

→写真18.2, 18.3, 18.4参照
備考：シリンダーヘッドは、新品またはリビルト品として入手可能である。シリンダーヘッドの分解および点検には特殊工具が必要となる場合もあるし、補用部品がすぐに入手できない場合も考えられるので、サンデーメカニックが作業するのであれば、分解、点検および修正に時間をかけるよりも、シリンダーヘッドをアセンブリーで交換してしまう方が、現実的でかつ安くつくかもしれない。
1. シリンダーヘッドの分解は、インテークバルブおよびエキゾーストバルブ並びにそれらの付属部品の取り外しを含む。
2. バルブを取り外す前に、再取付時に元の場所に戻すことができるように、識別用のラベルと、各バルブとその付属部品をまとめて入れておくためのビニール袋を用意する（**写真参照**）。
3. 最初のバルブのスプリングをスプリングコンプレッサーで縮めて、コッターを取り外す（**写真参照**）。スプリングコンプレッサーを慎重に外して、リテーナー、スプリングおよびスプリン

18.3 バルブスプリングコンプレッサーを使ってバルブを縮めてから、バルブステムからコッターを取り外す

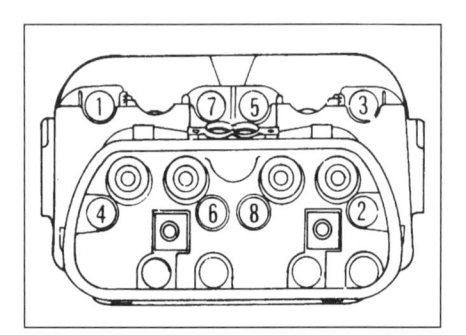

17.2 この順序でシリンダーヘッドナットを緩める

18.2 バルブ機構の各部品は、再取付時に元の位置に戻すことができるように、気筒ごとに小さなビニール袋に分けて適当な札を付けておく

18.4 バルブとガイドとの間にカジリがある場合は、細目のヤスリまたはオイル砥石を使って先端の周囲を磨く

エンジン脱着／オーバーホール　　2-21

グシート（装着車）を取り外す。
4. シリンダーヘッドからバルブを引っ張って取り出す。バルブがガイドにカジっている（抜けない）場合は、いったんバルブをシリンダーヘッド側に押し戻して、コッター用の溝の周囲を細目のヤスリまたはオイル砥石で磨く（**写真参照**）。
5. 残りのバルブについても、同様に作業する。取り外したバルブとその付属部品は、同じ場所に再取り付けできるように、気筒ごとにまとめて保管しておくこと。
6. 各バルブとその付属部品を取り外して、気筒ごとに整理できたら、シリンダーヘッドを念入りに清掃して点検する。エンジンを完全にオーバーホールするつもりであれば、シリンダーヘッドの清掃および点検を始める前にエンジンの分解を済ましておく。

19. シリンダーヘッドの清掃と点検

→写真 19.11, 19.12, 19.13, 19.15 参照

1. シリンダーヘッドとそれに付属しているバルブ機構の各部品を念入りに清掃して点検すれば、そのオーバーホールにおいてバルブをどの程度整備しなければならないかが分かる。備考：エンジンのオーバーヒートがひどい場合は、シリンダーヘッドが歪んでいると考えられる（**手順12参照**）。

清掃

2. シリンダーヘッドとインテークマニホールドまたはエキゾーストマニホールド間の古いガスケットまたはシール剤をきれいに取り除く。シリンダーヘッドの取付面を損傷しないように充分注意する。ガスケットを柔らかくして、はがしやすくする専用のガスケットリムーバー（パッキンはがし剤）も市販されている。
3. オイルギャラリーなどの各種の穴に堆積物が詰まっている場合は、硬めのワイヤーブラシで取り除く。
4. ねじ穴が腐食していたり、ネジロック剤が詰まっている場合は、適切なサイズのタップを使って取り除く。圧縮空気があれば、この作業により発生するゴミを吹き飛ばしてきれいにする。**警告**：圧縮空気を使うときは保護メガネを着用

すること。
5. シリンダーヘッドを溶剤で洗って、完全に乾燥させる。圧縮空気を使えば、乾燥も早く、シリンダーヘッドの各種の穴や凹部もきれいになる。**警告**：圧縮空気を使うときは保護メガネを着用する。**備考**：シリンダーヘッドやバルブ機構の各部品を清掃するときは、カーボン落とし剤を使うと便利である。カーボン落とし剤は腐食性が強いので、取扱には充分注意すること。必ず容器に書いてある取扱上の注意に従うこと。
6. ロッカーアーム、ロッカーシャフト、アジャストスクリュー、ナットおよびプッシュロッドを溶剤で洗って、完全に乾燥させる。洗うときに（各気筒ごとに分けた）部品を混同しないように注意する。圧縮空気を使えば、乾燥も早く、オイルの通路もきれいにできる。
7. すべてのバルブスプリング、スプリングシート、コッターおよびリテーナーを溶剤で洗って、完全に乾燥させる。これらの部品を洗うときは、気筒ごとに作業を行ない、別の気筒の部品と混同しないようにする。
8. バルブに付着した頑固な堆積物をあらかじめ削ぎ落としてから、電動のワイヤーブラシを使ってバルブのヘッドとステム部分から堆積物を取り除く。この作業でも、各バルブを混同しないように注意する。

点検

備考：機械加工が必要だと判断する前に、必ず以下の点検のすべてをやってみること。注意すべき点のリストを作成する。

シリンダーヘッド

9. シリンダーヘッドに亀裂等の損傷がないか念入りに点検する。亀裂があれば、専門業者（内燃機屋）で修理が可能かどうか調べてもらう。修理ができなければ、シリンダーヘッドを交換しなければならない。
10. 各燃焼室のバルブシートを調べる。バルブシートの表面に荒れ、亀裂または焼き付きがあれば、サンデーメカニックでは手に負えない作業が必要となる。
11. シリンダーヘッドにダイアルゲージをしっかりと固定してから、バルブを横に動かして、バルブステムとバルブガイド間の遊びを点検する（**写真参照**）。バルブをガイドの中に差し込み、バルブフェースをバルブシートから2mmほど

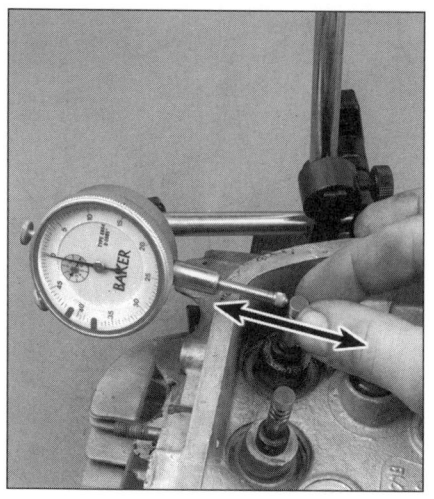

19.11 ダイヤルゲージをセットし、矢印で示した方向にバルブステムを動かして、バルブステムとガイド間の遊びを測定する

離した状態での遊びを測定する。遊びが過大（0.8mmを許容限度の目安とする）な場合は、バルブステムの直径を測定し、「整備情報」の値と比較する。バルブステムがそれほど摩耗していなれば、バルブガイドの方が摩耗していると判断できる。

バルブ

12. 各バルブに、偏摩耗、変形、亀裂、荒れ、焼き付きがないか念入りに点検する（**写真参照**）。バルブステムに傷やカジリ、ネック部分に亀裂がないかそれぞれ点検する。バルブを回してみて、バルブが曲がっていないか点検する。ステムの先端部分に荒れや過度な摩耗がないか点検する。これらの症状があれば、専門業者にバルブの修正を依頼しなければならない。
13. 各バルブのヘッド部の厚みを測定する（**写真参照**）。この章の「整備情報」に記載の規定値よりも薄くなっている場合は、新しいバルブと交換する。

バルブまわりの構成部品

14. 各バルブスプリングに（先端部の）摩耗また

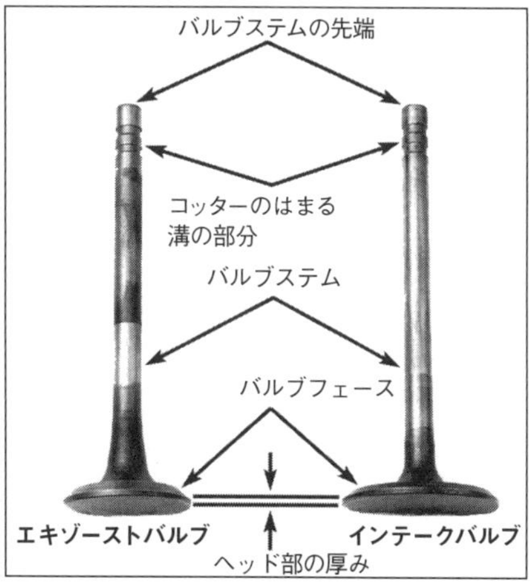

19.12 バルブの図示箇所の摩耗を点検する（この写真は別の車のバルブ）

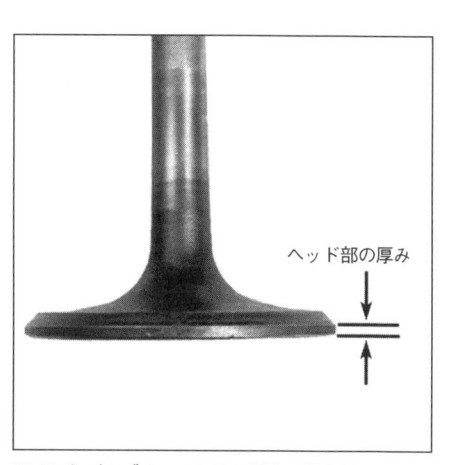

19.13 各バルブのヘッド部の厚みが限度値以上あること（厚みが限度値より薄くなったバルブは、再使用不可）

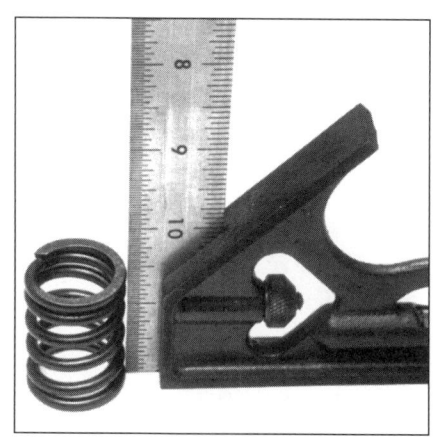

19.15 各バルブスプリングの直角度を点検する

エンジン脱着／オーバーホール

21.4a バルブステムにステムシールリングを取り付ける

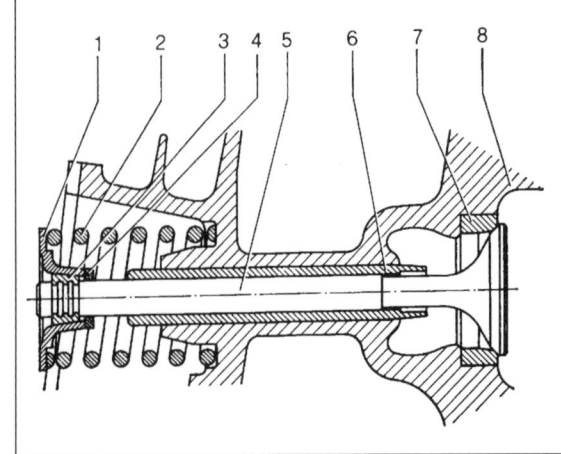

21.4b バルブアセンブリーの断面図
1 スプリングリテーナー
2 バルブスプリング
3 バルブコッター
4 ステムシールリング
5 バルブ
6 バルブガイド
7 バルブシート
8 シリンダーヘッド

は荒れがないか点検する。再使用可能かどうか判断するには、特殊な測定器具を使って張力を点検しなければならない（この点検は専門業者に依頼する）。

15. 各スプリングを水平なところに立てて、直角度を点検する（**写真参照**）。歪みや反りが発生しているスプリングが1つでもあれば、すべてのスプリングを新品と交換する。

16. スプリングリテーナーおよびコッターの摩耗および亀裂を点検する。不具合のある部品は、エンジン作動中に大きな損傷を招く原因となるので、新品と交換しておく。

ロッカーアームの構成部品

17. ロッカーアームの接触面（プッシュロッドの先端とバルブステムに接触する部分）に荒れ、摩耗、カジリ、傷または凹みがないか点検する。ロッカーアームのロッカーシャフトとの接触部分も同様に点検する。各ロッカーアーム、アジャストスクリューおよびナットに亀裂がないか点検する。

18. プッシュロッドの先端に傷または過度な摩耗がないか点検する。ガラス板の上などの水平なところで各プッシュロッドを転がして回してみて、曲がっていないか点検する。

19. シリンダーヘッドのロッカーアーム用スタッドまたはボルト穴にねじ山の損傷または取付不良（あるいはその両方）がないか点検する。

20. 損傷または過度に摩耗している部品は、新品と交換する。

21. 点検によりバルブの各構成部品の状態が全体的に不良で、規定の摩耗限度値を越えていることが分かった場合は、バルブを元通りシリンダーヘッドに取り付けて、セクション20を参照する。

20. バルブまわりの修正、交換

1. バルブの修正、バルブシートおよびバルブガイドの修正や交換は非常に難しい作業で、特殊工具や機器も必要となるので、プロに任せるべきである。

2. サンデーメカニックにできることは、シリンダーヘッドを取り外して分解し、洗浄と点検の上、専門業者（内燃機屋）に持っていくことである。点検を行なえば、シリンダーヘッドおよびバルブ機構の各部品がどのような状態にあり、業者に依頼するときにどのような作業と新しい部品が必要になるのか知ることができる。

3. 専門業者では、バルブとスプリングの取り外し、バルブとバルブシートの修正または交換、バルブガイドの修正、バルブスプリング、スプリングリテーナーおよびコッター（必要に応じて）の点検と交換、バルブシールの交換、バルブ機構部品の組み立て、スプリングの取り付け高さの確認などの作業を行なう。また、シリンダーヘッドのガスケット取付面が歪んでいる場合は、その修正も行なう。

4. バルブまわりの修正や交換をプロにやってもらえば、シリンダーヘッドは新品同様になる。シリンダーヘッドを持ち帰ってきたら、エンジンに取り付ける前にもう一度清掃して、作業の過程で出た金属粉や研磨クズを取り除く。オイル穴やオイル通路については、（できれば）圧縮空気を使って吹き飛ばして清掃する。

21. シリンダーヘッドの組み立て

→写真21.4a, 21.4b, 21.5参照

1. バルブまわりの作業を業者に依頼したかどうかに関係なく、組立前にシリンダーヘッドがきれいなことを確認する。

2. バルブまわりの作業を業者に依頼した場合は、バルブとその関連部品はすでに組み付けられているはずである。

3. シリンダーヘッドの片方の端から作業を始め、1本目のバルブを取り付ける。その際、モリブデン系のグリスまたはきれいなエンジンオイルをバルブステムに塗布する。

4. バルブガイドにスプリングシートまたはシム（該当車）を組み付け、バルブスプリングとリテーナーを所定の位置に組み付ける。1966年以降のモデルの場合は、ステムシールリングを取り付ける（**写真参照**）。

5. バルブスプリングコンプレッサーでスプリングを縮めて、上側の溝にコッターを慎重に位置決めしてから、スプリングコンプレッサーをゆっくりと緩めて、コッターが正しい位置にはまるようにする。必要に応じて、コッターがずれないようにするため少量のグリスを各コッターに塗布する（**写真参照**）。

21.5 取り付け前に、図示のようにバルブコッターに少量のグリスを塗布すると、スプリングを緩めるときにコッターがバルブステムから外れにくい

6. 残りのバルブについても、同様に作業する。バルブおよびその付属部品は、必ず元の位置（シリンダー）に戻すこと。決して、混同しないこと。
備考：1965年以前のモデルの場合、ステムシールリングは使われていない。

22. シリンダー、ピストン、ピストンリングの取り外し、点検

→写真22.1a～22.2c, 22.3, 22.6a, 22.6b, 22.10, 22.11, 22.12a, 22.12b, 22.12c参照

シリンダーは、シリンダーヘッドを取り外した後に、ピストンから抜き取れば、簡単に取り外すことができる（**写真参照**）。また、取り外すときは、何番のシリンダーなのか、およびフライホイールに対する方向が分かるように、各シリンダーに印を付けておく。取り外し前に、ピストンの頂面にフライホイール側を示す矢印と番号をペイントを使って付けておくと良い（**写真参照**）。ペイントは洗浄時に落ちるので、各ピストンを取り外した後は、洗浄する前にピストン頂面に矢印と番号をけがいておく。**注意**：シリンダーを取り外した後にクランクシャフトを回すと、ピストンのスカート部がクランクケースに当たって損傷する恐れがある。

エンジン脱着／オーバーホール

2-23

22.1a スタッドに沿ってピストンからシリンダーを抜き取る

22.1b 各ピストンとシリンダーには、シリンダーの番号とフライホイールの方向を示す矢印を付けておく

22.2a ピストンの両側からサークリップを取り外して…

22.2b …ピストンピンを押し出す

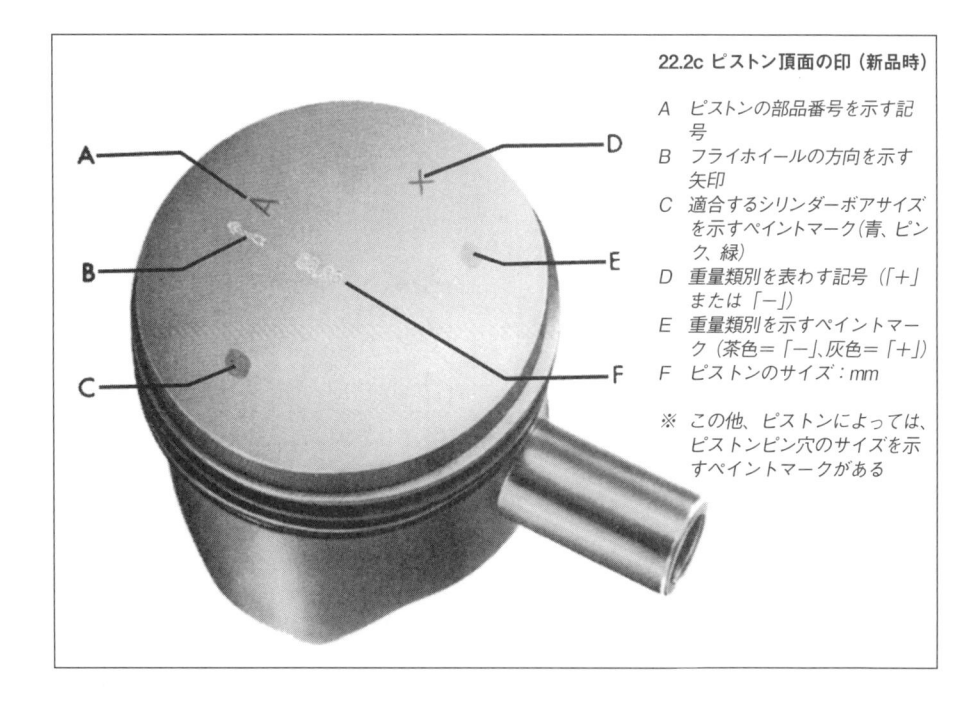

22.2c ピストン頂面の印（新品時）

A ピストンの部品番号を示す記号
B フライホイールの方向を示す矢印
C 適合するシリンダーボアサイズを示すペイントマーク（青、ピンク、緑）
D 重量類別を表わす記号（「＋」または「－」）
E 重量類別を示すペイントマーク（茶色＝「－」、灰色＝「＋」）
F ピストンのサイズ：mm

※ この他、ピストンによっては、ピストンピン穴のサイズを示すペイントマークがある

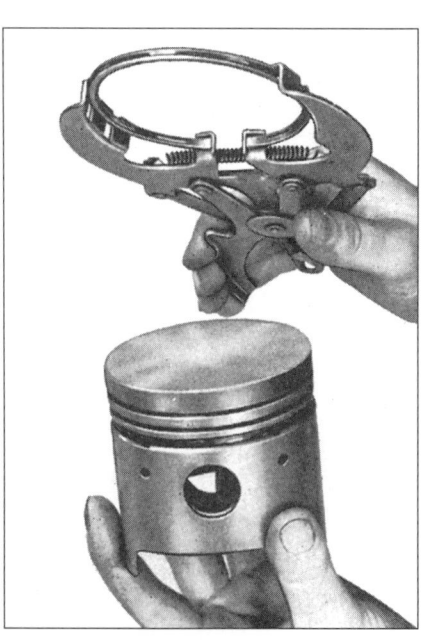

22.3 ピストンリングの脱着にはこのような特殊工具を使うとリングの破損の恐れが少ない

2-24　エンジン脱着／オーバーホール

22.6a ピストンリング溝の清掃には、このような特殊工具を使うか...（この写真は別な車のピストン）

22.6b ...古いピストンリングを折った物を使用する（この写真は別な車のピストン）

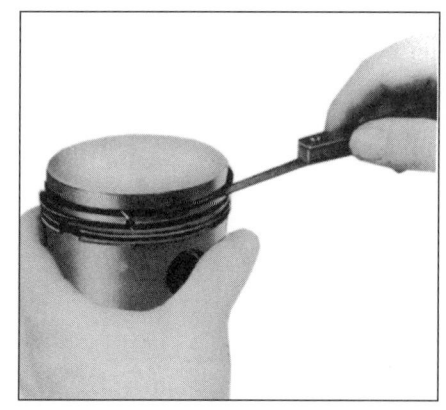

22.10 シックネスゲージを使って、数カ所でリングとリング溝のすき間を点検する

2. ピストンを取り外すときは、ピストンのボス部の両側からサークリップを取り外して、ピストンピンを押し出す**（写真参照）**。ピストンピンが固くてなかなか抜けない場合でも、あまり大きな力はかけないこと。コンロッドが曲がる恐れがある。抜けない場合は、ヘアドライヤー等でピストンを暖める（VW社の基準では75℃まで暖めても良い）。ピストンピンを押し出すときは、ピストンがコンロッドから外れるまでで止めて、完全に抜き取る必要はない。ピストンを取り外した後は、ピストン頂面を丁寧に清掃して、フライホイール側を示す矢印と直径を示す識別マークを確認する（写真参照）。

3. ピストンリングは、各リングの端を慎重に広げて、ピストンの上方に取り外す**（写真参照）**。エンジンを分解した場合は、必ず新しいピストンリングと交換すること。

4. 点検を行なう前に、各ピストンとシリンダーを清掃すること。

5. ピストンの頂面からカーボンをきれいに取り除く。堆積物を大まかに取り除いた後は、ワイヤーブラシや細目の布ヤスリを使って手で清掃する。**注意**：ピストンから堆積物を取り除くときは、電動のワイヤーブラシは使用しないこと。ピストンは柔らかい材質でできているので、電動のワイヤーブラシでは表面を余分に削ってしまう恐れがある。

6. 専用の特殊工具を使うか、使い古しのリングを折った物を使って、リング溝からカーボンを取り除く**（写真参照）**。カーボンだけを取り除くように慎重に作業すること。ピストンの金属部分を削ったり、リング溝に傷を付けないように気を付ける。

7. カーボンを取り除いた後は、各ピストンとコンロッドを溶剤で洗ってから、（できれば）圧縮空気を使って乾燥させる。リング溝の奥にあるオイルの戻り穴がきれいになっていることを確認する。**警告**：保護メガネを着用する。

8. 各ピストンのスカート部分の周囲、ボス部、ランド部（溝と溝の間の細い部分）に亀裂がないか念入りに点検する。（ランド部の破損を俗に"棚落ち"という）。

9. スカート部のスラスト面に摩耗や傷がないか、ピストン頂面に穴があいていないか、ピストン頂面の角に焼き付きがないか、それぞれ観察する。スカート部に傷や摩耗があると、エンジンにオーバーヒートまたは異常燃焼（またその両方）が発生して、作動温度が異常に上昇する原因となる。冷却系と潤滑系統を念入りに点検する。ピストンの頂面に穴や、ピストン頂面の角に焼き付きがあれば、異常燃焼があったことを示している。上記の問題のどちらかが認められる場合は、原因を取り除いておかないと、再びエンジンが損傷することになる。原因としては、吸気漏れ、混合気の不良、点火時期の不良またはEGRシステムの故障などが考えられる。

10. 各リング溝に新しいピストンリングを取り付けて、シックネスゲージを使って、リング溝

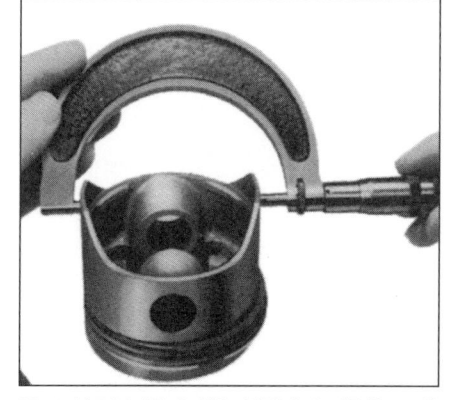

22.11 ピストンピンに対して直角および平行の2箇所で、ピストンの直径を測定する

とリングとのすき間を点検する**（写真参照）**。すき間は、各リング溝の周囲の3～4箇所で測定する。リング溝に応じた正しいリングを使用すること。リングは溝ごとに異なる。すき間がこの章の「整備情報」に記載の限度値よりも大きい場合は、ピストンを交換する。

11. シリンダーボア内径とピストン直径を測定して、ピストンとボア間のすき間を点検する。必ず分解前と同じシリンダーとピストンの組み合わせで点検する。ピストンピンに対して直角および平行の2箇所で、スカート間の距離でピ

22.12a ボアゲージを使って、シリンダーボアの内径を測定して、摩耗を点検する

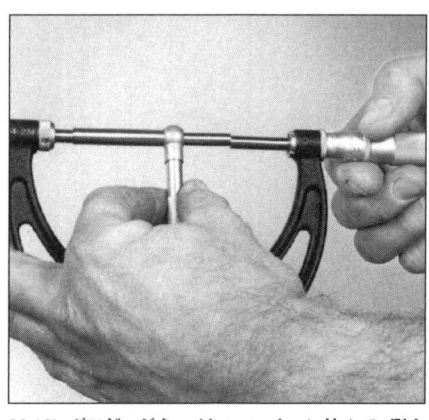

22.12b ボアゲージをマイクロメーターに挟んで、測定値を読みとる

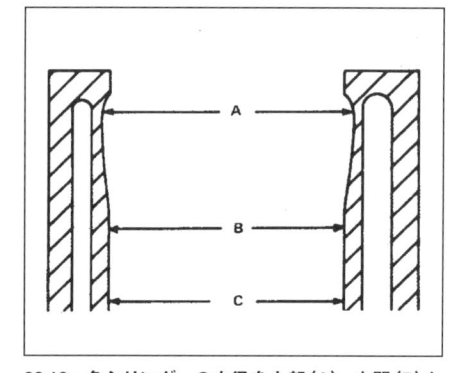

22.12c 各シリンダーの内径を上部（A）、中間（B）および下部（C）の3箇所で測定する

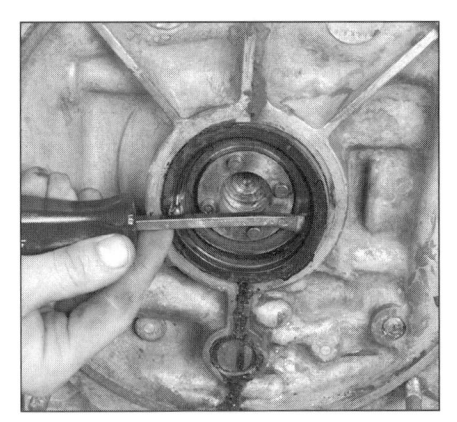

エンジン脱着／オーバーホール

23.2 オイルシールを慎重にこじって外す

23.3a クランクシャフトの軸方向の遊びを調整している3枚のシムを取り外す

23.3b モデルによっては、クランクシャフトの先端に金属または紙製のシムが取り付けられている

ストンの直径を測定する**(写真参照)**。各ピストンで同じ作業を繰り返して、測定値を記録する。

12. 内径マイクロメーターまたはボアゲージを使って、ピストンピンに対して直角方向でシリンダーボアの内径を測定する**(写真参照)**。測定値は、最も大きな値を取ること。ボアの内径からピストンの外径を引いて、すき間を求める。求めた値がこの章の「整備情報」の値よりも大きい場合は、シリンダーをボーリングにより修正するか交換して、新しいピストンとリングを取り付ける。

13. ピストンとシリンダーが損傷または異常に摩耗しておらず、シリンダーのボーリングが不要な場合は、新しいピストンは必要ない。ただし、ピストンリングについては、エンジンをオーバーホールした場合は、必ず交換すること。

14. メーカー純正の交換用ピストンは、製造時の公差によって2つの重量に分けられており、ピストン頂面の「＋」（および灰色のペイントマーク）、または「－」の印（および茶色のペイントマーク）によって識別できる。「＋」の場合は基準値より10gの範囲内で重く、「－」の場合は逆に10gの範囲内で軽い。4個のピストンの重量差は10g以内に抑えたい。エンジンの可動部品の重量バランスは、専門業者（内燃機屋）で調整してもらうことが理想である。**備考：1972年以降のモデルでは、ピストン頂面にバルブの逃げ用のリセスが設けられており、初期モデルと互換性がない。**

15. モデルによってはメーカー純正の交換用ピストンピンに、2種類の直径が用意されている。これらのピストンピンはペイントマーク（黒または白）によって識別できる。このペイントマークに対応する記号が、ピストン頂面にある。白のピストンピンとの組み合わせを示す「W」、または黒のピストンピンとの組み合わせを示す「S」の印である。必ずピストンに合ったピストンピンを使うこと。ただし、ブッシュが摩耗してピストンピンとのすき間が広くなっている場合に、そのすき間を埋めるために径の大きなピンを取り付けてはいけない。オーバーサイズのピストンピンとブッシュを使うこと。

23. クランクシャフトの取り外し

→ 写真 23.2, 23.3a, 23.3b, 23.5, 23.7, 23.9, 23.11a, 23.11b, 23.12a, 23.12b, 23.13 参照

1. ピストン、シリンダーとフライホイール／ドライブプレートを取り外した状態で、左側を下にしてクランクケースを横にする。コンロッドはまだ取り外さなくてもよい。なぜなら、クランクケースを2つに分離してからの方が取り外しが楽だからである。

2. スクリュードライバーを使って、クランクケースからオイルシールを慎重にこじって外す**(写真参照)**。

3. オイルシールを取り外した後は、フライホイールの中心部とフロントメインベアリングのフランジ間に取り付けられている3枚のシムを取り外す。これらのシムは、クランクシャフトの軸

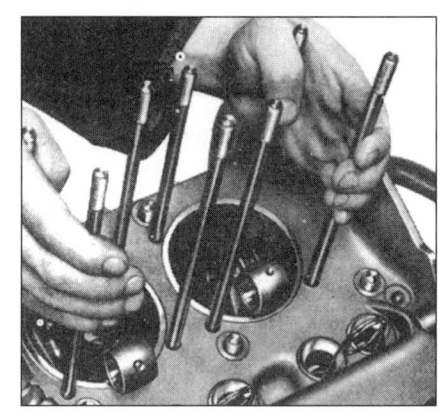

23.5 スタッドを持って、クランクケースを分離する

方向の遊びを調整するためのものである。無くしたり損傷しないように注意すること。また、クランクシャフトの先端にも金属または紙製のシムが取り付けられている**(写真参照)**。使われているシムの材質（金属か紙）をメモしてから、シムを取り外す。再組立時は、同じ材質の新品のシムを取り付けること。

4. 二分割式のクランクケースは、大きなスタッドとナット、小さなスタッドとナット、および2組のナットとボルトで1つに結合されている。小さなナットをすべて取り外してから、大きなナットを取り外す。クランクシャフトとカムシャフトは左右のクランクケースの間に挟まって保

23.7 クランクケースからカムシャフトを取り外す

23.9 クランクシャフトを慎重に持ち上げて外す

2-26　エンジン脱着／オーバーホール

23.11a 慎重に半月キーを取り外す

23.11b サークリップを取り外す

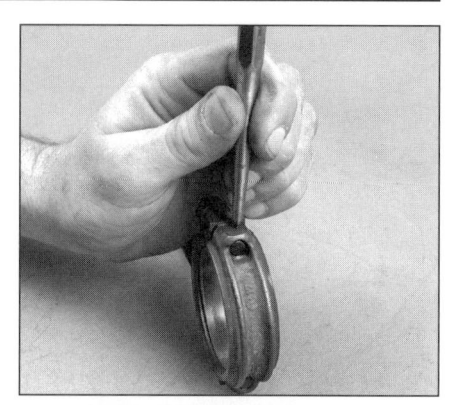

23.12a 先の細いポンチを使って各コンロッドにシリンダー番号を示す印を付ける（例えば、No.2シリンダーであれば点を2個打つなど）

持されているので、クランクケースを分離したときにシャフトが誤って落ちないようにしなければならない。クランクケースを左側に傾けておけば、ケースの分離後、シャフトは左側のケースに残る。

5. 左側のクランクケースの突起部を木製またはプラスチックハンマーで軽く叩いて、左右のクランクケースを分離する。クランクケースの接合面の四隅を少しずつ順番に叩いていけば、左右のクランクケース間に徐々にすき間ができてくる。すき間ができた（接合面が完全に外れた）後は、スタッドを持って右側のクランクケースを持ち上げて外す（**写真参照**）。外す際に右側のクランクケースを少し動かすと、バルブリフターが落ち始めるかもしれない。できるだけ、バルブリフターが落ちないように保持して、取り付け時に同じシリンダーに戻すことができるように、シリンダー番号を書いた箱などに整理しておく。備考：バルブリフターが落ちないようにするための特殊なスプリングクリップもVW専門店で入手できるので、できれば使用する。

6. 取り外した右側のクランクケースを安全な場所に保管しておく。

7. 左側のクランクケースからカムシャフトを取り外す（**写真参照**）。ベアリングは、クランクケース側に残るかもしれない。もし、ベアリングが外れた場合は、取付位置を覚えておく。1つのカムシャフトベアリングの片側には、カムシャフトの軸方向の力を受けるためのツバが付いている。備考：1965年以前のモデルの場合、ベアリングはクランクケースの一部である（つまり、

ベアリング単品での交換はできない）。

8. この時点で、左側のクランクケースからバルブリフターを取り外すことができる。バルブリフターも、取り付け時に同じ位置に戻すことができるように番号順に保管しておく。

9. これで、クランクシャフトを取り外すことができる（**写真参照**）。左右のクランクケースからNo.2メインベアリングを取り外しておくこと。各メインベアリングは、ドエルピンで位置決めされていることに注意する。通常、これらのドエルピンはクランクケースに残るが、ベアリングと一緒に外れた場合は、無くさないように整理して保管しておくこと。

10. 4個のメインベアリングのうちの3個は、クランクシャフトをクランクケースから取り外した後に外すことができる。No.1 メインベアリングはツバ付きの円筒型ベアリングで、シャフトのフライホイール側から抜いて外す。No.2 ベアリングは半割型ベアリングで、No.4 ベアリングは幅の狭い円筒型ベアリングであり、クランクシャフトプーリー側から抜いて取り外すことができる。ただし、No.3 ベアリングはカムシャフトを駆動するヘリカルギアによって保持されている。このギアの前には、スペーサーとディストリビュータードライブシャフトのウォームギア、オイルスリンガーと半月キーがある。

11. No.3 メインベアリングを取り外す場合は、クランクシャフトから半月キーを取り外して（**写真参照**）、安全な場所に保管しておく。オイルスリンガーを外して、サークリップを取り外す（**写真参照**）。

12. コンロッドを取り外す。先の細いポンチ（**写真参照**）で各コンロッドにシリンダー番号を示す印を付ける。各コンロッドとコンロッドキャップには番号が付いている点にも注意する（**写真参照**）。コンロッドとキャップは番号を合わせて保管しておく。

13. ヘリカルギアとディストリビュータードライブの2つのギアはシャフトに固く圧入されているので、外す際は特殊なプーラーを使う。ヘリカルギアの背面（ベアリングとギアの間の狭いすき間）に力をかけて、2つのギアとスペーサーを一緒に外さなければならないため、2本爪や3本爪の汎用プーラーでは困難である。ギアの歯に爪をかけて無理に外そうとすると、歯が欠けたり、割れる恐れがある。この専用工具（クランクシャフトギアプーラー）はVW専門店で入手可能である。

14. 2つのギアを取り外せば No.3 ベアリングをシャフトから外すことができる。

15. クランクシャフトの点検手順については、セクション25を参照。

23.12b コンロッドにはこのような番号が付いている。キャップナットを取り外した後は、番号を合わせて保管しておくこと

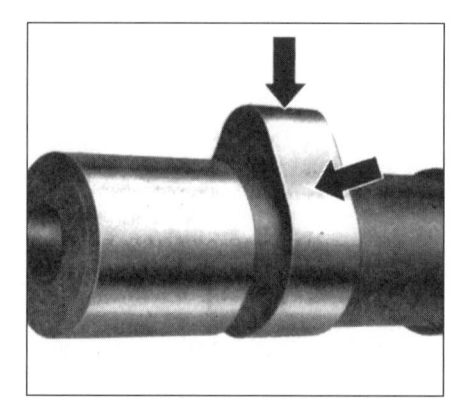

24.2 カム山の摩耗は、これらの箇所（矢印）を特に念入りに点検する

エンジン脱着／オーバーホール　　　**2-27**

25.1 ワイヤーブラシまたは硬めのプラスチックブラシを使って、クランクシャフトのオイル穴を清掃する

25.4 オイル穴は面取りしておくこと。穴の周囲にバリなどがあると新しいベアリングに傷を付ける恐れがある

25.6 クランクシャフトの各ジャーナル部の径を数カ所で測定して、ジャーナル部がテーパー状になったり楕円状に摩耗していないか確認する

24. カムシャフトとバルブリフターの点検

→写真 24.2, 24.4 参照

1. クランクケースを分割したら、各バルブリフターとクランクケースのボアとの間に、過大な横方向の遊び（ガタ）がないことを確認する。また、カム山と接触するバルブリフターの接触面は、平坦で焼き付き等の跡がないこと。接触面に荒れや摩耗があれば、バルブリフターを交換する。
2. カムシャフトのカム山に、平坦な部分、荒れ、摩耗がないか点検する（**写真参照**）。
3. クランクシャフトと同様に（セクション25参照）、カムシャフトのベアリングジャーナル部とクランクケースのベアリング面を点検する。**備考：**1966年以降のモデルでは、カムシャフトベアリングは交換可能である。
4. 可能であればVブロックとダイアルゲージを用いて、カムシャフトの中央（No.2）ベアリングジャーナル部で、シャフトの振れを測定する。0.04 mmが限度値である。また、マイクロメーターで各ジャーナル部の外径を測定し、「整備情報」に記載の新品時の基準値と比較する（ただし、VW社では摩耗限度を定めていない）。
5. カムシャフトの先端にリベットで固定してあるギアにガタや緩みがなく、ギアの歯面に破損や過度の摩耗がないことを確認する。必要に応じて交換する。**備考：**このカムシャフトギア（ドリブンギア）は、バックラッシュを調整するために数種類のピッチ径のものが用意されている。カムシャフトギアを交換した場合は、必ずクランクシャフトタイミングギア（ドライブギア）も一緒に交換すること。**備考：**初期モデルのカムシャフトは、3箇所のリベットで、後期モデルは4箇所のリベットで、それぞれギアが固定されている。これらに互換性はない。
6. カムシャフトと各バルブリフターは、常にセットで交換する。

25. クランクシャフトの点検

→写真 25.1, 25.3, 25.4, 25.6 参照

1. 溶剤でクランクシャフトを洗ってから、（できれば）圧縮空気を使って乾燥させる。**警告：**保護メガネを着用する。硬めのブラシ（**写真参照**）を使ってオイル穴をきれいに清掃してから、溶剤を使って洗い流す。
2. クランクジャーナルおよびクランクピンに偏摩耗、傷、打痕、亀裂などがないか点検する。
3. 各ジャーナルを念入りに点検し、表面が荒れているようであれば研磨しなければならない。
4. オイル砥石、ヤスリまたはスクレーパーを使って、クランクシャフトのオイル穴からバリをきれいに取り除く（**写真参照**）。
5. クランクシャフトの残りの部分に亀裂等の損傷がないか点検する。目に見えない細かい亀裂は、磁気探傷法によって点検しなければならないので、専門業者に作業を依頼すること。
6. マイクロメーターを使って、クランクジャーナルとクランクピンの各ジャーナル径を測定して、この章の「整備情報」の値と比較する（**写真参照**）。各ジャーナルの周囲の数カ所で直径を測定して、ジャーナル部の楕円度を判断する。また、ジャーナル部の両端、クランクウェブに近い部分でも測定して、ジャーナルがテーパー状になっていないか判断する。可能であれば、VブロックでNo.1およびNo.3ジャーナル部を保持し、ダイアルゲージでNo.2およびNo.4ジャーナル部でシャフトの振れを測定する。0.02mmが限度値である。
7. クランクシャフトのジャーナル部のテーパー状あるいは楕円状摩耗、過度の摩耗、振れ、曲がり、損傷などがある場合は、専門業者でクランクシャフトを研磨してもらう。クランクシャフトを研磨加工した場合は、正しいサイズ（アンダーサイズ）のベアリングを使用すること。クランクシャフトの研磨が必要なければ、取り外したベアリングと同じサイズのベアリングを使用する。ベアリングの裏面の印を見れば、そのベアリングが標準サイズなのかアンダーサイズなのか判断できる。**備考：**そのエンジンがすでに過去に、クランクシャフトの研磨や、クランクケースの軸受け部の加工など、何らかの加工を受けている可能性もあるので注意する。
8. セクション29を参照して、各メインベアリングとコンロッドベアリングを点検する。

26. クランクケースの清掃と点検

→写真 26.6 参照

1. クランクケースに亀裂等の損傷がないか点検する。クランクケースの接合面に、凹み、傷または金属バリなどがないか点検する。これらの不具合があると、接合したときにピッタリと密着することができない。
2. クランクシャフトの軸受け部に、損傷または歪みなどがないか点検する。メインベアリングが摩耗したまま乗り続けていた場合は、クランクシャフトの回転振動により、ベアリングがクランクケースにダメージを与えていた可能性がある。この場合は、ベアリングを新品に交換しても、クランクケースの軸受け部にしっかりと密着しない。このような場合は、クランクケースの軸受け部を加工するか、クランクケースを交換する必要がある。
3. クランクシャフトベアリングの表面に不具合のないことを確認する。1965年以前のモデルでは、ベアリングの表面が荒れている場合は、クランクケースを交換することになる。
4. クランクケースのスタッドが、穴にしっかりと取り付けられていることを確認する。クランクケースのネジ山が摩耗してスタッドがガタついている場合は、修理することができる。専門業者に依頼して、クランクケースにネジ山インサートを埋め込んでもらう。

27. コンロッドの点検

→写真 27.3, 27.5 参照

1. 点検の前に、各コンロッドを溶剤で洗ってから、（できれば）圧縮空気を使って乾燥させる。**警告：**保護メガネを着用する。
2. 各コンロッド、ボルト、ナットに亀裂等の損傷がないか点検する。1965年以前のモデルの場合、古いボルトは捨てる。1966年以降のモデル（エンジン番号がF0451421以降）の場合は、ボルトをコンロッドから取り外さないこと（ボルトに不具合が疑われる場合、コンロッドごと交換する）。コンロッドキャップを一時的に取り外して、古いベアリングを取り外してから、コ

ンロッドとキャップのベアリング密着面を清掃して、打痕、窪みまたは傷がないか点検する。コンロッドを点検した後は、古いベアリングを仮に取り付けて、キャップを取り付けてから、キャップナットを手で仮締めする。**注意：**1971年以前のモデルの場合、キャップナットはハンマーとタガネでかしめてある場合がある。ナットがかしめてある場合は、再使用しないこと。

3. 各ピストンとピストンピンをそれぞれに対応したコンロッドに仮に取り付ける（サークリップは使わない）。ピストンとコンロッドを互いに反対方向にひねって、ピストン、ピストンピン、コンロッド間のすき間を点検する**（写真参照）**。明らかにそれと分かるようなガタがあれば（ピストンピンとコンロッドブッシュのクリアランスの摩耗限度は 0.04 mm）、対処しなければならない。オーバーサイズのピストンピンを使用し、ピストンの加工およびコンロッド側のブッシュ交換・加工等が必要となるので専門業者に依頼する。また、ついでにコンロッドに曲がりやねじれがないかも点検してもらうとよい。

4. メーカー純正のコンロッドは、製造時の公差によって2つの重量に分けられており、ペイントマークで識別されている。黒または灰色は基準より 10 g の範囲内で重いことを示し、白または茶色は 10 g の範囲内で軽いことを示す。4本のコンロッドの重量差は 10 g 以内に抑えたい。エンジン可動部品のバランスおよび磁粉探傷法による亀裂点検を、専門業者に依頼することが理想となる。

5. クランクシャフトに取り付けた後、コンロッド・ビッグエンドの軸方向の遊び**（写真参照）**を測定して、この章の「整備情報」に記載の規定値と比較する。

28. シリンダーのホーニング

→写真 28.2a, 28.2b 参照

1. 元のシリンダーをエンジンに取り付ける場合は、新しいピストンリングがシリンダー壁に正しく接触して、燃焼室の密閉性を維持するために、シリンダーをホーニングしなければならない。**備考：**工具がない、またはホーニングを自分で行なわない場合は、専門の業者（内燃機屋）に依頼すれば、それほど高くない工賃でやってくれるはずである。

2. 通常、シリンダーの研磨ホーンには、ブラシ型の研磨ホーン（フレックスホーン）と砥石をスプリングの反力で押し付けるタイプの2つがある。どちらでも作業はできるが、経験の浅い人はブラシ型のホーンを使う方が作業し易いであろう。また、作業に当たっては切削油（灯油または専用の切削油）、ウエスおよび電気ドリルも必要となる。作業手順は以下のとおりである。

a) 研磨ホーンをドリルに取り付けて、砥石の部分を縮めてシリンダーに挿入する。保護メガネを着用すること。

b) シリンダー壁面に切削油をたっぷりと塗布して、ドリルの電源を入れ、シリンダー壁面に細かい斜交パターンができるように研磨ホーンを上下させる。斜交パターンの各線は、50〜60度で交差するのが理想である（図参照）。切削油は必ずたっぷりと使い、また必要以上にシリンダー壁面を削らないこと。**備考：**ピストンリングのメーカーは、50〜60度よりも角度の小さい斜交パターンを規定している場合がある。詳しくは、新しいリングに付属している説明書に従うこと。

c) 回転している間は、研磨ホーンをシリンダーから取り出さないこと。研磨ホーンを取り出す場合は、ドリルの電源を切って、完全に停止するまでホーンを上下させ続けて、停止してから砥石を縮めて取り出す。ブラシ型の研磨ホーンを使っている場合は、ドリルの電源を切ってから、ホーンを固定したドリルチャックを手で通常の回転方向に回しながら、シリンダーから研磨ホーンを取り出す。

d) シリンダーから切削油を拭き取って、残りのシリンダーも同じように作業する。

3. もう一度、シリンダーをぬるま湯の石鹸水で念入りに洗って、ホーニング作業で発生した金属粉をきれいに取り除く。**備考：**洗った後は、糸くずの出ないウエスにきれいなエンジンオイルを染み込ませて、シリンダー壁面を拭き取ってみる。ウエスに灰色の金属粉が付かなければ、シリンダー壁面は充分にきれいになっていると判断して良い。

4. 清掃後はぬるま湯で洗い流して、乾燥させてから、腐食防止のため少量のオイルを研磨したシリンダー壁面全体に塗布しておく。処理の済んだシリンダーはビニール袋に入れて、組立時まで保管しておく。

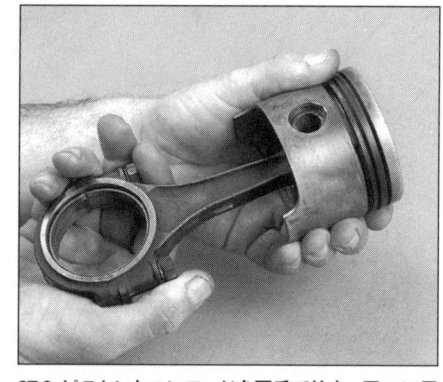

27.3 ピストンとコンロッドを両手で持ち、互いに反対方向にひねって、ガタがないか点検する

29. エンジンベアリングの点検

→写真 29.1 参照

1. メインベアリングとコンロッドベアリング（1966年以降のモデルの場合はカムシャフトベアリングも含む）をエンジンオーバーホール中に新品と交換した場合でも、古いベアリングは検査のために捨てないで保管しておくこと。古いベアリングは、エンジンの状態を知る上での貴重な情報源となることが多い**（写真参照）**。

2. ベアリングは、潤滑不足、ホコリなどの異物のかみ込み、エンジンの過負荷、腐食が原因で故障する。ベアリングがなぜ故障したかに関係なく、分解後エンジンを組み立てる前には、その故障が再発しないように原因を取り除いておかなければならない。

3. ベアリングを点検するときは、クランクケース、クランクシャフト、コンロッドおよびコンロッドキャップから各ベアリングを取り外して、エンジンの取付位置に従って、きれいなところに順番に並べる。こうすることによって、もしベアリングに不具合があった場合に、そのベアリングと対応するクランクシャフトあるいはカムシャフトのジャーナル部が見つけやすい。

27.5 シックネスゲージを使って、コンロッド・ビッグエンドの軸方向の遊びを測定する

28.2a 初めてシリンダーのホーニングを行なう場合は、ブラシ型の研磨ホーンを使う方が作業がしやすい

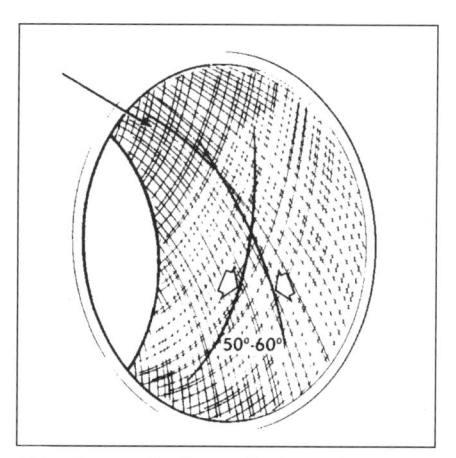

28.2b ホーニングによってできるシリンダー壁面の斜交パターンは、各線が 50〜60 度の角度で交わるように仕上げること

エンジン脱着／オーバーホール　2-29

4. ホコリ等の異物は、色々な経路でエンジンに侵入してくる。組み立て時にエンジンの中に入ってしまうこともあれば、各種のフィルターまたはPCVシステムを通って侵入してくる場合もある。また、オイルに混じって、そのオイルを介してベアリング内に侵入してくる場合もある。機械加工やエンジンの通常の摩耗によって発生する金属粉も、こうした異物の一種である。オーバーホール後、特に適切な方法で部品を念入りに清掃しておかない場合は、エンジンの中に研磨剤が残っていることがある。どの部品から発生したものにも関係なく、こうした異物はベアリングの柔らかい材質に埋没してしまうことが多く、簡単に判別できる。大きな異物はベアリングに埋没せずに、ベアリングやジャーナル部をえぐったり、傷を付ける。ベアリングの不具合を防ぐ最善の方法は、とにかくすべての部品を念入りに清掃した上で、エンジン組立時に汚れが付かないように保管しておくことである。また、定期的にエンジンオイルを交換し、ストレーナーを清掃することも必要である。

5. 潤滑不足（または潤滑不良）は、さまざまな原因により発生する。オーバーヒート（油膜が薄くなる原因）、過負荷（ベアリング接触面からオイルが押し出される原因）、オイル漏れやオイルの発散（ベアリングクリアランスが過大、オイルポンプが摩耗しているまたはエンジン回転数が高いなどが原因）なども、潤滑不良の原因となる。たいてい、メタルベアリングのオイル穴の位置が合っていないことが原因であるが、オイル通路が塞がれた場合も、ベアリングにオイルが供給されずに、ベアリングをダメにする。潤滑不足によってベアリングに不良が発生した場合は、ベアリングの裏金からベアリング材（メタル）がはぎ取られるか、押し出されて無くなっている。裏金が青く変色している箇所があれば、オーバーヒートによって温度が上昇したと考えられる。

6. ベアリングの寿命には、運転の仕方も大きな影響を与える。フルスロットルや（エンジンに無理のかかる）低速走行を頻繁に行なうと、ベアリングに大きな負荷がかかり、油膜が切れる原因となる。こうした負荷がかかるたびに、ベアリングは変形を繰り返して、最後には表面に細かい亀裂（金属疲労）が入る。そして、最終的には裏金に貼り付けてあるベアリング材が粉々にちぎれて、はがれてくる。短い距離ばかりを走行している場合は、エンジンが充分に暖機できず、水蒸気や腐食性のガスが溜まって、ベアリングが腐食する原因となる。水蒸気や腐食性のガスは、エンジンオイルに混入して、酸とスラッジを作り出す。この酸を含んだオイルがエンジンの各ベアリングに供給されると、酸がベアリング材と反応して、腐食が進む。

7. エンジンの組立中にベアリングの取り付け方法を誤った場合も、ベアリング不良の原因となる。固く締め付けすぎると、オイルクリアランスが不足して、ベアリング不良になる。ベアリング組み付け時にベアリングの裏側にホコリや異物がかみ込んだ場合は、その箇所が（ほんのわずかだが）盛り上がって、ベアリング不良の原因となる。

30. クランクシャフトの組み立て

→写真 30.1a, 30.1b, 30.2, 30.3, 30.4, 30.5, 30.6, 30.7, 30.8, 30.9参照

1. クランクシャフトを念入りに清掃して、圧縮空気を使って各オイル穴の汚れを吹き飛ばしてから、きれいなエンジンオイルまたは組立用潤滑剤をNo.3 ジャーナルに塗布する。No.3 メインベアリングは、2つある大きな円筒型ベアリングの1つで、ツバの付いていない方である（写真参照）。このベアリングは、オフセットしている小さなドエル穴をクランクシャフトのフライホイール側にして取り付ける（写真参照）。

2. 次に、クランクシャフトタイミングギアを取り付ける。ギアを取り付ける前に、クランクシャフトとキー溝の表面およびギアの内面を点検する。ギアを取り外したときに小さなひっかき傷ができてしまっている場合は、非常に目の細かいヤスリで研磨しておく。研磨しておかないと、取り付け時にギアが引っかかる原因となる。クランクシャフトタイミングギアを挿入するときは、ギアとシャフトのキー溝の位置を合わせて、ギアの内面が面取りしてある方をフライホイール側に向ける（写真参照）。ギアを80℃まで加熱する。加熱してもシャフトに入りにくいかもしれない。シャフトに対してギアを直角に保つと同時にキー溝の位置が正確に一致していることを確認しながら作業する。ギアをシャフトに位置決めした上で、適当なサイズのパイプをシャフト

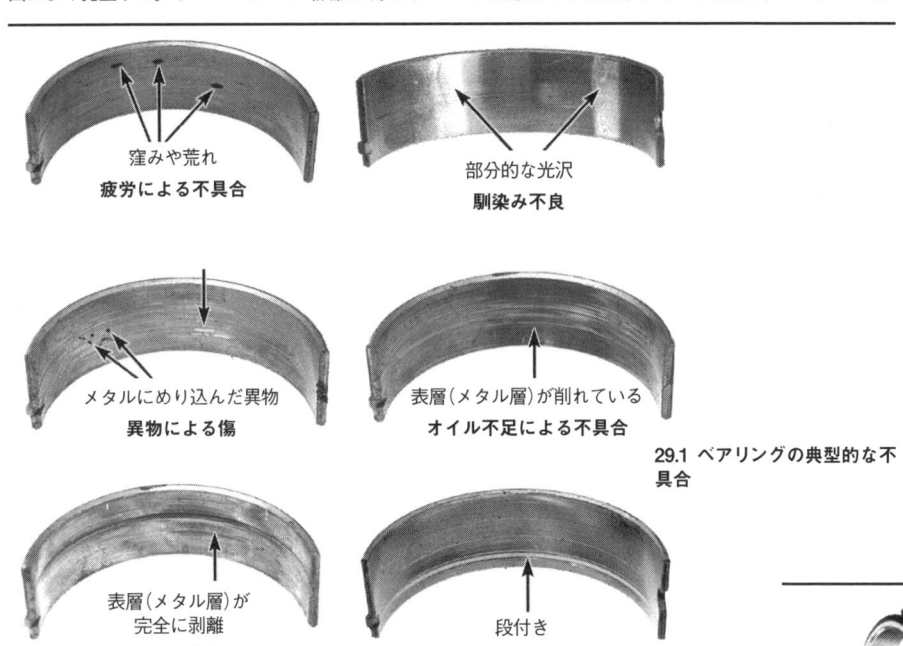

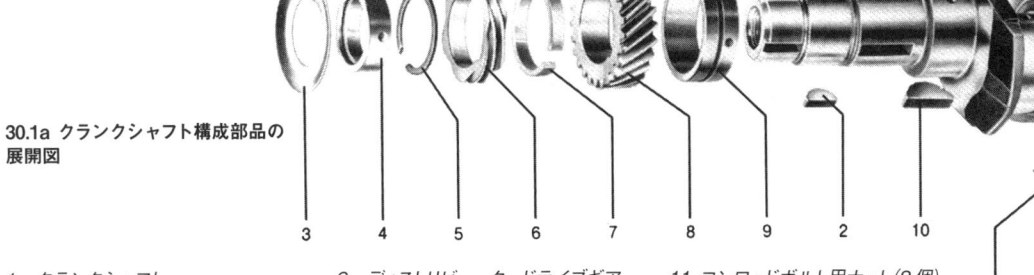

疲労による不具合 — 窪みや荒れ
馴染み不良 — 部分的な光沢
異物による傷 — メタルにめり込んだ異物
オイル不足による不具合 — 表層（メタル層）が削れている
過度の摩耗 — 表層（メタル層）が完全に剥離
ジャーナル部がテーパー状になっている — 段付き

29.1 ベアリングの典型的な不具合

30.1a クランクシャフト構成部品の展開図

1 クランクシャフト
2 半月キー
3 オイルスリンガー
4 No.4 メインベアリング
5 サークリップ
6 ディストリビュータードライブギア
7 スペーサー
8 クランクシャフトタイミングギア
9 No.3 メインベアリング
10 半月キー
11 コンロッドボルト用ナット(8個)
12 コンロッド(4本)
13 コンロッドベアリング(8個)
14 ピストンピンブッシュ(4個)

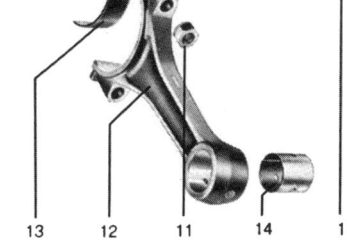

2-30 エンジン脱着／オーバーホール

30.1b ジャーナル部にエンジンオイルを塗布し、オフセットしたドエル穴をフライホイール側にしてNo.3メインベアリングをはめる

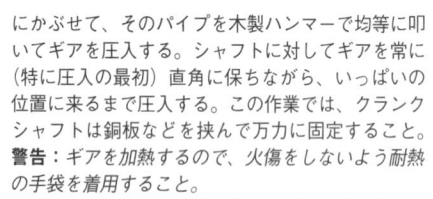

30.2 面取りしてある方をフライホイール側に向けて、クランクシャフトタイミングギアを取り付ける

30.3 スペーサーをはめる

にかぶせて、そのパイプを木製ハンマーで均等に叩いてギアを圧入する。シャフトに対してギアを常に（特に圧入の最初）直角に保ちながら、いっぱいの位置に来るまで圧入する。この作業では、クランクシャフトは銅板などを挟んで万力に固定すること。
警告：ギアを加熱するので、火傷をしないよう耐熱の手袋を着用すること。

3. 次に、スペーサーを取り付ける（**写真参照**）。
4. ディストリビュータードライブギアを取り付ける。このギアは、どちら向きに取り付けても構わない。取り付けるときは、歯面を損傷しないように注意しながらスペーサーに当たるまで圧入しなければならない（**写真参照**）。ギアを80℃まで加熱する。ギアをシャフトに位置決めした上で、適当なサイズのパイプをシャフトにかぶせて、そのパイプを木製ハンマーで均等に叩いてギアを圧入する。**警告**：ギアを加熱するので、火傷をしないよう耐熱の手袋を着用すること。
5. 固定用サークリップを取り付けて、溝にぴったりとはめる（**写真参照**）。溝にはまらない場合は、どちらかのギアがクランクシャフトにいっぱいまで圧入されていない。
6. No.4メインベアリングにきれいなエンジンオイルまたは組立用潤滑剤を塗布して、オフセットしたドエル穴がクランクシャフトのフライホイール側になっていることを確認してから、ジャーナル部に取り付ける（**写真参照**）。このベアリングの外周面に

は円形の溝も設けられている。この溝をドエル穴と勘違いしないこと。

7. 次に、凹面を外側に向けてオイルスリンガーを取り付ける（**写真参照**）。
8. 慎重に叩いて、キー溝に半月キーを取り付ける（**写真参照**）。
9. きれいなエンジンオイルまたは組立用潤滑剤をツバ付きのNo.1メインベアリングに塗布して、ドエル穴をフライホイール側にして取り付ける（**写真**

30.4 クランクシャフトにディストリビュータードライブギアを慎重にはめる

30.5 ディストリビュータードライブギアの隣の溝にサークリップ取り付ける

参照）。

31. コンロッドの取り付け

→写真 31.2, 31.3, 31.4, 31.5, 31.7, 31.9参照
1. フライホイール側を奥にして、クランクシャフトをきれいな作業台の上に置く。
2. 各コンロッドのベアリング取付面を念入りに清

30.6 オフセットしたドエル穴をフライホイール側にして、No.4ベアリングを取り付ける

30.7 凹面を外側に向けてオイルスリンガーをクランクシャフトに取り付ける

30.8 慎重に叩いて、キー溝に半月キーをはめる

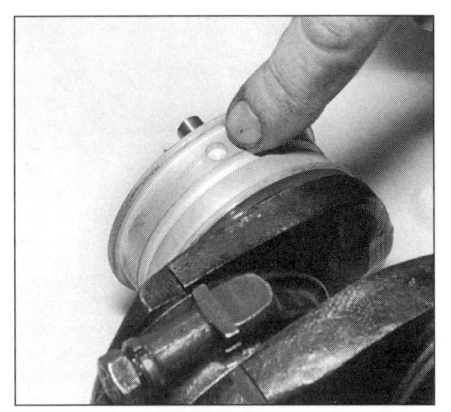

エンジン脱着／オーバーホール

2-31

30.9 エンジンオイルを塗布し、オフセットしたドエル穴をフライホイール側にして、クランクシャフトのフライホイール側にツバ付きの No.1 メインベアリングを取り付ける

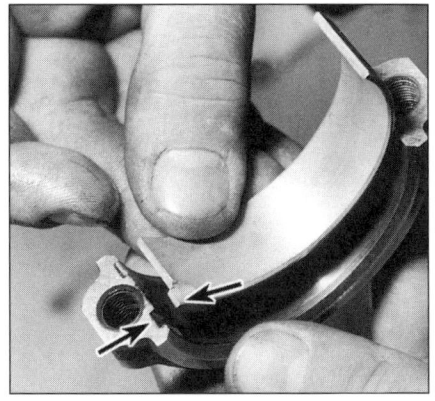

31.2 ベアリングのツメとコンロッド側の切り欠きを合わせる（矢印）

31.3 コンロッドを取り付ける各クランクピンに、クランクシャフトの中心線と平行にプラスチゲージを置く

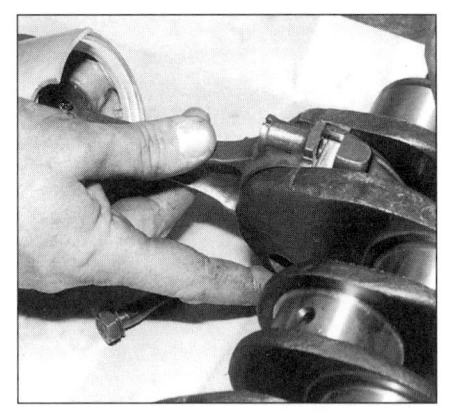

掃（脱脂）してから、ベアリングのツメをコンロッドの切り欠きに合わせて、ベアリング（メタル）を取り付ける。キャップ側も同様に切り欠きとツメの位置を合わせて、ベアリングを取り付ける（**写真参照**）。

3. コンロッドのボルトを最終的に締め付ける前に、ベアリングのオイルクリアランスを点検しなければならない。コンロッドベアリングの幅より若干狭い寸法にプラスチゲージを切って、クランクピンに対して平行に置く（**写真参照**）。

4. オイル等を塗らずにクランクピン（**写真参照**）にコンロッドを仮に取り付ける。コンロッドとコンロッドキャップに付いている番号を同じ側にして、コンロッドキャップを取り付ける。ナット／ボルトを取り付けて、この章の「整備情報」の項に記載されている締付トルクで締め付けるが、一気に締め付けずに、3段階に分けて交互に締め付けていく。ロッドキャップとナットの間に引っかかって、締め付けトルクを誤る恐れがあるので、締め付けに使用するソケットは肉厚の薄いものを使用する。各コンロッドの締め付けは、クランクシャフトの一方の端から始めて、他方の端まで順番に行なう。**注意**：作業中は決してクランクシャフトまたはコンロッドを回さないこと。

5. プラスチゲージがずれないように充分注意しながら、コンロッドキャップを取り外す。つぶれたプラスチゲージの幅をプラスチゲージが入っていた袋に印刷されているスケールと比較して、オイルクリアランスを求める（**写真参照**）。この章の「整備情報」に記載されている規定値と比較して、オイルクリアランスが正しいかどうか判断する。オイルクリアランスが規定値から外れる場合は、ベアリングのサイズが誤っていると考えられる（つまり、サイズの違うベアリングが必要となる）。

6. クランクピンとベアリングの表面からプラスチゲージをきれいに取り除く。ベアリングに傷を付けないように充分注意する。指のツメやプラスチックのカードの端などで削ぎ落とせば、傷は付かない。

7. 各クランクピンにオイルまたは組立用潤滑剤を塗布して、再度各コンロッドをクランクシャフトに取り付ける。フライホイールを前側と考えると、各コンロッドはクランクシャフトに対して、No.1 と No.2 が右側で、No.3 と No.4 が左側となり、左右それぞれでは No.1 と No.3 が前側（フライホイールにより近い）となる。各コンロッドとキャップに打刻されている番号は、シリンダーに挿入したときには下向きになること。各コンロッドの番号の反対側（つまり上向きとなる方）には、浮き彫りになったマークがある（**写真参照**）。フライホイールに最も近いコンロッドは、No.3 である。各コンロッドのビッグエンドとキャップに打刻されている番号は、それぞれ一致させること。キャップを取り付け、ナットを手で締める。

8. コンロッドの各ナット／ボルトをこの章の「整備情報」に記載された規定トルクで締め付ける。この場合も、締め付けは3段階に分けて行なう。

31.4 クランクシャフトに各コンロッドを取り付ける

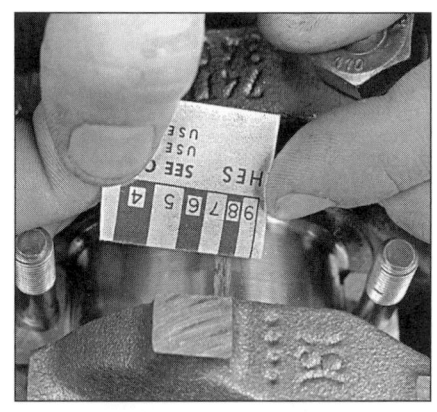

31.5 つぶれたプラスチゲージの幅を測定して、各ベアリングのオイルクリアランスを求める（付属のスケールにはインチ表示とメートル表示の両方が印刷されているので、間違えないように注意する）

9. キャップボルトをしっかりと締め付けたら、コンロッドとキャップの合わせ面に生じている歪みを取り除いてベアリングを落ち着かせるために、コンロッドの側部をプラスチックハンマーで軽く叩く。また、ハンマーと小さなポンチを使って、各ナットをコンロッドの切り欠きにかしめておく。各コン

31.7 各コンロッドを写真のように置いたときに、浮き彫りのマーク（矢印）が上を向くように組み付ける

2-32　エンジン脱着／オーバーホール

31.9 ベアリングをなじませるために、プラスチックハンマーで各コンロッドの側部を軽く叩く

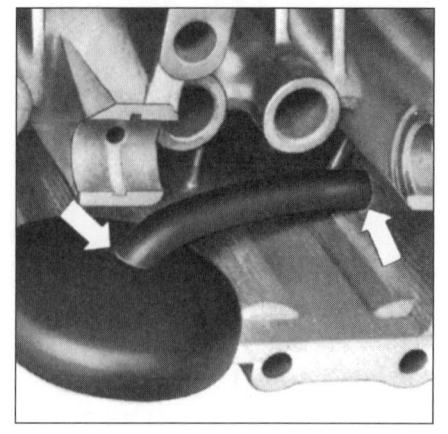

32.1 オイルポンプサクションチューブのこれらの箇所（矢印）の取付状態を点検する

32.5a クランクケース側のドエルピンにNo.2メインベアリングの穴を合わせる

ロッドが、クランクピンを中心として自重によってスムーズに回れば正常である。きつくて動かない、あるいは緩すぎる場合は異常である。

10. ビッグエンドの軸方向の遊びを測定する（セクション27の手順5を参照）。

11. これでクランクシャフト／コンロッド・アセンブリーをクランクケースに取り付ける準備ができた。

32. クランクケースの組み立て

→ 写真 32.1, 32.5a, 32.5b, 32.6, 32.7a, 32.7b, 32.7c, 32.10, 32.11, 32.16, 32.17 参照

1. 左右両方のクランクケースの外面と内面を念入りに清掃する。合わせ面、スタッドの根本、およびスタッドが入る穴の面取り部からシール剤のかすを丁寧に取り除く。オイルポンプのサクションチューブ（写真参照）は、しっかりと取り付けること。緩んでいる場合は、必要に応じて木製ハンマーで叩いて所定の位置に固定する。

2. フライホイール側を奥にして、シリンダーヘッド用スタッドを支えにして、左側のクランクケースを作業台の上に斜めに置く（エンジンスタンドを使う場合は、左側のクランクケースのシリンダーヘッド用スタッドが下向きになるようにエンジンスタンドを傾ける）。

3. 左側のクランクケース用の4個のバルブリフターに組立用潤滑剤を塗布して、各ボアに取り付ける。潤滑剤を塗布することで、組み立て中にバルブリフターが動かないようにする。新しいバルブリフターを取り付ける場合は、バルブリフターをいっぱいまで押し込むこと。いずれかのバルブリフターがクランクケースにカジって、動かない場合は、専門業者でボアを広げてもらう。

4. まだ取り付けていない場合は、クランクシャフトのフライホイール側にツバ付きのNo.1メインベアリングを取り付ける。オフセットしたドエル穴はフライホイール側にすること。ジャーナルのベアリング面には、きれいなエンジンオイルまたは組立用潤滑剤を充分に塗布するが、ベアリングの外側には油分が付かないように注意する。

5. ケース側のドエルピンとベアリング側の穴の位置を合わせて、半割型No.2メインベアリングの片側をクランクケースに取り付ける（写真参照）。1966年以降のモデルの場合は、新しいカムシャフトベアリングを取り付ける（写真参照）。各ベアリングにきれいなエンジンオイルまたは組立用潤滑剤を塗布する。

6. クランクシャフト・アセンブリーを左側のクランクケースに取り付ける。その際、3個の円筒型クランクシャフトベアリングのドエル穴をクランクケース側のそれぞれに対応するドエルピンに（できるだけ）合わせ、No.3とNo.4のコンロッドをクランクケースの開口部に通す（写真参照）。無理な力をかけて、押し込んだりしないこと。クランクシャフトをケースに載せたら、ドエルの位置が合うまで、円筒型ベアリングを少し回す。ドエルの位置が一致すると、カチッと、クランクシャフトが少し沈み込むはずである。オイルスリンガーが、クランクケースの取り付け溝に入っていることを確認する。すべ

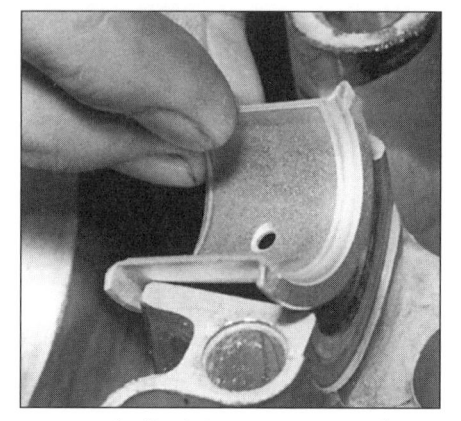

32.5b、ツバが付いたカムシャフトベアリングは、クランクケースのフライホイールとは反対の位置に取り付ける

32.6 このようにクランクシャフトを持って、No.3とNo.4のコンロッドをクランクケースの開口部に通す

32.7a このようにコンロッドを上げる

エンジン脱着／オーバーホール

2-33

32.7b 歯面の印を、このように合わせる

32.7c ダイアルゲージでカムシャフトの軸方向の遊びを点検する

32.10 クランクケースの合わせ面にシール剤を塗布する

てのベアリングを位置決めできれば、クランクシャフトが所定の位置にはまるはずである。

7. No.1とNo.2のコンロッドを上げる**(写真参照)**。クランクケースの端に、クランクシャフトタイミングギアの位置合わせ用の2つのマークが見えるまで、クランクシャフトを慎重に回す。カムシャフトのカム山とジャーナル部に組立用潤滑剤を塗布する。クランクケース側のベアリングにカムシャフトを取り付ける。取り付けるときは、カムシャフトギアに付いている1個のマークがクランクシャフトタイミングギアの2つのマークの間に来るように位置決めする**(写真参照)**。ギアの歯をかみ合わせて、マークの位置がずれないようにギアを回しながら、ベアリングの上にカムシャフトを下ろす。次に、かみ合った状態でギアをもう一度回して、合いマークが正しい位置にあることを確認する。カムシャフトの軸方向の遊び**(写真参照)**とギアバックラッシュを点検して、この章の「整備情報」に記載の規定値と比較する。備考：カムシャフトギアのピッチ径は各種用意されている。-1、+1、+2などの印はそのサイズを示している。

8. ここで、残りの4個のバルブリフターにも組立用潤滑剤を塗布して、右側のクランクケースに取り付ける。元のバルブリフターを再使用する場合は、取り外したときと同じ位置に取り付けること。

9. ドエル穴の位置を合わせながら、半割型No.2メインベアリングの片方を右側のクランクケースに取り付ける。

10. シール剤(VW指定のHylomarまたは同等品)をクランクケースの合わせ面に薄く塗布する**(写真参照)**。シール剤は、(とぎれの無いように)合わせ面に薄く均等に塗布すること。スタッドの根本の周囲は、特に注意して塗布すること。故障の原因となるので、オイル穴などにはシール剤が入らないように注意する。

11. カムシャフトのシールプラグにシール剤を塗布して、カムシャフトのフライホイール側にある左側のクランクケースの溝に取り付ける**(写真参照)**。
備考：MT車の場合はプラグの開いている方を内側に、セミオートマチック車の場合は外側に向けて取り付ける。

12. 1967年以降のモデル（エンジン番号H0398526以降）の場合は、6本の太いクランクケーススタッド(M12 x 1.5)に新しいシールリングを取り付ける。

13. 右側のクランクケースを左側のスタッドに合わせて、クランクシャフトベアリングに接触するまで慎重にはめる。

14. 必要に応じてプラスチックハンマーで軽く叩きながら、左右のクランクケースをお互いに押し付ける。決して無理な力はかけないこと。

15. ここで、作業をいったん止めて以下の点検を行なう。
a) すべてのコンロッドが、正しい穴から出ているか？ キャップボルト／ナットはしっかりと締め付けられているか？
b) 4個すべてのベアリング、2個のギア、オイルスリンガーは、クランクシャフトに取り付けられているか？
c) 8個すべてのバルブリフターが取り付けられているか？
d) ギアのマークの位置は正しいか？
e) カムシャフトシールプラグは、正しく取り付けられているか？

16. 新しいガスケットを使って、オイルポンプハウジングをクランクケースに取り付ける。クランクケーススタッドのすべてのナットを手で締める。1967年以前のモデル（エンジン番号がH0230323からH0398525まで）の場合、中央のスタッド（No.2メインベアリングの両側）は特殊なシールナットで密閉されている。この特殊ナットは、ワッシャーを使わず樹脂リングをクランクケース側に向けて取り付ける。
クランクシャフトを回して、すべての部品がスムーズに動くことを確認する。すべてのスタッドのナットを、規定の順序に従って均等に締め付けることが重要である。一番初めにNo.1メインベアリングの近くにある下側の大きいスタッド(M12)の隣の小さなナット(M8)**(写真参照)**を2.0 kgmで締め付ける。

17. 次に、この章の「整備情報」に記載の締付トルクに従って、6個の大きいナット(M12)を締め付ける**(写真参照)**。備考：前述の特殊なシールナット（装着車）は2.5 kgmで締め付ける。

18. 残りの小さいナット／ボルト(M8)をこの章の「整備情報」に記載の締付トルクで締め付ける。

19. ここで、クランクシャフトを回してみる。引っかかりなどがなくスムーズに回れば正常である。固いときは、すべてのクランクケースの固定ナットを緩める。このとき、スムーズに回転するようになれ

32.11 カムシャフトプラグを取り付ける

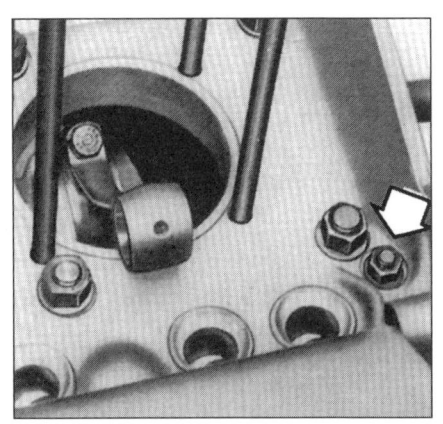

32.16 一番初めに、このナット(矢印)を締め付ける

32.17 トルクレンチを使いクランクケースのナット／ボルトを規定の締め付けトルクで締め付ける

ば、再度クランクケースを分離する。その後、すべてのベアリングがドエルピンに正しくはまっており、カムシャフトの半割型ベアリングが正しく取り付けられていることを確認する。ベアリングに無理な力がかかっている箇所は、目で確認できる。普通、その原因は、ベアリングの裏側にホコリやバリが挟まっているためである。特に、ベアリング摺動面の隅やベアリングの接合面の端に異物をかみ込んでいる場合が多い。必要に応じて軽く面取りして取り除く。スムーズに回らない理由が分かるまで、作業を進めないこと。必要であれば、もう一度最初からやり直す。

33. ピストンとピストンリングの組み立て

→写真 33.4, 33.5, 33.9, 33.11, 33.16 参照

1. 新しいピストンリングを取り付ける前に、リングの合い口すき間を点検しておかなければならない。また、ピストンリングとリング溝の間のすき間も点検を済まして、必要に応じて修正しておくこと（セクション 22 参照）。備考：ピストン／シリンダーの直径が、ピストンリングに適合していること。ピストンリングのサイズについては、専門店等に相談する。

2. 合い口すき間の測定と、エンジン組み立て時に対応するピストンとシリンダーを間違えないようにするため、ピストン／コンロッド・アセンブリーと新しいリングのセットを順番に整理して並べる。

3. No.1 シリンダーにトップ（No.1）リングを入れて、ピストンの頭で押して、シリンダー壁面に対して直角に挿入する。リングは、シリンダーの下縁から約 5 mm のところまで挿入すること。

4. 合い口すき間を測定する場合は、リングの合わせ目にシックネスゲージを入れて、すき間と一致する厚さのゲージを見つける（**写真参照**）。少し抵抗を感じる程度で合わせ目から抜ける厚さのものが、合い口すき間の正しい値を示している。その測定値を、この章の「整備情報」の規定値と比較する。合い口すき間が規定値から外れる場合は、作業を進める前にそのリングが本当に正しいものかどうか再度確認する。

5. 合い口すき間が狭すぎる場合は、広げなければならない。もしも、そのまま取り付けてしまうと、エンジン回転中にリングの端がお互いに接触して、エンジンに重大な損傷を与える原因となる。リングの端を細目のヤスリで慎重に削れば、すき間を広げることができる。具体的には、銅板等を介してヤスリを万力に固定した上で、リングをヤスリにあてて、ゆっくりと動かして削る。削るときは、必ずリングの外周から内周に向かって削ること（**写真参照**）。

6. すき間が 1.0 mm 以上になると、広げすぎである。もう一度、そのリングが本当に自分の車のエンジンに適したものかどうか再確認する。

7. 最初のシリンダーに取り付ける 3 本のピストンリングの点検が済んだら、残りのシリンダーに取り付けるピストンリングで点検を行なう。各リング、ピストン、シリンダーの組み合わせがバラバラにならないように常に注意する。

8. リングの合い口すき間の点検／修正が終わったら、ピストンにリングを取り付けても良い。

9. 通常は、オイルリング（ピストンの一番下のリング）を最初に取り付ける。オイルコントロールリングは、たいてい 2～3 つの独立した部品から構成されている。最初にリング溝にエキスパンダーを取り付ける（**写真参照**）。次に、オイルスクレーパーリングを取り付ける。

33.4 シリンダーに各リングを挿入して、シックネスゲージで合い口すき間を測定する

10. オイルリングの各構成部品の取り付けが済んだら、各部品がリング溝の中でスムーズに回転することを確認する。

11. 次に、No.2（下側のコンプレッション）リングを取り付ける。ほとんどのコンプレッションリングには、取付方向を示す oben または top という印が付いている（oben は、ドイツ語で上の意味）（**写真参照**）。備考：取り付け前には、念のためにリングの入っていた箱または袋に印刷されている注意書きを必ず読むこと。メーカーによっては、上記と違う取り付け方法を指定している場合がある。上側と下側のコンプレッションリングを混同しないこと。両者の断面形状は違う。

12. No.2 リングを、できればピストンリング取付工具を使って、識別マーク（top または oben）がピストンの上方を向いていることを確認した上で、ピストンの中央の溝にリングを取り付ける。ピストンに取り付けるときは、必要以上にリングを広げないこと。

13. No.1（トップ）リングも同様に取り付ける。識別マークが上を向いていることを確認する。上側と下側のコンプレッションリングを混同しないこと。

14. 残りのピストンとリングについても、同様に作業する。

15. （まだ取り外してない場合は）各ピストンからサークリップを取り外して、ピストンピンを押し出して、コンロッドの先端をピストンに入れる。ピンが固くて抜けない場合は、無理に押し出さないこと。ヘアドライヤー等でそのピストンを暖める（VW 社の基準では 75℃ まで暖めても良い）。

16. 新しいピストンを取り付ける場合は、どのコンロッドに取り付けても構わない。ただし、ピストン頂面の矢印はフライホイール側に向けること。ピストンピンにオイルを塗布して、所定の位置まで押し

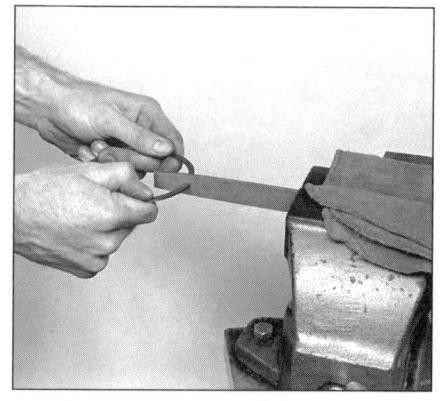

33.5 合い口すき間が狭すぎる場合は、ヤスリを万力に固定して、リングの先端を削って、すき間を若干広げる（必ず外周から内周に向かって削ること）

33.9 スペースエキスパンダーをオイルリングの溝に取り付ける

入れ（**写真参照**）、サークリップを取り付ける。備考：VW 社の基準では、ピストンピンが冷間時（室温）において指で押すだけで挿入できる場合も、75℃ まで暖めて打ち込む必要がある場合も、ピストンピンとピストン間のクリアランスは許容範囲である。サークリップは、必ず新しいピストンに付属しているものを使用すること。古いサークリップを再使用しないこと。注意：シリンダーを取り付けていない状態で、クランクシャフトを回すと、下死点（BDC）位置に来たときにピストンのスカート部がクランクケースに当たって、損傷する恐れがあるので注意すること。

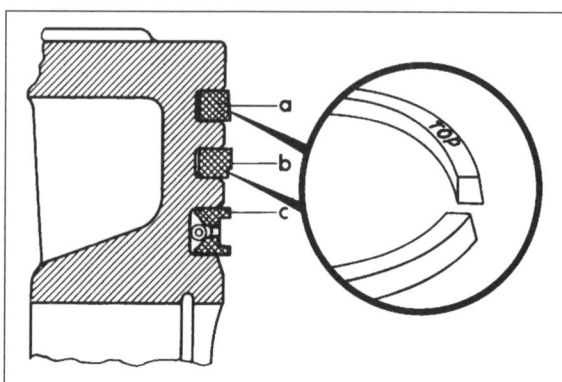

33.11 ピストンリングの断面図

a) No.1 リング：上側コンプレッションリング
b) No.2 リング：下側コンプレッションリング
c) オイルリング

エンジン脱着／オーバーホール

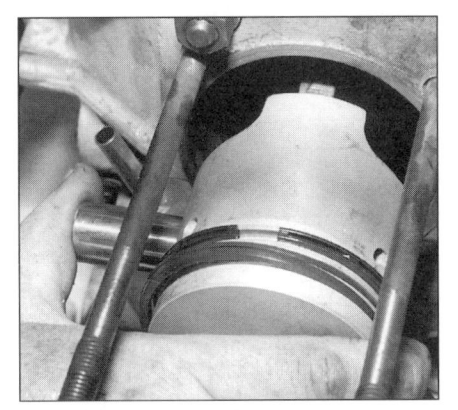

33.16 ピストンピンを挿入する

34.2 新しいガスケットをシリンダーの底部に組み付ける

34.4 ピストンリングの周囲にピストンリングコンプレッサーを取り付けて縮める

34.8 すべてのリングがシリンダーに入ったら、コンプレッサーを取り外す

34.9 所定の位置まで慎重にシリンダーを軽く叩いて押し込む。ベースガスケットが外れたり、かみ込まないように注意する

34. シリンダーの取り付け

→写真 34.2, 34.4, 34.8, 34.9, 34.11 参照

1. シリンダーは、ピストンまたはシリンダー（あるいはその両方）を交換したまたはボーリングによる修正をした場合を除き、取り外したときと同じ場所に取り付けること。
2. シリンダーを取り付ける前に、シリンダーヘッドとの接合面を軽くすり合わせておくと良い。シリンダーのすり合わせには、粒子の細かいバルブすり合わせ用コンパウンドを使用する。すり合わせ後は、接合面コンパウンドをきれいに取り除いておくこと。このように軽くすり合わせておくと、燃焼室の密閉性が良くなる。シリンダー底部の接合面も念入りに清掃し、ガスケットの残りかすなどをきれいに取り除いておくこと。新品のガスケットセットから、シリンダーベースガスケットを選択して、シリンダーの底部に組み付ける（写真参照）。
3. オイルリングの合い口すき間をエンジンの真上に向け、下側と上側のコンプレッションリングの合い口すき間は、真上から左右に90°の位置に互い違いに位置決めする（3本のリングの合い口すき間が90°ずつずれる）。
4. ピストンをシリンダーに挿入するには、ピストンリングを縮めなければならない。通常のエンジンと違い、ピストンをシリンダーに押し入れながら、ピストンの頭部からピストンリングコンプレッサーを持ち上げて外すことができないため、横から取り外す特殊なピストンリングコンプレッサーを使用する（VW専門店で入手可能）。ピストンにオイルを塗布して、ピストンリングの回りにリングコンプレッサーのクランプを取り付ける。3本のピストンリングがすべて縮むまでそのクランプを締める（写真参照）。ピストンリングがクランプの下からはみ出さないように注意する。
5. ピストンリングがいっぱいに縮むまで、コンプレッサーを締める。ただし、コンプレッサーのクランプがピストンから動かなくなるまで締め込んではならない。締めすぎると、ピストンを挿入するときにクランプをずらすことができなくなる。
6. シリンダーベースガスケットを組み付けた状態で、冷却フィンが平らになっている方を隣のシリンダーに向け、4本のスタッドをフィンの切り欠きに合わせながら、シリンダーをピストン頂面に挿入する。
7. シリンダーをピストンリングコンプレッサーに押し付けたら、シリンダーを木製ブロックまたはプラスチックハンマーで軽く叩いて、シリンダーを押し込んでいく。それに伴ってピストンリングコンプレッサーがずれていくはずだが、コンプレッサーが動かなければクランプを少し緩めてもう一度やってみる。コンプレッサーから外れてリングが広がってしまった場合は、もう一度最初からやり直す。1本でもリングが破損すれば、そのピストンのリングは3本とも購入し直さなければならないだろう。
8. すべてのリングがシリンダーの中に入ったら、コンプレッサーを取り外す（写真参照）。
9. シリンダーをさらに押し込み（写真参照）、クランクケースに取り付ける。シリンダーは、力をかけなくてもクランクケースにはまるはずで

34.11 シリンダーの下側の中央にエアデフレクタープレートを取り付ける（エンジンスタンドを使用している場合は、エンジンを逆さまにすれば、取り付けが楽である）

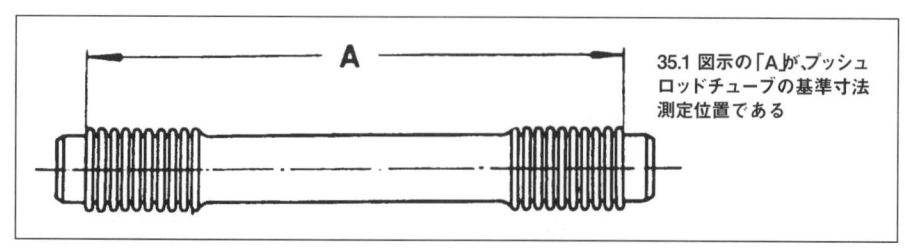

エンジン脱着／オーバーホール

35.1 図示の「A」が、プッシュロッドチューブの基準寸法測定位置である

ある。ガスケットが外れないように注意する。
10. 各シリンダーの取り付けが済んだら、クランクシャフトを回してみる。クランクシャフトを回すときは、シリンダーが動かないように針金などで固定しておくこと。
11. エアデフレクタープレートを取り付ける（**写真参照**）。このエアデフレクタープレートは、中央の2本のスタッドにプレートの張力で留まる。プレートがしっかりと留まっていることを確認する。必要に応じて、フランジ部を少し曲げてスプリングの張りを強めても良い。これらのデフレクタープレートは、下側のプッシュロッドチューブ付近に取り付ける。取り付けると、冷却フィンの形状に沿うようになっているので、必ず正しい位置に取り付けること。なお、デフレクターは、シリンダーヘッドとプッシュロッドチューブを取り付けた後では、取り付けることができない。

35. シリンダーヘッドの取り付け

→写真35.1, 35.2, 35.3, 35.4, 35.7a, 35.7b参照

備考：初期の一部の1200 ccモデルでは、ヘッドとシリンダーの間に銅とアスベスト製のシーリングが使われていた。自分の車のエンジンにこのシーリングが取り付けられている場合は、新しいものと交換する。
1. 最初に、プッシュロッドチューブの損傷と腐食を点検する。プッシュロッドチューブの先端は収縮可能となっている。あらかじめ取付時の寸法よりわずかに長い基準寸法まで伸ばしておくことで、シリンダーヘッド取付の際に縮められて、密着が良くなる。蛇腹の外側間の寸法（図示「A」）が基準値になるように、必要に応じて蛇腹を少し手で引っ張って伸ばす（**図参照**）。基準寸法は年式・排気量によって異なるが、155mm、181 mm、191 mmのいずれかである。チューブを伸ばすときは、亀裂が生じないようにまっすぐに引っ張ること。
2. プッシュロッドチューブの両端に新しいシールを取り付ける（**写真参照**）。
3. シリンダーヘッドをスタッドに差し込む（シリンダーとは余裕を残しておく）。次に、4本のプッシュロッドチューブを取り付け（**写真参照**）、プッシュロッドを仮に挿入してチューブを保持

35.2 プッシュロッドチューブの両端に、新しいシールを取り付ける

する。
4. チューブの両端がそれぞれの受け部にはまるように、シリンダーヘッドをさらに押し込む（**写真参照**）。プッシュロッドのシールがしっかりと密着していることを確認する。チューブの継ぎ目は、シリンダー側に向けること。
5. クランクケースから出たスタッドと、シリンダーの冷却フィンが接触してはいけない。必要に応じてシリンダーを少し回して位置を調整する。各スタッドとシリンダーの間に厚紙を差し込めば、すき間ができる。
6. スタッドにワッシャーとナットを取り付けて、手で軽く均等に締める。
7. この章の「整備情報」に記載の締付トルクに従って、図示の順序で2段階に分けて各ナットを締め付ける（**図参照**）。
8. 反対側も、同じ作業を繰り返す。
9. ロッカーアームとプッシュロッドを取り付けて（セクション3参照）、第1章の手順に従って各バルブを調整する。

36. クランクシャフトの軸方向の遊びの点検、調整

→写真36.2, 36.5参照

1. クランクシャフトの軸方向の遊びは、フライホイール／ドライブプレートのフランジとクラ

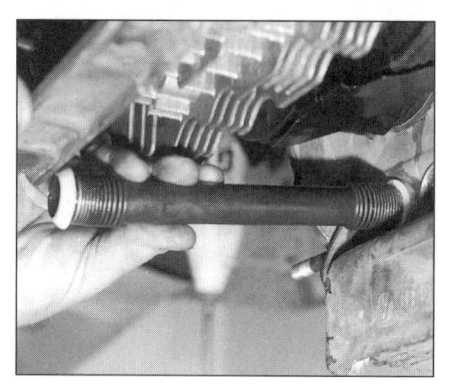

35.3 シリンダーヘッドとクランクケースの間にプッシュロッドチューブを組み付ける

35.4 プッシュロッドチューブが密着するまで、シリンダーヘッドを押しつける

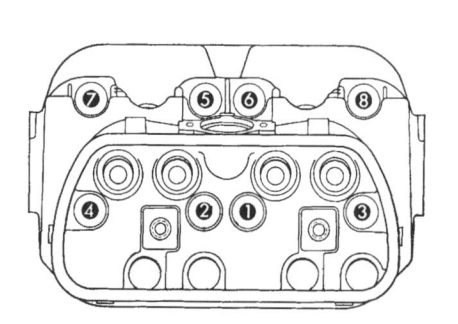

35.7a シリンダーヘッドのナットは、まずこの順序に従って、「整備情報」に記載の第1段階の締付トルクで締め付ける

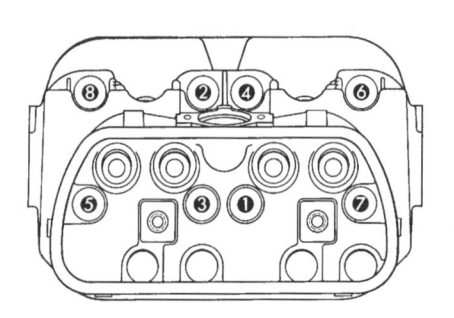

35.7b 次に、この順序で第2段階の締付トルクで締め付ける

36.2 クランクシャフトの軸方向の遊びを調整するために、3枚のシムが使われている

エンジン脱着／オーバーホール

2-37

36.5 クランクケースにダイアルゲージをセットして、クランクシャフトの軸方向の遊びを測定する

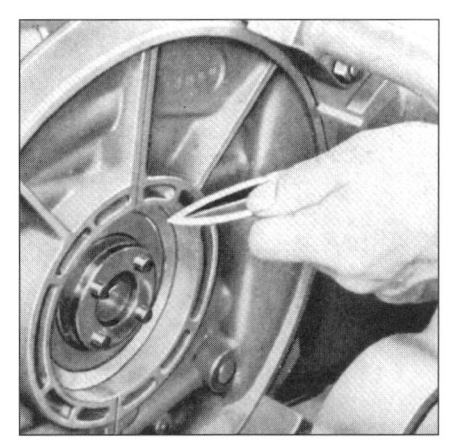

37.2 オイルシールの損傷を防ぐため、開口部の外側周囲を軽く面取りしておく

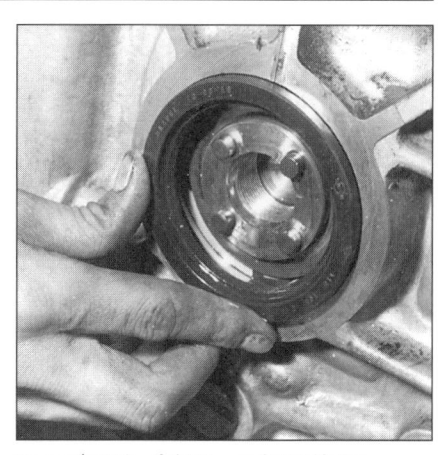

37.4a ボアにまっすぐにシールを取り付けて…

ンクシャフト No.1 メインベアリングの間に取り付けられているシムによって調整されている。
2. 遊びを調整する場合、必ず3枚のシム（**写真参照**）を組み合わせて使用すること。シムの厚さは、0.24 mm、0.30 mm、0.32 mm、0.34 mm と 0.36 mm の5種類がある。2枚のシムを取り付けた状態で遊びを測定し、その遊びが基準値になるように3枚目のシムの厚さを計算によって求める。使用するシムの厚さはマイクロ

メーターで測定するか、新品の場合は表面にサイズが記載されている。
3.（装着車の場合は）フライホイールのフランジ部の窪みに O リングを取り付けてから、クランクシャフトにフライホイールを取り付ける。
4. 正確にクランクシャフトの軸方向の遊びを測定するためには、少なくとも 10 kgm でフライホイールのグランドナットを締め付ける。
5. クランクケースにダイアルゲージをセットする（**写真参照**）。
6. クランクシャフトをいっぱいに押し付けた状態でダイアルゲージをゼロに合わせてから、フライホイールを引っ張る。ダイアルゲージの振れを確認して、軸方向の遊びを求める。測定した軸方向の遊びから基準値の 0.10 mm を引いて、必要な3枚目のシムの厚さを計算する。計算した厚さのシムが手元にない場合、3枚のシムの合計の厚さで、軸方向の遊びが 0.10 mm になれば良いので、適切な厚さのシムを（必ず3枚）組み合わせて調整する。
7. 適切なシムを選択したら、フライホイールを取り外して、シムにオイルを軽く塗布してから取り付ける。
8. クランクシャフトの軸方向の遊びを再点検して、この章の「整備情報」に記載の基準値と比較する。**注意：クランクシャフトの軸方向の遊びは、非常に重要である。この遊びを間違えると、**

エンジンに深刻な損傷を与える原因となる。
9. いったんフライホイールを取り外して、セクション 37 の手順に従ってオイルシールを取り付ける。

37. クランクシャフトオイルシールの交換

→写真 37.2, 37.4a, 37.4b, 37.4c 参照
1. フライホイールを取り付ける前には、必ずクランクシャフトオイルシールを交換しなければならない。クランクシャフトの軸方向の遊びを点検するまでは、フライホイールまたはシールを取り付けないこと（セクション 36 参照）。
2. オイルシールの損傷を防止するため、開口部（**写真参照**）の外側周囲を軽く面取りする。金属片を残さないように注意すること。
3. 軸方向の遊びを調整するシムの汚れを拭き取って、軽くオイルを塗布してから、クランクシャフトのフランジ部に取り付ける（セクション 36 参照）。
4. 新しいオイルシールの外側周囲にシール剤を塗布してから、シールのリップ側を内側に向けて、クランクケースにまっすぐに取り付ける。木製ブロックとハンマーまたは専用工具（VW 専門店で入手可能）（**写真参照**）を使って、シールを取り付ける。

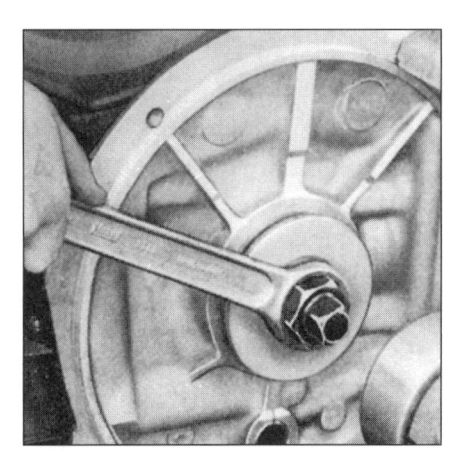

37.4b …ハンマーと木製ブロックで打ち込むか…

37.4c …専用工具を使用して所定の位置に圧入する

38.2 取り外していた場合は、ドエルピンを挿入する

38.3 ドエルピンにフライホイール／ドライブプレートの穴を合わせる

38. フライホイール／ドライブプレートの取り付け

→写真 38.2, 38.3 参照

1. フライホイール／ドライブプレートの取り付けの前に、クランクシャフトの軸方向の遊びを点検／調整して、オイルシールのリップ部に軽くオイルを塗布する（前述の2つのセクションを参照）。
2. クランクシャフトフランジに、全部で4個のドエルピンを取り付ける**（写真参照）**。クランクシャフトとフライホイールの間には、ガスケット（紙製または金属製）またはOリングを必ず取り付ける（セクション15参照）。**備考：**エンジン番号がF0741385（1967年モデル）以降の場合は、ガスケットの代わりにゴム製のOリングが使われている。
3. 合いマークの位置を合わせて（セクション15参照）、フライホイール／ドライブプレートをドエルピンに合わせる**（写真参照）**。フライホイール／ドライブプレートをドエルピンに合わせてはめ込んだら、グランドナットとワッシャーを手で締め付ける。
4. セクション15の手順に従って、フライホイール／ドライブプレートの回り止めをする。その後、グランドナットを慎重に締め付けてフライホイール／ドライブプレートを固定する。グランドナットは規定のトルク（「整備情報」を参照）で締め付ける。
5. MT車の場合は、グランドナットに組み込まれているパイロットベアリングに約1gの高温用グリスを塗布する。最後に、第8章を参照して、クラッチ・アセンブリーを取り付ける。

39. エンジンの外部部品の組み立て

エンジンを交換したあるいはオーバーホールした場合、すべての外部部品を、取り外しの逆手順で取り付けなければならない：
- クランクシャフトプーリー
- エキゾーストマニホールド／ヒートエクスチェンジャーとマフラー
- 排出ガス浄化装置の構成部品（装着車）
- キャブレターまたはインジェクション系統の構成部品
- インテークマニホールド
- フューエルポンプ（キャブレターモデルのみ）
- オイルクーラー
- 冷却シュラウド
- ディストリビューターとディストリビュータードライブ、スパークプラグコードとスパークプラグ
- ダイナモ／オルタネーターとファンハウジング
- サーモスタット（1963年以降）
- クラッチとフライホイールまたはドライブプレート
- エアクリーナー・アセンブリー

取付方法の詳細については、該当する各セクションおよび章を参照する。

40. エンジンの取り付け

1. MT車の場合、センター出し工具を使ってクラッチディスクのセンターを出しておくこと。トランスミッションインプットシャフトのスプライン部とクラッチレリーズベアリングの接触面にモリブデン系グリスを軽く塗布する。
2. セミオートマチックモデルの場合は、トルクコンバーターを仮止めしていたプレートまたは針金を外す。
3. ベルハウジングとエンジンの接合面を清掃する。
4. 車が前に動き出さないようにするため、両方の前輪に輪止めをしておく。車体後部を持ち上げて、リジッドラックで確実に支える。後輪のすぐ前にある、左右のトーションアームの下にリジッドラックを置く。
5. 車両の下にエンジンを置き、取り外しの逆手順でエンジンルーム内に持ち上げる（セクション12参照）。**注意：**フロアジャッキを使ってエンジンを無理にエンジンルーム内に持ち上げないこと。クラッチやトランスミッションが損傷する恐れがある。何かが引っかかったら、それ以上作業を進める前に点検して、問題を解決しておくこと。
6. スロットルケーブルやハーネス類がかみ込んだり、ねじれたりしていないことを確認する。
7. 下側の取付スタッドが穴に入り、クランクケースがトランスミッションにまっすぐに結合するように、エンジンを前方に押す。エンジンとバルクヘッドの間に手を入れて、スロットルケーブルをファンハウジングのガイドチューブに通す。必要に応じて、エンジンを少し揺らすか、クランクシャフトを少し回して、エンジンをトランスミッションに結合する。各取付ナット／ボルトを取り付けて、確実に締まるまで少しずつ順番に締め付ける。**注意：**エンジンとトランスミッションの接合面にかなりのすき間があるのに、取付ナット／ボルトを締め込んで無理に結合すると、クランクケースまたはトランスミッションに亀裂が入る恐れがある。
8. エンジンを取り付けるときは、取り外し時に接続を外したすべての部品を取り外しの逆手順で再接続する（セクション12参照）。
9. スロットルケーブルを調整する（調整方法の詳細は第4章参照）。MT車の場合は、クラッチペダルの遊びを調整する。セミオートマチック車の場合は、トルクコンバーターのボルトを取り付けて、この章の「整備情報」に記載されている規定トルクで締め付ける。
10. エンジンカバー・アセンブリーを取り付ける。エンジンカバーが、エンジンルームの周囲のラバーシールに均等に接触していることを確認する。
11. バッテリーを接続する。
12. エンジンに規定量のオイルを注入する。セミオートマチックモデルの場合はトランスミッションフルードも注入する（第1章参照）。
13. 点火時期を調整する（第1章参照）。

41. オーバーホール後の最初のエンジン始動と慣らし運転

警告：オーバーホール後に、初めてエンジンを始動するときは、消火器を近くに用意しておくこと。

1. エンジンを車両に取り付けた後に、エンジンオイルのレベルを再確認する。
2. エンジンから各スパークプラグを取り外して、点火系が作動しないようにしておいて（セクション8参照）、油圧警告灯が消灯するまでエンジンをクランキングする。
3. スパークプラグを取り付け、プラグコードを接続して、点火系が作動するようにする（セクション8参照）。
4. エンジンを始動する。燃料系統が加圧されるまでに多少時間がかかる場合があるが、比較的簡単にエンジンは始動するはずである。**備考：**キャブレターまたはスロットルバルブハウジングからバックファイヤーが発生する場合は、バルブクリアランス、ポイントギャップ、および点火時期を再点検する。
5. エンジンが始動した後は、通常の作動温度まで暖機する。エンジン暖機中に、燃料とオイルの漏れがないか念入りに点検する。
6. エンジンを切ってから、エンジンオイルレベルを再点検する。セミオートマチックモデルの場合は、フルードレベルも点検する。
7. できるだけ交通量の少ない場所を選んで、約50 km/hの速度からフルスロットルで約80 km/hまで加速してから、スロットルを閉じて約50 km/hに減速する。この操作を10回ほど繰り返す。この運転により、ピストンリングに負荷がかかって、リングがシリンダー壁面に正しく押し付けられる。もう一度オイルと燃料の漏れを点検する。
8. 最初の1,000 kmまではおとなしい運転を心がけて（高速走行を避けて）、オイルレベルをこまめに点検する。この慣らし運転の期間中に、エンジンがオイルを消費することは珍しいことではない。
9. オーバーホール後の走行距離が1,000 kmに達したら、エンジンオイルを交換し、ストレーナーを清掃する（第1章参照）。
10. その後の数百 kmは、通常通り走行する。ただし、荒っぽい運転は避けること。
11. 走行距離が3,000 kmを越えたら、再度オイル交換とストレーナーの清掃を行ない、エンジンの慣らし運転は終了である。

第3章
冷却／暖房系統

目次

1. 概説 3-1
2. エアコントロールリングの点検、調整（1964年以前のモデル）... 3-1
3. サーモスタットの点検、交換（1965年以降のモデル）......... 3-2
4. エンジン冷却ファンとハウジングの脱着 3-2
5. オイルクーラーの脱着 3-4
6. ブロワーユニットの脱着 3-4
7. ヒーターコントロールケーブルの脱着 3-5
8. ヒートエクスチェンジャーの脱着 3-6

整備情報

締付トルク
エンジン冷却ファンをシャフトに固定するナット .... 6.0 kg-m
オイルクーラー取付ナット .... 0.7 kg-m

1. 概説

エンジン冷却系統は、冷却ファン、サーモスタットおよびオイルクーラーから構成されている。オイルクーラーはクランクケース上のファンハウジング内に設けられている。冷却ファンからの空気は、ダクトを介してオイルクーラーに当たる。

冷却ファンは、ダイナモ／オルタネーター・シャフト前端部のファンハウジング内に取り付けられている。1964年以前のモデルでは、エアコントロールリングが、暖機中にエンジンに当たる空気の流れを制限している。

1965年以降のモデルでは、エンジンの冷却は、右側のシリンダーの下に取り付けられている蛇腹型のサーモスタットによって制御されている。サーモスタットは、ファンハウジング内にリンクで連結された2つのエアレギュレーター内のフラップを作動させる。エンジンが冷えているときは、このサーモスタットがエンジンに当たる空気の循環を制限する。最低限の作動温度に達すると、サーモスタットの蛇腹が伸び始め、エンジン冷却フィンに空気が当たるようになる。

暖房系統は、1962年以前のモデルではエンジン冷却フィンに、1963年以降のモデルではヒートエクスチェンジャーのフィンに、それぞれ空気を送ることで働く。フィンで暖められた空気は、ダクトを介して車室内に運ばれる。風量は、ヒートエクスチェンジャーの出口に設けられたケーブル作動式のフラップによって制御される。なおスーパービートルは、換気用に電動ブロワーも備えている。

2. エアコントロールリングの点検、調整（1964年以前のモデル）

→写真 2.3a, 2.3b 参照

1. 約10分間走行して、エンジンを暖機する。
2. エンジンを切り、エンジンフードを開ける。
3. エンジンがまだ暖かいうちに、エアコントロールリングとファンハウジングの間のすき間を点検する。上側のすき間は、少なくとも20 mmなければならない。規定値より狭い場合は、ロックナット（**写真参照**）を緩めてから、エアコントロールリングを動かして、すき間を調整する。ロックナットを締め付けて、すき間を再点検する。備考：エンジンが冷えているときには、エアコントロールリングのゴムパッドが、ファンシュラウド（写真参照）にちょうど接するようにする。

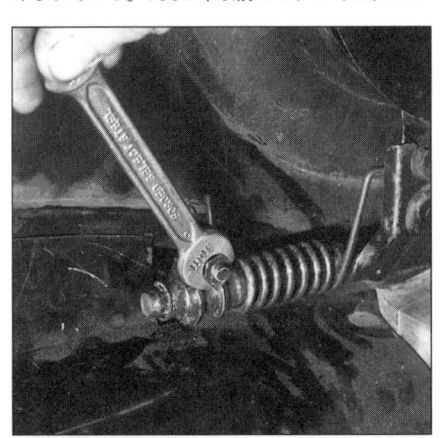

2.3a ロックナットを緩めて、エアコントロールリングのすき間を調整する。ロックナットは、ファンハウジングとバルクヘッドの間にある

2.3b エンジン冷間時では、コントロールリングのゴムパッド（矢印）がファンシュラウドにちょうど接する状態にする（注：エンジン車載状態では、この部分が見えないため、手探りの作業となる）

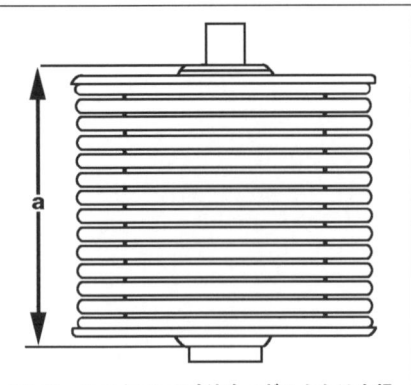

3.3 サーモスタットの寸法をノギスまたは定規で測定する

a = 65 〜 70℃※で、46 mm以上あること
※インジェクション車は 80 〜 85℃

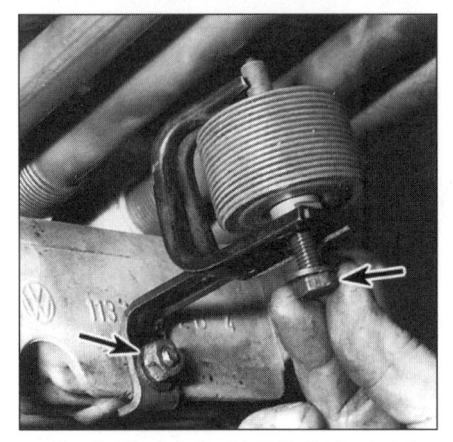

3.4 サーモスタットのボルトと取付ブラケットのナット(矢印)を取り外す

3.5 コントロールロッドからサーモスタットを緩めて外す。その際、必要に応じてロッキングプライヤーでロッドを固定する

3. サーモスタットの点検、交換（1965年以降のモデル）

→写真 3.3, 3.4, 3.5, 3.7 参照

1. 車体後部を持ち上げて、リジッドラックで確実に支える。
2. エンジンの下にもぐって、右側のヒートエクスチェンジャーとエンジンケースの間の板金カバーを取り外す。
3. エンジンが冷えているときは、サーモスタットの蛇腹は縮んでいるはずである。エンジンが充分に暖まっているときは、逆に伸びているはずである。必要に応じてサーモスタットの寸法を測定して点検する（写真参照）。
4. 取付ブラケットからサーモスタットの取付ボルトを外して、エンジンケースからブラケット取付ナットを取り外す（写真参照）。
5. コントロールロッドからサーモスタットを緩めて外す（写真参照）。そのロッドを持って、上下に動かしてみる。ロッドを動かすと、エアレギュレーターのリンケージとフラップが、引っかかること無くスムーズに作動して、ロッドを離すとファンハウジングのバルクヘッド側に設けられたリターンスプリングの力で全閉位置に戻ることを確認する。
6. サーモスタットをコントロールロッドにねじ込んで、確実に締める。
7. サーモスタットに取付ブラケットを組み合わせて、エンジンケースのスタッドにそのブラケットを位置決めする（写真参照）。取付ナットを仮締めする。
8. サーモスタットが取付ブラケットの上部に接するように、取付ブラケットの位置を動かす。ブラケットの取付ナットを本締めする。
9. サーモスタットをブラケットに固定するボルトを取り付けて、確実に締める。
10. カバーとボルトを取り付ける。リジッドラックを取り外して、慎重に車を下ろす。

4. エンジン冷却ファンとハウジングの脱着

→写真 4.10, 4.13, 4.14, 4.15, 4.16 参照

取り外し

1. バッテリーのマイナス側ケーブルを外す。
2. ファンベルトを取り外す（第 1 章参照）。
3. エンジンフードを取り外す（第 11 章参照）。
4. キャブレターまたはエアフローメーターを取り外す（第 4 章参照）。
5. ファンハウジングに接続している各ヒーターホースと排出ガス浄化装置のホース類（装着車）を取り外す。
6. 各配線に識別用の荷札等を付けてから、オイルプレッシャースイッチ、イグニッションコイル、バックアップランプスイッチ（1967 年以降のモデル）およびボルテージレギュレーター（6V車）またはダイナモ／オルタネーター（12V車）から配線を外す。
7. エンジンとバルクヘッドの間に手を入れて、ファンハウジングのチューブからスロットルケーブルを引っ張り出す。
8. 各スパークプラグコードに識別用の荷札を付けてから、ディストリビューターキャップとともにプラグコードを取り外す（第 1 章参照）。
9. ダイナモ／オルタネーターの固定ストラップを外す。
10. 両側の取付スクリュー（写真参照）とファンハウジングの後部を取り外す。1971 年以降のモデルの場合は、オイルクーラーの前側（バルクヘッド側）にある小さなシュラウドを外す。
11. 1964 年以前のモデルの場合は、エアコントロールリングのスプリングを緩めてから、コントロールリングの取付ボルトを外して、エンジンルームから持ち上げて取り外す（必要に応じて、セクション 2 を参照）。
12. 1965 年以降のモデルの場合は、サーモスタットを取り外す（セクション 3 参照）。
13. ファンハウジングを慎重に真上に持ち上げ

3.7 取付ブラケットを位置決めする

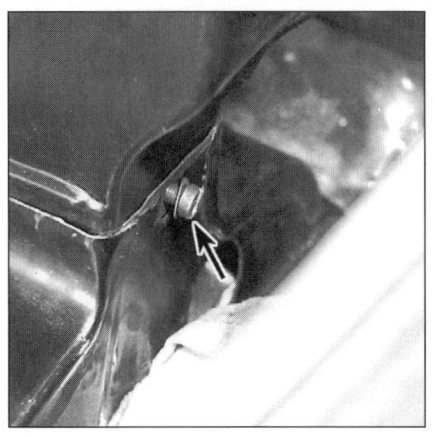

4.10 ファンハウジングの両側と後部から取付スクリューを取り外す

4.13 冷却フィンのすき間からサーモスタットのコントロールロッドを慎重に抜く（1965 年モデル以降）

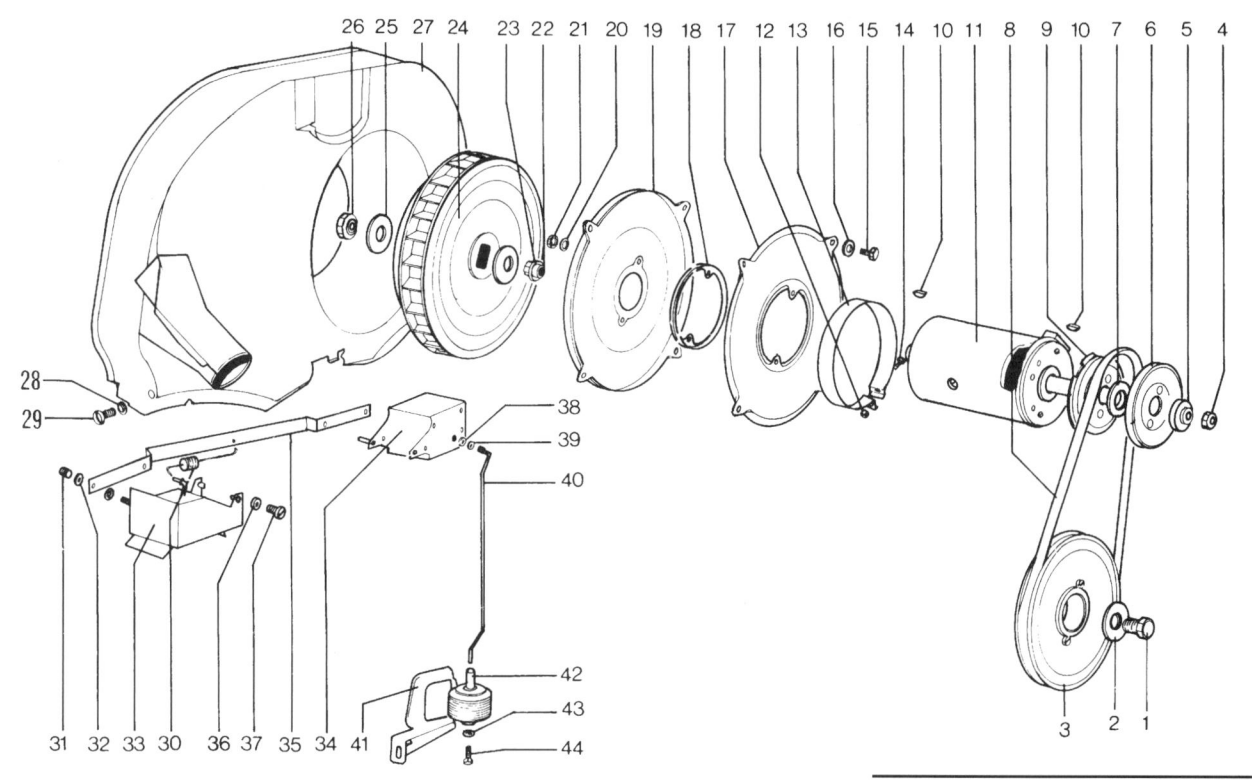

冷却／暖房系統

4.14 ファンハウジングの構成部品（展開図）（代表例）

1 プーリー固定ボルト
2 皿形ワッシャー
3 クランクシャフトプーリー
4 プーリーナット
5 ワッシャー
6 プーリー（後側半分）
7 スペーサーワッシャー
8 ファンベルト
9 プーリー（前側半分）
10 半月キー
11 ダイナモ
12 ナット
13 ダイナモ固定ストラップ
14 ボルト
15 ボルト
16 ロックワッシャー
17 外側ファンカバー
18 補強フランジ
19 内側ファンカバー
20 ロックワッシャー
21 ナット
22 ファンハブ
23 シム
24 ファン
25 ロックワッシャー
26 特殊ナット
27 ファンハウジング
28 ワッシャー
29 スクリュー
30 リターンスプリング
31 スプリング
32 ワッシャー
33 エアレギュレーター（左）
34 エアレギュレーター（右）
35 連結リンク
36 ワッシャー
37 スクリュー
38 ロックワッシャー
39 ワッシャー
40 コントロールロッド
41 サーモスタットブラケット
42 サーモスタット
43 ロックワッシャー
44 ボルト

て外す。取り外し時にオイルクーラーが干渉する場合は、ファンハウジングを木製ブロックで仮に保持してから、取付ボルトを外してオイルクーラーを取り外す（セクション5参照）。
注意：サーモスタットのコントロールロッドを曲げないように注意する（**写真参照**）。

14. ダイナモ／オルタネーター・シャフトからファンを取り外すつもりであれば、（ファンベルト取り外しの際に外した）プーリーと取付ナットを再び取り付ける。ファン取付ナット（図参照）を緩めるときは、シャフトの回り止めをするために、プーリーに使い古しのファンベルトを巻き付けて万力で固定する。スピンナーハンドルと36mmのソケットを使って、ファン取付ナットを取り外す。組み立て時を考えて、各シムとワッシャーの位置をメモしておく。
備考：ナットを緩めることができない場合は、ファンハウジング・アセンブリーを専門店や自動車工場に持っていって、インパクトレンチを使って緩めてもらう。

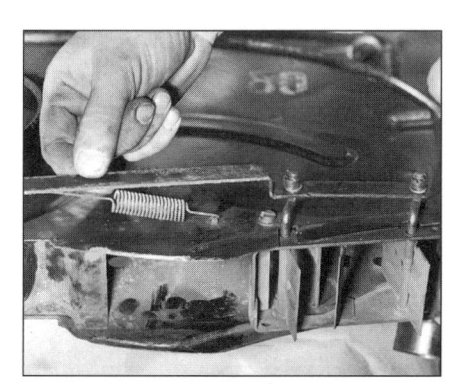

4.15 連結リンクを前後に動かして、引っかかりがないか点検し、すべての可動部品にグリスを塗布する

15. エアレギュレーターのフラップ（1965年以降のモデル）に、引っかかりや損傷がないか点検する（**図参照**）。

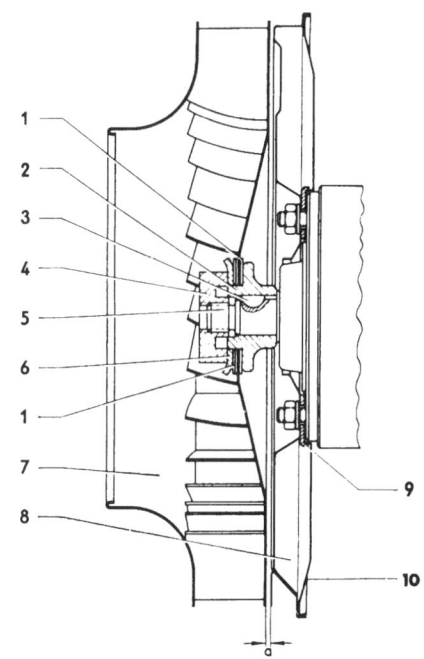

4.16 ファンアセンブリーの断面図

1 スペーサーワッシャー
2 ファンハブ
3 半月キー
4 固定ナット
5 ダイナモ／オルタネーター・シャフト
6 ロックワッシャー（皿形）
7 ファン
8 ファンカバー（内側）
9 補強フランジ
10 ファンカバー（外側）
a＝2mm

冷却／暖房系統

取り付け

16. 取り付けは取り外しの逆手順で行なう。ファンをダイナモ／オルタネーター・シャフトに固定するナットをこの章の「整備情報」に記載の規定トルクで締め付ける。シックネスゲージを使って、ファンとファンカバー間のすき間を測定する（図参照）。すき間の推奨値は、2.0 mmである。すき間が推奨値を外れる場合は、スラストワッシャーの下のシムの数を変えることによって、調整する。スラストワッシャーとナットの間の使わないシムを保管しておく。ファンを手で回して、引っかかること無くスムーズに回転することを確認する。

17. ファンハウジングを取り付ける。セクション2または3の手順に従ってエアコントロールリングまたはサーモスタットを調整して、ファンベルトを取り付ける（第1章参照）。

5. オイルクーラーの脱着

→写真 5.3、5.5、5.6、5.9a、5.9b 参照

取り外し

1. バッテリーのマイナス側ケーブルを外す。
2. ファンハウジングを外して、できるだけ高く持ち上げる（セクション4参照）。両端に木製ブロックを置いて、ファンハウジングをその位置で固定する。

1970年以前のモデル

3. オイルクーラーをエンジンに固定している3個のナットを取り外す（**写真参照**）。
4. 取付スタッドからオイルクーラーを外して、ファンハウジングから持ち上げて取り外す。使われているシールのタイプをメモしておいて、取り付け時には同じタイプの新品と交換する。

1971年以降のモデル

5. オイルクーラーのアダプターをエンジンケースに固定しているナットを取り外す（**写真参照**）。
6. エアシュラウドのブラケットを取り外す（**写真参照**）。

取り付け（すべてのモデル）

7. オイルクーラーに漏れがある場合は、専門業者で加圧テストをしてもらうこと。オイルクーラーに漏れが発生している場合は、圧力過剰がその原因になっていることも考えられるので、オイルプレッシャーリリーフバルブの点検も同時に行なっておくこと。
8. オイルクーラーのフィンに目詰まりがあれば、溶剤に浸してから、約2 kg/cm²の圧縮空気を使って清掃する。**警告**：保護メガネを着用する。スラッジや金属片などで詰まっている場合は、クーラーを交換する。
9. オイルクーラーとエンジンの間（1970年以前のモデル）、またはエンジンケースとアダプターおよびオイルクーラーとアダプターの間（1971年以降のモデル）に新しいシール（**写真参照**）を取り付ける。
10. 各取付ナットを取り付けて、この章の「整備情報」の項に記載されている締付トルクに従って締め付ける。オイルクーラーがしっかりと固定されるように、均等に締め付けること。
11. ファンハウジングを取り付けて、エンジンを始動し、オイル漏れがないことを確認する。

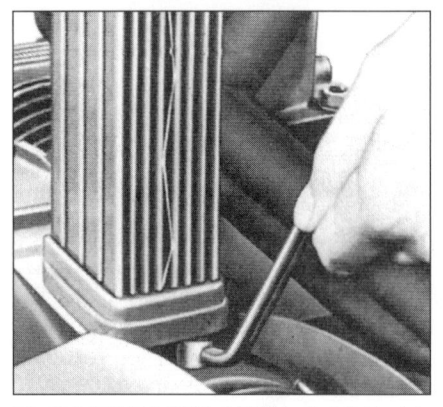

6. ブロワーユニットの脱着

備考：1971年以降のスーパービートルとコンバーチブル、並びに1973年以降の全モデルには、電動ブロワーで作動する2段階式の外気導入換気システムが装着されている。

1971年と1972年の スーパービートルとコンバーチブル

→写真 6.3、6.11、6.12a、6.12b 参照

1. バッテリーのマイナス側ケーブルを外す。
2. コントロールノブを取り外す。固くて外れない場合は、ノブの根本にひもを巻き付けて、引っ張って外す。
3. フロントフードを開けて、トランクルームのカーペットの上部をめくる（写真参照）。
4. フレッシュエアボックスからエアダクトを外す。
5. 車体からフレッシュエアボックスの底部の支持部を外して、下側からドレンホースを外す。
6. フレッシュエアボックスの前側上端部から3個の取付スクリューを取り外す。
7. ダッシュボードからフレッシュエアボックスを離して、ファンスイッチの背面から配線を外す。
8. コントロールブラケットをインストルメントパネルに固定している2個の取付スクリューを外す。必要に応じて、車からフレッシュエアボックス、コントロールブラケットおよびコントロールケーブルを取り外す。取り付け時を考慮して、各ケーブルには識別用の荷札などを付けておく。
9. フレッシュエアホースとダクトを下にずらして、インストルメントパネルから外す。
10. 吹き出し口を押し上げて、ダッシュボードから外す。
11. フレッシュエアボックスを分解して（**写真参照**）、ファンダクト・アセンブリーを取り出す。
12. クリップを取り外して、ファンダクト・アセンブリーを分離する。4個のナットを取り外して、ブロワーモーター／ファン・アセンブリーをダクトから持ち上げて外す（**写真参照**）。

5.3 1970年以前のモデルの場合は、先の曲がったレンチを使って取付ナットを取り外す

5.5 1971年以降のモデルの場合は、エンジンからアダプターを取り外す

5.6 ブラケットを取り外す（1971年以降のモデル）

5.9a 平らなシールが取り付けられている場合もあれば…

5.9b …段付きシールが取り付けられている場合もある

冷却／暖房系統　　　　　　　　　　　　　　　　　　　　　　　　3-5

13. 取り付けは取り外しの逆手順で行なう。

1973年以降のモデル

14. バッテリーのマイナス側ケーブルを外す。
15. インストルメントパネルを取り外す（第12章参照）。
16. 識別用の荷札等を付けた上で、ブロワーユニットの各配線を外す。
17. ブロワーハウジングを結合しているクリップを慎重に取り外す。ブロワーハウジングからブロワーモーターを取り外す。
18. 取り付けは取り外しの逆手順で行なう。

7. ヒーターコントロールケーブルの脱着

→写真 7.4, 7.5, 7.7, 7.8a, 7.8b, 7.10 参照

取り外し

1. ヒーターコントロールケーブルの一部が損傷した場合は、ケーブルをアセンブリーで交換しなければならない。

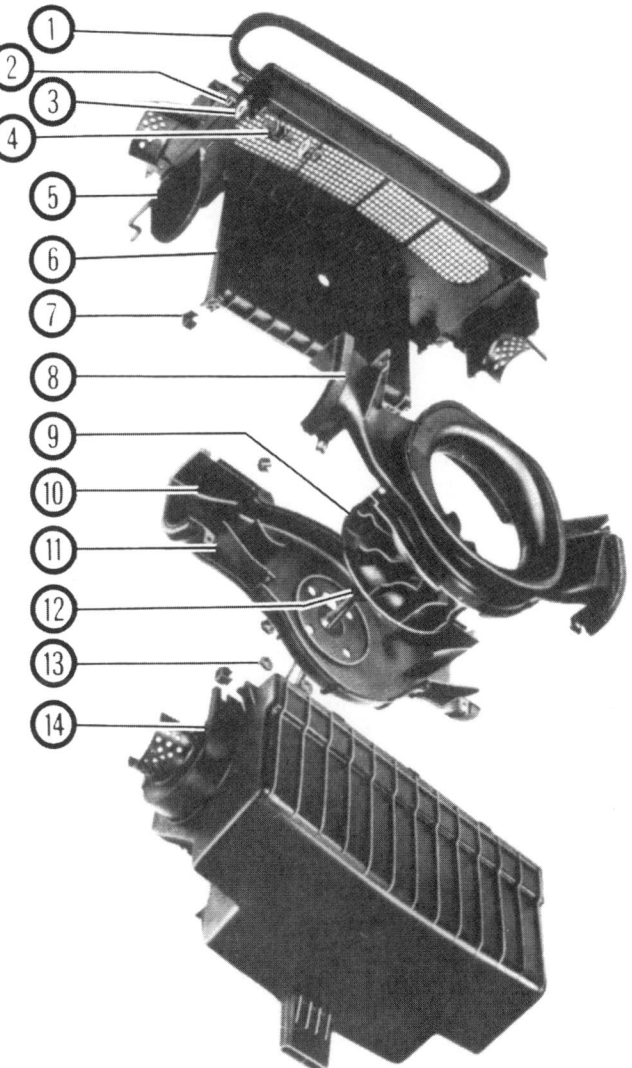

6.3 トランクルームのカーペットの上部をめくる

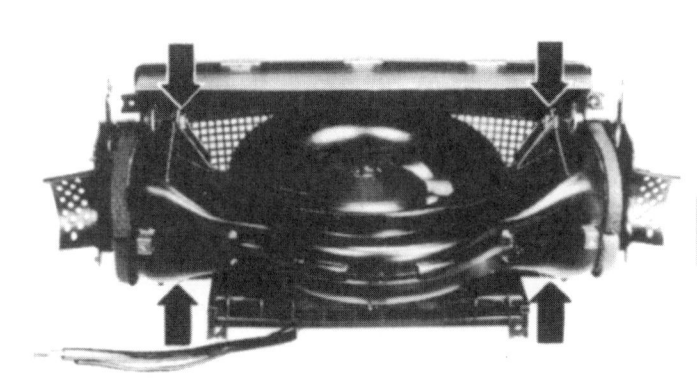

6.12a クリップ（矢印）を取り外して、ハウジングを分離する

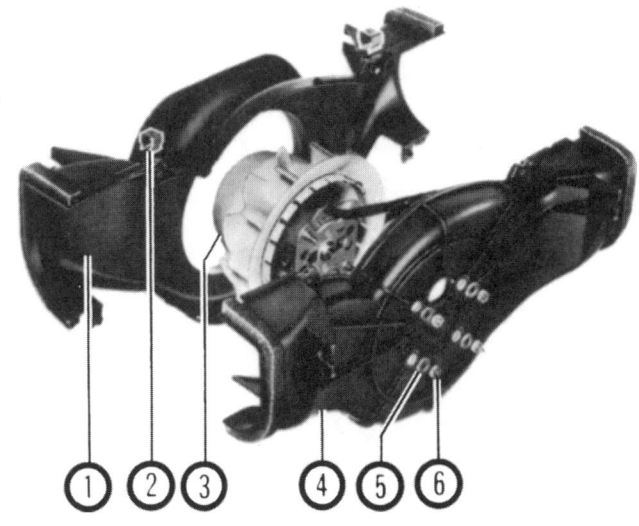

6.11 フレッシュエアボックスの展開図

1　ウェザーストリップ
2　ナット（8個）
3　ワッシャー（8枚）
4　ラバーマウント（4個）
5　フレッシュエアフラップ（2個）
6　上部フレッシュエアボックス
7　クリップ（10個）
8　ファンダクトの前側
9　ブロワーモーター／ファン
10　ファンダクトの後側
11　シールフラップ
12　ハーネス用グロメット
13　ワッシャー付きナット（4個）
14　下部フレッシュエアボックス

6.12b ファンダクトの展開図

1　ファンダクトの前側
2　クリップ
3　ブロワーモーター／ファン
4　ファンダクトの後側
5　ワッシャー
6　ナット

3-6 冷却／暖房系統

7.4 クランプスリーブ（矢印）のボルトを緩める

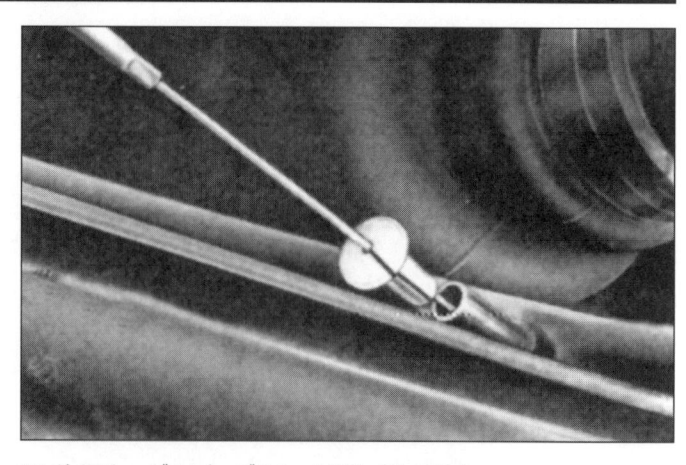

7.5 ガイドチューブからケーブルシールを引っ張って外す

2. 車が前に動き出さないようにするため、両方の前輪に輪止めをしておく。車体後部を持ち上げて、リジッドラックで確実に支える。
3. トランスミッションの両側からフロアパンの上に通っている各ヒーターコントロールケーブルを確認する。それらのケーブルをヒートエクスチェンジャー（1963年以降のモデル）またはヒートコントロールフラップ（1962年以前のモデル）までたどる。
4. ロッキングプライヤーでクランプスリーブを固定して、クランプボルトを緩める（写真参照）。ケーブルを外して、コントロールレバーからクランプスリーブを取り外す。
5. ガイドチューブからケーブルシールを取り外す（写真参照）。
6. 右側のフロントシートを取り外す（第11章参照）。
7. 1962年以前のモデルの場合は、ヒーターコントロールノブの下のねじ込み式のカラーを緩めて、チューブからノブとケーブルを引っ張る（写真参照）。
8. 1963年以降のモデルの場合は、ハンドブレーキのラバーブーツを取り外す（写真参照）。右側のヒーターコントロールレバーからナットを取り外して、レバーとフリクションディスクを外す。レバーからコントロールケーブルを外し（写真参照）、チューブからケーブルを引き抜く。
9. すべてのモデルについて、各構成部品に摩耗または損傷がないか点検して、必要に応じて交換する。

取り付け

10. 新しいケーブルにグリスを薄く塗布して、コントロールノブ／レバーの先端からチューブにケーブルを挿入する（写真参照）。
11. 1962年以前のモデルの場合は、ケーブルをヒーターコントロールノブに接続する。ノブを反時計方向にいっぱいまで回す。その位置から3回転時計方向に戻す。ヒーターコントロール・アセンブリーを取り付ける。
12. 1963年以降のモデルの場合は、ケーブルをコントロールレバーに接続してから、レバー、フリクションディスクおよび取付ナットを取り付ける。レバーを動かしたときに、適度な摩擦が感じられるまでナットを締め込む。ハンドブレーキ・アセンブリーにラバーブーツをかぶせる。
13. 車の下にもぐって、ケーブルにシールプラグを挿入する。
14. クランプスリーブを取り付けて、ケーブルを挿入する。ケーブルのたるみを取ってから、クランプボルトを締める。
15. 他の人にヒーターコントロールを操作してもらって、レバーが正常に動くことを確認する。

8. ヒートエクスチェンジャーの脱着

1963年以降のモデルに使われているヒートエクスチェンジャーは、暖気を車室内に供給するとともに、排気系統とシリンダーヘッドを接続している。1962年以前のモデルでは、冷却風をダクトを介してエンジンにあてて、暖まった空気を車室内に供給していた。ヒートエクスチェンジャー関係の整備については、第2章のセクション5を参照する。

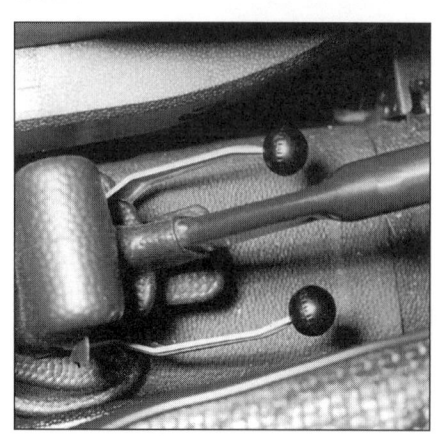

7.7 ねじ込み式のカラーを緩めて、ノブとケーブルを引き上げる

7.8a 1963年以降のモデルの場合は、ハンドブレーキのラバーブーツを取り外す

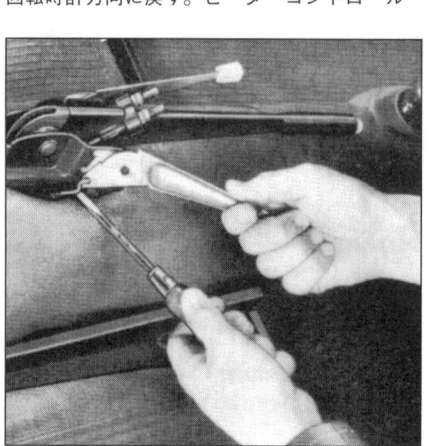

7.8b 右側のレバーからナットを取り外してから、ケーブルを外す

7.10 各ケーブルをチューブに通す。1962年以前のモデルの場合は、右側チューブに長い方のケーブルを通すこと

4-1

第4章
燃料／排気系統

目次

1. 概説 4-1
2. 燃圧を抜く方法（フューエルインジェクションモデルのみ） 4-1
3. フューエルポンプと燃圧の点検 4-2
4. フューエルポンプの脱着 4-4
5. フューエルタンクの脱着 4-5
6. フューエルタンクの清掃と修理に関する全般的な注意事項 4-6
7. エアクリーナーの脱着 4-6
8. スロットルケーブルの交換 4-7
9. キャブレターの脱着 4-8
10. キャブレターの故障診断、オーバーホール 4-9
11. フューエルインジェクションシステムに関する全般的な注意事項 4-16
12. エアフローメーターの点検、交換 4-17
13. 燃圧レギュレーターの点検、交換 4-18
14. フューエルインジェクターの点検、交換 4-18
15. 排気系統の整備に関する全般的な注意事項 4-19

整備情報

燃圧

キャブレターモデル
　～1963年 .... 0.20 kg/cm^2（最大値）（3,400 rpm 時）
　1964年～ .... 0.35 kg/cm^2（最大値）（3,800 rpm 時）
フューエルインジェクションモデル
　燃圧レギュレーターのバキュームホースを接続した状態 .... 1.85 ～ 2.15 kg/cm^2
　燃圧レギュレーターのバキュームホースを外した状態 .... 2.35 ～ 2.65 kg/cm^2

締付トルク

キャブレター取付ナット .... 2.0 kg-m
フューエルインジェクターのリテーナーのボルト .. 0.6 kg-m

1. 概説

VWビートルは、1974年モデルまでは全車キャブレターを装着していた。1975年以降は、ボッシュ製の電子制御式フューエルインジェクション（燃料噴射）システムが標準装備となった。

キャブレターエンジンの場合は、ディストリビューターの隣に機械式のフューエルポンプが取り付けられている。フューエルインジェクションモデルの場合は、全車につき、車両前部のフューエルタンクの真下に電磁式フューエルポンプが取り付けられている。

1961年以前のモデルにはフューエルゲージ（燃料計）が設けられていない。そのかわりに、ダッシュボードの下にリザーブバルブが取り付けられている。ガス欠でエンストした場合に、レバーをリザーブ側にすると、とりあえずガソリンスタンドまで走る程度の燃料を供給する。1962年には、ケーブルで駆動される機械式のフューエルゲージが追加された。1968年以降のモデルでは、電気式のセンダーユニットが採用され、フューエルゲージもスピードメーターの中に組み込まれるようになった。

排気系統は、ヒートエクスチェンジャーとエキゾーストマニホールドに接続されたマフラーから構成される。キャブレターモデルの場合は、2本のテールパイプがマフラーから後方に突き出ている。1975年以降のモデルでは、エンジン両側のエキゾーストマニホールドが1本の集合パイプとマフラーにつながっている。これらのモデルのほとんどには、触媒コンバーターも装着されている。これらの構成部品は、いずれも交換可能である。触媒コンバーターに関する詳細は、第6章を参照する。

2. 燃圧を抜く方法（フューエルインジェクションモデルのみ）

警告：ガソリンは極めて引火性が高いため、燃料系統の各部品の整備を行なう場合は充分な注意が必要である。作業場でタバコを吸ったり、作業場に裸火や裸電球を持ち込まないこと。燃料が皮膚に付いた場合は、すぐに水と石鹸で洗い流すこと。燃料系統の整備を行なう際は、保護メガネを着用して、Bタイプ（油火災用）の消火器を手元に準備しておくこと。

1. フューエルインジェクションシステムは、かなり高い燃圧で作動する。この燃圧は、エンジンを切った後も残っている。従って、燃料系統の修理をする場合は、まず燃圧を抜かなければならない。燃圧を抜かずにフューエルラインやフィッティングを外すと、燃料が噴き出して、火災や火傷の原因となる。

2. エンジンが回転している場合は、アイドリング状態にさせて、フューエルポンプに繋がる電気系統のヒューズを取り外す。すると、インジェクターは圧のかかった燃料を使い切って、エンジンが停止する。これで、燃料系統の整備を始めることができる。

3. エンジンが停止している場合は、エンジンが完全に冷えるまで待ってから、フューエルラインをゆっくりと慎重に外して、燃圧を抜く。このとき、接続を外すフューエルラインの周囲にはウエスを巻いて、燃料が噴き出したりこぼれたりしないようにする。**警告**：保護メガネを着用する。

燃料／排気系統

3.9 燃圧計をこのように接続する。少なくとも 3 kg/cm² まで値が読みとれるゲージを使用すること

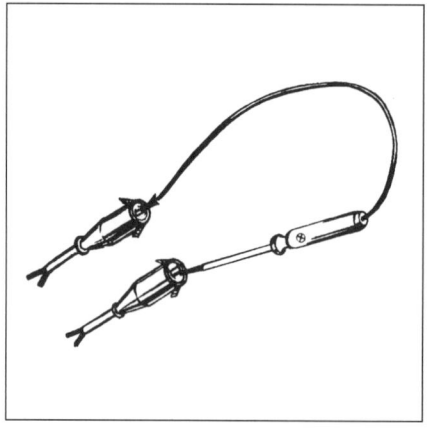

3.12 フューエルポンプから配線を外して、そこに検電テスターを当てる

3. フューエルポンプと燃圧の点検

警告：ガソリンは極めて引火性が高いため、燃料系統の各部品の整備を行なう場合は充分な注意が必要である。作業場でタバコを吸ったり、作業場に裸火や裸電球を持ち込まないこと。燃料が皮膚に付いた場合は、すぐに水と石鹸で洗い流すこと。燃料系統の整備を行なう際は、保護メガネを着用して、B タイプ（油火災用）の消火器を手元に準備しておくこと。

キャブレターモデル

1. エンジンを切って、フューエルポンプとキャブレターの間のフューエルホースに三方継手を接続する。
2. その三方継手に燃圧計を接続する。ホースがファンベルトから離れていることを確認する。
3. ハンドブレーキをかけ、車輪に輪止めをする。シフトレバーをニュートラル位置にしてからエ

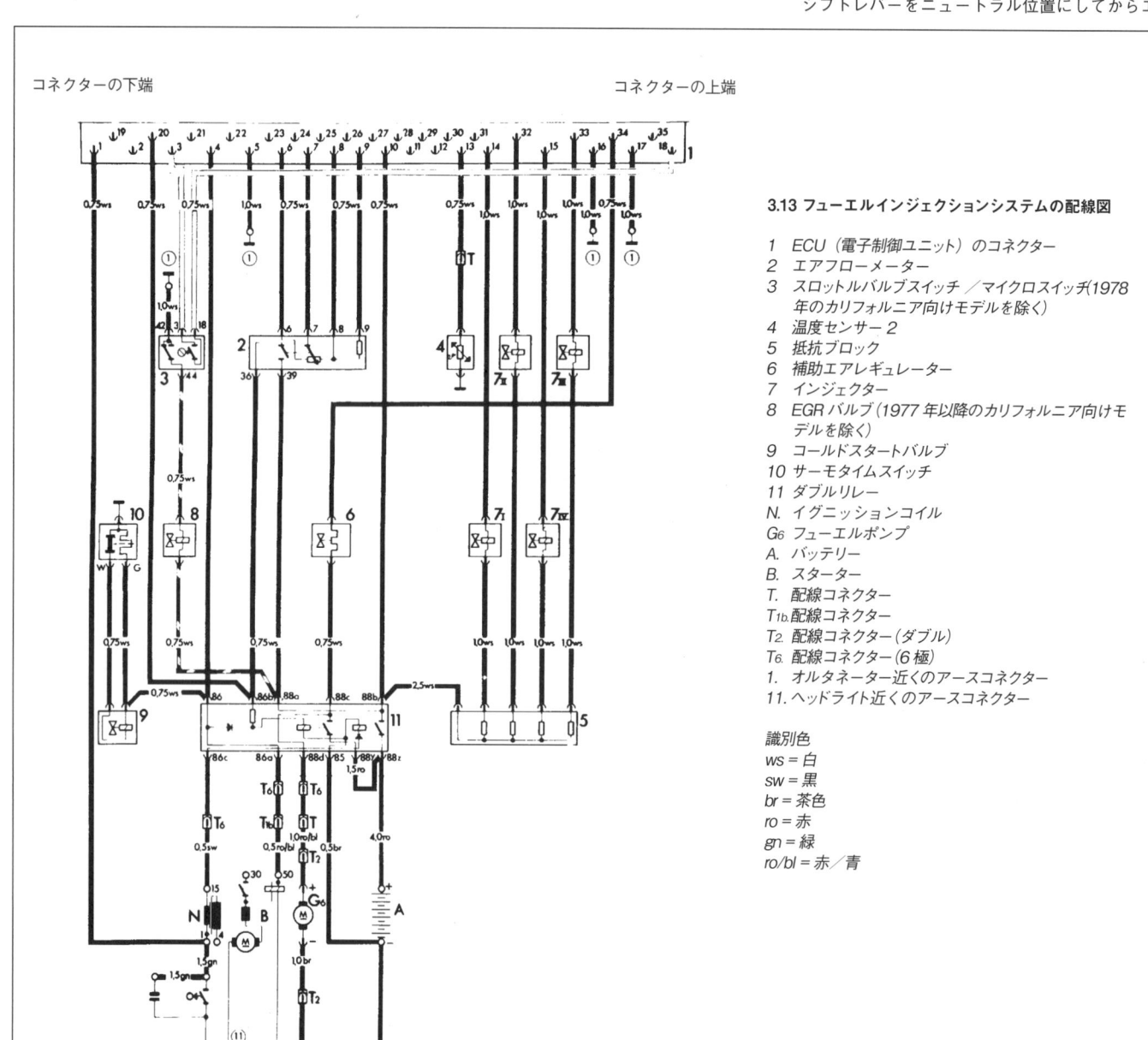

3.13 フューエルインジェクションシステムの配線図

1 ECU（電子制御ユニット）のコネクター
2 エアフローメーター
3 スロットルバルブスイッチ／マイクロスイッチ(1978 年のカリフォルニア向けモデルを除く)
4 温度センサー 2
5 抵抗ブロック
6 補助エアレギュレーター
7 インジェクター
8 EGR バルブ(1977 年以降のカリフォルニア向けモデルを除く)
9 コールドスタートバルブ
10 サーモタイムスイッチ
11 ダブルリレー
N. イグニッションコイル
G6 フューエルポンプ
A. バッテリー
B. スターター
T. 配線コネクター
T1b. 配線コネクター
T2. 配線コネクター（ダブル）
T6. 配線コネクター（6 極）
1. オルタネーター近くのアースコネクター
11. ヘッドライト近くのアースコネクター

識別色
ws = 白
sw = 黒
br = 茶色
ro = 赤
gn = 緑
ro/bl = 赤／青

燃料／排気系統　4-3

ンジンを始動し、暖機してから、一時的に3,400rpm（または3,800rpm）で回転させる（このエンジン回転数はほぼ高速巡航時の回転数である）。できればタコテスター（回転計）を使って、エンジン回転数を点検しながら作業する。タコテスターの取り扱いは、製品の説明書に従うこと。**警告：ファンベルト、プーリーおよび排気系統の各構成部品には近づかないこと。**

4. 燃圧計の値を記録して、この章の「整備情報」に記載の規定値と比較する。

5. 燃圧計と三方継手を外して、フューエルラインを再接続する。エンジンを始動して、燃料漏れがないか点検する。

フューエルインジェクションモデル

フューエルポンプの作動点検

6. ハンドブレーキをかけてから、他の人にイグニッションスイッチをON位置にしてもらい、その時に（右側前輪の近くにあるフューエルタンク下の）電磁式フューエルポンプから作動音が聞こえるかどうか確認する。作動音が聞こえて、数秒間続けば正常である。エンジンを始動する。エンジン始動後も、（エンジンが回転しているため聞こえにくいが）作動音は続くはずである。

7. 作動音が聞こえなければ、フューエルポンプまたはフューエルポンプ回路が不良である。最初にリレー回路を点検する（手順14に進む）。

燃圧点検

→写真／図3.9, 3.12, 3.13参照

8. 燃圧が低いと考えられる場合は、まずフューエルラインの漏れ、詰まりまたは損傷、あるいはフューエルフィルターの詰まりを点検する（第1章参照）。

9. エンジンを始動して、暖機する。エンジンを切ってから、コールドスタートバルブからフューエルラインを外す。そのフューエルラインの先端に燃圧計を接続する（写真参照）。

10. エンジンを始動して（始動しない場合はクランキングして）、燃圧計の値を記録する。測定した値を、この章の「整備情報」に記載されている規定値と比較する。

11. 上記点検中にフューエルポンプは燃料を加圧するが、その燃圧が低すぎるまたは高すぎる場合は、以下の項目を点検する。

1) 燃圧が規定値よりも高い場合：
 a) 燃圧レギュレーターが故障していないか（セクション13参照）、またはフューエルリターンラインまたはパイプに詰まりがないか、潰れていないか点検する。

2) 圧力が規定値よりも低い場合：
 a) フューエルフィルターを点検して、詰まりのないことを確認する。
 b) フューエルタンクとフューエルポンプ間のフューエルホースに詰まりがないか、潰れていないか点検する。
 c) 燃圧レギュレーターの不具合を点検する（セクション13参照）。
 d) フューエルラインに漏れがないか点検する。

12. フューエルポンプは作動しているが燃圧が上昇しない、またはまったく作動しない場合は、ポンプに充分な電圧が来ているか点検する（図参照）。スターターを作動させて、検電テスターが正常に点灯する場合は、フューエルポンプを交換する。

13. 検電テスターが点灯しない場合は、配線（図参照）を点検して、エアフローメーター内のフューエルポンプスイッチとフューエルポンプリレー（下記参照）を点検する。

フューエルポンプ回路の点検

→写真／図3.14, 3.18, 3.23参照

14. フューエルポンプの電源は、ダブルリレーとエアフローメーターによって制御されている。ダブルリレー（図参照）は、フューエルインジェクション関係の構成部品への電源を制御している。スターターが作動すると、スターターの端子50からダブルリレーの端子86aに電流が流れる。これにより、ダブルリレーのフューエルポンプリレー部が通電して、スターターの端子30から端子88dおよび88yを経由してフューエルポンプに電流が流れる。

15. ダブルリレーのフューエルポンプリレー部は、フューエルポンプ、コールドスタートバルブおよび補助エアレギュレーターへの電源を制御している。ダブルリレーのもう一方（パワーリレー）は、イグニッションスイッチをON位置にすると同時に通電して、燃料系統の残りの構成部品への電源を制御する。

16. エンジンが始動すると、エアフローメーターからダブルリレーの端子86bと内部抵抗を経由して、フューエルポンプに電源が供給される。

17. エンジンを切ると、ダブルリレーの端子86cへの電流が遮断される。すると、リレーの接点が開いて、フューエルインジェクション関係の部品への電源も遮断される。

18. ダブルリレーの端子85（アース）に、検電テスターのアース線を接続する。検電テスターをまず端子88y（図参照）に当て、次に端子88zに当てる。これら2つ端子の両方で、検電テスターが点灯すれば正常である。

19. イグニッションキーをON位置にする。端子86cに検電テスターを当てる。イグニッションをONにしているので、バッテリー電圧により検電テスターが正常に点灯するはずである。

20. 他の人にスターターを作動してもらいながら、端子86cを再度点検する。クランキング中は、バッテリー電圧により検電テスターが点灯するはずである。

21. 他の人にスターターを作動してもらいながら、端子86aも同様に点検する。クランキング中は、バッテリー電圧により検電テスターが点灯するはずである。**備考：スターターを作動していないのに端子86aに電圧が来ている場合は、スターターの端子50と30の配線が逆になっている可能性がある。**

22. 上記の各点検でバッテリー電圧が確認できれば、以下の手順に進む。いずれかの点検でバッテリー電圧が確認できない場合は、配線を点検して修理する。

23. 端子88d（図参照）に検電テスターを当てて、スターターを作動させる。電圧が確認できない（検電テスターが点灯しない）場合は、ダブルリレーを交換する。**注意：リレーを交換する場合は、その前にバッテリーのマイナス側ケーブルの接続を外しておくこと。**

24. イグニッションキーをON位置にして、端子88bに検電テスターを当てる。電圧が確認できない（検電テスターが点灯しない）場合は、ダブルリレーを交換する。

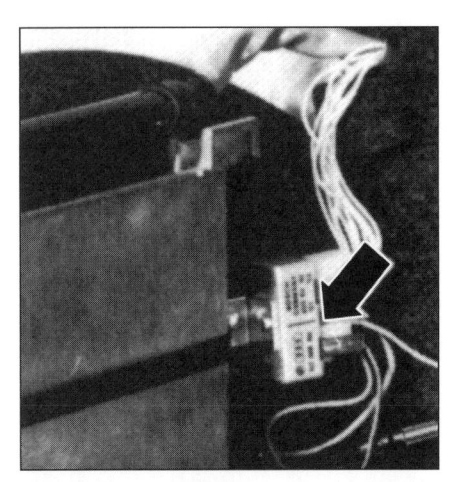

3.14 ダブルリレー(矢印)は、リアシートの裏側の保護カバーの下に取り付けられている

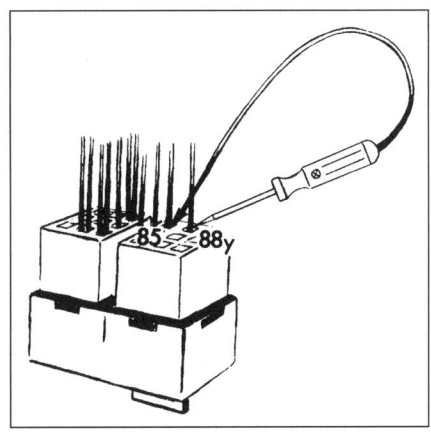

3.18 端子88yの通電を点検する

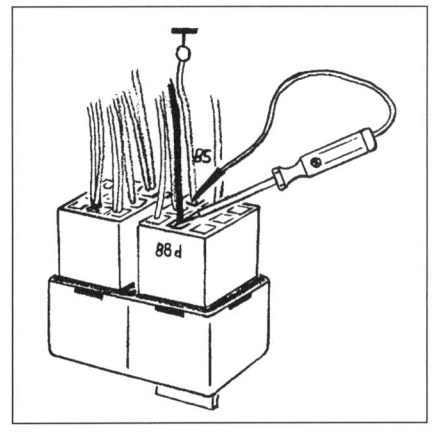

3.23 端子88dの通電を点検する

4-4　燃料／排気系統

4.4 取付ナットを取り外す

4.7 先が細くなっている方を下にして、プッシュロッドを取り付ける

4.9 プッシュロッドの作動ストロークの最も高い位置と最も低い位置を測定する

4. フューエルポンプの脱着

警告：ガソリンは極めて引火性が高いため、燃料系統の各部品の整備を行なう場合は充分な注意が必要である。作業場でタバコを吸ったり、作業場に裸火や裸電球を持ち込まないこと。燃料が皮膚に付いた場合は、すぐに水と石鹸で洗い流すこと。燃料系統の整備を行なう際は、保護メガネを着用して、Bタイプ（油火災用）の消火器を手元に準備しておくこと。

キャブレターモデル

→写真 4.4, 4.7, 4.9, 4.13, 4.14 参照

取り外し

1. バッテリーからマイナス側ケーブルを外す。
2. フューエルポンプは、ディストリビューターとダイナモ／オルタネーターの間に取り付けられている。
3. フューエルポンプからフューエルライン／フューエルホースの接続を外す。1965年以前のモデルの場合、インレットラインはパイプレンチを使って緩める。その他のラインは、全て挿入されているだけなので、クランプを緩めてホースを引っ張ると外すことができる。
4. 2個の取付ナット（写真参照）を取り外して、エンジンからフューエルポンプを持ち上げて外す。
5. プッシュロッドを取り出してから、中間フランジとガスケットを取り外す。中間フランジを損傷しないように気を付ける。中間フランジはプラスチック製である。

取り付け

6. 取付スタッドの上に、ガスケット、中間フランジそしてもう1枚のガスケットの順で置く。
7. プッシュロッドの摩耗および損傷を点検する。平らなところで回してみて、曲がっていないか点検する。先が細くなっている方を下にしてプッシュロッドを取り付ける（写真参照）。
8. クランクシャフトプーリーボルトにレンチをかけて、クランクシャフトを時計方向（右に）回して、プッシュロッドを最も高い位置にする。
9. フランジとガスケットの上に出ているプッシュロッドの突き出し量を測定する（写真参照）。約13 mmとなるはずである。
10. 再びクランクシャフトを回して、最も低い位置にする。約8 mmとなるはずである。最も高い位置から最も低い位置の突き出し量を引く。その寸法がプッシュロッドのストロークである。4〜5 mmとなるはずである。
11. 高さが不適正な場合は、必要に応じてガスケットを増減する。ストロークが不適正な場合は、ディストリビュータードライブギアを交換する。
12. フューエルポンプ取付フランジの底部にグリスを充填する。
13. 中間フランジの上にポンプとガスケットを取り付ける（写真参照）。ナットを確実に締め付ける。
14. フューエルライン（写真参照）とバッテリーケーブルを再接続する。
15. エンジンを始動して、燃料漏れがないか点検する。

フューエルインジェクションモデル

16. バッテリーのマイナス側ケーブルを外す。
17. 燃圧を抜く（セクション2参照）。

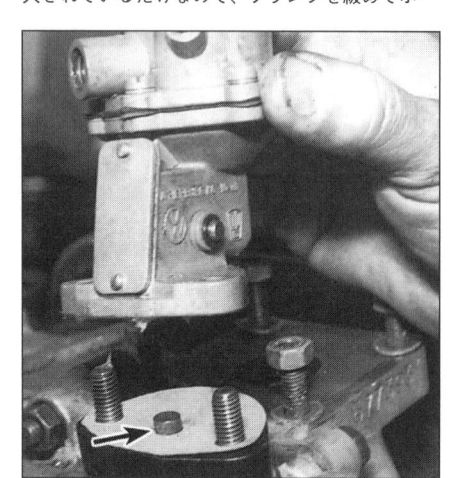

4.13 プッシュロッド（矢印）を最も低い位置にして、ポンプを取り付ける

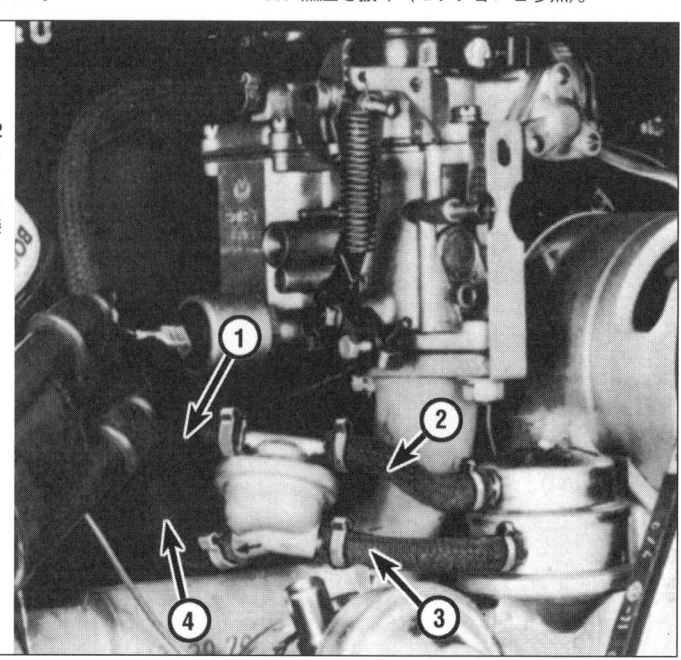

4.14 1971年と1972年モデルには、フューエルラインにカットオフバルブが取り付けられている。元通りに接続すること

1　フューエルタンクからのホース
2　ポンプへの吸い込みライン
3　ポンプからの吐出ライン
4　キャブレターへのホース

燃料／排気系統　　4-5

5.5 フューエルコントロールバルブの構成部品（1961年以前のモデル）

A　コントロールロッド（車室内へ）
B　フューエルアウトレットホース
C　コントロールバルブ

18. ハンドブレーキをかけて、後輪に輪止めをする。右側フロントホイールのホイールナットを緩める。車体前部を持ち上げて、リジッドラックで確実に支える。
19. 右側フロントホイールを取り外す（第1章参照）。
20. 小さなクランプを使って、フューエルラインをつまんで燃料が流れないようにする。
21. 識別用の荷札等を付けた上で、フューエルポンプから各フューエルラインと配線を外す。
22. 取付ブラケットからポンプを緩めて、取り外す。
23. 取り付けは取り外しの逆手順で行なう。
24. 新しいポンプの取り付けが終了したら、ディストリビューターとコイル間の一次回路の配線を一時的に外して、約20秒間他の人にスターターを作動してもらいながら、フューエルラインとポンプとの接続部に漏れがないか確認する。
警告：トランスミッションはニュートラルにして、ハンドブレーキをかけておく。

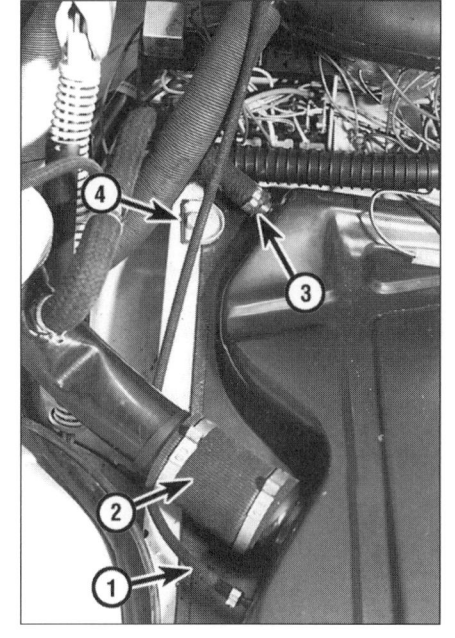

5.7a 後期モデルのフューエルタンク（代表例）

1　ベーパーリターンホース
2　フィラーネックホース
3　ベントリターンホース

5. フューエルタンクの脱着

→写真 5.5、5.7a、5.7b、5.8、5.9、5.10 参照
警告：ガソリンは極めて引火性が高いため、燃料系統の各部品の整備を行なう場合は充分な注意が必要である。作業場でタバコを吸ったり、作業場に裸火や裸電球を持ち込まないこと。燃料が皮膚に付いた場合は、すぐに水と石鹸と水で洗い流すこと。燃料系統の整備を行なう際は、保護メガネを着用して、Bタイプ（油火災用）の消火器を手元に準備しておくこと。備考：フューエルタンクが空であれば、以下の作業はずっと楽になる。従って、フューエルタンクの取り外しは、タンクがほぼ空になるときを見計らって計画すると良い。

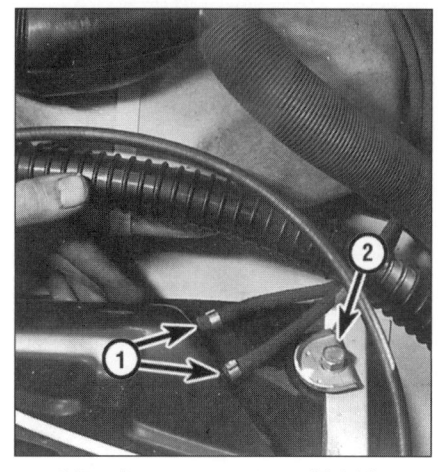

5.7b 後期モデルのフューエルタンク（代表例）

1　ベーパーリターンライン
2　取付ボルト

1. バッテリーからマイナス側ケーブルを外す。
2. 1970年以降のモデルの場合は、フューエルタンクフィラーキャップを取り外して、フューエルタンク内の圧力を抜いておく。
3. フューエルインジェクションモデルの場合は、燃圧を抜く。
4. 車を持ち上げて、リジッドラックで確実に支える。
5. タンクにまだ燃料が入っている場合は、タンクの底部からフューエルアウトレットラインを外して、その接続口に抜き取り用のホースを接続する（**写真参照**）。燃料を適切な容器に抜き取る。
6. フロントフードを開けて、トランクルームのカーペットを取り外す。
7. 識別用の荷札等を付けた上で、各フューエルライン、ベーパー（燃料蒸発ガス）リターンラインおよびベント（通気）ホース（装着車）を外す（**写真参照**）。
8. 1962〜1967年モデルの場合は、カバーを取り外して、フューエルゲージ用ケーブルを外す（**写真参照**）。
9. 1968年以降のモデルの場合は、タンクからフューエルゲージセンダーユニットの配線（**写真参照**）とフューエルフィラーホースを外す。

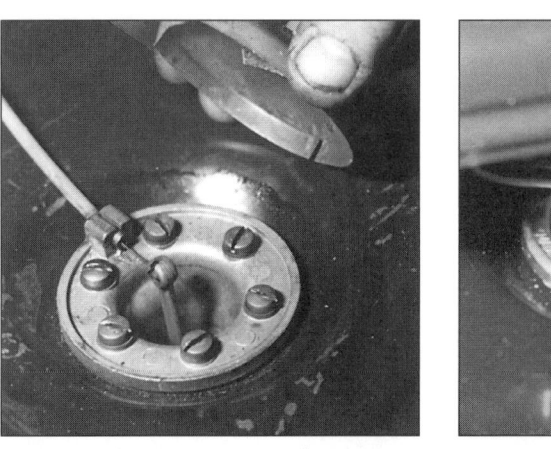

5.8 カバーを外し、溝の付いたケーブル留めからアウターケーブルを引っ張って外した後、インナーケーブルをまっすぐ上に引っ張ってレバー部との接続を外す

5.9 配線コネクター（矢印）を外す

5.10 4本の取付ボルトを取り外して、車からフューエルタンクを持ち上げて下ろす。

燃料／排気系統

7.3 クランクケースベンチレーションホースの接続を外す

7.4a 1968〜1972年型ビートルのエアクリーナー（代表例）

1 ケーブル
2 プレヒートフラップのレバー
3 クランプ
A プレヒートホース
B クランプ

10. フューエルタンクの4本の取付ボルトを取り外す**（写真参照）**。
11. 車両からフューエルタンクを取り外す。
12. 取り付けは取り外しの逆手順で行なう。防振ゴムを点検して、必要に応じて交換する。

6. フューエルタンクの清掃と修理に関する全般的な注意事項

1. フューエルタンクまたはフィラーネックの修理と清掃は、火災などにつながる危険な作業なので、必ずプロに任せること。燃料系統の清掃と洗浄を終えた後でも、引火性の蒸発ガスが残って、タンクの修理中に爆発する恐れがある。
2. フューエルタンクを車から取り外したら、火花や裸火がタンクから出る蒸発ガスに引火する恐れのある場所に置いておかないこと。

7. エアクリーナーの脱着

→写真／図 7.3、7.4a、7.4b、7.5a、7.5b、7.6、7.7a、7.7b参照

取り外し

1. 1972年式までは、湿式（オイルバス式）のエアクリーナーが使われていた。1973年以降のモデルでは乾式の紙製エレメントが使われている。
2. プレヒートホースを外す。
3. オイルフィラーキャップの隣にあるクランクケースベンチレーションホースを外す**（写真参照）**。
4. 1968〜1972年モデルの場合は、プレヒートフラップ（暖気吸入用）のコントロールケーブルを外す**（写真参照）**。
5. 後期モデルになると、複数のバキュームホースが使われているので、識別用の荷札等を付けた上で、各ホースを外すこと**（図参照）**。
6. キャブレタースロート部のクランプを緩めて**（写真参照）**、ブラケットボルトを外す。カルマンギアの場合は、エアクリーナーとキャブレター間のホースを取り外して、固定ストラップを外す。
7. エアクリーナー・アセンブリーをエンジンルームから取り外す**（写真参照）**。
8. オイルバス式エアクリーナーの場合は、オイルがこぼれ出すので、ひっくり返さないこと。すべてのモデルにおいて、カバーを取り外して、第1章の手順に従ってエアクリーナーの整備を行なう。

7.4b 後期モデルのカルマンギアのエアクリーナー（代表例）

A クランプ
B クランクケースブリーザーホース
C ホットエアホース
D プレヒートフラップ・コントロールケーブル
E ケーブルリテーナー
F クランプ

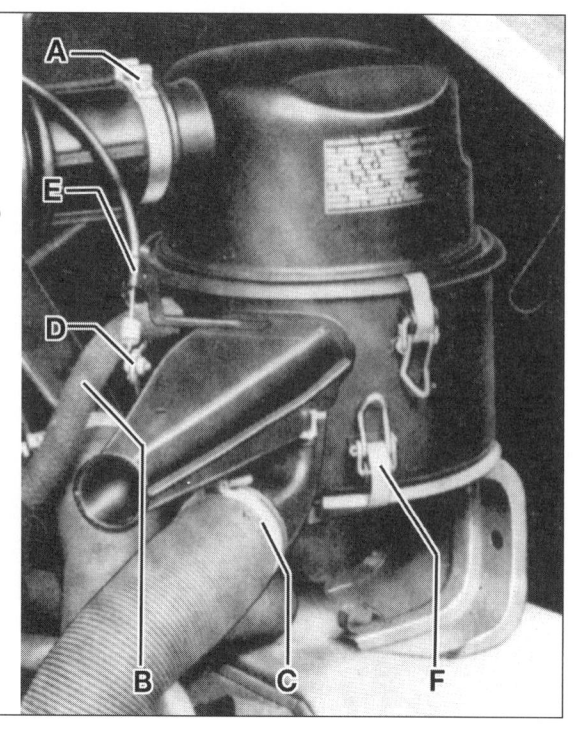

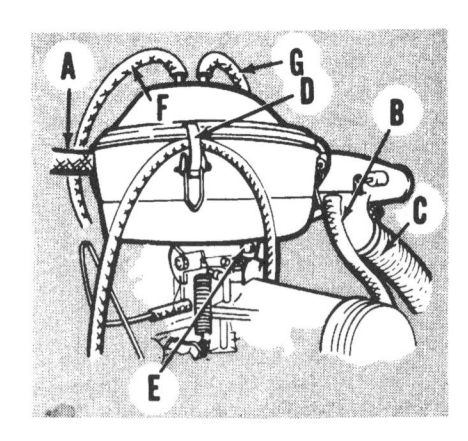

7.5a 後期モデルのビートルのエアクリーナー（代表例）

A チャコールキャニスターからのホース
B クランクケースベンチレーションホース
C 予熱インテークエアホース
D 緑のバキュームホースを保持しているリリースクリップ
E エアクリーナー固定スクリュー
F キャブレターからのバキュームホース
G インテークエアバルブへのバキュームホース

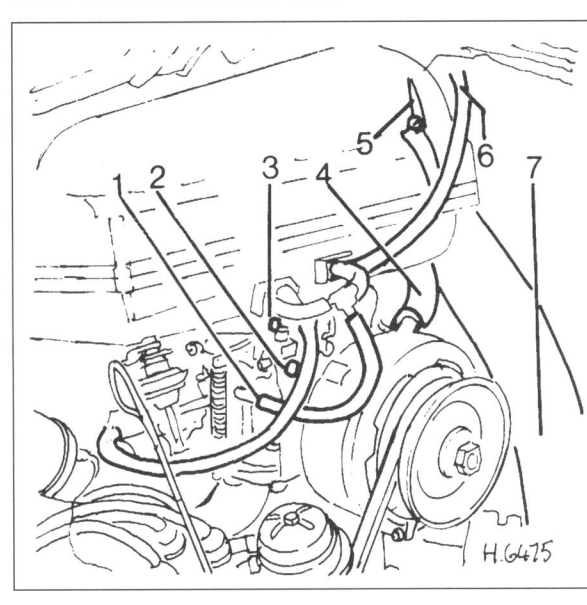

燃料／排気系統　　　4-7

7.5b 紙製エレメント式エアクリーナーの詳細（1973年以降のモデル）

1. キャブレターへのホース
2. サポートプレートのスクリュー
3. キャブレター固定スクリュー
4. クランクケースベンチレーションホース
5. 上部と下部を結合する固定クリップ
6. バキュームホース
7. プレヒートホース

7.6 キャブレタースロート部のクランプを緩めて、ブラケットからボルトを取り外す

1　クランプ　　　2　ブラケットボルト

取り付け

9. 取り付けは取り外しの逆手順で行なう。
10. プレヒートフラップ（暖気吸入用）（装着車）のケーブル調整は、エンジンが冷えているときに行なうこと。アウターケーブルをエアクリーナーインテークの保持部に最大まで押し込み、アウターケーブルの他端をファンハウジングの保持部に押し込んで、固定する。インナーケーブルをプレヒートフラップのレバーのクランプに挿入して、固定する。エアレギュレーターのクランプにインナーケーブルの他端を挿入する。プレヒートフラップのレバーのスプリングが若干縮んで、フラップが閉じるようにする。

8. スロットルケーブルの交換

→写真 8.2a, 8.2b, 8.3, 8.7, 8.12 参照

取り外し

1. スロットルケーブルは、キャブレターまたはスロットルバルブハウジングと、スロットルペダルの間を結んでいる。このケーブルは、ファンハウジング内のチューブからトランスミッション付近のフレキシブルガイドを通り、フロアパンから車室内のスロットルペダルにつながっている。
2. キャブレター（写真参照）またはスロットルバルブハウジングからケーブルを外す。
3. スプリングとスリーブを取り外す（写真参照）。
4. スロットルペダルからケーブルの先端を外す。

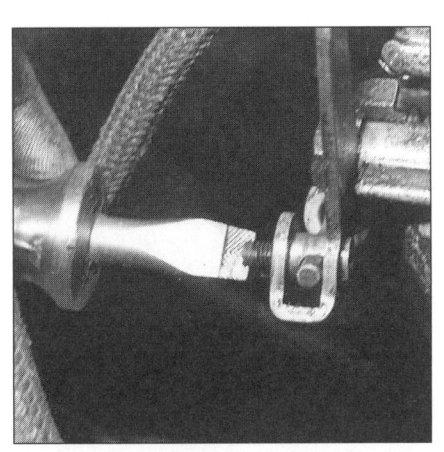

7.7a エアクリーナーアセンブリーをまっすぐ持ち上げる

7.7b 1973年以降のモデルには、乾式の紙製エレメント式フィルターが使われている。ホースを外して、エアクリーナーを持ち上げて取り外す

8.2a キャブレターの底部付近、スロットルレバーに付いた保持スクリューを緩めてから…

8.2b …クリップを取り外す（スロットルレバーの保持スクリューを失わないように注意する）

8.3 スプリングとスリーブを取り外す

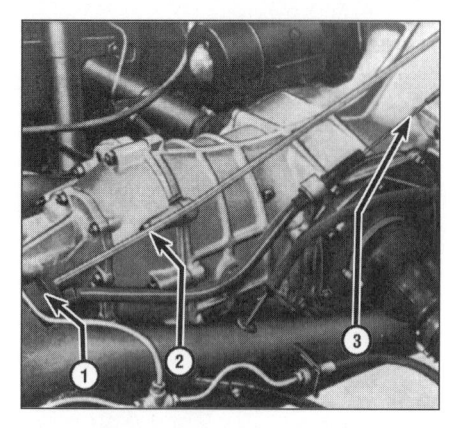

4-8　燃料/排気系統

8.7 ケーブルの取り回しの詳細（見やすくするために車体から取り外してある）

1　ラバーブーツ
2　フレキシブルガイドチューブ
3　クラッチケーブル

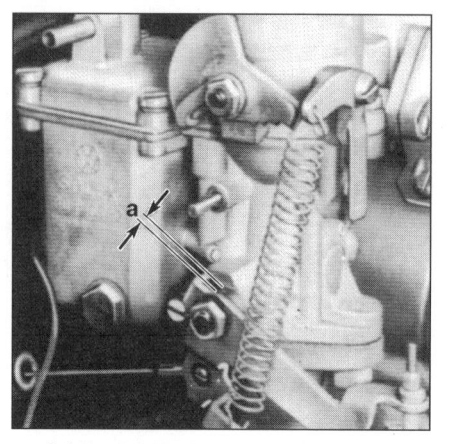

8.12「a」部のすき間は約1 mm が基準値である

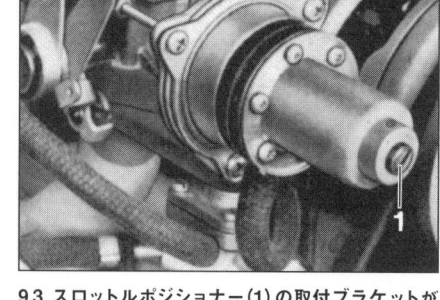

9.3 スロットルポジショナー(1)の取付ブラケットがキャブレターとインテークマニホールド間に取り付けられている

5. 前輪に輪止めをする。車体後部を持ち上げて、リジッドラックで確実に支える。
6. 車の下にもぐって、ファンハウジングのチューブからケーブルを抜き取る。
7. フレキシブルガイドチューブを外し、ラバーブーツを取り外す**(写真参照)**。
8. スロットルペダル付近のチューブからケーブルを引き抜く。ウエスでケーブルを拭き取って、フロアマットにグリスが付かないようにする。

取り付け

9. スロットルペダル付近のフロアパンのガイドチューブに、新しいケーブルを挿入する。チューブに挿入するときは、ケーブルにグリスを塗布すること。
10. トランスミッション付近のチューブからケーブルが出てきたら、ラバーブーツとフレキシブルガイドチューブを取り付けて、ファンハウジング内の金属チューブにケーブルを通す。
11. エンジンルーム内に戻って、チューブからケーブルを引っ張り上げて、スプリングとスリーブを取り付ける。ケーブルをスロットルレバーまたはスロットルバルブハウジングに接続する。
12. 他の人にスロットルペダルをいっぱいまで踏み込んでもらった状態でケーブルを調整する。

キャブレターモデルの場合、全開状態のスロットルレバーとストッパーとの間にほんの少しすき間（1 mm）があるのが正規である**(写真参照)**。

9. キャブレターの脱着

→写真 9.3, 9.4, 9.6, 9.9 参照

警告：ガソリンは極めて引火性が高いため、燃料系統の各部品の整備を行なう場合は充分な注意が必要である。作業場でタバコを吸ったり、作業場に裸火や裸電球を持ち込まないこと。燃料が皮膚に付いた場合は、すぐに水と石鹸で洗い流すこと。燃料系統の整備を行なう際は、保護メガネを着用して、Bタイプ（油火災用）の消火器を手元に準備しておくこと。

取り外し

1. バッテリーのマイナス側ケーブルを外す。
2. エアクリーナーを取り外す（セクション7参照）、またはカルマンギアの場合は、エアクリーナーとキャブレター間のダクトを取り外す。
3. 識別用の荷札等を付けた上で、キャブレターとスロットルポジショナー（装着車）から各バキュームホースと配線を外す**(写真参照)**。
4. キャブレターからフューエルラインを外す**(写真参照)**。

5. スロットルケーブル（セクション8参照）を外して、1960年以前のモデルの場合は、手動チョークケーブルも外す。スロットルポジショナー装着車の場合は、固定ピンをこじって、ファーストアイドルレバーからプルロッドを外す。
6. キャブレター取付ナットを取り外して、キャブレターをエンジンから持ち上げて外す**(写真参照)**。
7. インテークマニホールドにはウエスなどを仮に詰めて、ホコリなどがエンジンに入らないようにする。
8. インテークマニホールドのフランジとキャブレターの底部（および装着車の場合はスロットルポジショナー）から古いガスケットをきれいに取り除く。

取り付け

9. 取り付けは取り外しの逆手順で行なう。ガスケットは必ず新品と交換して**(写真参照)**、この章の「整備情報」に記載の規定トルクで各ナットを締め付ける。スロットルポジショナー装着車の場合は、スロットルポジショナーの両側にガスケットを取り付ける。
10. エンジンを始動して、燃料漏れがないか点検する。

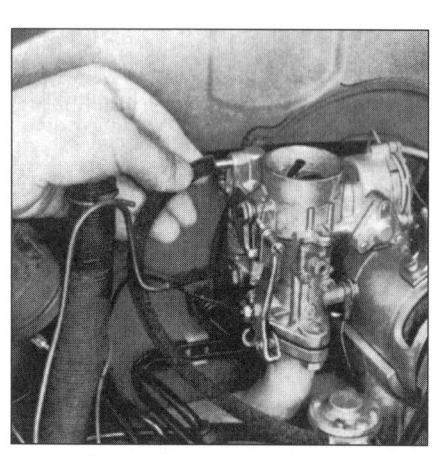

9.4 キャブレターからフューエルラインの接続を外す

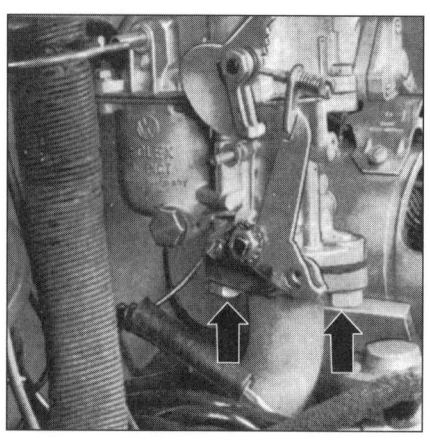

9.6 取付ナット（矢印）を取り外す

9.9 キャブレターとインテークマニホールドの間に新しいガスケットを置く

燃料／排気系統

10. キャブレターの故障診断、オーバーホール

警告：ガソリンは極めて引火性が高いため、燃料系統の各部品の整備を行なう場合は充分な注意が必要である。作業場でタバコを吸ったり、作業場に裸火や裸電球を持ち込まないこと。燃料が皮膚に付いた場合は、すぐに水と石鹸で洗い流すこと。燃料系統の整備を行う際は、保護メガネを着用して、Bタイプ（油火災用）の消火器を手元に準備しておくこと。

故障診断

1. キャブレターの本格的なオーバーホールを行なう場合は、その前に念入りなロードテストと点検を行なっておくこと。後期モデルでは、エンジンルーム内に貼ってあるラベルに調整値が記載されている場合がある。

2. キャブレターに不具合が発生すると、スパークプラグのかぶり、始動困難、エンスト、バックファイヤーおよび加速不良などの症状が現われる。キャブレターに燃料漏れや、本体の外側に湿った堆積物（あるいはその両方）が見られる場合は注意が必要である。

3. ただし、性能が低下して、キャブレターが故障していると考えられる場合でも、実際には、エンジンまたは電気系統の緩み、調整不良、不具合が原因となっていることもある。また、バキュームホース類の漏れ、接続不良または取り回し不良も原因として考えられる。キャブレターの故障を診断する場合は、以下の点にも注意すること：

a) すべてのバキュームホースとアクチュエーターに漏れまたは取付不良がないか点検する（第1章と第6章参照）。
b) インテークマニホールドとキャブレターの各取付ナット／ボルトを確実にかつ均等に締め付ける。
c) 圧縮圧力を点検する（第2章参照）。
d) 各スパークプラグを清掃して、必要に応じて交換する（第1章参照）。
e) スパークプラグコードの点検（第1章参照）。
f) イグニッションコイルの一次回路配線の点検。
g) 点火時期の点検（第1章を参照するか、エンジンルームのラベルに記載されている指示に従う）。
h) フューエルポンプの吐出圧を点検する（セクション3参照）。
i) エアクリーナーの点検／交換（第1章参照）。
j) PCVシステムの点検（第6章参照）。
k) フューエルフィルターの点検／交換（第1章参照）。また、フューエルタンクのストレーナーに詰まりがないことも確認する。
l) 排気系統の詰まり点検。
m) EGRバルブ（装着車）の作動点検（第6章参照）。
n) チョーク機構の点検；エンジンが通常作動温度に達したときにチョークが全開になることを確認する（第1章参照）。
o) 燃料漏れ、フューエルラインがねじれたり、潰れていないかの点検（第1章と第4章参照）。
p) エンジンを切った状態で、加速ポンプの作動を点検する（エアクリーナーカバーを外して、キャブレタースロート部を観察しながら、スロットルレバーを操作する。少量の燃料が噴出する様子が見えるはずである）。
q) 不良な燃料（粗悪ガソリン）が入っていないか確認する。
r) バルブクリアランスの点検（第1章参照）。
s) 専門の修理工場に、エンジンアナライザーを使った点検を依頼する。

4. キャブレターの故障診断には、エアクリーナーを取り外した状態でエンジンを始動して、そのまま回転させなければならない場合がある。エアクリーナーを外した状態でエンジンを回していると、バックファイヤーが発生することがある。この現象は、通常はキャブレターが故障しているときに発生するが、エアクリーナーを外したことによって混合気が薄くなって、バックファイヤーが起こる場合もある。**警告**：キャブレターの点検または整備をしているときは、身体（特に顔）をキャブレターの上に近づけないように注意する。保護メガネを着用する。

オーバーホール

→写真／図 10.9a、10.9b、10.9c、10.9d、10.09e、10.9f、10.9g、10.10a、10.10b、10.11、10.15、10.27、10.28a、10.28b、10.29 参照

5. キャブレターのオーバーホールが必要だと判断した場合、いくつかの選択肢がある。自分でキャブレターのオーバーホールをやってみるつもりであれば、まず（すべてのガスケット類、消耗部品、パーツリスト等が入った）オーバーホールキットを準備する。また、キャブレターの清掃には専用の溶剤と、キャブレター内部の通路を清掃するための圧縮空気も必要になる。

6. もう一つの選択肢は、新品またはリビルト品のキャブレターを用意することである。これらは専門店等で購入することができる。ただし、交換用のキャブレターは、元のキャブレターと正確に同じものでなければらない。部品番号は、フロートボウルに打刻されている。その番号により、元のキャブレターのタイプを正確に特定することができる。リビルト品のキャブレターまたはオーバーホールキットを購入する場合は、それが元のキャブレターと正確に適合するものかどうか確認しなければならない。ほんの少ししか違いがないように見えても、エンジンの性能に対しては大きな影響を与える場合がある。キャブレターは通常、フロートボウルの番号によって識別できる。キャブレターには以下の種類がある。

- 28 PICT キャブレター（1963年以前のモデル）
- 28 PICT-1 キャブレター（1964年と1965年モデル）
- 30 PICT-1 キャブレター（1966年と1967年モデル）
- 30 PICT-2 キャブレター（1968年と1969年モデル）
- 30 PICT-3 キャブレター（1970年モデル）
- 34 PICT-3 と 34 PICT-4 キャブレター（1971～1974年モデル）

7. 自分でオーバーホールする場合は、時間をかけて慎重に分解してから、洗浄液の中に必要な部品を浸けておく（普通は浸けたままで最低半日くらい放置しておくが、詳しくは洗浄液に付属の説明に従う）。その後、通常は分解よりもずっと時間のかかる組み立てに取りかかる。キャブレターを分解するときは、オーバーホールキットに付属の図と各部品を照らし合わせて、図の順番に従ってきれいなところに各部品を並べる。オーバーホールの経験が浅い場合は、せっかく作業しても、エンジンが不調になったりあるいはまったく動かなくなってしまうこともある。こうした悲劇を避けるためにも、分解する時点から組み立てるときのことを考えて、部品の取付位置、取付方法などに充分注意しながら、辛抱強く作業することである。

8. キャブレターは、年々厳しくなっていった排出ガス規制に対応するために様々な設計変更が加えられているので、全てのタイプについて手順毎に作業を説明することは現実的に不可能である。従って、キャブレターのオーバーホールキットを購入するときは、説明書と詳しい分解組立図を一緒にもらっておくこと。説明書には、自分の車のキャブレターの詳しい分解／組立方法が書いてあるはずである。ただし、そうした説明書がない場合は、以下の手順を参考にし、自分の車のキャブレターの作業に応用させる。

9. スプリングやダッシュポットなどの外付け部品を取り外す。キャブレターの上部から5本のスクリュー（**写真参照**）を取り外して、キャブレターを取り外す。

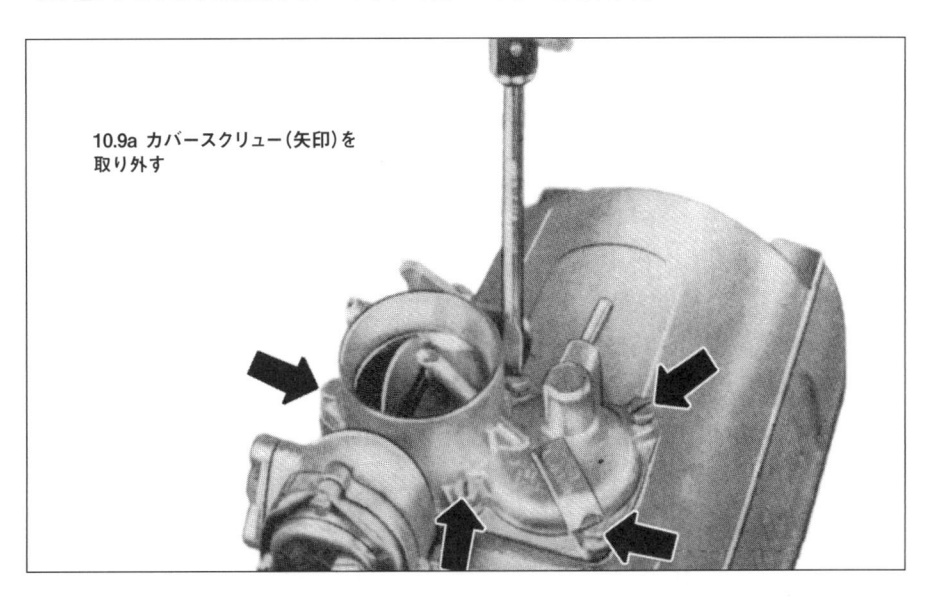

10.9a カバースクリュー（矢印）を取り外す

4-10 燃料／排気系統

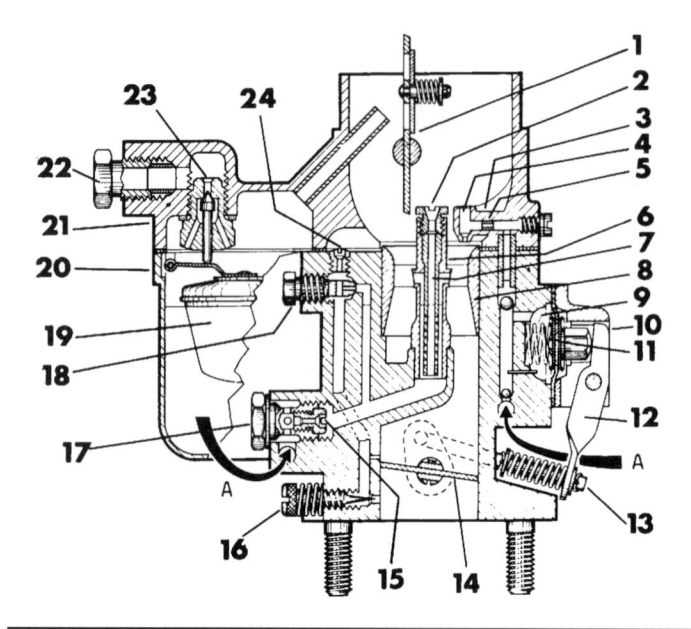

10.9b Solex 28 PCI キャブレターの断面図

1 カバープレート
2 補正ジェット
3 加速ポンプインジェクター
4 エアブリード
5 ポンプジェット
6 メインジェットブリッジ
7 エマルジョンチューブ
8 チョークチューブ
9 ポンプダイアフラムスプリング
10 加速ポンプ
11 ポンプダイアフラム
12 ポンプレバー
13 ポンプ作動ロッド
14 スロットルバルブ
15 メインジェット
16 ボリュームコントロールスクリュー
17 メインジェットキャリアプラグ
18 パイロットジェット
19 フロート
20 キャブレターボディ
21 上部カバー
22 フューエルインレットフィッティング
23 ニードルバルブ・アセンブリー
24 パイロットジェットエアブリード
A 燃料吸入口

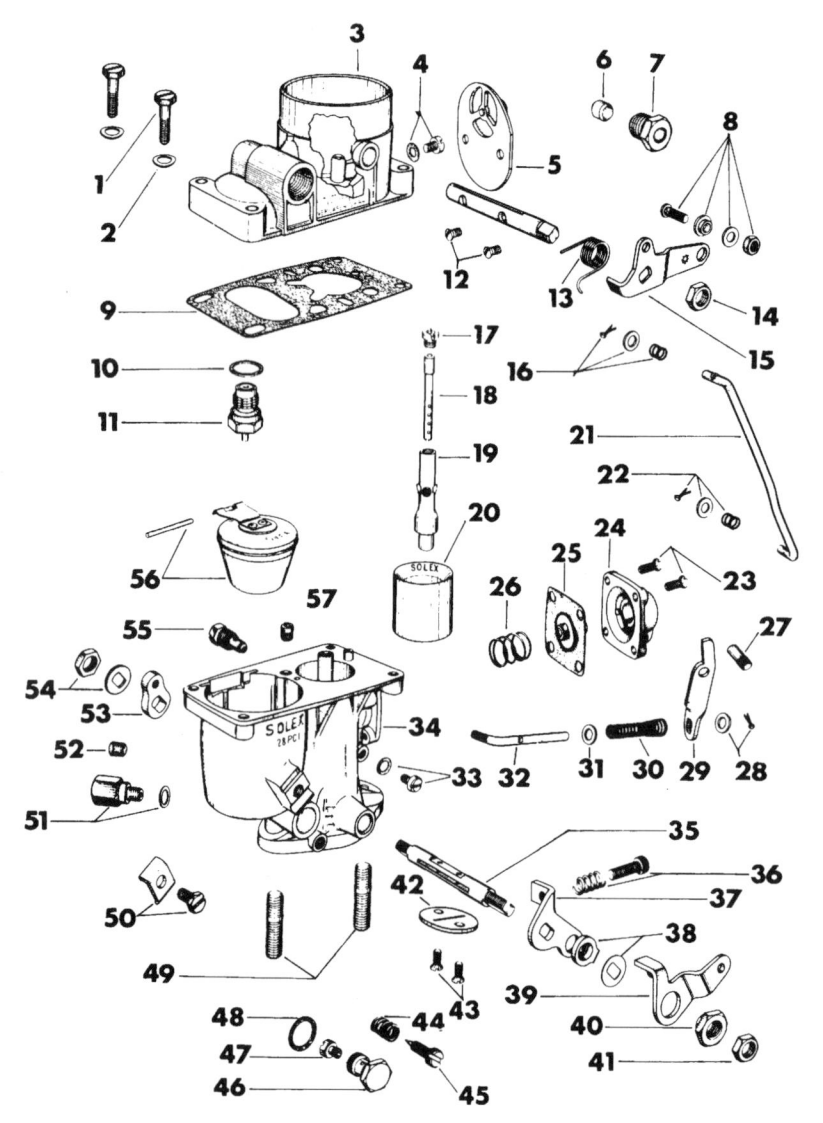

10.9c Solex 28 PCI キャブレターの展開図

1 カバースクリュー
2 ワッシャー
3 カバー
4 固定スクリューとワッシャー
5 チョークプレート
6 フューエルライン用リング
7 フューエルライン用ユニオン
8 チョークケーブル用接続部品
9 ガスケット
10 ニードルバルブワッシャー
11 ニードルバルブ
12 チョークプレートスクリュー
13 チョークシャフトリターンスプリング
14 シャフトナット
15 チョークレバー
16 リンクロッドワッシャーと保持ピン
17 エア補正ジェット
18 エマルジョンチューブ
19 エマルジョンチューブサポート
20 チョークチューブ
21 リンクロッド
22 リンクロッドワッシャーと保持ピン
23 カバースクリュー
24 加速ポンプカバー
25 加速ポンプダイアフラム
26 スプリング
27 ポンプレバーピボットピン
28 ワッシャーと割ピン
29 ポンプレバー
30 リターンスプリング
31 ワッシャー
32 作動ロッド
33 固定スクリューとワッシャー
34 メインボディ
35 スロットルシャフト
36 スロットルストップスクリューとスプリング
37 スロットルレバー
38 シャフトワッシャー
39 インターミディエイトレバー
40 シャフトナット
41 ロックナット
42 スロットルバルブ
43 スロットルバルブスクリュー
44 スプリング
45 ボリュームコントロールスクリュー
46 メインジェットホルダー
47 メインジェット
48 ワッシャー
49 取付スタッド
50 ケーブルクランプとスクリュー
51 バキュームパイプ／ディストリビューター用ユニオン
52 バキュームパイプユニオンリング
53 インターミディエイトレバー
54 シャフトワッシャーとナット
55 パイロットジェット
56 フロートとピボット
57 パイロットエアブリード

燃料／排気系統　　　　　　　　　　　　　　　　　　　　　　　　　　　4-11

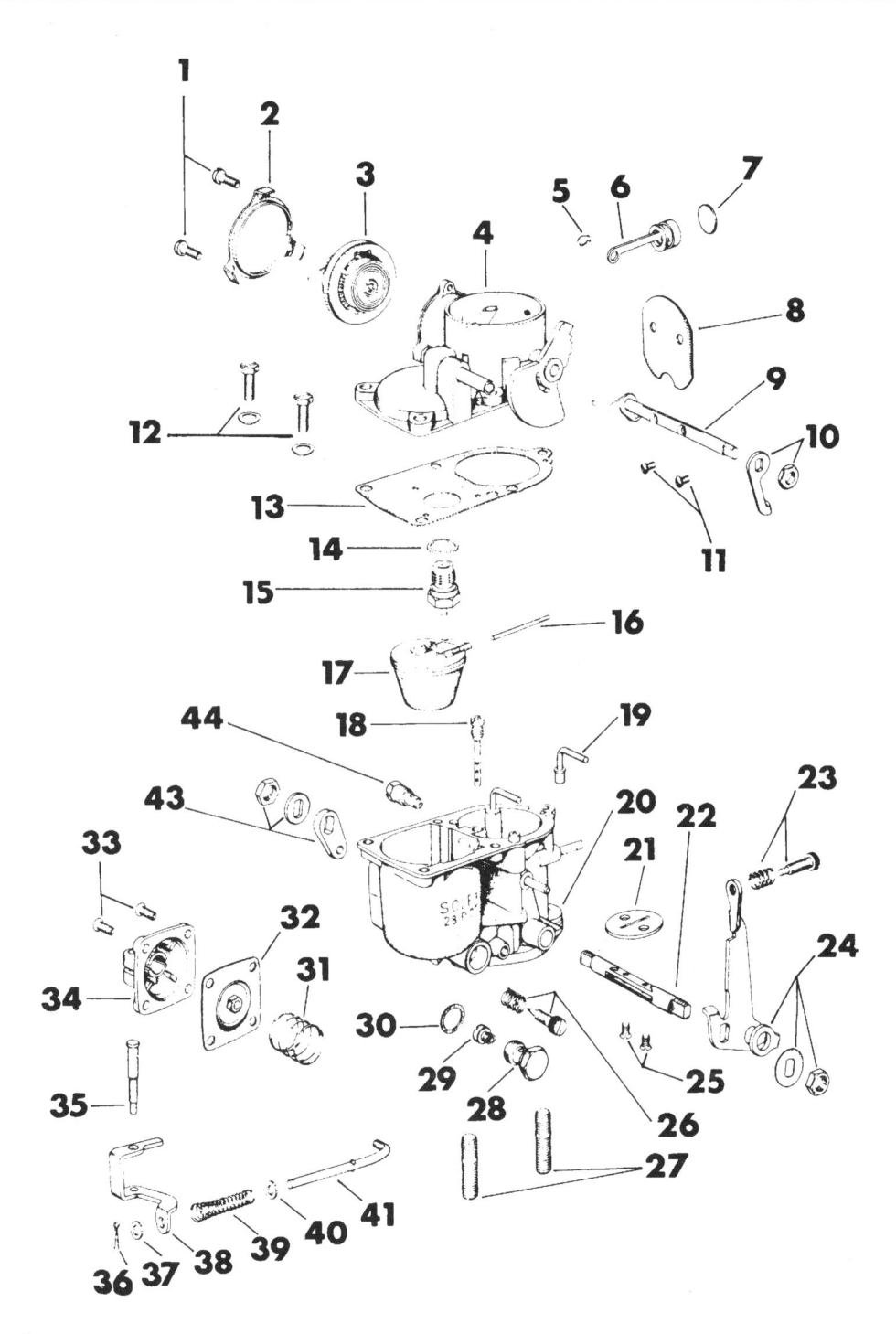

10.9d Solex 28 PICT キャブレターの展開図

1 保持スクリュー
2 カバー保持リング
3 オートチョークエレメント
4 アッパーボディ
5 クリップ
6 バキュームピストンリンケージ
7 プラグ
8 チョークプレート
9 チョークシャフト
10 レバーとナット
11 チョークプレートスクリュー
12 カバースクリュー
13 ガスケット
14 ワッシャー
15 ニードルバルブ
16 フロートピボット
17 フロート
18 エマルジョンチューブ
19 加速ポンプジェット
20 ロアボディ
21 スロットルバルブ
22 スロットルシャフト
23 スロットルストップスクリュー
24 スロットルレバーワッシャーとナット
25 スロットルバルブスクリュー
26 ボリュームコントロールスクリュー
27 取付スタッド
28 メインジェットキャリア
29 メインジェット
30 ワッシャー
31 ポンプスプリング
32 ポンプダイアフラム
33 ポンプカバースクリュー
34 ポンプカバー
35 ピボットピン
36 割ピン
37 ワッシャー
38 ポンプレバー
39 スプリング
40 ワッシャー
41 ポンプロッド
42 欠番
43 インターミディエイトレバー、ワッシャーとナット
44 パイロットジェット

4-12 燃料／排気系統

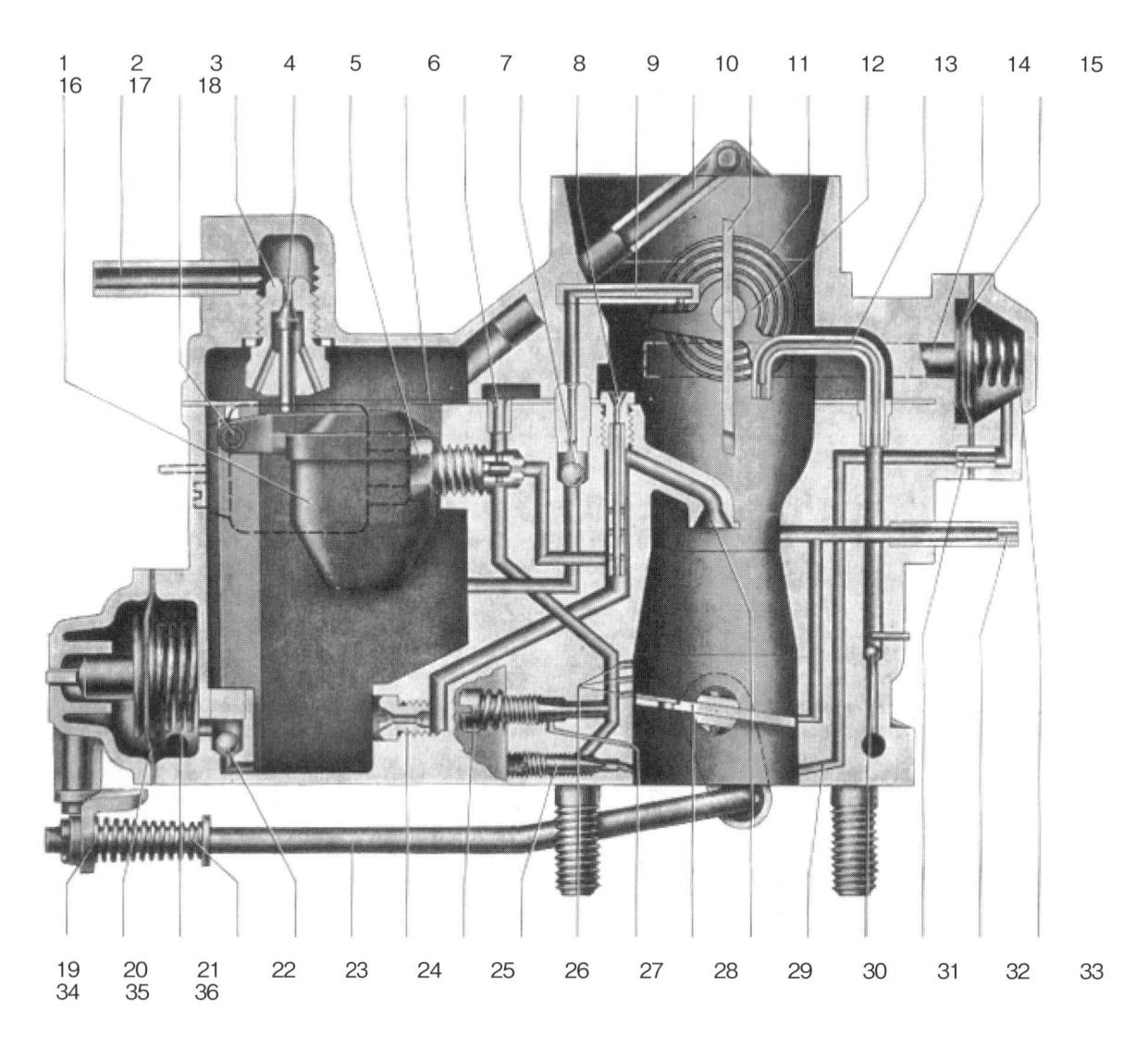

10.9e Solex 30 PICT-2 キャブレターの断面図

1. フロート
2. フューエルライン
3. フロートレバー
4. ニードルバルブ
5. ニードル
6. パイロットジェット（点線は、電磁式カットオフバルブを示す）
7. ガスケット
8. パイロットエアオリフィス
9. 逆流防止用ボール
10. エア補正ジェットとエマルジョンチューブ
11. パワーフューエルチューブ
12. ベントチューブ
13. チョークプレート
14. バイメタルチョークスプリング
15. チョークレバー
16. 加速ポンプジェット
17. バキュームダイアフラムロッド
18. バキュームダイアフラム
19. ポンプレバー
20. ポンプダイアフラム
21. ポンプスプリング
22. スプリング
23. 逆流防止用ボール（ポンプの吐出部）
24. ポンプダイアフラム用プルロッド
25. メインジェット
26. ボリュームコントロールスクリュー
27. アイドルブリードスクリュー（通常は非調整）
28. バイパスポート
29. アイドルポート
30. スロットルバルブ
31. メインノズル
32. バキューム通路
33. 逆流防止用ボール（ポンプの吐出部）
34. ジェットオリフィス
35. バキューム接続口
36. バキュームダイアフラムスプリング

燃料／排気系統

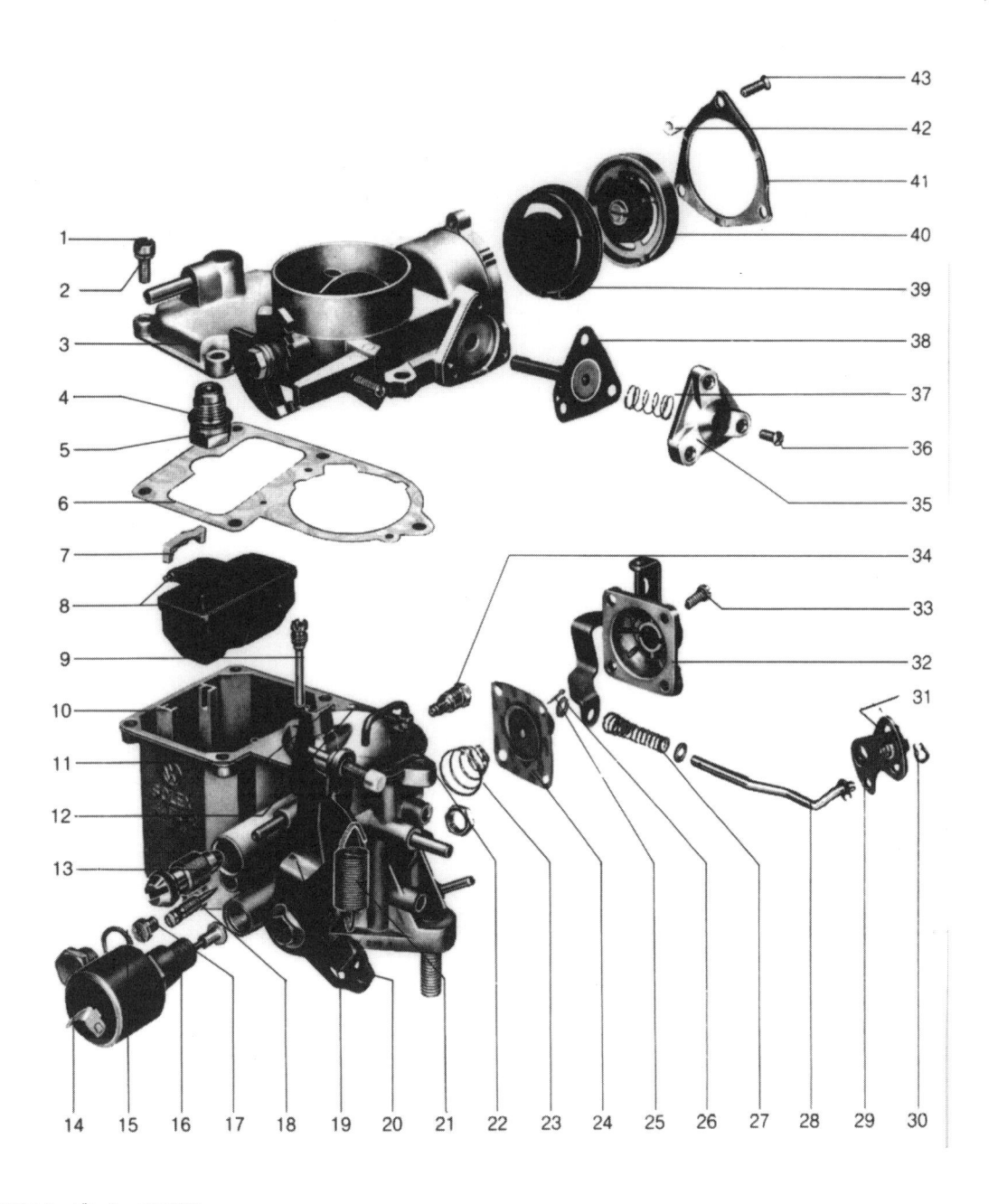

4-13

10.9f Solex 34 PICT-3 キャブレターの展開図

1 丸平頭スクリュー
2 スプリングワッシャー
3 キャブレター上部
4 ニードルバルブワッシャー
5 ニードルバルブ
6 ガスケット
7 フロートピンリテーナー
8 ピボットピン付きのフロート
9 エマルジョンチューブ付きエア補正ジェット
10 キャブレターボディ
11 パイロットエア通路
12 補助エア通路
13 バイパススクリュー
14 メインジェットカバープラグ
15 メインジェットカバープラグ用シール
16 電磁式カットオフバルブ
17 メインジェット
18 ボリュームコントロールスクリュー
19 ファーストアイドルレバー
20 スロットルレバー
21 スロットルリターンスプリング
22 加速ポンプインジェクター
23 ポンプダイアフラムスプリング
24 ポンプダイアフラム
25 割ピン
26 厚さ1mmのワッシャー
27 リンケージロッドスプリング
28 リンケージロッド
29 アジャスタブルベルクランク
30 サークリップ
31 調整用長穴
32 ポンプカバー
33 スクリュー
34 パイロットジェット
35 バキュームダイアフラムカバー
36 丸皿頭スクリュー
37 バキュームダイアフラムスプリング
38 バキュームダイアフラム
39 プラスチックキャップ
40 チョークヒーターエレメント
41 カバー保持リング
42 保持リングスペーサー
43 小さい丸平頭スクリュー

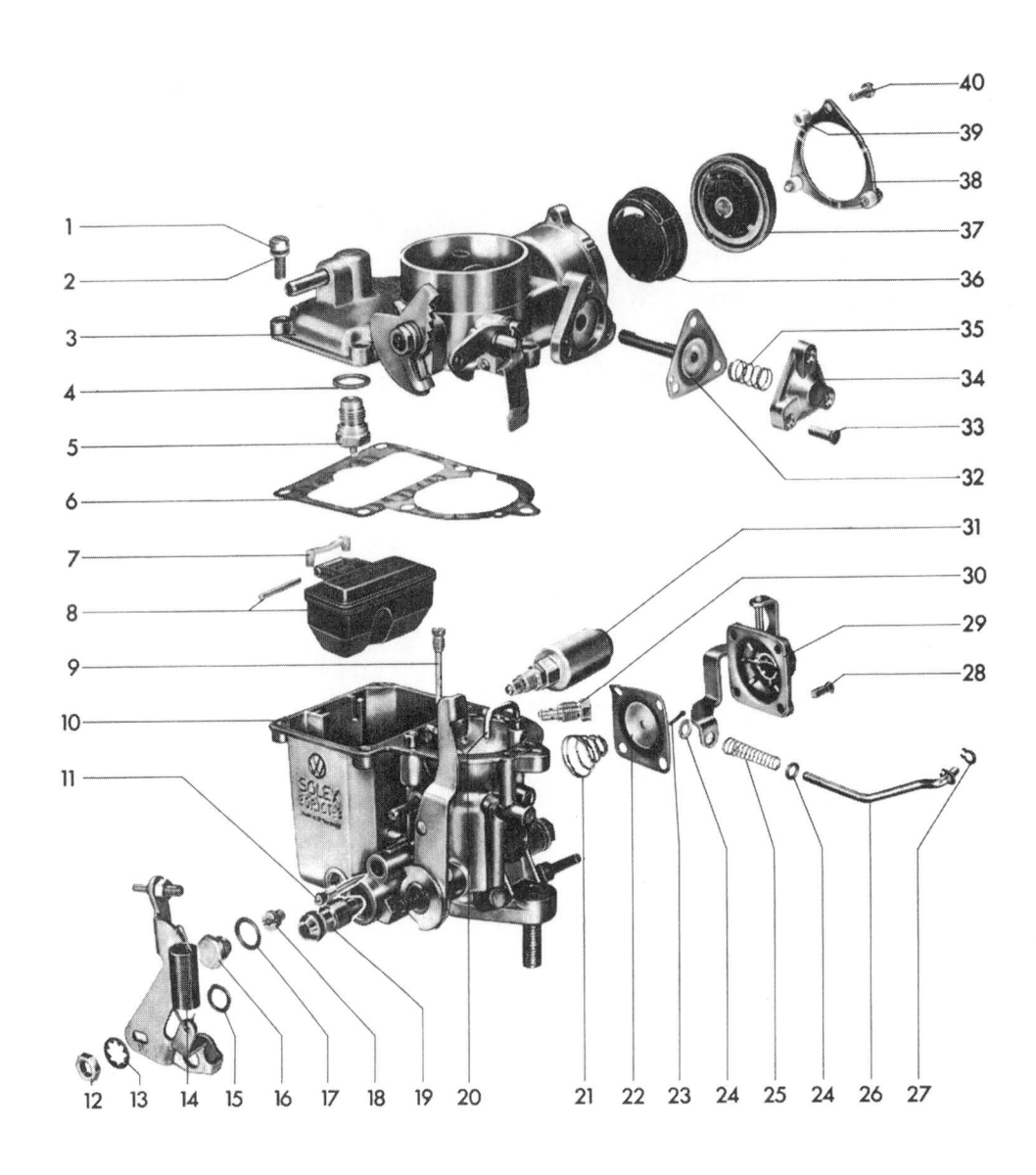

4-14 燃料／排気系統

10.9g Solex 30 PICT-3 キャブレターの展開図

1 丸平頭スクリュー
2 スプリングワッシャー
3 キャブレター上部
4 ニードルバルブワッシャー
5 ニードルバルブ
6 ガスケット
7 フロートピンリテーナー
8 ピボットピン付きのフロート
9 エマルジョンチューブ付きエア補正ジェット
10 キャブレターボディ
11 ボリュームコントロールスクリュー
12 ナット
13 ロックワッシャー
14 スロットルリターンスプリング

15 スプリングワッシャー
16 メインジェットカバープラグ
17 メインジェットカバープラグ用シール
18 メインジェット
19 バイパススクリュー
20 加速ポンプインジェクター
21 ポンプダイアフラムスプリング
22 ポンプダイアフラム
23 割ピン
24 厚さ1mmのワッシャー
25 リンケージロッドスプリング
26 リンケージロッド
27 クリップ
28 スクリュー

29 ポンプカバー
30 パイロットジェット
31 電磁式カットオフバルブ
32 バキュームダイアフラム
33 丸皿頭スクリュー
34 バキュームダイアフラムカバー
35 バキュームダイアフラムスプリング
36 プラスチックキャップ
37 チョークヒーターエレメント
38 カバー保持リング
39 保持リングスペーサー
40 小さい丸平頭スクリュー

燃料／排気系統

4-15

10.10a ガスケットを取り外して…

10.10b …フロートを取り出す

10.11 フロートのニードルバルブを緩めて取り外す。交換する新しい部品と比較するためにワッシャーは保管しておく

10. ガスケットを外して、フロートを取り出す（**写真参照**）。
11. フロートニードルバルブを緩めて外す（**写真参照**）。
12. オートチョークカバー（1961年以降のモデル）から、3本のスクリューを取り外して、ヒーターエレメントとプラスチックキャップを取り外す。
13. 1964年以降のモデルの場合は、バキュームダイアフラムをカバーに固定している3本のスクリューを取り外す。
14. エア補正ジェットとエマルジョンチューブを取り外す。
15. 1970年以前のモデルの場合は、パイロットジェットカットオフバルブを取り外す（**写真参照**）。
16. 1971年以降のモデルの場合は、バイパスミクスチャーカットオフバルブを取り外す。
17. メインジェットプラグ、シールおよびジェットを取り外す。
18. ボリュームコントロールスクリューとスプリング（初期モデル）またはバイパススクリュー（後期モデル）を取り外す。注意：1971年以降のキャブレターの場合は、バイパススクリューの近くにある小さいボリュームコントロールスクリューを取り外さないこと。
19. 加速ポンプリンケージロッド（装着車）から割ピンを取り外す。
20. 加速ポンプカバーから4個のスクリューを取り外して、カバー、ダイアフラムおよびスプリングを外す。
21. すべての金属部品を数時間キャブレター用洗浄液に浸しておく。注意：キャブレター用洗浄液には、電気部品（カットオフバルブ等）、ゴムまたはプラスチック部品を入れないこと。
22. 洗浄液から各部品を取り出して、水できれいに洗い流す。圧縮空気でキャブレターのすべての内部通路を清掃する。警告：保護メガネを着用する。注意：キャブレターの通路に針金を通して清掃しないこと。穴が大きくなる恐れがある。
23. 各部品の摩耗および損傷を点検する。フロートを振ってみて、亀裂が生じて燃料が入っていないか確認する。必要に応じて交換する。
24. すべてのガスケットと小さい構成部品は、オーバーホールキットに入っている新しいものと交換する。古い部品と新しい部品が、同じものかどうか1つずつ確認すること。
25. チョークシャフトとスロットルシャフトの緩み、カジリを点検する。
26. キャブレターの組み立ては、分解の逆手順で行なう。ニードルバルブのワッシャーは、必ず正しい厚さのものを使用すること。フロートレベルは、このワッシャーの厚さによって決まる。オーバーホールキットに付属している調整要領

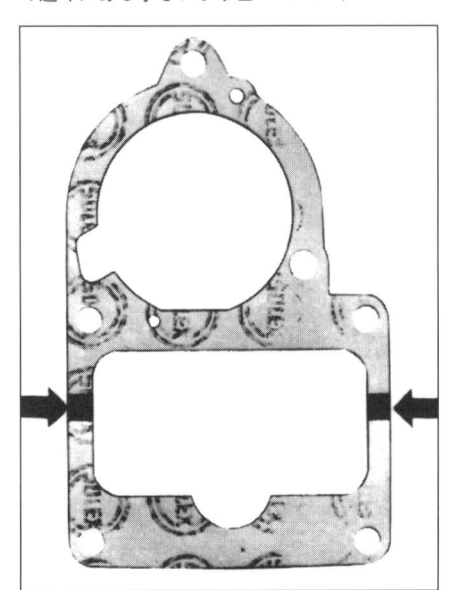

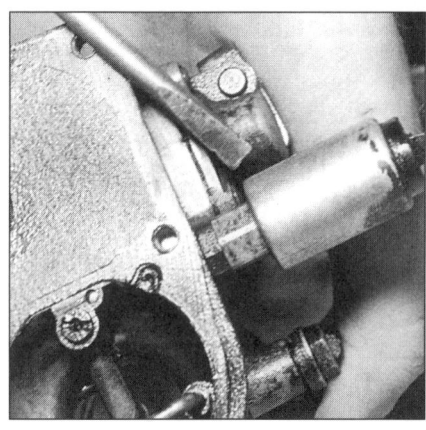

10.15 パイロットジェット・カットオフバルブを取り外す

を参照する。

27. キャブレターボディとカバー間のガスケットは、必ず正しいものを使用すること。30 PICT-3 キャブレター用のガスケットには黄色のストライプが付いており、34 PICT-3 キャブレター用のガスケットには黒いストライプが付いている（**写真参照**）。
28. オートチョーク（1961年以降のモデル）を組み立てる際は、バイメタルスプリングのフッ

10.27 ストライプ（矢印）の色によって、キャブレターのタイプが識別できる

10.28a フックがレバー（矢印）に引っかかるように、バイメタルスプリングを取り付ける

10.28b 本文の説明に従ってマークを合わせる

燃料／排気系統

クを忘れずにチョークシャフトレバーに引っかけること（**写真参照**）。カバーとリテーナーを取り付けて、軽くスクリューを締める。合いマークが一致するまでカバーを回す（**写真参照**）。1970年モデルの一部では、ヒーターエレメントのマークをハウジングの上側マークに合わせなければならない場合がある。他のモデルでは、ヒーターエレメントのマークはハウジングの中間のマークに合わせる。詳しいことは、オーバーホールキットの説明書を参照する。**備考：1972〜1974年モデルのヒーターエレメントには、識別のために「60」という数字が記載されている。このエレメントは、初期モデルとは互換性がない。**

29. 加速ポンプカバーのスクリューを締めるときは、フロートボウルからレバーを離して、ダイアフラムを正しい位置にすること。加速ポンプによって供給される燃料の量は、調整可能である。加速ポンプの燃料供給量が少なすぎると、エンジンの息つきや、もたつきの原因となるし、逆に多すぎると燃費の悪化および排ガスの増加を招く。加速ポンプのリンケージは数種類のものが使われている。初期モデルの場合は、割ピンやロッドを取り付ける穴を変えることで調整する。34 PICT-3 キャブレターを装着している後期モデルの場合は、スクリューの位置を動かすことによって調整する（**写真参照**）。オーバーホールキットに付属している調整要領を参照する。

30. キャブレターの組み立てが終わったら、エンジンに取り付けて（セクション9参照）、アイドル回転数を調整する（第1章参照）。

11. フューエルインジェクションシステムに関する全般的な注意事項

→図11.2参照

警告：ガソリンは極めて引火性が高いため、燃料系統の各部品の整備を行なう場合は充分な注意が必要である。作業場でタバコを吸ったり、作業場に裸火や裸電球を持ち込まないこと。燃料が皮膚に付いた場合は、すぐに水と石鹸と水で洗い流すこと。燃料系統の整備を行なう際は、

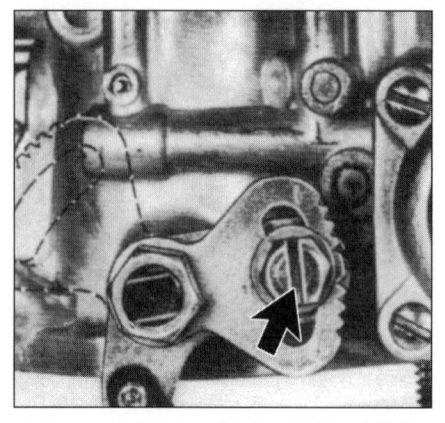

10.29　34 PICT-3 キャブレターの場合、加速ポンプはスクリュー（矢印）の位置を動かして調整する。ダイナモ搭載車の場合、リンケージは点線で示した位置にある。

保護メガネを着用して、Bタイプ（油火災用）の消火器を手元に準備しておくこと。

備考：エンジンが不調になった場合は、フューエルインジェクションシステムの故障を疑う前に、必ず点火系統と圧縮圧力の点検を行なうこと（第2章と第5章参照）。

1975年式以降のVWビートルは、キャブレターに代えて電子制御式フューエルインジェクションシステム（燃料噴射装置）を備えている。

このフューエルインジェクションシステム（**図参照**）は、3つの系統（燃料供給、吸気制御、電子制御）から構成されている。各系統を順番に説明してみよう。

燃料供給

燃料は、フューエルタンクの下に取り付けられた電磁式フューエルポンプによって加圧された後、車両前部からフィルターとフューエルラインを経由して車両後部に送られる。エンジンルーム内では、環状に配置されたフューエルライン（リングメインと呼ばれる）が、4個のフューエルインジェクターとコールドスタートバルブに燃料を供給する。燃圧レギュレーターは、このリングメイン内の燃圧を一定に保ち、余分な燃料はリターンラインを介してタンクに戻す。各インジェクターは、インテークバルブの直前で各吸気ポートに加圧された燃料を噴射する。エンジン冷間時には、コールドスタートバルブもインテークエアディストリビューターに燃料を噴射して、暖機を促す。

吸気制御

空気は、エアクリーナーからエアフローメーター（エアフローセンサー）へ入る。すると、エアフローメーター内のフラップが、エンジンに入る空気の流量（＝スロットルバルブの開度によって変化する）に応じて動く。フラップに連結されているポテンショメーターは、その動き、つまり吸気流量を電気抵抗値に変えて電子制御ユニットに伝達する。その後、空気はラバーブーツを通ってスロットルバルブハウジングに送られる。スロットルケーブルは、この中のスロットルバルブに接続されており、ドライバーがスロットルペダルを踏むと、スロットルバルブが開いて、より多くの空気がインテークエアディストリビューターを介してエンジンに吸入される。

エンジンが冷えているときは、常に補助エアレギュレーターが開いて、エンジンに余分な空気を送り、アイドルアップする。このレギュレーターには、電気で加熱されるバイメタルスプリングが組み込まれており、そのスプリングによりエンジンが暖まるに従って徐々にバルブが閉じるようになっている。

電子制御

電子制御ユニット（ECU）は、センサー類の出力信号を監視して、フューエルインジェクターの開弁時間を変えることにより、燃料供給量を調整する。ECUは、主に（エアフローメーターによって測定される）吸気流量と（点火ディストリビューターから得られる）エンジン回転数に基づいてエンジンへの燃料供給量を決める。

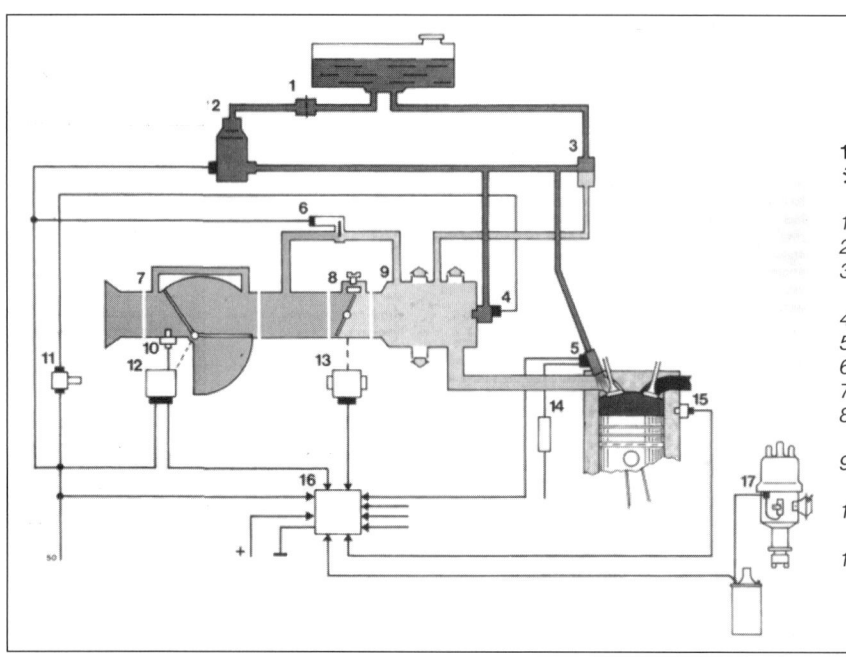

11.2 フューエルインジェクションシステムの概要図

1. フューエルフィルター
2. フューエルポンプ
3. プレッシャーレギュレーター
4. コールドスタートバルブ
5. インジェクター
6. 補助エアレギュレーター
7. エアフローメーター
8. スロットルバルブハウジング
9. インテークエアディストリビューター
10. 温度センサー1（1976年以降のモデル）
11. サーモタイムスイッチ
12. ポテンショメーター（フューエルポンプスイッチ付き）
13. スロットルバルブスイッチまたはマイクロスイッチ（1978年のカリフォルニア向けモデルを除く）
14. 抵抗器
15. 温度センサー2
16. 電子制御ユニット
17. 点火ディストリビューター

燃料／排気系統

全モデルにつき、シリンダーヘッドには温度センサー（温度センサー2と呼ばれている）が取り付けられている。このセンサーから提供される情報に基づいて、ECUはエンジン冷間始動時、暖機時および通常作動時などのその時々の状況に合わせて、混合気の空燃比を調整する。1976年以降のモデルの場合は、エアフローメーター内にも温度センサー（温度センサー1と呼ばれている）が設けられている。このセンサーは、エアフローメーターに入る空気の温度を検出して、ECUは、その情報に基づいて温度の違いによって生じる空気密度に応じ空燃比を補正する。

サーモタイムスイッチは、エンジンが冷えているときにコールドスタートバルブを作動させて、短時間燃料を噴射させる。あらかじめ設定された時間が経過すると、コールドスタートバルブの電源は自動的に遮断され、燃料の過供給を防止している。

なお、1975～1977年モデルにはスロットルバルブスイッチ（1977年のカリフォルニア向けモデルではマイクロスイッチ）も使われている。フルスロットル時には、このスイッチからの信号に基づいて、ECUは常に最大負荷時の作動を行なう。ただし、1978年と1979年モデルでは、この系統は廃止されている。

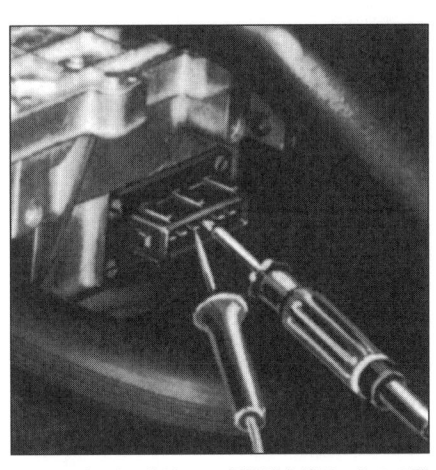

スロットルバルブスイッチは、EGRバルブの開閉も制御する（1977年以降のカリフォルニア向けモデルを除く）。EGRシステムは、アイドル時およびフルスロットル時には作動しない。

12. エアフローメーターの点検、交換

→写真 12.3a, 図 12.3b 参照

点検

備考：エアフローメーター内部のエアフラップは、ホコリで引っかかったり（固着）、バックファイヤーにより破損することがある。エンジンが正常に回らない、または全く始動できない場合は、エアフローメーター内の空気の流れる通路を点検して、必要に応じて清掃または交換する。損傷している部品は、必ず交換すること。

1. エアフローメーターには、吸気流量に応じて動くフラップが組み込まれておる。そのフラップに連結されたポテンショメーター（可変抵抗器）が、フラップの動きを電気信号に換えて電子制御ユニットに伝達する。なお、エンジン回転時には、エアフローメーターがダブルリレーを介してフューエルポンプを制御する。

ポテンショメーターの点検

2. エアフローメーターからエアインテークブーツを取り外す。
3. エアフローメーターから配線コネクターを慎重に外して、抵抗計（サーキットテスター）を端子6と9の間に接続する**（写真参照）**。エアフローメーターの中に手を入れて、フラップを動かしてみる**（図参照）**。抵抗値は以下の範囲で変化するはずである：
- 1976年モデル：100～300Ω
- 1975年、1978年、1979年モデル：200～400Ω

備考：1976年モデルでも、補用品については通常200～400Ωのユニットが使われている。

4. 抵抗計を端子7と8の間に接続する。抵抗値は以下の範囲で変化するはずである：
- 1975年モデル：120～200Ω
- 1976年モデル：80～200Ω
- 1977年以降のモデル：100～500Ω

5. 上記の点検のいずれかで抵抗値が規定から外れる場合は、エアフローメーターを交換する。

フューエルポンプスイッチの点検

6. エアフローメーターからエアインテークブーツを取り外す。
7. エアフローメーターから慎重に配線コネクターを外して、端子36と39の間にテスターを接続する。エアフローメーターの中に手を入れて、フラップを動かしてみる**（図参照）**。フラップが閉じているときは、導通がないはずである。フラップがわずかに開くと、すぐに導通するはずである。もしそうでなければ、エアフローメーターを交換する。

交換

8. バッテリーのマイナス側ケーブルを外す。
9. エアクリーナー・アセンブリーを取り外す（セクション7参照）。

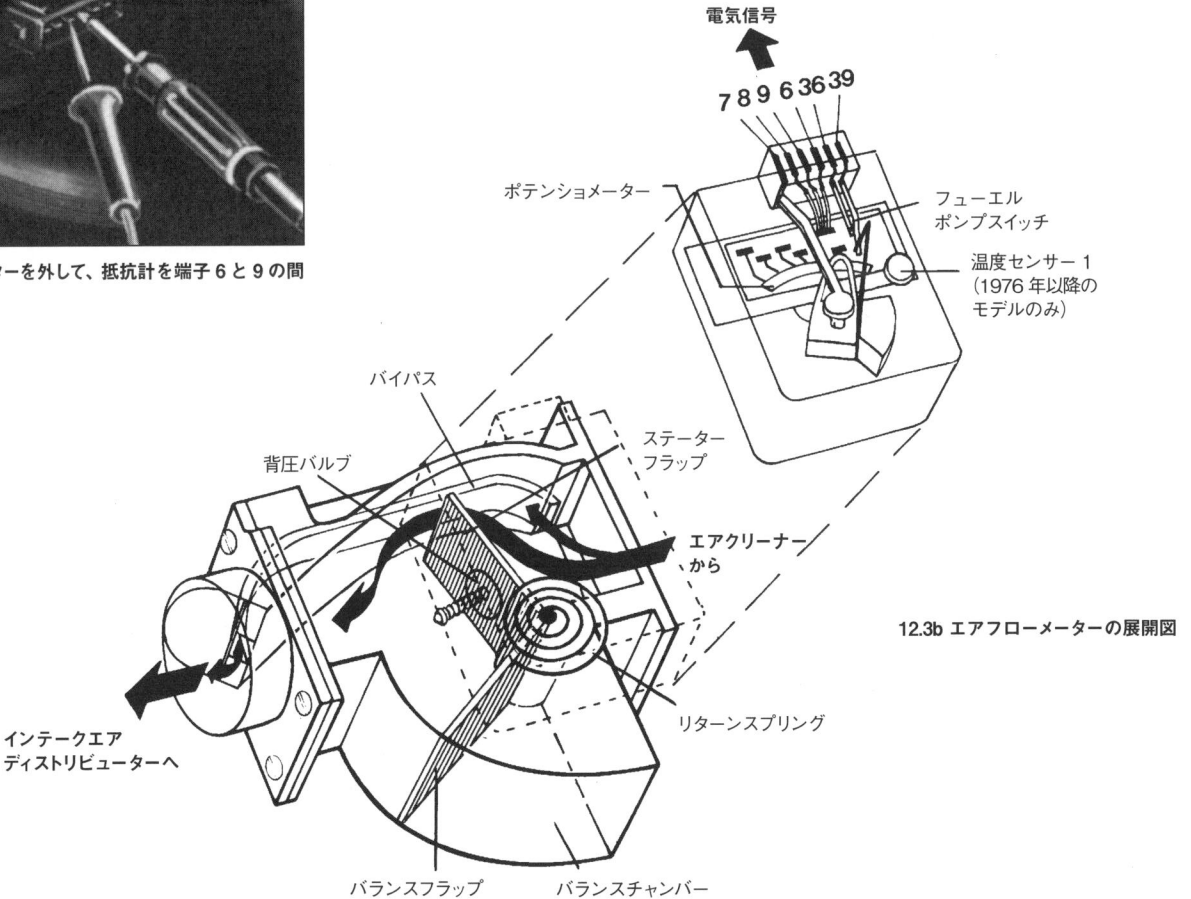

12.3a コネクターを外して、抵抗計を端子6と9の間に接続する

12.3b エアフローメーターの展開図

4-18　燃料／排気系統

10. 配線コネクターのブーツをめくってから、エアフローメーターから慎重にハーネスを外す。
11. ゴム製のエアインテークダクトをエアフローメーターから取り外す。
12. 取付ナットを取り外して、車からエアフローメーターを取り外す。
13. 取り付けは取り外しの逆手順で行なう。新しいエアフローメーターを取り付けたときは、必ずアイドル回転数を調整して（第1章参照）、修理工場等で排ガステスターを使って混合気の空燃比の点検・調整を行なう。

13. 燃圧レギュレーターの点検、交換

警告：ガソリンは極めて引火性が高いため、燃料系統の各部品の整備を行なう場合は充分な注意が必要である。作業場でタバコを吸ったり、作業場に裸火や裸電球を持ち込まないこと。燃料が皮膚に付いた場合は、すぐに水と石鹸と水で洗い流すこと。燃料系統の整備を行なう際は、保護メガネを着用して、Bタイプ（油火災用）の消火器を手元に準備しておくこと。

点検

1. 燃圧レギュレーターは、ファンハウジングとバルクヘッドの間の右側のエンジンのフロントカバープレート上に取り付けられている。燃圧レギュレーターには、バキュームホースが接続され、そのホースはインテークエアディストリビューターにつながっている。
2. エンジンが冷えていれば、始動して暖機する。エンジンを切って、セクション3の手順に従って燃圧計を接続する。
3. プレッシャーレギュレーターからバキュームホースを取り外して、栓をする。
4. エンジンを始動して、燃圧を読み取る。ホースを外した状態での燃圧が、この章の「整備情報」に記載の規定値の範囲内にあることを確認する。
5. 上記の手順で燃圧が規定値であれば、バキュームホースを接続して、燃圧を測定する。ホースを接続したときの燃圧が、この章の「整備情報」に記載の規定値の範囲内にあることを確認する。燃圧レギュレーターは調整できない。どちらかの点検で燃圧が規定値を外れる場合は、燃圧レギュレーターを交換する。

交換

6. 燃圧を抜く（セクション2参照）。
7. バッテリーからマイナス側ケーブルを外す。
8. 燃圧レギュレーターからバキュームホースを取り外す。
9. プレッシャーレギュレーターからフューエルラインの接続を外して、栓をする。
10. 前輪に輪止めをする。車体後部を持ち上げて、リジッドラックで確実に支える。
11. 車の下にもぐって、燃圧レギュレーターの取付ナットを取り外す。そのナットは、フューエルアウトレットチューブに固定されている。
12. エンジンルーム内から燃圧レギュレーターを取り外す。
13. フューエルポンプから出たプレッシャーホースをレギュレーターの横のパイプに接続した状態で、新しい燃圧レギュレーターを取り付ける。フューエルラインとバキュームホースは、確実に接続すること。
14. バッテリーケーブルを接続して、再度燃圧を

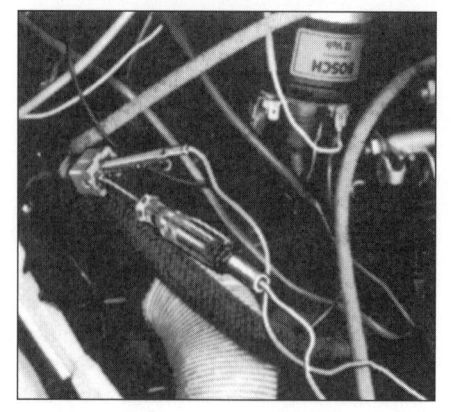

14.5 他の人にスターターを操作してもらいながら、各インジェクターのコネクターの電圧を点検する

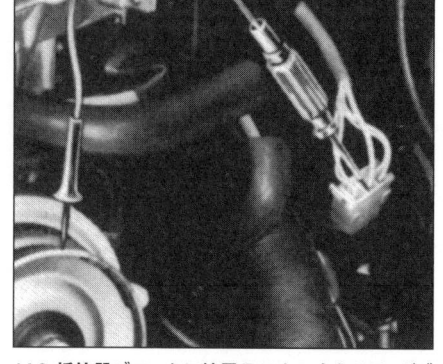

測定する。

15. すべてのフューエルラインを接続した後、燃料漏れがないか点検する。

14. フューエルインジェクターの点検、交換

警告：セクション13と同様。

点検

→写真 14.5, 14.9 参照

1. イグニッションスイッチをON位置にしているとき、フューエルインジェクターには常にダブルリレーの端子88bから12ボルトの電源が供給されている。この電源電流は、各インジェクターに供給される前に抵抗器ブロック内の4個の独立した抵抗を経由する。これらの抵抗器は各インジェクターに供給される電圧を安定させる。
2. 電子制御ユニット（ECU）は、クランクシャフトが1回転する毎にすべてのインジェクターのアース回路を成立させる（つまり、電流が流れる）。アース回路が成立して電流が流れると、インジェクターに内蔵されたソレノイドが励磁して、ニードルバルブが開く。すると、ノズルから燃料が噴射される。
3. 電気的な不具合としては、二通り考えられる。つまり、インジェクターに電源が流れないか、またはアースしてはならないときにアースする（つまり、インジェクターのバルブが必要以上に開く）のどちらかである。
4. 特に雨天時などに、燃料の供給量が多すぎる（プラグがかぶる）場合は、インジェクターの内部でショートが発生していないか点検する。各フューエルインジェクターからコネクターを外す。サーキットテスター（抵抗計）を使って、インジェクターのケースと、インジェクターの端子との間の導通を調べる（端子は2個あるので、別々に導通を調べる）。インジェクターケースとインジェクターのどちらかの端子の間に導通があれば、インジェクターを交換する。
5. インジェクターから配線コネクターを外して、他の人にスターターを操作してもらいながら、そのコネクターの端子間の電圧を点検する（写真参照）。回路が正常であれば、検電テスターがエンジンのクランキングに合わせて点滅するは

14.9 抵抗器ブロックに検電テスターをあてて、ダブルリレーの端子88bから電圧が来ているかどうか確認する

ずである。

6. 配線ハーネスが短絡してどこかにアースしていないか調べる。エンジンを切って、すべてのインジェクターのコネクターを外す。サーキットテスターの一方のテスター棒をエンジンのきれいな金属部分にアースして、もう一方のテスター棒をハーネス側の各コネクターに差して導通を点検する。いずれかの配線で導通（アースへの短絡）がある場合は、ハーネスを交換する。
7. フューエルポンプは作動するが（セクション3参照）、エンジンが始動しない場合は、フューエルインジェクターが燃料を噴射しているかどうか確認する。インジェクターを取り外す（下記参照）。ただし、配線とフューエルホースは接続したままにしておく。一時的にディストリビューターとイグニッションコイル間の一次回路の配線を外して、点火系統が作動しないようにしておく。他の人にスターターを少しの時間操作してもらい、その間にインジェクターの先端を観察する。警告：このテストは、必ずエンジンが完全に冷えているときに行なうこと。保護メガネを着用するとともに、ファンベルトやプーリーなどに近づかないこと。燃料は、クランクシャフト1回転につき1回、すべてのインジェクターで同時に噴射されるはずである。そうでなければ、フューエルインジェクションシステムに問題があるので、点検手順を続ける。
8. 燃料を噴射しないインジェクターがあれば、その配線コネクターの接続を外す。抵抗計を使って、噴射しないインジェクターの端子間の導通を点検する。導通がなければ、そのインジェクターを交換する。
9. インジェクターの単体テストに問題がなければ、検電テスター（写真参照）を接続して、イグニッションスイッチをON位置にした状態で抵抗器ブロックにプラス電圧が来ているかどうか確認する（ただし、スターターは作動させないこと）。
10. 抵抗器ブロックに電圧が検出されれば、ブロック内の各抵抗器、ダブルリレー、およびダブルリレーの端子88bと抵抗器ブロック間の配線を点検する（セクション3参照）。
11. また、インジェクターの漏れも点検しておく。まず、燃圧を点検する（セクション3参照）。前述の手順に従って各インジェクターを取り外して、インジェクターの先端を拭き取る。他の人にイグニッションスイッチをON位置にしてもらい（ただし、スターターは作動させない）、そ

燃料／排気系統　　4-19

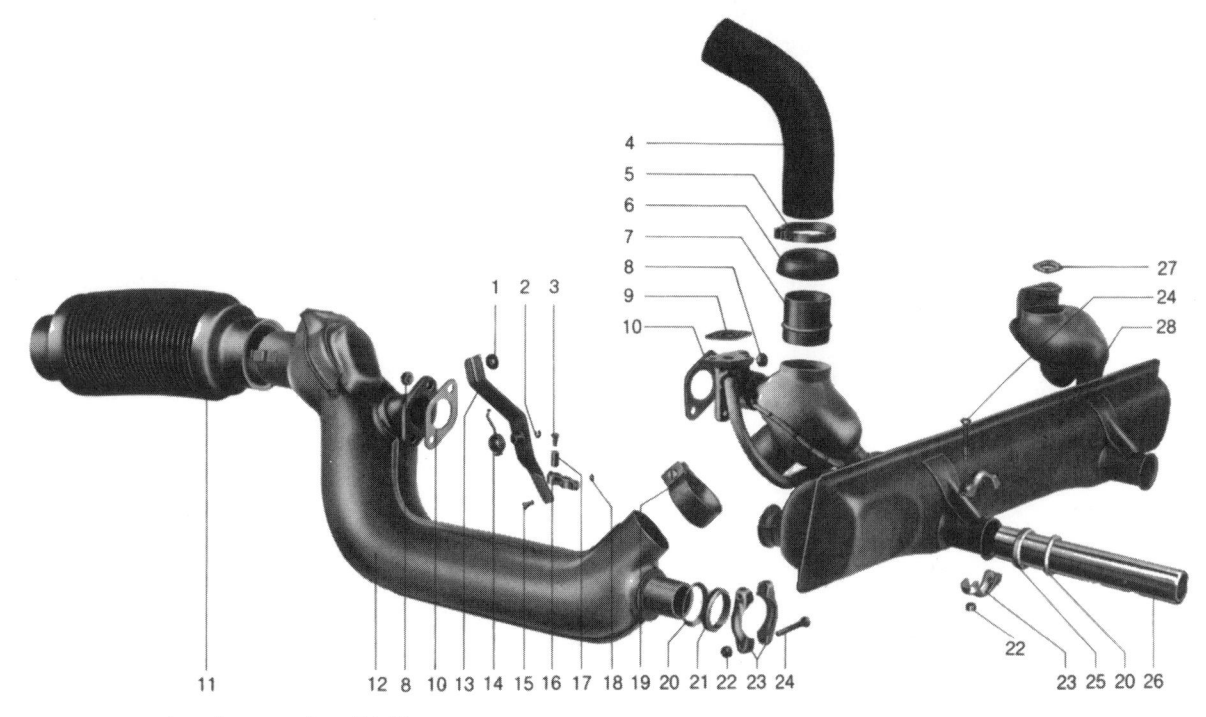

15.1 排気系統の詳細図（キャブレターモデルの代表例）

1　クランプワッシャー
2　Eクリップ
3　ボルト
4　ホットエアチューブ
5　ホースクランプ
6　エアホースグロメット
7　接続パイプ
8　ナット
9　ガスケット
10　ガスケット
11　ヒーターエアダクト
12　ヒートエクスチェンジャー
13　ヒーターフラップレバー
14　レバーリターンスプリング
15　ピン
16　ケーブル用接続リンク
17　ケーブル保持ピン
18　E-クリップ
19　クランプ
20　保持リング
21　シールリング
22　ナット
23　クランプ
24　ボルト
25　シールリング
26　テールパイプ
27　ガスケット
28　マフラー

の間に各インジェクターの先端を観察する。このとき、2～3滴の燃料がノズルから漏れるかもしれない（これは正常である）。それ以上の漏れがある場合は、そのインジェクターを交換する。

交換

12. 燃圧を抜く（セクション2参照）。
13. ヒートエクスチェンジャーとファンハウジング間のヒーターエアダクトを取り外す。
14. 各フューエルインジェクターから配線コネクターを外す。
15. 10 mmのソケットレンチを使って、各インジェクターのリテーナーから固定ボルトを取り外す。
16. リテーナーとシールとともに、インテークマニホールドから各インジェクターを慎重に引っ張って取り外す。**備考**：シールが固着している場合は、細いマイナスドライバー等でこじって取り外す。
17. ホースクランプを緩めて、リングメインからインジェクターを取り外す。
18. インジェクターボディの周囲の大きいシールとインジェクターの先端の小さいシールを交換する。取り付けは取り外しの逆手順で行なう。この章の「整備情報」に記載されている締付トルクで各リテーナーを締め付ける。

15. 排気系統の整備に関する全般的な注意事項

→写真 15.1, 15.4 参照

警告：排気系統の各部品の点検と修理は、走行後に充分な時間が経過して、各部品が完全に冷えてから行なうこと。また、車両の下にもぐって作業するときは、リジッドラックで確実に支えていることを確認する。

1. 排気系統はヒートエクスチェンジャー／エキゾーストマニホールド、触媒コンバーター（1975年以降のモデルのみ）、マフラー、テールパイプおよび各接続部品、ブラケット、ハンガー並びにクランプから構成される（**写真参照**）。これらの部品のいずれかが取付不良の場合、異音や振動が発生する。

2. 安全性と静粛性を確保するためには、定期的に排気系統を点検しなければならない。損傷したまたは曲がった部品、継ぎ目の破れ、穴、接続部の緩み、過度な腐食などの不具合がないか点検する。これらの不具合があると、排気ガスが車室内に入ってくる原因となる。また、排気系統を点検するときは、触媒コンバーター（装着車）も一緒に点検しておく（下記参照）。排気系統の部品が劣化している場合は、修理しないで、必ず新しい部品と交換すること。

3. 排気系統の部品が腐食または錆で固着している場合、取り外しには溶接機器が必要になるであろう。最も手っ取り早い方法は、マフラーの修理業者で腐食した部分を切断してもらうことである。

4. 以下は、排気系統を修理する上での全般的な注意事項の一例である。
a) 取り外しを楽にするために、浸透性潤滑油を排気系統の各固定具に塗布する。
b) 排気系統の構成部品を取り付けるときは、必ず新しいガスケットとクランプを使う。
c) 組み立てるときは、排気系統の各固定具に固着防止剤を塗布する。
d) 新しく取り付けた各部品とアンダーボディとの間に充分なすき間が開いていることを確認する。特に、触媒コンバーターの取付部（写真参照）に注意すること。

15.4 触媒コンバーター（装着車）はマフラーの左側にある

スパークプラグの状態によるエンジンのコンディションチェック

正常
全体に、いわゆるキツネ色に焼けている状態。
(灰色っぽい黄褐色の付着物に薄く覆われている)。

エンジンに適したプラグが使われており、エンジンのコンディションは良好である。

オイル状の付着物
全体に濡れて見え、黒く油っぽい付着物に覆われている。

原因：

シリンダーボアやピストンリングの磨耗による"オイル上がり"、あるいはバルブガイドの磨耗による"オイル下がり"。
いずれも燃料室内にオイルが侵入している。

かさぶた状の付着物
薄茶色の付着物が、かさぶた状に厚く堆積している。

原因：

バルブガイドの磨耗、あるいは長時間のアイドリング。

オーバーヒート
電極が少し溶けたように見え、ガイシ部は非常に白く、付着物はほとんどない。

原因：

プラグのオーバーヒート。

処置：

プラグの熱価(番手)を"冷型"にする。
点火時期を点検、ガソリンの規格を確認する(オクタン価が低い)。
キャブレターのミクスチャー調整を点検する(薄すぎる)。
(インジェクションの場合は専門店に相談)。

ガイシ部の変色
ガイシ部や中心電極が黄色く、光沢があるように見える。

原因：

キャブレターの調整不良。
(インジェクションの場合は専門店に相談)。
長時間のアイドリング後の急加速、点火時期の不良など。

電極の焼損
電極が溶けてなくなり、ガイシ部が焼けている。

原因：

プレイグニッション(異常燃焼の一種)が起きた。

処置：

プラグの熱価(番手)を"冷型"にする。
点火時期を点検、ガソリンの規格を確認する(オクタン価が低い)。
キャブレターのミクスチャー調整を点検する(薄すぎる)。
(インジェクションの場合は専門店に相談)。

カーボンの付着
全体に乾いて、黒く粉っぽい付着物に覆われている。

原因：

ミクスチャーが濃すぎる。

処置：

キャブレターのミクスチャー調整、フロート高さ、チョーク機構を点検する。
(インジェクションの場合は専門店に相談)。
エアクリーナーを点検する。

ガイシ部の破損
ガイシ部の破損、ひび割れ。

原因：

デトネーション(異常燃焼の一種)が起きた、あるいはギャップ調整作業時のミス。

処置：

点火時期、冷却系統を点検する。
キャブレターのミクスチャー調整を点検する(薄すぎる)。
(インジェクションの場合は専門店に相談)。

第5章
エンジン電装系統

目次

1. 概説 5-1
2. ジャンピング（ブースターケーブルを使ったエンジン始動）...... 5-1
3. バッテリーケーブルの点検、交換 5-1
4. バッテリーの脱着 5-2
5. 点火系統に関する全般的な注意事項 5-2
6. 点火系統の点検（故障探求）............................. 5-2
7. イグニッションコイルの点検、交換 5-3
8. ディストリビューターの脱着 5-3
9. 充電系統に関する概説と全般的な注意事項 5-6
10. 充電系統の点検 5-7
11. ボルテージレギュレーターの交換 5-7
12. ダイナモの脱着（1972年以前のモデル）.................. 5-8
13. オルタネーターの脱着（1973年以降のモデル）............ 5-11
14. 始動系統に関する概説と全般的な注意事項 5-12
15. スターターモーターの車上点検 5-13
16. スターターモーターの脱着 5-13
17. スターターマグネットスイッチの脱着 5-13

1. 概説

　エンジンの電装系統は、点火、充電および始動の各系統の部品から構成される。これらの部品はエンジンに関連しているため、ランプ類、計器類などのボディの電装品（第12章で説明）とは分けて考える。

　1966年式まで、VWビートルの電装系統は6Vだった。1967年以降のモデルは12Vとなっている。なお1971年6月以降は、VW電子診断システムに接続するための専用ハーネスも設けられている。フォルクスワーゲン純正の機器を持つ工場では、この診断システムを使って故障診断を行なう。このハーネスは、エンジンルーム内で終端しており（つまり接続先がない）、先端は特殊なコネクターとなっている。注意：このコネクターにVW電子診断システム以外のものは決して接続しないこと。接続した部品が損傷する恐れがある。

　電装系統の整備を行なう場合は、必ず以下の注意事項を守ること：

a) エンジン電装系統の整備は、特に慎重に行なうこと。点検、接続または取り扱いを誤ると、簡単に損傷してしまう。
b) エンジンを切ったままで、決してイグニッションスイッチを長い時間ON位置にしておかないこと。
c) エンジンが回転しているときは、バッテリーケーブルの接続を外さないこと。
d) バッテリー上がりなどで、他車からバッテリーケーブルを接続するときは、必ず同じ極性同士を接続すること（プラス端子同士とマイナス端子同士を接続する）。
e) 端子から外す際は、必ず先にマイナスケーブルを外し、接続する際は最後にマイナスケーブルを接続する。そうしないと、ケーブルクランプを緩めるために使用する工具でバッテリーがショートする恐れがある。
f) バッテリー上がりなどで、他車のバッテリーから電気をもらう場合は、決して12V車のバッテリーに6V車のバッテリーを、逆に6V車のバッテリーに12Vのバッテリーを接続しないこと。

　この章の作業を始める前には、本書の冒頭の「安全に関する注意事項」の項で前述した安全上の注意事項も読んでおくこと。

2. ジャンピング（ブースターケーブルを使ったエンジン始動）

　本書の冒頭の「ジャンピング（他車のバッテリーを借りて行なうエンジン始動）」を参照する。

　警告：他車のバッテリーから電気をもらう場合は、決して12V車のバッテリーに6V車のバッテリーを、逆に6V車のバッテリーに12Vのバッテリーを接続しないこと。

3. バッテリーケーブルの点検、交換

1. バッテリーケーブルの全長に渡り、損傷、亀裂、被覆の焼損、腐食がないか点検する。バッテリーケーブルの不良はエンジンの始動不良およびエンジン性能の低下につながる恐れがある。

2. ケーブル先端部のバッテリー端子との接続箇所に、亀裂、ほつれ、腐食がないか点検する。ケーブルと端子の接続箇所の下に白い粉のような堆積物が見られる場合は、ケーブルが腐食していることを示すので、交換が必要である。バッテリー端子の変形、取付ボルトの脱落、腐食がないか点検する。

3. バッテリー端子からケーブルを外す際は必ず先にマイナス側ケーブルを外し、接続する際は必ず最後にマイナス側ケーブルを接続する。そうしないと、ケーブルクランプを緩めるために使用する工具が車体のどこかに触れてバッテリーがショートする恐れがある。たとえプラス側ケーブルだけを交換する場合でも必ず先にマイナス側ケーブルを外すこと（バッテリーケーブルの取り外しに関する詳細は第1章を参照する）。

4. バッテリーからマイナスとプラスのケーブルを外したら、それらの接続先をたどっていって、スターターマグネットスイッチとボディアースの接続部からケーブルを取り外す。取り付け時のことを考えて、各ケーブルの取り回しを覚えておくこと。

5. 古いケーブルの片方または両方を交換する場合は、念のためにそのケーブルを持っていって新しいケーブルを購入する。同じ仕様のケーブルと交換することは、非常に大切なことである。バッテリーケーブルは、識別する上でいくつかの特徴を持っている。つまり、通常プラスケーブルには黒または赤のカバーが被っており、バッテリー端子のクランプの径がマイナスケーブルより大きい。逆に、通常マイナスケーブルにはカバーがなく、端子のクランプの径はプラスケーブルより若干小さい。

6. スターターマグネットスイッチとアース接続部の各ネジ山部をワイヤーブラシで清掃して、腐食および錆を落とす。そのネジ山部にワセリンまたはグリスを薄く塗布して、腐食を予防しておく。

7. マグネットスイッチとアースの接続部にケーブルを接続して、取付ナット／ボルトを確実に締め付ける。

8. 新しいケーブルをバッテリーに接続する前に、ケーブルがバッテリー端子まで届き、ケーブルが無理に引っ張られないことを確認する。

9. プラス側ケーブルを先に接続してから、次にマイナス側ケーブルを接続する。

5-2　エンジン電装系統

4.7a　6Vバッテリーには、3つのキャップが付いている

4.7b　12Vバッテリーには、6つのキャップが付いている

4. バッテリーの脱着

→写真 4.7a, 4.7b 参照

端子から外す際は必ず先にマイナス側ケーブルを外し、接続する際は最後にマイナス側ケーブルを接続する。そうしないと、ケーブルクランプを緩めるために使用する工具でバッテリーがショートする恐れがある。

1. リアシートからロアクッションを取り外す（必要に応じて、第11章を参照する）。
2. 据え付けクランプを緩めて、バッテリーカバー（装着車）を取り外す。
3. バッテリー端子から両方のケーブルを外す。
4. バッテリーの底部近くの横にある据え付けブラケットを取り外す。
5. バッテリーを取り外す。バッテリーはかなり重いので注意する。
6. バッテリーを取り外したら、トレイとフロアパンに腐食がないか点検して、必要に応じて腐食を取り除く。
7. バッテリーを交換するつもりであれば、必ず電圧（**写真参照**）、寸法、アンペア容量などが同じ仕様のものを購入すること。
8. 取り付けは取り外しの逆手順で行なう。

注意：端子やケーブル間のショートを防止するため、バッテリーは必ず絶縁カバーで保護しておくこと。

5. 点火系統に関する全般的な注意事項

→図 5.1 参照

点火系統の目的は、燃焼室内の混合気に火花を飛ばして点火することである。点火系統の構成部品には、バッテリー、イグニッションスイッチ、イグニッションコイル、一次回路（低電圧）コード、二次回路高電圧）のコード（プラグコード）、ディストリビューター、スパークプラグ（図参照）などが含まれる。ディストリビューターは、コンタクトブレーカーポイント（または単にポイントと呼ぶ）、コンデンサー、キャップとローター、進角機構などから構成されている。イグニッションコイルには、このディストリビューター内のコンタクトブレーカーポイントによって断続された電流が流れる。ポイントが閉じると、バッテリーからイグニッションスイッチおよび配線を介してイグニッションコイルの一次コイルに電気が流れる。ポイントが開くと、イグニッションコイルの電流が遮断され、二次コイルに高電圧が誘起される。この高電圧は、イグニッションコイルの中心端子（二次端子）からディストリビューターキャップの中心電極（センターカーボン）に流れて、ディストリビューター内のローターを介して各スパークプラグに配電される。この電圧がスパークプラグに達すると、先端の電極間に火花が発生して、混合気に点火する。

混合気に点火する最適のタイミング（点火時期）は、エンジン回転数と負荷、並びにエンジン温度と燃料のオクタン価によって変わる。ディストリビューター内に組み込まれている進角機構は、広い範囲のエンジン回転数と負荷に応じて、点火時期を調整（これを進角と呼ぶ）するためのものである。1967年以前のモデルの場合、進角機構のバキュームチャンバーはディストリビューターの外に取り付けられている。1968年以降のセミオートマチックモデルおよび1971年以降の全モデルの場合、より正確に点火時期を調整するために、バキューム式に加えて遠心式の進角機構も使われている。後期の排ガス対策モデルのバキュームチャンバーは、進角だけでなく遅角機構も備えている。コンタクトポイント、コンデンサー、ディストリビューターキャップとローター、およびスパークプラグコードとスパークプラグは、すべて定期メンテナンスの対象部品である。点検と交換手順、および点火時期の点検／調整方法については、第1章を参照する。

6. 点火系統の点検（故障探求）

警告：点火系統には、非常に高い電圧が発生するため、点検時は充分な注意が必要である。

点火系統の不具合によるエンジントラブル（始動困難、回転不調など）が疑われる場合、以下の手順で点火系統の不具合を特定する。

1. No.1シリンダーのスパークプラグからプラグコードを取り外す。外したプラグコードに予備のスパークプラグを取り付ける。スパークプラ

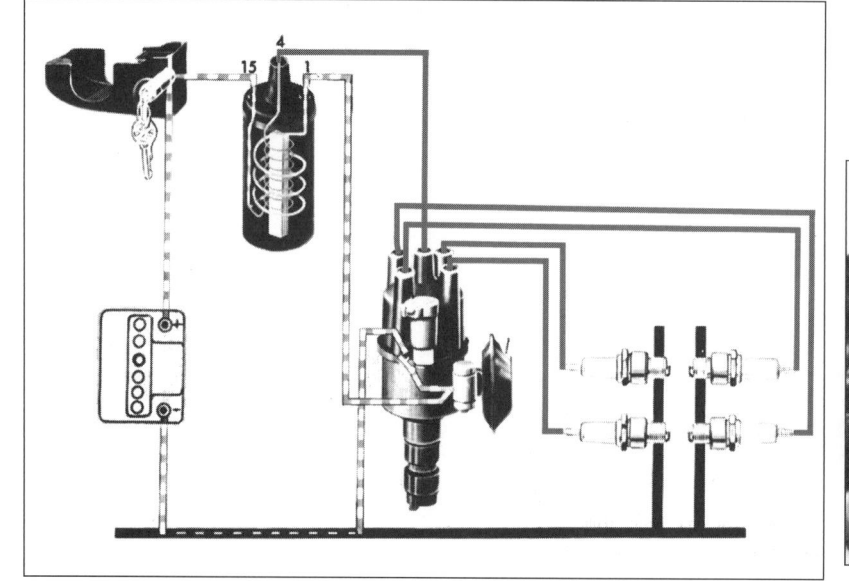

5.1　点火系統の概要図

7.1　イグニッションコイル（矢印）は、ファンハウジングに取り付けられている

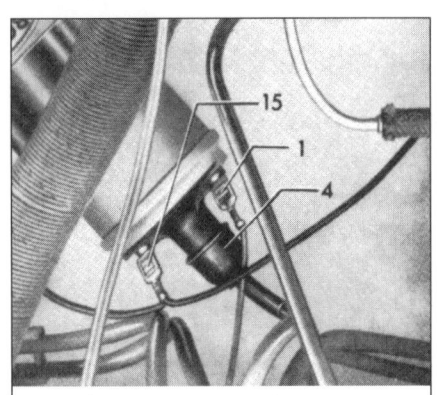

エンジン電装系統

7.3 イグニッションコイルの配線

No.1端子 ディストリビューター（コンタクトポイント）へ
No.4端子 ディストリビューターキャップの中心電極（高電圧）へ
No.15端子 イグニッションスイッチへ

グのネジ部を、エンジンの適当な金属部分（アースが取れるところ）に接触させて保持する。その際は、プラグキャップを絶縁された工具か、またはウエスを巻くなどして保持する（感電しないように注意）。その状態で他の人にスターターモーターを回してもらう。

2. 青白くはっきりとした火花が飛べば、このシリンダーのプラグコードには問題がない。残りのシリンダーでも同様の手順でプラグコードを点検する。

3. すべてのプラグコードで火花が飛べば、不具合はスパークプラグにあると判断できる。第1章（セクション25）を参照してスパークプラグを取り外し、点検、清掃、ギャップ調整あるいは交換を行なう。

4. すべてのプラグコードで火花が飛ばなければ、次にディストリビューターを点検する。ディストリビューターキャップを取り外して、第1章（セクション26）の手順に従ってキャップとローターを点検する。湿っていたら、キャップとローターを乾いたウエスで拭いて乾燥させてから、キャップを取り付け直して、再度プラグコードの火花チェックを行なう。

5. それでも火花が飛ばなければ、ディストリビューターキャップ中央の二次コード（イグニッションコイルから来ている）を外す。そのコードの先端の金属部をエンジンの適当な金属部分（アースが取れるところ）から5mmほど離した位置に保持し（プラグコードと同様に絶縁して保持すること）、他の人にスターターを回してもらう。コードの先端に火花が飛べば、ディストリビューターに何らかの不具合がある。

6. 火花が飛ばなければ、イグニッションコイルの一次回路のリード線（細い方の配線）の接続部を点検して、腐食等がなく、確実に接続されていることを確認する。再度、火花チェックを行なう。

7. それでも火花が飛ばなければ、イグニッションコイルとディストリビューターキャップ間の二次コードの不良を疑ってみる。サーキットテスター（抵抗計）でコードの導通を調べ、抵抗値を測定し、判断の材料とする。

8. コイルとディストリビューター間の二次コードにも問題がなければ、原因はイグニッションコイル（本章のセクション7を参照）、ディスト

リビューター内のポイントまたはコンデンサー（第1章のセクション27を参照）、あるいは一次回路の配線に不具合があると考えられる。

7. イグニッションコイルの点検、交換

→写真 7.1, 7.3 参照

点検

1. イグニッションコイルは、バッテリー電圧を高電圧に変えて、スパークプラグの電極間に火花を飛ばす。コイルは、ディストリビューターの上付近のファンハウジングに取り付けられている（写真参照）。

2. イグニッションコイルの配線および二次端子に損傷、割れ、亀裂、カーボンの付着がないか点検する。

3. コイルまでの配線の取り回しを点検する（写真参照）。端子1と15への配線を逆につなぐと、エンジンが回転はするが、特定の条件で失火するようになる。

4. 電圧計を使って、イグニッションスイッチをON／OFFして（ただし、スターターは作動させないこと）、端子15のプラス電圧を点検する。6V車の場合は、端子15に最低4.8Vの電圧が測定されれば正常である。12V車の場合は、同様に最低9.6Vあれば正常である。規定値未満の場合は、配線を点検／修理する。

5. コイルの端子15に規定の電圧が来ていれば、ディストリビューターキャップにつながっている二次コードを外して、セクション6の手順に従って火花点検を行なう。

6. 強い火花が出れば、コイルは正常である。火花が出なければ、コンタクトポイントとコンデンサー（第1章参照）を点検して、必要に応じて交換する。

7. コンタクトポイントとコンデンサーが正常で、端子15に規定の電圧が来ていれば、イグニッションコイルを交換する。注意：自分の車に対応した正しいコイルを選ぶこと。12V車に使われているイグニッションコイルには、コイルに流れる電流を低減するために内部抵抗が組み込まれている。それに対して、6V車のイグニッションコイルには、抵抗が組み込まれていない。従って、12V車に6V用のコイルを取り付けると、

ポイントが焼損してしまう。逆に、6V車に12V用のコイルを取り付けると、点火電圧が不足して、強い火花が出ない。

交換

8. 識別用の荷札等を付けた上で、コイルから各配線を取り外す。

9. 2本の取付ボルトを取り外して、エンジンルームからイグニッションコイルを取り外す。

10. コイルブラケットの締付スクリューを緩めて、ブラケットからコイルを取り外す。

11. 取り付けは取り外しの逆手順で行なう。

8. ディストリビューターの脱着

→ 図／写真 8.4, 8.5, 8.6, 8.7, 8.8, 8.9a, 8.9b, 8.10, 8.11a, 8.11b 参照

取り外し

1. バッテリーのマイナス側ケーブルを外す。

2. ディストリビューターキャップを取り外して（第1章参照）、ローターがディストリビューター本体の刻み目の方向を向くまでクランクシャフトを回す。No.1シリンダーを上死点位置にする手順については、第2章を参照する。

3. ディストリビューター内のコンタクトポイントとコンデンサーをイグニッションコイルのNo.1端子に接続している一次リード線を外す。

4. ディストリビューターからバキュームホースの接続を外す（写真参照）。

5. ディストリビューター固定ナットを取り外す（写真参照）。

6. ディストリビューターを取り外すときは、まっすぐに引き上げる。ディストリビュータードライブシャフトにはスペーサースプリングが組み込まれており（図参照）、ディストリビューターの底部にくっついている場合がある。そのスプリングをクランクケース内に落とさないこと。

注意：ディストリビューターをエンジンから取り外した後は、クランクシャフトを回さないこと。ディストリビュータードライブシャフトを取り外すつもりであれば、第4章の手順に従ってフューエルポンプ、プッシュロッドおよび中間フランジを取り外す（フューエルインジェクションモデルの場合は不要）。

8.4 ディストリビューターからバキュームホースの接続を外す。ホースが2本ある場合は、識別用に荷札等を付ける

8.5 ディストリビューター固定ナットを取り外す

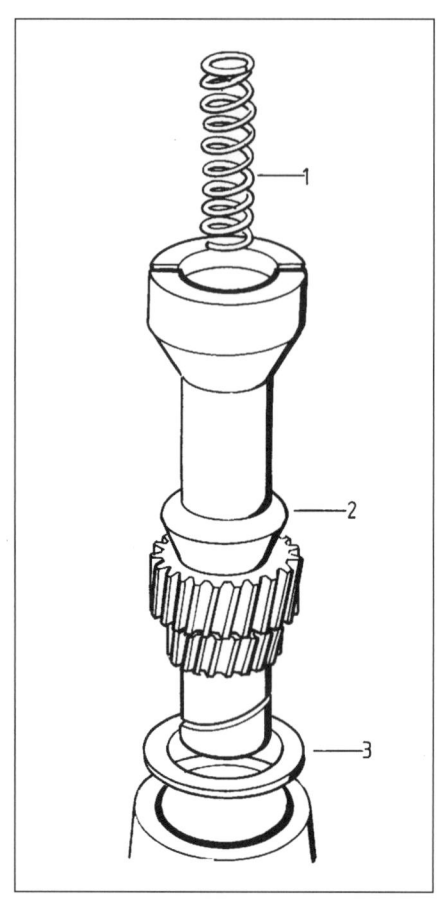

エンジン電装系統

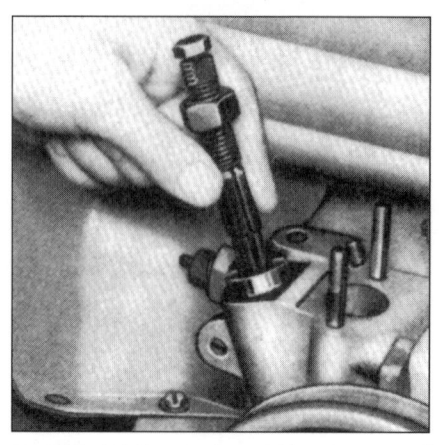

8.7 専用工具を使って、ディストリビュータードライブシャフトを引き抜く

8.8 磁石または固い針金を使って、2枚のスラストワッシャーを取り外す

8.6 ディストリビュータードライブシャフト構成部品の展開図（36hp モデルとフューエルインジェクションモデルは、若干異なる）

1 スペーサースプリング
2 ディストリビュータードライブシャフト
3 スラストワッシャー（2枚必要）

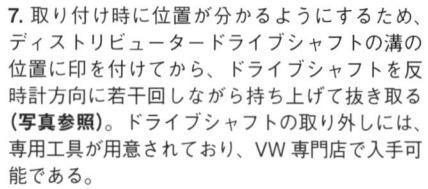

7. 取り付け時に位置が分かるようにするため、ディストリビュータードライブシャフトの溝の位置に印を付けてから、ドライブシャフトを反時計方向に若干回しながら持ち上げて抜き取る（写真参照）。ドライブシャフトの取り外しには、専用工具が用意されており、VW専門店で入手可能である。

8. 磁石または固い針金を使って、2枚のスラストワッシャーを取り外す（写真参照）。注意：クランクケース内にそれらのワッシャーを落とさないこと。

9. ディストリビュータードライブシャフトの歯の摩耗およびフューエルポンプ用駆動カムの摩耗がないか点検する（キャブレターモデルのみ）。ディストリビュータードライブシャフトの歯が損傷している場合は、クランクシャフト側のギアの歯も点検する。マイクロメーターでスラストワッシャーの厚さを測定する。0.60 mm が規定値である。摩耗している部品は交換する。ディストリビューターの構成部品（図参照）を点検して、必要に応じて交換する。

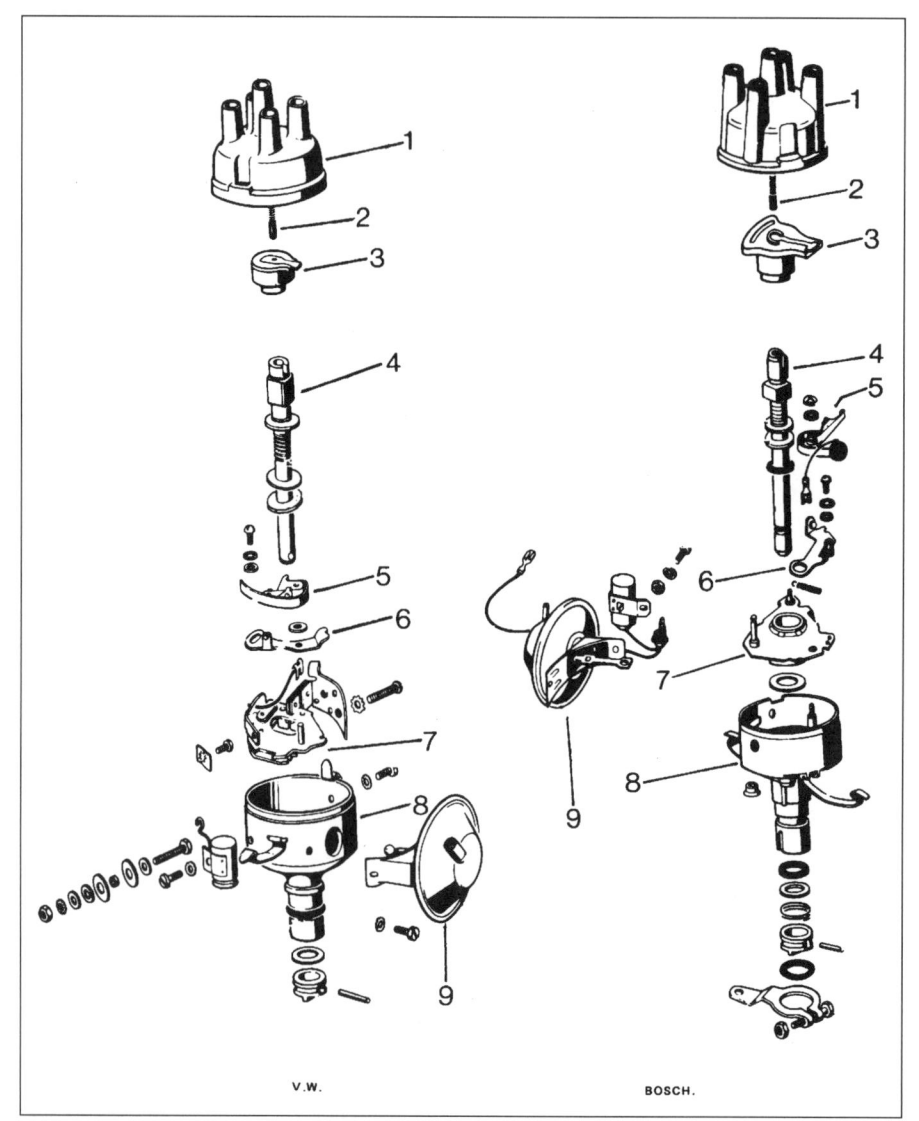

8.9a 初期タイプのディストリビューターの構成部品

1 キャップ
2 センターカーボンとスプリング
3 ローター
4 シャフトとカム
5 ブレーカーアーム
6 コンタクトベース
7 コンタクトベースプレート
8 ディストリビューターボディ
9 バキューム進角ユニット

エンジン電装系統　5-5

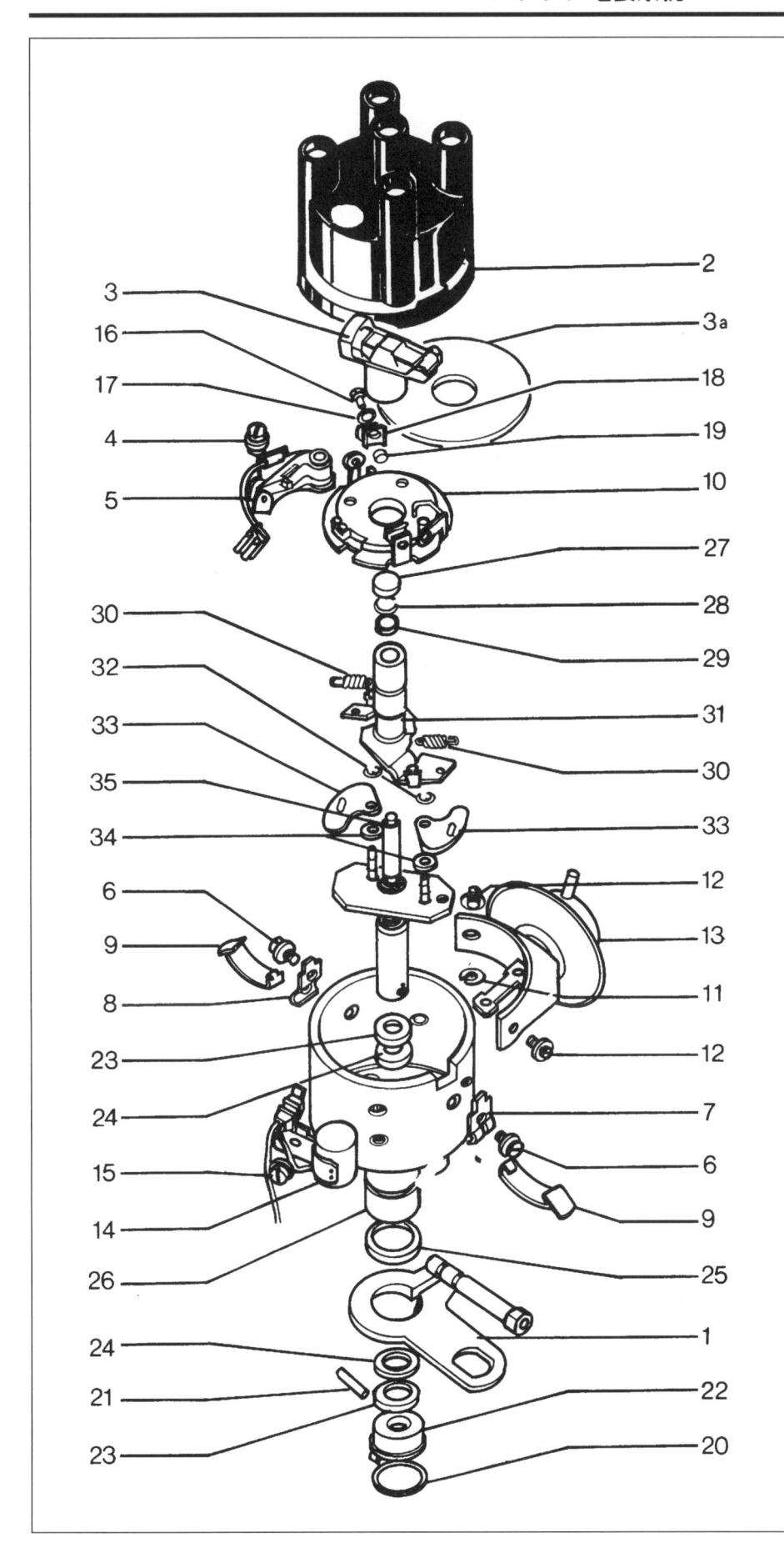

8.9b 遠心式進角機構を装着した後期タイプの
ディストリビューター

1 固定ブラケット
2 キャップ
3 ローター
3a プラスチックキャップ
4 コンタクトポイント固定スクリュー
5 コンタクトポイント
6 クリップスクリュー
7 クリップリテーナー
8 クリップリテーナー
9 キャップクリップ
10 コンタクトポイント取付プレート
11 プルロッド用Ｅクリップ
12 スクリュー
13 バキューム進角ユニット
14 コンデンサー
15 スクリュー
16 スクリュー
17 スプリングワッシャー
18 保持スプリング
19 ボール
20 サークリップ
21 ピン
22 クランプ
23 シム
24 繊維ワッシャー
25 Ｏリング
26 ディストリビューターボディ
27 フェルトワッシャー
28 サークリップ
29 スラストリング
30 リターンスプリング
31 カム
32 サークリップ
33 ウェイト
34 ワッシャー
35 ドライブシャフト

エンジン電装系統

8.10 適当な棒をガイドとしてシムを挿入する

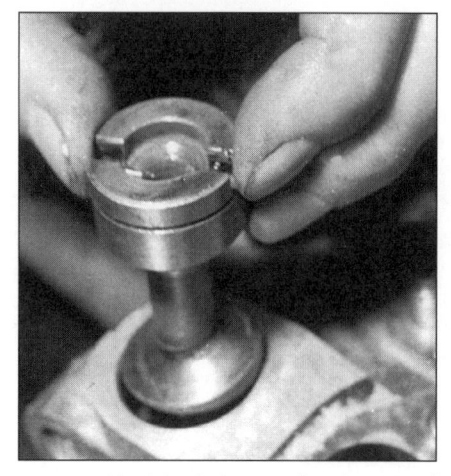

8.11a エンジンオイルをディストリビュータードライブシャフトに塗布してから、シャフト先端の溝をクランクケースの中心の合わせ面に対して垂直に、かつ扇形の小さい方をクランクシャフトプーリー側にして取り付ける

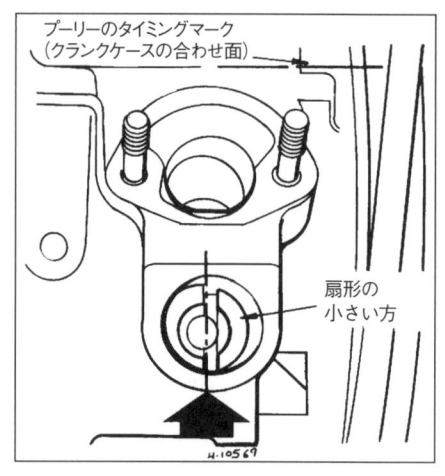

8.11b エンジンの No.1 ピストンを上死点位置にして、ディストリビュータードライブシャフトを取り付けたときに、溝がクランクケースの合わせ面に対して垂直になっていること

取り付け

備考：ディストリビューターを取り外した後に、クランクシャフトが動いてしまった場合は、No.1 ピストンを再度上死点位置にセットしなおされなければならない。（圧縮）上死点位置は、No.1 スパークプラグ穴に指を入れて、クランクシャフトが回ると、指に圧縮圧力を感じることで判断できる。圧縮圧力を感じたら、クランクシャフトプーリーとクランクケースの合わせ目のタイミングマーク（上死点マーク）を合わせる。

10. 取付穴に棒または固い針金を差し込む。2枚のスラストワッシャーにグリスを塗布して、棒または針金をガイドとして下にすべらせる（写真参照）。棒または針金を外す前に、スラストワッシャーが正しい位置になっていることを確認する。

11. エンジンオイルをディストリビュータードライブシャフトに塗布してから、シャフト上端の溝をクランクケースの中心の合わせ面に対して垂直に、かつ扇形の小さい方をクランクシャフトプーリー側にして取り付ける（写真参照）。

備考：排出ガス浄化装置を装着した後期モデルの一部では、バキューム進角用ダイアフラムとのすき間を確保するために、シャフト上端の溝を1歯分左方向（反時計方向）にずらして位置決めしなければならない。

12. クランクシャフトプーリーをレンチで少し左右に回して、ディストリビュータードライブシャフトのギアがかみ合っていることを確認する。ドライブシャフトが動けば、かみ合っている。クランクシャフトプーリーを上死点位置にして、再度ドライブシャフト上端の溝の位置を確認する。

13. ドライブシャフトの中心に固い針金を差し込み、その針金をガイドとしてスプリングを挿入する。

14. フューエルポンプを取り付ける（キャブレターモデルのみ）。

15. ディストリビューターの位置を調整して、エンジンに取り付ける。固定ブラケットをクランクケース上のスタッドに合わせて、底部の駆動用ツメの扇形の小さい方をクランクシャフトプーリー側に向けること。ディストリビューターを挿入する。ディストリビュータードライブシャフト側の溝にディストリビューター側のツメをかみ合わせるために、必要に応じてローターを若干回す。これで、ローターはディストリビューター本体の刻み目と位置が揃うはずである。

16. 固定クランプの位置を調整したら、ナットを確実に締め付ける。

17. ディストリビューターキャップを取り付けて、取り外し時に付けた荷札に従って、各スパークプラグにプラグコードを接続する。

18. イグニッションコイルとディストリビューター間の配線と二次コードを接続して、バッテリーのマイナス端子にバッテリーケーブルを接続する。

19. 点火時期を点検する（第1章参照）。

9. 充電系統に関する概説と全般的な注意事項

エンジンが作動しているときは、充電系統が車両の各電装品に電源を供給する。充電系統は、ダイナモまたはオルタネーター、ボルテージレギュレーター、チャージインジケーターランプ（充電警告灯）、バッテリー、ヒューズおよびそれらの部品間の配線から構成されている。ダイナモまたはオルタネーターは、エンジン後部のファンベルトによって駆動される。

ボルテージレギュレーターの目的は、ダイナモまたはオルタネーターの電圧を一定に制限することである。電圧を一定に制限することにより、エンジンが高速で回転しているときに、過大な電圧によりダイナモ／オルタネーターが過熱したり、電気系統の構成部品が損傷することを防止している。

充電系統の定期的なメンテナンスは、通常は必要ない。ただし、ファンベルト、バッテリー、および配線とその接続部は、第1章に記載されている時期に点検すること。

イグニッションキーを ON 位置にすると、ダッシュボードの警告灯（チャージインジケーターランプ）が点灯し、エンジンを始動すると直後に消灯するはずである。エンジン始動後も消灯しない場合は、充電系統が故障していることを示す（セクション10参照）。

オルタネーター装着車に何らかの電気装置や回路を接続するときは、慎重に作業するとともに、以下のことに注意する：

a) バッテリーとオルタネーター間の配線を接続するときは、極性に注意する。

b) アーク溶接により車の修理を行なう場合は、事前にオルタネーターとバッテリー端子から配線とコードの接続を外しておく。

c) バッテリー充電器を接続したままでは、決してエンジンを始動しないこと。

d) バッテリー充電器を使う前に、必ず両方のバッテリーケーブルの接続を外しておくこと。

e) ダイナモ／オルタネーターはファンベルトによって駆動される。エンジン回転中に手、髪、衣服などが誤ってベルトに巻き込まれると大けがを負う危険がある。

f) エンジンをスチーム洗浄する場合は、その前にダイナモ／オルタネーターをビニール袋で包んで、湿気が侵入しないように輪ゴムで止めておくこと。

エンジン電装系統

10. 充電系統の点検

1. 充電回路に不良が発生した場合は、ダイナモ／オルタネーターが故障していると決めつけないこと。まず、以下の項目を点検する：
a) ファンベルトの張りと状態を点検する（第1章参照）。摩耗したり、へたっている場合は交換する。
b) ダイナモ／オルタネーターの取付ボルトがしっかりと締まっていることを確認する。
c) ダイナモ／オルタネーター用配線ハーネスのコネクターと、オルタネーターとボルテージレギュレーターとの接続部を調べる。問題がなく、しっかりと接続されていることを確認する。
d) 比重計（自動用品店で手に入る）を使って、バッテリーの各セルで電解液の比重を点検する（メインテナンスフリーバッテリーではこの点検は不要）。比重が低い場合は、バッテリーを充電する。また、各セルの比重に大きなバラツキのないことも確認する。ある1つのセルの比重が極端に低いと、ダイナモ／オルタネーターがバッテリーを過充電する原因となる。
e) バッテリーケーブル（最初にマイナスケーブル、次にプラスケーブルの順で）の接続を外す。バッテリー端子とケーブルクランプの腐食を点検する。必要に応じて、念入りに清掃する（第1章参照）。プラス側ケーブルをバッテリー端子に接続して、下記の手順に進む。
f) イグニッションキーがOFFの状態で、マイナス側のバッテリー端子と接続を外したマイナス側ケーブルのクランプの間に検電テスターを接続する。
　1) 検電テスターが点灯しない場合は、マイナス側ケーブルを接続する。
　2) 検電テスターが点灯する場合は、車の電気系統に短絡（漏電）箇所がある。イグニッションがOFFの状態なら、本来電流は流れないはずである。充電系統を点検する前に、短絡箇所を探して修理しなければならない。次に進む。
　3) ダイナモ／オルタネーター・ハーネスの接続を外す。
　　(a) 検電テスターが消灯すれば、オルタネーターが不良である。
　　(b) 検電テスターが点灯したままであれば、消灯するまで各ヒューズを取り外す（ヒューズを順番に外すことにより、どの電装品系統から漏電しているのか分かる）。

2. サーキットテスター（電圧計）を使って、エンジンを切った状態でバッテリー電圧を点検する。1966年以前のモデルでは約6.3Vが、1967年以降のモデルでは約12.6Vが、それぞれ標準値である。
3. エンジンを始動して、ファーストアイドル回転数（約2,000rpm）で回す。再度バッテリー電圧を点検する。このとき、1966年以前のモデルでは約7.4〜8.1V、1967年以降のモデルでは約13.5〜14.5Vとなるはずである。
4. ヘッドライトを点灯させる。一瞬、電圧が低下して、その後充電系統が正常に働いていれば、元の電圧に戻るはずである。
5. 電圧値が規定の充電電圧よりも上昇する場合

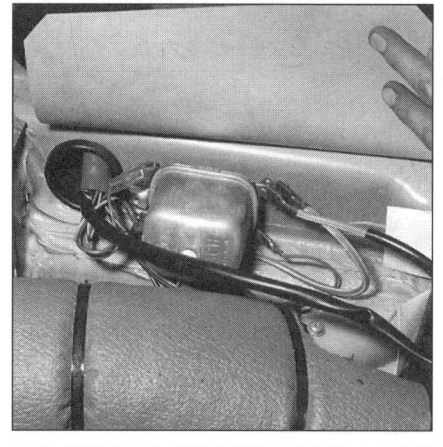

11.2a 1967年から1974年後期までのビートルの場合、ボルテージレギュレーターは運転席側のリアシートの下に取り付けられている

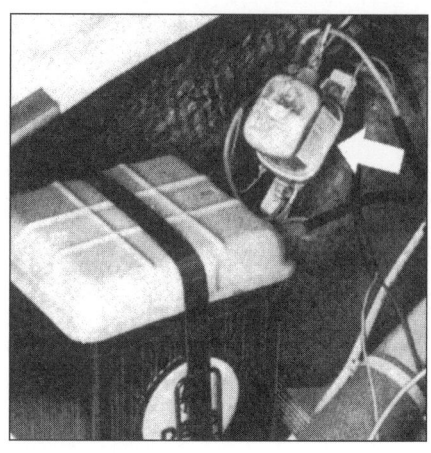

11.2b 1967年以降のカルマンギアの場合、ボルテージレギュレーターはバッテリーの隣にある

は、ボルテージレギュレーターを交換する（セクション11参照）。電圧値が規定よりも低い場合は、ダイナモまたはオルタネーターの不良か、ボルテージレギュレーターが故障しているかもしれない。ボルテージレギュレーターを交換しても、問題が解決されない場合は、ダイナモ／オルタネーターを交換する（ダイナモ／オルタネーターを交換した場合は、必ずボルテージレギュレーターも一緒に交換すること）。

11. ボルテージレギュレーターの交換

→図／写真 11.2a, 11.2b, 11.4, 11.5, 11.8a, 11.8b, 11.9参照

1. 本書が対象としているモデルには、数種類のボルテージレギュレーターが使われているため、本書の記載内容が自分の車と一致していない場合もある。交換が必要となった場合は、必ずシャシー番号、エンジン番号、ダイナモ／オルタネーターの番号およびボルテージレギュレーターの番号を明示して購入すること。
2. 1966年以前のモデルの場合、ボルテージレギュレーターはダイナモの上に取り付けられて

いる。1967〜1974年の後期までのビートルの場合、ボルテージレギュレーターは運転席側のリアシートの下に取り付けられている（**写真参照**）。1974年の後期以降に生産されたビートルでは、ボルテージレギュレーターはオルタネーターの中に組み込まれている。1967年以降のカルマンギアの場合、ボルテージレギュレーターはエンジンルーム内のバッテリーの隣に取り付けられている（**写真参照**）。
3. バッテリーのマイナス側ケーブルを外す。

外付け式ボルテージレギュレーター

4. 識別用の荷札等を付けた上で、ボルテージレギュレーターから各配線の接続を外す（**写真参照**）。
5. 取付スクリューを取り外してレギュレーターを取り外す。6V車の場合は、レギュレーターを逆さにして、下側の2本の配線を外す（**写真参照**）。
6. 6V車用のレギュレーターを取り付けるときは、必ずダイナモのプラス側のブラシから出ている太い配線をレギュレーターの底部のD＋端子に接続すること。フィールドから出ている細い配線は、レギュレーターの底部のDFまたはF端子に接続する。

11.4 識別用の荷札等を付けてから、各配線を外す（写真は6V車）

11.5 6V車の場合、レギュレーターを持ち上げ、識別用の荷札等を付けてから、底部の配線を外す

エンジン電装系統

11.8a 6V車の場合、端子61はダイナモのチャージインジケーターランプに、端子B+(51)は、スターターを経由してバッテリーにつながっている

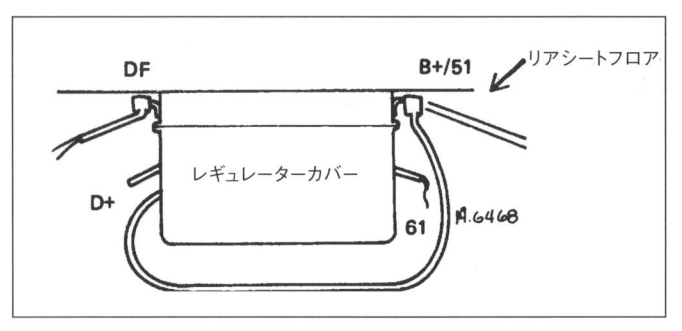

11.8b ダイナモを装着した12V車の場合、配線は次のように接続されている：

D+端子：バッテリーへ　　　　　　　　DF端子：ダイナモのDF端子へ
B+/51端子：バッテリーの+端子と30端子へ　61端子：チャージインジケーターランプへ

7. すべてのモデルで、レギュレーターを取り付けて確実にスクリューを締める。
8. 配線を接続する(写真参照)。

内蔵式ボルテージレギュレーター

9. オルタネーターの上部からカバープレートを取り外す(写真参照)。
10. ボルテージレギュレーター／ブラシホルダー・アセンブリーから2本のスクリューを取り外して、ボルテージレギュレーター／ブラシホルダー・アセンブリーを取り外す。
11. 取り付けは取り外しの逆手順で行なう。ブラシを所定の位置に位置決めして、オルタネーターの中にボルテージレギュレーター／ブラシホルダー・アセンブリーを組み込む。スクリューを取り付ける。

11.9 カバープレートを取り外してから、ボルテージレギュレーター／ブラシホルダー・アセンブリーを取り外す

1　カバープレート
2　ボルテージレギュレーター／ブラシホルダー・アセンブリー

12. ダイナモの脱着 (1972年以前のモデル)

→図／写真 12.2a, 12.2b, 12.3, 12.4, 12.5, 12.6, 12.7a, 12.7b, 12.8a, 12.8b, 12.9a, 12.9b, 12.9c, 12.14 参照

取り外し

1. バッテリーのマイナス側ケーブルを外す。
2. 識別用の荷札等を付けた上で、12V車の場合

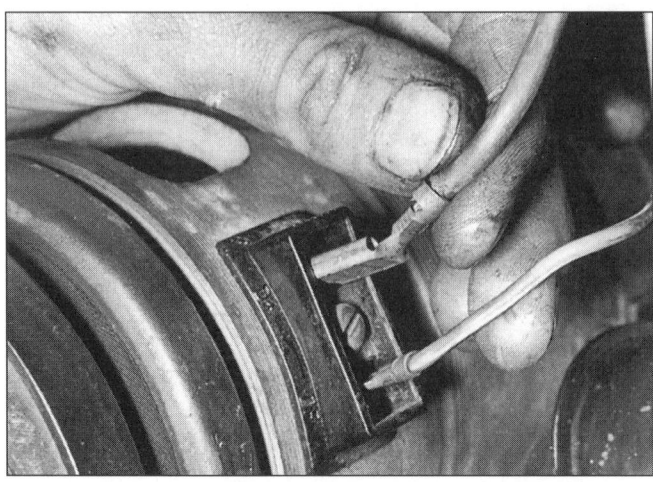

12.2a これらのコネクターを外す。コネクターを外すときは、配線ではなく必ずコネクターの部分を引っ張る(写真は12V車を示す)

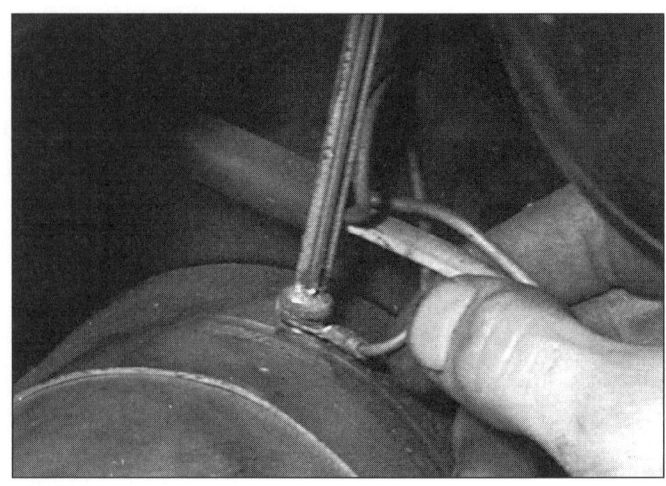

12.2b ダイナモのファンハウジング側から細いアース線を緩めて外す(写真は12V車)

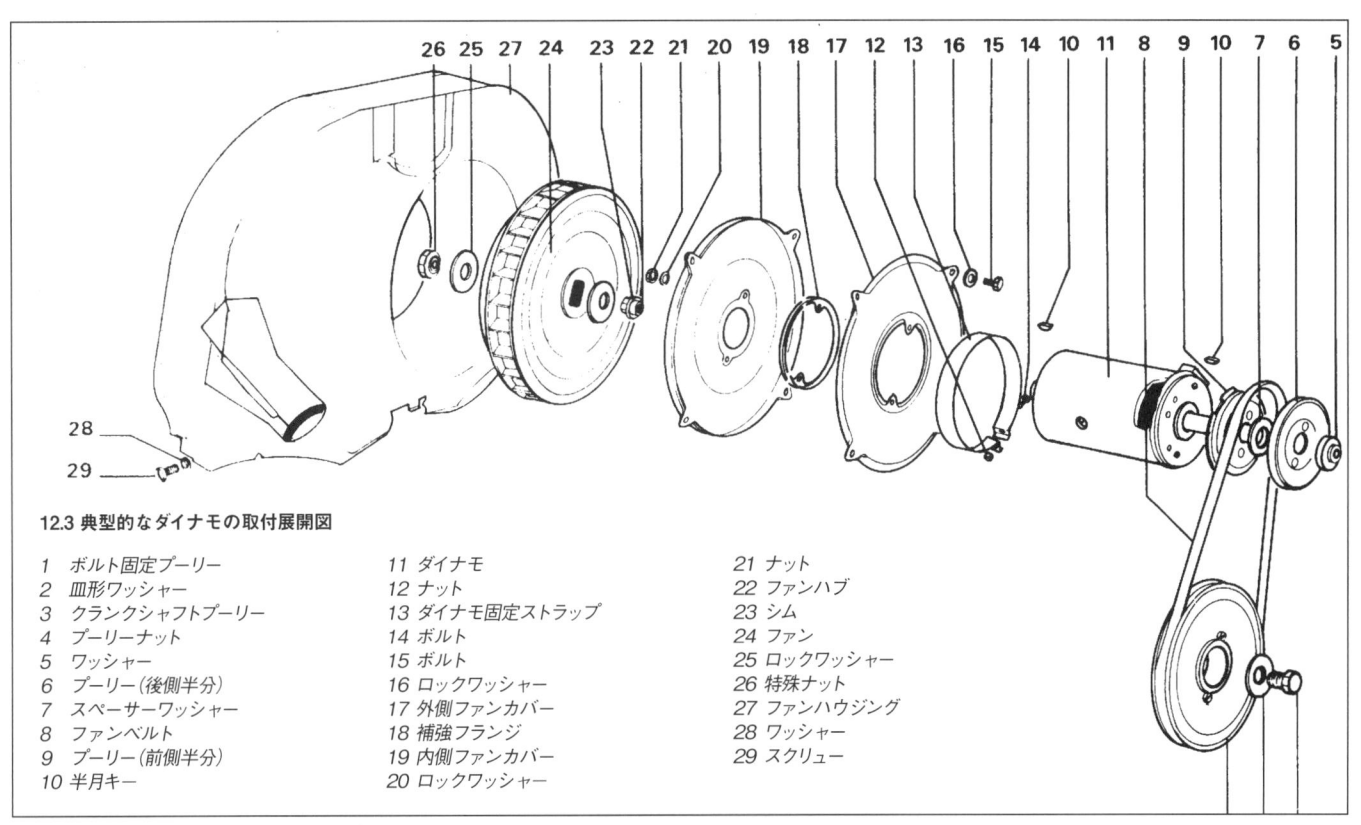

エンジン電装系統

12.3 典型的なダイナモの取付展開図

1　ボルト固定プーリー
2　皿形ワッシャー
3　クランクシャフトプーリー
4　プーリーナット
5　ワッシャー
6　プーリー(後側半分)
7　スペーサーワッシャー
8　ファンベルト
9　プーリー(前側半分)
10　半月キー
11　ダイナモ
12　ナット
13　ダイナモ固定ストラップ
14　ボルト
15　ボルト
16　ロックワッシャー
17　外側ファンカバー
18　補強フランジ
19　内側ファンカバー
20　ロックワッシャー
21　ナット
22　ファンハブ
23　シム
24　ファン
25　ロックワッシャー
26　特殊ナット
27　ファンハウジング
28　ワッシャー
29　スクリュー

はダイナモから(**写真参照**)、6V車の場合はボルテージレギュレーターから(**セクション11参照**)、それぞれ配線を外す。

3. 組み立て時の位置決めのために、外側ファンカバーとファンハウジング(**図参照**)に合いマークを付ける。
4. ダイナモのストラップを取り外す(**写真参照**)。
5. ファンハウジング(**第3章参照**)を外してから、ファンハウジングを持ち上げて、外側ファンカバーからスクリューを取り外す(**写真参照**)。
6. ファンハウジングからダイナモを持ち上げる(**写真参照**)。
7. エンジン冷却ファン(**第3章参照**)を取り外してから、シム、ワッシャーとハブを取り外す(**写真参照**)。

12.4 ダイナモ固定ストラップを取り外す(写真は6V車、12V車も同様)

12.5 4個の取付スクリュー(矢印)を取り外す

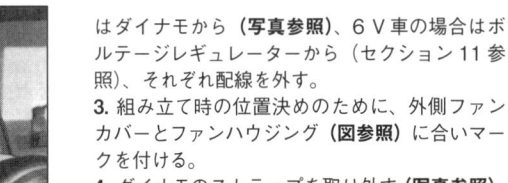

12.6 ダイナモをファンハウジングから持ち上げる

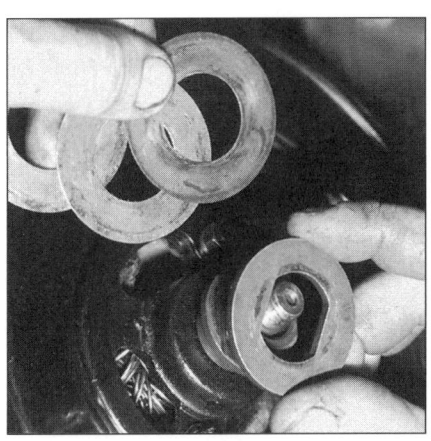

12.7a シムとワッシャーを取り外してから…

12.7b …ハブを抜き取る

エンジン電装系統

8. 内側ファンカバー、補強フランジと外側ファンカバーを取り外す（**写真参照**）。

9. 6V車の場合は、ダイナモからボルテージレギュレーターを取り外す。ダイナモを点検して、必要に応じて修理または交換する（**写真参照**）。

取り付け

10. 取り付けは、取り外しの逆手順で行なう。6V車の場合、ダイナモを交換または修理するときは、必ずボルテージレギュレーターも新品と交換する。

11. ハブは半月キーで所定の位置に位置決めすること。エンジン冷却ファンの取り付けと、すき間の点検／調整に関しては第3章を参照する。

12. ダイナモプーリーを取り付けた後、ファンベルトを取り付ける前に手でプーリーを回して、スムーズに回転することを確認する。

13. ファンベルトを取り付けて、第1章の手順に従って調整する。

14. 新品、リビルト品または中古のダイナモを取り付ける場合は、極性を与える作業が必要となる（**図参照**）。**警告:** この作業用の配線を用意して、それを先にバッテリーに接続してから、次にダイナモの端子にそれらの配線を一瞬の間接触させる。最初にダイナモに配線を接続してから、バッテリーに接続すると、バッテリー付近で火花が出て、バッテリー内で発生する水素ガスに引火して、爆発する恐れがある。

12.8a 内側ファンカバーを取り外して...

12.8b ...補強フランジと外側ファンカバーを取り外す

15. 充電電圧を点検して、ダイナモが正常に作動していることを確認する（セクション10参照）。

12.9a ボッシュ製の6Vダイナモ（部品番号：111903021H）の展開図

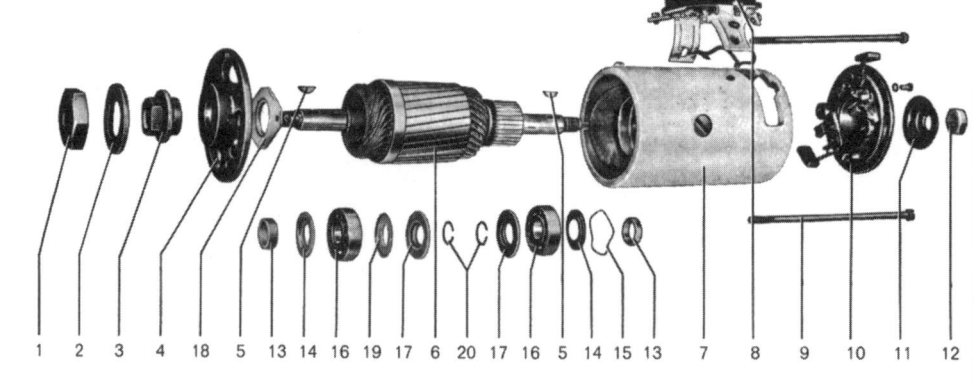

1 ファンナット
2 キャリアプレート
3 ファンハブ
4 エンドプレート
5 半月キー
6 アーマチュア
7 ハウジング／フィールド・アセンブリー
8 ボルテージレギュレーター
9 通しボルト
10 ブラシホルダーエンドプレート
11 スペーサーワッシャー
12 プーリーナット
13 スペーサーリング
14 オイルスリンガー
15 ピストンリング
16 ボールベアリング
17 オイルスリンガー
18 フランジ
19 カバーワッシャー
20 サークリップ

12.9b VW製の6Vダイナモ（部品番号：111903021J）の展開図

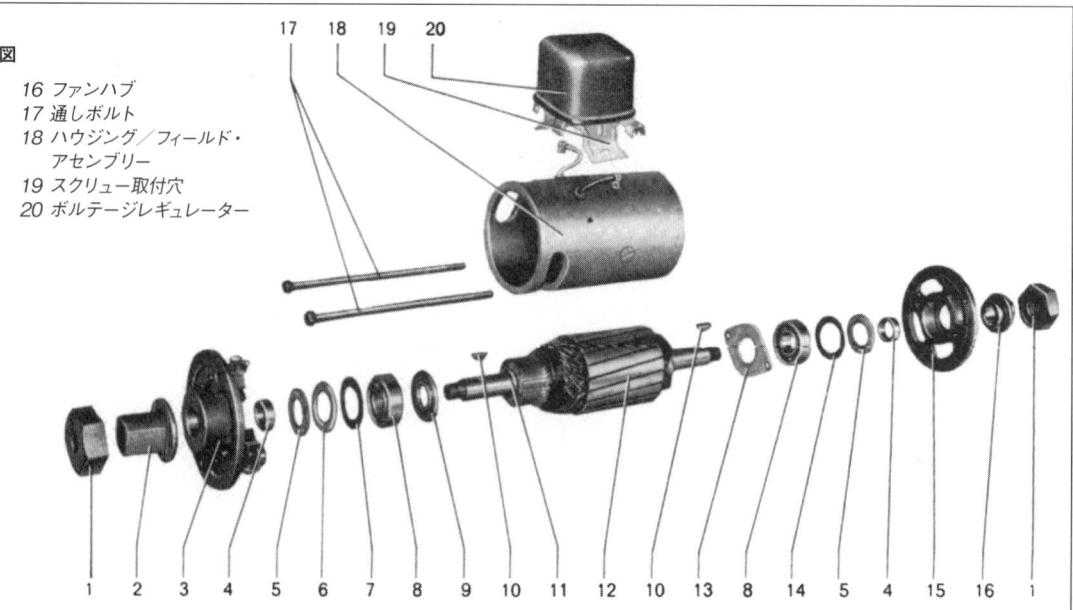

1 ナット
2 プーリーハブ
3 ブラシホルダーエンドプレート
4 スペーサーリング
5 フェルトワッシャー
6 リテーナー
7 スラストリング
8 ボールベアリング
9 ワッシャー
10 キー
11 スペーサー
12 アーマチュア
13 ベアリングリテーナー
14 スラストリング
15 エンドプレート
16 ファンハブ
17 通しボルト
18 ハウジング／フィールド・アセンブリー
19 スクリュー取付穴
20 ボルテージレギュレーター

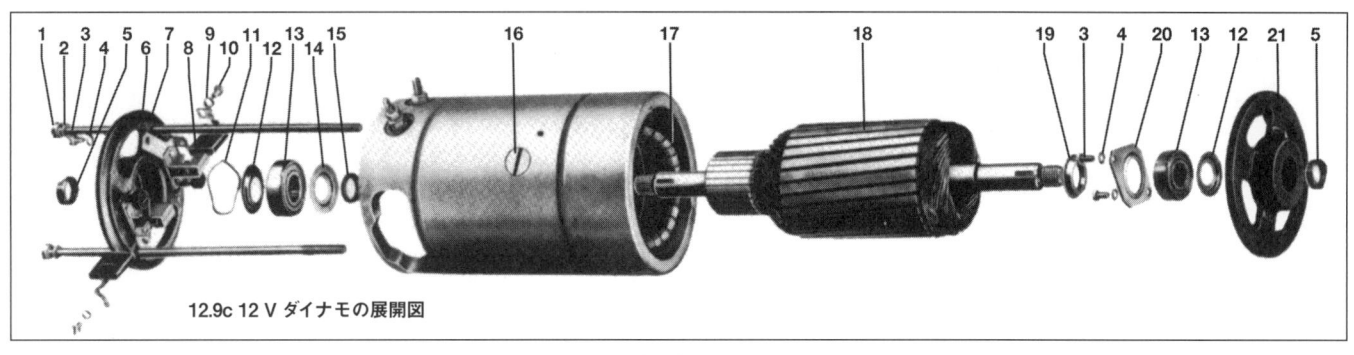

エンジン電装系統　　　　　　　　　　　　　　　　　　　　　　　　　　　　　　　　5-11

12.9c 12Vダイナモの展開図

1　ハウジング通しボルト(2本)
2　ロックワッシャー(2枚)
3　丸平頭スクリュー(3個)
4　ロックワッシャー(3枚)
5　スペーサーリング(2個)
6　ブラシスプリング(2個)
7　エンドプレート(コミュテーター側)
8　カーボンブラシ(2個)
9　ロックワッシャー(2枚)
10　丸平頭スクリュー
11　ロックワッシャー
12　皿形ワッシャー(2枚)
13　ボールベアリング(2個)
14　スプラッシュシールド
15　スラストワッシャー
16　ポールシュースクリュー(2個)
17　フィールドコイル(2つ)
18　アーマチュア
19　スプラッシュシールド
20　保持プレート
21　エンドプレート(ファン側)

13. オルタネーターの脱着（1973年以降のモデル）

→写真 13.8, 13.9 参照

備考： シャシー番号が1132414931以降の1973年のモデルには、ダイナモの代わりにオルタネーターが取り付けられている。オルタネーターの脱着は、基本的にダイナモと同じなので、必要に応じてセクション12の写真を参照する。

1. バッテリーからマイナス側ケーブルを外す。
2. 識別用の荷札等を付けた上で、オルタネーターから各配線コネクターを外す。
3. 組み立て時の位置決めのために、外側ファンカバーとファンハウジングに合いマークを付ける。
4. オルタネーターの固定ストラップを取り外す。
5. ファンハウジングを外して（第3章参照）、持ち上げてから、外側ファンカバーから取付スクリューを取り外す。
6. オルタネーターをファンハウジングから持ち上げる。
7. エンジン冷却ファンを取り外してから（第3章参照）、シム、ワッシャーとハブを取り外す。
8. 内側ファンカバー、補強フランジと外側ファンカバーを取り外す**（写真参照）**。
9. オルタネーターを交換する場合は**（写真参照）**、その古いオルタネーターを持っていって、確認の

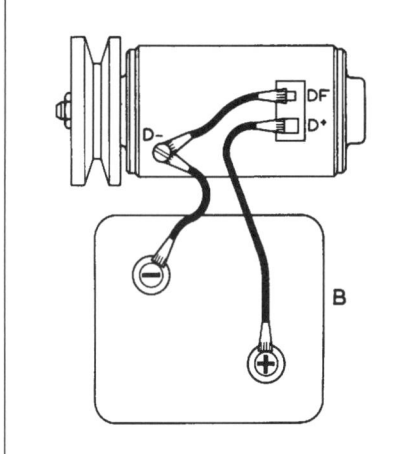

12.14 ダイナモに極性を与えるために、図示のように適正な電圧のバッテリーを瞬間的に接続する

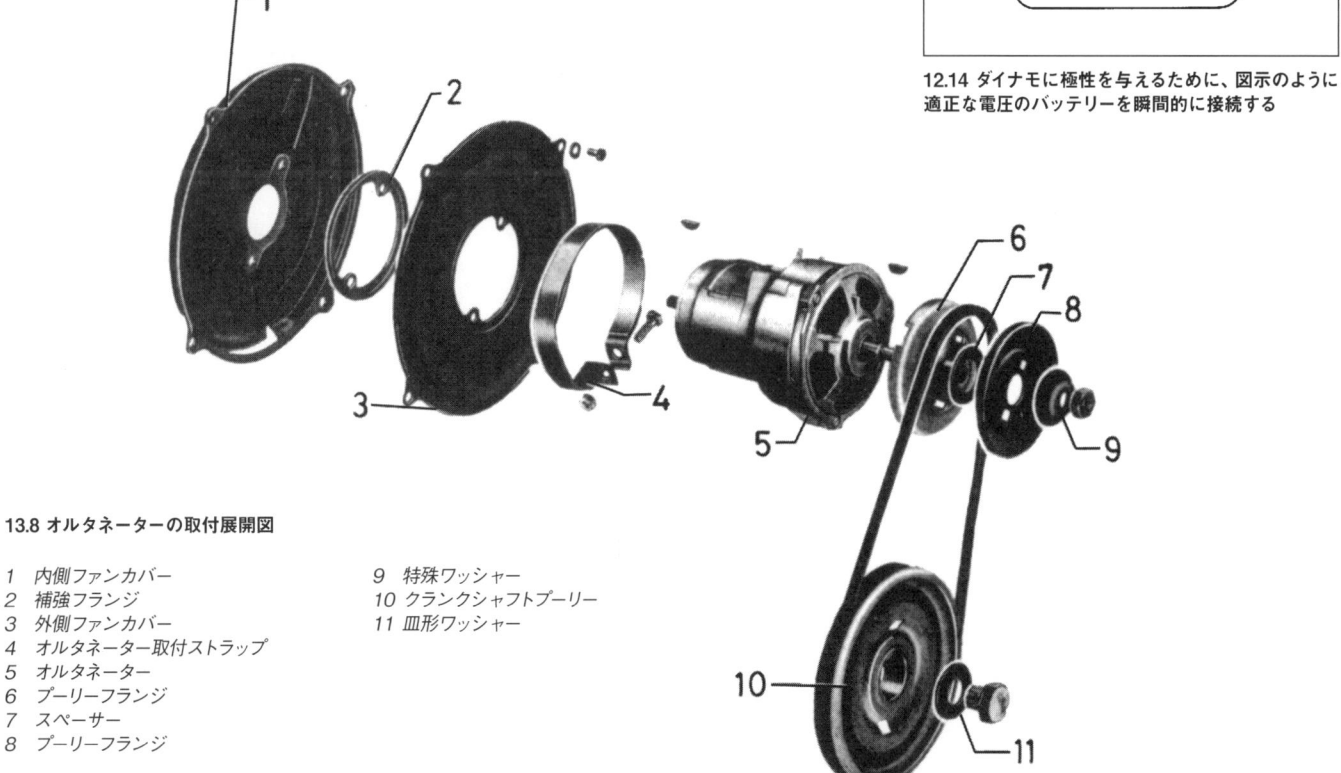

13.8 オルタネーターの取付展開図

1　内側ファンカバー
2　補強フランジ
3　外側ファンカバー
4　オルタネーター取付ストラップ
5　オルタネーター
6　プーリーフランジ
7　スペーサー
8　プーリーフランジ
9　特殊ワッシャー
10　クランクシャフトプーリー
11　皿形ワッシャー

5-12　エンジン電装系統

上交換部品を購入すること。まず、新品またはリビルト品のオルタネーターが古いものと外見上同じであることを確認する。次に端子を見る。端子の数、大きさ、位置が同じでなければならない。最後に、識別番号を見る。識別番号はオルタネーター本体に打刻されているか、本体に付いているタグに印刷される。識別番号が両方のオルタネーターで同じか、新しいオルタネーターが古い物よりも新しい番号であることを確認する。

10. 新品またはリビルト品のオルタネーターにはプーリーが取り付けられていない場合が多い。その場合は、古いオルタネーターから新品／リビルト品のオルタネーターにプーリーを付け替えなければならない。
11. 取り付けは取り外しの逆手順で行なう。
12. ハブは半月キーで所定の位置に位置決めすること。エンジン冷却ファンの取り付けと、すき間の点検／調整に関しては第3章を参照する。
13. オルタネータープーリーを取り付けた後、ファンベルトを取り付ける前に手でプーリーを回して、スムーズに回転することを確認する。
14. オルタネーターを取り付けた後に、ファンベルトの張りを調整する（第1章参照）。
15. 充電電圧を点検して、オルタネーターが正常に作動していることを確認する（セクション10参照）。**注意：** オルタネーターの場合は、極性を与える必要はなく、逆に極性を与える作業はしてはならない。

14. 始動系統に関する概説と全般的な注意事項

始動系統の機能は、エンジンをすばやく回して、始動することである。

始動系統は、バッテリー、スターターモーター、スターターマグネットスイッチ（ソレノイド）およびそれらの部品間の配線から構成される。

スターターマグネットスイッチは、スターターモーターの上に直接取り付けられている。マグネットスイッチ／スターターモーター・アセンブリーはトランスミッションベルハウジングの隣の、エンジンの下部に取り付けられている。

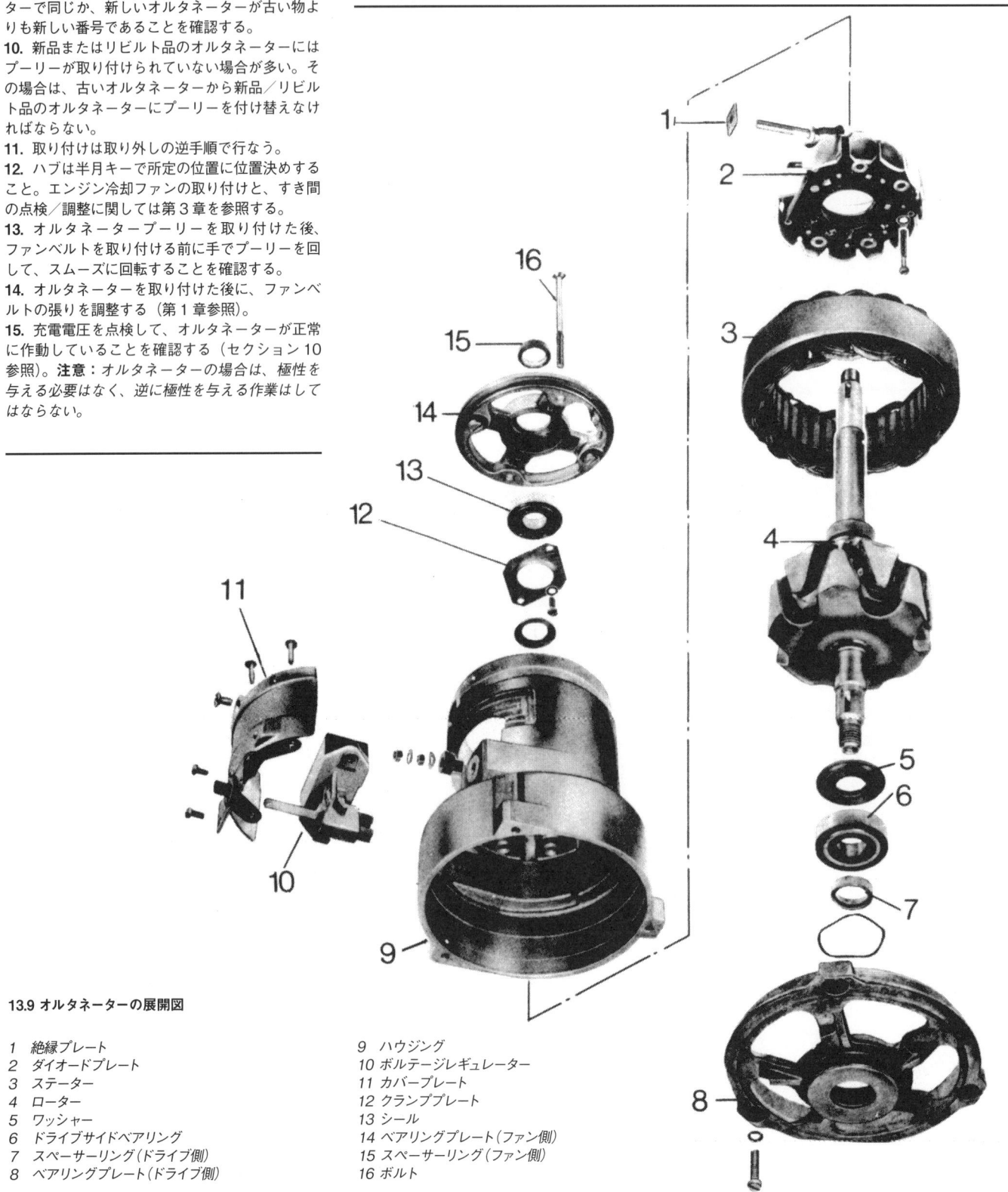

13.9 オルタネーターの展開図

1　絶縁プレート
2　ダイオードプレート
3　ステーター
4　ローター
5　ワッシャー
6　ドライブサイドベアリング
7　スペーサーリング（ドライブ側）
8　ベアリングプレート（ドライブ側）
9　ハウジング
10　ボルテージレギュレーター
11　カバープレート
12　クランププレート
13　シール
14　ベアリングプレート（ファン側）
15　スペーサーリング（ファン側）
16　ボルト

エンジン電装系統

イグニッションキーをStart位置にすると、スターターマグネットスイッチに電流が流れる。
すると、スターターマグネットスイッチはスターターモーターをバッテリーに接続する。これにより、エンジンがクランキングする。
セミオートマチックモデルの場合は、シフトレバーをニュートラルにしていないと、スターターが作動しないようになっている。
始動系統の整備を行なうときは、必ず以下の注意事項に従うこと：
a) スターターモーターを何度も作動させる（何度もクランキングする）と、モーターが過熱して、重大な損傷の原因となる。決して、1回につき15秒以上スターターモーターを作動させないこと。また、1回作動させたら、少なくとも2分間は間をあけてから、2回目の作動を行なうこと。
b) 取り扱いを誤ったり、過熱またはショートさせた場合は、スターターから火花が出たり、火災が発生する原因となる。
c) 始動系統の整備を行なう場合は、必ずバッテリーのマイナス側ケーブルを外す。

16.3 細い配線を外してから、マグネットスイッチからナットを取り外し、バッテリーと繋がる太いケーブルを外す

16.4 スターターの固定具を取り外す

15. スターターモーターの車上点検

1. セミオートマチックモデルにおいて、イグニッションスイッチを操作してもスターターモーターがまったく回らない場合は、シフトレバーがニュートラル位置にあるかどうか確認する。
2. バッテリーが充電されており、バッテリーとスターターマグネットスイッチの端子の両方で、全てのケーブルに腐食がなく、確実に接続されていることを確認する。
3. スターターモーター自体は回転するが、エンジンがクランキングされない場合は、スターターモーター内のオーバーランニングクラッチが滑っているので、スターターの駆動部を交換しなければならない。
4. イグニッションスイッチを操作しても、スターターモーターがまったく作動しないが、マグネットスイッチの作動音（カチッという音）は聞こえるという場合は、バッテリーの充電不足、マグネットスイッチの接触不良、またはスターターモーター自体の故障（またはエンジンの焼き付き）が考えられる。
5. イグニッションスイッチを操作したときに、まったく何の音も聞こえない場合は、バッテリーの完全な放電、イグニッションスイッチの不良、回路の断線、またはマグネットスイッチ自体の不良が考えられる。
6. マグネットスイッチを点検するには、バッテリーのプラス端子とマグネットスイッチのイグニッションスイッチ側の端子（小さい方の端子）の間を適当なリード線で直結する。このとき、スターターモーターが作動すれば、マグネットスイッチは正常であり、不具合の原因はイグニッションスイッチ、ニュートラルスタートスイッチ（セミオートマチックモデル）または配線である。
7. スターターモーターが依然作動しない場合は、スターター／マグネットスイッチ・アセンブリーを取り外して、分解、点検および修理を行なう。
8. スターターモーターは作動するが、クランキングの回転速度が異常に遅い場合は、最初にバッテリーの充電状態に問題がなく、すべての端子が確実に接続されていることを確認する。エン

ジンが部分的に焼き付いている、または（寒冷時に）オイルの粘度の選択が間違っている場合は、クランキングの速度が遅くなる。
9. エンジンを通常の作動温度に達するまで暖機して止める。ディストリビューターキャップからイグニッションコイルのコード（二次コード）を外して、そのコードをエンジンにアースする。
10. バッテリーのプラス端子にサーキットテスター（電圧計）の＋リード線を、マイナス端子に−リード線をそれぞれ接続する。
11. エンジンをクランキングして、電圧計の値が安定したら値を読み取る。スターターモーターは、1回につき15秒以上作動させないこと。スターターモーターが正常なクランキング速度で回って、かつ4.5V以上（1966年以前のモデル）または9V以上（1967年以降のモデル）であれば、正常である。電圧は4.5V以上（1966年以前のモデル）または9V以上（1967年以降のモデル）であるが、クランキング速度が遅い場合は、マグネットスイッチの接点の焼き付き、スターターマグネットスイッチの故障または接触不良が考えられる。電圧が上記の規定値未満で、かつクランキング速度も遅い場合は、スターターモーターの不良、バッテリー上がり、またはエンジンが"重い"（部分的な焼き付き、または寒冷時にオイルの粘度が高すぎるなど）が考えられる。

16. スターターモーターの脱着

→写真 16.3, 16.4 参照

1. バッテリーからマイナス側ケーブルを外す。
2. 車が前に動き出さないようにするため、両方の前輪に輪止めをしておく。右側リアホイールのホイールボルトを緩める。車体後部を持ち上げて、リジッドラックで確実に支える。右側リアホイールを取り外す。
3. スターターマグネットスイッチの端子から配線を外す（**写真参照**）。
4. 他の人にエンジンルームの中からナットを保持してもらいながら、車両下側から内側のスターター取付ボルトを取り外す。各取付ナットを取り外して、スターターを取り外す（**写真参照**）。
5. スターターの先端がトランスミッションと接合する部分のブッシュを点検して、必要に応じて交換する（ボッシュ製スターターのみ）。

6. ブッシュにグリスを塗布する。スターターとトランスミッションとの合わせ面にシール剤を塗布してから、スターターを取り付ける。各固定具を確実に締め付ける。
7. 残りの部品の取り付けは、取り外しの逆手順で行なう。

17. スターターマグネットスイッチの脱着

取り外し

→写真 17.3, 17.4a, 17.4b, 17.5 参照

1. バッテリーからマイナス側ケーブルを外す。
2. スターターモーターを取り外す（セクション16参照）。
3. ナット（**写真参照**）を取り外して、マグネットスイッチとスターターモーター端子間のストラップを外す。
4. マグネットスイッチをスターターモーターに固定しているナットまたはスクリューを取り外す（**写真参照**）。
5. （セミオートマチックモデルを除く）ボッシュ製スターターの場合は、マグネットスイッチを少し持ち上げてスターターからプルロッドのかみ合いを外してから（**写真参照**）、マグネットス

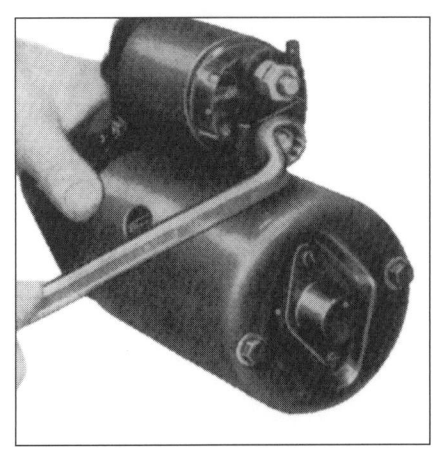

17.3 ナットとストラップを取り外す

エンジン電装系統

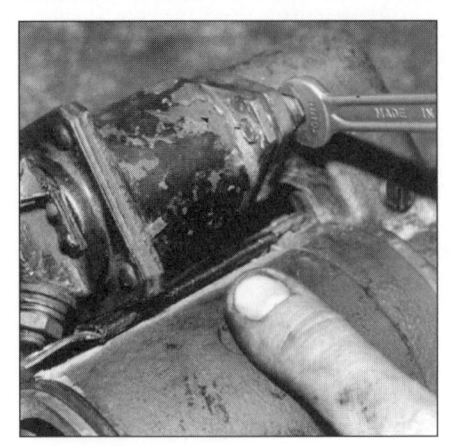

17.4a マグネットスイッチをスターターから外す（写真は初期モデル）

17.4b 後期モデルに使われているボッシュ製マグネットスイッチは、スクリューで固定されている

17.5 スターターからマグネットスイッチを外す（写真はボッシュ製）

イッチを取り外す。**備考:** スターターは、ボッシュ製とフォルクスワーゲン製の2種類あり、ケースの打刻によって識別できる。

6. VW製スターターの場合は、マグネットスイッチハウジングを取り外しても、マグネットスイッチコアはスターター側に残る。

取り付け

→ 写真／図 17.7, 17.8a, 17.8b, 17.8c, 17.8d, 17.8e, 17.8f 参照

7. ボッシュ製スターターのマグネットスイッチを交換する場合は、プルロッドの長さを調整する**（図参照）**。VW製スターターの場合、プルロッドの調整は不要である。

8. マグネットスイッチとドライブエンドプレートの間の合わせ面にシール剤を塗布する**（図参照）**。ドライブエンドプレートにラバーシール（装

17.7 ボッシュ製スターターのプルロッドを調整する場合は、ロックナットを緩めて、寸法「a」が 18.90〜19.10 mm になるまでプルロッドを回してから、ロックナットで締めて再度寸法「a」を測定する

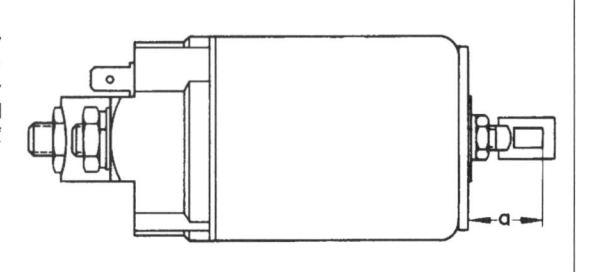

着車）を取り付ける。

9. ドライブピニオンをいっぱいまで引っ張り出して、マグネットスイッチを取り付ける。ボッシュ製スターターの場合は、プルロッド先端の穴をかみ合いレバーに合わせること。VW製スターターの場合は、マグネットスイッチの中に

コアをはめ込む。

10. マグネットスイッチ取付ナット／スクリューを取り付けて、確実に締める。

11. セクション 16 の手順に従ってスターターを取り付ける。

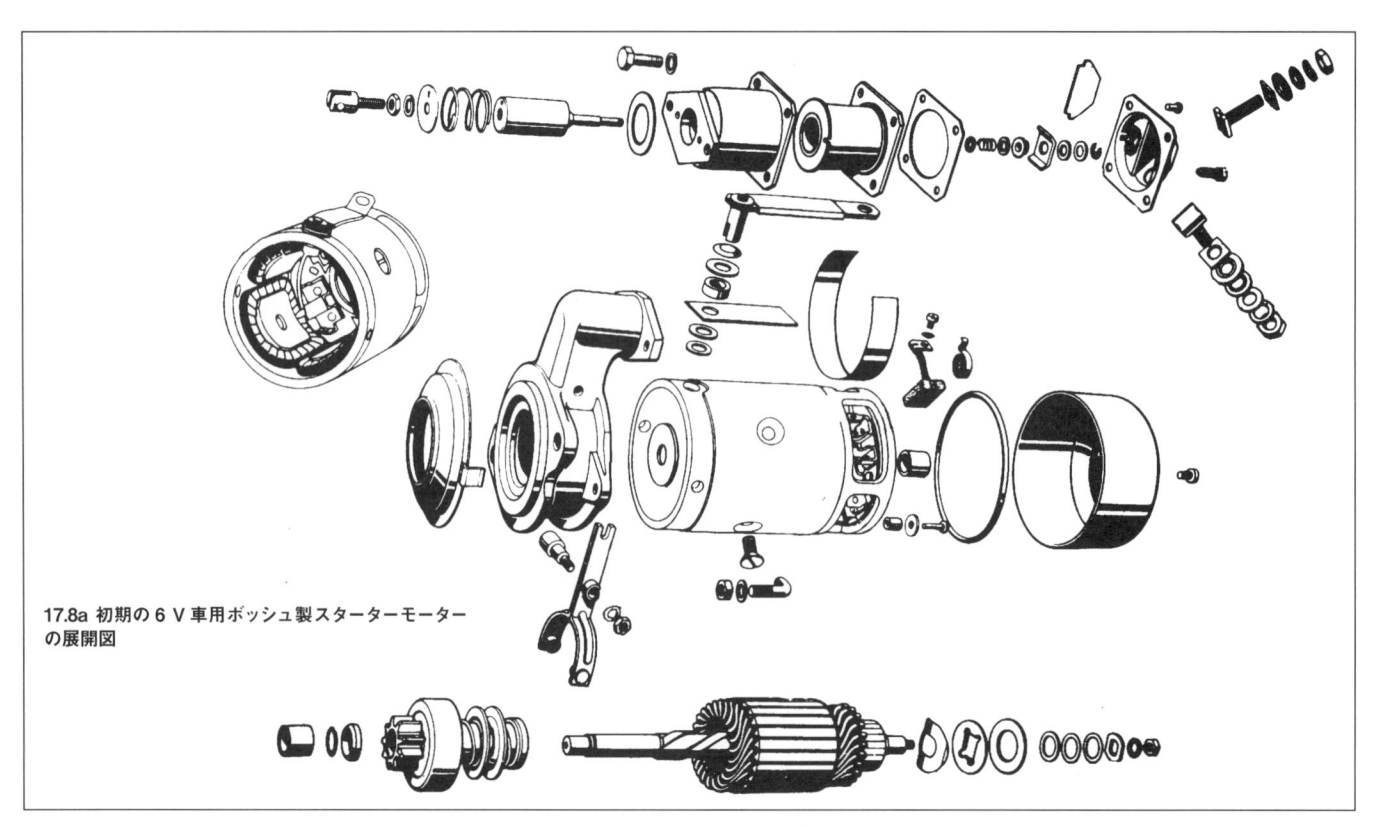

17.8a 初期の6V車用ボッシュ製スターターモーターの展開図

エンジン電装系統　5-15

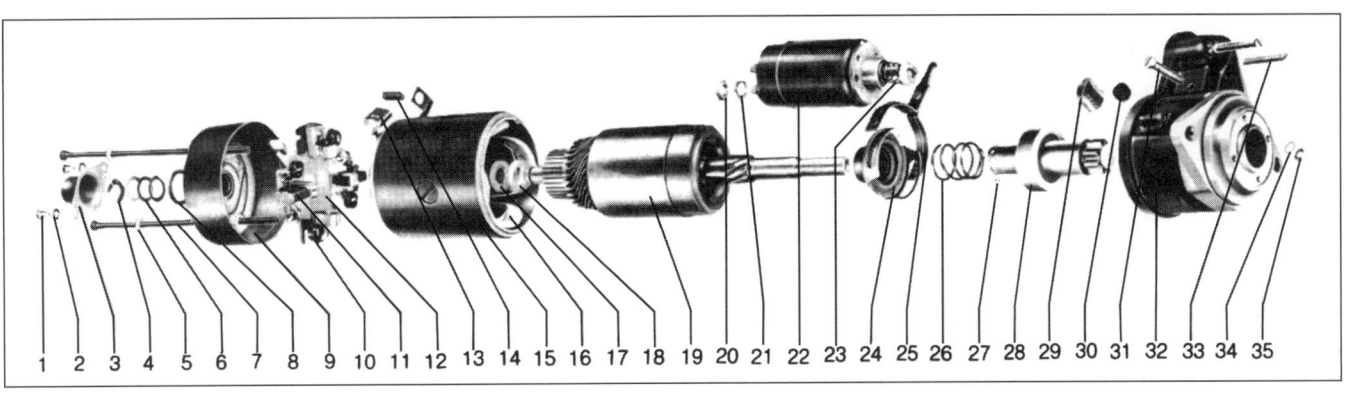

17.8b ボッシュ製スターター（部品番号：003911023A）の展開図（セミオートマチックモデル）

1 スクリュー(2個)
2 ワッシャー(2枚)
3 エンドキャップ
4 Cワッシャー
5 ワッシャー(2枚)
6 シム
7 通しボルト(2本)
8 シールリング
9 エンドプレート
10 保持スプリング(4個)
11 マイナス側ブラシ(2個)
12 ブラシホルダー
13 プラス側ブラシ(2個)
14 グロメット
15 ポールハウジング
16 フィールドコイル
17 絶縁ワッシャー
18 スラストワッシャー
19 アーマチュア
20 ナット
21 ロックワッシャー
22 マグネットスイッチ
23 マグネットスイッチリターンスプリング
24 作動スリーブ
25 かみ合いレバー
26 かみ合いスプリング
27 戻り止めボール(10個)
28 ドライブピニオン
29 成形ゴムシール
30 ディスク
31 ピン
32 ドライブエンドプレート
33 スクリュー(2個)
34 ロックワッシャー
35 ナット

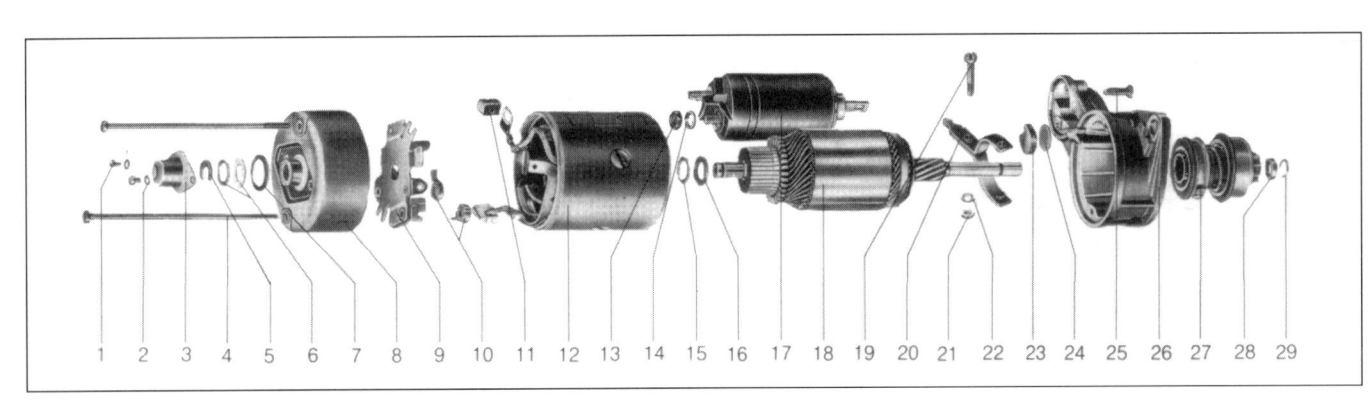

17.8c ボッシュ製スターター（部品番号：311911023B）の展開図

1 スクリュー(2個)
2 ワッシャー(2枚)
3 エンドキャップ
4 通しボルト(2本)
5 Cワッシャー
6 シム
7 シールリング
8 エンドプレート
9 ブラシホルダー
10 スプリング(2個)
11 グロメット
12 ポールハウジング
13 ナット
14 ロックワッシャー
15 絶縁ワッシャー
16 スラストワッシャー
17 マグネットスイッチ
18 アーマチュア
19 ピン
20 かみ合いレバー
21 ナット
22 ロックワッシャー
23 成形ゴムシール
24 ディスク
25 スクリュー(2個)
26 ドライブエンドプレート
27 ドライブピニオン
28 ストップリング
29 サークリップ

17.8d ボッシュ製スターター（部品番号：113911021B）の展開図

1 レバーベアリングピン
2 サークリップ
3 ストップリング
4 固定スクリュー
5 取付ブラケット
6 ナット
7 スプリングワッシャー
8 ピニオン
9 作動レバー
10 ゴムシール
11 マグネットスイッチ
12 アーマチュア
13 スチールワッシャー
14 合成樹脂ワッシャー
15 通しボルト
16 ハウジング
17 ワッシャー
18 ブラシホルダー
19 エンドプレート
20 シム
21 ロックワッシャー
22 シールリング
23 エンドキャップ
24 スクリュー

5-16　エンジン電装系統

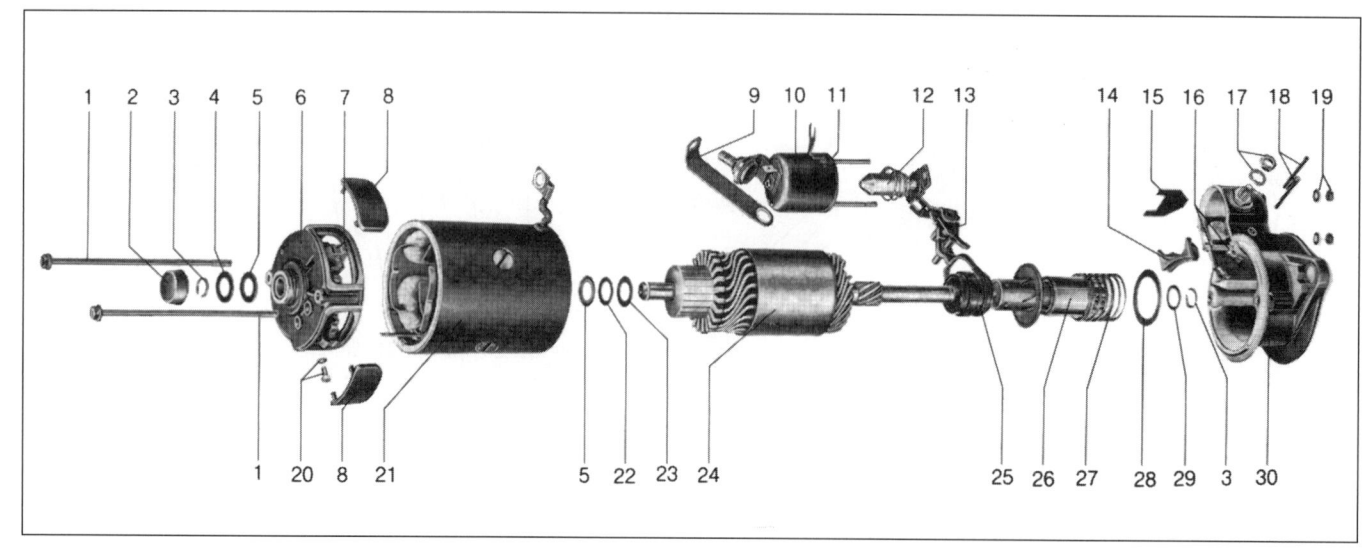

17.8e VW製スターター（部品番号：11911023A）の展開図

1 通しボルト(2本)
2 キャップ
3 サークリップ(2個)
4 スチールワッシャー
5 銅製ワッシャー(2枚)
6 コミュテーターエンドプレート
7 ブラシホルダーとブラシ(2個)
8 ブラシ点検カバー(2個)
9 連結ストラップ
10 マグネットスイッチハウジングとコイル
11 絶縁ディスク
12 マグネットスイッチコア
13 リンケージ
14 成形ゴムシール
15 絶縁プレート
16 スプリングクリップ(2個)
17 ナットとロックワッシャー(2組)
18 ピン(2個)
19 小さいナットとロックワッシャー(2組)
20 スクリューとロックワッシャー
21 ポールハウジング
22 皿形ワッシャー
23 スチールワッシャー
24 アーマチュア
25 コネクティングブッシュ
26 ドライブピニオン
27 スプリング
28 インターミディエイトワッシャー
29 皿形ワッシャー
30 ドライブエンドプレート

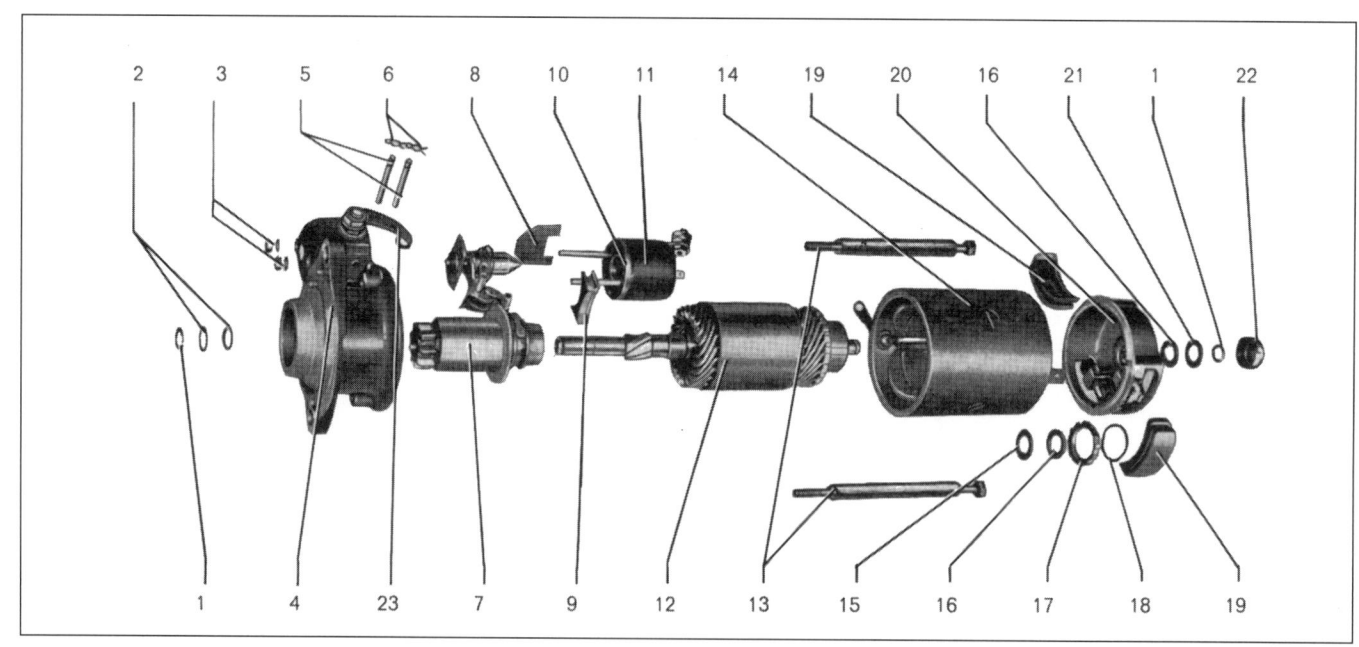

17.8f VW製スターター（部品番号：113911021A）の展開図

1 サークリップ
2 カップワッシャー
3 ナットとロックワッシャー
4 インターミディエイトブラケット
5 ピボットピン
6 スプリングクリップ
7 リンケージとマグネットスイッチコア付きのドライブピニオン
8 絶縁プレート
9 成形ゴムシール
10 絶縁ディスク
11 マグネットスイッチハウジング
12 アーマチュア
13 通しボルト
14 ハウジング／フィールド・アセンブリー
15 スチールワッシャー
16 銅製ワッシャー
17 摩擦ワッシャー
18 スラストリング
19 ブラシ点検カバー
20 コミュテーターエンドプレート
21 スチールワッシャー
22 キャップ
23 連結ストラップ

第6章
排出ガス浄化装置

目次

1. 概説 6-1
2. ブローバイガス還元装置（PCVシステム）............ 6-1
3. 燃料蒸発ガス排出抑止装置（EVAPシステム）......... 6-2
4. 吸気温度制御システム 6-2
5. 排気ガス再循環装置（EGRシステム）................ 6-3
6. スロットルバルブポジショナー 6-4
7. 触媒コンバーター 6-6

1. 概説

　自動車からは、マフラーから出る排気ガスはもちろん、それ以外にも燃料蒸発ガス（気化したガソリン）など、人体に有害な成分を含んだガスが排出されている。そうしたガスを浄化したり、排出しないようにする装置類を総称して、排出ガス浄化装置（エミッションコントロールシステム）と呼ぶ。これらの装置は大気汚染を防ぐとともに、一部はドライバビリティと燃費の向上にも役立っている。

　後期モデルのビートルには様々な排出ガス浄化装置が使われている。基本システムは以下のとおりである：
・ブローバイガス還元装置（PCVシステム）
・燃料蒸発ガス排出抑止装置（EVAPシステム）
・吸気温度制御システム
・排気ガス再循環装置（EGRシステム）
・キャブレターに装着の排出ガス浄化機構
・触媒コンバーター
・電子制御式フューエルインジェクション（EFI）

　この章の各セクションでは、上に列記した各システムのそれぞれに関する概説、部品の交換手順（可能な場合）、サンデーメカニックにできる範囲の点検手順を説明している。

　排出ガス浄化装置に不具合があると考える前に、燃料系統と点火系統を念入りに点検する。排出ガス浄化装置の故障診断には、特殊な工具、機器および知識が要求される。点検および整備が高度すぎて、手に負えない場合は、専門店等に相談すること。排出ガス浄化装置関係の不具合は、バキュームホースの緩みまたは破損、通路の詰まりが原因となっている場合がほとんどである。従って、常にこれらの項目を最初に点検すること。

　排出ガス浄化装置のメンテナンスは特に難しいものではない。多くの点検は、簡単にかつ短時間でできるし、定期メンテナンスのほとんどは普通の工具を使って自分で実施することができる。

　ただし、この章で説明している特別な注意事項はよく読んでおくこと。メーカーが毎年のように設計変更をしていたため、本書に載っている各種システムの図や写真が自分の車と正確には合っていない場合がある。

　後期モデルの場合は、排出ガス浄化装置に関する情報を記したラベルがファンハウジングに貼ってある。このラベルには、排出ガス浄化装置関係の主要な仕様と調整方法が書いてある。エンジンまたは排出ガス浄化装置を整備するときは必ずこのラベルを確認すること。

2. ブローバイガス還元装置（PCVシステム）

→写真2.2参照

1. ブローバイガス還元装置（PCVシステム）は、燃焼室からクランクケース内に吹き抜けるブローバイガスを大気中に放出しないようにすることで、HC（炭化水素）の排出低減を図っている。具体的には、ブローバイガスをクランクケースからエアクリーナーを介してインテークマニホールドに送り、燃焼室内で再燃焼する方法が採られている。

2. 1971年以前のモデルの場合、PCVホースはオイルフィラーハウジングからエアクリーナーにつながっている（**写真参照**）。1972年以降のモデルの場合、ホースが各ロッカーカバーからエアクリーナーにつながっている。

3. ホースに亀裂、破れまたは損傷がないか点検して（第1章参照）、必要に応じて交換する。

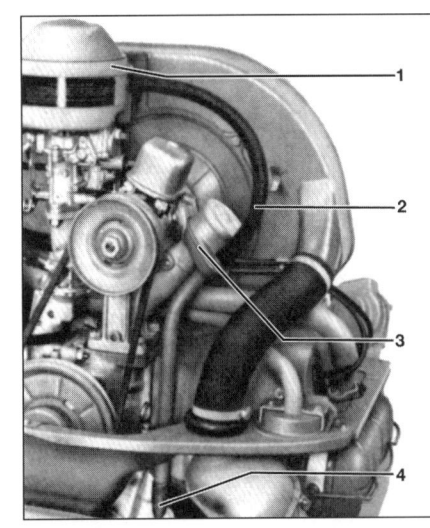

2.2 PCVホースは、オイルフィラーハウジングからエアクリーナーにつながっている

1　エアクリーナー
2　PCVホース
3　オイルフィラーハウジング
4　ゴム製ドレンバルブ

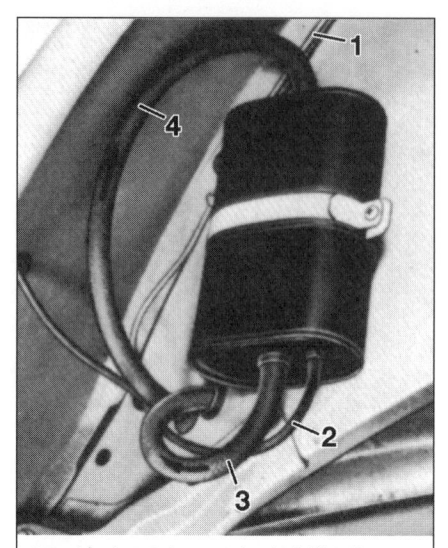

6-2　排出ガス浄化装置

3.7a　ビートルのキャニスターは右側のリアフェンダー内に取り付けられている
1. 燃料タンクからの金属製ベントパイプ
2. 金属製ベントパイプからのプラスチック製ホース
3. エアクリーナーへ向かうアウトレットホース
4. エンジンファンからのエアホース

3.7b　カルマンギアのキャニスターはエンジンルーム内に取り付けられている

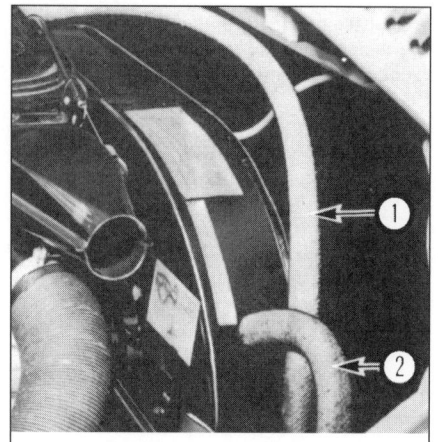

3.8　エンジンまわりのホースの配管
1. キャニスターからエアインテークに燃料蒸発ガスを送るホース
2. ファンハウジングからキャニスターへ空気を送るホース

3. 燃料蒸発ガス排出抑止装置（EVAP システム）

→写真 3.7a, 3.7b, 3.8 参照

概説

1. このシステムは、1970年以降のモデルに取り付けられている。このシステムは、燃料系統から蒸発して、そのままではHC（炭化水素）として、大気に放出されてしまう燃料蒸発ガスを一時的に吸着して蓄える。
2. このシステムは、チャコール（活性炭）キャニスター、エクスパンションタンク（スーパービートルの場合）、各接続ラインおよびフューエルタンクベンチレーションホースから構成されている。
3. エンジンを切った後、燃料の蒸発によりフューエルタンク内の圧力が上昇し始めると、キャニスター中の活性炭がその燃料蒸発ガスを吸着する。その後、エンジンを始動すると、蓄えられた燃料蒸発ガスがインテークマニホールドを経由して燃焼室に送られ、燃焼される。

点検

4. キャニスターは、ビートルの場合は右側のリアフェンダー内に、カルマンギアの場合はエンジンルーム内にそれぞれ取り付けられている。
5. キャニスター、ホースおよびラインに亀裂等の損傷がないか点検する。
6. フューエルフィラーキャップのガスケットに変形や亀裂等の損傷がないか点検する。これらの不具合があると、蒸発ガスが大気中に放出される恐れがある。チャコールキャニスターを交換する場合は、識別用の荷札等を付けた上で各バキュームホースを外して、取付スクリューを取り外して、ブラケットからキャニスターを外す（**写真参照**）。
7. 取り付けは取り外しの逆手順で行なう。すべてのホースの取り回しを点検する（**写真参照**）。

4. 吸気温度制御システム

→図 / 写真 4.1, 4.8a, 4.8b, 4.9 参照

概説

1. すべてのモデルにおいて、エアクリーナーに重り付きのフラップが付いている。エンジンが低速で回転しているときは、吸入負圧が小さいため、このフラップが重りの力で下がって、エンジン周囲からホースで導かれた暖気が吸い込まれる（**写真参照**）。この機構は、キャブレターのアイシングを防ぐとともに、エンジンのもたつきと息つきを抑える働きをする。エアクリーナーを取り付けるときは、このフラップのアームがスムーズに動くことを確認する。
2. 後期の排ガス対策モデルでは、温度によって制御されるシステムも使われている。このシステムは、暖機中は暖かい空気を送り、暖機後は暖かい空気と冷たい空気を混ぜることにより吸入空気の温度を30℃前後に保つ。これにより、

4.1　初期および後期モデルのエアクリーナー
1. 上部ケース
2. ガスケット
3. 下部ケース
4. 重り付きフラップ

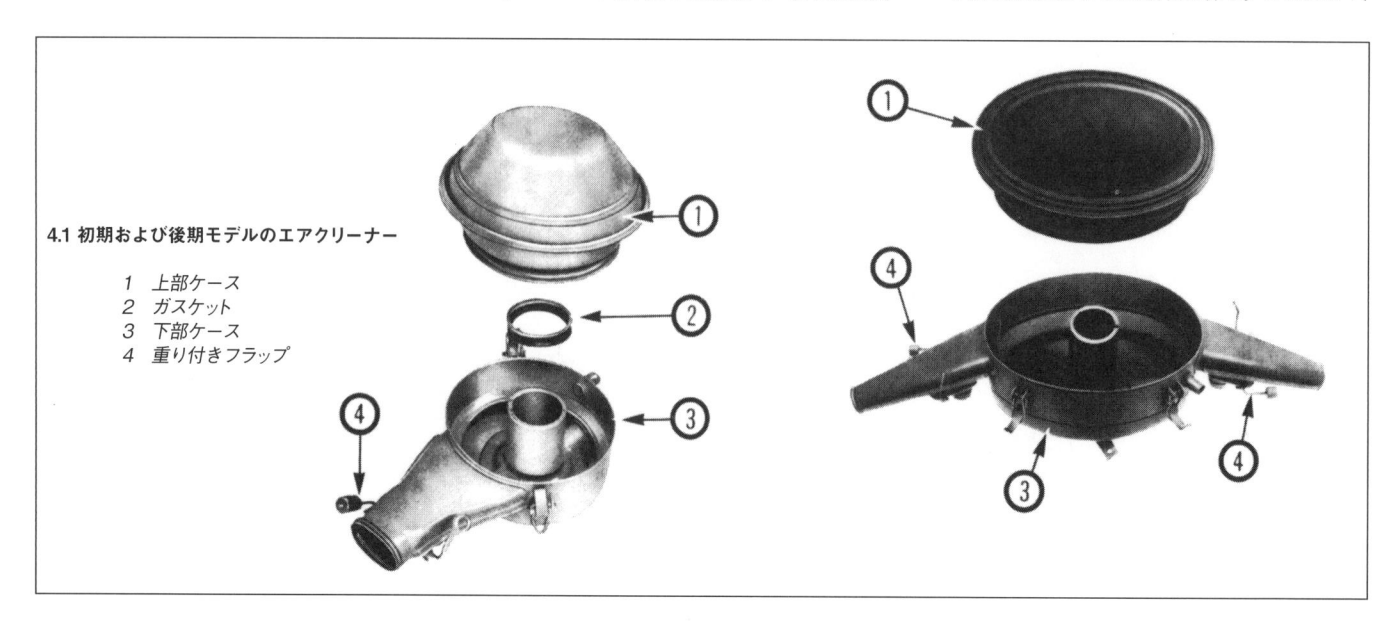

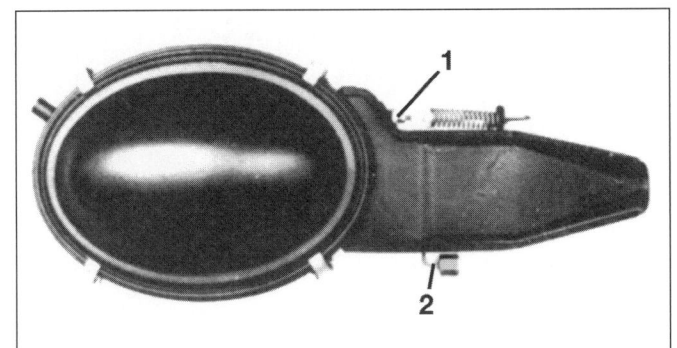

排出ガス浄化装置

4.8a 1971年式ビートルのエアクリーナー（上から見たところ）

1　サーモスタット　　2　重り付きフラップ

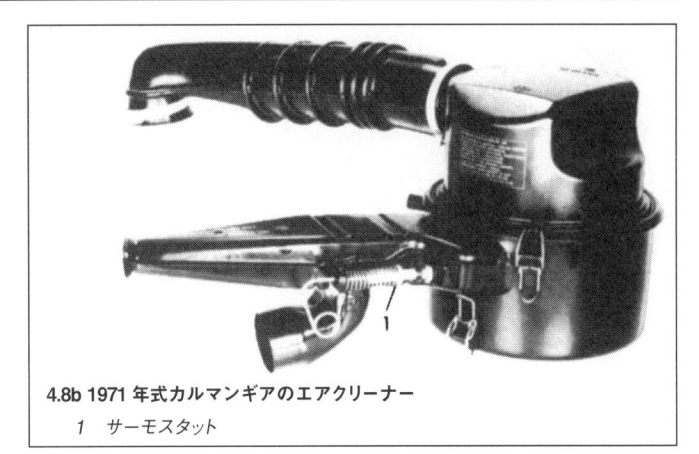

4.8b 1971年式カルマンギアのエアクリーナー

1　サーモスタット

混合気を薄くすることができ、排気ガス中に含まれる有害成分を低減するとともに、特に暖機中のドライバビリティの向上を図っている。

3. このシステムでは、吸入空気として暖気と冷気の2つを用い、両者のバランスをサーモスタットによって制御している。1968～1970年モデルの場合、エアクリーナーのフラップはケーブルを介してエンジンの冷却風を制御するサーモスタットに接続されている。1971年モデルの場合、フラップはエアクリーナー内の専用のサーモスタットで制御される。1972年以降のモデルの場合は、吸入負圧で動くフラップを吸気温度に感応するサーモスタットで制御している。

4. この1972年以降のシステムでは、エンジンルーム内の気温が低い場合は、吸入負圧がフラップを開いて、ヒートエクスチェンジャーで暖められた空気がプレヒートホースを介してエアクリーナーに送られる。これにより、エンジンには暖かい吸入空気が入る。サーモスタットに伝わる吸気温度が上昇し始めると、負圧が徐々に遮断され、プレヒートホースのフラップが閉じて、代わりにクールエアダクトを通って冷たい空気がエアクリーナーに入ってくる。このように暖気と冷気を混合することにより、吸気温度を一定に保つ。

点検

5. エアクリーナーからエアインテークダクトを取り外す。エアフラップが緩んだり損傷していないか確認する。

6. 温度が低いとき、フラップは冷気の入り口を閉じ、暖気の入り口を開いていなければならない。エンジンが冷えているときに、フラップが暖気の入り口を閉じている場合は、サーモスタットを交換する。**備考：**1968～1970年モデルの場合は、最初にエンジン冷却風制御用のサーモスタットとケーブルを調整する（第3章と第4章参照）。

構成部品の交換

7. 1968～1970年モデルの場合、サーモスタットの調整と交換については第3章を参照する。

8. エアクリーナーに組み込まれたサーモスタット（1971年モデル）を取り外す場合は、エンジンからエアクリーナーハウジングを一時的に取り外す（第4章参照）。慎重に、サーモスタットを取り外して、交換する（**写真参照**）。

9. 1972年以降のモデルで、サーモスタットバルブまたはバキュームユニット（**図参照**）を取り外す場合は、第4章を参照して、エアクリーナーを取り外す。慎重にサーモスタットバルブまたはバキュームユニットを取り外して、交換する。**備考：**1972年12月以降に取り付けられているサーモスタットバルブは、初期のものとは異なる。違いは、バキュームユニット用の真鍮製のホース接続口を見れば識別できる。また、後期モデルにはオイルバス式ではなく紙製のフィルターエレメントが使われている。

5. 排気ガス再循環装置（EGRシステム）

概説

→図5.3参照

1. 排気ガス再循環装置（EGRシステム）は、1972年以降のカリフォルニア向けセミオートマチックモデル、1973年の全てのセミオートマチックモデルおよび1974年以降の全モデルに採用されている。

2. EGRシステムは、排気ガスの一部をインテークマニホールドに再循環させることで窒素酸化物（NOx）の低減を図る装置である。排気ガス中には含まれている酸素が少ない。その排気ガスを燃焼室に送ることで、燃焼室内の最高燃焼温度を下げ、NOxの排出を抑えている。

3. EGRシステムは、EGRバルブ、EGRフィルターとそれらを接続している配管から構成されている（**写真参照**）。

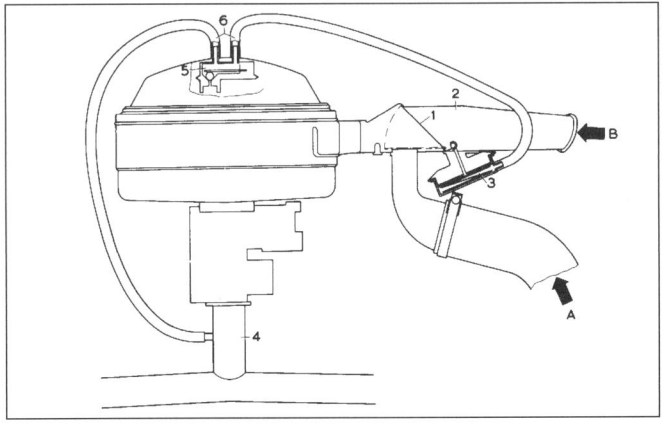

4.9 1972～1974年のエアクリーナーの詳細図

A　暖気（プレヒートホースから）
B　冷気
1　制御フラップ
2　エアインテーク
3　バキュームユニット
4　インテークマニホールド
5　サーモスタットバルブ
6　バキュームホースの接続部

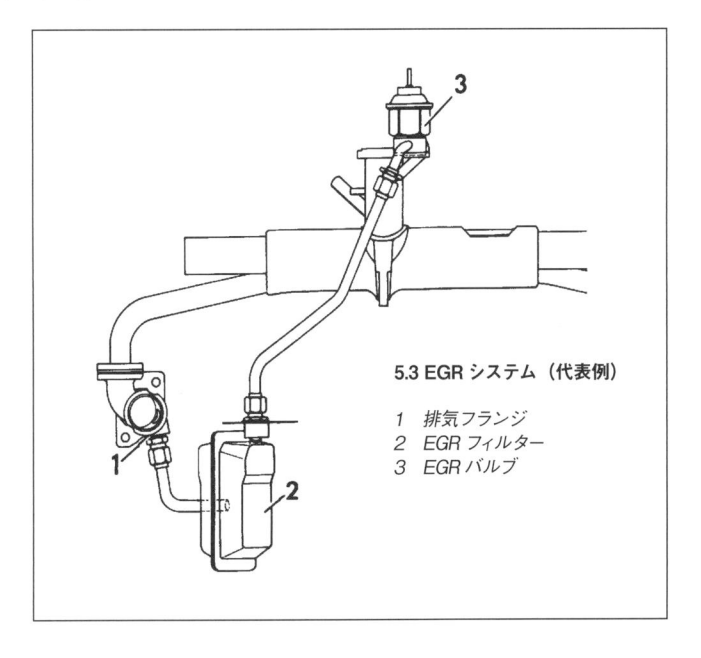

5.3 EGRシステム（代表例）

1　排気フランジ
2　EGRフィルター
3　EGRバルブ

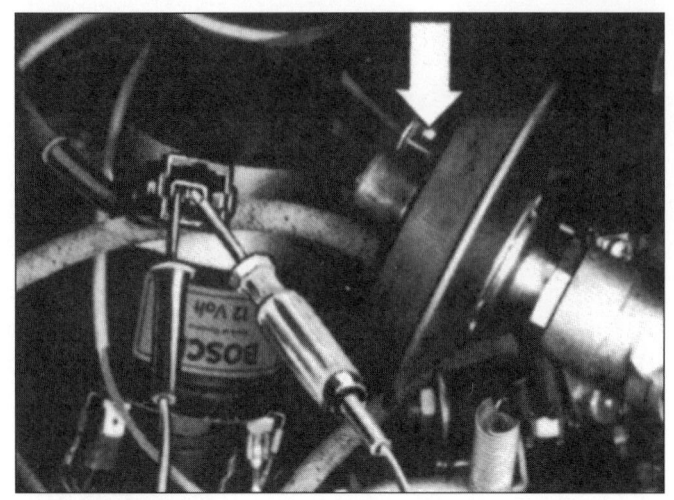

5.7 コネクター(矢印)を外して、アイドル回転数が不安定にならないか点検してから、端子間に検電テスターをあてる

5.11 ロックナットを緩めて、六角／ピンアジャスター(矢印)を回す

4. EGRバルブは、アイドル時またはフルスロットル時は開かないようになっている。EGRシステムに不具合が発生した場合、最も一般的な症状は、アイドル時のエンジン回転数が極端に不安定であるが、回転数を上げると安定するという現象である。この症状の原因としては、EGRバルブが開いたまま固着している、リンケージの調整不良（1977年以降のカリフォルニア向けモデル）またはバキュームホースの接続間違い（アイドル時にEGRバルブに負圧を供給している）などが考えられる。

5. さらに、加速時のノッキングもよく発生する症状の一つである。この症状の原因としては、EGRバルブが閉じたまま固着している、またはカーボンが詰まっている、ホースの外れまたは接続間違い、リンケージの調整不良（1977年以降のカリフォルニア向けモデル）が考えられる。

点検

キャブレターモデル

6. 1974年のカリフォルニア向けモデルを除く全車：エンジンがアイドル回転しているときに、EGRバルブからバキュームホースを取り外す。次に、吸気温度予熱用サーモスタット用のバキュームホースをEGRバルブに一時的に接続する。このとき、エンストするまたはアイドル回転が明らかに不安定になれば、バルブは正常に機能している。アイドル回転に変化がなければ、バルブの不良またはホースが詰まっている。警告：ファンベルトやプーリーには決して近付かないこと。2段階作動のEGRバルブを装着した1974年のカリフォルニア向けモデルの場合は、EGRバルブに目に見えるピンが付いている。エンジン回転を上げ下げして、EGRバルブのピンが動くことを確認する。1974年のカリフォルニア向けモデルのスロットルバルブスイッチは、アイドル回転中にスイッチを手で操作して点検する。エンストしたりエンジン回転数が不安定になれば、EGRシステムは正常に機能している。

フューエルインジェクションモデル（1977年以降のカリフォルニア向けモデルを除く）

→写真5.7参照

7. これらのモデルの場合、負圧で作動するEGRバルブが、電気的に制御されている。点検する場合は、アイドル回転中にバキュームユニット（写真参照）のコネクターを外す。エンストしたりエンジン回転数が不安定になれば、EGRバルブは正常に機能している。

8. コネクターを外しても変化がなければ、エンジンを切る。イグニッションスイッチをON位置にする（ただし、エンジンは始動しないこと）。写真5.7に示すように端子間に検電テスターを接続して、他の人にスロットルペダルをゆっくりとアイドル位置からフルスロットル位置まで動かしてもらう。フルスロットル時とアイドル時の両方で検電テスターが点灯しなければ、スロットルバルブスイッチまたはマイクロスイッチを点検する。スロットルバルブスイッチまたはマイクロスイッチが正常であれば、ダブルリレーを点検する（第4章の「フューエルポンプと燃圧の点検」を参照する）。

9. フルスロットル時とアイドル時の両方で検電テスターが点灯するが、両者の中間では消灯する場合は電気回路に問題はない。EGRバルブを交換する。

1977年以降のカリフォルニア向けモデル

→写真5.11参照

10. これらのモデルに使われているEGRバルブは、スロットルバルブに連結され、機械的に作動する。アイドル回転中にEクリップを取り外してロッドを操作することでEGRバルブを点検する。警告：ファンベルトやプーリーには決して近付かないこと。EGRバルブが開いたときに、エンストするかまたはエンジン回転数が不安定になれば正常である。EGRシステムの通路がカーボンで詰まっていると考えられるので、必要に応じて修正する。

11. 機械式のEGRバルブを調整する場合は、エンジンを暖機して、アイドル回転数を第1章に記載されている規定範囲内にする。アイドル回転中に、アジャストロッドのロックナットを緩める（写真参照）。六角／ピンアジャスターを回して、アイドル回転数が不安定になるまでアジャストロッドを短くする。

12. 次に、その位置から1回転半反対方向に戻して、ロックナットで固定する。

6. スロットルバルブポジショナー

→図／写真6.2, 6.6, 6.8, 6.10, 6.11, 6.12参照

概説

1. 1968～1969年のほとんどのモデル、マニュアルトランスミッションを搭載した1970年と1971年のモデルおよびマニュアルトランスミッションを搭載した1972年のカリフォルニア向けモデルには、スロットルバルブポジショナーが取り付けられている。

2. スロットルバルブポジショナーは、スロットルペダルを急に戻しても、スロットルバルブはゆっくりと閉まるようにする機構である。こうすることで、インテークマニホールドに吸入される空気量が急激に減少することを防ぎ、排気ガス中の有害成分を低減する。1968年と1969年のモデルの場合は、スロットルバルブポジショナーに高度補正器が組み込まれている（図参照）。1971年以降の一部のモデルには、この機能を補助するダッシュポットもキャブレターに取り付けられている。調整

3. スロットルバルブポジショナーを調整する場合は、まずタコテスター(回転計)を接続する（第1章のセクション29を参照する）。備考：ポイントおよび点火時期が正しく調整され、エンジンが正常な状態であること。

1968～1969年モデル

4. プルロッドのストップワッシャーの裏側にスパナをかけて、ストップワッシャーがスロットルバルブポジショナーハウジングと接触するまで、ロッドを引っ張る。

5. エンジンを始動する。エンジン回転数が、1,700～1,800 rpmであれば正常である。手順8に進む。

1970年以降のモデル

6. エンジンを始動して、ファーストアイドルレバーをアジャストスクリューに当たるまで引っ張る（写真参照）。警告：ファンベルトやプーリーには決して近付かないこと。

7. ファーストアイドル回転数が、1,450～1,650

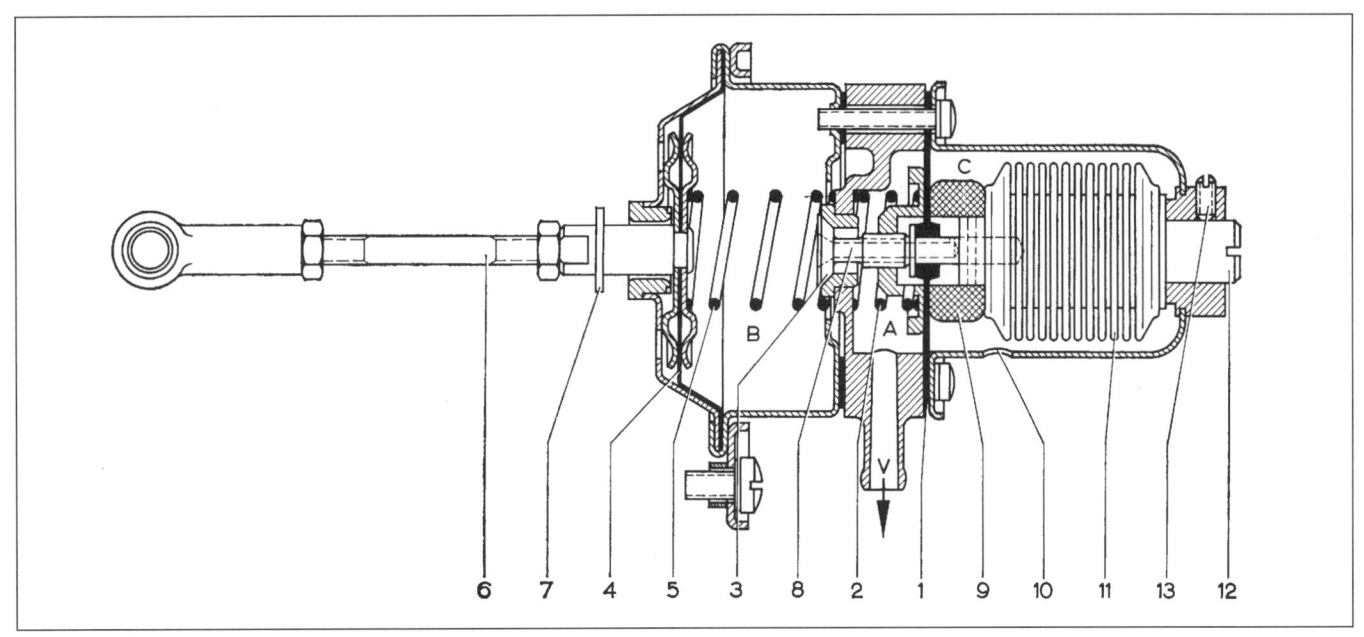

排出ガス浄化装置

6-5

6.2 スロットルバルブポジショナー（1968年と1969年モデル）

1 ダイアフラム
2 スプリング
3 バルブ
4 ダイアフラム
5 スプリング
6 プルロッド
7 ワッシャー
8 穴
9 フィルター
10 エアホール
11 高度補正器
12 アジャストスクリュー
13 ロックスクリュー

rpmの範囲内であれば正常である。必要に応じてアジャストスクリューを回して調整する。暖機後のファーストアイドル回転数は、1,700 rpm以下でなければならない。

全モデル

8. スロットルバルブレバーをファーストアイドルレバーから離す形で引き、エンジン回転数を3,000 rpmまで上げる。そこからスロットルバルブレバーを放して、アイドル状態に戻るまでの時間を計測する。3.5秒±1秒であれば正常である。規定値を外れる場合は、高度補正器のアジャストスクリューを回して調整する（写真参照）。
備考：1968年と1969年のモデルのアジャストスクリューの位置は、図6.2を参照する。時計回りにスクリューを回すと、スロットルバルブがゆっくりと作動するようになる。

9. エンジン暖機後は、スロットルバルブが閉まるまでに6秒以上かかってはならない。調整しても直らない場合は、スロットルバルブポジショナーのダイアフラムを点検してから、各接続ホースを点検する。

10. スロットルバルブポジショナー内のダイアフラムユニットを交換するときは、必ずプルロッドの長さを調整すること。バキュームユニットを取り付けた後に、一時的にロックナットを緩めて、プルロッドを回して長さを調整する（写真参照）。スロットルバルブが閉じたときに、ファーストアイドルレバーがスロットルバルブレバーまたはキャブレターボディに接触しなければ、レバーは正しく調整されている。

11. 後期のMT車の一部のモデルには、スロット

6.6 スクリューに当たるまでファーストアイドルレバーを引っ張る

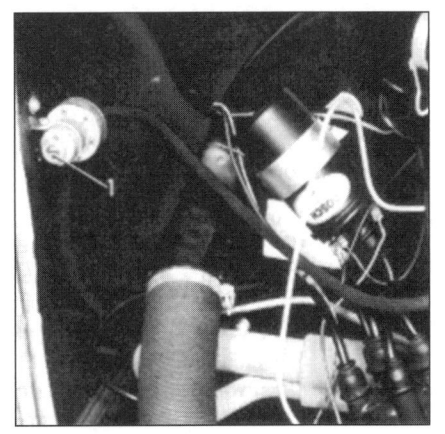

6.8 高度補正器のアジャストスクリューを回す（1970年以降のモデル）

1 アジャストスクリュー

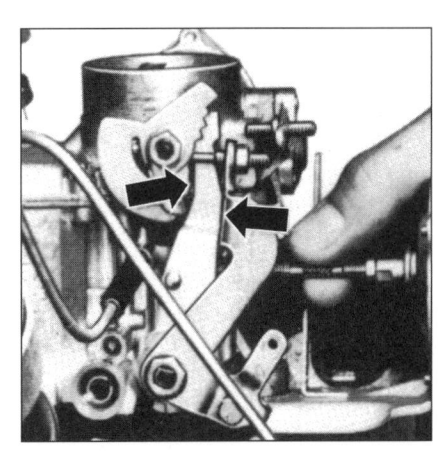

6.10 プルロッドを指で回して長さを調整する。矢印は、ファーストアイドルレバーとキャブレターボディ間、およびファーストアイドルレバーとスロットルバルブレバー間のすき間を示す

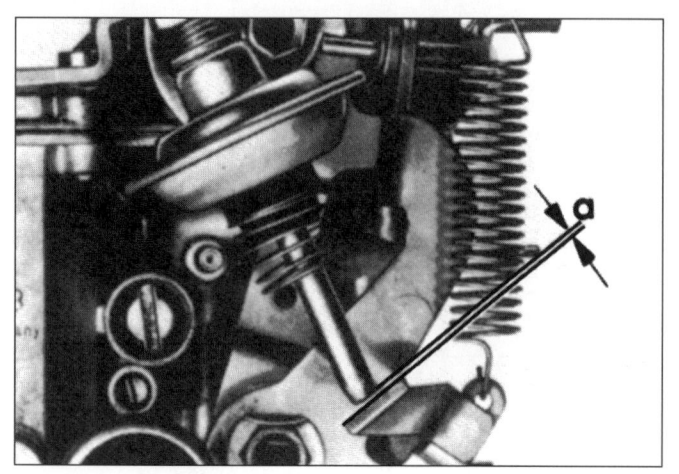

6.11 ダッシュポットを固定している2個のロックナットを緩めて、ダッシュポットのプランジャー先端のすき間「a」を調整する

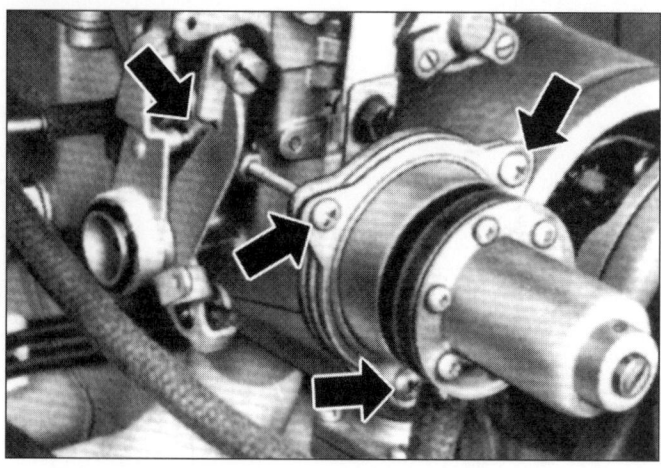

6.12 プルロッドを外して、取付スクリューを取り外す（1968年と1969年モデル）

1　プルロッド　　　　　　2　取付スクリュー

ルバルブをゆっくりと閉じるために、キャブレターにダッシュポットが取り付けられている。ダッシュポットを調整する場合は、エンジンをいったん暖機してから、エンジンを切る。チョークバルブがオフの状態で、ダッシュポットのプランジャーを縮めて、「a」部のすき間を測定する**（写真参照）**。1mmが規定値である。規定値を外れる場合は、2個のロックナットを緩めて、すき間を調整する。

脱着
12. スロットルバルブポジショナーを取り外すときは、識別用の荷札等を付けた上で、各バキュームホースを外す。次に、スロットルバルブレバーのリンケージ**（写真参照）**を外して、キャブレターを取り外す（第4章参照）。スロットルバルブポジショナーのブラケットは、キャブレターとインテークマニホールドフランジの間に取り付けられている。取り付けるときは、キャブレターの下のブラケットの両側のガスケットは必ず新品と交換すること。

7. 触媒コンバーター

警告：触媒コンバーターは、非常に高温になる場合がある。触媒コンバーターに触れるまたはその近くで作業するときは、充分に冷えるまで待ってから作業すること。

概説
1. 触媒コンバーターは、排出ガス浄化装置の構成部品であり、排気ガス中に含まれる炭化水素（HC）と一酸化炭素（CO）を低減する。触媒コンバーターは、貴金属の薄い層で覆われたハチの巣のようなコアから構成されており、その貴金属が排気ガスと大気中の酸素の間で発生する化学反応を助ける。

点検
2. 触媒コンバーターの不良は、いくつか考えられる。外部から物理的な損傷を受ける、内部のコアが破損する、コアが溶けて目詰まりを起こす、オイルの消費量が多い場合にオイルがコアの内部に付着する、または長期間の使用によりコンバーターの貴金属を使い果たしてしまったなどが原因となる。
3. 車両下まわりの構成部品を整備するために車を持ち上げたときは、ついでに触媒コンバーターに漏れ、腐食、変形等の不具合がないかも点検する。排気系統と触媒コンバーターを接続している溶接部とフランジボルトを点検する。手でコンバーターハウジングを叩いてみて、内部でカタカタという音がしないか確認する。カタカタという音が聞こえる場合は、コアの取り付けが緩んでいる可能性がある。損傷が認められる場合は、コンバーターを交換すること。
4. 触媒コンバーターの機能点検には、CO/HCテスターが必要になる。点検は、触媒の上流に位置する点検プラグを取り外して、触媒の前後の排気ガスを採取して行なう。排気ガス中の成分が触媒の前後で同じであれば、触媒は機能不良である。触媒コンバーターが正常に機能していないと考えられる場合は、専門業者に診断と修理を依頼する。
5. アイドリングは安定しているが、加速が悪いという場合は、触媒コンバーターが部分的に詰まっていないか点検する。触媒コンバーターの詰まりを点検する最も簡単な方法は、バキュームゲージ（負圧計）を使って、吸入負圧を点検する方法である。
a) インテークマニホールドにバキュームゲージを接続し、測定値を観察する。
b) エンジン回転数が約3,000 rpmになるまで、スロットルを開け、そのまま保持する。
c) 回転を上げると、測定値が低下する場合、排気系統に詰まりがあると考えられる。

脱着
6. 脱着に関しては、第4章の排気系統の整備手順を参照する。触媒コンバーターを取り外して、コアに不具合がないか目視で点検する。必要に応じて交換する。

第 7A 章
マニュアル・トランスミッション

目次

1. 概説 7A-2
2. トランスミッションマウントの点検、交換 7A-2
3. シフトレバーとシフトロッドの脱着 7A-2
4. インプットシャフトオイルシールの交換 7A-4
5. トランスミッションの脱着 7A-4
6. トランスミッションのオーバーホールに関する全般的な注意事項 7A-6
7. トランスミッションのオーバーホール(分割型ケース) 7A-7
8. シフトフォークの調整 7A-13
9. トランスミッションのオーバーホール(一体型ケース) 7A-13

整備情報

オーバーホール
シンクロナイザーリングとギアの歯の間のすき間
    標準値 .... 1.1 mm
    限度値 .... 0.6 mm
シフトフォーク
    スリーブの溝とフォークの間のすき間(限度値) .... 0.3 mm
    ディテント機構のフォークシャフト保持力 .... 15 ~ 20 kg
    ディテントスプリングの自由長 .... 25 mm

締付トルク   kg-m
トランスミッションフロントマウントの取付ナット 2.0
トランスミッションリアマウントのナット 23.0

分割型トランスミッションケース
トランスミッションケースのナットとボルト
    1 段階目の締付トルク .... 1.0 ~ 1.4
    2 段階目の締付トルク 2.0
オイルドレンプラグ .... 3.0 ~ 4.0
オイルフィラープラグ 2.0
エンドカバーのナット 1.5
ピニオンシャフトのナット
    初期モデル(シャシー番号 1454550 まで) .... 11.0 ~ 12.0
    後期モデル(新しいロックワッシャー) .... 8.0 ~ 9.0
インプットシャフトのナット .... 4.0 ~ 5.0
リバースシフトフォークのボルト 2.0
シフトフォークの固定ボルト 2.5

一体型トランスミッションケース
インプットシャフトとピニオンシャフトのナット
    初期締付トルク 12.0
    最終締付トルク 6.0
シフトフォークの固定ボルト 2.5
ピニオンベアリングフランジのボルト 5.0
ギアキャリアとケース間のナット 2.0
エンドカバーのナット 1.5
サイドベアリングカバーのナット 3.0

※用語について
トランスミッションの構成部品は様々な名称で呼ばれている。主なものは以下の通りである。

本書での用語	別な呼び方
シフトフォーク	セレクターフォーク
フォークシャフト	セレクターレール
シフトロッド	セレクターロッド

マニュアル・トランスミッション

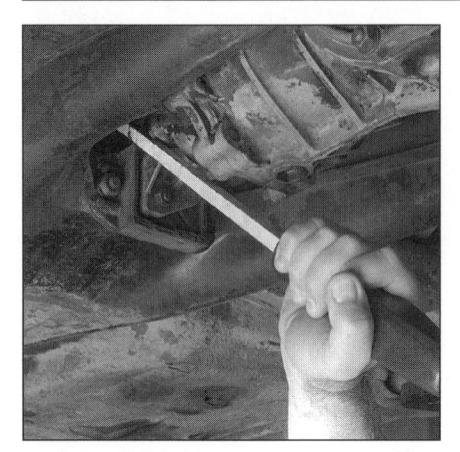

2.3 フロントマウントとトランスミッションケースの間に大きなスクリュードライバーあるいはプライバーを差し込んで、車体に対してトランスミッションを前後、上下にこじってみる。トランスミッションが簡単に動いてしまう、あるいはマウントのゴムが金属部から浮いてしまう場合は、マウントを交換する

2.5 4個のナット（矢印）を取り外して、フロントマウントを取り外す。ナットはトランスミッションに2個、トーションハウジングのブラケットに2個

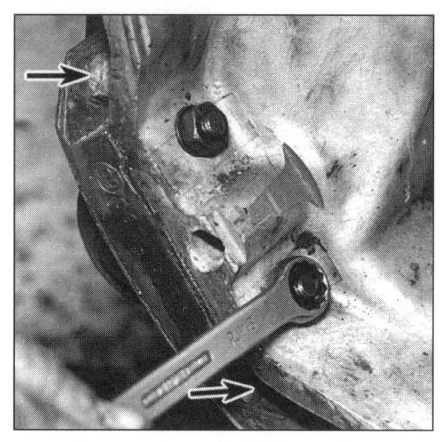

2.11 マウントのスタッドから、マウントをブラケット（矢印）に固定しているナット／ボルトを取り外して、ベルハウジングに突き出しているスタッドからナットを取り外す

1. 概説

本書が対象とする車両には、4速マニュアルトランスミッションまたはセミオートマチックトランスミッションが搭載されている。マニュアルトランスミッションに関しては、第7A章で説明する。セミオートマチックトランスミッションに関する整備手順は、第7B章で説明している。

マニュアルトランスミッションには、軽量でコンパクトなアルミニウム合金製の分割型ケース（スプリットケース）（初期モデル）または一体型ケース（後期モデル）が採用され、その中にはギアボックス・アセンブリとディファレンシャル・アセンブリの両方が入っている（つまり、トランスアクスルである）。初期モデルの分割型ケースは1速ギアがノンシンクロである。後期モデルの一体型ケースはフルシンクロとなっている。

マニュアルトランスミッションは、構造が複雑な上、補用部品が手に入らなかったり、作業に特殊工具が必要となるため、サンデーメカニックが自分で内部修理をすることは勧められない。ただし、それでもオーバーホールにトライしてみたい読者のために、本書では図・写真入りのオーバーホールのセクションを設けてある。

オーバーホールにかかる費用を考えると、トランスミッションが故障した場合、リビルド品と交換してしまった方が良い場合もある。専門店に相談すれば、工賃、部品の入手性、および作業方針（オーバーホールまたは交換）を教えてくれるはずである。ただ、トランスミッションの故障をどうやって直すかに関係なく、とりあえず脱着だけでも自分でやればかなりの費用を節約することができる。

2. トランスミッションマウントの点検、交換

点検

→写真2.3参照
1. 車体後部を持ち上げて、リジッドラックで確実に支える。
2. 前後のマウントに亀裂またはへたりがないか点検する。硬化、亀裂、損傷等があれば、交換する。
3. フロントマウントとトランスミッションケースの間に大きなスクリュードライバーあるいはプライバーを差し込んで（**写真参照**）、車体に対してトランスミッションを前後、上下にこじってみる。トランスミッションを動かしたときに、マウントのゴムが金属部から浮いてしまう場合は、マウントを交換する。
4. リアマウントを点検する場合は、トランスミッションの下にフロアジャッキを置き、ジャッキとトランスミッションの間に木製ブロックを挟んで、トランスミッションの重量を支えるまでフロアジャッキを上げる。ジャッキでトランスミッションを上げたときに、ブラケットとトランスミッションの間のマウントのゴムが浮いてしまう場合は、リアマウントを交換する。

交換

フロントマウント
→写真2.5参照
5. トランスミッションとトーションハウジングからフロントマウントの取付ナットを取り外す（**写真参照**）。
6. トランスミッションブラケットのボルトを緩めて（写真2.11参照）、トランスミッションを後方に充分こじって、フロントマウントを取り外す。
7. 新しいマウントを所定の位置にすべり込ませて、取付ボルトを仮止めする。
8. この章の「整備情報」に記載の締付トルクでトランスミッションブラケットのボルトを締め付けてから、同様に「整備情報」に記載の締付トルクでフロントマウントの取付ナットを締め付ける。

リアマウント
→写真2.11参照
9. エンジンを取り外す（第2章参照）。
10. トランスミッションの下にフロアジャッキを置き、ジャッキとトランスミッションの間に木製ブロックを挟んで、トランスミッションの重量を支えるまでフロアジャッキを上げる。
11. ブラケットから各マウントのナット、ベルハウジングの内側からナットをそれぞれ取り外す（**写真参照**）。
12. トランスミッションがマウントのスタッドから離れるまで、フロアジャッキで持ち上げて、マウントを取り外す。
13. 取り付けは取り外しの逆手順で行なう。

3. シフトレバーとシフトロッドの脱着

シフトレバー

→図／写真3.1, 3.2, 3.4, 3.8, 3.9参照
1. シフトレバーを交換する場合は、年式に応じて正しい交換用部品を用意しておくこと。1967年8月以前に生産された車両の場合、シフトレバーはまっすぐである。それ以降のモデルのレバーは曲がっている（**図参照**）。両者の間に互換性はない。1973年以降のモデルのレバーは、初期のモデルに比べて4cmほど短い。
2. フロアマットをめくって、シフトレバーをニュートラル位置にして、取り付け時の位置合わせのためにストッププレートとボールハウジングのフランジ部に合いマークを付けておく（**写真参照**）。
注意： シフトレバーとストッププレートの位置がずれると、変速時に不具合が発生する原因となる。
3. ボールハウジングのフランジ部から取付ボルトを取り外す。
4. シフトレバー、ボールハウジング、ラバーブーツおよびスプリングを一つのユニットとして取り外す（**写真参照**）。
5. ストッププレートを取り外す前に、ストッププレートの突起の方向を覚えておくこと。この突起は、穴の右側に上を向いているものが1つだけの場合もあれば、2つあって、運転席側が長くて低く、助手席側が短くて高い場合もある。どちらにしても、大切なことは突起の向きが取り外し時と同じ向きになるようにストッププレートを取り付けることである。
6. すべての部品を念入りに清掃する。
7. シフトレバーカラー、ストッププレートおよびシフトロッドのシフトレバー用ボールソケット部が摩耗していないか点検する。摩耗した部品は交換する。
8. シフトレバーの位置決めピンにガタがないか点検する（**図参照**）。スチールボールのスプリングの張りを点検する。へたっている場合は、交換する。
9. ストッププレートを取り付ける。突起の向きが取り外し前と同じになっていることを確認する

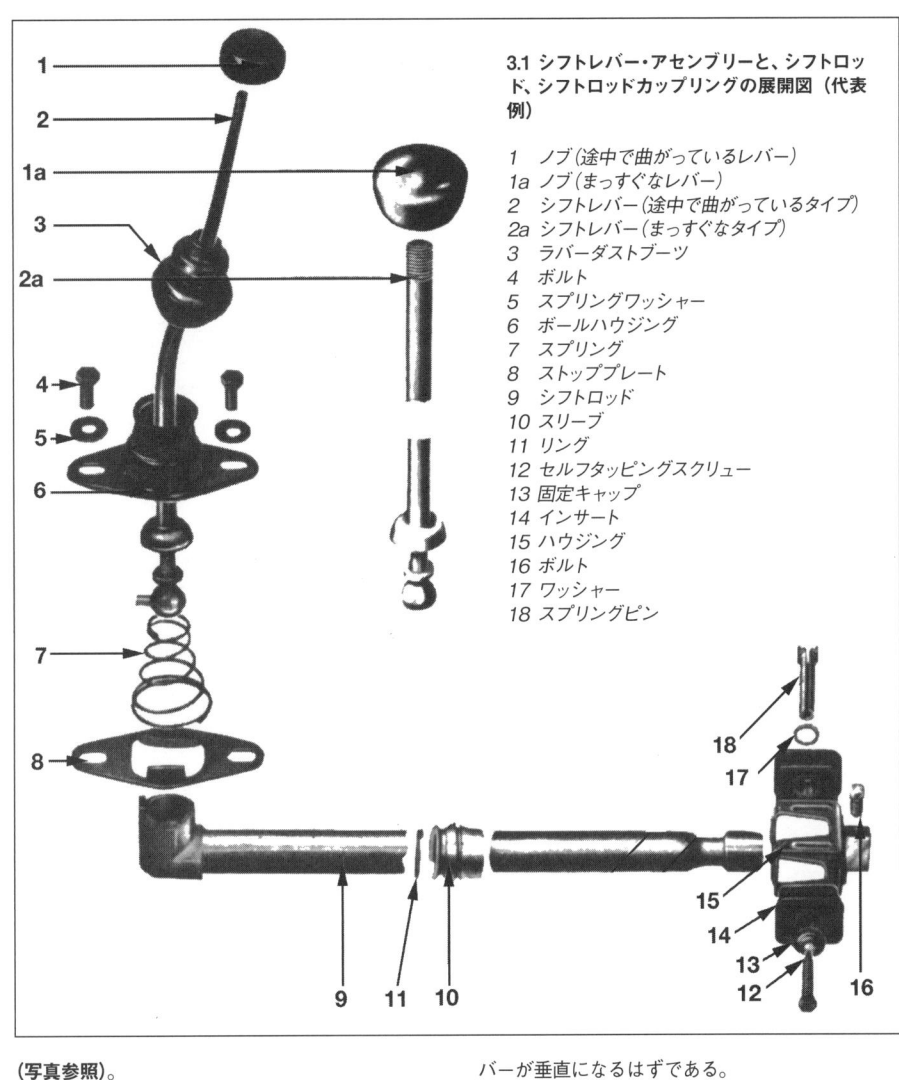

マニュアル・トランスミッション　　　7A-3

3.1 シフトレバー・アセンブリーと、シフトロッド、シフトロッドカップリングの展開図（代表例）

1　ノブ（途中で曲がっているレバー）
1a　ノブ（まっすぐなレバー）
2　シフトレバー（途中で曲がっているタイプ）
2a　シフトレバー（まっすぐなタイプ）
3　ラバーダストブーツ
4　ボルト
5　スプリングワッシャー
6　ボールハウジング
7　スプリング
8　ストッププレート
9　シフトロッド
10　スリーブ
11　リング
12　セルフタッピングスクリュー
13　固定キャップ
14　インサート
15　ハウジング
16　ボルト
17　ワッシャー
18　スプリングピン

3.2 ボールハウジングフランジのボルトを緩める前に、フランジとストッププレートに合いマーク（矢印）を付ける。取り付け時にはストッププレートの位置をマークに合わせて調整しなければならない。この位置がずれると変速不良の原因となる

3.4 シフトレバー、ボールハウジング、ラバーブーツおよびスプリングをアセンブリーで取り外す

（写真参照）。
10. すべての可動部品に汎用グリスを塗布する。
11. ラバーブーツの状態を点検する。損傷している場合は交換する。
12. シフトレバー・アセンブリー（レバー、ボールハウジングとスプリング）を取り付ける。シフトレバーの位置決めピンをボールソケットの溝にはめて、ストッププレートはボールハウジングの中央に位置決めすること。所定の位置に正しく取り付ければ、ニュートラル位置にしたときにレバーが垂直になるはずである。
13. ボールハウジングのフランジのボルトを仮に取り付ける。フランジ、ストッププレートおよびフレームトンネルの各合いマークの位置を揃えて、ボルトを本締めする。
14. シフトレバーを操作して、ギアの各ポジションを再点検する。必要に応じて再調整する。

シフトロッド
→図/写真3.17, 3.18a, 3.18b, 3.20, 3.21, 3.24参照

備考：シフトロッドを交換する場合は、元のロッドと同じ長さのものを準備すること。後期モデルのロッドは、フレームトンネル内のガイドブッシュ用の取付ブラケットの位置変更に伴い短くなっている。

15. シフトレバー・アセンブリーを取り外す（手順1～5参照）。
16. リアシートを取り外す。
17. フレームトンネルの点検カバーを取り外す（写真参照）。
18. シフトロッドカップリングからボルト類を取り外す（写真参照）。
19. フロントバンパーを取り外す（第11章参照）。

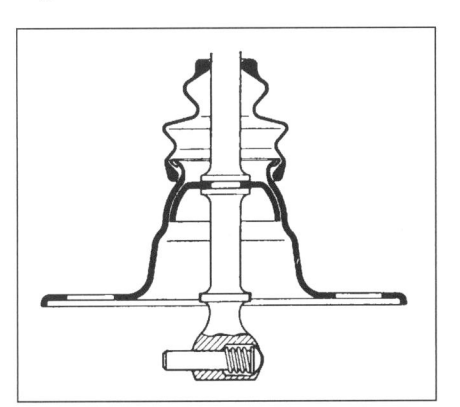

3.8 シフトレバーの位置決めピンにガタがないか確認して、スチールボール内のスプリングの張りを点検する。摩耗している場合は交換する

3.9 ストッププレートの突起は、取り外し前と同じ向きにすること

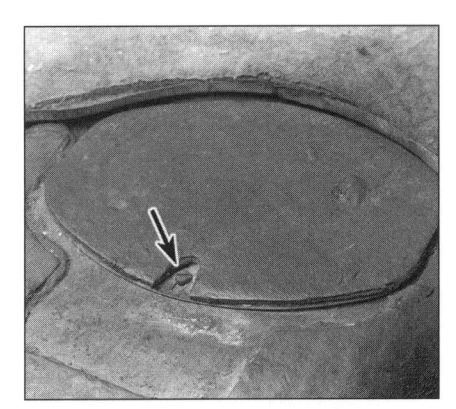

3.17 フレームトンネルから点検カバーを取り外す

7A

7A-4　マニュアル・トランスミッション

3.18a 初期タイプのシフトロッドカップリングを外す場合は、このボルトを取り外す

3.18b 後期タイプのシフトロッドカップリングを外す場合は、このボルトと横のセルフタッピングスクリューを取り外してから、ハンマーとポンチでスプリングピンを打ち抜く

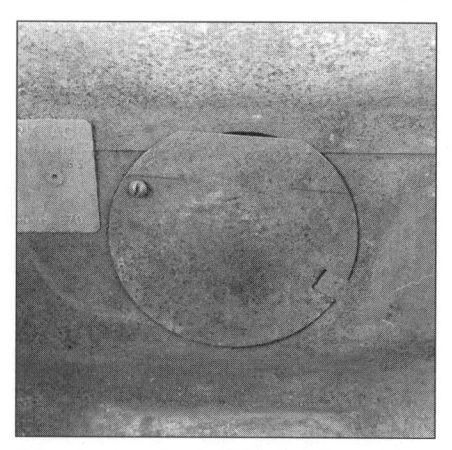

3.20 フレームヘッドから点検カバーを取り外す

20. フレームヘッド（写真参照）とフロントボディエプロンから点検カバーを取り外す。

21. フレームトンネルの穴から作業して、プライヤーを使い、シフトロッドカップリングからシフトロッドを外して、シフトロッドガイドブッシュから抜き取る（写真参照）。シフトロッド（あるいはブッシュ）のグリスが切れていると、外すときに若干抵抗を感じる場合がある。

22. フレームヘッドの穴から作業して、シフトロッドを前に引っ張って、フレームトンネルを通し、穴から引き抜く。

23. シフトロッドに曲がりがないか点検する。曲がったり損傷している場合は交換する（シフトロッドが曲がっていると、変速不良または1速と3速ギアに入らない、あるいはその両方の不具合が発生する原因となる）。

24. シフトロッドガイドのブッシュに硬化、亀裂または損傷がないか点検する。必要に応じて交換する。古いブッシュを取り外す場合は、プライヤーを使ってシフトロッドガイドからブッシュとワイヤーリングを引っ張る。新しいブッシュを取り付ける場合は、ブッシュの先端に新しいワイヤーリングをはめて、溝の付いている方を先にしてシフトロッドのガイドにブッシュを取り付ける（写真参照）。

25. シフトロッドの全長にわたって汎用グリスを塗布する。

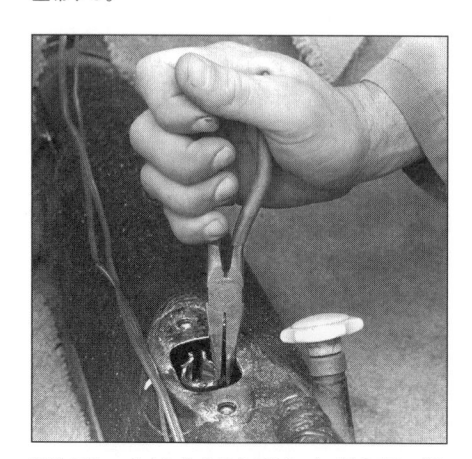

3.21 フレームトンネルのシフトレバー用の穴にプライヤーを入れて、カップリングからシフトロッドを外して、ガイドブッシュから前方に抜いて取り外す

26. フレームヘッドの穴からフレームトンネルのシフトロッドガイドにシフトロッドを通して、シフトロッドカップリングに確実にはまるまで後方にいっぱいまで押し込む。フレームヘッドとフロントエプロンの点検カバーおよびバンパーを取り付ける。

27. シフトロッドカップリングのボルト類を取り付けて、確実に締め付ける。フレームトンネルに点検カバーを取り付ける。リアシートを取り付ける。

28. シフトレバー・アセンブリーを取り付ける（手順6～12参照）。

29. シフトレバーを調整する（手順13参照）。

4. インプットシャフト オイルシールの交換

→写真 4.4, 4.6 参照

1. エンジンを取り外す（第2章参照）。
2. クラッチレリーズベアリングを取り外す（第8章参照）。
3. シールの周囲を清掃する。
4. オイルシールを慎重にこじって外す（写真参照）。
5. 新しいシールの外周にシール剤を薄く塗布して、インプットシャフトとシールのリップ部に汎用グリスまたはトランスミッションオイルを塗布する。
6. インプットシャフトに新しいシールをはめて、シールの外径よりも若干小さい外径の大型ソケットを使って、シャフトにシールを奥まで打ち込む（写真参照）。
7. クラッチレリーズベアリングを取り付ける（第8章参照）。
8. エンジンを取り付ける（第2章参照）。

5. トランスミッションの脱着

取り外し

→写真 5.18, 5.19 参照

1. シフトレバーを1速または3速位置にする。
2. リアシートを取り外して、バッテリーからマイナス側ケーブルを外す。
3. シフトロッドカップリング用の点検カバーを取り外して、カップリングの後方のボルトを取り外す（セクション3参照）。
4. カップリングからシフトロッドの接続を外す場合は、シフトレバーを2速または4速に入れる。
5. 車を持ち上げて、リジッドラックで確実に支える。後輪を取り外す（スイングアクスル車のみ）。
6. トランスミッションオイルを抜き取る（第1章参照）。
7. エンジンを取り外す（第2章参照）。
8. スイングアクスル車の場合は、リアブレーキラインを外して栓をし、ハンドブレーキケーブルを外す（第9章参照）。
9. スイングアクスル車の場合は、ショックアブソーバー下部取付ボルトを取り外す（第10章参照）。
10. スイングアクスル車の場合は、アクスルシャフトブーツのクランプを緩める（第8章参照）。
11. スイングアクスル車の場合は、組み立て時の位置合わせのために、タガネ等でスプリングプレートとアクスルシャフトのベアリングハウジングに合いマークを付けておく（第10章参照）。
12. スイングアクスル車の場合は、リアアクスル・ベアリングハウジングからボルトを取り外す（第10章参照）。
13. ダブルジョイント車の場合は、車を動かす予

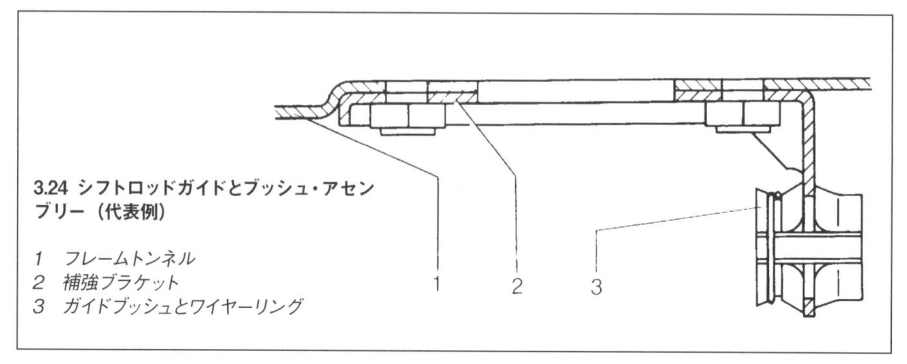

3.24 シフトロッドガイドとブッシュ・アセンブリー（代表例）

1　フレームトンネル
2　補強ブラケット
3　ガイドブッシュとワイヤーリング

マニュアル・トランスミッション

4.4 スクリュードライバーまたはシールプーラーを使って、古いシールを慎重に取り外す

4.6 シールの外径よりも若干小さい外径の大型ソケットを使って、シールを奥まで打ち込む

定がなければ、トランスミッションからドライブシャフト内側のジョイントを外すだけにする。車を動かす予定があれば、ドライブシャフトを完全に取り外す（第8章参照）。CVジョイントをビニール袋などで包んで、ホコリや湿気が入らないようにして、針金などでドライブシャフトを作業の邪魔にならない位置に吊っておく。

14. クラッチレバーからクラッチケーブルを外して、ブーツを外して、ブラケットからケーブルとスリーブを取り外す（第8章参照）。

15. スターターの配線を外す（第5章参照）。

16. 後期モデルの場合は、ラバーキャップをめくって、トランスミッションからバックアップランプの配線コネクターを外す（第12章参照）。

17. トランスミッションフロントマウントからナットを取り外す（セクション2参照）。

18. トランスミッションの下にフロアジャッキを置き、間に木片を挟んで、ジャッキを上げてトランスミッションを支える（**写真参照**）。

19. トランスミッションブラケットのボルトを取り外す（**写真参照**）。

20. 最後に、すべての配線とホースがトランスミッションから外れていることを確認した上で、慎重にトランスミッションとジャッキを後方に引っ張って、ジャッキを下ろす。

21. スイングアクスル車の場合は、トランスミッションからスイングアクスルの接続を外す（第8章参照）。

22. リアマウントを取り外して点検する（セクション2参照）。マウントのゴム部に、硬化、亀裂または損傷が見られる場合は、交換する。

取り付け

23. 取り外している場合は、トランスミッションブラケットとマウントを取り付ける（セクション2参照）。**備考：トランスミッションの取り付けが完了して、フロントマウントのナットを締め付けるまでは、各リアマウントの3個のナットは締め付けないこと。**

24. 取り外している場合は、スイングアクスルを取り付ける（第8章参照）。

25. トランスミッションの下にフロアジャッキを置き、ジャッキを上げる。スイングアクスル車の場合は、左右のスイングアクスルをスプリングプレートの所定の位置に挿入する。トランスミッションブラケットのボルトにグリスを塗布して、取り付けてから、この章の「整備情報」の規定トルクで締め付ける。

26. フロントマウントのナットを取り付けて、この章の「整備情報」の規定トルクで締め付ける。この段階で、リアマウントのナットを確実に締め付ける。

27. スイングアクスル車の場合は、分解前に付けた合いマークに従ってアクスルシャフトのベアリングハウジングとスプリングプレートの位置を合わせて、スプリングプレート取付ボルトを取り付けて、第8章の「整備情報」に記載の規定トルクで締め付ける。ショックアブソーバー下部取付ボルトを取り付けて、確実に締め付ける。アクスルブーツを取り付ける（第8章参照）。各ブレーキラインを接続して、ブレーキのエア抜きをする（第9章参照）。ハンドブレーキケーブルを接続して調整する（第9章参照）。車輪を取り付ける。

28. ダブルジョイント車の場合は、ドライブシャフトを取り付ける。または、取り外し時に内側のジョイントだけを外している場合は、トランスミッションに接続する（第8章参照）。

29. 次の作業に進む前に、すべてのクラッチ構成部品を点検する。エンジンを取り外したときは、ついでにクラッチの構成部品を交換すべきである（第8章参照）。

30. エンジンを取り付ける（第2章参照）。

5.18 トランスミッションの下にフロアジャッキを置き、間に木片を挟んで、ジャッキを上げてトランスミッションを支える

5.19 トランスミッションブラケットのボルトを取り外す

31. クラッチケーブルを接続して調整する（第8章参照）。
32. 接続を外したすべての配線コネクターを元通り接続する。
33. 最終的に、すべての配線、ホースおよびリンケージが接続されていることを確認する。
34. トランスミッションオイルを規定のレベルまで注入する（第1章参照）。
35. 取り外している場合は、車輪を取り付ける。
36. トランスミッションまたはエンジン（あるいはその両方）を支えていたジャッキを下ろして、車を下ろす。
37. シフトレバーをニュートラルにして、シフトロッドカップリングを接続する。（セクション3参照）。
38. バッテリーのマイナス側ケーブルを接続する。
39. ロードテストを行なって、作動に問題がないか確認するとともに、オイルの漏れがないか点検する。

6. トランスミッションのオーバーホールに関する全般的な注意事項

まず、マニュアルトランスミッションのオーバーホールは、サンデーメカニックにとっては難しい作業であると言わざるを得ない。多くの小さい部品を取り外して、点検した上で、正しく元通りに取り付けなければならない。各部のクリアランスも正確に測定して、必要に応じて調整することも必要となる。従って、トランスミッションに不具合が起きた場合は、トランスミッション・アセンブリーの脱着だけは自分でするが、オーバーホールはせず、リビルト品が入手できないか専門店に問い合わせることを勧める。オーバーホールが必要な場合は、オーバーホールにかかる工賃と部品代がリビルト品の値段を上回ることも多いが、トランスミッション専門の修理業者にオーバーホールを依頼することも可能である。

とはいえ、やる気と時間、技能および特殊工具があれば、トランスミッションのオーバーホールを自分でやることは不可能ではない。ただし、オーバーホール作業には、色々なサイズの軸用および穴用スナップリングプライヤー、ベアリングプーラー、スライディングハンマー、ピンポンチセット、ダイアルゲージ、油圧プレスが必要となる。また、広い頑丈な作業台、万力、トランスミッションスタンドも必要である。

トランスミッションの分解作業中は、各部品がどのように外れて、その部品が他の部品とどのように組み合わさっていたのか、またどのように固定されていたのか細かいところまでメモしておくこと。展開図を見れば、部品の組み付け位置は分かるものの、実際には、各部品を取り外している時点で取り付けの方法、位置、方向などをメモしておけば、組み立て作業がずっと楽になるはずである。もっとも大切なことは、慎重にかつ時間をかけて1つずつ順番に作業することである。

トランスミッションを分解する前に、トランスミッションのどこがおかしいのか調べてみること。不具合の種類によっては、トランスミッションの特定の箇所に原因を絞り込むことができ、部品の点検と交換を簡単にすることができるかもしれない。不具合に対する推定原因については、本書の冒頭の「故障診断」の項を参照する。

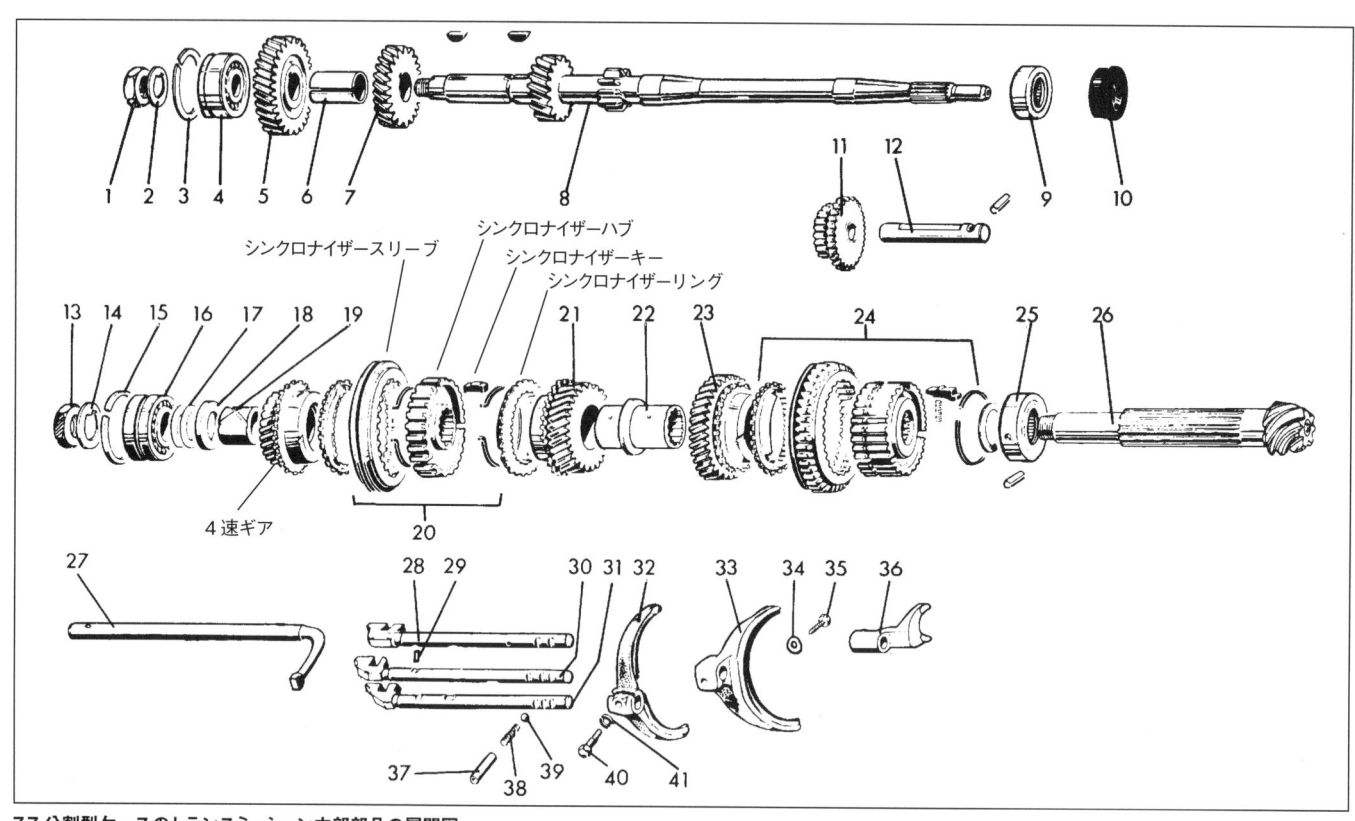

7.7 分割型ケースのトランスミッション内部部品の展開図

1 シャフトナット
2 ロックワッシャー
3 ベアリング用サークリップ
4 ボールベアリング
5 4速ギア
6 スペーサースリーブ
7 3速ギア
8 インプットシャフト
9 リアローラーベアリング
10 シール
11 リバースアイドラーギア
12 リバースギアシャフト
13 シャフトナット
14 ロックワッシャー
15 ベアリング用サークリップ
16 ボールベアリング
17 シム
18 スラストワッシャー
19 ブッシュ
20 3速/4速ギアシンクロナイザー・アセンブリー
21 3速ギア
22 スプラインブッシュ
23 2速ギア
24 2速ギアシンクロナイザー/1速ギアハブ
25 ローラーベアリング
26 ピニオン
27 トランスミッション・シフトロッド
28 リバースフォークシャフト
29 インターロックプランジャー
30 1速/2速フォークシャフト
31 3速/4速フォークシャフト
32 3速/4速シフトフォーク
33 2速/3速シフトフォーク
34 ナット
35 スクリュー
36 リバースシフトフォーク
37 プラグ
38 ディテントスプリング
39 ディテントボール
40 固定ボルト
41 ワッシャー

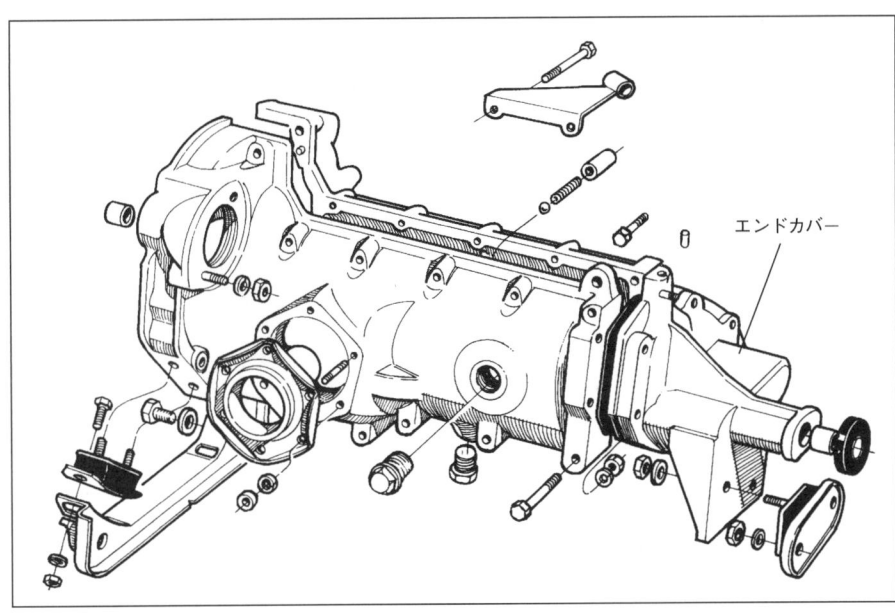

マニュアル・トランスミッション

7.8 分割型トランスミッションケース・アセンブリーの展開図

7.18 プーラーを使って、インプットシャフトから4速および3速ギアを取り外す。ギア間にある半月キー、スペーサースリーブを紛失しないこと

7. トランスミッションの
オーバーホール
（分割型ケース）

分解
→図／写真 7.7, 7.8, 7.18 参照

1. トランスミッションオイルを抜き取る（第1章参照）。
2. 車からトランスミッションを取り外す（セクション5参照）。
3. フロントマウント、トランスミッションブラケットおよびリアマウントを取り外す（セクション2参照）。
4. アウターベアリングとアクスルチューブを取り外す（第8章参照）。備考：アクスルシャフトは、トランスミッションケースを分割した後でないと取り外すことはできない。
5. クラッチレリーズベアリングを取り外す（第8章参照）。
6. ケースの前側にあるエンドカバーを固定しているナットを取り外して、カバーを取り外す。
7. インプットシャフトとピニオンシャフトの先端の大きいナットから2個のロックワッシャーのカシメを外す（図参照）。これらの2個のナットを緩めるためには、外側の2本のフォークシャフトを引いて2個のギアを同時に噛み合わせる。これで、2本のシャフトの回り止めとなる。ナットを緩める。
8. 左右のトランスミッションケースを結合しているすべての通しボルトとナットを取り外す（図参照）。ベルハウジングの内側のボルトおよびトランスミッションケースの中心を貫通している長くて細い通しボルトを忘れないこと。
9. すべてのボルトを取り外せば、あとはサイドベアリングとアクスルシャフトのはめ合いで、ケース同士がくっついているだけである。木製ハンマーまたは木製ブロックで数回ケースを叩けば、トランスミッションケースは左右に分割される。
注意：決して左右のケースの合わせ面をこじったり、無理な力をかけないこと。ケースに重大な損傷を与える恐れがある。また、ベアリングの周囲

の隙間が大きくなって、オイル漏れの原因となることがある。

10. 片方のトランスミッションケースをアクスルシャフトの方向に引っ張ると、2本のギアボックスシャフトがもう片方のケースから取り外せる。
11. もう片方のケースからアクスルシャフトとディファレンシャル・アセンブリーを外す。
12. 通常、左右のディファレンシャルサイドベアリングはそれぞれのケース側に残るが、ディファレンシャルハウジングに取り付けられているスペーサーリングとシムは、取り外すことができる。取り外したスペーサーリングとシムは、左右を間違えないようにすること。左右のケースを取り外したら、取り外したシム一式に右側か左側か分かるように荷札等を付けておく。これで、トランスミッションはメインサブ・アセンブリーまで分解できたことになる。
13. ピニオンシャフトを分解するには、ナットとワッシャーを取り外す。ボールベアリングを取り外す：サークリップを外側の溝にはめたまま、ピニオンシャフトが下にぶら下がるようにボールベアリングを保持して、シャフトの先端をプラスチックハンマーなどで叩く。シャフトを支えておいてくれる人がいない場合は、作業台の上にウエスを敷いて、その上でシャフトを保持する。
14. シム、スラストワッシャー、ブッシュ、4速ギア、4速シンクロナイザーリング、3速/4速シンクロナイザー・アセンブリーを取り外す。3速/4速シンクロナイザー・アセンブリーがスプラインから外れにくい場合は、小さな木製ハンマーで慎重に叩くことになるが、外れた拍子に落とさないように注意すること。
15. 3速シンクロナイザーリング、3速ギア、ブッシュ、2速ギア、2速シンクロナイザーリング、2速/1速シンクロナイザー・アセンブリーを取り外す。ピニオンシャフトを抜くときに、中央のスリーブから飛び出してくる3個のスプリングを紛失しないように注意すること。
16. 最後に、すべてのシム（枚数と取付位置をメモしておくこと）とピニオンローラーベアリングのアウターレースを取り外す。インナーレースの取り外しは、専門業者に任せること。インナーレー

スは、シャフトにきつく圧入されているので、適切な工具とプレスがないと取り外しは難しい。よほど慎重に作業しないと、ピニオンが損傷する恐れがある。

17. インプットシャフト上の3速ギアまたは4速ギアがひどく摩耗または損傷している、あるいはシャフトと一体になっているその他の2つのギアのどちらかが損傷している場合は、インプットシャフトを分解しなければならない。
18. インプットシャフトを分解するには、ナットとワッシャーを取り外す。ピニオンシャフトからベアリングを取り外したときと同じ要領でボールベアリングを取り外す（手順13参照）。プーラーを使って、4速ギア、スペーサースリーブ、3速ギアを取り外す（**写真参照**）。3速ギアと4速ギアの半月キーを紛失しないこと。プーラーを使って、シャフトの反対側からシールとローラーベアリングを取り外す。
19. リバースギアピニオンは、ピンでケースに固定されたシャフト（リバースギアシャフト）に取り付けられ、シャフトの突き出ている方は、インプットシャフトのリアローラーベアリングの位置決めにも使われている。位置決めピンを取り外すと、リバースギアシャフトを抜き取ることができる。リバースギアがブッシュを軸としてスムーズに回転することを確認する。摩耗している場合は交換する。ギアとシャフトの間にガタがあると、ギアが揺れて、負荷がかかったときにギア抜けを起こす原因となる。
20. ケースから2個のねじ込みプラグを取り外して、固定ボルトを緩めて、シフトフォークを取り外す。交換する必要がなければフォークシャフトあるいはフォークは取り外さないこと（点検の項参照）。点検して、スリーブの溝とフォークとの間にガタがなければ、シフトフォークを取り外す必要はない。

点検
→写真 7.24, 7.31 参照
備考：特に指示のない限り、以下の点検手順は分割型と一体型の両方のトランスミッションケースに適用される。

21. オーバーホールするのか交換するのかは、摩耗の程度によって決まる。各内部部品を点検して見積もりした結果、オーバーホールの費用が、リビルト品のトランスミッションを購入するのとほ

マニュアル・トランスミッション

ぼ同じくらいの出費になる場合は、オーバーホールをやめ、リビルト品に交換する方法もある。

22. 点検が目的の場合は、通常トランスミッションの内部部品を溶剤に浸けて洗う必要はない。きれいなウエスで拭くだけで充分である。ただしケースだけは溶剤に浸けて洗うべきである。ケースを洗う際はローラーベアリングは必ず取り外しておくこと。

23. トランスミッションケースに亀裂や損傷がないか念入りに点検する。特にベアリングハウジングの付近、およびギアキャリアとサイドベアリングプレートとの接合面には注意する。

24. ピニオンギア**(写真参照)** とリングギアを点検する。ひどい摩耗、歯欠け、過大なバックラッシュ等が認められる場合は、両者をセットで交換する。リビルト品のディファレンシャル／リングギア／ピニオン・アセンブリーを組み付けて調整するためは特殊工具が必要となるが、入手が困難で値段も高い。

25. 一部のギアはシャフト上のそれぞれに独立したブッシュを軸に回転するので、ギア、ブッシュおよびシャフトの間にガタがあってはならない。ガタがある場合、通常はブッシュを交換すれば問題が解決されるはずである。リバースギアブッシュの点検を忘れないこと。

26. ギアの歯面に打痕、歯欠けまたは傷がないか点検する。1つのギアに損傷があると、それと噛み合う別なギアも損傷している場合が多い。

27. ベアリングはボールベアリングとニードルローラーベアリングの2種類が使われている。一般に、ニードルローラーは軸方向の力を受けないので、摩耗することはほとんどない。ただし、スムーズに回転するかどうか慎重に確認すること。回転時に引っかかり、引きずりまたはガタがあれば、ベアリングを交換する。ディファレンシャル用の2個のテーパーローラーベアリングも点検する。テーパーローラーベアリングの交換が必要な場合は、専門店等に依頼すること。また、ついでにリングギアとピニオンギアの点検および（必要に応じて）調整もしてもらうこと。

28. 油圧プレスを使って、すべてのシンクロナイザーリングを取り外して点検する。シンクロナイザーリングの溝付きのテーパー面がギアのコーン部に圧着されると、ギアの回転にブレーキがかかる（これがシンクロ作用である）。従って、そのテーパー面が摩耗すると、ブレーキ作用（つまりシンクロ作用）が効かなくなってくる。シンクロナイザーリングの状態を正しく判断するには、新品と比べてみるしかない。新品のシンクロナイザーリングはそれほど高価なものでもないので、いっそすべて新品に交換してしまうのも良い考えである。ギアのコーン部にシンクロナイザーリングを合わせて、シンクロナイザーリングとギアの歯面とのすき間を測定する。すき間がこの章の「整備情報」に記載の通常値と限度値の間にあれば、使用可能である。すき間が限度値に近い場合は、新しいリングと交換する。

注意：新しいシンクロナイザーリングを購入するときは、自分の車に適合した部品かどうか確認すること。シンクロナイザーリングは何度か設計変更が行なわれているので、たとえ取り付けることができて正常に働いているように見えても、その新しいリングが古い部品と正確に同じとは限らない。1つのトランスミッションに使われている各シンクロナイザーリングは同じように見えても、正確には違ったものである。例えば、切り欠きの部分の幅が広いものがある。各シンクロナイザ

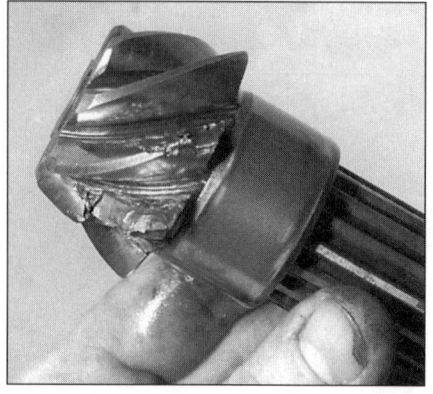

7.24 リングギアとピニオンギアを点検する。写真のピニオンギアのようにどちらかが損傷している場合は、両者をセットで交換する

リングを正しい箇所に取り付けないと、故障の原因となる。従って、取り外した箇所に元通り取り付けるために、各シンクロナイザーリングに印を付けておくこと。

29. 点検のためには、各シンクロナイザーハブを組み付けなければならない。ハブとスリーブの間のスプライン部には軸方向および回転方向のガタが無いこと。シンクロナイザーリングを交換する場合は、シンクロナイザーキーとスプリングも一緒に交換することを勧める。シンクロナイザーリング外周面の切り欠き部分にはまっているキーが摩耗すると、最終的にスプリングもへたってくる。

30. シフトフォークは、トランスミッションの中で最も重要な構成部品の1つである。2本のフォークは、シンクロナイザーハブの外側にあるスリーブの溝にはまる。フォークと溝の間のすき間が大きいと、ギア抜けを起こす原因となる。フォークと溝の間のすき間を点検して、この章の「整備情報」に記載の限度値を越えていないことを確認する。すき間が限度値よりも広い場合は、フォークまたはスリーブの溝（あるいはその両方）が摩耗していることを示す。もしそのフォークを新品のフォークと比較することが可能であれば、フォークのみを新品に交換することで隙間が限度値内に収まるか調べる。フォークのみの交換では限度値に収まらない場合は、シンクロナイザー・アセンブリーも交換する。

31. フォークが取り付けられているフォークシャフトは、ケースから取り外す必要はない。シフト時にフォークシャフトが決まった位置で止まるように、シャフトには溝があり、ケース側には溝にはまるボール（ディテントボール）とスプリングが組み込まれている。このディテント機構がシャフトを保持する力を点検する場合は、各シフトフォークの先端にばねばかりを引っかけて、シャフトを引いて動かすために必要な力を測定する**(写真参照)**。それがこの章の「整備情報」に記載の規定値から著しく外れる場合は、ディテントスプリングとボールを点検する。トランスミッションケースから各フォークシャフトを押し出して、各穴からボール、スプリング、プラグを外す（初期モデルの分割型ケースの場合は、シャフトを引き抜くと同時にケースの内側にディテントボールとスプリングが外れてくるので、穴に手を当てて飛び出さないようにする）。**備考**：組み立てる際には新しいプラグが必要となる。

32. スプリングの自由長を点検して、この章の「整

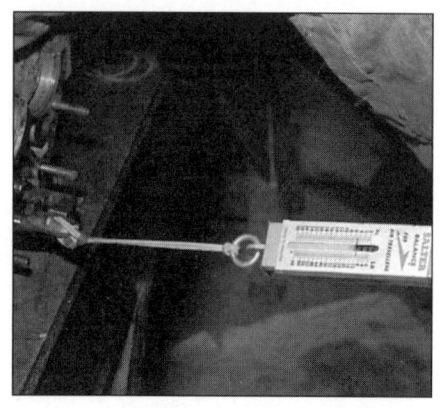

7.31 ディテント機構がフォークシャフトを保持する力を点検する場合は、各シャフトの先端にばねばかりを取り付け、シャフトを引いて動かすために必要な力を測定する。測定値が基準値から著しく外れる場合は、スプリングを交換する

備情報」に記載の規定値と比較する。スプリングが短くなっている場合は交換する。ボールに打痕または条こんがないか点検して、各フォークシャフトがそれぞれの穴にピッタリとはまることを確認する。フォークシャフトのボールの止め溝を点検して、摩耗していないことを確認する。シャフトを取り外している間に、フォークシャフトの溝間にはまるインターロックプランジャーを紛失しないこと。

組み立て

→ 図／写真 7.38a, 7.38b, 7.40a, 7.40b, 7.40c, 7.40d, 7.40e, 7.40f, 7.40g, 7.41, 7.42a, 7.42b, 7.43, 7.44, 7.45, 7.46, 7.47, 7.48, 7.49a, 7.49b, 7.54, 7.55, 7.56, 7.57a, 7.57b, 7.65a, 7.65b, 7.67, 7.68a, 7.68b, 7.70 参照

33. 作業台の上に適切な広さのきれいなスペースを準備する。必要な部品とガスケットなどをすべて準備して、それらがすべて自分の車に適合していることを確認するまでは作業に取りかからないこと。

備考：組み立て作業が完了するまでは取り外した古いガスケットを保管しておくと良い。補用品のガスケットセットは、数種類のモデルに対応するため、自分の車には不要なものも入っているため、組み立て作業中に適合するものを選び出す必要がある。

34. 分割型ケースのトランスミッションの組み立ては、リングギアとピニオンギアの調整が必要なければ、一般的に後期モデルの一体型よりも簡単である。サイドベアリングを調整するには、トランスミッションをいったん組み立てる必要があり、その後にサイドベアリングのシムを変更する場合は、再度分解しなければならない。

35. 左右のケースの合わせ面を念入りに清掃して、凹みやバリが無いことを確認する。溶剤を使って、シール剤のかすをきれいに取り除く。

36. 合わせ面の接合に適したシール剤を準備する。

37. ガスケットは、必ず新品を準備すること。特にエンドカバーを取り付けるときは、ガスケットの厚さにより、軸方向の遊びとシャフトの各ベアリングにかかる軸方向の力が決まるので、必ず正しいガスケットを準備すること。

38. ピニオンシャフトにシムとベアリングを取り付ける**(写真参照)**。**備考**：取り外し時にシムの枚

マニュアル・トランスミッション

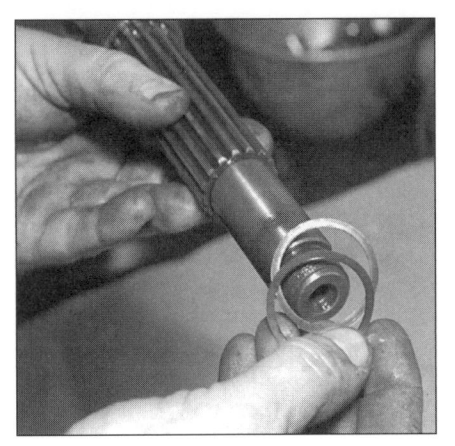

7.38a 取り外したときと同じ順序でピニオンシャフトに同じ枚数のシムを取り付ける

7.38b ピニオンシャフトにベアリングを取り付ける

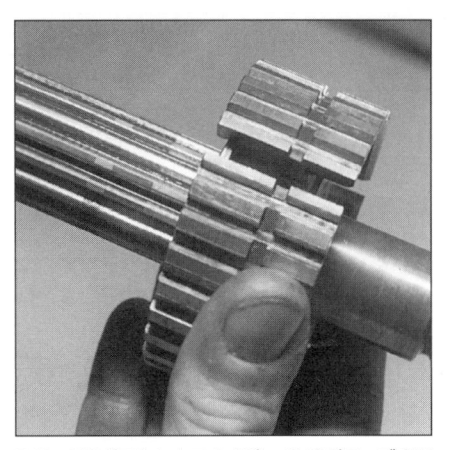

7.40a 2速ギアシンクロナイザー/1速ギアハブをピニオンシャフトに取り付けるときは、ハブの中心部の溝に断面が四角形の1本のキー固定リングを取り付けて、その固定リングをピニオンギア側にしてシャフトにハブを挿入して...

数と取り付け位置を正確にメモしてあれば、シムの取り付けは問題ないはずである。

39. リングギアとピニオンを交換するつもりであれば、ピニオンシャフトの組み立てはさらに少し難しくなる。シムを適切に選択しなければならないし、ピニオンベアリングのインナーレースを加熱して、抜き取ってから、再び新しいピニオンシャフトに圧入しなければならない。また、リングギアとサイドベアリングのプレロードの調整はさらに複雑で、特殊なゲージも必要となる。従って、この作業については専門的な知識と工具を持った業者に任せるのが賢明である。

40. 2速ギアシンクロナイザー/1速ギアハブを取り付けるときは、ハブの中心部の溝に断面が四角形のキー固定リングを組み付けて、そのリングを組み付けた側をピニオンギア側にして、シャフトにハブを挿入する。各穴に3本のキースプリングを入れてから、各キーの中央の突起部分を外側に向け、キーの平らな段付き部を固定リングの下にひっかける（写真参照）。各キーが所定の位置から

ずれないようにして、ハブにスリーブをはめる。ハブの内周と外周に合いマークがあれば（あるいは分解時に付けておけば）、スプラインとの位置合わせは問題なくできる。合いマークがなければ、スリーブの内周を観察して、スプラインの3箇所の凹みと各キーの中心との位置を合わせる（写真参照）。次に、2速ギアシンクロナイザーリングと2速ギアを取り付ける（写真参照）。

7.40b ...各穴に3本のキースプリングを入れてから...

7.40c ...各キーの中央の突起部分を外側に向けてキーの平らな段付き部を固定リングの下にひっかける...

7.40d ...スリーブの内周の印を確認する。写真に示すスプライン部の3箇所の凹みと3個のキーの中心との位置を合わせて...

7.40e ...キーがずれないように、ハブにスリーブをはめて...

7.40f ...2速ギアシンクロナイザーリングを取り付けて...

7.40g ...2速ギアを取り付ける

7A-10　マニュアル・トランスミッション

7.41 ツバ付きのスプラインブッシュをピニオンシャフトに取り付ける

7.42a 3速ギアを取り付けて...

7.42b ...ピニオンシャフトに3速ギアシンクロナイザーリングを取り付ける

41. ツバ付きのスプラインブッシュを取り付ける（**写真参照**）。
42. ピニオンシャフトに3速ギアと3速ギアシンクロナイザーリングを取り付ける（**写真参照**）。
43. 3速/4速シンクロナイザー・アセンブリーを取り付ける（**写真参照**）。ここまでの組み立てが正しければ、3速/4速シンクロナイザー・アセンブリーをシャフトに取り付けた時点で、内側スリーブの先端がシャフトのスプライン部の端部とぴったりと位置が揃うはずである。内側スリーブとシャフトのスプライン部のずれは、0.05 mm未満でなければならない。この規定値を越える場合は、組み立て不良か、ローラーベアリングの隣に組み付けたシムの厚さが間違っている。

44. 4速ブッシュを取り付ける（**写真参照**）。
45. 4速ギアシンクロナイザーリングを取り付ける（**写真参照**）。
46. 4速ギアを取り付ける（**写真参照**）。
47. スラストワッシャーを取り付ける（**写真参照**）。スラストワッシャーの溝はギア側に向けること。
48. シムを取り付ける（**写真参照**）。
49. ボールベアリングを取り付ける（**写真参照**）。シムにしっかりと密着するまでベアリングを打ち込む（**写真参照**）。次に、ロックワッシャーとナットを取り付けるが、この段階ではいっぱいまで締め付けないこと。

7.43 ピニオンシャフトに3速/4速シンクロナイザー・アセンブリーを取り付ける

7.44 ピニオンシャフトに4速ギアブッシュを取り付ける

7.45 ピニオンシャフトに4速ギアシンクロナイザーリングを取り付ける

7.46 ピニオンシャフトに4速ギアを取り付ける

7.47 ピニオンシャフトにスラストワッシャーを取り付ける。スラストワッシャーの溝はギア側に向けること

7.48 ピニオンシャフトにシムを取り付ける

マニュアル・トランスミッション

7A-11

7.49a ピニオンシャフトの先端にボールベアリングを取り付けて...

7.49b ...シムに当たるいっぱいの位置まで圧入する

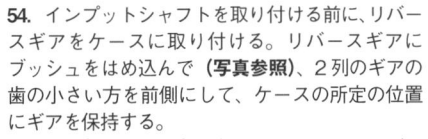

7.54 リバースギアにブッシュを取り付ける

50. きつく締まっているギアのキー溝の位置を合わせることは、難しい作業である。ナベにオイルを入れてギアを約90℃まで加熱してから、シャフトにギアをはめて、半月キーを取り付ける。半月キーはシャフトの溝にぴったりとはめること。キーの取り付けが不良な場合、ギアを位置決めする前にキーがずれたり外れてくる恐れがある。最初に3速(小さい方の)ギアを取り付ける。3速ギアはシャフトの一部となっている2速ギアに当たるまで挿入すること。次にスペーサーを取り付けて、最後にそのスペーサーに当たるまで4速ギアを取り付ける。

51. 適切な径のパイプを使って、そのパイプを叩いてシャフトに2個のベアリングを取り付けるか、ナベにオイルを入れて、ベアリングを加熱した上で、所定の位置までベアリングをはめる。他の方法ではベアリングを加熱しないこと。ベアリングが損傷する恐れがある。

52. サークリップ付きのベアリングは、サークリップをシャフトのネジ山側にして、ネジ山部分の端と面一の位置まで取り付けること。ベアリングが入るトランスミッションケース面を点検する。ベアリングのサークリップは、ケース前面の溝または窪み部分に取り付けられる。ベアリングは、トランスミッションケースの前端部から少しでも突出してはならない。

53. ナットとロックワッシャーを交換するが、この段階では、いっぱいまで締め付けないこと。

54. インプットシャフトを取り付ける前に、リバースギアをケースに取り付ける。リバースギアにブッシュをはめ込んで(**写真参照**)、2列のギアの歯の小さい方を前側にして、ケースの所定の位置にギアを保持する。

55. 切り欠きのない方を先にして、ケースにリバースギアシャフトを挿入して、切り欠きとベアリングハウジングの穴の位置を揃える(**写真参照**)。

56. ロックピンを取り付ける(**写真参照**)。

7.55 切り欠きのない方を先にして、ケースにリバースギアシャフトを挿入して、切り欠きとベアリングハウジングの穴の位置を揃える

7.56 リバースギアシャフト用のロックピンを取り付ける

57. 以下の手順では、他の人の手伝いが要る。組み込んだピニオンシャフトを左側のケースに置いて(**写真参照**)、シフトフォークの位置を点検する。新しいフォークまたはフォークシャフトを取り付けた場合は、各フォークをシンクロナイザースリーブの溝に正しくはめた上で、各シャフトをニュートラル位置にする。このとき、両方のシンクロナイザースリーブがハブのニュートラル位置(中心)にあることを確認する。次に、各ギアをか

7.57a シフトフォークの位置を点検するために、左側のケースに組み込んだピニオンシャフトを一時的に置く(ベアリング用のドエルピン(矢印)に注意する)...

7.57b ...両方のシンクロナイザースリーブがハブの中心位置(ニュートラル位置)にあり、各ギアをかみ合わせて、スリーブが正しくシンクロ作動することを確認する

7A

マニュアル・トランスミッション

7.65a インプットシャフト・アセンブリーを取り付けて、リアベアリングの穴をリバースギアシャフトのロックピン（矢印）に合わせる。取り付けが正しければ…

7.65b …このようになるはずである

み合わせて、スリーブが正しく作動することを確認する。この段階では、これ以上調整することはできない。後で不具合が起きた場合は、トランスミッションを取り付けた後に調整することになる。ただし、リバースギアシフトフォークについては、後になっての調整は不可能なので、インプットシャフトを仮に取り付けて、リバースギアをかみ合わせた状態でギアが正しく合っていることを確認する。必要に応じて、スライドするリバースアイドラーギアの小さい方のギアをピニオンシャフトの1速/2速ハブの歯といっぱいにかみ合うまで、フォークシャフトに沿ってシフトフォークを動かす。それと同時に、リバースアイドラーギアの大きい方のギアは、インプットシャフトのギアとかみ合わせること。次に、ニュートラルと1速ギアを順番に選択して、リバースアイドラーギアが所定のギア以外から充分に離れていることを確認する。

58. アクスルシャフト・アセンブリーが正回転方向（前進方向）に回るときのディファレンシャルリングギアの回転方向を確認する。ディファレンシャルリングギアとシフト機構は、左側のケースに入る。従って、最初にアクスル/ディファレンシャル・アセンブリーを取り付けなければならない。

59. ディファレンシャルケースのリングギア側に正しい厚さで正しい枚数のシムを取り付ける。

60. 左側のトランスミッションケースを適切なところに置く。注意事項として、左右のアクスルシャフトは、その重量でケースが動かないように常にしっかりと保持していなければならない。

61. もし新しいベアリングを取り付ける場合は、セクション9の一体型ケースのトランスミッションの項を参照して、同様な方法で行なう。

62. 左右のケースの合わせ面がが完全にきれいなことを確認する。ケースの合わせ面にRTVシール剤（液状ガスケット）を薄く均等に塗布する。新しいOリングを使って、右側のベアリングとカバーを取り付ける。この章の「整備情報」に記載の締付トルクに従って、各ナットを均等に締め付ける。

63. 右側のベアリングにアクスルシャフトを挿入して、リングギア側を先にして（リングギアの歯が見える方向で）、トランスミッションケースにディファレンシャルを取り付ける。必要に応じて、ベアリングがディファレンシャルの段差部にぴったりとはまるまでケースを軽く叩く。

64. ピニオンシャフト・アセンブリーを取り付ける。シフトフォークをニュートラル位置にして、スリーブの溝にはめなければならない。同時に、リアベアリングのアウターレースを回して、ベアリングの穴をケース側のドエルピンに合わせなければならない。

65. インプットシャフトを取り付ける。リアベアリングの穴をリバースギアシャフトのロックピンに合わせる（写真参照）。

66. ディファレンシャルサイドベアリング用のシムがディファレンシャルに取り付けられていることを確認する。アクスルシャフトに右側のケースを通して、サイドベアリングがディファレンシャルケースの段差部にぴったりとはまるまで取り付ける。アクスルシャフトの重量を支えると同時に、左右のケースを保持して、かつ各ベアリングがドエルピンからずれないするのは、難しい作業である。従って、この作業は他の人に手伝ってもらうこと。または、作業台の端に左側のシャフトを垂直に近い角度で吊るす。作業場の床の上に、シャフトを挟むように木製ブロックを置いて、シャフトをそのブロックの間に垂れ下がるようにする。ケースを軽く叩きながら、ディファレンシャルの段差部まで取り付ける。左右のケースがピッタリと合わない場合は、どこかのベアリングのドエルピンがずれてしまっている。無理に合わせようとしないこと。いったん離して、ドエルピンがずれていないか確認してからもう一度やり直す。

67. ケースを結合する前に、インプットシャフト・オイルシールの外周にRTVシール剤を塗布して、インプットシャフトの後端にそのオイルシールを取り付ける（写真参照）。オイルシールのリップは、ケース側に向けること。

68. ナット、ボルトおよびワッシャーは、すべて新品を取り付ける。他のボルトより長いボルトが1本あるいは2本あることに注意する。長い中心ボルトを忘れないこと（写真参照）。この章の「整備情報」に記載の1段階目の締付トルクに従って、図示の順序で均等にかつ段階的に各ケースボルトを締め付ける（図参照）。両方のシャフトがスムーズに回転して、各ギアがかみ合っていることを確認する。不良な場合は、ケースをばらして、中を確認する。正常な場合は、この章の「整備情報」に記載の2段階目（最終）の締付トルクに従って、図示の順序で各ケースボルトを締め付ける。

69. インプットシャフトとピニオンシャフトの各ナットを締め付ける場合は、外側の2本のフォークシャフトを引っ張って2個のギアをかみ合わせる。この章の「整備情報」に記載の規定トルクに従っ

7.67 RTVシール剤をインプットシャフト・オイルシールの外周に塗布して、インプットシャフトの後端にそのオイルシールを取り付ける。オイルシールのリップは、ケース側に向けること

7.68a 左右のケースをボルトで結合するときは、長い中心ボルトを忘れないこと

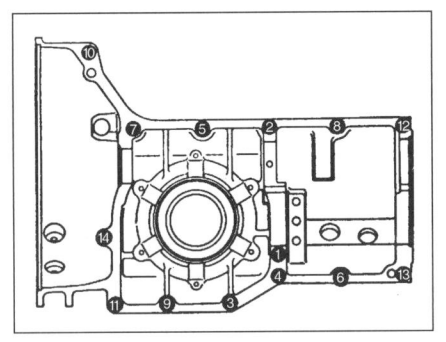

マニュアル・トランスミッション

7.68b 分割型トランスミッションケースのボルト締付順序

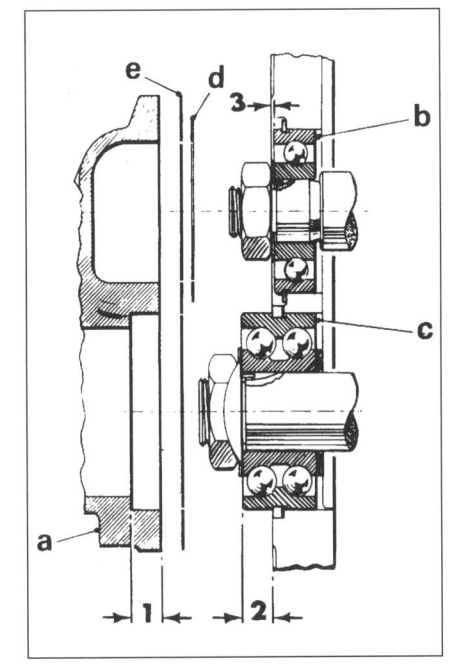

8.4a 3速ギアが抜ける場合は、トランスミッションから前側のプラグを取り外して...

8.4b ...フォークの固定ボルトを緩めて、前側のシフトフォークをフォークシャフトに沿って少し後方にずらす。その後、固定ボルトを締め直して、プラグを取り付けて、ロードテストを行なう。ギアのかみ合いが完全になるまでには、この作業を何度も繰り返す必要があるかもしれない

7.70 フロントベアリングにプレロードをかけるガスケットの取り付け位置

a エンドカバー
b インプットシャフトベアリング
c ピニオンシャフトベアリング
d 円形ガスケット
e メインカバーガスケット

て、大きい方のピニオンシャフトナットを締め付ける。ナットの平らな部分にロックワッシャーのタブを曲げて、固定する。

70. ガスケットの厚さにより両方のボールベアリングのアウターレースにかかるスラスト方向の力が決まり、それによって軸方向の動きが規制されるので、エンドカバーのケース先端への取り付けは、非常に重要である（図参照）。新しいガスケットを使って、各カバーボルトを確実に締め付ける。

71. エンドカバーを取り付けるときは、シフトシャフトをニュートラル位置にして、トランスミッション・シフトロッドを各フォークシャフトの先端の切り欠き部分にはめ込まなくてはならない。各ナットを取り付けて、この章の「整備情報」に記載の締付トルクに従って締め付ける。

72. トランスミッションブラケットと前後のマウント、クラッチレリーズベアリングを取り付ける。これで、組み立て作業は終了である。

8. シフトフォークの調整

→写真 8.4a, 8.4b 参照

1. 前進ギアのシフトフォークは、トランスミッションが車載状態のままで調整することができる（ただし、リバースギアは不可能）。シフトフォークの調整は、通常トランスミッションをオーバーホールした後に、負荷時のギア抜けを防止するために必要となる。ギア抜けがギアの摩耗により発生している場合は、決してこの調整によりギア抜けを防ごうとしないこと。また、1つのギアの抜けを防止するために、1つのシフトフォークを調整すると、別なギアが抜けるようになることが充分考えられる。例えば、3速ギアのギア抜けを直すために3速ギアのシフトフォークを調整すると、代わりに4速ギアが抜けるようになってしまう場合がある。同じことは1速と2速にも言える。従って、シフトフォークの調整を始める前には、自分にとってギア抜けを起こしても構わない（最も影響の少ない）ギアがどれか決めておくこと。

2. 左側のトランスミッションケースの下側前端部には2個の大きなプラグが取り付けられている。これらのプラグを外すと、各シフトフォークの固定ボルトが見える。前側にあるのが3速/4速シフトフォーク用で、もう一方が1速/2速シフトフォーク用である。

3. 調整する場合は、シフトレバーをニュートラルにして、調整するフォーク用のプラグを取り外す。

4. 例えば3速ギアが抜ける場合は、前側のプラグ（写真参照）を取り外して、フォークの固定ボルトを緩めて（写真参照）、前側のシフトフォークをフォークシャフトに沿って少し後方にずらす。その後、固定ボルトを締め直して、プラグを取り付けて、ロードテストを行なう。4速ギアが抜ける場合は、逆に前側のシフトフォークを前方に動かす。

5. 1速ギアが抜ける場合は、調整できない。シフトフォークの位置がギア抜けの原因ではない。2速ギアが抜ける場合は、後ろ側のフォークを前方にずらす。

6. ギアのかみ合いが正しくなるまで、各フォークについて上記の作業を何度も繰り返す必要があるかもしれない。

7. また、トランスミッションの摩耗がひどい場合は、どのように調整しても全てのギアが多少なりともギア抜けしてしまう場合がある。そのような場合は、自分にとってどのギアの抜けが最も不便か判断し、そのギアが抜けないように調整するしかない（従って、他のギアの抜けはある程度あきらめることになる）。言うまでもなく、特に加速時にギアが抜けるのはたいへん危険で、ギア抜けを甘く見てはならない。

8. また、ギア抜けはシフトレバー機構（セクション3参照）の摩耗が原因の場合もある。シフトレバーの調整もある程度は可能である。2個の固定ボルトを緩める。取り付けボルトの穴は、長穴になっているので、シフトレバー・アセンブリーを若干前後に動かすことができる。シフトレバーを前に動かすと、2速ギアと4速ギアのかみ合いが良くなる。逆に後ろに動かすと、1速と3速のかみ合いが良くなる。ただし、以下のことはくれぐれも忘れないこと。この調整は、本来シフトレバーの中心位置を調整するためのものである。シフトレバーの位置をいじりすぎると、シフトフォークの位置をいじりすぎた場合と同じ結果になる。

9. トランスミッションのオーバーホール（一体型ケース）

分解

→写真 9.4, 9.5, 9.8, 9.13, 9.16a, 9.16b, 9.20, 9.26 参照
備考：ガスケットセットは、複数のモデルを対象にしている場合がある。従って、分解時に取り外した古いガスケットは保管しておくこと。古いガスケットと比較することで、ガスケットセットの中から自分と車のトランスミッションに適したものを選択することができる。

1. 車からトランスミッションを取り外す（セクション5参照）。

2. オイルを抜き取って、フロントマウント、トランスミッションブラケットとリアマウントを取り外して（セクション2参照）、トランスミッションの外面を念入りに清掃する。

3. スイングアクスル車の場合は、アクスルシャフトとアクスルチューブを取り外す（第8章参照）。

4. エンドカバーを保持しているナットを取り外して、トランスミッション・シフトロッドと一緒にカバーを取り外す。

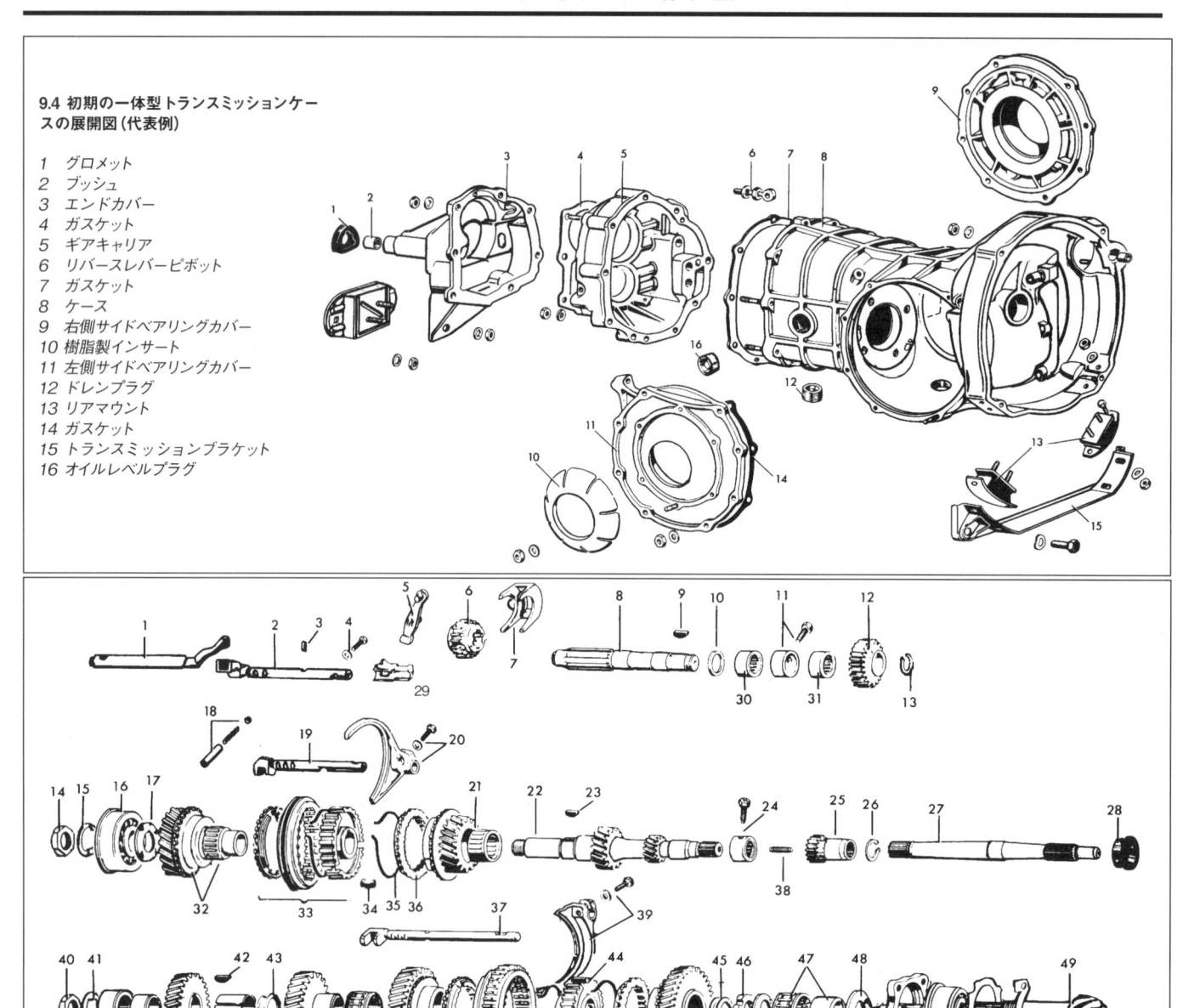

9.4 初期の一体型トランスミッションケースの展開図（代表例）

1 グロメット
2 ブッシュ
3 エンドカバー
4 ガスケット
5 ギアキャリア
6 リバースレバーピボット
7 ガスケット
8 ケース
9 右側サイドベアリングカバー
10 樹脂製インサート
11 左側サイドベアリングカバー
12 ドレンプラグ
13 リアマウント
14 ガスケット
15 トランスミッションブラケット
16 オイルレベルプラグ

9.5 4段フルシンクロ式トランスミッション（一体型ケース）アセンブリーの展開図（代表例）

1 トランスミッション・シフトロッド
2 リバースフォークシャフト
3 インターロックプランジャー
4 スクリューとワッシャー
5 リバースレバー
6 リバーススライディングギア
7 リバーススライディングギアフォーク
8 リバースギアシャフト
9 半月キー
10 スラストワッシャー
11 スペーサースリーブとロックスクリュー
12 リバースギア
13 サークリップ
14 シャフトナット
15 ロックワッシャー
16 ボールベアリング
17 スラストワッシャー
18 ディテントボール、スプリングとプラグ
19 3速/4速フォークシャフト
20 3速/4速シフトフォーク
21 3速ギアとニードルローラーベアリング
22 インプットシャフト
23 半月キー
24 ニードルローラーベアリング
25 リバースギアとスリーブ
26 サークリップ
27 インプットシャフトエクステンション
28 オイルシール
29 リバースレバーブロック
30 ニードルローラーベアリング
31 ニードルローラーベアリング
32 4速ギアとニードルローラーベアリング
33 3速/4速シンクロナイザー・アセンブリー
34 キー
35 キー固定スプリング
36 シンクロナイザーリング
37 1速/2速フォークシャフト
38 ねじ込み式ドエルピン
39 1速/2速シフトフォーク
40 シャフトナット
41 ロックワッシャー
42 半月キー
43 皿形ワッシャー
44 1速/2速シンクロナイザーハブ
45 シム
46 溝付きナット
47 ニードルローラーベアリング
48 スラストワッシャー
49 ピニオンシャフト
50 ローラーベアリング
51 4速ギア
52 スペーサースリーブ
53 シム
54 3速ギア
55 ニードルローラーベアリング
56 2速ギア
57 シンクロナイザーリング
58 シンクロナイザースリーブ
59 キー
60 キー固定スプリング
61 シンクロナイザーリング
62 1速ギア
63 スラストワッシャー
64 ピニオンベアリングリテーナー
65 ピニオンベアリング
66 ピニオンシム
67 ロックワッシャー
68 ボルト

マニュアル・トランスミッション 7A-15

5. ロックワッシャーのタブを広げて、インプットシャフトとピニオンシャフトの先端の大きいナットを取り外す（図参照）。これらのシャフトの回り止めをするため、ケースの先端から突き出している外側の2本のフォークシャフトを引くか押す。これで、2個のギアがかみ合うことにより、インプットシャフトとピニオンシャフトがロックされる。

備考：後期モデルの場合は、これらのナットの代わりにサークリップが使われている。ギアキャリアのベアリングから2本のシャフトを引き抜く前に、インプットシャフト先端のサークリップを取り外す。注意：このサークリップを外すときは、シャフトの先端にウエスを当てること。下にある皿形スラストワッシャーによりシャフトにテンションがかかっているため、溝から外すと同時にサークリップが飛び出す恐れがある。

6. ギアキャリアをトランスミッションケースに固定しているスタッドから各ナットを取り外す。アースストラップも取り外す。

7. トランスミッション全体を横にして、左側のサイドベアリングカバーが上を向くようにする（ちなみに、トランスミッションケースの先端の狭い方が前側である）。

8. ダブルジョイント車の場合は、スクリュードライバーの先をシールプラグに突き刺してドライバーをこじることにより、左右のドライブフランジの中心から各シールプラグを取り外す。次に、スプラインの切ってある左右のシャフトの先端の溝からサークリップを取り外して、ドライブフランジをこじて外す。ドライブフランジの奥にはスペーサーリングがある。この段階で可能であれば、スペーサーリングを取り外しておく。できな

ければ、サイドベアリングカバーを取り外した後で取り外す。

9. 左側のサイドベアリングカバーの固定ナットを取り外して、カバーを取り外す。固くて外れない場合は、必要に応じてプラスチックハンマーで軽く叩く。くれぐれも無理な力はかけないこと。カバーが外れると、通常はテーパーローラーサイドベアリングのアウターレースも一緒に外れてくる。ベアリングがサイドベアリングカバーといっしょに外れた場合は、ベアリングのインナーレースとディファレンシャルの間のシムを紛失しないこと。これらのシムは、サイドベアリングのプレロードとリングギアとピニオンギア間のバックラッシュを規制するためのものなので、非常に重要である。左右どちらのサイドベアリングカバーのシムだったのか混乱しないようにするため、シムに荷札等を付けて、ベアリングにひもで結んでおくなど整理して保管しておく。ベアリングが残っている場合は、とりあえずそのままにしておく。サイドベアリングカバーとトランスミッションケースの間には、紙製ガスケットが挟まっていることに注意する。

10. トランスミッションを横にして、左側のサイドベアリングカバー用の開口部を上に向けて、ディファレンシャル・アセンブリーを慎重に取り出す。

11. 取り出すことができない場合は、もう一度トランスミッションを反対にして、右側のベアリングのインナーレースにドリフト（打ち抜き工具）を当てて、軽く叩いてみる。この際、自重でディファレンシャルが落ちないように支えておくこと。ベアリングをサイドベアリングカバーに取り付けたままで、ディファレンシャルを叩いて取り出す方

が簡単な場合は、そのようにすれば良い。他方のサイドベアリング用のシムを回収して、識別用の荷札等を付けた上で、まとめて保管しておく。

12. トランスミッションをひっくり返して、右側のサイドベアリングカバーを上に向ける。ダブルジョイント車の場合は、ドライブフランジを取り外す（手順8参照）。右側のサイドベアリングカバーのナットを取り外して、カバーを取り外す。ここに使われているのも紙製のガスケットである。

13. リバースギアスリーブをインプットシャフトに固定しているサークリップを取り外す（写真参照）。シャフトに沿ってサークリップを後方にずらして、リバースギアスリーブをずらす。

14. インプットシャフトからインプットシャフトエクステンション（延長シャフト）を緩めて外す。リバースギア／スリーブを取り外して、シャフトからサークリップを取り外す。後方のオイルシールからシャフトを引き抜く。インプットシャフトオイルシールを取り外して、捨てる。備考：このオイルシールは、トランスミッションを取り付けたままで（車載状態）で交換することができる（セクション4参照）。

15. 初期モデルの場合、ピニオンシャフトベアリングのリテーナープレートが4本のボルトで固定されている。各ボルトの固定タブを慎重にこじって戻す。この際、工具をすべらせてピニオンギアを叩かないように注意すること。取付ボルトを慎重に取り外す。後期モデルの場合、ピニオンベアリングは4本のボルトで固定されるフランジに代わってねじ込み式の溝付きリングで固定されている。後期モデルの場合は、この固定リングを緩めるだけで良い。この場合も、ピニオンの歯を損傷しないように注意すること。

16. トランスミッションケースからギアボックス・アセンブリーを取り外す場合は、重い銅製のハンマー（あるいはソフトハンマー）を使って、

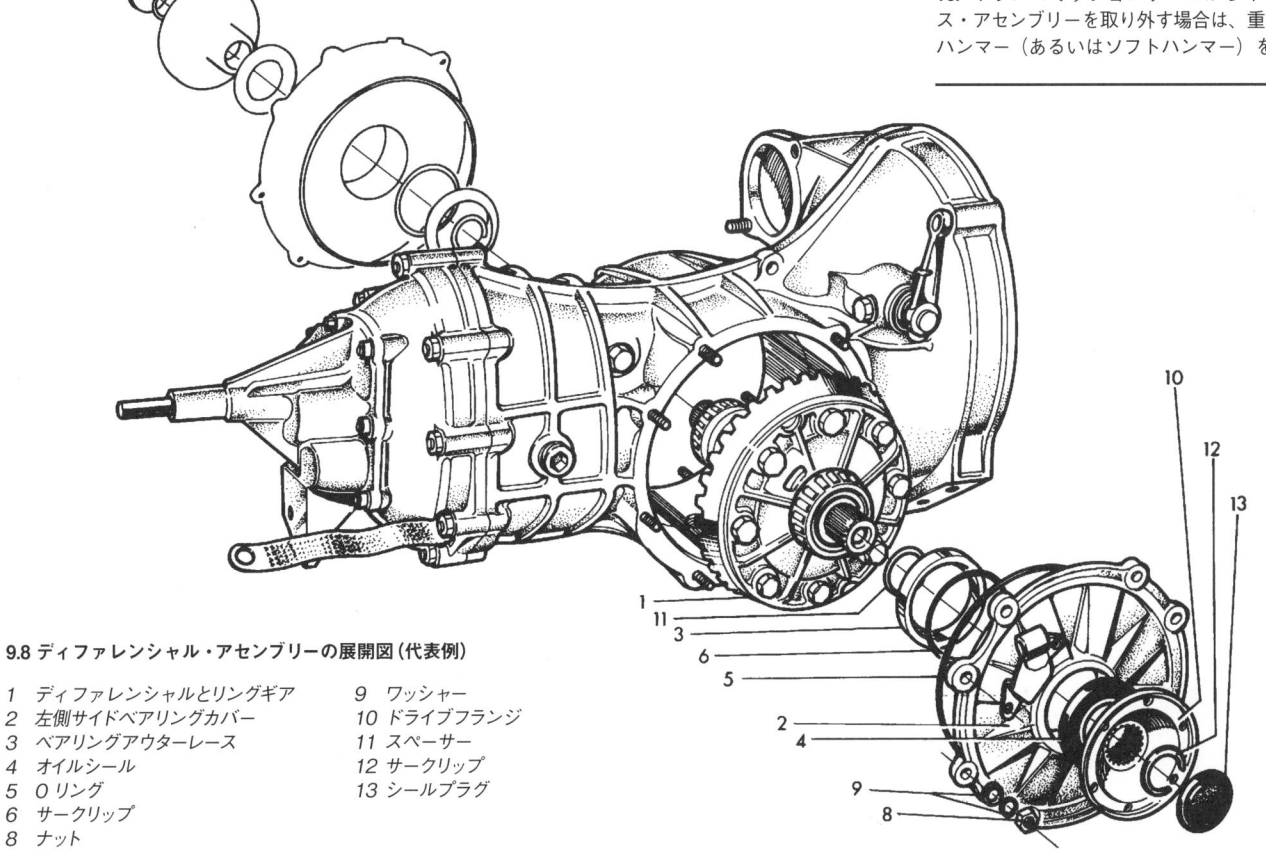

9.8 ディファレンシャル・アセンブリーの展開図（代表例）

1 ディファレンシャルとリングギア
2 左側サイドベアリングカバー
3 ベアリングアウターレース
4 オイルシール
5 Oリング
6 サークリップ
8 ナット
9 ワッシャー
10 ドライブフランジ
11 スペーサー
12 サークリップ
13 シールプラグ

9.13 インプットシャフトにリバースギアスリーブを固定しているサークリップを取り外す

9.16a トランスミッションケースからギアボックス・アセンブリーを取り外す場合は、ヘッドが銅製のハンマーを使って、ピニオンの先端を叩く...

ピニオンの先端を叩く（**写真参照**）。または、トランスミッションケースとピニオンの間に小型のジャッキを挿入する（**写真参照**）。ピニオンとジャッキの間に厚手のウエスなどを挟んだ上で、ジャッキを操作して押し出す。シャフトが外れるときに、ギアキャリアをしっかりと支えること。シャフトがケースから外れたら、ピニオンフランジからシムを回収して、紛失しないようにビニール袋に入れておくかフランジに縛っておく。

17. リバースギアとそのシャフトを取り外すには、まずサークリップを取り外す。ギアを抜き取り、シャフトから半月キーを取り外し、前からシャフトを取り外す。

18. リバースギアシャフトからニードルローラーベアリングを取り外すには、ケースから（2個のベアリング間のスペーサースリーブを固定している）固定スクリューを緩める。適当な径のドリフトを使って、2個のニードルローラーベアリングとスペーサースリーブをケースの後方に慎重に叩いて抜き取る。

19. 他方のニードルローラーベアリングのアウターレースも、スクリューによってケースに固定されている。そのスクリューも取り外す。その後、ニードルローラーベアリングのアウターレースを同様に叩いて抜き取る。（これは、インプットシャフトの後端を支えているベアリングである。）

20. サイドベアリングカバーまたはディファレンシャルに残っている大きなサイドベアリングは、点検により摩耗が確認されない限り取り付けたままにしておいて構わない。摩耗のためベアリングを取り外すときは、ドリフトを使って、ディファレンシャルまたはサイドベアリングカバーからベアリングを叩いて取り外す（**写真参照**）。サイドベアリングカバーから取り外す場合は、カバーをしっかりと保持すること。反対のやり方はしないこと。つまり、ベアリングを保持してカバー側を叩くと、カバーが損傷する恐れがある。

21. ギアキャリアからギアが付いたままで2本のシャフト（インプットシャフトとピニオンシャフト）を取り外す。

22. リバースレバーピボットから小さいスライディングギアとリバースフォークを取り外す。

23. 他の2本のシフトフォークをそれぞれのフォークシャフトに固定している固定ボルトを緩める。1速/2速シフトフォーク用のシャフトを後方にいっぱいまでずらして、フォークを取り外す。もう一つの3速/4速シフトフォークは、ギアキャリアが邪魔しているため、取り外しが難しい。シャフトを後方にずらして、フォークからシャフトを抜き取る。

注意： ギアキャリアから各フォークシャフトを抜いてしまわないこと。抜いてしまうと、ディテントボールとスプリングが飛び出して、面倒なことになる。

24. キャリアから2本のシャフト（インプットシャフトとピニオンシャフト）を取り外す。取り外し前に、両方のシャフトを粘着テープで止めておくと良い。テープで止めた上で、2本のシャフトの先端を外すと、バラバラにならずに済む。以下の手順では他の人の手伝いが必要になる。両方のシャフトが垂れ下がるように、ギアキャリアを保持して、他の人に両方のシャフトを支えた上でインプットシャフトの先端を木製ハンマーで叩いてもらう。シャフトを誤って落としてしまわないこと。

25. ギアキャリアに残っている2個のベアリングを取り外す。ここに使われているニードルローラーベアリングも、前の作業で取り外したものと同じようにスクリューで固定されている。ギアキャリアの内側からインプットシャフト・フロントベアリングを打ち抜く。このベアリングのアウターレースには、フランジが付いている。従って、このベアリングは、一方方向にしか外れない。

26. インプットシャフトを分解する場合は、スラストワッシャー、4速ギアおよびニードルベアリングケージを取り外す。シンクロナイザーリングを取り外す。油圧プレスと保持ブロックを使って、インプットシャフトから、ベアリングインナーレースを抜き取る（**写真参照**）。保持ブロックは、3速ギアの背面に当てて、シャフトとギアの損傷を防ぐとともに、シンクロナイザー・アセンブリー

9.16b ...または、トランスミッションケースとピニオンの間に小型のシザーズ型ジャッキを挿入して、ピニオンを押してギアボックス・アセンブリーを外す

9.20 ディファレンシャルからディファレンシャルサイドベアリングを取り外すときは、ドリフトとハンマーで軽く叩く

マニュアル・トランスミッション　　　　7A-17

9.26 油圧プレスと保持ブロックを使って、インプットシャフトから、ベアリングインナーレースを抜き取る。保持ブロックを3速ギアの背面に当てて、シャフトとギアの損傷を防ぐとともに、シンクロナイザー・アセンブリーがバラバラにならないようにする

9.40 シンクロナイザースリーブの溝とシフトフォークの間のすき間を測定する。ここのすき間が過大な場合、ギア抜けの原因となる

がバラバラにならないようにする。圧力をかけている最中は、すべての部品を支えておく。

27. 3速ギアとそのニードルローラーベアリングを取り外す。シンクロナイザーハブを位置決めしている半月キーまたは3速ギアベアリング・インナーレースを取り外す必要はない。組み立て時を考慮して、各シンクロナイザーリングとギアの組み合わせが分かるようにしておくこと。例えば、テープで止めておくなどが良い方法である。

28. 各ギア、シンクロナイザーハブおよびシンクロナイザーリングを取り外して、ピニオンシャフトを分解する。溝付きのロックナットで固定されているダブルテーパーピニオンローラーベアリングは、シャフト側に残しておく。このベアリングの取り外しには、普通のサンデーメカニックでは持っていない特殊工具が必要になる。

29. 油圧プレスを使って、4速ギア、ニードルローラーベアリングスペーサーのインナーレース、シム、皿形ワッシャー、3速ギア、ニードルローラーベアリング、2速ギアおよび1速/2速ギアシンクロナイザーハブを取り外す。油圧プレスの代わりにハンマーを使わないこと。たとえ木（プラスチック）製ハンマーや銅製ハンマーでも、繰り返しシャフト先端のネジ山部を叩くと、ネジ山が変形して、シャフトがダメになってしまう。シンクロナイザーリングを取り外す。

30. 2本のシャフトの先端に固定ナットの代わりにサークリップが付いている後期モデルの場合は、まずそのサークリップを取り外す。次に、4速ギア、インナーレース、スプリングスペーサー、二番目のサークリップおよび3速ギアをプレスで抜き取る。

31. 荒っぽい使われ方をしている、または走行距離が極端に長い場合を除き、シンクロナイザー・アセンブリーの整備は不要なはずである。バラバラにならないように、シンクロナイザー・アセンブリーは注意して取り扱う。中心のハブと外側のスリーブが誤って外れてしまった場合は、正しく組み直さなければならない。シンクロナイザー・アセンブリーを分解する場合は、ハブ両側のキー固定スプリングを外して、ハブからスリーブをずらして取り外す。3個のキーを落としたり紛失しないこと。各シンクロナイザー・アセンブリーの部品は、それぞれ別々のビニル袋に入れて、点検に備えて保管しておく。

32. 点検によりディテント機構（ボールとスプリング）のシャフト保持力に問題がなければ、ギアキャリアからシフトフォークを取り外さないこと。

点検
→写真 9.40 参照

33. セクション1で前述したように、トランスミッションを分解するのか修理するのかは、部品の摩耗の程度により決まってくる。ディファレンシャルリングギアとピニオンの摩耗がひどい場合、バックラッシュが過大となり異音が発生する原因となるが、修理の費用は、新品を購入するのに比べて約半分である。この種の作業は普通のサンデーメカニックでは手に負えないので、本書ではディファレンシャルのオーバーホールは扱っていない。トランスミッションの組み立ては、新品のボールベアリング、シンクロナイザーリング、シンクロナイザーキー、キー固定スプリングを使って、写真に示すように油圧プレス以外の特殊工具を使わずに作業した。

34. 通常は、すべての構成部品を溶剤に浸して洗う必要はない。点検する場合は、部品をきれいなウエスで拭くだけで充分である。拭くだけにとどめるのは、組み立て後はじめて作動させるときに、部品の表面が乾燥しているため、傷が付くことを防ぐためである。ただし、トランスミッションケースについては、溶剤に浸して念入りに清掃すること。ケースを洗うときは、ニードルローラーベアリングを取り付けたままにしないこと。

35. トランスミッションケースのすべての部品に亀裂や損傷がないか念入りに点検する。特にベアリングハウジングの付近およびギアキャリアとサイドベアリングプレートとの接合面には注意する。

36. まだ取り外していない場合は、点検のために2本または3本爪のプーラーを使って、すべてのシンクロナイザーリングを取り外す。シンクロナイザーリングの溝付きのテーパー面がギアのコーン部に圧着されると、ギアの回転にブレーキがかかる（これがシンクロ作用である）。従って、そのテーパー面が摩耗すると、ブレーキ作用（つまりシンクロ作用）が効かなくなってくる。テーパー面の摩耗状態を正確に判断するには、新品と比較するしかない。大体において、シンクロナイザーリングをギアのコーン部に押し付けたときに、シンクロナイザーリングとギア側面との間のすき間が 0.6 mm 以上あれば問題ない。このすき間の標準値は 1.1 mm である。限度値に近い場合は、シ

ンクロナイザーリングを交換しなければならない。新しいシンクロナイザーリングを購入するときは、それぞれのギアに合った正しいものを選ぶこと。シンクロナイザーリングは何度も設計変更されているので、たとえ取り付けることができて正常に働いているように見えても、その新しいリングが古い部品と正確に同じとは限らない。間違ったシンクロナイザーリングを取り付けてしまうと、後で不具合が発生する原因となる。また、1つのトランスミッションに使われている各シンクロナイザーリングは同じように見えても、正確には違ったものである。例えば、よく観察するとリングの外周のキーはまる部分の幅が異なっている。従って、新しいリングを取り付ける場合は慎重に選択すること。備考：新品のシンクロナイザーリングはそれほど高価なものでもないので、トランスミッションを分解したときは、いっそのことすべて新品に交換してしまうのも良い考えである。

37. ベアリングはボールベアリングとニードルローラーベアリングの2種類が使われている。一般に、ニードルローラーは軸方向の力を受けないので、摩耗することはほとんどない。2個の大きなサイドベアリングは、ボールベアリングである。すべてのベアリングについて、異音や引っかかりがないか点検する。回すときに少し異音が出る、または回転中に引っかかりがある場合は、交換する。ダブルテーパーローラーベアリングに、引っかかりまたは軸方向の過大な遊びがないか点検する。軸方向の遊びがあれば、ディファレンシャルリングギアとピニオンギアの状態を念入りに点検する。交換が必要な場合は、バックラッシュおよび歯当たりの調整が必要となるので、シムの枚数とすき間を計算し直さなければならない。この作業は専門の業者に任せること。

38. ギアの歯面に打痕、歯欠けまたは傷がないか点検する。ひとつのギアに損傷があると、対応する別なギアも損傷している場合が多い。

39. 各シンクロナイザー・アセンブリーを組み立てる（手順43参照）。キーが外れた状態では、ハブとスリーブは楽にスライドするはずであるが、両者の間のスプライン部には遊びまたはバックラッシュがあってはならない。この部分の摩耗の許容量は、言葉では説明しにくい。まったく遊びがないのが理想であるが、現実にはそのようなことはほとんどない。可能であれば、専門業者に相談してみるのが良い方法である。

40. シフトフォークは、トランスミッションの中で最も重要な構成部品の一つである。2つのフォークは、シンクロナイザーハブの外側にあるスリーブの溝にはまる。これらのフォークと溝の間のすき間が大きいと、ギア抜けを起こす原因となる。フォークとスリーブの溝の間のすき間を測定する（写真参照）。すき間が 0.3 mm 以下であれば正常である。すき間がこの値よりも広い場合は、フォークまたはスリーブの溝（あるいはその両方）が摩耗していることを示す。もしそのフォークを新品のフォークと比較することが可能であれば、フォークのみを新品に交換することで隙間が限度値内に収まるか調べる。フォークのみの交換では限度値内に収まらない場合は、シンクロナイザー・アセンブリーも交換する。

41. フォークが取り付けられているフォークシャフトは、ケース（ギアキャリア）から取り外す必要はない。シフト時にフォークシャフトが決まった位置で止まるように、シャフトには溝があり、ケース側には溝にはまるボール（ディテントボー

マニュアル・トランスミッション

ル）とスプリングが組み込まれている。このディテント機構がシャフトを保持する力を点検する場合は、各シフトフォークの先端にばねばかりを引っかけて、シャフトを引いて動かすために必要な力を測定する。それがこの章の「整備情報」に記載の規定値から著しく外れる場合は、ディテントスプリングとボールを点検する。ケースから各フォークシャフトを押し出して、ディテントボールとスプリングを外す。スプリングを取り外す場合は樹脂製のプラグをこじ開ける。組み立てる際には必ず新しいプラグと交換する。

42. スプリングの自由長を点検する。25 mm が標準である。標準値以下の場合はスプリングを交換する。ボールに打痕または条痕がないか点検して、各フォークシャフトがそれぞれの穴にピッタリとはまることを確認する。フォークシャフトのボールの止め溝を点検して、摩耗していないことを確認する。摩耗している場合は、フォークシャフトを交換する。フォークシャフトを取り外している間に、シャフトの溝の間にはまるインターロックプランジャーを紛失しないこと。

組み立て

→写真 9.43a ～ 9.100e 参照

43. シンクロナイザー・アセンブリーを交換する場合は、必ずハブとスリーブをセットで交換すること。古いスリーブに新しいハブを取り付ける（またはその逆）のは、良い方法とは言えない。シンクロナイザー・アセンブリーを組み立てるときは、以下の点に注意すること：

a) シンクロナイザーリングを交換する場合は、3個のキーとキースプリングも一緒に交換することを勧める。シンクロナイザーリングの切り欠き部分にはまっているキーは摩耗しやすい。スプリングも長期間のうちにへたってくる。

b) 新品のシンクロナイザーリングには、必ず新品のキー（**写真参照**）とキースプリング（**写真参照**）を使用すること。

c) ハブとスリーブのスプライン部は、組み立て時の位置決めによって、あるいは使用中の摩耗によって、最もスムーズにスライディングする噛み合い位置がすでに決まっている。組み立て時に位置決めしてあった場合、ハブとスリーブにそれぞれ印が付いているはずである。印がない場合は、同じ位置に噛み合わせることができるように自分でペイントマークを付けておく。誤って噛み合い位置が分からなくなってしまった場合は、最もスムーズにスライディングする噛み合い位置を探さなければならない。

d) ハブの両側にキースプリングを取り付ける。この際、スプリングの先端は両側で同じ位置にならないようにする、つまり1個のキーに2本のスプリングの先端をかけるようにする。

44. 3速ギア用のニードルローラーベアリングケージをインプットシャフトに取り付ける（**写真参照**）。次に、コーン部をインプットシャフトの前側に向けて、ニードルローラーベアリングにシンクロナイザーリングを組み合わせた3速ギアを取り付ける（**写真参照**）。

45. 3速/4速シンクロナイザー・アセンブリーを取り付ける（**写真参照**）。シャフトの半月キーに位置を合わせること（**写真参照**）。ハブの内側のキー溝をシャフトの半月キーに合わせたら、パイプとハンマーでハブを打ち込む（**写真参照**）。後期モデルの場合は、外側のスリーブに深さ1mmの溝が

9.43a シンクロナイザー・アセンブリーに3個のキーと...

9.43b ...キースプリングを取り付ける

9.44a 3速ギア用のニードルローラーベアリングケージをインプットシャフトに取り付けてから...

9.44b ...コーン部をインプットシャフトの前側に向けて、シンクロナイザーリングを組み合わせた3速ギアをニードルローラーベアリングに取り付ける

9.45a インプットシャフトに3速/4速シンクロナイザー・アセンブリーを取り付けて...

9.45b ...シャフトの半月キーで位置を合わせてから...

付いている場合がある。溝がある場合は、その溝が付いたハブをシャフトの前側に向けて取り付ける。溝がなければ、ハブはどちら向きに取り付けても構わない。打ち込むときは必ずハブの中心を叩くこと。周辺を叩くとシンクロナイザー・アセンブリーがバラバラになる恐れがある。シンクロナイザーリングの切り欠きをハブのキーに合わせる。ハブを打ち込むときは、キーがずれないようにシンクロナイザーリングを他の人に保持してもらう。

46. 前の手順でハブを取り付けたときと同じ要領で、シャフトに4速ギアニードルローラーベアリングのインナーレースを打ち込む。ハブに対して

まっすぐに打ち込むこと。次に、ニードルローラーベアリングケージ（**写真参照**）、シンクロナイザーリングおよび4速ギア（**写真参照**）を取り付ける。ここのシンクロナイザーリングにも3箇所の切り欠きがあり、それぞれハブのキーに合わせる。

47. V字の切り欠き（があれば）をシャフトの前側に向けて、シャフトの先端にスラストワッシャーを取り付ける（**写真参照**）。ロックナットとロックワッシャーを仮に取り付けて（**写真参照**）、サークリップを取り付ける。これで、インプットシャフト・アセンブリーの組み立ては終了である。

48. 既に述べたように、本書ではピニオンシャフトの分解はピニオンベアリングまで実施した（**写**

マニュアル・トランスミッション

9.45c ... パイプとハンマーでハブを打ち込む

9.46a インプットシャフトに4速ギアニードルローラーベアリングのインナーレースを打ち込んで...

9.46b ニードルローラーベアリングケージを取り付けて...

9.46c ... シンクロナイザーリングおよび4速ギアを取り付ける

9.47a V字の切り欠きをシャフトの前側に向けて、インプットシャフトの先端にスラストワッシャーを取り付ける

9.47b ロックナットとロックワッシャーを仮に取り付ける。これでインプットシャフト・アセンブリーの組み立ては終了である

真参照）。このベアリングを交換した場合は、ギアボックスとファイナルドライブのシムを変えなければならない。シム調整は熟練を要するし、特殊工具も必要になる。

49. 1速ギアの軸方向の遊びを規制するシムを取り付ける（**写真参照**）。1速ギアとハブを取り付けた後に軸方向の遊びを測定する場合は、（既に1速ギアのニードルローラーベアリングの裏側に固定した）スラストワッシャーとギアの側面の間のすき間を測定する。すき間が0.10〜0.25mmの限度値を外れる場合は、シムを変えて修正しなければならない。事実上、ここのシムが1速/2速シンクロナイザー・アセンブリーのハブとスラストワッシャー間のすき間を決めている。1速ギアの軸方向の遊びは、このスラストワッシャーとハブ面との間で規制されている。

50. なめらかな加工面をシャフト先端のピニオンギア側に向けて、シャフトにベアリングリテーナーを取り付けて、ピニオンベアリングにはめる。

51. シンクロナイザーのコーン部をピニオンギアの反対側に向けて、ニードルローラーベアリングの所定の位置に1速ギア（歯面がヘリカルギアになっている大きなギア）を取り付ける（**写真参照**）。

52. 1速ギアのシンクロナイザーリングを1速ギアに取り付けて（**写真参照**）、スリーブのシフトフォーク用の溝をシャフトの前側に向けて、1速/2速シンクロナイザー・アセンブリーをシャフト

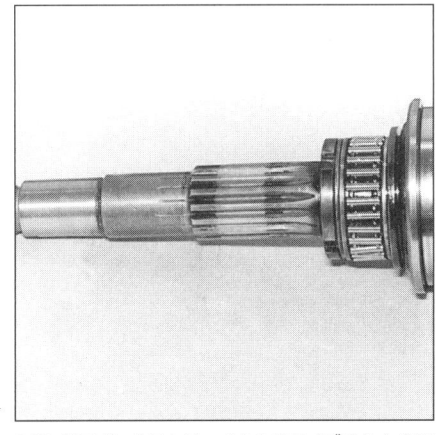

9.48 ギアボックスとファイナルドライブのシムを再調整するつもりがない限り、ピニオンシャフトの分解はピニオンベアリングまでとする。シムの調整は熟練を要するし、特殊工具も必要になる

9.49 1速ギアの軸方向の遊びを規制するスラストシムをピニオンシャフトに取り付ける

マニュアル・トランスミッション

9.50a シャフトにベアリングリテーナーを取り付けて、ピニオンベアリングにはめる...

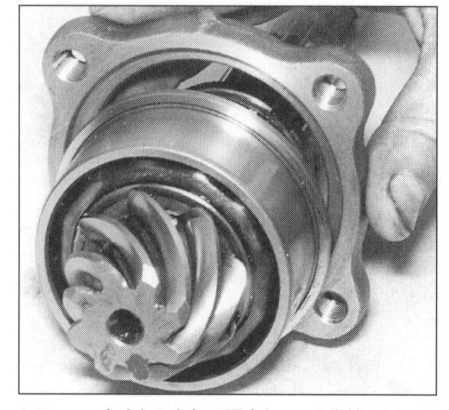

9.50b ...なめらかな加工面をシャフト先端のピニオンギア側に向けること

9.51 シンクロナイザーのコーン部をピニオンギアの反対側に向けて、ニードルローラーベアリングの所定の位置に1速ギア（歯面がヘリカルギアになっている大きなギア）を取り付ける

のスプラインに取り付ける。シンクロナイザーハブを押し込む前に、シンクロナイザーリングの3箇所の切り欠きとハブのキーがずれていないことを確認する。1速側と2速側のシンクロナイザーリングは、わずかに違うので注意する。1速ギア側のシンクロナイザーリングは、2速ギア側よりもキーがはまる切り欠きが狭くなっている。

53. 1速ギアの軸方向の遊びを手順49に従って点検する（**写真参照**）。

54. リングの切り欠きをキーに合わせながら、2速ギアシンクロナイザーリングをハブに取り付ける（**写真参照**）。

55. コーン部をシンクロナイザーハブ側に向けて、2速ギアを取り付ける（**写真参照**）。

56. 3速ギアと、それと組み合わされるニードルローラーベアリングを2速ギアに取り付ける（**写真参照**）。3速ギアには、ベアリング用に大きなボス部が設けられている。

9.52 1速ギアのシンクロナイザーリングを1速ギアに取り付けて、スリーブのシフトフォーク用の溝をシャフトの前側に向けて、1速/2速シンクロナイザー・アセンブリーをシャフトのスプラインに取り付ける

9.53 1速ギアの軸方向の遊びを手順49と同じ要領で点検する

9.54 リングの切り欠きをキーに合わせながら、2速ギアシンクロナイザーリングをハブに取り付ける

9.55 コーン部をシンクロナイザーハブ側に向けて、2速ギアを取り付ける

9.56 3速ギアと、それと組み合わされるニードルローラーベアリングを2速ギアに取り付ける

9.57a 内周の盛り上がっている方をシャフトの先端に向けて、皿形ワッシャーを取り付ける...

マニュアル・トランスミッション

9.57b ...シムを取り付けて...

9.57c ...ワッシャーの上にスペーサースリーブを取り付ける

9.59 ナベにオイルを入れて、4速ギアを少なくとも90℃まで加熱してから、中心部の幅が広く突き出ている方をスペーサースリーブ側にしてギアをはめる

57. 内周の盛り上がっている方をシャフトの先端に向けて、皿形ワッシャーを取り付ける（**写真参照**）。シムを取り付ける（**写真参照**）。ピニオンシャフトに組み付ける部品で交換したものが、シンクロナイザーリングだけの場合は、既存のワッシャーとシムが再使用できる。しかし、シンクロナイザーハブまたはギアを交換した場合は、たぶんシムの厚さを変えなければならないであろう。皿形ワッシャーは、シャフトの遊びを取り除くために、3速ギアとハブに約100 kgのプレロードを与えるように設計されている。3速ギアの側面とシャフトの段付き（4速ギアがはまる部分）の間の距離は非常に重要な意味を持つ。シャフトのこの部分には、最終的に4速ギアを取り付けた時点で、3速ギアと4速ギアの間に皿形ワッシャー（とシム）およびスペーサースリーブが取り付けられている。従って、ここのシムを厚くすれば、シャフトにかかるプレロードは強くなるし、薄くすれば弱くなる。シムの厚さを計算しなければならない場合は、正確な測定機器が必要になる。ここに使われる皿形ワッシャーは、厚さが1.04 mmのもので0.17 mmの張りを与えるよう設計されている。つまり、スペーサースリーブに皿形ワッシャーの合計寸法（1.21 mm）を足した長さが、3速ギア側面から4速ギア用の段付き部までの距離と同じでなければならない。違いがあれば、シムの厚さを変えて調整する。ワッシャーとシムの上にスペーサースリーブを取り付ける（**写真参照**）。

58. 後期のトランスミッションの場合は、皿形ワッシャーの代わりに選択式のサークリップを取り付ける。ギアとサークリップの間で3速ギアの軸方向の遊びを測定する。0.10～0.25 mmであれば、正常である。後期モデルの場合は、サークリップの後にスプリングスペーサーも使う。

59. ナベにオイルを入れて、4速ギアを少なくとも90℃まで加熱する。加熱することでギアが膨張するため、シャフトにはめて半月キーに取り付けることができる。プライヤーで熱くなったギアをしっかりとつかんで、中心部の幅が広く突き出ている方をスペーサースリーブ側にして取り付ける（**写真参照**）。シャフトの段付き部までしっかりとはめる。注意：4速のギアは、圧入しないこと。取り外すときはプレスを使ったが、取り付け時にプレスを使って半月キーの位置を合わせることは現実的に不可能である。また、いったん圧入を始めてしまうと、固くてキーの位置に合わせることができない。

60. シャフトにニードルローラーベアリングのインナーレースを圧入または打ち込む（**写真参照**）。

61. 後期モデルの場合は、スプリングスペーサーに当たるまでギアを圧入または打ち込んで、サークリップを取り付ける。皿形ワッシャーに当たるまでサークリップを挿入して、所定の溝にはめる。皿形ワッシャーによってスプリングの力（プレロード）がかかっているので、サークリップはなかなか所定の位置にはまらない。プレスと治具を持っていない場合は、シャフトの径に合った適当なパイプをはめて、ウエスで全体を覆って、他の人にしっかりと持ってもらいながら、叩いてサークリップを所定の溝にはめる。次に、ニードルベアリングのインナーレースを圧入する。これで、

9.60 シャフトにニードルローラーベアリングのインナーレースを打ち込む

ピニオンシャフトの組み立ては終了である。

62. トランスミッションメインケースの後端部には、2個のニードルローラーベアリングが取り付けられている。リバースギアシャフト用のベアリング（**写真参照**）は、2個のニードルローラーベアリングケージとその間のスペーサーから構成されている。ソケットとエクステンションまたは適当なドリフトを使って、ボアの先端と面一になるまで、トランスミッションケースに片方のケージを打ち込む（**写真参照**）。ニードルローラーベアリングケージ先端の金属面は、内側を向いていること。次に、スペーサーの穴とトランスミッションケース側面のロックボルト穴の位置が合うよう

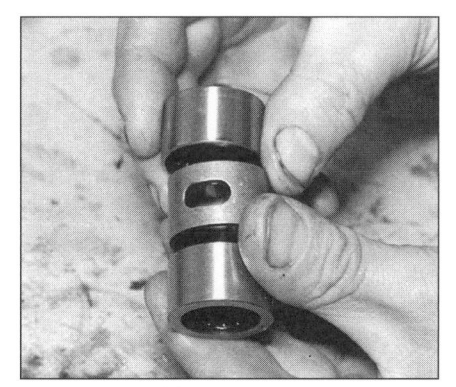

9.62a リバースギアシャフト用のベアリングは、2個のニードルローラーベアリングケージとその間のスペーサーから構成されている

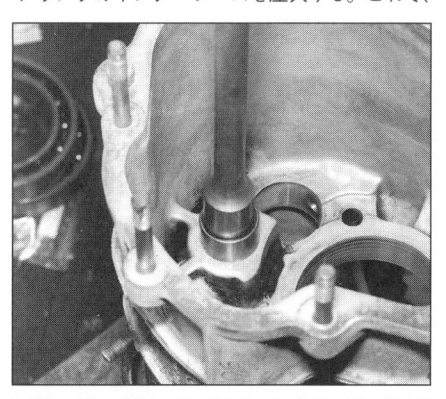

9.62b ソケットとエクステンションを使って、ボアの先端と面一になるまで、トランスミッションケースに片方のケージを打ち込む。ニードルローラーベアリングケージ先端の金属面は、内側を向いていること...

9.62c ...次に、スペーサーの穴とトランスミッションケース側面のロックボルト穴の位置が合うように、スペーサーを挿入する

マニュアル・トランスミッション

9.63 もう1個のニードルローラーベアリングは、インプットシャフトの後端を支えているベアリングである。ベアリングアウターレースの円形の凹みとトランスミッションケースのロックスクリュー穴の位置が合うように、ボア径の大きい方(矢印)にニードルローラーベアリングケージを軽く叩いてはめ込む

9.64a リバースギアシャフトを取り付けるときは、スプライン部に当たるまでシャフトにスペーサーリングをはめて...

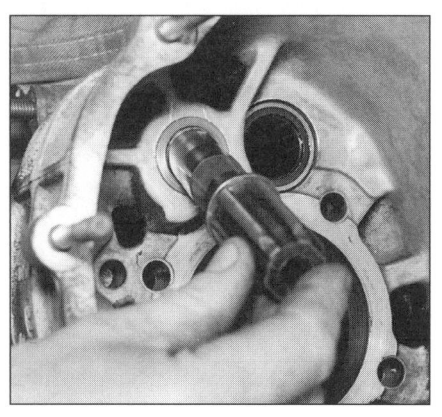

9.64b ... ケースの前側からニードルベアリングにシャフトを挿入して...

に、スペーサーを挿入する(写真参照)。次に、ボアの反対側にもう1個のニードルローラーベアリングを打ち込む。

63. もう1個のベアリングは、インプットシャフトの後端を支えているベアリングである。ベアリングアウターレースの円形の凹みとケースのロックスクリュー穴の位置が合うように、ボア径の大

きい方にニードルローラーベアリングケージを軽く叩いてはめ込む(写真参照)。ロックスクリューを取り付けて、しっかりと締め付ける。

64. リバースギアシャフトを取り付けるときは、スプライン部に当たるまでシャフトにスペーサーリングをはめて(写真参照)、ケースの前側からニードルベアリングにシャフトを挿入して(写真参照)、キー溝にキーを取り付けて(写真参照)、シャフトの前端部を支えながら、シャフトにギアをはめ込む(写真参照)。ギアのキー溝とキーの位置が一致

して、ギア中心部の突き出ている方が外側を向いていることを確認する。サークリップを取り付ける(写真参照)。サークリップが溝にしっかりとはまっていることを確認する。

65. ケースのロックスクリューの穴とベアリングの凹み部が一致するようにして、ピニオンシャフトの前端部用のニードルローラーベアリングを取り付ける(写真参照)。ベアリングを所定の位置まで打ち込み(写真参照)、ロックスクリューを取り付ける(写真参照)。

9.64c ... キー溝にキーを取り付けて...

9.64d ... シャフトの前端部を支えながら、シャフトにギアをはめ込む。ギアのキー溝とキーの位置が一致して、ギア中心部の突き出ている方が外側を向いていることを確認する

9.64e サークリップを取り付ける。サークリップが溝にしっかりとはまっていることを確認する

9.65a ケースのロックスクリューの穴とベアリングの凹み部が一致するようにして、ピニオンシャフトの前端部用のニードルローラーベアリングを取り付けて...

9.65b ... 所定の位置まで打ち込み...

9.65c ... ロックスクリューを取り付ける

マニュアル・トランスミッション

9.66a アウターレースにフランジの付いた特殊なボールベアリングを、フランジ側を上に向けてキャリアに取り付けて…

9.66b …キャリアに打ち込む

66. ギアキャリアケースの所定の位置まで（アウターレースにフランジの付いた）特殊なボールベアリングを打ち込む（**写真参照**）。
67. ギアキャリアにインプットシャフトとピニオンシャフトを取り付ける前に、作業台の上に各シャフトを並べて、粘着テープで固定した上で、3速/4速シフトフォークをはめる（**写真参照**）。
68. 以下の手順では、他の人の手伝いが要る。ギアキャリアにテープで止めたシャフトをはめ込む（**写真参照**）。他の人にシンクロナイザースリーブの所定の位置まで3速/4速シフトフォークを動かして、その位置で保持してもらいながら、イン

プットシャフトとピニオンシャフトを押し込む。フォークシャフトとフォークの位置を合わせるために、フォークシャフトを後方に引っ張る（**写真参照**）。
69. フォーク固定用の突起部分がケースから外側に向いて、3速/4速ギア用のシフトフォークがスリーブの溝にはまっていることを確認したら、2本のシャフトをケースのそれぞれのベアリングに打ち込む（**写真参照**）。2本のシャフトを交互に徐々に叩きながら、アセンブリーとして所定の位置まで打ち込む。インプットシャフトを叩く、ボールベアリングがギアキャリアから出てくる場合があるので、反対側を支えて落ちないようにする。シフトフォークとフォークシャフトの位置を合わせながら、2本のシャフトをケースに打ち込む。シフトフォークがずれないように注意すること。シフトフォークがフォークシャフトにはまったら、他のシャフトと揃う位置までそのシャフトを戻す。
70. 両方のシャフトを各キャリアベアリングのいっぱいの位置まで打ち込んだら、新品のロックワッシャーとナットを取り付ける（**写真参照**）。ロックワッシャーのツメは各シャフトの溝にはめること。ナットを締めている間トランスミッション・アセンブリーを固定するために、トランスミッションケースを立てて、そのスタッドの上に慎重にギアキャリア・アセンブリーを置く。この章の「整

9.67 ギアキャリアにインプットシャフトとピニオンシャフトを取り付ける前に、作業台の上に各シャフトを並べて、丈夫な粘着テープで固定した上で、3速/4速シフトフォークをはめる

9.68a ギアキャリアにテープで止めたシャフトをはめ込んで、シンクロナイザースリーブの所定の位置まで3速/4速シフトフォークを動かして、その位置で保持して、インプットシャフトとピニオンシャフトを押し込んでから…

9.68b …フォークシャフトとフォークの位置を合わせるために、フォークシャフトを後方に引っ張る

9.68c 正しい位置にすると、3速/4速シフトフォークはこのようになる

9.69 フォーク固定用の突起部分がケースから外側に向いて、3速/4速ギア用のシフトフォークがスリーブの溝にはまっていることを確認したら、2本のシャフトをケースのそれぞれのベアリングに打ち込む

9.70a 両方のシャフトを各キャリアベアリングのいっぱいの位置まで打ち込んだら、新品のロックワッシャーを取り付ける。ロックワッシャーのツメは各シャフトの溝にはめて…

7A-23

7A

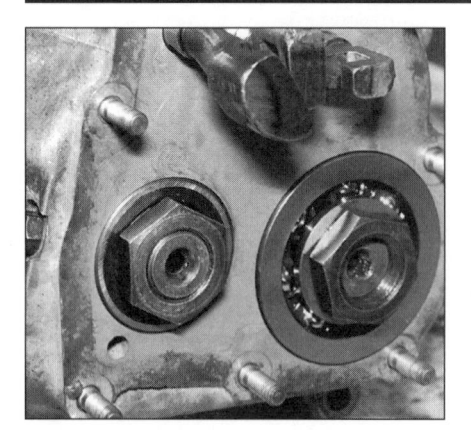

マニュアル・トランスミッション

9.70b ... 新しいシャフトナットを取り付ける

9.70c ナットを締めている間トランスミッション・アセンブリーを固定するために、トランスミッションケースを立てて、そのスタッドの上に慎重にギアキャリア・アセンブリーを置く

9.71 ナットの代わりにサークリップを使う後期モデルの場合は、ソケットを使ってサークリップを皿形ワッシャーに押し付けてから、インプットシャフト先端の溝にサークリップをはめる

備情報」に記載の初期締付トルクに従って、両方のナットを締め付ける。次にいったんナットを緩めて、この章の「整備情報」に記載の最終締付トルクに従って締め付ける。この段階では、まだロックワッシャーを曲げてナットの回り止めはしないこと。なんらかの不都合があった場合に、ワッシャーを取り外さなければならない。

71. ナットの代わりにサークリップを使う後期モデルの場合は、各シャフトに皿形ワッシャーとサークリップを取り付ける(**写真参照**)。サークリップを溝に取り付けるときは、皿形ワッシャーを圧縮しなければならないので、プレス、ソケットまたはパイプが必要になる。

72. 各シャフトナットの締め付けが終了したら、シフトフォークを調整するために、ケースからギアキャリアを取り外す。

73. シフトフォークの調整は、非常に重要である。フォークとスリーブの溝の間の摩耗が限度値を越えている場合は、ギアが正しくかみ合わず、ギア抜けを起こす可能性が高くなる。理想を言えば、以下のいくつかの手順はトランスミッション専門の修理業者に任せる方がよい。ただし、それが不可能な場合は、作業台の上にアセンブリーを置いて自分で調整することになるが、くれぐれも慎重に作業すること。

74. フォークシャフトにリバースギア用のブロックとレバーを取り付けてから(**写真参照**)、1速/2速ギア用のシフトフォークをスリーブの溝に取り付けて、フォークシャフトにはめる(**写真参照**)。3本すべてのフォークシャフトをニュートラル位置(先端の切り欠きの位置を揃える)にすることで、フォークをはめた状態でシンクロナイザースリーブをニュートラル位置にする。次に、フォークの固定ボルトを確実に締めてフォークがずれないようにする。各フォークシャフトを押して、各ギアをいっぱいまでかみ合わせる。各シンクロナイザースリーブが、シンクロナイザーリングと各ギアのツメにしっかりとかかっていることを確認する。フォークはスリーブの溝に引っかからないことを確認する。

75. ギアのかみ合いに問題があれば、いったんフォークの固定ナットを緩めて、しっかりとかみ合う位置までスリーブをずらしてから、再度フォークを固定する。次に、フォークシャフトをニュートラル位置に戻してから、反対側のギア位置まで引っ張る。フォークシャフトを押した位置、引いた位置およびニュートラル位置で、フォークとスリーブの溝の間に抵抗や張りが無いことを確認する。ただし、ピニオンシャフトのシンクロナ

9.74a フォークシャフトにリバースギア用のレバーとブロックを取り付けてから...

イザーハブ、2速ギアおよび3速ギアは、皿形ワッシャーによりプレロードがかかっているので、回転は固くなる。そのため、2速ギアにかみ合うときは、スリーブがギアとリングのツメになかなかかみ合わない場合がある。両方のフォークの調整が終了したら、固定ボルトをこの章の「整備情報」に記載の締付トルクに従って締め付ける。

76. リバースギアシャフトに小さいリバーススライディングギアとフォークを取り付ける。リバー

9.76a リバースギアシャフトに小さいリバーススライディングギアとフォークを取り付ける。リバーススライディングギアは、シンクロナイザースリーブのまっすぐに切られた歯とインプットシャフトの2速ヘリカルギアの中間に位置していること

9.74b ... 1速/2速ギア用のシフトフォークをスリーブの溝に取り付けて、フォークシャフトにはめて、フォークがずれないように固定ボルトを締める

ススライディングギアとフォークの位置を調整するため、2速ギアをかみ合わせる。このとき、リバーススライディングギアは、シンクロナイザースリーブのまっすぐに切られた歯とインプットシャフトの2速ヘリカルギアの中間に位置していること。次に、2速から後退位置にシフトしたとき、両方のリバースギアがしっかりとかみ合うことを確認する。必要に応じて、フォークシャフトに固定されているブロックを調整する(**写真参照**)。

9.76b リバースギアの位置調整が必要な場合は、フォークシャフトに固定されているブロックをいったん緩めて、調整する

マニュアル・トランスミッション

9.77 ピニオンベアリングフランジのボルト穴の位置を合わせるために、フランジに長さ 10 cm ほどのスタッドを 2 本取り付ける

9.78a フランジの上にピニオン調整シムを取り付ける（初期のピニオンシャフトの場合、ピニオンベアリングフランジには 4 本のボルトが取り付けられている）

9.78b 後期モデルの場合は、フランジの代わりにキャッスルロックナットと一緒にピニオン調整シムを取り付ける

77. 初期モデルの場合、ピニオンベアリングフランジのボルト穴の位置を合わせるために（いっぱいまではめてからでは動かすことができなくなる）、フランジに長さ 10 cm ほどのスタッドを 2 本取り付ける（写真参照）。これらのスタッドが、ケース側の穴に対する案内となり、自動的にフランジの位置を調整する。後期モデルには、このフランジは使われていない。その代わりに、ピニオンベアリング底部のネジ山に固定するキャッスルロックナットが使われている。

78. フランジの上にピニオン調整シムを取り付ける（写真参照）。ここでも、2 本のスタッドがシムの位置決めを助ける。フランジの先端に小さな凸部が設けられている場合は、シムもその形状に合うように取り付ける。落下を防止するため、シムに少量のグリスを塗布する。

79. ケース側のスタッドに新しいガスケットを取り付ける（写真参照）。合わせ面に残っている古いガスケットのかすを丁寧に取り除いて、完全に滑らかになるまで清掃する。

80. リバーススライディングギアが所定の位置からずれていないことを確認する。リバーススライディングギアが外れないようにするため、念のためリバースギアをかみ合わせる。

81. トランスミッションケースを立てて、ケースにギアキャリアを取り付ける（写真参照）。キャリアを取り付けるときは、3 つのことに注意すること。第一に、フランジに仮に取り付けた 2 本のスタッドをケースのボルト穴に入れるときは、フランジ側の位置を調節しながら作業すること。第二に、ピニオンシムを落とさないように注意すること。第三に、リバーススライディングギアをスプラインの切ってあるリバースギアシャフトに合わせて、ギアをシャフトにはめること。上記の 3 点に注意して作業すれば、ギアキャリアはケースに簡単にはまるはずである。プラスチックハンマーでギアキャリアを数回軽く叩いて、合わせ面を突き合わせる。この作業で何かがかみ込んでいるようであれば、いったん作業を中止して、もう一度中を観察する。無理に合わせようとしないこと。上記で述べた 3 点に注意しながら、もう一度やり直す。

82. ギアキャリアを正しく取り付けることができたら、ケースを横に置いて、ピニオンベアリングフランジから仮に取り付けた 2 本のスタッドを取り外す。補用品のガスケットセットに入っている新しいロックプレートを使って、4 本のピニオン

9.79 ケース側のスタッドに新しいガスケットを取り付ける。ガスケットの合わせ面は丁寧に清掃しておくこと

フランジボルトを取り付けて、この章の「整備情報」に記載された締付トルクに従って対角線上に均等にかつ段階的に締め付ける（写真参照）。これらのボルトを締め付けるときは、レンチを滑らせてピニオンを損傷することのないよう充分注意する。リバースギアとピニオンシャフト間のボルトの頭

9.81 トランスミッションケースにギアキャリアを取り付けるときは、次の 3 つのことに注意する。ピニオンフランジが正しい位置になっていること。ピニオンシムを落とさないこと。最後にリバーススライディングギアをスプラインの切ってあるリバースギアシャフトに合わせること

を回して、ボルトの頭の平坦面をピニオンに向けて、リバースギアスリーブが誤ってそのボルトの頭に触れないようにしておく。ロックプレートのタブを折り曲げる（写真参照）。

9.82a 新しいロックプレートを使って、ピニオンフランジの 4 本のボルトを取り付けて、規定の締付トルクに従って均等にかつ段階的に締め付ける

9.82b ロックプレートのタブを折り曲げる

9.83 各ナットを取り付けて、規定の締付トルクに従って対角線上に均等にかつ段階的に締め付ける

9.84 すべてのシャフトがスムーズに回転すれば、インプットシャフトおよびピニオンシャフトの各ナットにタブを折り曲げて回り止めをする

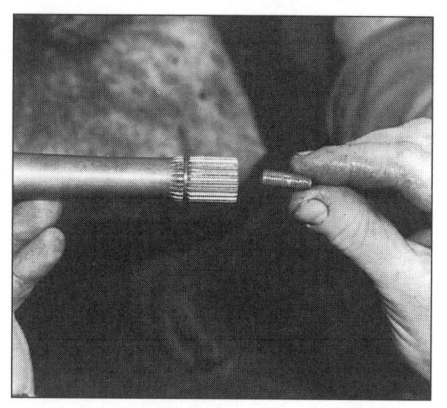

9.85 インプットシャフトエクステンションの先端にねじ込み式ドエルピンを取り付ける

83. ギアキャリアのナットを取り付ける。この章の「整備情報」に記載の締付トルクに従って、各ナットを対角線上に均等にかつ段階的に締め付ける。アースストラップを固定する1個のナットを忘れないこと(写真参照)。
84. すべてのシャフトがスムーズに回転すれば、インプットシャフトおよびピニオンシャフトの各ナットにタブを折り曲げて回り止めをする(写真参照)。
85. インプットシャフトエクステンションを取り付ける前に、オイルシールが接触する部分にオイルを塗布して、インプットシャフトエクステンションの先端にねじ込み式ドエルピンを取り付ける(写真参照)。次に、メインケースの後部からそのオイルシールにシャフトを慎重に挿入する。
86. スプライン部に新しいサークリップ(写真参照)を取り付けて、取り付け溝を越えて、シャフトのなめらかになっている部分に仮に置いておく。
87. ギアの付いてない滑らかな方を先にして、シャフトにリバースギア／スリーブを取り付ける(写真参照)。突き出ているインプットシャフトの先端にねじ込み式ドエルピンを取り付ける(写真参照)。いっぱいまでねじ込んだら、1回転戻して、スリーブをシャフトの突き合わせ部分の両側にはめる。シャフト先端の突き合わせ部分とのかみ合いがきつい場合は、無理にスリーブをはめないこと。ギアがかみ合う(写真参照)ように、スリーブを前方に動かしてから、仮に置いておいたサークリップをずらして、本来の取り付け溝に確実にはめる。後期モデルの場合は、インプットシャフトエクステンションにスリーブを取り付ける(写真参照)。
88. ギアキャリアとエンドカバーの合わせ面を清

9.86 スプライン部に新しいサークリップを取り付けて、取り付け溝を越えて、シャフトのなめらかになっている部分に仮に置いておく

9.87a ギアの付いてない滑らかな方を先にして、シャフトにリバースギア／スリーブを取り付ける

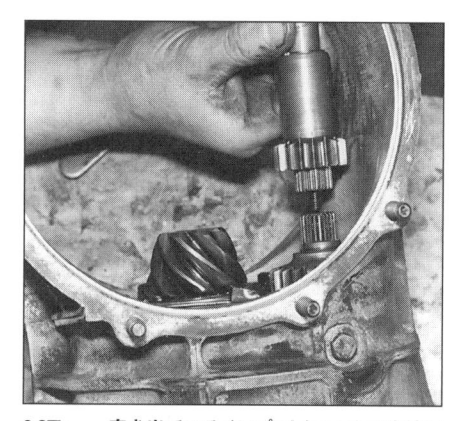

9.87b ... 突き出ているインプットシャフトの先端にねじ込み式ドエルピンを取り付けて...

9.87c ... ギアがかみ合うように、スリーブを前方に移動させる

9.87d 後期モデルの場合は、インプットシャフトエクステンションにスリーブを取り付ける

9.88 ギアキャリアとエンドカバーの合わせ面を清掃して、ギアキャリアのスタッドに新しいガスケットを取り付ける

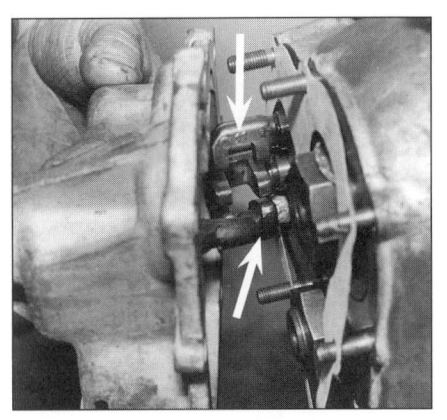

マニュアル・トランスミッション

9.90a エンドカバーを取り付けるときは、トランスミッション・シフトロッドの先端（下の矢印）が3本のフォークシャフト先端の各切り欠き部（上の矢印）にはまることを確認する

9.90b トランスミッション・シフトロッドとフォークシャフトの切り欠き部の拡大写真

9.93 新しいサイドベアリングを取り付けるときは、サイドベアリングカバーを均等にかつ確実に支えてから、平らな広い金属板または木製ブロックを使って叩きながら打ち込む。なお、サイドベアリングカバーを取り付けたときにボールレースの閉じている方がケースの外側を向くようにする

掃して、ギアキャリアのスタッドに新しいガスケットを取り付ける（**写真参照**）。

89. 3本のフォークシャフト先端の切り欠き部の位置を点検して、トランスミッションがニュートラル位置にあることを確認する。ニュートラル位置であれば、3本のフォークシャフトは位置が揃っているはずである。ギアキャリアにトランスミッション・シフトロッドを取り付ける。シフトロッドがギアキャリア内でスムーズにスライドすることを確認する。ただし、ガタがあってはならない。シフトロッドがゆる過ぎる場合は、変速時にかみ込み等の不具合を起こす原因となる。

90. ギアキャリアを取り付ける（**写真参照**）。トランスミッション・シフトロッドの先端が3本のフォークシャフト先端の各切り欠き部にはまることを確認する（**写真参照**）。取付ナットを取り付けて、この章の「整備情報」に記載の締付トルクに従って締め付ける。

91. ディファレンシャルとサイドベアリングのすべての部品がきれいなことを確認して、ディファレンシャルケースの両側にそれぞれ正しい枚数で正しい厚さのシムとスペーサーを取り付ける。シムには2つの役割がある。一つは、サイドベアリングにプレロードをかけることで、もう一つはピニオンギアとディファレンシャルリングギアの（バックラッシュ）の調整である。

92. 理論的には、新しいベアリングを取り付けた場合、シムの厚さと枚数の再計算が必要である。しかし、実際問題としては、同じリングギアとピニオンを取り付けて、不具合を解消するために以前にシムを変更したことがなければ、再計算は不要である。

93. 新しいベアリングを取り付けるときは、サイドベアリングカバーを均等にかつ確実に支えて、サイドベアリングカバーを取り付けたときにボールレースの閉じている方がケースの外側を向くように各ベアリングを取り付ける。サイドベアリングカバーのベアリング取付穴に、バリや傷などがないか念入りに点検する。均等に力をかけるために鉄ハンマーと平らな広い金属板または木製ブロックを使って、新しいベアリングを打ち込む（**写真参照**）。打ち込むときは、ベアリングが傾かないように注意すること。傾いてしまった場合は、いったん取り出して、もう一度やり直す。

94. ガスケットの合わせ面が完全にきれいであることを確認して、新しいガスケットをケースのスタッドに取り付け（シール剤は不要）、新しいO

リングを取り付けて（**写真参照**）、サイドカバー／ベアリング・アセンブリーを位置決めして（1箇所でしか位置決めできない）、取り付ける（**写真参照**）。この章の「整備情報」に記載の締付トルクに従って、各ナットを対角線上に均等にかつ段階的に締め付ける。

95. ディファレンシャルシムを取り付ける（**写真参照**）。少量のグリスを塗布して、シムが落ちないようにする。すべてが完全にきれいなことを確認する。**備考**：シムの取り付け位置（左右のどちら側に取り付けるのか）を間違えると、ピニオンギ

9.94a サイドベアリングカバーに新しいOリングを取り付けてから...

9.94b ...ガスケットの合わせ面が完全にきれいであることを確認して、新しいガスケットをケースのスタッドに取り付け（シール剤は不要）、サイドカバー／ベアリング・アセンブリーを位置決めして取り付ける

アとリングギア間のバックラッシュが狂ってしまう。左右のどちら側に取り付けられていたのか必ず確認して取り付けること。分からなくなってしまった場合は、アセンブリーをトランスミッション修理の専門業者に持っていって、シム調整をしてもらう。

9.95 ディファレンシャルシムを取り付け、少量のグリスを塗布して、シムが落ちないようにする

9.97 ディファレンシャル／リングギア・アセンブリーを慎重に取り付ける

7A-28　　マニュアル・トランスミッション

9.98a ディファレンシャルのリングギア側に正しい厚さで正しい枚数のシムを取り付けて、新しいガスケットを置いて、左側のサイドベアリングカバーを取り付ける

9.98b 左側のサイドベアリングカバーを軽く叩きながら、カバーがディファレンシャルに密着する位置まで打ち込む。このとき、カバー取付ナットを締め付けることで、所定の位置まで取り付けようとしないこと。カバーに亀裂が入る恐れがある

9.98c カバー取付ナットは、必ずカバーをいっぱいの位置まではめ込んでから取り付ける

96. どのシムが左右のどちら側に取り付けられていたのか分かっている場合は、面取り側を内側に向けて、シムよりも厚いスペーサーを最初に取り付けてから、シムを取り付ける（つまり、スペーサーとベアリングの間にシムをはさむ）。

97. スペーサーとシムをはめた状態で、ディファレンシャル・アセンブリーを取り付ける（**写真参照**）。トランスミッションケースにディファレンシャルを慎重に入れて、軽く叩きながら所定の位置に取り付ける。ディファレンシャルの左右の段差部を、サイドベアリングカバーのベアリングインナーレースに確実にはめること。

98. ディファレンシャルのリングギア側に正しい厚さで正しい枚数のシムを取り付けて、新しいガスケットを置いて、左側のベアリングサイドベアリングカバーを取り付ける（**写真参照**）。カバーを軽く叩きながら、サイドベアリングカバーがディファレンシャルに密着する位置まで打ち込む（**写真参照**）。その後、各ナットをスタッドに取り付ける（**写真参照**）。カバー取付ナットを締め付けることで、カバーとベアリングを所定の位置まで取り付けようとしないこと。カバーに亀裂が入ったり、損傷する恐れがある。もう一方のサイドベアリングカバーと同じトルクで各ナットを締める。

99. スイングアクスル車の場合は、アクスルシャフトとアクスルチューブを取り付ける（第8章参

9.100a ダブルジョイントの後期モデルの場合は、左右のサイドベアリングカバーにスペーサーを取り付けて...

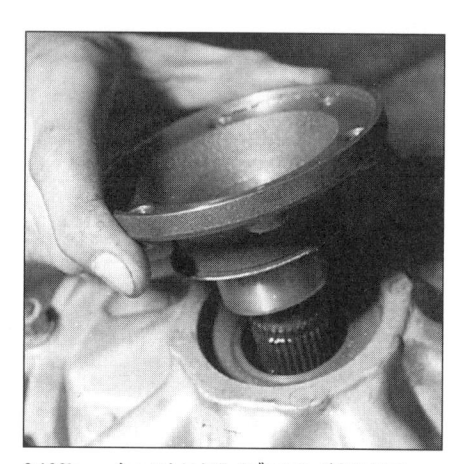

9.100b ...シャフトにドライブフランジをはめて...

照）。

100. ダブルジョイント車の場合は、シャフトにスペーサーを取り付け、シャフトにドライブフランジをはめる。シャフトの先端にサークリップを取り付けて、適当な直径のソケットを使って所定の

溝にサークリップをはめて、新しいシールプラグを取り付ける（**写真参照**）。他方のサイドベアリングカバーについても、同様の手順で作業する。

101. トランスミッションを取り付ける（セクション5参照）。

9.100c ...シャフトの先端にサークリップを取り付けて...

9.100d ...適当な直径のソケットを使って所定の溝にサークリップをはめてから...

9.100e ...新しいシールプラグを取り付ける

第 7B 章
セミオートマチック・トランスミッション

目次

1. 概説と作動原理 7B-1	7. トランスミッションの脱着 7B-9
2. 故障診断 7B-4	8. クラッチの脱着、点検、オーバーホール、調整 7B-10
3. シフトレバーとシフトロッドの脱着、調整 7B-5	9. バキュームタンクの脱着 7B-13
4. クラッチサーボの遊びの調整 7B-6	10. ATF タンクの脱着 7B-14
5. コントロールバルブの調整、脱着、オーバーホール . . . 7B-7	11. ニュートラルスタートスイッチの点検、交換 7B-14
6. トルクコンバーターの脱着、点検、シールの交換 7B-8	

整備情報

シフトレバーの接点のすき間	0.25 〜 0.40 mm
締付トルク	**kg-m**
トランスミッションリアマウントのボルト	23.0
トランスミッションフロントマウントのナット	3.5
クラッチ作動レバーの締付ボルト	3.0
クラッチプレッシャープレートのボルト	2.0
ベルハウジングのナット	2.0

1. 概説と作動原理

概説

本書が対象とする車両には、4 速マニュアルトランスミッションまたはセミオートマチックトランスミッションが搭載されている。セミオートマチックトランスミッションに関しては、第 7 章のこのパートで説明する。マニュアルトランスミッションについては、本章のパート A を参照する。

セミオートマチックトランスミッション（スポルトマチック）は構造が複雑で、ほとんどの整備に特殊な機器を必要とするため、この章では一般的な故障診断、定期的なメンテナンス、調整および脱着について説明する。セミオートマチックトランスミッションで大掛かりな修理作業が必要となった場合は、専門業者に依頼すること。ただし、修理作業自体は専門業者に依頼するにしても、脱着だけでも自分でやればその分費用の節約になる。

作動原理

→図 / 写真 1.4, 1.6, 1.7, 1.8a, 1.8b 参照

セミオートマチックトランスミッション（図参照）は、1968 〜 1975 年モデルにオプションとして設定されていた。このトランスミッションは、通常のオートマチックトランスミッションと同じようにトルクコンバーターを持っている反面、マニュアルトランスミッションと同様な 3 速ギアボックスも持っている。しかし、その他の部品とその作動は独特である。このトランスミッションはセミオートマチックトランスミッションであり、ギアチェンジは手動で行なうが、クラッチペダルはない。

このトランスミッションでは、トルクコンバーターは広範囲なエンジン回転数でエンジンからクラッチに動力を円滑に伝えるための油圧クラッチまたはフルードカップリングと考えればよい。また、トルクコンバーターはエンジンのトルクを増大し、トルク比（増幅比）は停車状態から発進するときが最も高い（約 2,000 〜 2,250 rpm で 2：1）。トルクコンバーター内のインペラーとタービンのスリップは、この発進時

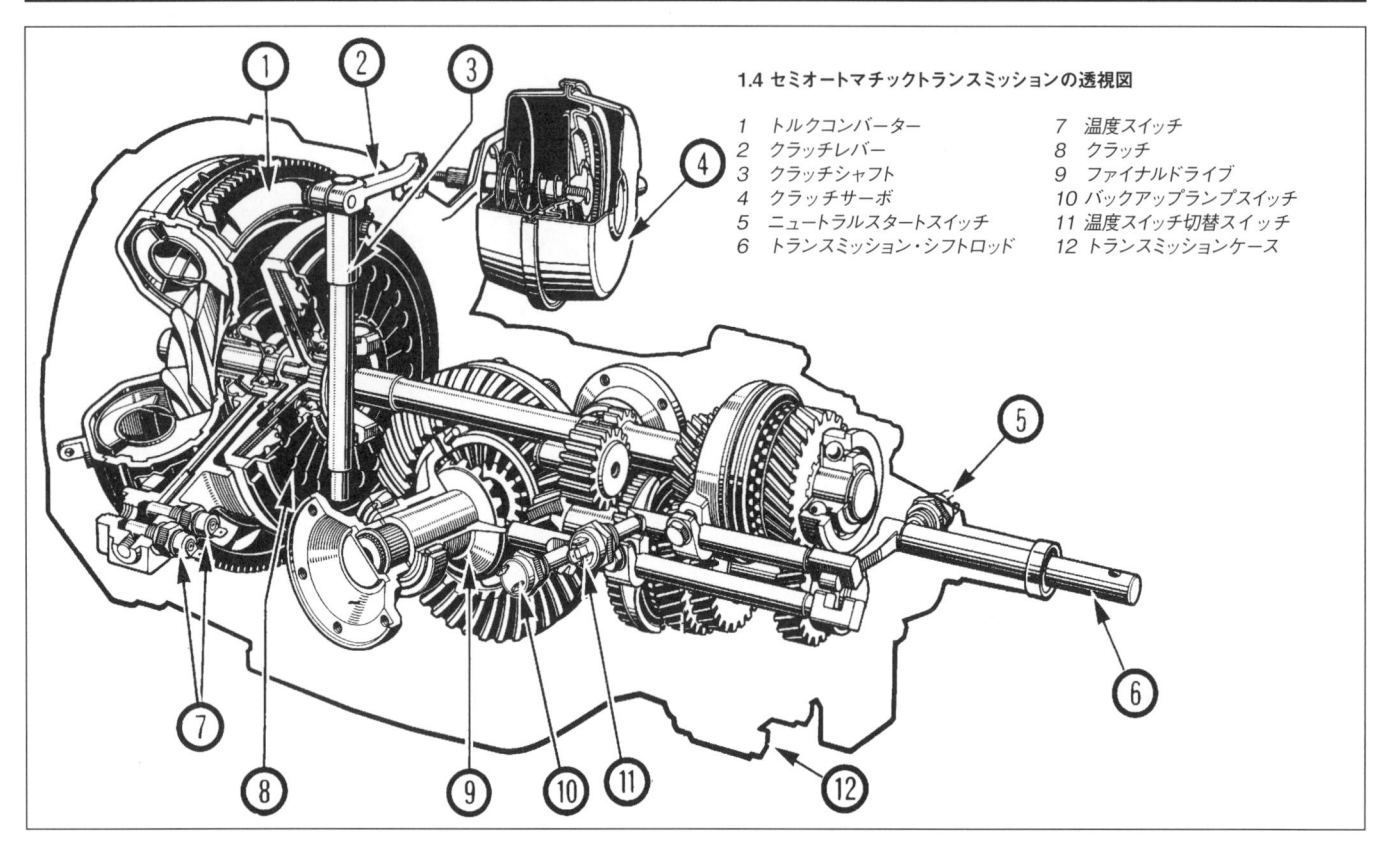

セミオートマチック・トランスミッション

1.4 セミオートマチックトランスミッションの透視図

1. トルクコンバーター
2. クラッチレバー
3. クラッチシャフト
4. クラッチサーボ
5. ニュートラルスタートスイッチ
6. トランスミッション・シフトロッド
7. 温度スイッチ
8. クラッチ
9. ファイナルドライブ
10. バックアップランプスイッチ
11. 温度スイッチ切替スイッチ
12. トランスミッションケース

が最も大きい。タービンとインペラー間の速度差が小さくなるに従って、トルクの増大はなくなり、スリップも減少する。スリップが減少して、タービンの回転数がインペラーの回転数の84%に達すると、トルクの増大はなくなり、ほとんど1:1の直結状態になる(タービンの最大伝達効率は、インペラーの回転数の約96%である)。

トルクコンバーターは、リアアクスル(ディファレンシャル)やトランスミッションとオイルを共用していない。オートマチックトランスミッションフルード(ATF)は、エンジンオイルポンプを介して駆動されるオイルポンプによって、右側フェンダーの下に取り付けられたリザーバーからトルクコンバーターへ供給され、リターンラインを介してリザーバーに戻される。トルクコンバーターは、ダイアフラムスプリング式の単板クラッチ(**写真参照**)を介して、普通の3速トランスミッションに動力を伝達する(マニュアルトランスミッションのローギアに当たる機能は、トルクコンバーターが受け持つ)。

シフトレバーをいずれかのドライブレンジ(ギア)に入れると、レバーの底部にある電気接点がつながり、コントロールバルブのソレノイドが励磁して、クラッチのバキュームサーボユニットにインテークマニホールドからエンジンの負圧が送られる。すると、サーボユニットがクラッチを切って、シフト操作を可能にする。このコ

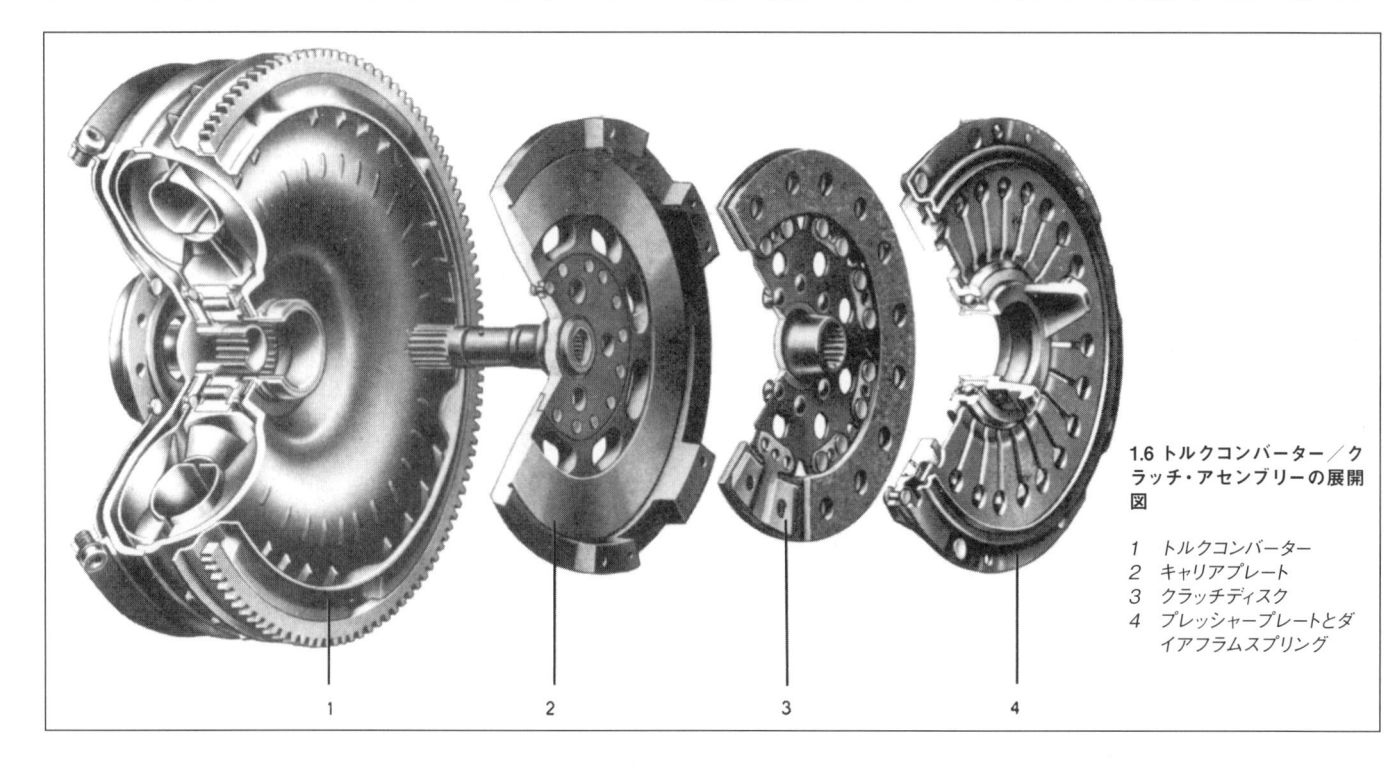

1.6 トルクコンバーター／クラッチ・アセンブリーの展開図

1. トルクコンバーター
2. キャリアプレート
3. クラッチディスク
4. プレッシャープレートとダイアフラムスプリング

セミオートマチック・トランスミッション

1.7 セミオートマチックトランスミッションのトルクコンバーター油圧系統と負圧式クラッチシステムの概要図

1. トルクコンバーター
2. クラッチ
3. クラッチレバー
4. クラッチサーボ
5. コントロールバルブ
6. バキュームリザーバー
7. オイルタンク
8. オイルポンプ
9. キャブレター／スロットルバルブハウジング
10. プレッシャーライン
11. リターンライン
12. インテークマニホールドとコントロールバルブ間のバキュームライン
13. バキュームリザーバーとコントロールバルブ間のバキュームライン
14. サーボとコントロールバルブ間のバキュームライン
15. コントロールバルブの減圧バルブとベンチュリー間のバキュームライン

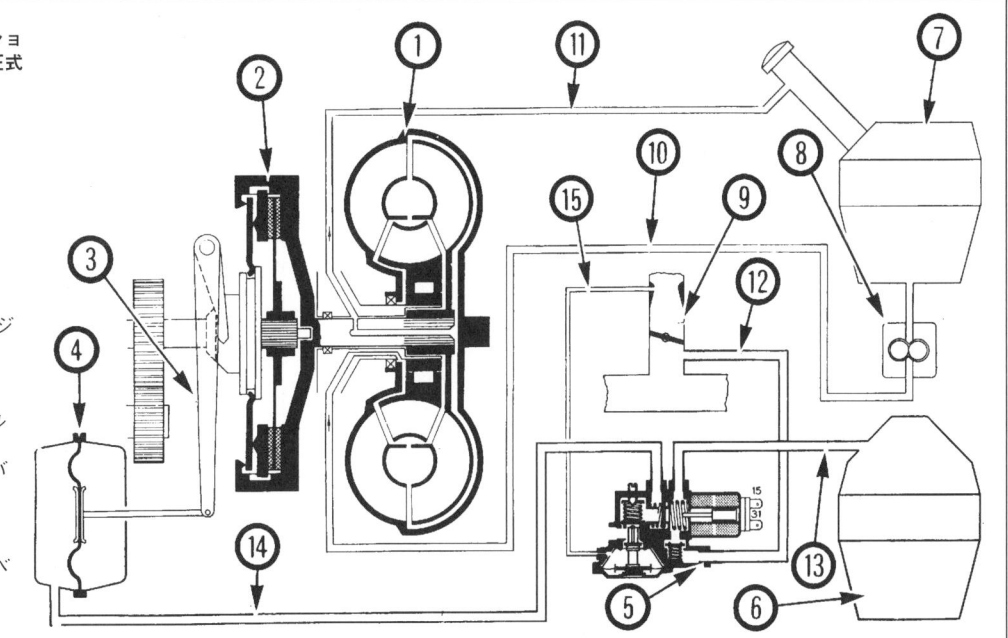

ントロールバルブは、大気圧とエンジンの吸入負圧の差に応じて開閉する。キャブレター（またはスロットルバルブハウジング）とコントロールバルブ間のバキュームラインは、吸入負圧（エンジンの負荷状態に応じて変化する）をコントロールバルブに供給する。シフト操作が完了してからクラッチがつながるまでの時間は、コントロールバルブ内のスプリングが、吸入負圧によって制御されるダイアフラムの力に打ち勝つのに要する時間によって決まる。コントロールバルブ内のスプリングがダイアフラムに打ち勝つと、サーボへの負圧供給が遮断され、クラッチがつながる。加速時であれば吸入負圧が小さいため、すぐにスプリングがダイアフラムに打ち勝って、クラッチがすばやくつながる。逆に、減速時やダウンシフト時は吸入負圧が大きいため、スプリングがダイアフラムに打ち勝つのに時間がかかるため、クラッチはゆっくりとつながる。左側のリアフェンダーの下に取り付けられているバキュームリザーバーは、コントロールバルブに接続され、エンジンの負荷状態によって変化してしまう吸入負圧に関係なく、5～6回分の変速操作ができる分の負圧を蓄えている。

初期モデルの場合、2つの温度スイッチ（**図参照**）がトルクコンバーターのフルード温度を監視している。温度スイッチ切替スイッチはシフトフォークの位置を検知し、ドライブ2レンジを選択したときはドライブ2レンジ用の温度スイッチを、ドライブ1レンジを選択したときはドライブ1レンジ用の温度スイッチを、それぞれインストルメントパネルの警告灯に接続する。ドライブ2スイッチは125℃で、ドライブ1スイッチは140℃で警告灯を点灯させる。警告灯が点灯した場合、ドライバーは警告灯が消灯するまで、1つ低いレンジにシフトしなければならない。1972～1975年モデル（**図参照**）では、それ以前のモデルより電気回路が簡単になっている。つまり、温度センダーが1つしかなく、フルードの温度が140℃を越えると警告灯を点灯させて、ドライブレンジに関係なくフルードが冷えるまで点灯し続ける。

ニュートラルスタートスイッチは、シフトレバーをニュートラル（N）位置にしないと、エンジンを始動できないようにする。N位置以外では（イグニッションスイッチとスターターマグネットスイッチ間の）ニュートラルスタートスイッチの接点が開いて、スターターマグネットスイッチに電源が供給されない。また、このスイッチは、シフトレバーがN位置にあるときはクラッチコントロールバルブのソレノイドを作動させ、クラッチを切る働きもする。

1.8a 1971年モデルまでのセミオートマチックの電気配線図

1. シフトレバーと接点
2. ニュートラルスタートスイッチ
3. 温度スイッチ切替スイッチ
4. ドライブ2レンジ用の温度スイッチ
5. ドライブ1レンジ用の温度スイッチ
6. 警告灯
7. コントロールバルブソレノイド
8. イグニッションスイッチ
9. スターターマグネットスイッチ

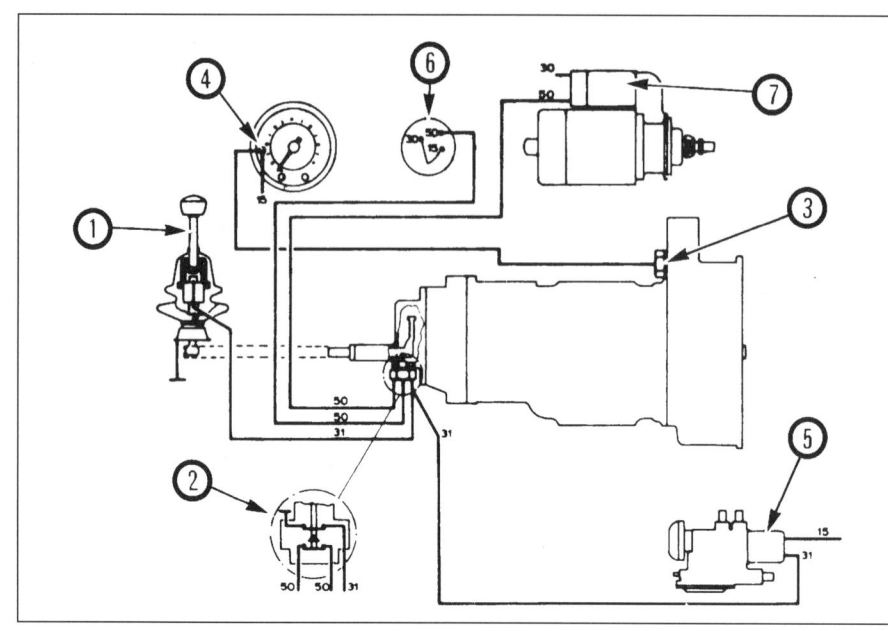

1.8b 1972年以降のセミオートマチックの電気配線図

1　シフトレバーと接点
2　ニュートラルスタートスイッチ
3　温度スイッチ
4　警告灯
5　コントロールバルブソレノイド
6　イグニッションスイッチ
7　スターターマグネットスイッチ

2. 故障診断

1. セミオートマチックトランスミッションの故障は、一般的にエンジン出力不足、調整不良、油圧回路の不具合、機械的な不具合の4つの原因が考えられる。故障診断を行なう場合は、まず最初に規定の走行距離で実施する8つの定期点検項目（メンテナンススケジュールについては第1章参照）から始めなければならない。
- シフトレバーの接点の点検（セクション3参照）
- コントロールバルブのエアフィルターの清掃（第1章参照）
- ATFレベルの点検／補充（第1章参照）
- アクスルブーツの点検（第1章参照）
- CVジョイントの点検（第1章）
- トランスミッション（ギアボックス）オイルのレベル点検／補充（第1章参照）
- クラッチの遊びの点検（セクション4参照）
- リアホイールベアリングへのグリス補給（第10章参照）

2. トランスミッションの故障を診断する前に、その故障がトランスミッションを取り付けたままで修理できるのか、あるいはトランスミッションの取り外しが必要なのか判断しなければならない。変速するときにギア鳴りが発生する場合は、ギアボックスが原因ではなく、クラッチが正しく切れていないと考えられる。いずれかのドライブレンジで走行できないのであれば、クラッチがつながっていないと考えられる。ストールテストと油圧点検を実施すれば、故障の原因がクラッチなのか、それともトルクコンバーターまたは油圧システムなのか区別することができる。クラッチが滑っている場合は、クラッチの遊びを調整すれば（セクション4参照）、たいていその不具合は解消するはずである。

備考：必ず、本書の冒頭に記載されている「故障診断」から始めること。故障の症状が分かっていれば、該当する章またはセクションを参照してその不具合を解消する。

ロードテスト

3. セミオートマチックトランスミッションの故障が疑われる場合は、ロードテストを実施して、さらに詳しい故障診断が必要なのか判断する。
4. ロードテストの際は、すべてのドライブレンジの作動を確認する。特にシフトダウンおよび加速時にクラッチがつながる早さに注意する。
5. エンジンが過剰に吹き上がる（特にL、1およびRレンジで）場合は、クラッチの滑り、トルクコンバーターの不良、またはトルクコンバーターへのATFの供給不足が考えられる。

ストールテスト

6. ストールテストは、トルクコンバーターが正しく作動しているかどうかを判断する際に実施する。このテストは、規定の最大車速に達しないまたは加速不良が発生した場合にのみ実施する。このテストでは、トルクコンバーター内のATFが急速に熱くなるので、測定が済んだらすぐにテストを止めること。
7. タコテスター（電子式エンジン回転計）を説明書に従って正しく接続する。
8. ハンドブレーキをかけて、エンジンを始動し、車が動き出さないようにブレーキペダルをしっかりと踏む。
9. シフトレバーを2レンジに入れて、ブレーキペダルを踏んだままで、短時間スロットルペダルをフロアいっぱいまで踏み込む。このとき、エンジン回転はいったん上がってから下がり、それ以上上がらないはずである（この回転数をストールスピードと呼ぶ）。下がったときの回転

2.12 トルクコンバーターの油圧回路に油圧計を接続して、ATFの油圧を点検する

数を読み取る。ストールスピードが約2,000～2,250 rpmであれば正常である。

10. エンジンが正しく調整されているのにストールスピードがこの範囲未満の場合は、トルクコンバーターの不良が原因である。トルクコンバーターを交換する（セクション6参照）。
11. ストールスピードがこの範囲を超える場合は、クラッチサーボを調整する（セクション4参照）。クラッチサーボを調整後も、まだ高い場合は、トルクコンバーター内のATF油圧が不足していると考えられる。油圧点検を実施する（以下の手順参照）、または専用の油圧計を持っていない場合は専門業者にテストを依頼する。

油圧点検

→写真2.12参照

12. トルクコンバーターの油圧回路に油圧計を接続する（写真参照）。
13. 2,000 rpm時の油圧が3.7 kg/cm²よりも大幅に低い場合は、ATFレベルが低い（セクション1参照）、ポンプ吐出量が少ない、トルクコンバーターに接続されているホースに詰まりまたは漏れがある。3.7 kg/cm²を超える場合は、ポンプのリリーフバルブまたはポンプ自体の不良または詰まりが考えられる（ホースが膨らんでいる場合やオイルシールから漏れが発生している場合も、詰まっていると考えられる）。

フルード（ATF）漏れの点検

14. ほとんどのフルード漏れは、目視で簡単に確認できるが、その漏れ箇所を特定することは必ずしも容易ではない。修理は、通常トルクコンバーターにつながるATFホースの緩んだ固定具を増し締めして、トルクコンバーターまたはポンプハブのオイルシールを交換するだけで行なう。しばしば、トルクコンバーター自体から漏れが発生している場合もある。
15. 漏れ箇所の特定が難しい場合は、以下の手順に従う。漏れているのが本当にATFかどうか確認する。エンジンオイルやブレーキフルードが漏れている場合もある（ATFは濃い赤色である）。
16. フルードがどこから漏れているのか特定する。しばらく走行してから、大きめの段ボール紙の上に駐車する。1～2分経てば、段ボール紙の上にフルードが落ちてくるので、どこから漏れているのか分かるはずである。
17. フルードが落ちた箇所の付近にあるトラン

セミオートマチック・トランスミッション

7B-5

スミッションの構成部品を注意深く観察する。特にガスケットの合わせ面に注意する。見づらい所は、鏡を使って点検すると良い。

18. それでも漏れ箇所が特定できない場合は、脱脂剤等を使って疑いのある部位を丁寧に清掃して乾燥させる。

19. エンジンを通常の作動温度まで暖機して、車速を変えながらしばらく走行する。走行後、もう一度漏れている疑いのある部品を目視で点検する。

20. 漏れ箇所が特定できたら、さらに修理を進める前に原因を考えてみる。

21. 漏れ箇所を修理する前に、以下の項目に問題がないか確認する。以下の項目または部品に問題があれば、他の箇所に漏れが発生する原因となる。備考：以下の項目には、特殊工具や経験がないと修理できないものがある。そうした項目については、専門業者に作業を依頼しなければならない。

オイルシールの漏れ

22. トルクコンバーターシールまたはポンプハブのオイルシールからフルードが漏れている場合は、フルードレベルまたは油圧が高すぎる、通気口が詰まっている、シールの内径部が損傷している、シール自体が損傷または取り付け不良となっている、シールから突き出ているシャフトの表面に損傷がある、またはベアリングが緩んでシャフトの遊びが大きくなっていると考えられる。

23. レベルゲージのキャップのシール部に不具合がないか点検する。

ケースの漏れ

24. フルードがケースから漏れているように見える場合は、ケース自体に小さな穴または亀裂が入っていると考えられるので、修理または交換が必要である。

フルードがベント（通気）パイプまたはフィラーチューブから流出している場合

25. このような場合は、ATFの入れすぎ、レベルゲージが正しく入っていない、通気口またはドレン戻り穴の詰まりが考えられる。

3. シフトレバーとシフトロッドの脱着、調整

→図／写真 3.1, 3.2, 3.4, 3.6, 3.10, 3.13 参照

1. シフトレバーノブを緩めて、シフトレバーのダストブーツを取り外す（写真参照）。シフトレバーのスリーブを緩めて、シフトレバー、スリーブ、ロックナットおよびスプリングを取り外す（スプリングをなくさないこと）。

2. リアシートクッションを取り外して、シフトレバーの接続用のアース線を探して、そのコネクターを外す（写真参照）。

3. シフトレバーブーツをめくって、シフトレバー取付ボルトを取り外して、シフトレバー・アセンブリーを取り外す（写真3.1参照）。

4. フレームフォークの点検カバーを取り外して、シフトロッドカップリングを外す。クランプを取り外して、スプリングを外す（写真参照）。

5. フロントボディパネルから2枚のカバープ

3.1 シフトレバー・アセンブリーの展開図

1 シフトレバーノブ	9 絶縁スリーブ	17 ストッププレート	25 固定キャップ
2 シフトレバーの上部	10 ロックナット	18 スプリング	26 四角スクリュー
3 ダストブーツ	11 ねじ込みスリーブ	19 スプリング用ボルト	27 ワッシャー
4 シフトレバー取付ボルト	12 ロックナット	20 クランプ	28 クランプスリーブ
5 スプリングワッシャー	13 スプリング	21 ナット	29 シフトロッドガイド用ブッシュ
6 スリーブ	14 シフトレバーベース	22 ハウジング	30 リング
7 スプリング	15 シフトレバーの下部	23 ガイドリング	
8 接点	16 シフトロッド	24 六角スクリュー	

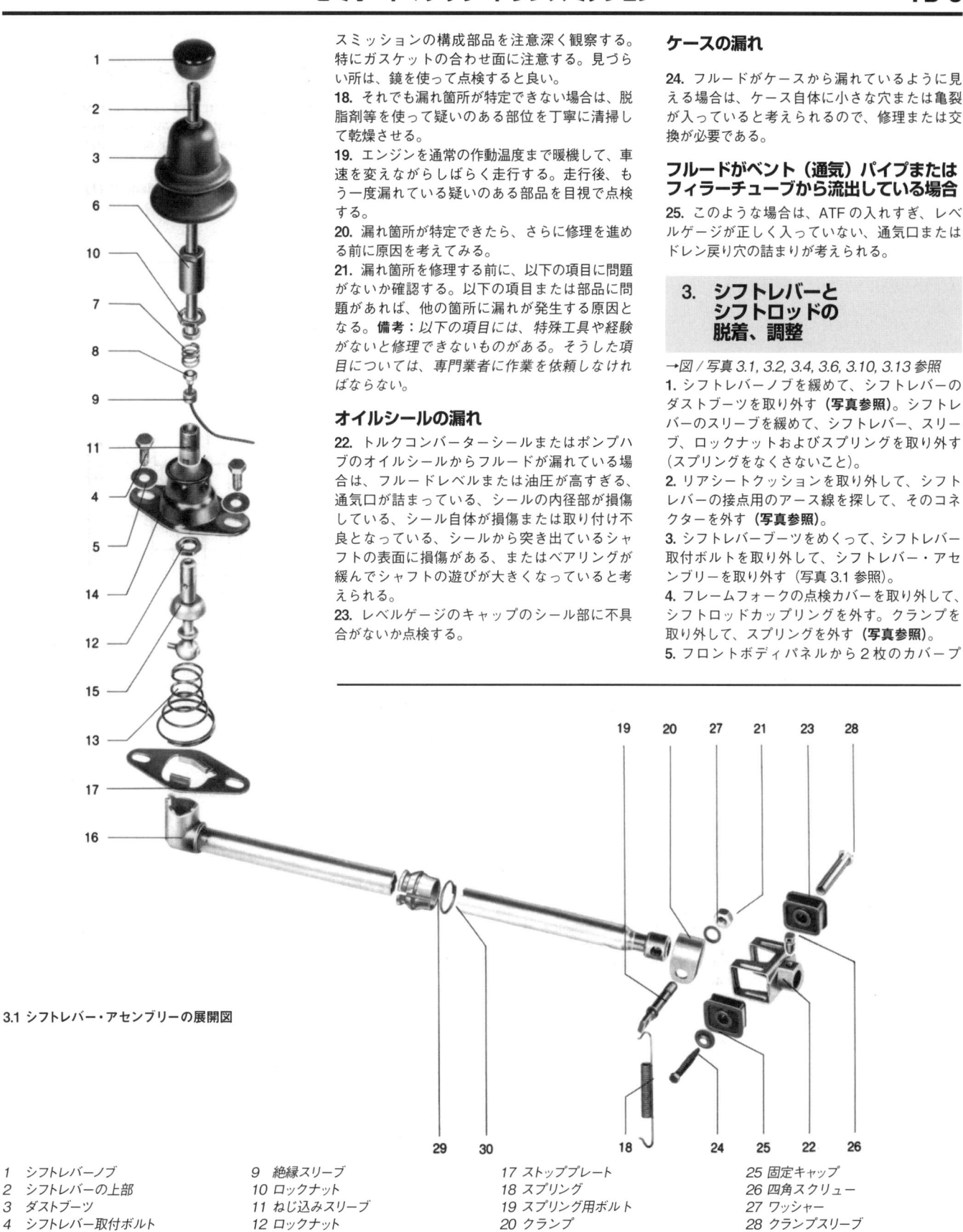

セミオートマチック・トランスミッション

をそれぞれ取り外して、プライヤーを使って車の前側からシフトロッドを引き抜く。

6. シフトロッドマウントのガイドブッシュを点検する（**写真参照**）。亀裂が入っていたり、へたっている場合は、交換する。新しいブッシュを取り付ける場合は、まずブッシュの周囲にはまっているワイヤーリングをずらしてから（写真3.1参照）、ブッシュのすき間を縮めて、抜き取る。

7. シフトロッドにグリスを薄く塗布して、車の前側のトンネルから取り付けて、ブッシュに位置を合わせてから、慎重に挿入する。

8. クランプを取り付けて、シフトロッドカップリングを接続し、スプリングを接続する。

9. 先の細いやすりまたは布（紙）ヤスリを使ってシフトレバーの接触面を清掃する。損傷または摩耗している場合は、交換する。

10. シフトレバースプリング、ロックナット、スリーブ、シフトレバーおよび取付ボルトを取り付ける。接点がちょうど接触するまでスリーブを締め込んでから半回転戻す。接点のすき間（図参照）を測定して、この章の「整備情報」に記載されている規定値と比較する。

11. すき間が規定値になるまで、必要に応じて、スリーブを回す。すき間が正しくなったら、スリーブを回らないように保持してから、ロックナットを締めて、再度すき間を点検する。ロックナットを締めるときにすき間が変わってしまう場合がある。その時はもう一度すき間を調整する必要がある。

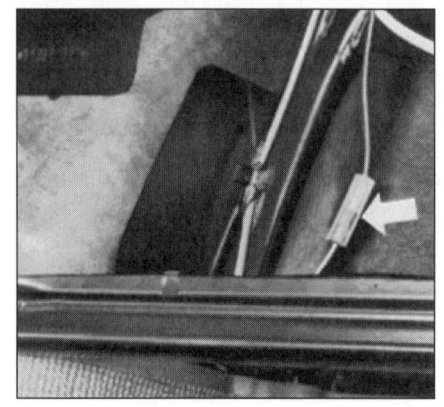

3.2 シフトレバーの接点用アース線をフレームへのアース線に接続しているリアシート下のコネクターを探す

12. シフトレバーを調整する場合は、シフトレバーをLレンジに入れてから、その位置で慎重に調整する。シフトレバーは、左右方向に傾いてはならないが、前後方向については垂直位置から後方に約10°傾くのが正常である。ベースプレートの取付ボルトを少し緩めて、レバーを動かないように保持して、ベースプレートの下にあるストッププレートがシフトレバーに接触するまで、ストッププレートを左に押す。この位置でシフトレバーを保持して、取付ボルトを

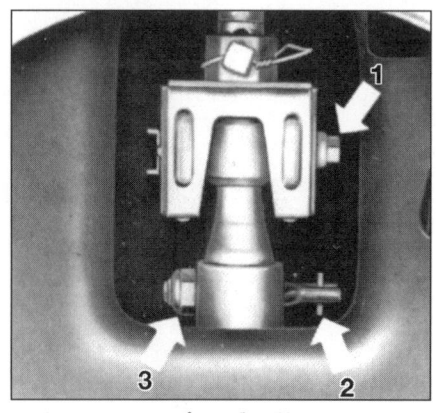

3.4 シフトロッドカップリングの詳細

1　六角スクリュー
2　スプリング
3　ナット
※　トランスミッション・シフトロッドとカップリングを外すには、上に見える四角スクリューを外す

締め直す。シフトレバーをすべてのドライブレンジに入れる。引っかかりなどがなく、すべてのレンジにスムーズに入れることができればOKである。

13. シフトレバー接点用のアース線をテープで止めて（**写真参照**）、その配線をリアシートの下に取り回して、コネクターを接続する。シフトレバーブーツを取り付ける。

4. クラッチサーボの遊びの調整

→写真 4.4, 4.5 参照

1. クラッチフェーシングが摩耗するにつれて、クラッチサーボの遊びは小さくなる。クラッチサーボ取付ブラケットと、サーボロッドのアジャストスリーブの間のすき間を定期的に調整していないと、最後にはクラッチが滑り始める。

2. 以下の手順を実行するためにはゲージが必要となる。普通の工具店では手に入らないが、簡単に自作できる。厚さ1 mmの金属板を準備して、幅4 mmと、幅6.5 mm（いずれも正確に）の細長い板を作る（1枚の板の片側が4mm、反対側が6.5mmでも良い）。自分でできない場合は、機械加工業者で切断してもらう。

3. クランプを緩めて、サーボからバキュームホースを外してから、サーボからサーボロッドをいっぱいまで引っぱり出す。

4. 幅4 mmのゲージを使って、図のようにサーボのマウントとアジャストスリーブの先端の間のすき間を点検する（図参照）。

5. すき間が4.0 mmを越える場合は調整が必要である。アジャストスリーブのロックナットをわずかに緩め、ロックナットをそのままにしておく。スリーブを5〜5回半回転してロックナットから離す。ロックナットとスリーブの間に幅6.5 mmのゲージが入るはずである（**写真参照**）。

6. ロックナットをアジャストスリーブに当たるまで締め込んで、アジャストスリーブを新しい位置で固定する。備考：この調整を何回も行なうと、最後にはクラッチ作動レバーがベルハウジングに接触して、調整ができなくなる。この場合はクラッチディスクが摩耗しているので、交換しなければならない（セクション8参照）。

3.6 フレームトンネル(1)、シフトロッドガイド(2)およびシフトロッドマウント用ブッシュ(3)

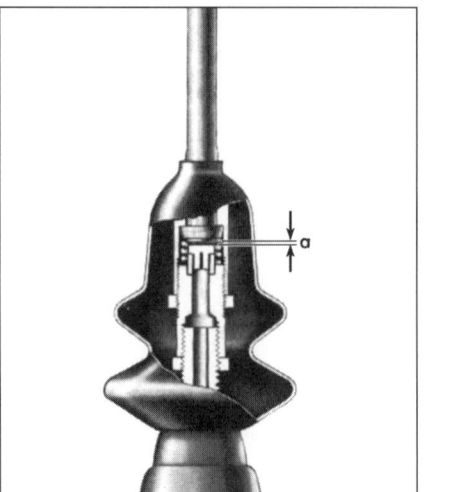

3.10 シフトレバー接点間のすき間を調整する場合は、接点が接触するまでスリーブをねじ込んで、半回転戻してすき間を測定する。すき間が、この章の「整備情報」に記載の規定値の範囲内であればOK

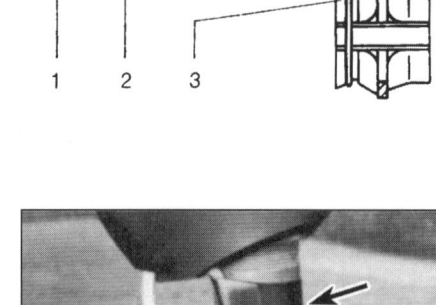

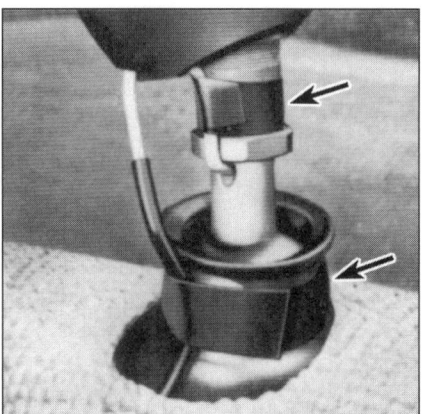

3.13 矢印の部分にシフトレバー接点用のアース線をテープで止める。

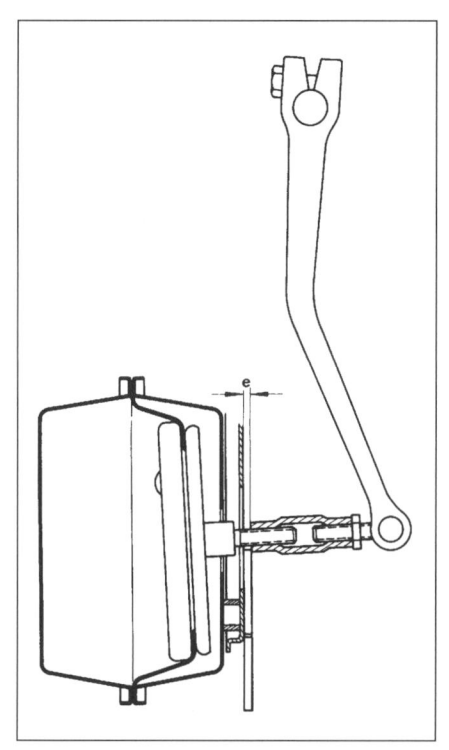

セミオートマチック・トランスミッション

7B-7

4.4 幅 4.0 mm のゲージを使って、クラッチサーボのマウントとアジャストスリーブの先端の間のすき間を点検する

7. バキュームホースをサーボに接続して、クランプを締める。
8. ロードテストを行なって、正しく調整できていることを確認する。クラッチが滑らず加速できれば、遊びは規定値通りである。シフトレバーをリバース位置にする。リバース位置に入れにくい場合は、遊びが大きいと考えられる。点検して必要に応じて再調整する。

5. コントロールバルブの調整、脱着、オーバーホール

調整

→写真 5.3 参照

1. エンジンの左上に取り付けられているコントロールバルブは、クラッチがつながるときの早さを決めている。クラッチのつながりがゆっくりすぎると、フェーシングが早期に摩耗する原因となる。また、走行距離が進むと、クラッチディスクの摩耗が進んで、ジャダー（振動）が出ることもある。以下のロードテストを実施して、コントロールバルブの調整が必要かどうか判断する。**備考**：ロードテストによってクラッチがつながるときの早さを自分の好みに応じて調整することもできる。
2. 約 50 km/h で走行中に、シフトレバーを 2 レンジから 1 レンジに入れる（ただし、加速はしない）。このシフト操作を終えてレバーから手を離して、約 1 秒後にクラッチが完全につながれば正常である。
3. クラッチのつながりが早すぎる場合は、コントロールバルブの上部から保護キャップを取り外す（**写真参照**）。アジャストスクリューを時計方向に 1/4～1/2 回転回してから、保護キャップを元に戻す。ロードテストを行なって、手順 2 に従ってクラッチのつながり速度を再点検する。クラッチがつながるのが早すぎる場合は、保護キャップを取り外して、さらにスクリューを時計方向に回す。クラッチが正常につながるまで、この手順を繰り返す。
4. クラッチがつながるのがゆっくりすぎる場合は、保護キャップを取り外して、アジャストスクリューを反時計方向に 1/4～1/2 回転回してから、保護キャップを元に戻す。その後、ロードテストを行なう。必要に応じて再調整する。

取り外し

5. コントロールバルブを取り外して、2 個の配線コネクターを外して、ホースクランプを緩めて、3 本のバキュームホースを外す。3 本の取付スクリューを取り外して、コントロールバルブを外す（写真 5.3 参照）。

オーバーホール

→写真 5.7／図 5.18 参照

6. ブラケットを取り外す。
7. アッパーカバーから特殊な皿形ワッシャーを取り外して、アッパーカバーとシールを取り外す（**写真参照**）。
8. 上側保持プレート、スプリング、下側保持プレートおよび減圧バルブを取り外す。
9. ロアカバースクリューとロアカバーを取り外す。
10. スプリング、ダイアフラム、サポートワッシャー、ラバーワッシャーとスペーサーを取り外す。
11. ダイアフラムハウジングカバーから 2 個のスクリューを取り外して、ハウジングを取り外す。
12. ダイアフラムハウジングからチェックバルブ、スプリングとシールリングを取り外す。
13. ソレノイドを緩めて、バルブハウジングからシールリング、スペーサースプリング、バルブシート、シール、メインバルブとスプリングを取り外す。
14. エアフィルターを取り外す。
15. ソレノイド、バルブシート、バルブスプリング、ダイアフラム、シールおよびシールリングを点検する。必要に応じて交換する。
16. チェックバルブとシールリングをダイアフラムハウジングに取り付けてから、ダイアフラムハウジングをバルブハウジングに接続する。
17. バルブハウジングにスペーサーを挿入する。ダイアフラムハウジングにダイアフラムおよびその関連部品を取り付ける。ダイアフラムハウジングカバーを取り付ける。
18. ダイアフラムハウジングカバーの穴から、ロックナットを緩めて、規定の寸法になるまでダイアフラム中央のアジャストスクリューを回す（図参照）。
19. ダイアフラムアジャストスクリューのロックナットを締め付ける。
20. 減圧バルブ用の補正ポートとバルブシート

4.5 幅 6.5 mm のゲージを使って、ロックナットとアジャストスリーブの間のすき間を点検する

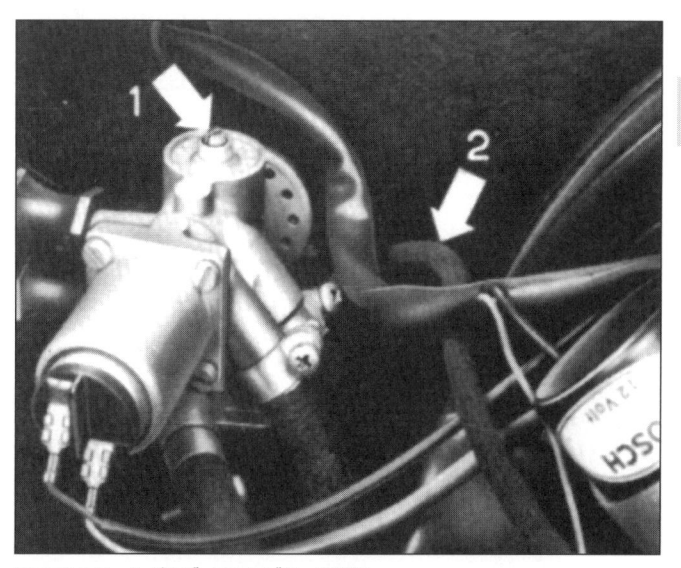

5.3 コントロールバルブ・アセンブリーの詳細

1　アジャストスクリュー　　2　バキュームホース

セミオートマチック・トランスミッション

5.7 コントロールバルブ・アセンブリーの展開図

1 ソレノイド
2 ソレノイド取付スクリュー
3 ソレノイドOリング
4 ソレノイドスプリング
5 メインバルブシート
6 シールリング
7 メインバルブ
8 メインバルブ用スプリング
9 チェックバルブ
10 チェックバルブスプリング
11 シールリング
12 保護キャップ
13 皿形ワッシャー
14 スタッド
15 アッパーカバー
16 シールリング
17 バルブスプリング用保持プレート
18 減圧バルブスプリング
19 減圧バルブ
20 エアフィルター
21 ワッシャー
22 バルブハウジング
23 スペーサー
24 シールリング
25 ダイアフラムハウジング
26 オイルシール
27 スクリュー／ワッシャー
28 サポート
29 ダイアフラム
30 スプリング
31 ロアカバー
32 スクリュー／ワッシャー

5.18 ダイアフラムハウジングカバーの穴から、ロックナットを緩めて、(スペーサーの突起部からバルブハウジングの頂面までの) 寸法 b が、寸法 a よりも 0.30〜0.40 mm (つまり、寸法 x) 小さくなるまでアジャストスクリューを回す

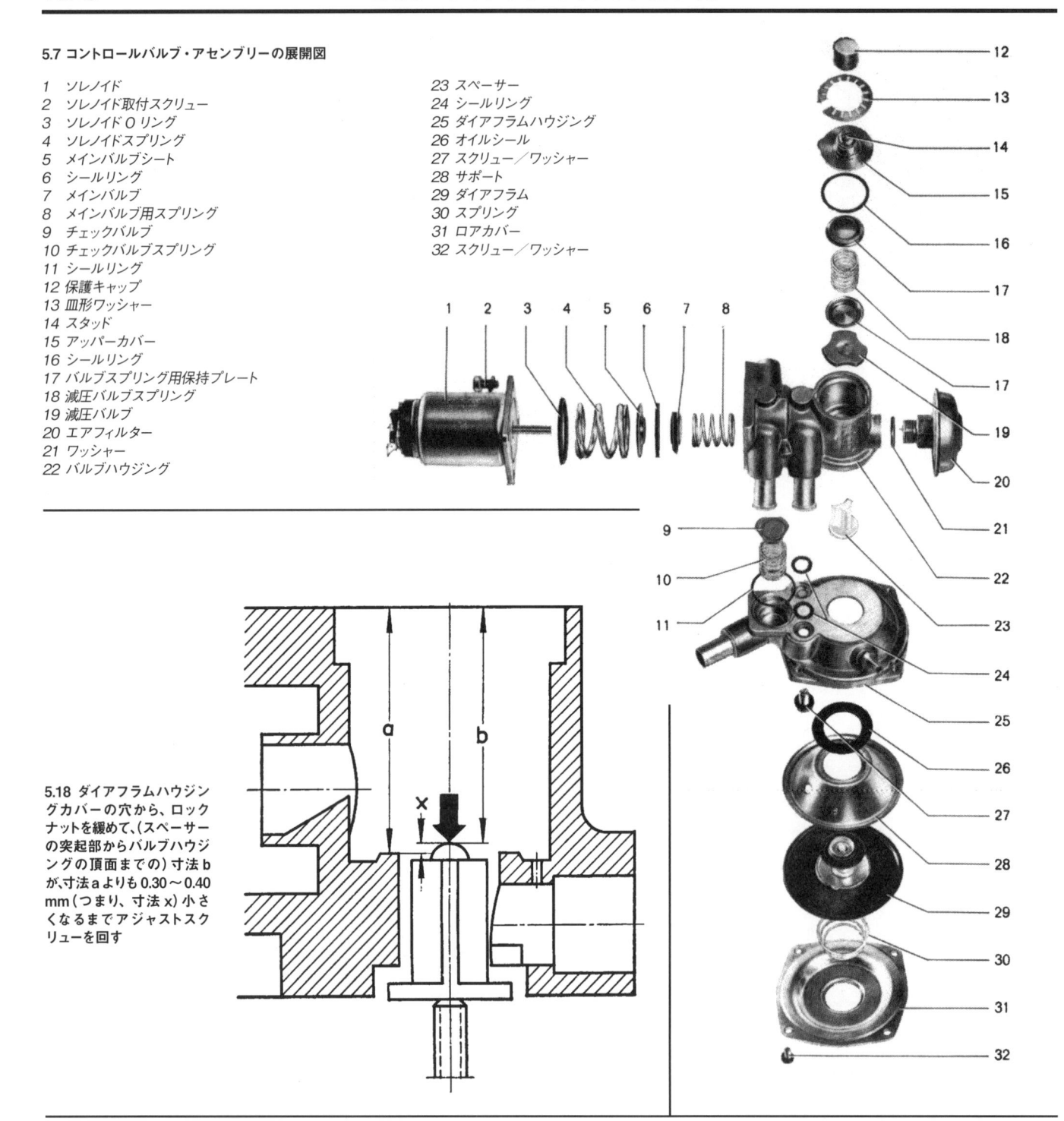

がきれいなことを確認する。減圧バルブ、下側保持プレート、バルブ、上側保持プレート、シールリングおよびカバーを取り付ける。皿形ワッシャーでカバーを固定する。

21. スプリングと関連部品と一緒にメインバルブを取り付ける。Oリングとソレノイドを取り付ける。

取り付け

22. コントロールバルブの取り付けは、取り外しの逆手順で行なう (ステップ5参照)。
23. コントロールバルブの取り付けが終了したら、ロードテストを行なってクラッチのつながりを確認する (手順1〜4参照)。

6. トルクコンバーターの脱着、点検、シールの交換

取り外し

1. エンジンを取り外す (第2章参照)。
2. こぼれ出るATFを受け取るため、トルクコンバーターの下に大きめの受け皿を置く。トルクコンバーターをまっすぐに引っ張って、ワンウェイクラッチサポートから取り外す。コンバーター中央の開口部に蓋をして、異物の混入を防ぐ。

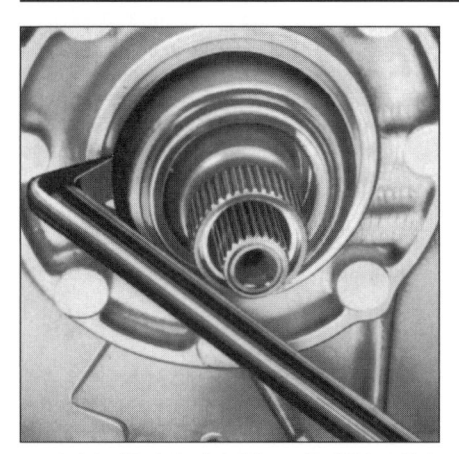

セミオートマチック・トランスミッション

7B-9

6.7 小さなプライバーまたはシール取り外し工具を使って、古いオイルシールをこじって、ワンウェイクラッチから取り外す

6.8 シールの外径よりも若干小さい外径の大型ソケットを使って、いっぱいまでシールを打ち込む

7.6 右側ヒートエクスチェンジャーの後部下にあるATFサクションライン用のねじ込み式カップリング（矢印）の接続を外す

7.8 適当な金属板に穴を開けて、その金属板をベルハウジングのスタッドの1つに取り付けて、トランスミッションを脱着するときに、トルクコンバーターが脱落しないようにする

点検

3. コンバーターをきれいで明るい作業台の上に置いて、再使用可能かどうか判断する。コンバーターは溶接により組み立てられた部品なので、ハウジングの亀裂により漏れが発生することはまれである。コンバーターの外面とベルハウジングの内面にATFが付着している場合は、コンバーターのフルード漏れ、特にコンバーターシールからの漏れが考えられる。コンバーターの中には、まだかなりの量のATFが残っている。従って、以下の手順に従ってよく観察すればコンバーターハウジングの漏れは発見できるはずである。コンバーターをウエスで拭いて、外面に付着したATFを完全に取り除く。次に、コンバーターをゆっくりと回して、溶接の継ぎ目と冷却用羽根とスターターリングギアがハウジングに溶接されている箇所を観察する。これらの箇所にATFの漏れが認められる場合は、コンバーターを交換する。

4. スターターリングギアを固定している溶接部が損傷していないことを確認する。コンバーターのハブ部がシールによって傷ついていないか点検する。深い傷があれば、コンバーターを交換する。コンバーター内のブッシュも点検する。摩耗または損傷している場合は、交換可能であるが、特殊工具が必要になるので、作業は専門業者に依頼する。

5. コンバーターの中心部にはワンウェイクラッチが取り付けられ、ステーターが一方向にしか回らないようになっている。加速が悪い、またはストールテストで規定値を外れる場合は、このワンウェイクラッチの作動を点検する。恐らくワンウェイクラッチが不良である。ワンウェイクラッチが不良の場合は、コンバーターを交換する。酸化鉄の微粉末を使った特殊な研磨布（紙）を使って、コンバーターのハブ部から金属バリをきれいに取り除く。金剛砂を使った普通の布（紙）ヤスリは使用しないこと。仕上げ面が荒くなって、シールを損傷する原因となる。

シールの交換

→写真6.7, 6.8 参照

6. 備考：ここで説明するコンバーターシールの他に、ベルハウジングの反対側に打ち込むタービンシャフトシールもある。しかし、タービンシャフトシールは、ベルハウジングと（キャリアプレートも含めた）クラッチ・アセンブリーを取り外さないと交換できない。ベルハウジングと（キャリアプレートを除いた）クラッチ・アセンブリーの取り外し要領は、セクション8に説明されている。これ以上の分解には特殊工具が必要となるので、ベルハウジング／キャリアプレート・アセンブリーを専門業者に持っていって、シールを交換してもらうことになる。

7. 小さなプライバーまたはシール取り外し工具を使って、オイルシールをこじって、ワンウェイクラッチから取り外す（**写真参照**）。

8. 新しいシールのリップ部にオートマチックトランスミッションフルードをまんべんなく塗布して、ワンウェイクラッチサポートにはめる。シールの外径よりも若干小さい外径の大型ソケットを使って、いっぱいまでシールを打ち込む（**写真参照**）。

取り付け

9. コンバーターを取り付けるときは、コンバーターをゆっくりと左右に回して、タービンのスプラインをクラッチキャリアプレートのシャフトのスプラインにかみ合わせる。傾けたり揺らしたりせずに、まっすぐにトルクコンバーターを押し込む。傾けたり揺らしたりすると、シールまたはコンバーターブッシュが損傷する恐れがある。

10. エンジンを取り付ける（第2章参照）。

7. トランスミッションの脱着

取り外し

→写真7.6, 7.8, 7.9, 7.10a, 7.10b, 7.15, 7.16 参照

1. バッテリーからマイナス側ケーブルを外す。
2. シフトレバーを1レンジ位置にする。
3. フレームトンネルの開口部から作業して、シフトロッドカップリングの四角スクリューを外す（セクション3参照）。シフトレバーを2レンジ位置に動かして、カップリングをトランスミッション・シフトロッドから外す。
4. 車体後部を持ち上げて、リジッドラックで確実に支える。
5. エンジンからATFプレッシャーラインを外す。接続を外したラインの先端を持ち上げて、車体の適当なところに仮に固定して、フルードが出てこないようにする。
6. ATFサクションラインを外す（**写真参照**）。このラインの先端には栓をして、フルードが漏れないようにする。
7. トルクコンバーターをエンジンのドライブプレートに固定しているボルトを取り外して、エンジンを取り外す（第2章参照）。
8. 適当な金属板に穴を開けて、その金属板をベルハウジングに取り付けて（**写真参照**）、トランスミッションを取り外すときに、トルクコンバーターが脱落しないようにする。
9. トランスミッションから両方のATFホースを外す。
10. 温度スイッチとニュートラルスタートスイッチの各配線コネクターに識別用の荷札等を付けてから、コネクターを外す（**写真7.9, 7.10a, 7.10b参照**）。
11. 左右のドライブシャフトを取り外す（第8章参照）。
12. サーボからバキュームホースを外す（セクション4参照）。
13. スターターマグネットスイッチにつながっている配線に識別用の荷札等を付けた上で、接続を外す（第5章参照）。

7B

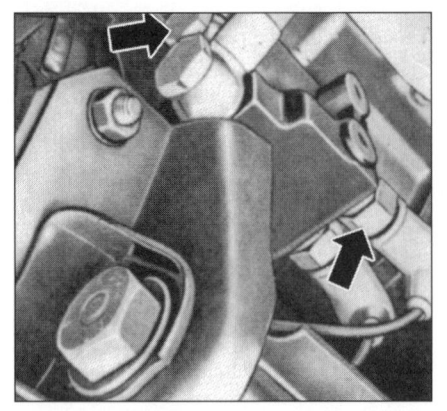

セミオートマチック・トランスミッション

7.9 トランスミッションから両方のATFホース（上矢印）を外して、各温度スイッチ（下矢印）から配線コネクターを外す

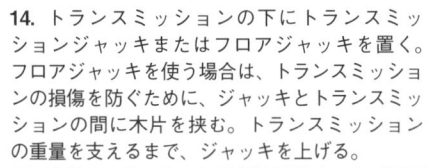

7.10a トランスミッションハウジングから温度スイッチ切替スイッチの配線コネクターを外す

7.10b ニュートラルスタートスイッチ（上矢印）から配線コネクターを外す。下矢印は、初期モデルのトランスミッション前部の取付ナット（左のスタッドにはアースストラップが共締めになっていることに注意）

14. トランスミッションの下にトランスミッションジャッキまたはフロアジャッキを置く。フロアジャッキを使う場合は、トランスミッションの損傷を防ぐために、ジャッキとトランスミッションの間に木片を挟む。トランスミッションの重量を支えるまで、ジャッキを上げる。
15. トランスミッション前側の取付ナット**（写真参照）**と、初期モデルの場合は、ボルトの1つに共締めになっているアースストラップも取り外す（写真7.10bを参照）。
16. トランスミッション後ろ側の取付ボルトを取り外す**（写真参照）**。
17. 1972年以前のモデルの場合は、トランスミッションを若干後方にずらしてから、下ろす。1973年以降のモデルの場合は、トランスミッションを少し下ろしてから、後方にずらして車両からトランスミッションを下ろす。

取り付け

18. フロアジャッキまたはトランスミッションジャッキを使って、トランスミッションを上げて、トランスミッション前側の取付ナットを取り付けて（アースストラップの接続を忘れないこと）、トランスミッション後ろ側の取付ボルトを仮に取り付ける。
19. クラッチサーボ用のホースを接続して、ホースクランプを締める。
20. 新しいシールワッシャーを使って、ATFホースを接続して、バンジョーボルトを確実に締める。
21. 識別用に付けた荷札に従って、ニュートラルスタートスイッチと温度スイッチの各コネクターを接続して、スターターマグネットスイッチの端子に各配線を接続する。
22. 左右のドライブシャフトを取り付ける（第8章参照）。
23. この章の「整備情報」に記載された規定トルクに従って、トランスミッション取付ボルトとナットを締め付ける。
24. エンジンを取り付けてから、トルクコンバーターをドライブプレートに固定するボルトを取り付けて、第2章の「整備情報」に記載されている規定トルクで締め付ける。
25. ATFサクションラインとプレッシャーラインのバンジョーボルトを接続して、2個の配線コネクターをトランスミッションに接続する。
26. シフトロッドの連結部を取り付ける（セクション3参照）。
27. バッテリーのマイナス側ケーブルを接続する。
28. トランスミッションとATFタンクに規定のフルードを注入する（第1章の「整備情報」を参照）。
29. エンジンを始動して、ATFが油圧回路の中を流れていることを確認してから、漏れがないか点検する。
30. ロードテスト、油圧点検およびストールテストを実施する（セクション2参照）。

8. クラッチの脱着、点検、オーバーホール、調整

取り外し

→写真8.7、8.9参照

1. エンジンを取り外す（第2章参照）。
2. トルクコンバーターを取り外す（セクション6参照）。異物の混入を防ぐために、開口部に蓋をする。
3. トランスミッションを取り外して（セクション7参照）、きれいな作業台の上に置く。
4. サーボとその取付ブラケットを取り外す。
5. クラッチ作動レバーをレリーズシャフトに固定している締付ボルトを緩めて、レバーを取り外す。
6. トランスミッションをひっくりかえして、トランスミッションカバーをファイナルドライブハウジングの底に固定している8個のナットを取り外す。
7. ファイナルドライブハウジングにベルハウジ

7.15 後期モデルの場合、トランスミッションの前部は、2個のナット（矢印）によってフレームクロスメンバーの下側に固定されている

7.16 トランスミッション後部の取付ボルト（矢印）（代表例）

8.7 ファイナルドライブハウジングの内側にあるベルハウジングスタッドの2個のナット（矢印）を取り外すには、トランスミッションカバーを取り外さなければならない

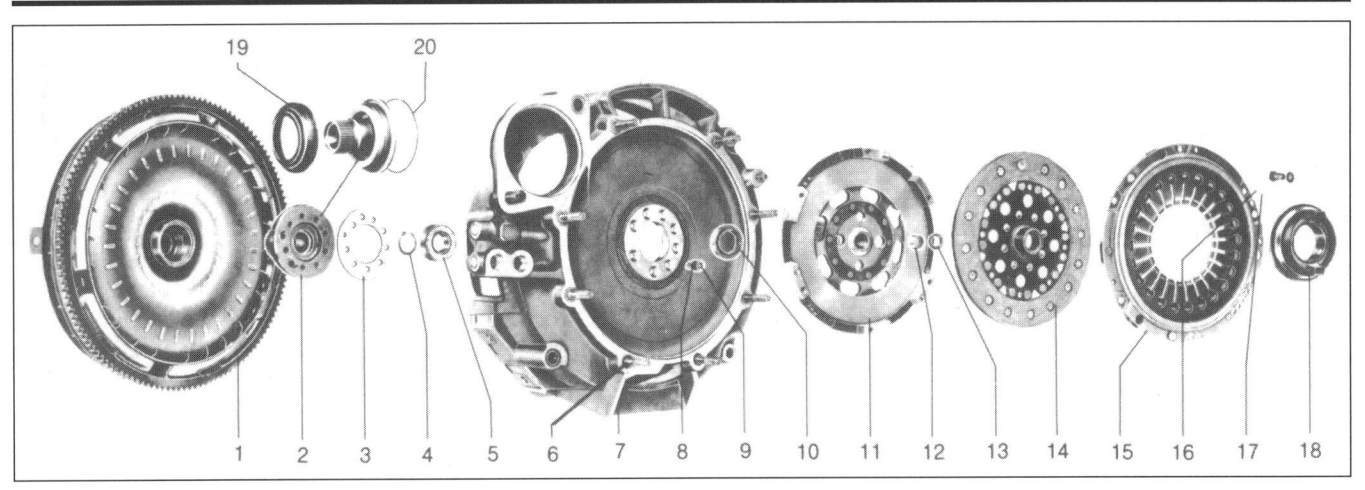

セミオートマチック・トランスミッション　　7B-11

8.9 クラッチ・アセンブリーの展開図

1. トルクコンバーター
2. ワンウェイクラッチサポート
3. ガスケット
4. キャリアプレート用サークリップ
5. ボールベアリング
6. スタッド用Oリング
7. ベルハウジング
8. スプリングワッシャー
9. ボルト
10. オイルシール
11. クラッチキャリアプレート
12. ニードルベアリング
13. キャリアプレートシール
14. クラッチディスク
15. プレッシャープレート
16. スプリングワッシャー
17. ボルト
18. レリーズベアリング
19. コンバーターシール
20. ワンウェイクラッチ用Oリング

ングを固定している8個のナットすべてを取り外す。それらのナットのうち2個(**写真参照**)は、ファイナルドライブハウジングの内側にある。他の6個は、ベルハウジングの周囲に均等に設けられている。

8. ベルハウジングとクラッチ・アセンブリーを一つのユニットとしてトランスミッションから切り離す。

9. プレッシャープレートをクラッチキャリアプレートに固定している6本のボルトすべてを緩める(**写真参照**)。スプリングの張力がかかっているので、各ボルトは均等にかつ1度に少しずつ緩めていく。

10. スプリングの張力がかからなくなったら、6本のボルトをすべて取り外して、プレッシャープレート・アセンブリーを、クラッチディスクとクラッチキャリアプレートから持ち上げて外す。

11. クラッチキャリアプレートからクラッチディスクを持ち上げて取り出す。

点検

警告: クラッチの摩耗に伴って発生し、クラッチの各構成部品に付着しているホコリは、人体に有害なアスベストを含んでいる恐れがある。圧縮空気を使ってこれらのホコリを吹き飛ばしたり、誤って吸い込んだりしないこと。ホコリを清掃する際は、ガソリンなどの溶剤は使用しないこと。ブレーキクリーナーを使って、ホコリを受け皿に洗い流すこと。

12. クラッチの各構成部品を清掃する前に、クラッチを観察する。トランスミッションオイルが付着している場合は、トランスミッションケースのメインドライブシャフトシールを交換しなければならない(手順24参照)。ATFが付着している場合は、クラッチキャリアプレートのシールを交換しなければならない。以下の作業はベルハウジングとキャリアプレートを専門業者へ持っていって依頼する。専門業者では、ベルハウジングの中心部にあるワンウェイクラッチサポート用のボールベアリングとキャリアプレートニードルベアリングを点検してもらい、必要に応じて交換してもらう。

13. ブレーキクリーナーを使ってクラッチキャリアプレート、クラッチディスク、プレッシャープレートとレリーズベアリングを清掃する。

14. クラッチキャリアプレートの摩擦面に亀裂または条痕がないか点検する。摩耗している場合は、交換する(手順12参照)。

15. クラッチディスクのフェーシング面に摩耗、亀裂、オイルの付着または焼き付きがないか点検する。ディスクの厚さを測定する。最低9.0mm以上なければならない。リベットの緩みを点検する。トランスミッションメインシャフトのスプライン部にディスクをはめて、過度な遊びがなくスムーズにスライドすることを確認する。必要に応じてディスクを交換する。

16. プレッシャープレートの亀裂、ダイアフラムスプリングの損傷、摩擦面の亀裂または傷、過熱の跡(青っぽく変色している箇所)がないか点検する。必要に応じて交換する。

17. レリーズベアリングの異音および摩耗を点検する。**備考**: この部品は高価な部品ではないので、状態に関係なく、交換しておくことを勧める。

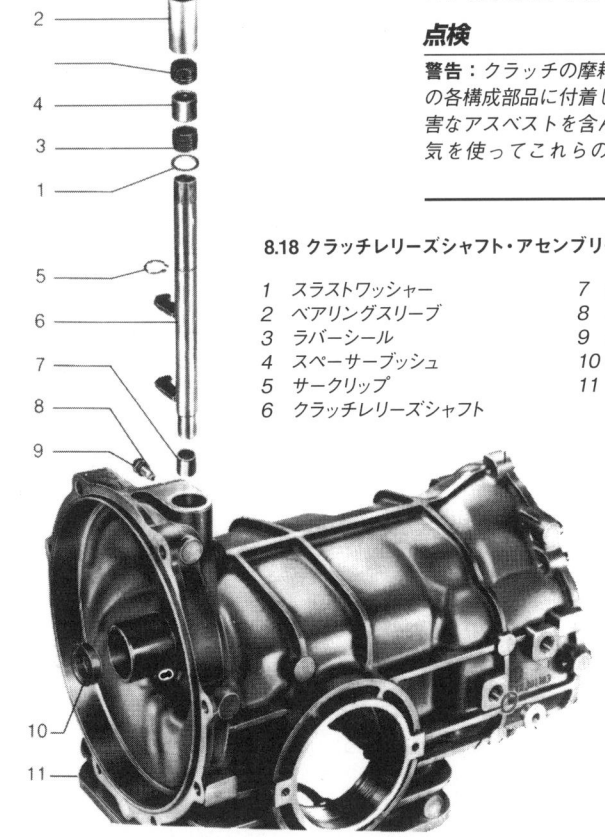

8.18 クラッチレリーズシャフト・アセンブリーの展開図

1. スラストワッシャー
2. ベアリングスリーブ
3. ラバーシール
4. スペーサーブッシュ
5. サークリップ
6. クラッチレリーズシャフト
7. 溝付きブッシュ
8. スプリングワッシャー
9. ボルト
10. メインドライブシャフトシール
11. トランスミッションケース

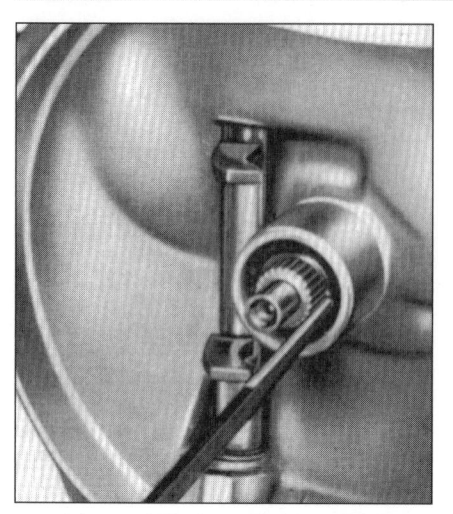

オーバーホール

クラッチレリーズシャフト

→写真8.18参照

18. 六角形のベアリングスリーブのボルトとそのスプリングワッシャーを取り外す(**写真参照**)。
19. シャフトを押し上げて、トランスミッションの上部からベアリングスリーブ、ラバーシールおよびスペーサーブッシュを抜き取る。
20. シャフトからベアリングスリーブと他の部品を取り外してから、クラッチハウジングからシャフトを引き抜く。
21. スクリュードライバーを使って、溝付きブッシュをこじって取り外す。
22. ケースに新しい溝付きブッシュを圧入する。
23. 取り付けは取り外しの逆手順で行なう。写真8.18を参照して、各部品を正しい順番で取り付けること。

メインドライブシャフトシール

→写真8.24参照

24. シール取り外し工具またはプライバーを使って、慎重に古いシールを引っかけて、取り出す(**写真参照**)。
25. コンバーターによっては、新しいシールの取り付けおよびコンバーター自体の挿入を容易にするために、コンバーターのハブ部を少し面取りしてある場合がある。この面取り部にバリがないか点検する。打痕や傷があれば、酸化鉄の微粉末を使った特殊な研磨布(紙)を使って慎重に取り除いてから、コンバーターを取り付けるときにオイルシールが損傷しないように充分に磨いておく。
26. 新しいシールのリップ部にハイポイドギアオイルを塗布して、シールの外径よりも若干小さい外径のソケットを使って、シールを打ち込む。

取り付け

→写真8.27、8.29、8.30参照

27. クラッチレリーズベアリング用のガイドスリーブおよびクラッチレリーズベアリングのツメ(**写真参照**)にモリブデングリスを薄く塗布する。
28. キャリアプレート中心部のニードルベアリングとシールに少量のリチウムグリスを塗布す

8.24 小さいフック型のシール取り外し工具を使って、クラッチレリーズベアリング用のガイドスリーブからメインドライブシャフトシールを引っかけて外す

8.27 クラッチレリーズベアリングのツメの矢印で示した箇所に薄くグリスを塗布する

8.29 クラッチのセンター出し工具を使って、クラッチディスクを中心に位置決めしてから、プレッシャープレートの各ボルトをこの章の「整備情報」の項に記載されている締付トルクに従って締め付ける

8.30 ベルハウジングのトルクコンバーター側から2本の下側エンジン取付ボルトを挿入して、各スタッドとこれら2本の取付ボルトに新しいOリングを取り付ける(6本の取付スタッドは写っていない)

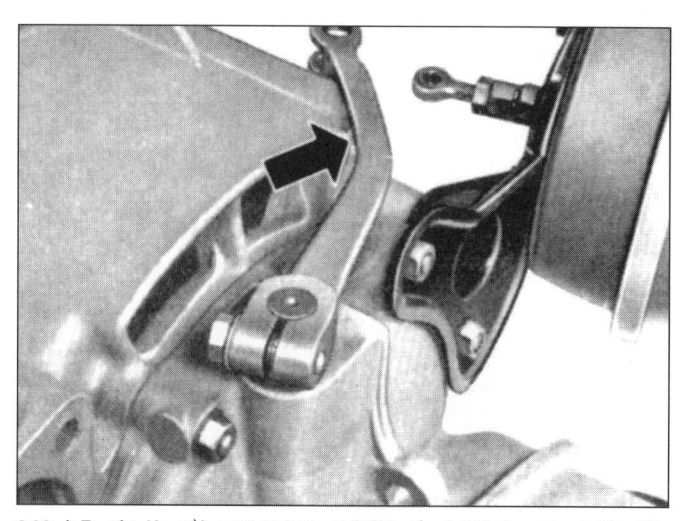

8.36 クラッチレリーズシャフトにクラッチ作動レバーをはめて、ベルハウジングに接触するまでサーボからレバーを引っ張って離し、その位置で締付ボルトを取り付ける(ただし、まだいっぱいまでは締め付けないこと)

セミオートマチック・トランスミッション

7B-13

る。

29. クラッチハウジングにクラッチディスク、プレッシャープレートとレリーズベアリングを取り付ける。クラッチのセンター出し工具を使って、クラッチディスクを中心に位置決めする**（写真参照）**。レリーズベアリングがダイアフラムスプリングの中心に正しく位置決めされていることを確認する。プレッシャープレートの各ボルトを手で均等に締めてから、この章の「整備情報」の項に記載されている締付トルクに従って締め付ける。

30. ベルハウジングのトルクコンバーター側から２本の下側エンジン取付ボルトを挿入する**（写真参照）**。上記の２本の取付ボルトと残りの６本のベルハウジング取付スタッドに新しいＯリングを取り付ける。

31. ベルハウジング／クラッチ・アセンブリーをトランスミッションに取り付ける。クラッチレリーズシャフトがレリーズベアリングのツメにかかっていることを確認する。この章の「整備情報」に記載の締付トルクに従って、各ナットを均等にかつ段階的に締め付ける。

32. クラッチサーボ取付ブラケットとクラッチサーボを取り付ける。

33. クラッチの基本調整を実施する（手順36参照）。

34. トルクコンバーターを取り付ける（セクション6参照）。

35. エンジンを取り付ける（第２章参照）。

クラッチの調整

→写真 8.36, 8.37, 8.38, 8.39 参照
備考：以下の手順は、新しいクラッチディスクの基本調整である。

36. クラッチレリーズシャフトにクラッチ作動レバーをはめる。サーボからレバーを引っ張って離し、ベルハウジングに接触させる**（写真参照）**。その位置で締付ボルトを取り付け、軽く締め付ける（まだいっぱいまで締め付けないこと）。

37. サーボロッドのアジャストスリーブを回してリンケージを調整して、寸法「a」と「b」を規定の寸法にそれぞれ調整する**（図参照）**。

38. サーボロッドをサーボユニットにいっぱいまで押し込む（サーボの作動ストロークいっぱ

8.37 サーボロッドのアジャストスリーブを回してリンケージを調整し、寸法「a」（スリーブの先端からサーボダイアフラムのハブ部まで）と「b」（ダイアフラムのハブ部からロッドの穴まで）を規定の寸法にそれぞれ調整してから、サーボユニット内にいっぱいまでサーボロッドを押し込んで、締付ボルトを緩めて、サーボロッドのねじ込みスリーブの穴とレバーの穴の間の距離が寸法「c」になるまで、クラッチサーボの方向にクラッチ作動レバーを回す

寸法「a」= 8.5 mm
寸法「b」= 77 mm
寸法「c」= 40 mm

いまで）。クラッチ作動レバーの締付ボルトを緩めて、サーボロッドの先端の穴とレバーの穴の間の距離が40 mmになるまで、クラッチサーボの方向にクラッチ作動レバーを動かす（図8.37における測定値「c」）。備考：VW社では、この重要な寸法を測定するための特殊な測定治具（写真参照）を設定しているが、普通のスケールでもサーボロッドとクラッチ作動レバーの穴中心間の距離を測定することはできる。締付ボルトを、この章の「整備情報」に記載の規定トルクで締め付ける。

39. 新しいプラスチックブッシュを使って、サーボロッドにクラッチ作動レバーを接続する**（写真参照）**。上からクレビスピンを挿入して、ワッシャーと新しい割ピンを底部に固定する。

40. 約500km走行後に、クラッチの遊びを点検する（セクション4参照）。

8.38 VW社では、寸法「c」を測定するために特殊な測定治具を設定しているが、普通のスケールやノギスでもサーボロッドとクラッチ作動レバーの穴の中心間の距離を測定することはできる

8.39 新しいプラスチックブッシュを使って、サーボロッドにクラッチ作動レバーを接続して、上からクレビスピンを挿入して、ワッシャーと新しい割ピンで固定する

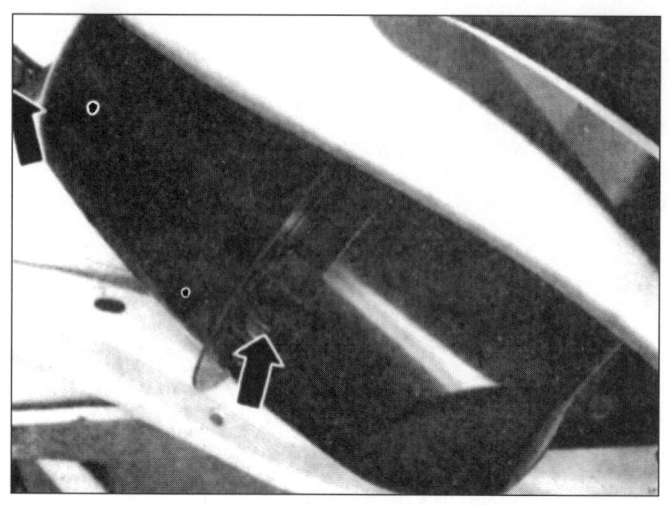

9.3 バキュームタンク・アセンブリー（写真はビートル）。タンクを取り外す場合は、ストラップのボルト（下矢印）とブラケットのボルト（上矢印）を取り外す

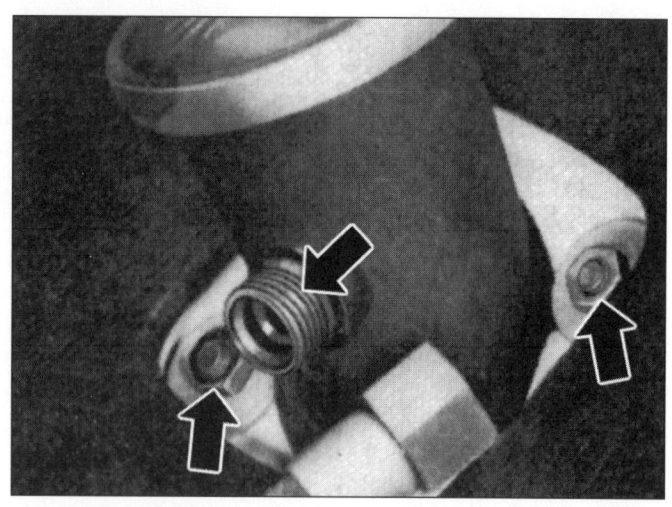

10.2 フィラーネックから ATF リターンラインのフィッティング（上矢印）を外す。（2つの下矢印は、トリムパネルをクォーターパネルに固定しているナットを示す）

9. バキュームタンクの脱着

→写真 9.3 参照

1. ビートルの場合、バキュームタンクは左のリアフェンダーの内側に取り付けられている。カルマンギアの場合は、右のリアホイールハウスの内側（初期モデル）またはエンジンルームの左側（後期モデル）に取り付けられている。
2. バキュームホースのホースクランプを緩めて、タンクから各ホースを外す。
3. 固定ストラップのボルトとマウントブラケットのボルトを取り外して（写真参照）、タンクを取り外す。
4. 取り付けは取り外しの逆手順で行なう。

10. ATF タンクの脱着

→写真 10.2, 10.4 参照

1. ビートルとスーパービートルの場合、ATF タンクは右側のリアフェンダーの内側に取り付けられている。カルマンギアの場合は、エンジンルームの右側に取り付けられている。
2. リターンラインのフィッティングの下に抜き取り用の受け皿を置いてから、ATF タンクからフィッティングを外す（写真参照）。
3. クォーターパネルからトリムパネル固定ナットとフィラーネックのラバーシールを取り外す。
4. ATF リターンラインのフィッティング（写真参照）の下に抜き取り用の受け皿を置いてから、ATF タンクからフィッティングを外す。
5. 固定ストラップのボルトを取り外して、タンクを取り外す。
6. 取り付けは取り外しの逆手順で行なう。ATF タンクに規定量の指定 ATF（フルード）を注入する（第 1 章参照）。

11. ニュートラルスタートスイッチの点検、交換

点検

1. ニュートラルスタートスイッチ（図 1.4, 1.8a, 1.8b 参照）は、シフトレバーをニュートラル（N）位置にしていないと、エンジンがかからないようにするための部品である。他のギア位置では、イグニッションスイッチとスターターマグネットスイッチの間に位置するニュートラルスタートスイッチの接点が開いて、スターターマグネットスイッチに電源が供給されない。また、このスイッチは、シフトレバーが N 位置にあるときはクラッチコントロールバルブのソレノイドを作動させ、クラッチを切る働きもする。
2. 以下は、ニュートラルスタートスイッチの簡易点検である：
ブレーキペダルをいっぱいまで踏み込んだ状態で、シフトレバーをすべてのギア位置に順番に入れて、各ギア位置でイグニッションキーを Start 位置にする。ニュートラル以外のギア位置でスターターが作動する、またはニュートラル位置で作動しない場合は、ニュートラルスタートスイッチ自体の不良または回路のどこかに不具合があると考えられる。
3. 車体後部を持ち上げて、リジッドラックで確実に支える。
4. ニュートラルスタートスイッチから配線コネクターを外して、イグニッションにつながっている配線の端子と、スターターマグネットスイッチにつながっている配線の端子の間を、適当なリード線で接続する。スターターが作動する場合は、スイッチを交換する。作動しない場合は、次の手順に進む。
5. 他の人にシフトレバーを各ギア位置に入れてもらう。自己電源式（電池を内蔵した）導通テスターまたはサーキットテスターを使って、ニュートラル以外のギア位置ではニュートラルスタートスイッチに導通がないことを確認する。
6. ニュートラル位置でスイッチの導通がなければ、スイッチを交換する。導通があれば、回路自体に電源が供給され、導通しているかどうか確認して、必要に応じて修理する。第 12 章の最後に付いている回路図を参照する。

交換

7. 配線コネクターを外して、古いニュートラルスタートスイッチを取り外して、新しいスイッチを取り付けて、確実に締め付けて、コネクターを接続する。

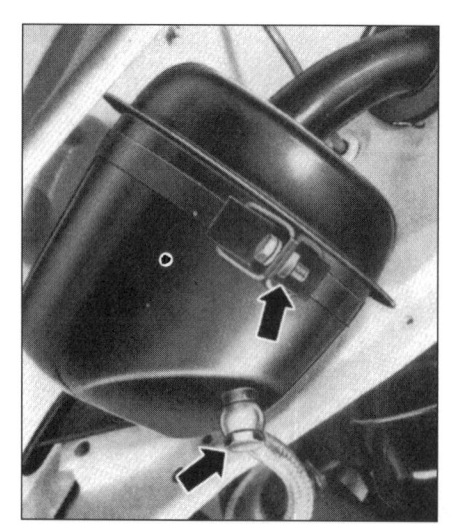

10.4 ATF タンク・アセンブリー（写真はビートル）。タンクを取り外す場合は、ATF サクションラインのフィッティング（下矢印）を外して、トリムプレートをクォーターパネルに固定しているナットを外して（写真 10.2 参照）、ストラップのボルトを取り外す

第8章
クラッチ／ドライブトレーン

目次

1. 概説 8-2
2. クラッチの概説と点検 8-2
3. クラッチペダルの脱着 8-3
4. クラッチケーブルの脱着 8-5
5. クラッチ構成部品の脱着、点検 8-5
6. クラッチレリーズ・アセンブリーの脱着、点検 8-7
7. リアアクスルに関する全般的な事項 8-8
8. オイルシールとホイールベアリングの交換 ... 8-9
9. リアアクスルブーツ（スイングアクスル車）の交換 ... 8-11
10. スイングアクスルの脱着、点検 8-11
11. ドライブシャフトの脱着（ダブルジョイント車）... 8-14
12. CVジョイントのオーバーホールとブーツの交換 ... 8-15

整備情報

クラッチディスク
フェーシングの厚さの最低限度値	2.0 mm
振れ（限度値）	0.50 mm
クラッチケーブルガイドチューブのたるみ	25～45 mm

スイングアクスル
アクスルシャフト先端の丸い部分とサイドギア間のすき間	0.03～0.1 mm
アクスルシャフト先端の平らな部分と支点プレートの間のすき間	0.035～0.244 mmm
アクスルシャフトの振れ	0.05 mm

アクスルシャフトとサイドギア
- 識別色：黄色
  - サイドギアの内径 .... 59.93～59.97 mm
  - アクスルシャフト端部の外径 .... 59.87～59.90 mm
- 識別色：青
  - サイドギアの内径 .... 59.98～60.00 mm
  - アクスルシャフト端部の外径 .... 59.91～59.94 mm
- 識別色：ピンク
  - サイドギアの内径 .... 60.01～60.04 mm
  - アクスルシャフト端部の外径 .... 59.95～59.97 mm

締付トルク
	kg-m
クラッチプレッシャープレートとフライホイール間のボルト	2.5
アクスルチューブリテーナーのナット	2.0
CVジョイントのボルト（ソケットボルト）	3.5
リアホイールベアリングカバーのボルト	6.0

クラッチ／ドライブトレーン

1. 概説

この章では、トランスミッションを除くエンジンの前側から駆動輪までの構成部品を扱う。この章では、これらの構成部品をクラッチとドライブトレーンの2つのグループに分類する：この章の各セクションでは、各グループの構成部品の概説と点検手順を説明している。

この章で説明するほとんどすべての手順は、車の下側から行なう作業を含んでいるので、車を持ち上げてリジッドラックで確実に支えるか、または車両の上げ下げが簡単にできるリフトを使用すること。

2. クラッチの概説と点検

→図／写真 2.1a, 2.1b, 2.1c 参照

1. マニュアルトランスミッションモデルには、乾式単板の、コイルスプリング式クラッチ（1972年以前のモデル）またはダイアフラムスプリング式クラッチ（1973年以降のモデル）が使われている。クラッチディスクの内周にはスプラインが切ってあり、トランスミッションインプットシャフトのスプライン部とかみ合ってスライドするようになっている。クラッチディスクとプレッシャープレートは、プレッシャープレート内のコイルスプリングまたはダイアフラムスプリングの張力によって押し付けられて接触している（図参照）。

2. クラッチの操作機構はケーブル式である。クラッチの操作機構は、クラッチペダル、クラッチケーブル、クラッチレリーズレバー、クラッチレリーズシャフトおよびクラッチレリーズベアリングから構成される。

3. クラッチペダルを踏み込むと、その動きがケーブルを介してクラッチレリーズレバーに伝達される。レバーが動くと、レリーズシャフトに連結されているフォークがレリーズベアリングを押して、ベアリングがインプットシャフトに沿ってフライホイール側にスライドする。初期型クラッチの場合、レリーズベアリングがレリーズリングに当たると、レリーズリングが3個のレリーズレバーの内側端部を押す。この結果、プレッシャープレートがクラッチディスクから離れることにより、クラッチディスクがフライホイールから離れてクラッチが切れる。後期型クラッチの場合は、レリーズベアリングがプレッシャープレート・アセンブリーのダイアフラムスプリングの内側に押され、プレッシャープレートがクラッチディスクから離れる。そして、クラッチディスクがフライホイールから離れて、クラッチが切れる。

4. クラッチの構成部品の説明をする場合、一般的な部品名称がメーカーの使う名称と異なっている場合があるので、用語についての注意が必要である。たとえば、クラッチディスクは、ドリブン（被駆動）プレートまたはクラッチプレートとも呼ばれ、クラッチレリーズベアリングはスローアウトベアリングなどとも呼ばれる。

5. 明らかに損傷している部品を交換するのでない限り、クラッチの不具合個所を特定するためには、必ず以下の事前点検を実施すること。

a) クラッチの切れ具合を点検する。トランスミッションをニュートラルにして、クラッチペダルを放した状態で、エンジンを通常のア

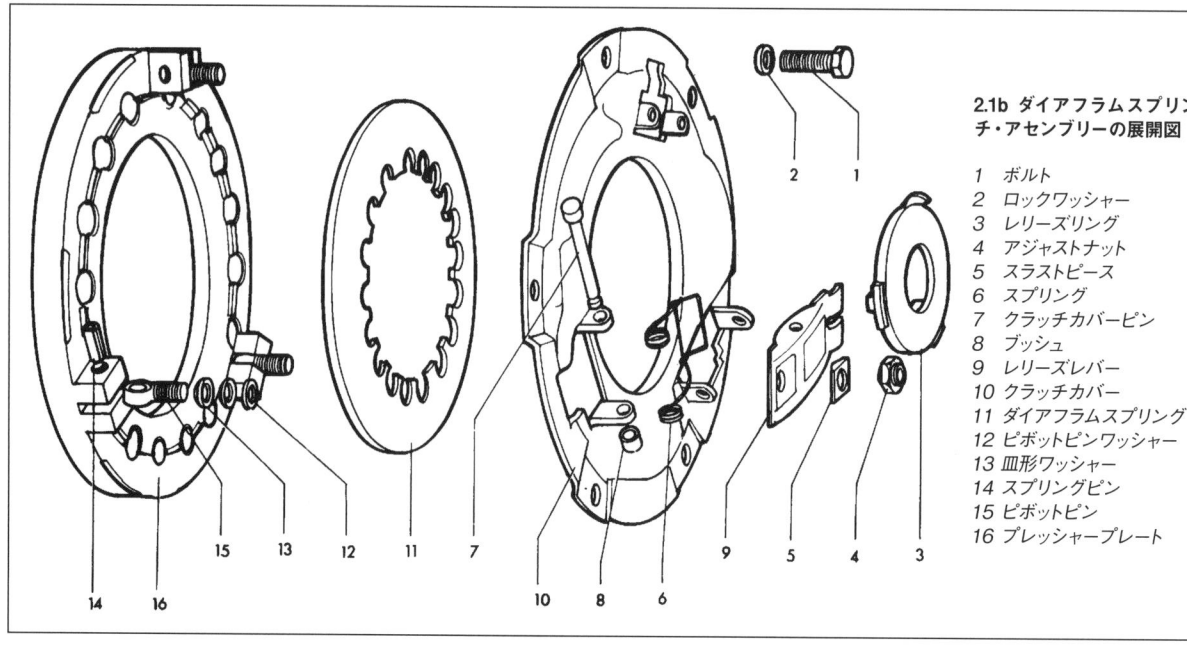

2.1a コイルスプリング式クラッチ・アセンブリーの展開図（代表例）

1. レリーズリング
2. アジャストリング
3. ワッシャー
4. レリーズレバー
5. クラッチカバー
6. スプリングキャップ
7. スプリング
8. プレッシャープレート

2.1b ダイアフラムスプリング式クラッチ・アセンブリーの展開図（代表例）

1. ボルト
2. ロックワッシャー
3. レリーズリング
4. アジャストナット
5. スラストピース
6. スプリング
7. クラッチカバーピン
8. ブッシュ
9. レリーズレバー
10. クラッチカバー
11. ダイアフラムスプリング
12. ピボットピンワッシャー
13. 皿形ワッシャー
14. スプリングピン
15. ピボットピン
16. プレッシャープレート

クラッチ／ドライブトレーン　8-3

2.1c 初期（左）および後期（右）のダイアフラムスプリング式クラッチプレッシャープレート（代表例）：
初期型では、それ以前のコイルスプリング式に似たレリーズレバーが使われているが、後期型ではレバーはなくなり、ダイアフラムスプリングがプレートと一体になっている（オーバーホール時に、初期型を後期型に換えることもできる）

ワイヤーのほつれ、錆または腐食がないか点検する。不具合があれば、交換する。不具合が無いように見える場合は、浸透潤滑油を塗布して、再度クラッチペダルを操作してみる。

3. クラッチペダルの脱着

→ 写真 3.1, 3.3, 3.4a, 3.4b, 3.5, 3.6, 3.7, 3.8, 3.10, 3.11, 3.12 参照

1. MT車の場合、スロットル、ブレーキおよびクラッチの各ペダルは、センタートンネル左側にボルトで固定された共通のシャフトに取り付けられている。セミオートマチック車の場合、クラッチペダルはなく、幅の広いブレーキペダルから2本のアームが出て、共通のブッシュに取り付けられている（写真参照）。
2. トランスミッションのクラッチレリーズレバーからクラッチケーブルを外す（セクション4参照）。
3. スロットルペダルのリターンスプリングをこじって外してから、スロットルペダルのピボットピンを引き抜いて（写真参照）、スロットルペダルを取り外す。
4. マスターシリンダープッシュロッドのクリップをこじって外してから、ピボットピンを取り外す（写真参照）。
5. ペダル・アセンブリーの取付ボルトを取り外す（写真参照）。
6. ペダル・アセンブリーと（接続を外さずに）クラッチケーブルを取り外す（写真参照）。クラッチケーブルの接続を外す。

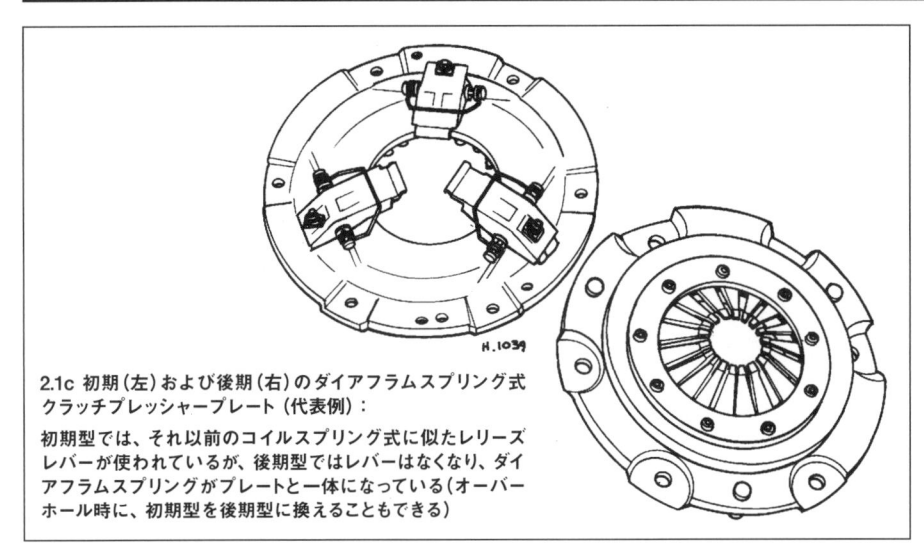

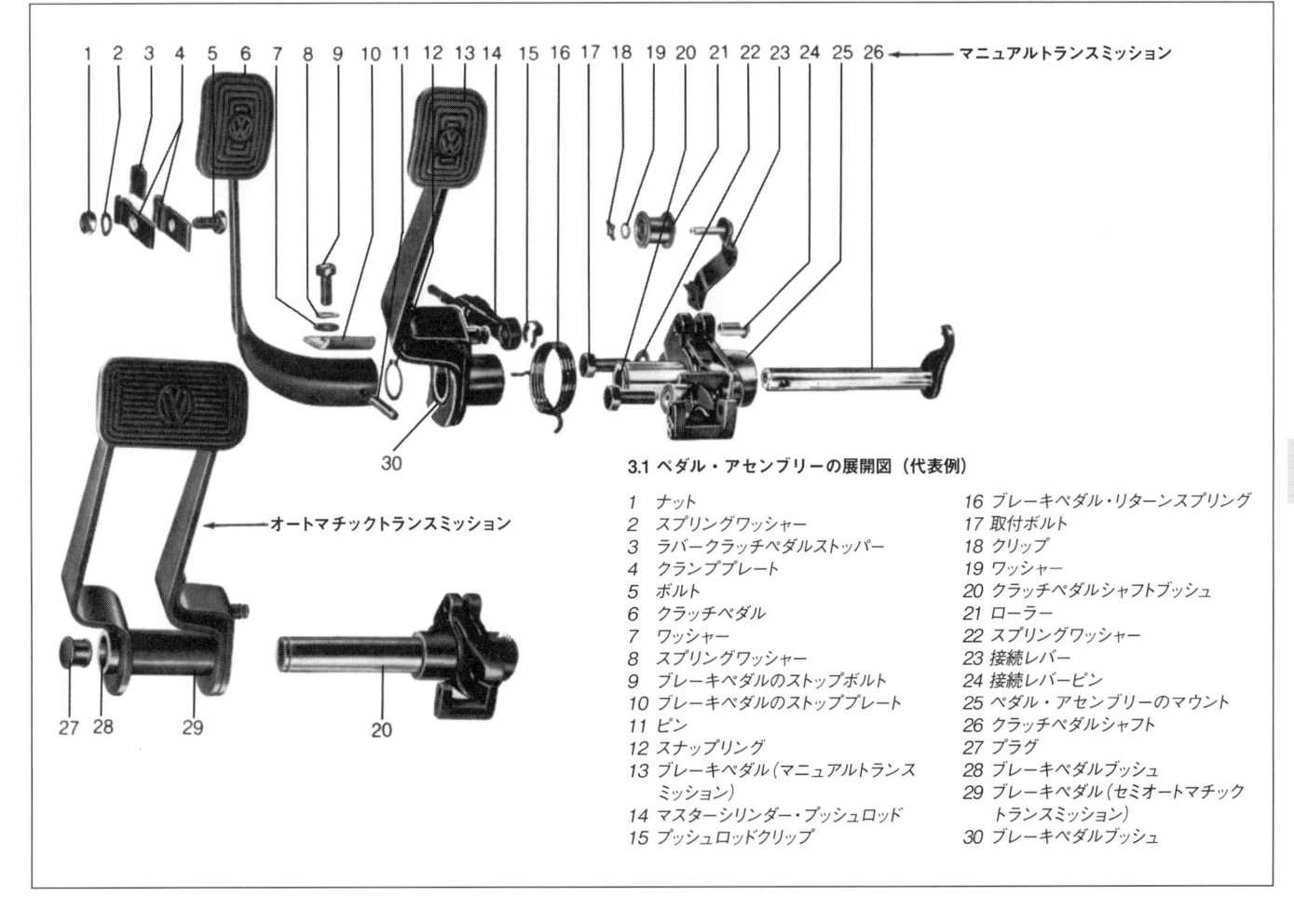

イドル回転数で回転させる。クラッチを切って（クラッチペダルを踏み込んで）、数秒間待ってからシフトレバーをリバース位置に入れる。このとき、ギア鳴りが聞こえないことを確認する。ギア鳴りが聞こえる場合は、プレッシャープレートまたはクラッチディスクに不具合がある（セクション5参照）。

b) クラッチが完全に切れるかどうか点検する。車が動き出さないようにハンドブレーキをかけてから、エンジンを始動して、クラッチペダルを床面から約1cmの位置で保持する。シフトレバーを数回、1速とリバースに交互に入れる。シフトレバーの動きが固いまたはトランスミッションからギア鳴りが聞こえる場合は、クラッチのレリーズ機構が損傷している（セクション6参照）。

c) クラッチペダルとペダルシャフト間のピボットブッシュに固着または遊びがないか点検する（セクション3参照）。

d) クラッチペダルが固い場合は、クラッチケーブルの不良が考えられる。クラッチケーブルを取り外して（セクション4参照）、ねじれ、

3.1 ペダル・アセンブリーの展開図（代表例）

1. ナット
2. スプリングワッシャー
3. ラバークラッチペダルストッパー
4. クランププレート
5. ボルト
6. クラッチペダル
7. ワッシャー
8. スプリングワッシャー
9. ブレーキペダルのストップボルト
10. ブレーキペダルのストッププレート
11. ピン
12. スナップリング
13. ブレーキペダル（マニュアルトランスミッション）
14. マスターシリンダー・プッシュロッド
15. プッシュロッドクリップ
16. ブレーキペダル・リターンスプリング
17. 取付ボルト
18. クリップ
19. ワッシャー
20. クラッチペダルシャフトブッシュ
21. ローラー
22. スプリングワッシャー
23. 接続レバー
24. 接続レバーピン
25. ペダル・アセンブリーのマウント
26. クラッチペダルシャフト
27. プラグ
28. ブレーキペダルブッシュ
29. ブレーキペダル（セミオートマチックトランスミッション）
30. ブレーキペダルブッシュ

← マニュアルトランスミッション
← オートマチックトランスミッション

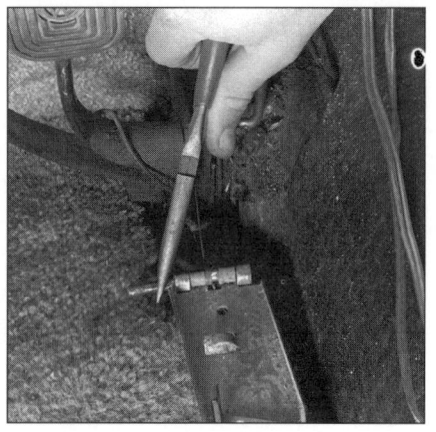

8-4 クラッチ／ドライブトレーン

3.3 スロットルペダルを取り外す場合は、スロットルペダルリターンスプリングをこじって外してから、スロットルペダルのピボットピンを引き抜く

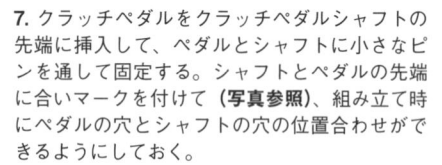

3.4a ブレーキマスターシリンダー・プッシュロッドを外す場合は、マスターシリンダー・プッシュロッドのクリップをこじって外してから・・・

1211c ・・・ピボットピンを取り外す

7. クラッチペダルをクラッチペダルシャフトの先端に挿入して、ペダルとシャフトに小さなピンを通して固定する。シャフトとペダルの先端に合いマークを付けて（**写真参照**）、組み立て時にペダルの穴とシャフトの穴の位置合わせができるようにしておく。

8. ハンマーと先の細いポンチを使って、クラッチペダルをシャフトに固定しているピンを打ち抜く（**写真参照**）。

9. クラッチペダルを引っ張って外す。固くて動かない場合は、プラスチックハンマーで軽く叩いて外す。

10. ブレーキペダルをペダル・アセンブリーのマウントに固定しているスナップリングを取り外す（**写真参照**）。

11. ペダル・アセンブリーのマウントからブレーキペダルを引っ張って外す（**写真参照**）。

12. クラッチペダルシャフトを取り外す（**写真参照**）。シャフトを拭き取って、バリや打痕がないか点検する。損傷している場合は修正する。

13. 取り付けは取り外しの逆手順で行なう。ブレーキマスターシリンダープッシュロッドのすき間（第9章参照）とクラッチケーブル（セクション4参照）を調整しておくと良い。

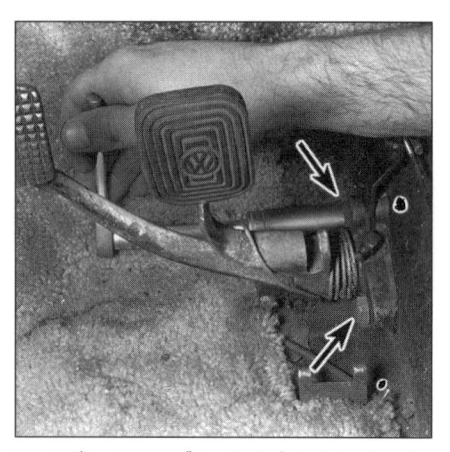

3.5 ペダル・アセンブリー取付ボルトを取り外す（写真参照）。

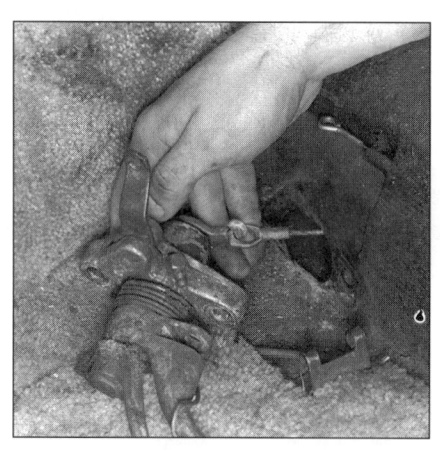

3.6 ペダル・アセンブリーを取り外して、クラッチペダルシャフトからクラッチケーブルを外す

3.7 クラッチペダルとペダルシャフトの先端に合いマークを付けて、組み立て時にペダルの穴とシャフトの穴の位置合わせができるようにしておく

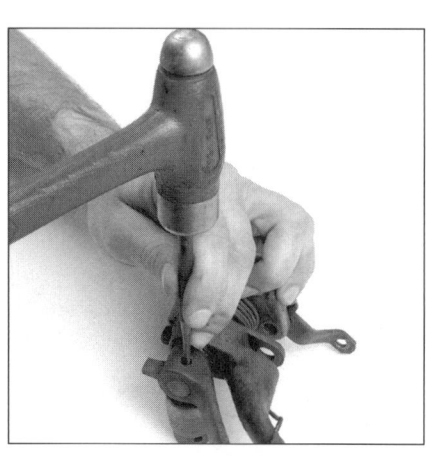

3.8 シャフトにクラッチペダルを固定しているピンを打ち抜く

3.10 ブレーキペダルをペダル・アセンブリーのマウントに固定しているスナップリングを取り外す

3.11 マウントからブレーキペダルを引っ張って外す

クラッチ／ドライブトレーン 8-5

3.12 マウントからクラッチペダルシャフトを取り外す

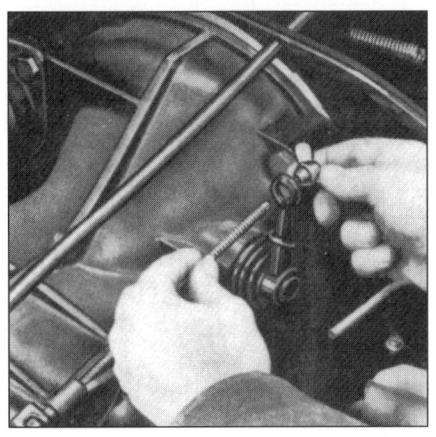

4.2 車体後部を持ち上げて、リジッドラックで確実に支えてから、トランスミッションの左上にあるクラッチレリーズレバーを確認する。レバーからケーブルを外すときは、蝶ナットを緩めるだけである

4. クラッチケーブルの脱着

取り外し

→写真4.2 参照

1. 左側後輪のホイールボルトを緩めてから、車体後部を持ち上げて、リジッドラックで確実に支える。車輪を取り外す。
2. トランスミッションの左上にあるクラッチレリーズレバーを確認して、レバーからケーブルを外す（**写真参照**）。
3. ペダル・アセンブリーを取り外して、クラッチシャフトからクラッチケーブルを外す（セクション3参照）。
4. ペダル・アセンブリーの穴からセンタートンネルを介して、クラッチケーブルを前方に引き抜く。

取り付け

→図4.8 参照

5. 新しいケーブルに汎用グリスを塗布する。
6. ブレーキ＆クラッチペダル・アセンブリーの穴に手を入れて、ケーブルガイドチューブの前端部を探す。ガイドチューブを手でつかんで、新しいケーブルをチューブに挿入する。
7. チューブにケーブルを挿入したら、そのままチューブの中に通していく。チューブにケーブルを通すときは、必要に応じてケーブルに汎用グリスを塗布する。
8. クラッチケーブルガイドチューブ（ボーデンチューブ）には、必ず一定の「たるみ」を持たせること。B点のたるみを測定して（**図参照**）、この章の「整備情報」に記載されている規定値と比較する。たるみを調整する場合は、保持ブラケットとケーブルガイドチューブの先端（A点）間のワッシャーを増減させる。
9. クラッチペダルの遊びを調整する（第1章参照）。

5. クラッチ構成部品の脱着、点検

警告：クラッチの摩耗に伴って発生し、クラッチの各構成部品に付着しているホコリは、人体に有害なアスベストを含んでいる恐れがある。圧縮空気を使ってこれらのホコリを吹き飛ばしたり、誤って吸い込んだりしないこと。ホコリを清掃する際は、ガソリンなどの石油系の溶剤は使用し ないこと。ブレーキクリーナーを使って、ホコリを受け皿に洗い流すこと。ブレーキクリーナーを浸したウエスでクラッチ部品を拭き取った後は、ウエスを密封して廃棄する。

取り外し

備考：大掛かりなオーバーホールのためにエンジンを取り外した場合は、必ずクラッチの摩耗を点検して、摩耗した部品は必要に応じて交換する。脱着に要する時間に比べれば、クラッチ構成部品の値段自体は安いものであり、新品またはそれに近い状態でなければ、エンジンを取り外したときは、ついでに交換しておいたほうが良い。

1. エンジンを取り外す（第2章参照）。
2. 古いプレッシャープレートを再使用する場合は、取り付け時にプレッシャープレートとフライホイールの位置関係がずれないように、けがき棒またはペイントで合いマークを付けておく。
3. プレッシャープレートをフライホイールに固定しているボルトは、各ボルトを少しずつ緩める。スプリングの反力がかからなくなるまで、各ボルトを対角線上に緩めていく。プレッシャープレートを確実に保持して、完全にボルトを取り外してから、プレッシャープレートとクラッチディスクを取り外す。**注意**：プレッシャープレートには、スプリングの大きな反力がかかっている。ボルトを1本ずつ緩めて外して作業すると、プレッシャープレートが反ってしまう。

点検

→写真5.7a、5.7b、5.9a、5.9b、5.9c 参照

4. 通常、クラッチの不具合は、クラッチディスクの摩耗が原因である。しかし、その他の構成部品が摩耗したり損傷している場合もあるので、念のため他の部品も点検しておくことを勧める。
5. フライホイールに亀裂、過熱による変色、条痕等の不具合がないか点検する。不具合が軽度であれば、機械加工業者で研磨してもらうことができる（この作業は、表面の見た目に関係なく専門の業者に依頼することを勧める）。必要に応じて、フライホイールを取り外す（第2章参照）。
6. フライホイールのグランドナット（フライホイールの中央の大きいナット）の内側のニードルベアリングを清掃する。懐中電灯を使って、ニードルベアリングを点検する。過度な摩耗や損傷によりベアリングが劣化している場合は、グランドナットを交換する（第2章参照）。古いグランドナットを再使用するのであれば、必ず（すべてのニードルに軽くグリスが行き渡る程度に）ベアリングに汎用グリスを充填する。次に、ニードルベアリングの前部にあるフェルトリングに少量のオイルを塗布しておく。**備考**：グランドナットは高価な部品ではないので、たとえニードルベアリングが正常に見えても、クラッチを取り外した場合は常に交換しておくと良い。
7. クラッチディスクのフェーシングを点検する（**写真参照**）。フェーシングの表面がリベットの頭から少なくとも1.6 mm以上でなければならない。リベットの緩み、変形、亀裂、スプリングの損傷等の不具合がないか点検する。クラッチディスクは消耗部品なので、不具合が疑われる場合は、新しいものと交換する。古いクラッチディスクを再使用するのであれば、ディスクの振れも点検しておくことを勧める（**写真参照**）。写真に示す振れが、この章の「整備情報」に記載の限度値を越えなければ良好である。
8. インプットシャフトとクラッチディスク内周のスプラインを念入りに点検する。スプライン部に欠けや変形がないこと。インプットシャフトとクラッチディスク内周のスプラインに黒鉛（グラファイト）を塗ってから、クラッチディス

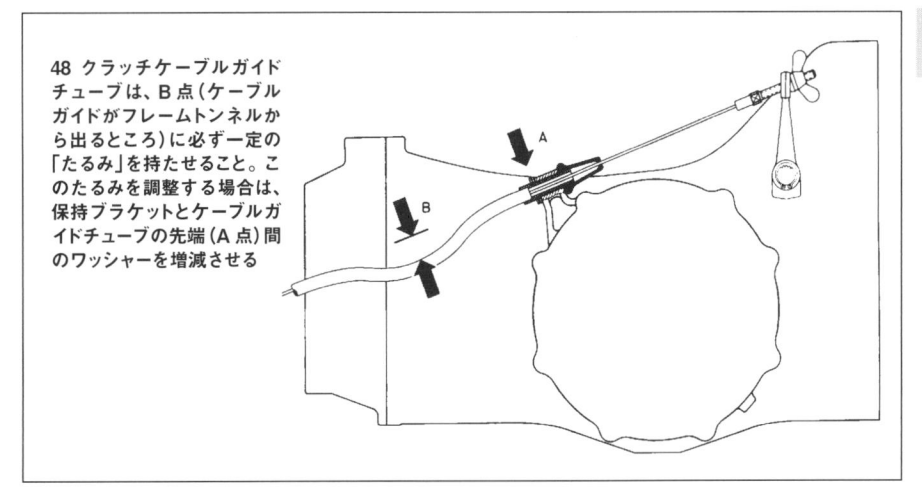

4.8 クラッチケーブルガイドチューブは、B点（ケーブルガイドがフレームトンネルから出るところ）に必ず一定の「たるみ」を持たせること。このたるみを調整する場合は、保持ブラケットとケーブルガイドチューブの先端（A点）間のワッシャーを増減させる

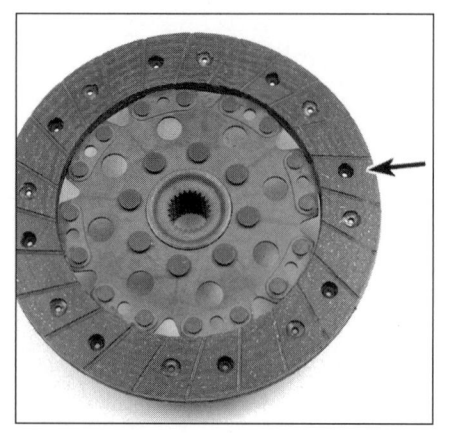

クラッチ／ドライブトレーン

5.7a クラッチディスクのフェーシングを点検する。フェーシングの厚さは 2 mm 以上、表面がリベットの頭から少なくとも 1.6 mm 以上でなければならない。また、リベットの緩み、変形、亀裂、スプリングの損傷等の不具合がないか点検する。

5.7b 写真のようにクラッチディスクの振れを点検して、この章の「整備情報」に記載の限度値と比較し、振れが過大であれば交換する

5.9a プレッシャープレートの摩擦面に摩耗、亀裂または条痕がないか点検する。光って見える部分とそうでない部分が交互にあれば、プレートが反っている証拠である

クに過度な遊びがなくインプットシャフトのスプラインにかみ合って、スムーズにスライドすることを確認する。クラッチディスクはいずれにしろ交換するであろうが、インプットシャフトのスプライン部が損傷している場合は、インプットシャフトも一緒に交換しなければならない（第7A章を参照する）。

9. プレッシャープレートの摩擦面に摩耗、亀裂または条痕がないか点検する（写真参照）。光って見える部分とそうでない部分が交互にあれば、プレートが反っている証拠である。軽度な反りであれば、中程度の番手の布ヤスリで取り除くことができる。コイルスプリング式プレッシャープレートの場合は、レリーズリングとレリーズレバーの摩擦面に過度な摩耗がないか点検する（写真参照）。後期のダイアフラムスプリング式プレッシャープレートの場合は、ダイアフラムスプリングの内周に過度な摩耗がないか点検して、内周部に歪みがないことを確認する。プレッシャープレート・アセンブリーを振ってみて、ダイアフラムスプリングの取付にガタがないか確かめる。プレッシャープレートが損傷したり摩耗している場合は、新品またはリビルト品と

交換する。

10. レリーズベアリングを点検する。異音が出るまたは動きが固い場合は交換する（セクション6参照）。また、クラッチレリーズシャフト用のブッシュも点検して、必要に応じて交換する。**備考**：グランドナットの場合と同様に、通常クラッチを交換する場合はレリーズベアリングも一緒に交換することを勧める（セクション6参照）。

取り付け

→写真 5.13 参照

11. 取り外している場合は、フライホイールを取り付ける（第2章参照）。
12. ラッカーシンナーやアセトンなどの揮発性溶剤でフライホイールとプレッシャープレートの摩擦面を清掃する。**注意**：これらの表面およびクラッチディスクのフェーシング面には、オイルやグリスを付着させないこと。また、部品を取り扱う前には、手を洗うこと。
13. クラッチセンター出し（中心位置決め）用の専用工具を使って、クラッチディスクとプレッシャープレートの中心軸を、フライホイールの中心軸に合わせる（写真参照）。古いインプット

シャフトを使う方法もある。クラッチディスクが正しく取り付けられるように注意する（ほとんどのクラッチディスクには「flywheel side」等の表示がある。表示がなければ、ダンパースプリングをトランスミッション側にしてクラッチディスクを取り付ける）。また、古いプレッシャープレートを再使用する場合は、取り外し時に付けたプレッシャープレートとフライホイールの合いマークを合わせること。プレッシャープレートをフライホイールに固定するボルトを手で締める。

14. センター出し工具がクラッチディスクのスプラインを通ってグランドナットのパイロットベアリングにはめ込まれることで、クラッチディスクの中心位置が決まる。必要に応じてセンター出し工具を上下左右にゆらして、パイロットベアリングの奥まで確実に差し込む。カバーが歪む恐れがあるので、プレッシャープレートをフライホイールに固定する各ボルトは一度に少しずつ対角線上に締める。すべてのボルトを確実に締めたら、この章の「整備情報」の項に記載されている締付トルクに従って締め付ける。センター出し工具を取り外す。

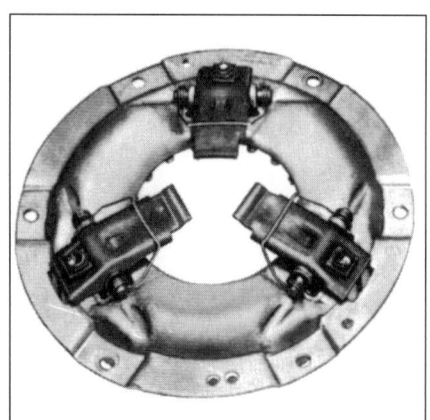

5.9b 初期のコイルスプリング式プレッシャープレートの場合は、レリーズリング（分かりやすくするため写真では取り外してある）とレリーズレバーの摩擦面に過度な摩耗がないか点検する

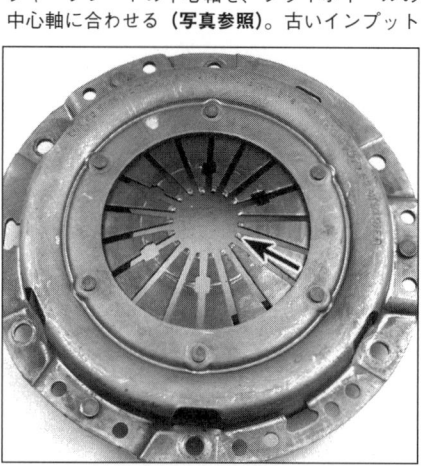

5.9c ダイアフラムスプリング式プレッシャープレートの場合は、ダイアフラムスプリングの内周（矢印）に過度な摩耗がないか点検して、内周部に歪みがないことを確認する。プレッシャープレート・アセンブリーを振ってみて、ダイアフラムスプリングにガタがないか確かめる

5.13 センター出し工具を使ってクラッチディスクの中心位置を決めてから、プレッシャープレートの各ボルトを締め付ける

クラッチ／ドライブトレーン　8-7

6.3（組み立て時のことを考えて）レリーズベアリングの保持クリップがレリーズフォークにどのようにかかっているのか確認してから、スクリュードライバーでレリーズフォークからクリップをこじって外す

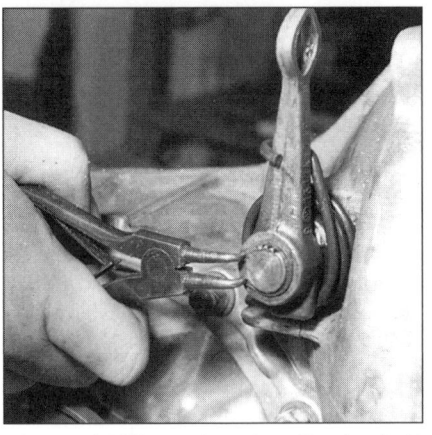

6.4a 1965年以降のモデルでは、レリーズレバーはスナップリングで、レリーズシャフトに固定される（1964年以前のモデルでは締付ボルト）

15. 取り外している場合は、レリーズベアリングを取り付ける（セクション6参照）。レリーズベアリングの内周および（1971年以降のモデルの場合は）中央のガイドスリーブの外周に高温グリスを塗布して、レリーズシャフトのフォークの接触面に汎用グリスを塗布する。
16. エンジンを取り付ける（第2章参照）。
17. クラッチペダルの遊びを調整する（第1章参照）。

6. クラッチレリーズ・アセンブリーの脱着、点検

警告：クラッチの摩耗に伴って発生し、クラッチの各構成部品に付着しているホコリは、人体に有害なアスベストを含んでいる恐れがある。圧縮空気を使ってこれらのホコリを吹き飛ばしたり、誤って吸い込んだりしないこと。ホコリを清掃する際は、ガソリンなど石油系の溶剤は使用しないこと。ブレーキクリーナーを使って、ホコリを受け皿に洗い流すこと。ブレーキクリーナーを浸したウエスでクラッチ部品を拭き取った後は、ウエスを密封して廃棄する。

取り外し

→写真6.3, 6.4a, 6.4b, 6.5, 6.6, 6.7 参照

1. エンジンを取り外す（第2章参照）。
2. クラッチ・アセンブリーを取り外して、摩耗を点検する（セクション5参照）。
3. レリーズベアリングの保持クリップがレリーズフォークにどのようにかかっているのか確認しておくこと。保持クリップ（**写真参照**）を外して、インプットシャフトからベアリングを抜き取る。
4. 1964年以前のモデルの場合は、クラッチレリーズレバーの締付ボルトを緩める。1965年以降のモデルの場合は、シャフトの先端からスナップリングを取り外す（**写真参照**）。レバー、リターンスプリングおよびスプリングシートを取り外す（**写真参照**）。
5. レリーズシャフトブッシュ用のロックボルトを取り外す（**写真参照**）。
6. 外側のラバーグロメットとシャフトブッシュが現れるまで、レリーズシャフトを外側にずらしてから、外側のグロメット、ブッシュ、内側のグロメットおよびOリングを引き抜く（**写真参照**）。
7. レリーズシャフトを取り外す場合は、内側にずらして抜き取る（**写真参照**）。

6.4b 1965年以降のクラッチレリーズ・アセンブリーの展開図（代表例）

1　レリーズベアリング用クリップ
2　レリーズベアリング
3　スナップリング
4　レリーズレバー
5　リターンスプリング
6　スプリングシート
7　ロックボルト
8　外側のラバーグロメット
9　左側のレリーズシャフトブッシュ
10　内側のラバーグロメット
11　Oリング
12　レリーズシャフト
13　スナップリング
14　右側のレリーズシャフトブッシュ
15　ガイドスリーブ
16　インプットシャフトベアリング

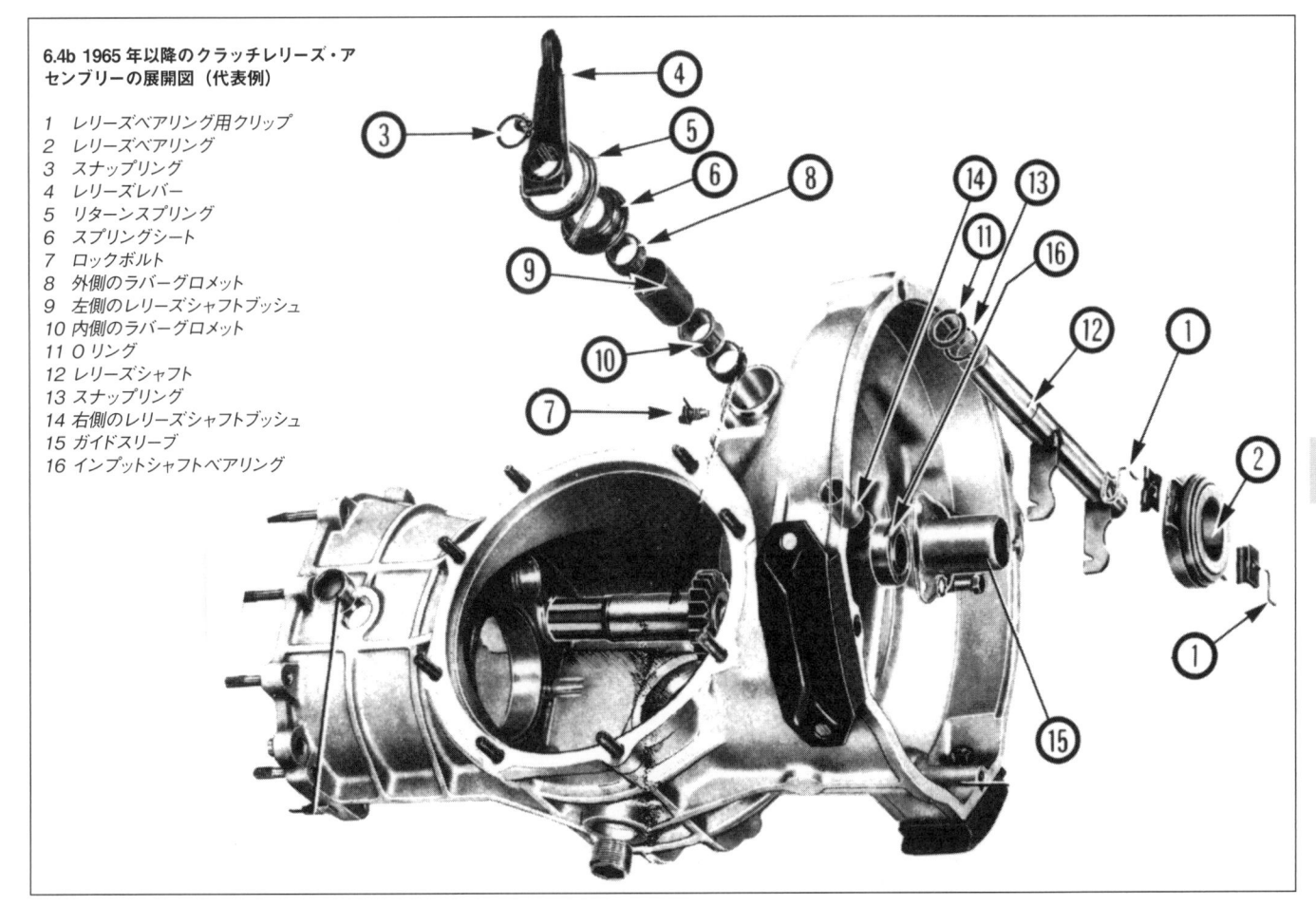

クラッチ／ドライブトレーン

6.5 このロックボルトを取り外して、レリーズシャフトブッシュを外す

6.6 ベルハウジングの内側から、レリーズシャフトを外側にいっぱいまで押し出して、外側のラバーグロメット、ブッシュ、内側のラバーグロメットおよびOリングを取り外す（Oリングが出てこない場合は、シャフトを抜き取った後にシャフトから外すこともできる）

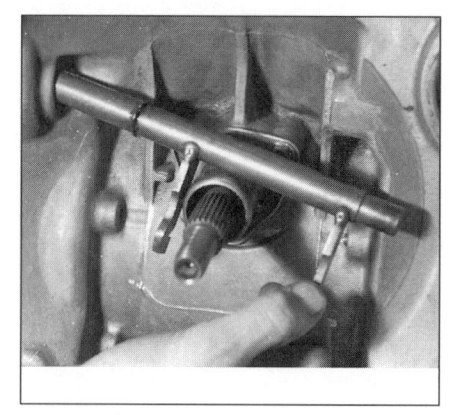

6.7 レリーズシャフトを取り外す場合は、シャフトを内側にずらしながら下ろす（シャフトにはまっているスナップリングは取り外さないこと。このスナップリングは、シャフトが抜けないようにするストッパーである）

点検

8. レリーズベアリングをきれいなウエスで拭く。このベアリングはグリスが封入されたベアリングなので、溶剤に浸して洗ってはならない。封入されたグリスが溶剤により溶け出して、ベアリングがダメになる。ベアリングに損傷、摩耗または亀裂がないか点検する。ベアリングの中心を持って、力をかけながら外周部を回してみる。回転に引っかかりがあったり、異音がする場合は、新品と交換する。

9. 溶剤でレリーズレバー、シャフトおよびブッシュを清掃する。各部品の摩耗および損傷を点検する。右側のブッシュも点検する。摩耗した部品は交換する。左側のブッシュ用のラバーグロメットとOリングは絶対に再使用しないこと。これらの部品は、組み付けた時点で圧縮されるため、いったん取り外した後は再使用できない。必ず交換すること。

10. インプットシャフト用のオイルシールを点検する。オイルシールに漏れがあれば、交換する（第7A章参照）。

取り付け

→写真6.12, 図6.16参照

11. レリーズシャフトにリチウム系グリスを塗布して、内側ラバーグロメットとOリングをシャフトにはめて、ベルハウジングの内側から、ベルハウジングの穴に慎重にシャフトを挿入する。ラバーグロメットとOリングを損傷しないように注意すること。

12. 左側のブッシュにグリスを塗布して、所定の位置にはめる（写真参照）。ブッシュのロックボルト用の穴とトランスミッションケースのボルト穴の位置を合わせること。ボルトを締め込む。ボルトの円筒形の部分がブッシュの穴にはまっていることを確認する。外側のラバーグロメットを取り付ける。

13. スプリングシート、リターンスプリングおよびレリーズレバーを取り付ける。レバーのスナップリングまたは締付ボルトを取り付ける。

14. VW純正のレリーズベアリングを使っている場合は、ベアリングのスラスト面（プレッシャープレートのレリーズリングに押し付けられるベアリング側面のリング）にプラスチックのコーティングが施されている場合がある。中程度の番手の紙ヤスリまたは布ヤスリでこのコーティングを取り除いて、モリブデングリスを薄く塗布する。

15. フォークとベアリング間の接触部にグリスを軽く塗布する。インプットシャフトにベアリングをはめる。

16. 保持クリップを取り付ける（図参照）。各クリップの小さな曲がり部を、フォークにしっかりと引っかけなければならない。

17. 取り外している場合は、クラッチの構成部品を取り付ける（セクション5参照）。

18. エンジンを取り付ける（第2章参照）。

7. リアアクスルに関する全般的な事項

1968年以前のビートルとカルマンギア（1968年のセミオートマチックモデルを除く）には、アクスルシャフトの内側だけがジョイントとして動く「スイングアクスル」が採用されている。このタイプのサスペンションでは、後輪が路面の凹凸に当たると、（車両縦軸方向から見た場合）アクスルはトランスミッションを支点として半円を描くように上下動（＝スイング）する。

スイングアクスル・アセンブリーは、左右のアクスルチューブから構成され、それぞれの外側端部はスプリングプレート（上下に動く一種のトレーリングアーム）で保持されている。アクスルチューブの中を通るアクスルシャフトは、内側の先端が平らで広がった形状（扇形）をしており、その部分がディファレンシャルサイドギアに差し込まれ、ジョイントとして機能する（独立したジョイントは持たない）。アクスルシャフト外側の先端にはベアリングが取り付けられ、トランスミッションからアクスルチューブ内に飛散するオイルによって潤滑される。アクスルチューブの内側端部のラバーブーツは、オイルの漏れを防止している。

1968年のセミオートマチックモデルと1969年以降の全車には、ドライブシャフトの内側と外側の両方にCVジョイントを持つ「ダブルジョイント」が採用されている。ダブルジョイント車の後輪は、若干ネガティブキャンバーとなっており、旋回時および負荷時の走行性能が向上している。

ドライブシャフト・アセンブリーはシャフトと両側のCVジョイントから構成される。内側のCVジョイントは、ディファレンシャルサイドギ

6.12 ブッシュを取り付けるときは、ブッシュのロックボルト用の穴とトランスミッションケースのボルト穴の位置を合わせること

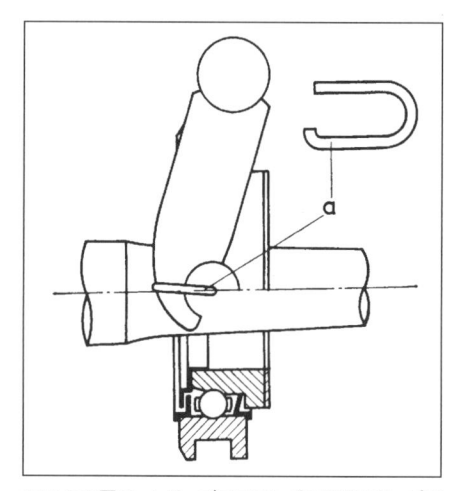

6.16 この図は、レリーズベアリングの保持クリップがレリーズフォークに正しくかかっている様子を示す。「a」は、クリップ先端の小さな曲がり部を示す

アのフランジに取り付けられ、外側のCVジョイントはリアホイールシャフトの内側のフランジにボルトで固定されている。内側と外側のCVジョイントは、両方とも取り外しおよび分解整備が可能である。

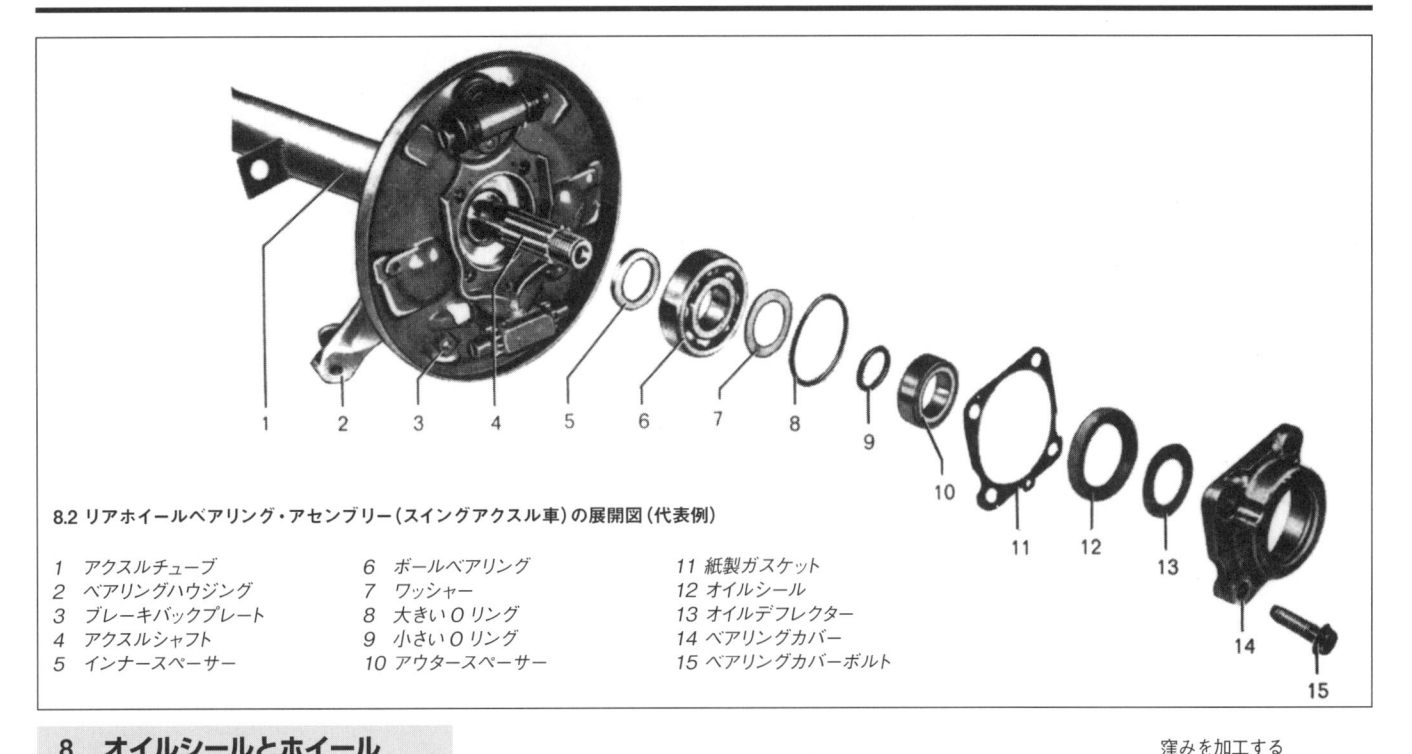

クラッチ／ドライブトレーン

8.2 リアホイールベアリング・アセンブリーの展開図（スイングアクスル車）（代表例）

1 アクスルチューブ
2 ベアリングハウジング
3 ブレーキバックプレート
4 アクスルシャフト
5 インナースペーサー
6 ボールベアリング
7 ワッシャー
8 大きいOリング
9 小さいOリング
10 アウタースペーサー
11 紙製ガスケット
12 オイルシール
13 オイルデフレクター
14 ベアリングカバー
15 ベアリングカバーボルト

8. オイルシールとホイールベアリングの交換

スイングアクスル車

→写真／図 8.2, 8.5, 8.6, 8.7, 8.8a, 8.8b, 8.8c, 8.9, 8.10, 8.12参照

1. ブレーキドラムとブレーキシューを取り外す（第9章参照）。
2. ベアリングカバーボルトを取り外す。カバー、紙製ガスケット、オイルデフレクターとシールを取り外す（写真参照）。
3. スペーサー、2個のシールリングと大きいワッシャーを取り外す。
4. ブレーキラインを外して（第9章参照）、ブレーキのバックプレートを取り外す。
5. VW社は、リアホイールベアリングはプレスを使って取り外すように勧めているが、安価なプーラーを自作することができる。直径10 mm、長さが最低150 mmのボルトを2本用意する。金ノコでボルトの頭を切り落とし、丸ヤスリを使って各ボルトのネジ山の付いていない方の先端に窪みを加工する（図参照）。次に、厚さ5 mm、幅50 mm、長さ約150 mmの金属板を準備する。図示のように、インナーレースとアウターレースの間にボルトの窪み部分を挿入して、反対側（ネジ山側）にプレートを当てて、ボルトが当たるところに印を付ける。印を付けたところに2つのボルト穴をあけて、ワッシャーとナットを取り付ければ、プーラーが出来上がる。図示のようにアウターレースにプーラーを引っ掛けて、ベアリングを取り外す。インナースペーサーを取り外して、保管しておく。

取り付け

6. インナースペーサーを取り付ける（写真参照）。
7. 密閉されている面をトランスミッション側に、開いている面（アウターレースに番号が打刻されている）を外側に向けて、新しいベアリングを取り付ける（写真参照）。真鍮のドリフトを使って、新しいベアリングを所定の位置まで打ち込む。

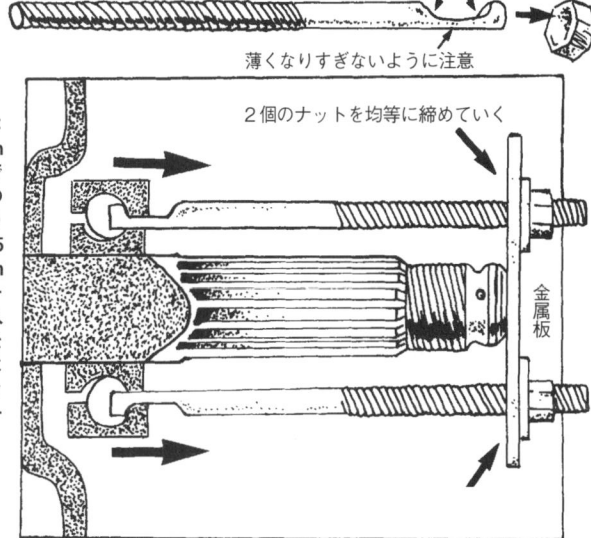

8.5 ベアリングプーラーの自作：直径10mm、長さが最低150 mmのボルトを2本用意し、金ノコでボルトの頭を切り落とし、ネジ山の付いていない方の先端に図のような窪みを加工する。次に、厚さ5 mm、幅50 mm、長さ約150 mmの金属板に穴を2箇所あける。レースの間にボルトの窪み部分を挿入し、アウターレースに窪み部分を引っ掛け、金属板、ワッシャーおよびナットを取り付ける。2個のナットを均等に締め付けて、リアホイールベアリングを引き抜く。

窪みを加工する
頭を切断
薄くなりすぎないように注意
2個のナットを均等に締めていく
金属板

8.6 インナースペーサーを取り付ける

8.7 リアホイールベアリングを取り付ける。

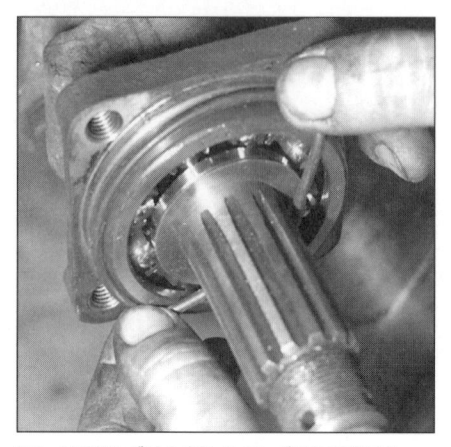

8-10　クラッチ／ドライブトレーン

8.8a ベアリングに大きいOリングを取り付ける

8.8b ワッシャーを取り付ける。

8.8c 小さいOリングを取り付ける

打ち込むときは、インナーレースの周囲を均等に叩きながらアクスルシャフトに挿入していく。ベアリングがアクスルハウジングに達したら、アウターレースも同様に叩いていく。ベアリングがいっぱいの位置にはまるまで、インナーレースとアウターレースを交互に叩く。

8. 大きいOリング、ワッシャーおよび小さいOリングを取り付けてから（**写真参照**）、Oリングにオイルを薄く塗布する。備考：すべての部品を念入りに清掃しておくこと。Oリングは、必ず新品と交換する。汚れや錆がなければ大きなワッシャーは再使用可能である。スペーサーを念入りに点検する。傷、亀裂または錆がないことを確認する。

9. 大きいOリングがベアリングからずり落ちないように注意しながら、ブレーキバックプレート（**写真参照**）を取り付ける。ブレーキラインを接続する（第9章参照）。

10. 新しいシールをベアリングカバーの穴にまっすぐに取り付けて（**写真参照**）、シール取付工具またはハンマーと平らな木片を使って所定の位置に打ち込む。

11. アクスルシャフトにアウタースペーサーをはめる。アウタースペーサーを新しいベアリングに押しつけるか、軽く叩いて密着させる。ベアリングカバーの新しいシールのリップ部を保護するため、スペーサーの外周にはオイルを少

8.9 ブレーキバックプレートを取り付ける

量塗布しておく。また、シールのリップ部にもオイルを塗布しおく。

12. 新しい紙製ガスケットを取り付けて、ベアリングカバーを取り付ける（**写真参照**）。カバーのオイルドレン穴は下側に向けること。ベアリングカバーの各ボルトをこの章の「整備情報」に記載の規定トルクで締め付ける。注意：アクスルシャフトの先端にベアリングカバーをはめる

8.10 木製ブロックの上にベアリングカバーを置いて、打刻番号を上に、シールの開いている方を下に向けて新しいシールを取り付けて、カバーの取付穴にまっすぐにかつ慎重にシールを打ち込む

ときは、シャフトのスプライン部でシールのリップを損傷しないように注意すること。

13. ブレーキシューとドラムを取り付ける（第9章参照）。

14. トランスミッションオイルのレベルを点検

8.12 ベアリングカバーを取り付けるときは、アクスルシャフトのスプライン部でシールのリップ部を損傷する恐れがあるので、注意して作業すること

9.4 ブーツの合わせ面にシール剤を薄く塗布する

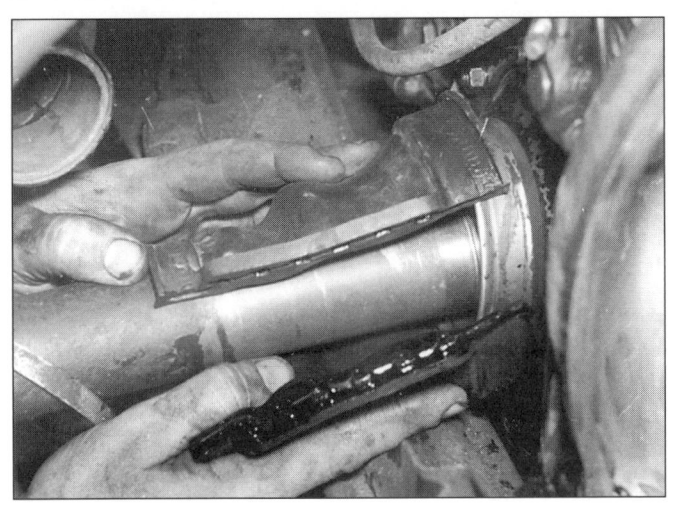

クラッチ／ドライブトレーン　8-11

9.5 新しいブーツを取り付けるときは、シール剤にオイルが付着しないように注意すること

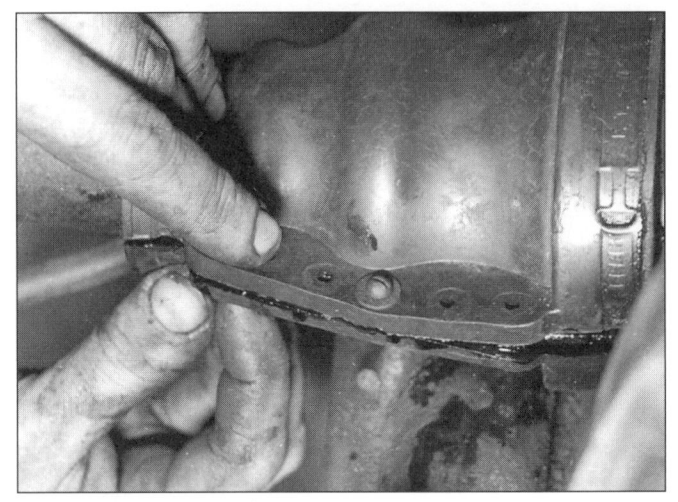

9.6a 継ぎ目に沿って合わせ面を接合してから、スクリュー、ワッシャーとナットを取り付ける。ブーツからオイル漏れが発生する原因となるので、締めすぎないように注意すること

して、必要に応じて補充する（第1章参照）。
15. ブレーキを調整して、エア抜きを行なう（第9章参照）。

ダブルジョイント車

16. ダイアゴナルアームを取り外して（第10章参照）、専門業者に持っていく。ダイアゴナルアームに組み込まれているベアリング、ブッシュおよびスペーサーを交換するためには、油圧プレスと各種の特殊なアダプターが必要である。
17. ベアリングを取り付けた後に、ダイアゴナルアームを取り付ける（第10章参照）。

9. リアアクスルブーツ（スイングアクスル車）の交換

→写真 9.4、9.5、9.6a、9.6b 参照
1. 車体後部を持ち上げて、リジッドラックで確実に支える。
2. 古いブーツの両端からクランプを取り外して、ブーツを切断する（継ぎ目を合わせているスクリューは取り外さなくて良い）。
3. アクスルチューブとアクスルチューブリテーナーを拭き取る。
4. 新しいブーツの合わせ面にシール剤を薄くかつ均等に塗布する（写真参照）。
5. 新しいブーツを所定の位置に慎重に取り付ける（写真参照）。ブーツの合わせ面にオイルが付かないように注意する。
6. アクスルチューブが水平でブーツが曲がっていないことを確認してから、合わせ面を密着させて、スクリュー、ワッシャーとナットを取り付ける（写真参照）。ブーツの継ぎ目は、車両の前または後ろ方向を向いていること（縦方向になっていないこと）。ブーツの両端にクランプを取り付ける（写真参照）。注意：固定具を締め付けすぎると、ブーツが変形して、漏れの原因となるので注意する。
7. リジッドラックを取り外して、慎重に車を下ろす。

10. スイングアクスルの脱着、点検

取り外し

→写真 10.6a、10.6b、10.8 参照
備考：アクスルチューブとアクスルシャフトの脱着は、トランスミッションを取り外さなくても不可能ではないが、VW社は以下に列記する理由からそれを勧めていない。まず、アクスルシャフト内側のジョイントとして機能する部分のすき間を測定するには、アクスルシャフトをスイングさせる必要があるが、これはトランスミッションを車に取り付けたままでは難しい。また、車の下側から新しいガスケットまたはシムを、傷付けずに取り付けることも困難である。さらに、ディファレンシャルにホコリや異物が入らないように作業することは、ほとんど不可能に近い。

1. エンジンを取り外す（第2章参照）。
2. ブレーキドラムとブレーキシューを取り外す（第9章参照）。
3. ベアリングカバー、ブレーキバックプレートとホイールベアリングを取り外す（セクション8参照）。
4. トランスミッションオイルを抜き取る（第1章参照）。
5. トランスミッションを取り外す（第7A章参照）。
6. アクスルチューブリテーナーのナットを取り外して（写真参照）、アクスルシャフトからアクスルチューブ、ブーツおよびリテーナーを取り

9.6b クランプを所定の位置に取り付けて、確実に締め付ける

10.6a アクスルチューブリテーナーの6個のナットを取り外す

8-12　クラッチ／ドライブトレーン

10.6b　スイングアクスル・アセンブリーの展開図（代表例）

1. 作動ロッドガイド
2. アクスルチューブとリテーナー
3. 小さいクランプ
4. ブーツ
5. 大きいクランプ
6. ナット
7. スプリングワッシャー
8. Oリング
9. アクスルシャフト
10. 支点プレート
11. パッキン（初期モデルの場合）
12. ガスケット（初期モデルでは紙製ガスケット、後期モデルでは硬い紙製のシム）
13. ロックリング（スナップリング）
14. スラストワッシャー
15. ディファレンシャルサイドギア
16. トランスミッションハウジング

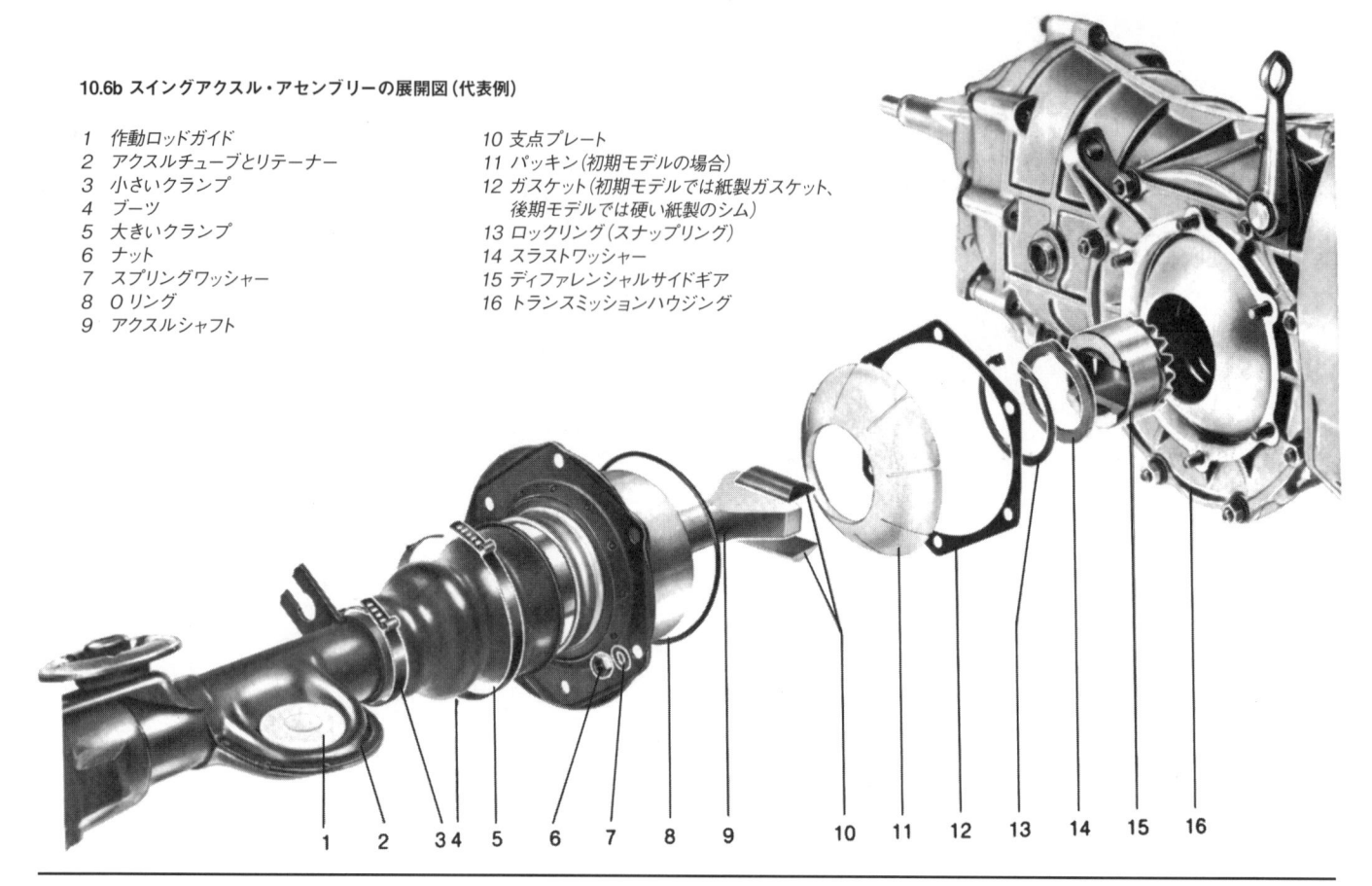

外す（**写真参照**）。

7. 1961～1967年モデルの場合は、プラスチック製パッキンと紙製ガスケットを取り外す。後期モデルの場合は、硬い紙製のシムとOリングを取り外す。シムの枚数を数えて、記録しておく。

8. スナッピングプライヤーを使って、アクスルシャフトとサイドギアをディファレンシャルに固定している大きなロックリングを取り外す（**写真参照**）。

9. ディファレンシャルサイドギアのスラストワッシャーを取り外して、アクスルシャフトを引き抜く。

10. ディファレンシャルハウジングからディファレンシャルサイドギアと支点プレートを取り外す。

11. シャフトの外側で、アクスルシャフトベアリング用ハウジングからロックピンを打ち抜く。

12. アクスルブーツクランプを緩める。

13. 必要に応じて、アクスルチューブを自動車専門の機械加工業者に持っていってベアリングハウジングを取り外してもらう。

点検

→写真 10.17, 10.18a, 10.18b, 10.20a, 10.20b 参照

14. 溶剤を使って、アクスルシャフトのすべての部品と、ファイナルドライブカバーのアクスルチューブリテーナーとの接合面を清掃する。

15. アクスルブーツに損傷がないか点検して、必要に応じて交換する。

16. アクスルシャフト、ディファレンシャルサイドギア、スラストワッシャーおよびロックリングの損傷または摩耗を点検する。損傷している部品は交換する。

17. ジョイントとして機能するアクスルシャフトの内側端部と、ディファレンシャルサイドギアの間のすき間が不良の場合、異音やカジリの原因となる。まず、アクスルシャフトの内側端部の丸い部分とディファレンシャルサイドギアの間のすき間を測定する（**写真参照**）。この章の「整備情報」に記載の測定値と比較する。すき間が規定値を外れる場合は、アクスルシャフトとディファレンシャルサイドギアをセットで交換しなければならない。アクスルシャフトとサイドギアは製造時の公差によって、それぞれ3種類用意されており、それぞれ色（黄色、青、ピンク）で識別されている。識別色は、ギアでは窪み部分に、アクスルシャフトでは先端から約15cmのところにそれぞれ見つけることができる。アクスルシャフトとギアは必ず同じ識別色のものを使うこと。

18. シャフト先端の平らな部分と支点プレートの間のすき間を測定する（**写真参照**）。測定値を、この章の冒頭の「整備情報」に記載の規定値と比較する。すき間が過大な場合は、支点プレートを交換する。新品の支点プレートは、標準サイズとオーバーサイズが用意されている。

10.8 スナッピングプライヤーをファイナルドライブカバーから挿入して、アクスルシャフトとサイドギアをディファレンシャルに固定している大きなロックリング（スナッピング）を取り外す

10.17 シックネスゲージを使って、アクスルシャフトの内側端部の丸い部分とディファレンシャルサイドギアの間のすき間を測定する

クラッチ／ドライブトレーン

8-13

10.18a アクスルシャフト先端の平らな部分とディファレンシャルサイドギア間に支点プレートを取り付けて・・・

10.18b ・・・シックネスゲージを使って、アクスルシャフトと支点プレートの間のすき間を測定する

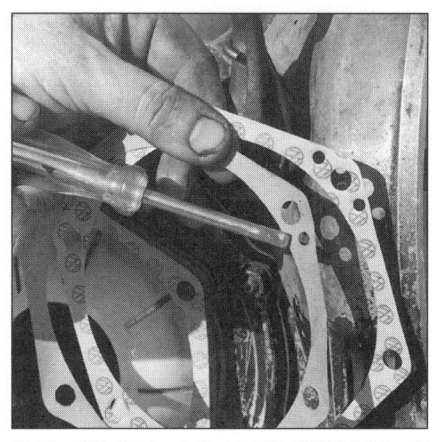

10.20a 紙製ガスケットは、穴の数で識別できる。穴が1つの場合は、厚さが0.1 mmで、2つの場合は、0.2 mmである

19. アクスルシャフトを自動車専門の機械加工業者に持っていって、振れを点検してもらう。振れが大きい場合は、交換する。

20. ラッパ状に広がったアクスルチューブ内側の先端部は、ドーム状のファイナルドライブカバーの面に沿って上下に動く。初期モデルの場合は、それらの間に一種のベアリングの役目をするプラスチックパッキンが設けられていたが、後期モデルでは廃止されている。いずれの場合でも、アクスルチューブとファイナルドライブカバーの間のすき間は 0.2 mm の範囲内になければならない。ここのすき間は、アクスルブーツリテーナーとファイナルドライブカバーの間の紙製ガスケットまたは硬い紙製シムの枚数と厚さによって決まる。すき間があまりに小さいと、スイングアクスルが滑らかに上下に動くことができないし、逆に大きすぎれば、アクスルシャフトの軸方向の遊びが大きくなる。従って、取り付けるときに何枚のガスケットまたはシムを挟むかは非常に重要となる。（専門的な設備を持たない）サンデーメカニックが自宅でアクスルシャフトの軸方向の遊びを正確に測定することは不可能である。最も良い方法は、取り外したときと正確に同じ枚数で同じ厚さの紙製ガスケットまたは硬い紙製のシムを取り付けてから、スイングアクスルをあらゆる角度に動かしてみて、若干抵抗を感じるが、ガタつき、カジリまたは引っかかりがないことを確認する。スイングアクスルの動きが固すぎる場合は、ガスケットを厚いものに替えるか、枚数を増やす。スムーズに動き過ぎる場合は、ガスケットの枚数を減らすか、薄いものと替える。ガスケットの厚さは、ガスケットの穴の数で表示されている：穴が1つの場合は、0.1 mmであり、2つの場合は、0.2 mmである（**写真参照**）。数枚重ね合わせたガスケットまたはシムの厚さを測定する場合は、ノギスまたはマイクロメーターを使う（**写真参照**）。

取り付け

→ 写真 10.22a, 10.22b, 10.22c, 10.23, 10.24, 10.25a, 10.25b 参照

21. すべての接触面を清掃して、きれいなオイルを塗布してから、自動車専門の機械加工業者でベアリングハウジングをアクスルチューブに圧入してもらう。

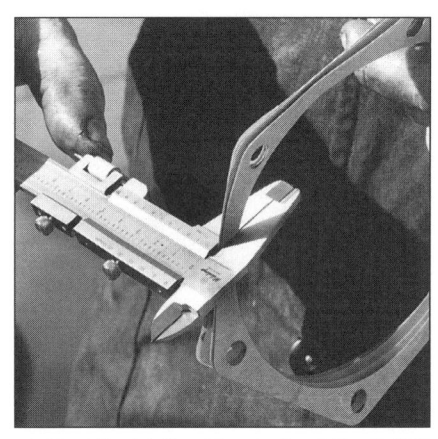

10.20b ノギスまたはマイクロメーターを使って、取り外した紙製ガスケットまたは硬い紙製シムの厚さの合計を測定して、新しいガスケット／シムを使って同じ厚さになるように数枚組み合わせる

10.22a ファイナルドライブカバーからディファレンシャルサイドギアとアクスルシャフトを挿入して、サイドギアがディファレンシャルのプラネタリーギアにかみ合うまで押し付けて・・・

10.22b ・・・スラストワッシャーをサイドギアの外周に当てて・・・

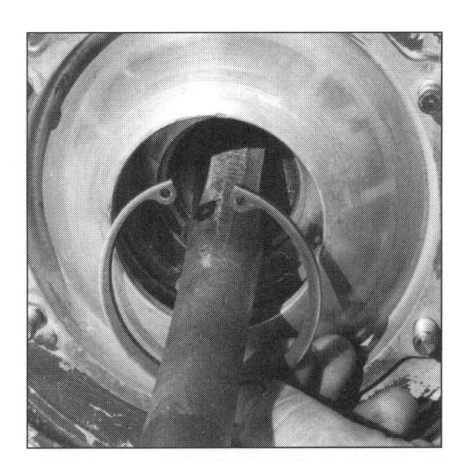

10.22c ・・・ロックリング（スナップリング）を取り付けて、ディファレンシャルのアクスル取り付けボアの溝に確実にはめる

10.23 プラスチックパッキンを取り付ける（初期モデル）

10.24 紙製ガスケットまたは硬い紙製シムを取り付ける

10.25a アクスルシャフトにアクスルチューブ、ブーツおよびリテーナーをはめる

22. ディファレンシャルハウジングにディファレンシャルサイドギア、アクスルシャフトとスラストワッシャーを取り付けて、ロックリングで固定する**(写真参照)**。
23. 初期モデルの場合は、プラスチックパッキンを取り付ける**(写真参照)**。
24. 紙製ガスケットまたは硬い紙製シムを取り付ける**(写真参照)**。
25. アクスルシャフトにアクスルチューブ、ブーツおよびリテーナーをはめる**(写真参照)**。リテーナーのナットおよびワッシャーを取り付けて、この章の「整備情報」の項に記載されている締付トルクに従ってナットを締め付ける。ブーツの外側先端用のクランプを取り付ける。ただし、トランスミッション/スイングアクスル・アセンブリを取り付けるまでは締め付けないこと。

備考: 左右のアクスルチューブには互換性がない。両方のアクスルチューブを取り外した場合は、再取付時に各ベアリングハウジングの切り欠きが上を向いて、ショックアブソーバーの取付用ボス部が前側の下方を向くようにアクスルチューブを取り付ける**(写真参照)**。

26. トランスミッション/スイングアクスル・アセンブリを取り付ける（第7A章参照）。
27. ホイールベアリング、ブレーキバックプレートとベアリングカバーを取り付ける（セクション8参照）。
28. トランスミッションオイルを注入する（第1章参照）。
29. ブレーキドラムとブレーキシューを取り付ける（第9章参照）。
30. ブレーキ系統のエア抜きをして、調整する（第9章参照）。
31. エンジンを取り付ける（第2章参照）。

備考: エンジンを取り付ける前に、必ずフライホイールのグランドナットのニードルベアリング（第2章参照）、クラッチの構成部品（セクション5参照）とレリーズベアリング（セクション6参照）を点検すること。

11. ドライブシャフトの脱着（ダブルジョイント車）

→写真11.3参照

1. 車体後部を持ち上げて、リジッドラックで確実に支える。
2. 後輪を取り外す。（これは必ずしも必要ではないが、後輪を外しておく方が外側のCVジョイントの取付ボルトが楽に脱着できる）。
3. 内側と外側のCVジョイントからCVジョイントの取付ボルトを取り外す。リアホイールシャフトのフランジから外側のCVジョイントを、ファイナルドライブのフランジから内側のCVジョイントをそれぞれ外す**(写真参照)**。ドライブシャフトをしっかりと持って、両方のCVジョイントを支えながら、車からドライブシャフト・アセンブリを下ろす。CVジョイントのボルトが、ファイナルドライブのフランジ側のものか、リアホイールシャフトのフランジ側のものなのか区別しておくこと。**注意**: 初期モデルではヘキサゴン（六角穴）ボルトが、後期モデルではトルクスボルトが使われている。トルクス用ビットでヘキサゴンボルトを緩めたり、逆に六角レンチでトルクスボルトを緩めようとしないこと。
4. CVジョイントの各ダストブーツに亀裂または破れがないか点検する。ブーツの状態が良ければ、CVジョイントはきれいでグリスも適切に充填されていると判断して良い。しかし、いずれかのブーツに亀裂、破れまたは漏れがあれば、ブーツを取り外して、CVジョイントを清掃してから、グリスを充填して、新しいブーツを取り付ける。必要に応じて、CVジョイントを交換する（セクション12参照）。
5. 取り付けは取り外しの逆手順で行なう。CVジョイントをフランジに固定する各ボルトをこの章の「整備情報」に記載の規定トルクで締め付ける。**備考**: CVジョイントをフランジに固定するボルトのネジ山部は、すべて共通なので、

10.25b ベアリングハウジングの切り欠きが上を向いて、ショックアブソーバーの取付用ボス部が下方を向くようにアクスルチューブを取り付ける

11.3 ドライブシャフトを取り外す場合は、リアホイールシャフトのフランジから外側のCVジョイントを、ファイナルドライブのフランジから内側のCVジョイントをそれぞれ外すだけである（図は外側のCVジョイントを示す）

クラッチ／ドライブトレーン　　8-15

12.4 外周部をポンチとハンマーで少しずつ叩いて、CVジョイントハウジングからブーツのカラーを外す

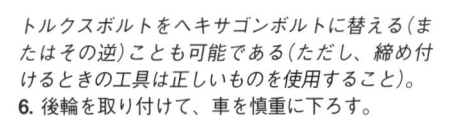

12.5 分解前に、CVジョイントの各部品の位置関係を示す合いマークを付けておく

12.6 スナップリングプライヤーを使ってスナップリングを広げて、取付溝から外す

トルクスボルトをヘキサゴンボルトに替える（またはその逆）ことも可能である（ただし、締め付けるときの工具は正しいものを使用すること）。
6. 後輪を取り付けて、車を慎重に下ろす。

12. CVジョイントのオーバーホールとブーツの交換

→ 写真 12.4, 12.5, 12.6, 12.7, 12.8a, 12.8b, 12.9, 12.14, 12.17, 12.18, 12.19 参照
備考：以下の手順は、左右のドライブシャフトの内側および外側のCVジョイントすべてに共通する作業手順である。
1. 車体後部を持ち上げて、リジッドラックで確実に支える。
2. ドライブシャフトを取り外す（セクション11参照）。
3. きれいな作業台の上にドライブシャフトを置く。
4. 外周部をポンチとハンマーで少しずつ叩いて、ジョイントハウジングからブーツのカラーを外す（写真参照）。
5. 取り付け時に同じ位置に合わせることができるように、ペイントまたはケガキ棒で合いマークを付けておく（写真参照）。
6. ドライブシャフトの先端からスナップリングを取り外す（写真参照）。
7. 親指でジョイントからドライブシャフトを押し出す（写真参照）。
8. ブーツを取り外す場合は、ブーツの取り付け方向をメモして、プライヤーでドライブシャフトから凹形ワッシャーを取り外してから、ドライブシャフトの先端からブーツを抜き取る（写真参照）。
9. アウターレースの溝にボールベアリングの位置を合わせて、アウターレースからインナーレースを外す（写真参照）。
10. インナーレースからボールを取り外す。

12.7 CVジョイントをしっかりと持って、親指でドライブシャフトを押し出す

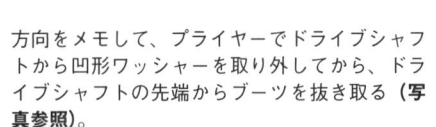

12.8a プライヤーを使って、シャフトから凹形ワッシャーを取り外す

11. 溶剤で各部品を洗って、完全に乾燥させる。
12. ボール、スプラインおよびレースに損傷、腐食、摩耗または亀裂がないか点検する。
13. 使用に耐えない部品があれば、CVジョイントをアセンブリーで交換しなければならない。
14. ベアリングのボールをインナーレースの所定位置にカチッとはまるまで押し込む（写真参照）。

12.8b ブーツを抜き取る

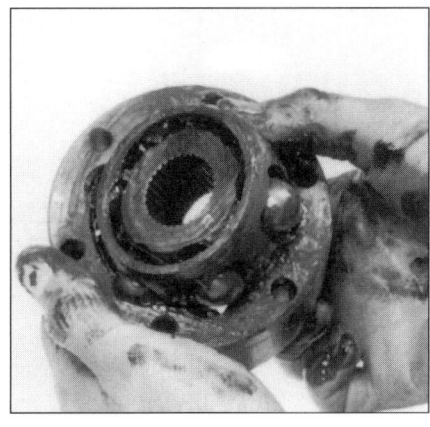

12.9 アウターレースからインナーレースを傾けて取り外す

12.14 ベアリングボールをインナーレースの所定位置にカチッとはまるまで押し込む

12.17 ハンマーと適当なディープソケットを使って、スプラインの底部まで凹形ワッシャーを打ち込む

12.18 指でブーツ内にグリスを詰める

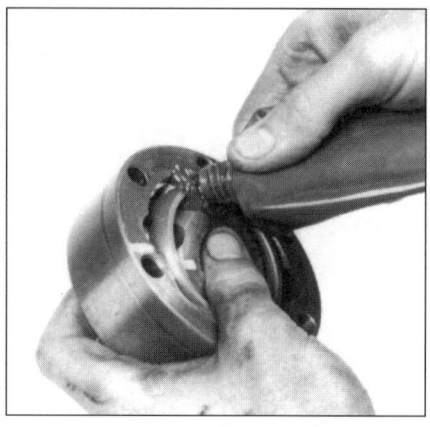

12.19 ローラーとベアリングレースにグリスを充填する

15. インナーレースとアウターレースを組み立てる。
16. スプライン部で傷を付けないように慎重に作業して、ドライブシャフトにブーツを取り付ける。
17. シャフトのスプライン部に凹形ワッシャーをはめて、適当なディープソケットを使って所定の位置まで打ち込む（**写真参照**）。
18. ブーツに少量のCVジョイント用グリスを充填する（**写真参照**）。
19. ベアリング・アセンブリーにCVジョイント用グリスを充填する（**写真参照**）。
20. スプライン部に少量のグリスを塗布して、取り外し時に付けた合いマークに従って、CVジョイントをドライブシャフトの所定の位置まではめる。
21. スナップリングでジョイントを固定して、ジョイントにブーツカラーを軽く叩きながらはめる。クランプを取り付けて、しっかりと締める。
22. ドライブシャフトを取り付ける（セクション11参照）。
23. 車を下ろす。

第9章
ブレーキ系統

目次

1. 概説 9-1
2. ドラムブレーキシューの交換、調整 9-3
3. ホイールシリンダーの脱着、オーバーホール 9-7
4. ディスクブレーキパッドの交換 9-7
5. ディスクブレーキキャリパーの脱着、オーバーホール 9-10
6. ブレーキディスクの点検、脱着 9-12
7. マスターシリンダーの脱着、オーバーホール 9-13
8. ブレーキホースとラインの点検、交換 9-15
9. ブレーキ系統のエア抜き 9-16
10. ブレーキペダルの脱着 9-16
11. ハンドブレーキレバーの脱着 9-17
12. ハンドブレーキケーブルの交換、調整 9-17
13. ブレーキランプスイッチ、ブレーキ警告灯スイッチの点検、交換 9-18

整備情報

ブレーキフルード	第1章を参照
ドラムブレーキ	
ブレーキシューライニング厚さの最低限度値	第1章を参照
ディスクブレーキ	
ディスクの厚さの最低限度値 *	8.0 mm
ディスクの振れ（最大値）	0.2 mm

* ディスクに打刻されているマークを確認すること（ディスクに打刻されているマークと本書の記載内容が異なる場合は、ディスクのマークに従う

締付トルク	kg-m
ドラムブレーキ	
ブレーキバックプレートとステアリングナックル間のボルト	5.0
ホイールシリンダーとバックプレート間	2.5
リアアクスルナット	
スイングアクスル車	30.0
ダブルジョイント車	35.0
ディスクブレーキ	
キャリパーハウジング結合用ヘキサゴン（六角穴）ボルト（ATE製）	2.0～2.5
キャリパー取付ボルト	4.0

1. 概説

本書が対象とする車両のブレーキ系統は、前後とも油圧式である。初期モデルは前後ともドラムブレーキ、後期モデルの一部は、フロントがディスクブレーキで、リアがドラムブレーキである。

油圧系統

→図 1.2a, 1.2b 参照

1966年以前のモデルの油圧系統は、1系統のみ（シングルサーキット）で、1つの油圧回路で前後両方のブレーキを作動させている（図参照）。それに対して、1967年以降のモデルの場合は、2系統（デュアルサーキット）となっている（図参照）。油圧回路が2系統の場合は、一方がフロントブレーキ用で、もう一方がリアブレーキ用である。マスターシリンダーは、2つの油圧系統にそれぞれ独立したリザーバータンクを持ち、万が一、片方の油圧系統に漏れや不具合が生じた場合でも、もう片方の油圧系統は機能し続ける。

ブレーキペダルを踏み込むと、マスターシリンダーのピストンが押されて、ブレーキ系統内部の容積が減少することにより、ブレーキ液圧（油圧）が上昇する。ブレーキフルードは、圧力がかかっても体積は変化しない。したがって、ブレー

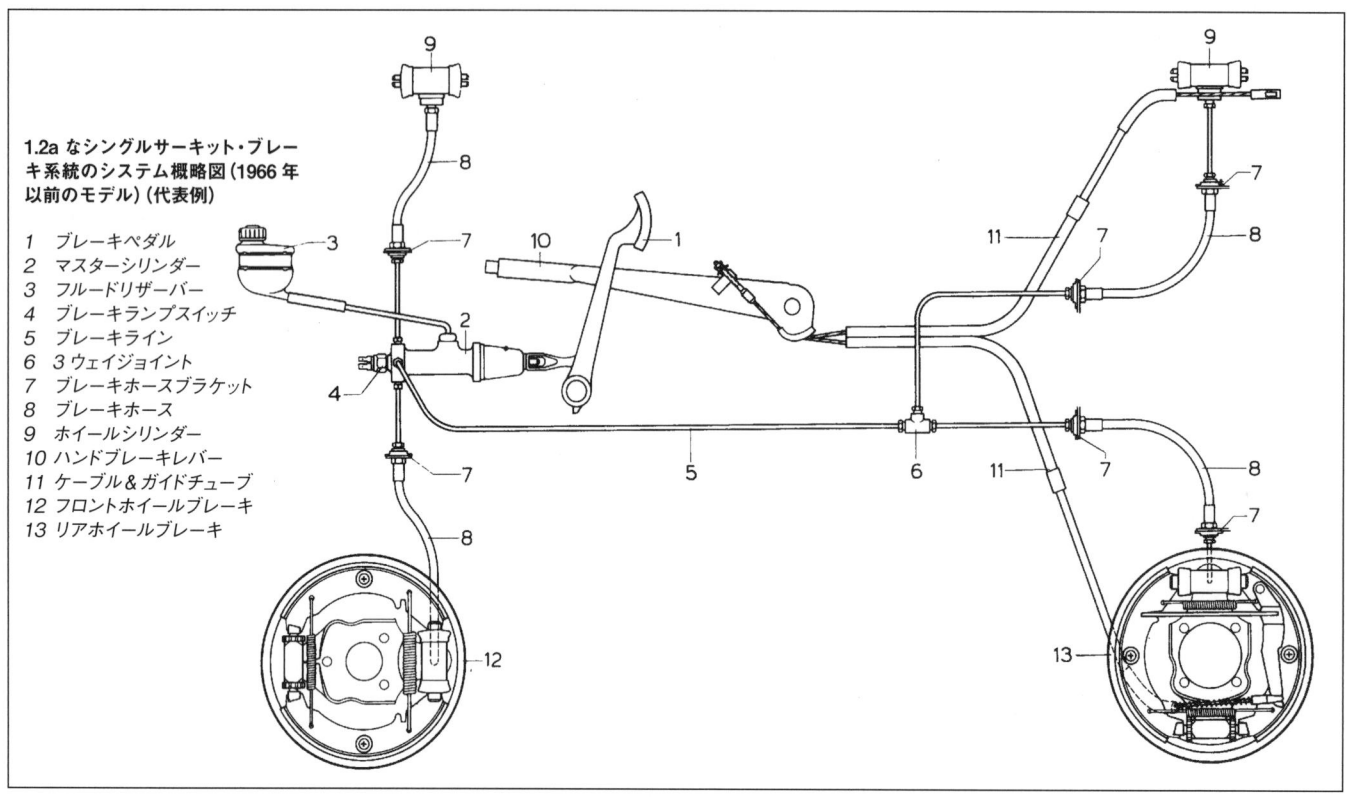

9-2　ブレーキ系統

1.2a　なシングルサーキット・ブレーキ系統のシステム概略図（1966年以前のモデル）（代表例）

1　ブレーキペダル
2　マスターシリンダー
3　フルードリザーバー
4　ブレーキランプスイッチ
5　ブレーキライン
6　3ウェイジョイント
7　ブレーキホースブラケット
8　ブレーキホース
9　ホイールシリンダー
10　ハンドブレーキレバー
11　ケーブル＆ガイドチューブ
12　フロントホイールブレーキ
13　リアホイールブレーキ

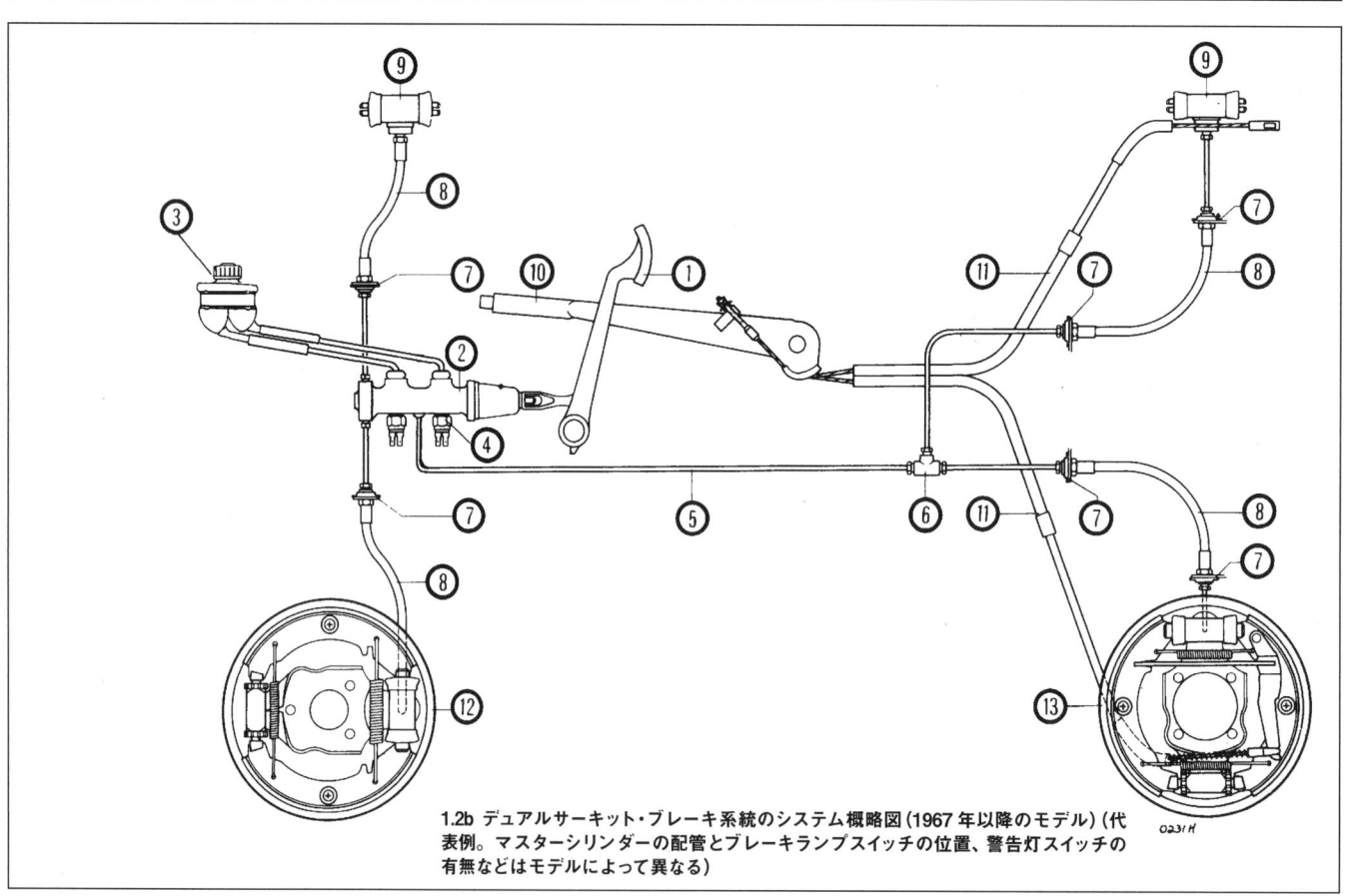

1.2b　デュアルサーキット・ブレーキ系統のシステム概略図（1967年以降のモデル）（代表例。マスターシリンダーの配管とブレーキランプスイッチの位置、警告灯スイッチの有無などはモデルによって異なる）

1　ブレーキペダル	5　ブレーキライン	9　ホイールシリンダー	13　リアホイールブレーキ
2　マスターシリンダー	6　3ウェイジョイント	10　ハンドブレーキレバー	
3　フルードリザーバー	7　ブレーキホースブラケット	11　ケーブル＆ガイドチューブ	
4　ブレーキランプスイッチ	8　ブレーキホース	12　フロントホイールブレーキ	

ブレーキ系統　9-3

キペダルにかかった踏力はホイールシリンダー内のピストン（ドラムブレーキの場合）またはキャリパー内のピストン（ディスクブレーキの場合）に伝わる。ドラムブレーキの場合は、ホイールシリンダーの中のピストンが外側に動くと（広がると）、ブレーキシューがブレーキドラムの内側に押し付けられる。ディスクブレーキの場合は、ブレーキキャリパー内のピストンがキャリパーから動くと、ピストンがパッドをブレーキディスクに押し付ける。

ブレーキランプと警告灯

油圧系統が1つの場合、マスターシリンダー内のブレーキ液圧が上昇すると、マスターシリンダーの前端部に取り付けられているブレーキランプスイッチがブレーキランプを点灯させる。それに対して、油圧系統が2つの場合は、マスターシリンダーに2つのスイッチが設けられ、万が一、片方の油圧系統が故障した場合でも、ブレーキランプが点灯するようになっている。

さらに後期モデルでは、油圧系統に異常が発生すると、インストルメントパネル上の赤い警告灯が点灯する。当初この警告灯は、独立した警告灯スイッチが設けられマスターシリンダーの補助チャンバー内の2個の小さなピストンの動きで、油圧の異常を検知していた。その後のモデルでは、この補助チャンバーとスイッチは廃止され、ブレーキランプスイッチと警告灯スイッチが一体型となった。

ハンドブレーキ

ハンドブレーキ系統は、前部座席の間のレバー、各リアブレーキシューの作動レバーおよびハンドブレーキレバーをリアブレーキシューの作動レバーに接続している2本のケーブルから構成される。ハンドブレーキレバーを引き上げると、レバーに接続された2本のケーブルが引っ張られる。これにより、リアブレーキの後ろ側のシューに接続されている作動レバーが引っ張られる。作動レバーの下端が前に引っ張られると、連結リンクが動いて、前側のシューがドラムに押し付けられる。

カチッというラチェットの作動音が4～5回聞こえるまでハンドブレーキレバーを引き上げているのに、ハンドブレーキが利かなくなった場合は、ブレーキシューが摩耗しているので、ハンドブレーキを調整する。ハンドブレーキレバーに取り付けられている補正レバーは、左右のケーブルの長さが若干違う場合にその補正を行なうためのものであるが、ハンドブレーキレバーを引いたときにこのレバーが水平になるようにケーブルを調整することは非常に重要である。リアブレーキシューを正しく調整して、ハンドブレーキケーブルを調整したにもかかわらず、補正レバーが水平にならない場合は、どちらかのケーブルが伸びていると考えられる。そのまま放置しておくと、最後にはケーブルが切れてしまう。

ブレーキ系統の整備（分解を含む）を行なった後は、通常走行に戻る前に必ずロードテストを行なって、適切な制動力が得られるかどうか確認すること。ブレーキのテストは乾いた平坦路で行なうこと。これら以外の状況では、正しい試験結果が得られない恐れがある。車速をさまざまに変えて、ブレーキペダルを強くおよび軽く交互に踏んでブレーキをテストする。停止するときは、片効きすることなくまっすぐに止まらなければならない。ブレーキをロックさせると、タイヤがすべって、制動距離が長くなるだけでなく車の制御ができなくなるので絶対に避けること。

タイヤ、積載量（または乗員数）およびフロントホイールアライメントは、いずれも制動力に影響を与える。

2. ドラムブレーキシューの交換、調整

警告：ブレーキから発生するホコリには、人体に有害なアスベストが含まれている場合がある。決して、圧縮空気を使ってホコリを取り除いたり、誤って吸い込んではならない。ブレーキ系統の整備を行なう場合は、防塵マスクを着用すること。ブレーキ部品の清掃には、決して石油系の溶剤は使用しないこと。必ず、ブレーキクリーナーまたは工業用アルコールを使うこと。ドラムブレーキシューは、常に（前後を）セットで交換する。また、決して片輪だけの交換はしないこと。ブレーキ・アセンブリーの整備は、左右輪の部品が混同しないようにするため、必ず1輪ずつ作業すること。

注意：ブレーキシューを交換するときは、リターンスプリングとホールドダウンスプリングも一緒に交換するとよい。これらのスプリングは冷却と加熱が繰り返されると、やがてスプリングの張りがなくなり、シューがドラムに引きずられるようになり、通常よりも早く摩耗する場合がある。

交換

→写真 2.2a, 2.2b, 2.3a～2.3u 参照

1. ホイールボルトを緩めて、車の前部または後部を持ち上げて、リジッドラックで確実に支える。接地している車輪には輪止めをする。前輪を取り外す場合は、ハンドブレーキをかけて後輪が動かないようにしておく。左右の車輪を取り外す。

2. 左前輪の場合は、スピードメーターケーブルを左側のダストキャップに固定しているキャップを取り外す（写真参照）。すべての車輪について、ホイールベアリングを保護しているダストキャップをこじって外す。

3. ブレーキシューの交換手順については、添付の写真（フロントブレーキについては2.3a～2.3j、リアブレーキについては2.3k～2.3u）を参照する。番号に従って各写真を参照して、それぞれの説明を読む。

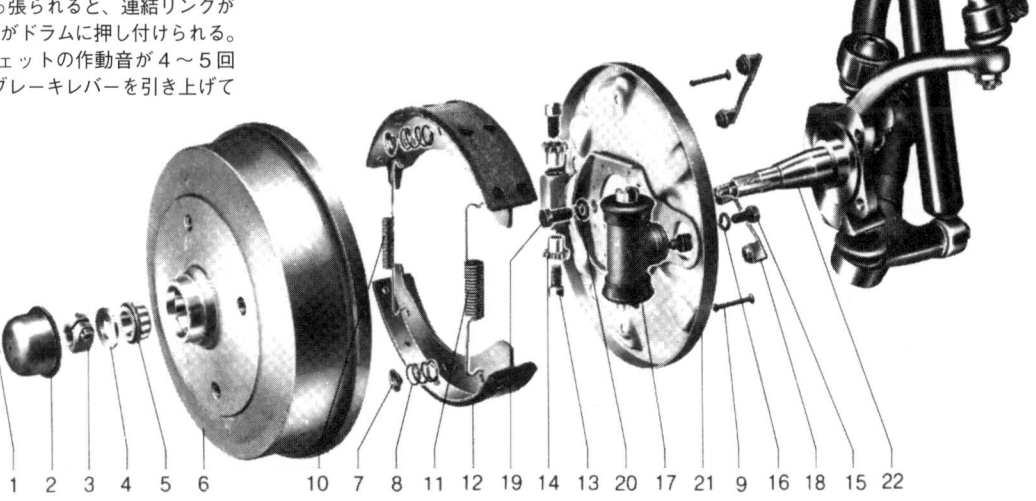

2.2a トーションバーモデルのフロントドラムブレーキ・アセンブリーの展開図（代表例）

1. スピードメーターケーブル用Cクリップ（左側のみ）
2. ダストキャップ
3. クランプナット
4. スラストワッシャー
5. ホイールベアリング
6. ブレーキドラム
7. ホールドダウンカップ
8. シューホールドダウンスプリング
9. ホールドダウンピン
10. リターンスプリング
11. リターンスプリング
12. ブレーキシュー
13. アジャスタースクリュー
14. アジャスターナット
15. ホイールシリンダー取付ボルト
16. ロックワッシャー
17. ホイールシリンダー
18. シールプラグ
19. ボルト
20. ロックワッシャー
21. バックプレート
22. スピンドル／ステアリングナックル・アセンブリー

ブレーキ系統

2.2b スーパービートルのフロントドラムブレーキ・アセンブリーの展開図（代表例）

1 スピードメーターケーブル用 E クリップ（左側のみ）
2 ダストキャップ
3 クランプナット
4 スラストワッシャー
5 アウターホイールベアリング
6 ブレーキドラム
7 ホールドダウンカップ
8 シューホールドダウンスプリング
9 シューホールドダウンスプリング
10 ブレーキシュー
11 ブレーキシュー
12 アジャスタースクリュー
13 アジャスターナット
14 バックプレートボルト
15 ロックワッシャー
16 バックプレート
17 ラバープラグ
18 スピンドル／ステアリングナックル・アセンブリー
19 ホイールシリンダー
20 ロックワッシャー
21 ホイールシリンダー取付ボルト
22 シューホールドダウンピン

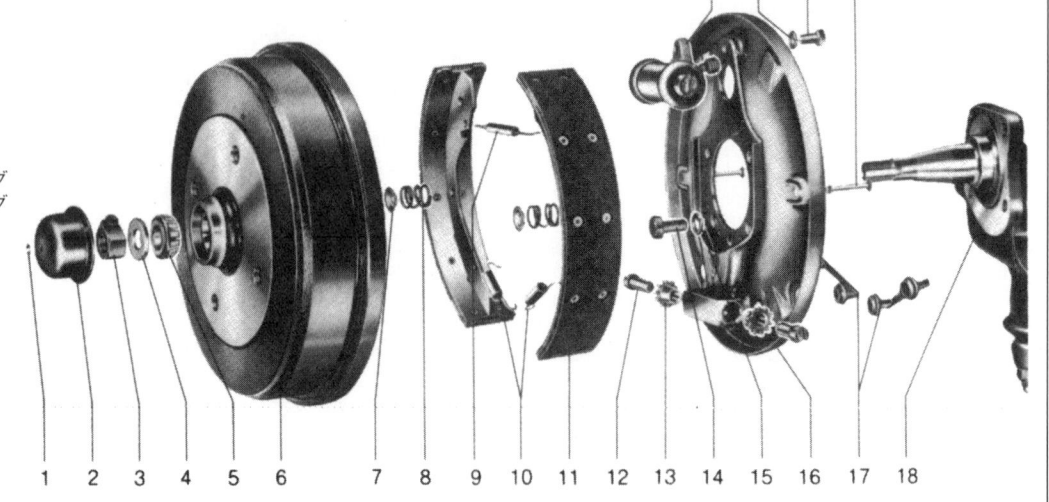

2.3a フロントブレーキ：ブレーキシューがドラムに接触してドラムが外れない場合は、ドラムの調整穴からスクリュードライバーを差し込んで、シューが離れるまでアジャスターのナットを回してから...

2.3b ...ドラムを取り外す

2.3c トーションバーモデルのフロントブレーキシュー・アセンブリー（代表例）

2.3d スーパービートルのフロントブレーキシュー・アセンブリー（代表例）

2.3e プライヤーで後ろ側の小さい方のリターンスプリングを取り外す（スプリングは外れるときに飛んでくる恐れがあるので、保護メガネを着用すること）（リターンスプリングの脱着専用工具も市販されているので、それを使っても良い）

2.3f ホールドダウンカップとスプリングを取り外す。ホールドダウンカップを押さえ付けて、90度回転させて、カップの穴とピンの位置を合わせると外れる。写真のような特殊工具もあるが、ロッキングプライヤー（バイスグリップ）あるいは普通のプライヤーでも作業できる

ブレーキ系統

9-5

2.3g 下側のシューの後端をアジャスターの溝から引っ張って...

2.3h ...ホイールシリンダーの溝から前端を引っ張って、フロントリターンスプリングと上側のシューを取り外す

2.3i ホイールシリンダーからフルードが漏れていない場合でも、ブレーキを分解したときはピストンとシールを取り外して、不具合がないか点検しておくことを勧める。錆、荒れ、傷などがあれば、ホイールシリンダーを交換または修理する（セクション3参照）

2.3j アジャスタースクリューに錆や荒れがあれば、交換する。新しいブレーキシューを取り付けるときは、ここまでの逆手順で作業する

2.3k リアブレーキシュー：交換作業を始める前に、リアアクスルの溝付きナットの割りピンを取り外す

2.3l スピンナーハンドルでリアアクスルナットを緩める

2.3m ドラムがなかなか外れない場合は、アジャスターナット（矢印）を回して、ドラムからブレーキシューを離す（左側は、まだラバープラグが付いたままである）。なお、写真のモデルではバックプレートに調整穴があるが、ドラムに調整穴が設けられているモデルもある

2.3n ドラムを取り外して、シューの接触面を点検する

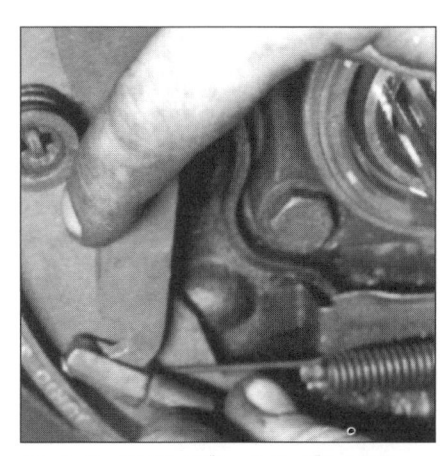

2.3o レバーからハンドブレーキケーブルを外す

9-6　ブレーキ系統

2.3p ハンドブレーキケーブルガイドをバックプレートに固定しているボルト(バックプレートの裏側のボルト)を外す

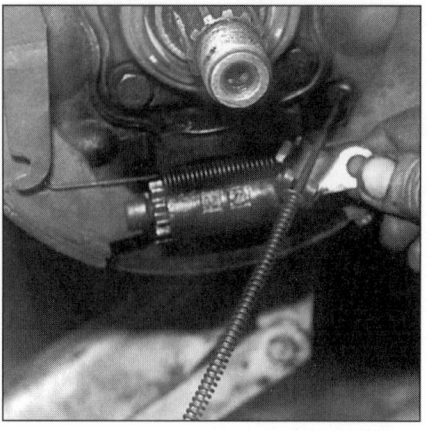

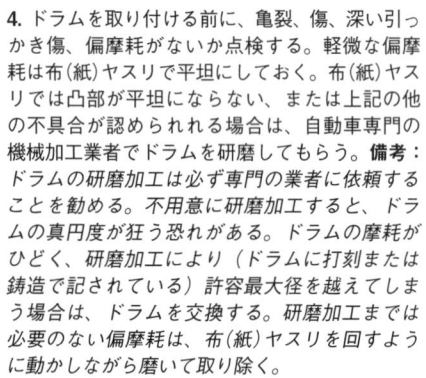

2.3q バックプレートからハンドブレーキケーブルガイドとケーブルを引っ張って、ガイドからケーブルを外す

2.3r プライヤーで下側のリターンスプリングを外す(スプリングは外れるときに飛んでくる恐れがあるので、保護メガネを着用すること)(リターンスプリングの脱着専用工具も市販されているので、それを使っても良い)

4. ドラムを取り付ける前に、亀裂、傷、深い引っかき傷、偏摩耗がないか点検する。軽微な偏摩耗は布(紙)ヤスリで平坦にしておく。布(紙)ヤスリでは凸部が平坦にならない、または上記の他の不具合が認められる場合は、自動車専門の機械加工業者でドラムを研磨してもらう。**備考**：ドラムの研磨加工は必ず専門の業者に依頼することを勧める。不用意に研磨加工すると、ドラムの真円度が狂う恐れがある。ドラムの摩耗がひどく、研磨加工により(ドラムに打刻または鋳造で記されている)許容最大径を越えてしまう場合は、ドラムを交換する。研磨加工までは必要のない偏摩耗は、布(紙)ヤスリを回すように動かしながら磨いて取り除く。

5. ブレーキドラムを取り付ける。前輪の場合は、ベアリング、スラストワッシャーおよびアクスルナットを取り付けて、ベアリングを調整する(第1章のセクション32参照)。

6. 車輪を取り付けて、各ホイールボルトを手で締めて、車を下ろす。第1章の「整備情報」に記載の規定トルクで各ホイールボルトを締め付ける。後輪の場合は、この章の「整備情報」に記載の規定トルクに従ってアクスルナットを締め付ける。

調整

→図2.9 参照

7. 車を持ち上げて、リジッドラックで確実に支える。リアブレーキを調整する場合は、ハンドブレーキを解除する。

8. ブレーキペダルを数回強く踏み込んで、ブレーキシューをドラムになじませる(ブレーキシューをドラムの中心位置にする)。1969年以前のモデルの場合は、ブレーキドラム側面に設けられた穴がどちらかのアジャスターナットに合うまで車輪を回す。1970年以降のモデルの場合は、ブレーキバックプレートからラバープラグを取り外す。

9. 穴にスクリュードライバーを差し込んで、アジャスターのナットを回して調整する(**写真参照**)。まず、ブレーキシューがドラムに接して、車輪を手で回した時、ブレーキが軽く引きずるように調整する。**注意**：ブレーキを調整する場合は、調整作業中に1〜2回必要に応じてブレーキペダルを踏み込んで、ブレーキシューをドラムになじませる(ブレーキシューをドラムの中心位置にする)。次に、ブレーキが軽く引きずる位置から、アジャスターのナットを3〜4コマ分反対方向に戻して、車輪がスムーズに回転することを確認する(この位置が正規の調整位置である)。

10. 1つの車輪にはアジャスターが2個ある。もう一方のブレーキシューのアジャスターナットでも上記の手順9を繰り返す。ただし、1個目のアジャスターとは、締める時にスクリュードライバーを動かす方向が逆になる点に注意する。残りの車輪も同様の手順で調整する。

11. 通常走行に戻る前に、ブレーキの作動を点検する。

2.3s ホールドダウンカップとスプリングを取り外す。ホールドダウンカップを押さえ付けて、90度回転させて、カップの穴とピンの位置を合わせると外れる。特殊工具もあるが、ロッキングプライヤー(バイスグリップ)あるいは普通のプライヤーでも作業できる

2.3t ブレーキシュー、連結リンクおよび上側のリターンスプリングを取り外す

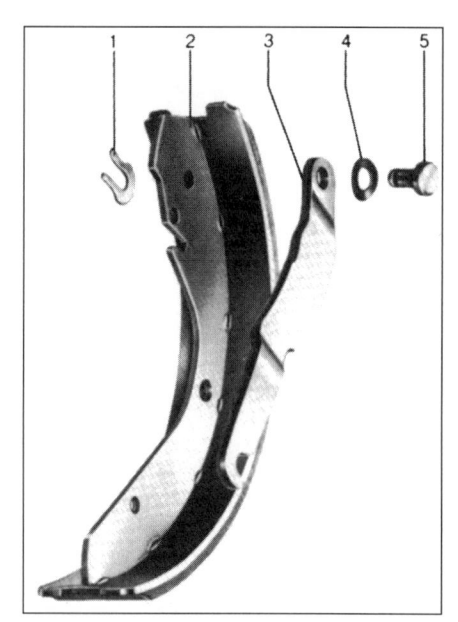

2.3u 保持クリップの先端をこじって外してから、ハンドブレーキレバーを後ろ側の新しいブレーキシューに組み付ける。新しいブレーキシューを取り付ける場合は、手順 2.3k 〜 2.3t を逆手順で作業する

1　保持クリップ
2　ブレーキシュー
3　ハンドブレーキレバー
4　スプリングワッシャー
5　ピン

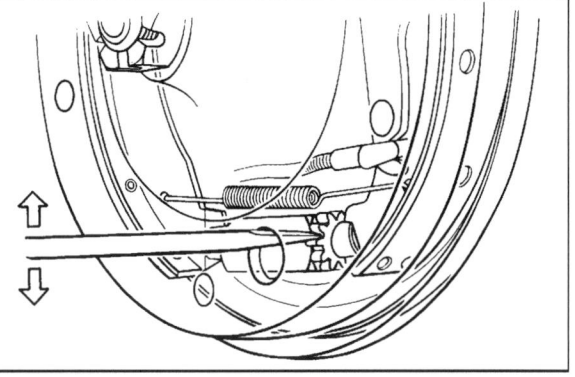

ブレーキ系統　9-7

2.9 アジャスターのナットを回すと、ブレーキシューとドラムとのすき間が広がったり、狭まったりする。車輪を手で回した時、ブレーキシューがドラムに軽く引きずるように調整してから、アジャスターナットを3〜4コマ分反対方向に戻す

3. ホイールシリンダーの脱着、オーバーホール

備考：オーバーホールが必要になった場合（通常フルード漏れまたはピストンの固着が理由）は、作業を始める前にすべての選択肢を考えてみること。ホイールシリンダーを交換するのであれば、作業はいたって簡単である。ホイールシリンダーを修理するのであれば、作業を始める前にオーバーホールキットを用意しておく。決して、ホイールシリンダーを1つだけオーバーホールまたは交換しないこと。必ず（フロントかリアの）左右をセットで交換またはオーバーホールすること。

取り外し

→写真3.5a, 3.5b 参照
1. ホイールボルトを緩める（まだ外さない）。車体前部または後部を上げて、リジッドラックで確実に支える。接地している車輪には輪止めをして、車が動き出さないようにしておく。車輪を取り外す。
2. ブレーキドラムとブレーキシューを取り外す（セクション2参照）。
3. ホイールシリンダーの周囲からホコリ、泥などの異物を丁寧に取り除く。
4. ブレーキラインのフィッティングを緩める。ホイールシリンダーからブレーキラインを外す。フルード漏れと異物の混入を防止するため、すぐにブレーキラインに栓をしておく。
5. ホイールシリンダー取付ボルトを取り外す（写真参照）。
6. ブレーキバックプレートからホイールシリンダーを取り外して、きれいな作業台の上に置く。
備考：ブレーキシューのライニングにブレーキフルードが付着した場合は、新しいブレーキシューと交換する。

オーバーホール

→写真3.7 参照
7. ホイールシリンダーボディからエア抜きバルブ、カップ、ピストン、ブーツおよびスプリング・アセンブリーを取り外す（写真参照）。
8. ブレーキフルード、ブレーキクリーナー、または工業用アルコールを使ってホイールシリンダーを清掃する。警告：ブレーキ部品の清掃には、決して石油系の溶剤は使用しないこと。
9. 圧縮空気を使って、ホイールシリンダーに残っているフルードを追い出して、各通路を清掃する。警告：保護メガネを着用する。
10. シリンダー内面に腐食や傷がないか点検する。腐食や錆が軽度であれば、酸化鉄の微粉末を使った特殊な研磨布（紙）で磨いて取り除くこともできるが、不具合の程度が重い、またはシリンダー内面に傷が付いている場合は、シリンダーの交換が必要になる。
11. 新しいカップにブレーキフルードを塗布する。
12. ホイールシリンダーの各構成部品を組み立てる。カップのリップ部は内側に向けること。

取り付け

13. ホイールシリンダーを取り付けて、ボルトを仮締めする。
14. ブレーキラインを接続するが、まだ締めないこと。ホイールシリンダーボルトを確実に締め付けてから、ブレーキラインフィッティングを締め付ける。ブレーキシューとドラムを取り付ける（セクション2参照）。
15. ブレーキのエア抜きをする（セクション9参照）。
16. 通常走行に戻る前に、ブレーキの作動を点検する。

4. ディスクブレーキパッドの交換

→写真4.4 参照
警告：ディスクブレーキパッドは左右を同時に交換しなければならない。決して、片輪だけの交換はしないこと。また、ブレーキ系統から発生するホコリには、人体に有害なアスベストが含まれている場合がある。決して、圧縮空気を使ってホコリを取り除いたり、誤って吸い込んではならない。ブレーキ系統の整備を行なう場合は、防塵マスクを着用すること。ブレーキ部品の清掃には、決して石油系の溶剤は使用しないこと。必ず、ブレーキクリーナーまたは工業用アルコールを使うこと。
1. ブレーキフルードリザーバーからカバーを取

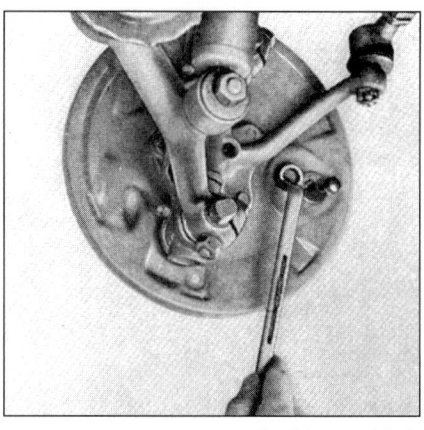

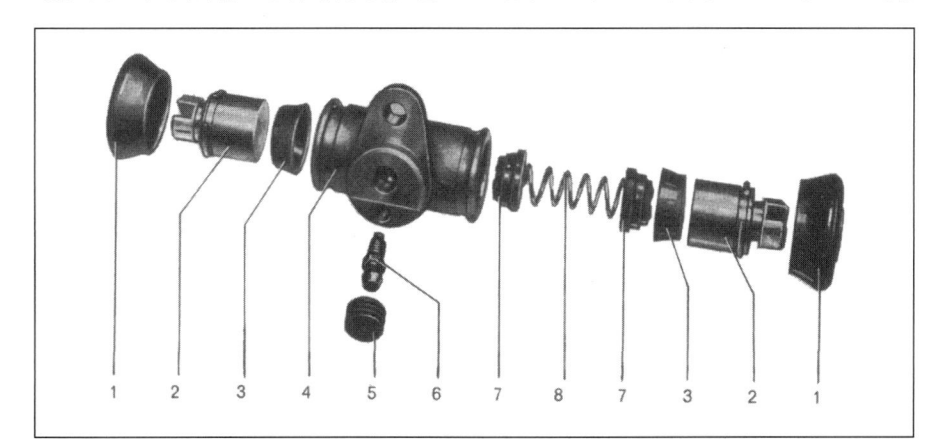

3.5a フロントホイールシリンダーを取り外す場合は、ブレーキラインフィッティングの接続を外して、1本の取付ボルトを取り外す

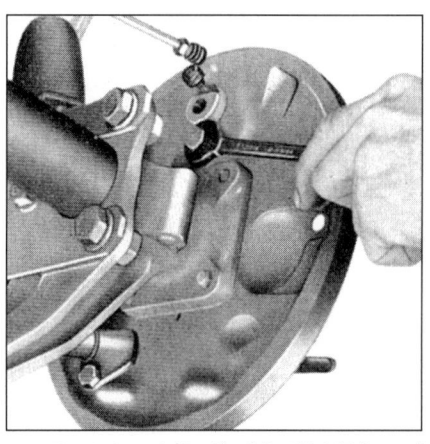

3.5b リアホイールシリンダーを取り外す場合は、ブレーキラインの接続を外して、2本の取付ボルトを取り外す。

3.7 ホイールシリンダーの展開図（代表例）

1 ブーツ	4 シリンダー	7 カップエキスパンダー
2 ピストン	5 ダストキャップ	8 スプリング
3 カップ	6 エア抜きバルブ	

ブレーキ系統

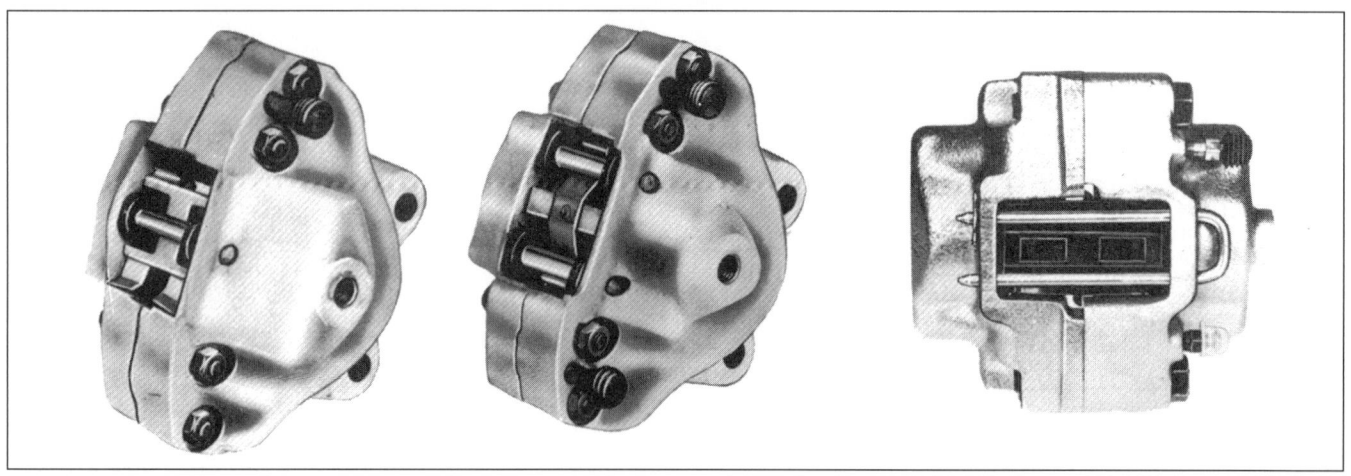

1971年以前のモデル（ATE製）　　*1972年と1973年のモデル（ATE製）*　　*1973年以降のモデル（Girling製）*

4.4 カルマンギアには、3種類のキャリパーが使われている

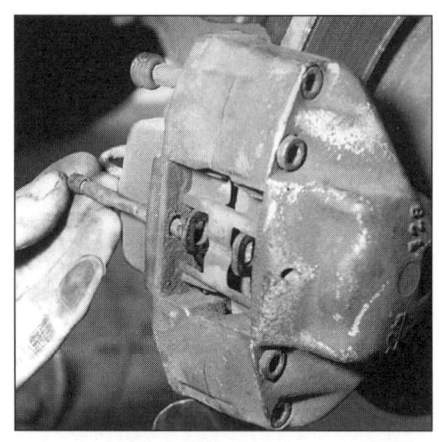

4.5 ハンマーとポンチを使ってキャリパーハウジングからパッド保持ピンを少し打ち出して、ピンを引き抜く。ピンを抜くときは、パッド保持スプリングが飛び出してこないように注意する

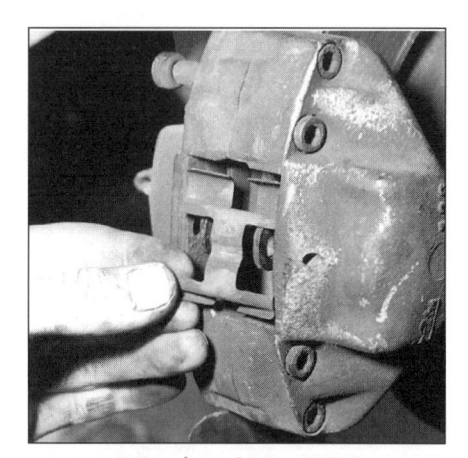

4.6 パッド保持スプリングを取り外す前に、キャリパーハウジング内のパッド保持スプリングの向きをメモしておく

4.8 キャリパーに対するブレーキパッドの向きをメモしておく。パッドを取り外すときは、各ピストンをキャリパー内に押し戻して、新しいパッドを取り付けるときのすき間を確保しておく

り外す。ピストンをキャリパーに押し戻すときは、ブレーキラインのフルードがリザーバーに逆流するので、スポイトを使ってリザーバーからフルードを少し抜いておく。

2. 各ホイールボルトを緩めて、車の前部を持ち上げて、リジッドラックで確実に支える。両方の前輪を取り外す。

3. セクション6の説明に従って、ブレーキディスクを念入りに点検する。研削加工が必要な場合は、そのセクションの説明に従ってディスクを取り外す。また、その時はキャリパーからパッドも取り外すことができる。

4. ブレーキ・アセンブリーの整備は片方ずつ行ない、必要に応じて分解していない他方のブレーキを組み立て時の参考とする。本書の写真を参考にして、自分の車のブレーキキャリパーがどのタイプなのか確認する（**写真参照**）。

ATE製キャリパー

→写真 4.5, 4.6, 4.8, 4.13, 4.15 参照
備考：1971年以前のATE製キャリパーの場合、パッド保持ピンは1本だけである。それに対して、1972年と1973年のものはブレーキパッドが大きくなっているので、保持ピンが2本となっている。これらの2種類は、ピンの本数を除いて

実質的に同じである。

5. ハンマーとポンチを使ってキャリパーハウジングからパッド保持ピンを打ち抜く（**写真参照**）。取り外したピンは廃棄して、新しいものと交換する。

6. キャリパーハウジング内のパッド保持スプリングの向きをメモしてから、スプリングを取り外す（**写真参照**）。

7. ウォーターポンププライヤーを使って、ブレーキパッドの裏金の上端部とキャリパーハウジングをつかんで、ピストンをキャリパー内に押し戻す。ここでこの作業をしておかないと、ピストンとブレーキディスクの間に充分なすき間ができずに、新しいパッドを取り付けることができない。両方のパッドを取り付けたままではピストンを押し戻すことができない場合は、次の手順に進む。注意：同じパッドを再使用するつもりであれば（たとえば、キャリパーを取り外すためにパッドを取り外す場合）、ここでパッドの取り付け位置が分かるようにペイントで印を付けておく。もし、パッドを逆に取り付けると、ブレーキが片利きする原因となる。

8. 上記の手順で両方または片方のピストンを押し戻すことが難しい場合は、ブレーキキャリパーから片側のブレーキパッドを取り出して（**写真参照**）、ウォーターポンププライヤー、大型ス

リュードライバーまたはプライバーでそのパッドが当たっていたピストンを押し戻してみる。一度に両方のパッドを取り出さないこと。一方のピストンを押しているときは、反対側のパッドは取り付けたままにしておくこと。そうでないと、一方のピストンを押すと同時に、キャリパーから反対側のピストンが出てきてしまう。片方のピストンをキャリパー内にいっぱいまで押し戻した後は、新しいパッドを取り付けてから、反対側の古いパッドを取り出して、同じ作業を繰り返す。

9. ブレーキパッドに亀裂、破損、油脂の付着または裏金の剥離がないか点検する。何らかの不具合がある場合は、パッドを交換する。パッドの摩耗（厚さ）を測定する（第1章参照）。厚さが許容最低値未満の場合は、パッドを交換する。

10. ブレーキディスクの摩耗を点検する。偏摩耗、または損傷している場合は、機械加工業者で研削加工してもらう。摩耗限度を超えている場合は交換する（セクション6参照）。

11. ピストンからピストン保持プレートを取り外す（図5.18参照）。ピストンの凹み部にホコリや錆が堆積していないか点検する。ブレーキクリーナーでキャリパー内側のブレーキパッド

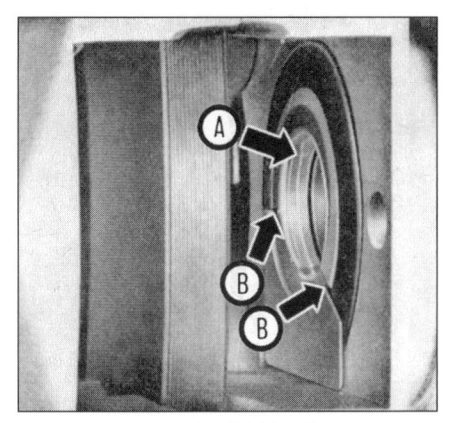

ブレーキ系統

4.13 キャリパーハウジング内側のブレーキパッドの摺動面を清掃してから、保持プレートの輪の部分（A）をピストンの頂面に押し込んで取り付ける。正しく取り付ければ、保持プレートはピストン頂面の切り欠き部分（B）より下に来るはずである

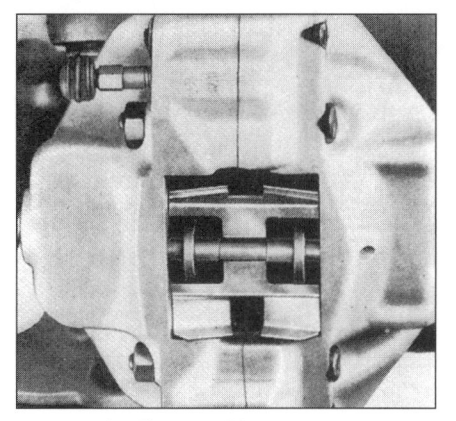

4.15 1971年以降のATE製キャリパーのパッド保持スプリングは、それまでのものより下半分が広くなっており、パッドとキャリパーハウジング間の遊びが原因で発生する異音が抑えられている。このスプリングは、初期のキャリパーに取り付けることも可能である。ただし、取り付けるときはスプリングの幅の広い方を必ず下側にすること

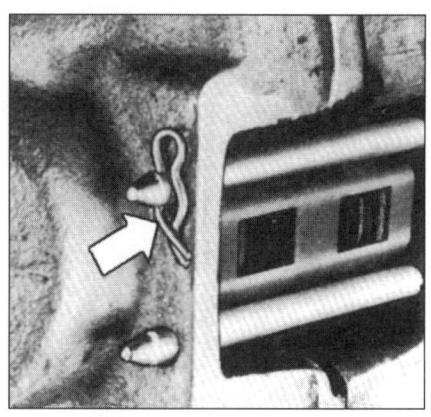

4.17a U字形保持ピンからロッククリップを取り外してから...

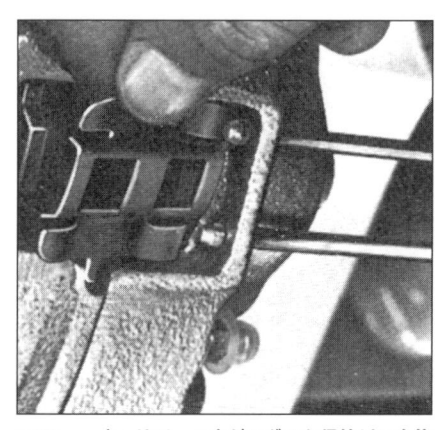

4.17b ...キャリパーハウジングから保持ピンを抜き取る

の接触面と摺動面を清掃する（接触面は、ブレーキパッドの裏金に当たるピストン面のことで、摺動面はパッドがスライドするときに接触するキャリパーの上端面と下端面のことである）。

12. ラバーピストンシールを点検する。亀裂、硬化または腫れがあれば、キャリパーを取り外してシールを交換する（セクション5参照）。

13. 各ピストンの頂面の切り欠き（保持プレート取付用の逃げ）の位置に注意する。この切り欠きは、保持プレートを取り付けるために正しい位置にする必要がある。位置が狂っている場合は、プライヤーで少しピストンを回転させる。保持プレートを取り付けるときは、輪の部分（A）をピストンの頂面に確実に押し込む（**写真参照**）。正しく取り付ければ、保持プレートは図示のようにピストン頂面の切り欠き部分（B）より下に来るはずである。

14. パッドを取り付ける。古いパッドを再使用する場合は、元の位置に取り付けること。左右を逆に取り付けると、ブレーキが片利きする原因となる。

15. パッド保持ピンが1本のキャリパーの場合は、パッド保持スプリングを取り付けて、親指でスプリングを縮めて、パッド保持ピンを挿入する。保持ピンが2本になっている後期タイプの場合は、下側の保持ピンを挿入して、パッド保持スプリングを取り付けて、パッド保持スプリングの上部を親指で押して、上側のピンを挿入する。いっぱいまで手で保持ピンを押し込んでから、さらに小さなハンマーを使って保持ピンを叩きながら所定の位置まで挿入する。ポンチは使わないこと。保持ピンの先端が損傷する恐れがある。警告：パッド保持ピンにはグリスを塗らないこと。ブレーキングに伴う熱でグリスが溶け出して、パッドやディスクに付着する恐れがある。備考：保持ピンが1本のキャリパーの場合、後期のものは初期のものより、パッド保持スプリングが改良されている。改良されたスプリングの下半分は、従来のものよりパッドの保持性が良く、パッドとキャリパーハウジング間の遊びが原因で発生する異音が抑えられている。このスプリングは、初期のキャリパーに取り付けることも可能である。ただし、取り付けるときはスプリングの幅の広い方を必ず下側にすること（**写真参照**）。

16. 残りの部品の取り付けは、取り外しの逆手順で行なう。ブレーキペダルを数回踏んで、パッドをディスクに接触させる。通常走行に戻る前に、ブレーキの作動を点検する。

Girling製キャリパー

→写真 4.17a, 4.17b, 4.21, 4.24参照

17. U字形のパッド保持ピンの上部からロッククリップ（**写真参照**）を取り外してから、保持ピン（**写真参照**）を引き抜く。保持スプリングが飛び出さないように注意すること。

18. パッド保持スプリングを取り外す。

19. ブレーキキャリパーを取り外して（セクション5参照）、ブレーキラインは外さずに針金でステアリングタイロッドエンドに吊っておく。

20. 両側のピストンをキャリパー内に押し戻す（上記の手順7と8を参照）。

21. キャリパー内で両方のブレーキパッドを90°回転させて、取り外す（**写真参照**）。注意：同じパッドを再使用するつもりであれば、取付時に左右を間違えないようにするため、印を付けておく。もし、パッドを逆に取り付けると、ブレーキが片利きする原因となる。

22. 鳴き防止シム（パッドとピストンの間に挟まっている薄いプレート）を取り外す。

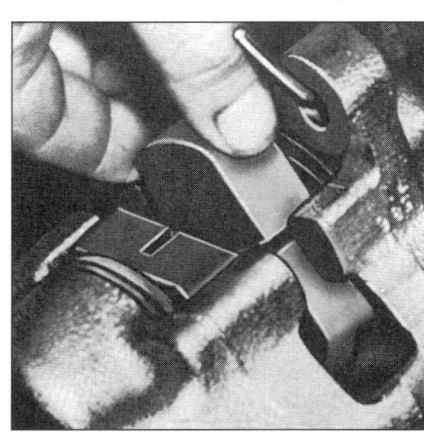

23. ブレーキパッド、ブレーキディスク、キャリパーのブレーキパッド摺動面およびピストンシールを点検する（上記の手順9～12参照）。

24. 矢印を車輪の前進方向と同じ向きにして、キャリパーに鳴き防止シムを取り付ける（図参照）。

25. 溝の付いた面をディスク側に向けて、ブレーキパッドを取り付ける。古いパッドを再使用するのであれば、必ず取り外し前と同じ側に取り付けること。

26. キャリパーを取り付ける（セクション5参照）。

27. 新しいパッド保持スプリング、U字形保持ピ

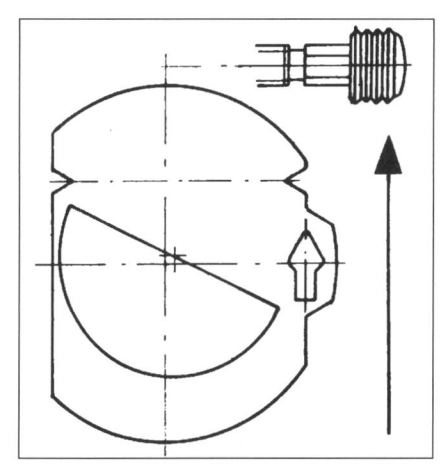

4.21 キャリパー内で両方のブレーキパッドを90°回転させて、取り外す

4.24 矢印を車輪の前進方向と同じ向きにして、キャリパーに鳴き防止シムを取り付ける

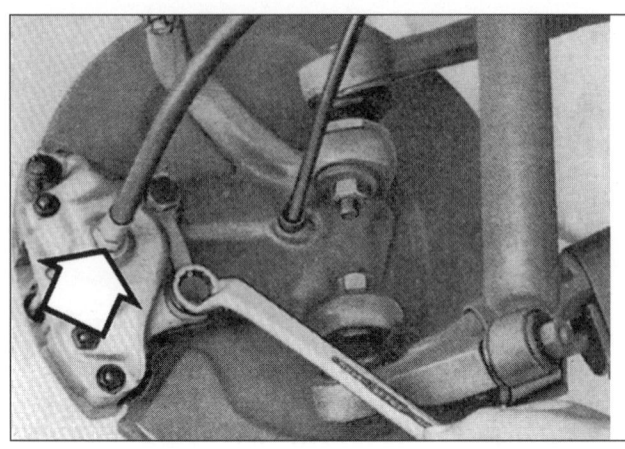

9-10　ブレーキ系統

5.5 キャリパーを取り外すときは、ブレーキラインフィッティング（矢印）と取付ボルトを外す（ブレーキディスクなどの他の構成部品を取り外すためだけに、キャリパーを取り外す場合は、ブレーキホースの接続は外す必要はない。そのような場合はキャリパーを外して、針金で周囲の部品に吊っておく）

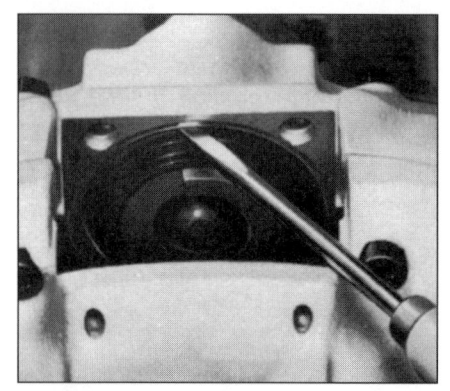

5.9a 小さいスクリュードライバーを使って、各ダストブーツ保持リングをこじって外す

ンおよび新しいロッククリップを取り付ける。ロッククリップのまっすぐな方を、写真4.17aに示すように曲げておく。

28. 残りの部品の取り付けは取り外しの逆手順で行なう。ブレーキペダルを数回踏んで、パッドをディスクに接触させる。通常走行に戻る前に、ブレーキの作動を点検する。

5. ディスクブレーキキャリパーの脱着、オーバーホール

警告：ブレーキ系統から発生するホコリには、人体に有害なアスベストが含まれている場合がある。決して、圧縮空気を使ってホコリを取り除いたり、誤って吸い込んではならない。ブレーキ系統の整備を行なう場合は、防塵マスクを着用すること。ブレーキ部品の清掃には、決して石油系の溶剤は使用しないこと。必ず、ブレーキクリーナーまたは工業用アルコールを使うこと。備考：（通常フルード漏れにより）オーバーホールが必要になった場合は、作業を始める前にすべての選択肢を考えてみること。新品またはリビルト品のキャリパーと交換するのであれば、作業はいたって簡単である。キャリパーを修理するのであれば、作業を始める前にオーバーホールキットを用意しておく。キャリパーのオーバーホールをする場合は、必ず左右をセットで行なうこと。決して片方だけのオーバーホールはしないこと。

取り外し

→写真5.5参照

1. ブレーキフルードリザーバーからカバーを取り外して、リザーバー内の2／3の量のフルードを抜き取って、捨てる。
2. 各ホイールボルトを緩めて、車の前部を持ち上げて、リジッドラックで確実に支える。両方の前輪を取り外す。
3. キャリパーハウジングを点検する。ハウジングの合わせ目に漏れがあれば、フルードの通路の周囲のOリングから漏れていると考えられる。ATE製キャリパー（写真4.4参照）の場合は、ハウジングを分離して、車から取り外した後でOリングを交換する。Girling製キャリパーの場合は、Oリングだけの部品供給がないので、損傷したキャリパーをアセンブリーでリビルト品または新品と交換しなければならない。
4. ATE製キャリパーの場合は、ブレーキパッドを取り外す（セクション4参照）。
5. キャリパーからブレーキホースのフィッティングを外す（写真参照）。フィッティングを外すときは、フルードがこぼれてくるのでウエスを当てて作業するとともに、接続を外したブレーキホースの先端には栓をするか、ビニール袋を巻きつけて、フルードが流れ出して周囲の部品を汚さないようにする。備考：オーバーホール以外の目的では、ブレーキホースの接続は外さないこと。そのような場合は、ブレーキホースの接続を外さずに、キャリパーを取り外して、針金で周囲の部品に吊っておく。ブレーキホースだけでキャリパーをぶら下げておかないこと

（必ず、針金等でキャリパーを支えること）。
6. 2個の取付ボルトを取り外して、車両からキャリパーを取り外す。
7. Girling製キャリパーの場合は、ブレーキパッドを取り外す（セクション4参照）。

オーバーホール

→写真5.9a, 5.9b, 5.10, 5.11, 5.18, 5.23参照

備考：以下のオーバーホール作業に関する写真は、ATE製キャリパーの場合を示す。基本的に、Girling製キャリパーのオーバーホールも同じであるが、1つ大きな違いがある。それは、Oリングの不良でフルード漏れを起こした場合、ATE製キャリパーではキャリパーハウジングを分離して、Oリングだけを交換すればよいが、Girling製キャリパーの場合はOリングだけの交換ができない。Girling製キャリパーの場合、ハウジングの合わせ目のフルードの通路に取り付けられているOリングは、補修品として用意されていないのである。従って、ハウジングの合わせ目にフルード漏れが発生した場合（手順3参照）、キャリパーをアセンブリーで新品またはリビルト品と交換しなければならない。

8. ブレーキクリーナーまたは工業用アルコールでキャリパーの外面を清掃する。ガソリン、灯油または石油系の溶剤は決して使わないこと。万力にキャリパーの取付フランジを固定する。キャリパーの損傷または変形を防ぐため、銅板または木片を介して固定すること。
9. ダストブーツ保持リングとダストブーツを小さいスクリュードライバーを使って、こじって

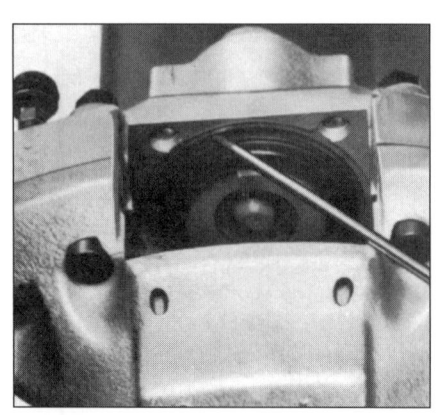

5.9b ピックまたは小さいスクリュードライバーを使って、慎重に各ダストブーツをこじって取り外す。ピストンまたはボアを傷つけないように注意する

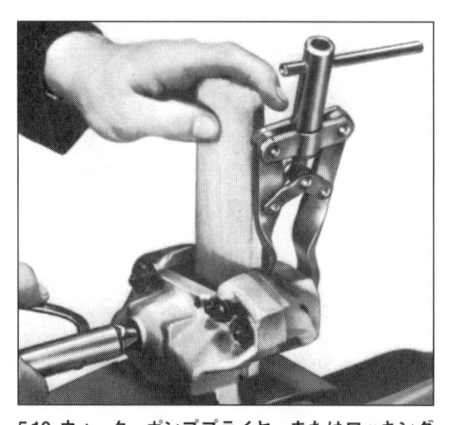

5.10 ウォーターポンププライヤーまたはロッキングプライヤーで片方のピストンを固定して、その上に木片または数枚のウエスをクッションとして挿入してから、フルードインレットフィッティングに圧縮空気をかける

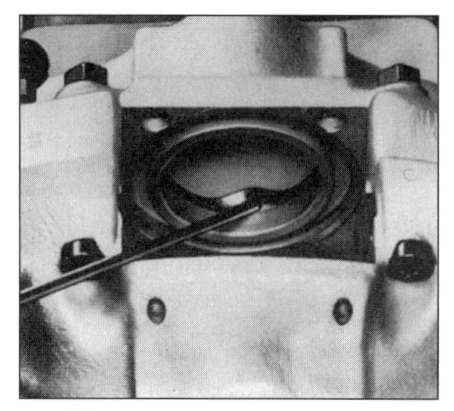

5.11 金属製以外の工具を使って、キャリパーの溝からピストンシールを慎重にこじって外す。ボアの表面を傷つけないように注意すること。

ブレーキ系統

5.18 キャリパー・アセンブリーの展開図（代表例）（写真は後期のATEキャリパーを示し、他のキャリパーも同様）

1　ブレーキディスク
2　ヘキサゴンボルト
3　キャリパーアウターハウジング
4　ブレーキパッド
5　パッド保持スプリング
6　ピストン保持プレート
7　ダストブーツ保持リング
8　ピストンダストブーツ
9　ピストン
10　ラバーシール
11　Oリング
12　キャリパーインナーハウジング
13　ナット
14　ブレーキパッド保持ピン
15　エア抜きバルブ
16　エア抜きバルブダストキャップ

取り外す（写真参照）。

10. ウォーターポンププライヤーまたはロッキングプライヤーで片方のピストンを固定して、その上に5〜10mmの厚さの木片または数枚のウエスをクッションとして挿入してから、ブレーキホース接続口から圧縮空気を送ってキャリパーからピストンを取り外す。圧縮空気は、強くかけすぎないように注意すること。クッションとしてウエスや木片を挟んでいても、ピストンが勢いよく飛び出すと、損傷してしまう場合がある。警告：圧縮空気をかけるときは、絶対にピストンの前に手を入れないこと。手を入れて飛び出してくるピストンを受け取ろうなどと考えていると、大怪我の元である。備考：どちらかのピストンを取り外してしまうと、もう一方のピストンは圧縮空気を使って取り外すことができないので、ピストン、シールおよびボアの整備は片側ずつ行なう。

11. 木製またはプラスチック製の工具を使って、キャリパーの溝からピストンシールを取り外す（写真参照）。金属製の工具は、ボアを傷つける恐れがあるので使用しないこと。

12. ブレーキクリーナーまたは工業用アルコールでピストンとボアを清掃する。ピストンに傷、錆、メッキの剥離などの損傷がないか点検する。ピストンが損傷している場合は、交換する。ボアの錆または腐食が軽度であれば、酸化鉄の微粉末を使った特殊な研磨布（紙）で慎重に磨く。磨いても錆または腐食が落ちない場合は、キャリパーを交換する。ボアのホーニング加工はできない。

13. 新しいピストンシールとピストンボアにきれいなブレーキフルードを塗布する。

14. 新しいピストンシールを取り付ける。

15. ピストンにきれいなブレーキフルードを塗布する。ピストンをボアに対してまっすぐに親指で押し込みながら、ピストンをいっぱいの位置まで挿入する。固くて指では押し込めない場合は、ウォーターポンププライヤーまたは大型のスクリュードライバーを使って押し込む。ただし、ピストンを叩いて押し込まないように注意すること。ピストンは、いっぱいの位置まで挿入すること。

16. もう一方のピストン、シールおよびボアについても、手順10〜15を繰り返す。

17. ATE製キャリパーで点検時にハウジングの合わせ目に漏れが認められる場合は、以下の手順に従ってキャリパーハウジングを分離して、Oリングを交換する。Girling製キャリパーの場合は、この作業は飛ばして、手順25に進む。

18. キャリパーハウジングを結合している4本のヘキサゴンボルトを取り外して、ハウジングを分離する（写真参照）。

19. 古いOリングを取り外す。

20. ブレーキクリーナーまたは工業用アルコールを使って、分離したキャリパーハウジングを清掃する。

21. 新しいOリングを取り付ける。

22. 新しいヘキサゴンボルトとナットを使って、キャリパーハウジングを結合する。ヘキサゴンボルトは、2本が長くて2本が短い。短いボルトは外側の穴に取り付ける。

23. ハウジングの合わせ目の位置合わせをしてから、この章の「整備情報」の項に記載の規定トルクに従って、図示の順番で4本のボルトを締め付ける（写真参照）。

24. もう一度、左右のハウジングの合わせ目の位置が合っていることを確認する。位置がずれている場合は、いったんボルトを緩めて、位置を合わせてから、規定の順序で各ボルトを締め付ける。

25. 各ピストンに新しいダストブーツと保持リングを取り付ける。

5.23 ATE製キャリパーの4本のヘキサゴンボルトを締め付けるときは、この順序に従って均等にかつ段階的に締め付けてから、ハウジングの合わせ目の位置合わせを確認する

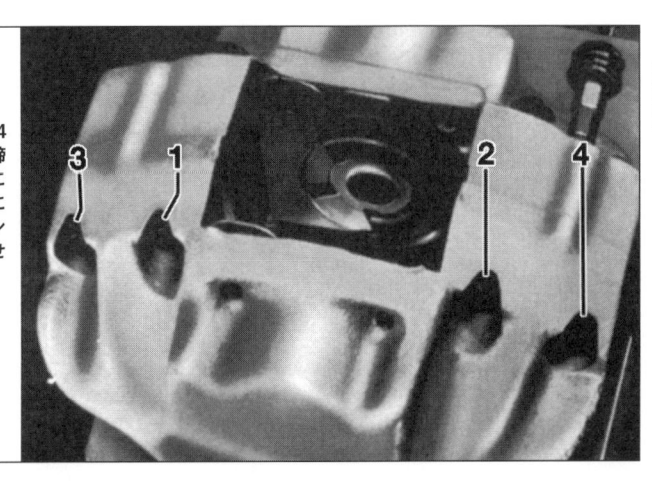

9-12　ブレーキ系統

6.2 キャリパーを取り外した後は、針金でタイロッドエンドに吊っておく。針金を使わず、ブレーキホースだけでキャリパーをぶらさげないこと

6.3 この車のブレーキパッドは明らかにメンテナンス不良で、ディスクに深い条痕ができている。このようにひどく摩耗してしまった場合は、ディスクを交換しなければならない

取り付け

26. Girling製キャリパーの場合は、この段階でブレーキパッドを取り付ける（セクション4参照）。

27. キャリパー、新しいロックプレートおよび新しいキャリパー取付ボルトを取り付ける。この章の「整備情報」に記載の締付トルクで各ボルトを締め付ける。ロックプレートのタブを折り曲げて、ボルトの回り止めをしておく。

28. ATE製キャリパーの場合は、この段階でブレーキパッドを取り付ける（セクション4参照）。

29. ブレーキラインのフィッティングを接続して、確実に締め付ける。

30. 車輪を取り付けてから、慎重に車を下ろす。第1章の「整備情報」に記載の規定トルクで各ホイールボルトを締め付ける。

31. リザーバーにブレーキフルードを補充して、ブレーキ系統のエア抜きを行なう（セクション9参照）。

32. 作業が終了したら、ブレーキペダルを数回いっぱいまで踏み込んで、パッドをディスクに接触させる。

33. 通常走行に戻る前に、ブレーキの作動を点検する。

6. ブレーキディスクの点検、脱着

点検

→写真6.2, 6.3, 6.4a, 6.4b, 6.5 参照

1. ホイールボルトを緩めて、車を上げて、リジッドラックで確実に支える。車輪を取り外す。

2. ブレーキキャリパーを取り外す（セクション5参照）。ブレーキホースの接続を外す必要はない。キャリパー取付ボルトを取り外した後は、針金でキャリパーを作業の邪魔にならない位置に吊っておく（写真参照）。針金を使わず、ブレーキホースだけでキャリパーをぶら下げたり、ブレーキホースを伸ばしたりねじったりしないこと。

3. ディスク表面に傷などの損傷がないか点検する（写真参照）。軽度な傷や条痕は、正常に摩耗していても発生するものなので、必ずしもブレーキ性能に影響を与えるわけではない。ただし、傷が深い（0.4 mm以上）場合は、ディスクを取り外して、自動車専門の機械加工業者で研削加工してもらう必要がある。必ず、ディスクの両面を点検する。ブレーキをかけたときに脈動（微振動）を感じる場合は、ディスクの振れが考えられる。この場合は、各ホイールベアリングが正しく調整されているかどうかも点検する（第1章参照）。

4. ディスクの振れを点検する場合は、ダイアルゲージをディスクの外周から約10 mmの位置に当てる（写真参照）。ダイアルゲージをゼロにセットして、ディスクを回す。ゲージの読み取り値がこの章の「整備情報」に記載の最大値を越えていないことを確認する。最大値を超える場合は、ディスクの研削加工が必要か（自動車専門の機械加工業者に依頼する）またはホイールベアリングが損傷または調整不良となっている。

備考：専門家は、ダイアルゲージの読み取り値に関係なくブレーキディスクの研削加工を勧めている（研削加工によりディスク表面を滑らかにすることで、ブレーキペダルを踏み込んだときの脈動やディスクの不良に起因する不具合が解消されるからである）。ディスクの研削加工をしない場合でも、少なくとも布（紙）ヤスリでディ

6.4a ダイアルゲージを使って、ディスクの振れを点検する(写真はATE製キャリパーの純正治具を使用した例。ダイアルゲージをマグネットベースで保持してもよい)

6.4b ディスクの研削加工をしない場合でも、少なくとも布(紙)ヤスリでディスクを磨いておくこと

ブレーキ系統

6.5 ディスクの厚さは、マイクロメーターを使って数カ所で点検する

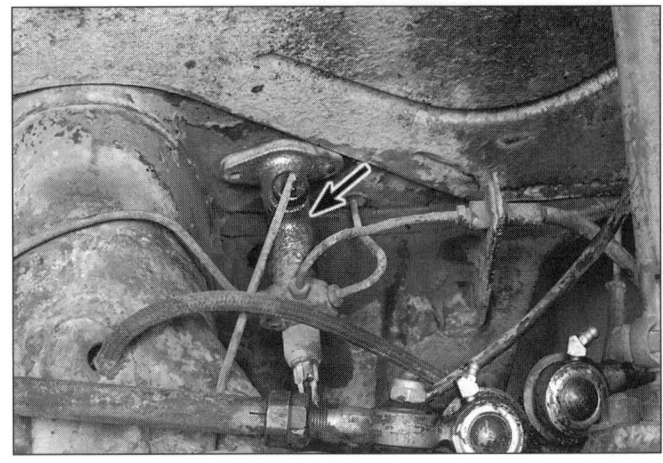

7.3 マスターシリンダーはフロントクロスメンバーにボルトで固定されている（この写真は左ハンドル車）

スクを磨いておくこと（方向性が付かないように、ヤスリは渦を巻くように動かす）**(写真参照)**。
5. 研削加工する場合は、本章の「整備情報」に記載された最低限度値未満まで削らないこと。厚さの最低限度値は、ディスク自体にも刻印されている。ディスクの厚さは、マイクロメーターで点検することができる**(写真参照)**。

取り外し

6. ハブ／ディスクの取り外し手順については、第1章のセクション32を参照する。取り付け
7. ディスク／ハブ・アセンブリーを取り付けて、ホイールベアリングを調整する（第1章参照）。
8. キャリパー（セクション5参照）とブレーキパッド・アセンブリー（セクション4参照）を取り付ける。
9. 車輪を取り付けてから、車を下ろす。第1章の「整備情報」に記載の規定トルクで各ホイールボルトを締め付ける。ブレーキペダルを数回踏み込んでブレーキパッドをディスクに接触させる。キャリパーからブレーキホースの接続を外していない限り、ブレーキ系統のエア抜きは不要である。通常走行に戻る前に、ブレーキの作動を念入りに点検する。

7. マスターシリンダーの脱着、オーバーホール

備考：本書が対象とする車両には、数種類のマスターシリンダーが使われている。初期は、シングルサーキットタイプである（油圧系統が1つしかない）。後期は、デュアルサーキット（タンデム）タイプである（油圧系統が2つある）。オーバーホールキットまたはリビルト品のマスターシリンダーを購入する場合は、自分の車に適合しているかどうかよく確認すること。間違いを防ぐためには、取り外したマスターシリンダーを持っていくと良い。また、マスターシリンダーをオーバーホールする場合は、すぐに内部部品を捨てないこと。取り外した内部部品は、取り外した順番に並べておく。たとえ、オーバーホールキットに含まれているものと交換してしまう場合でも、順番に並べておけば組み立て時の参考にできる。また、オーバーホールキットの部品と古い部品を比べてみて、オーバーホールキットの部品に不足するものがあれば、そのキットは自分の車に適合していないことも分かる。最後に、ビートル／カルマンギア用のマスターシリンダーは、複数の部品メーカーが製造していることにも注意する。従って、マスターシリンダーをアセンブリーで交換してしまうのであれば問題ないが、内部部品だけを別のメーカーのものと交換しようとすると、適合しない場合がある。

取り外し

→写真7.3参照
1. スポイトを使って、マスターシリンダーのリザーバーからフルードを抜き取る。
2. 左前輪（左ハンドル車）または右前輪（右ハンドル車）のホイールボルトを少し緩めてから、車の前部を持ち上げて、リジッドラックで確実に支える。ボルトを外して左前輪または右前輪を外す。
3. マスターシリンダーはバルクヘッドの下部に取り付けられている**(写真参照)**。
4. 識別用の荷札等を付けた上で、ブレーキランプスイッチとフルード警告スイッチから各配線を外す。
5. 数枚のウエスを用意する。リザーバーとマスターシリンダー間のブレーキライン用のラバープラグとエルボー継ぎ手を（マスターシリンダーの上部から）引き抜いて、すぐにウエスを当ててブレーキフルードがこぼれないようにする。
6. フレアナットレンチを使って、各ブレーキラインのフィッティングの接続を外す。ブレーキラインの先端には栓をして、ホコリまたは水分が侵入しないようにする。
7. 車室内から作業して、マスターシリンダーのプッシュロッドをブレーキペダルに連結しているピンを確認する。クリップを広げて、このピンを取り外す（第8章のセクション3参照）。
8. ブレーキペダルのストッププレートを取り外す（第8章のセクション3参照）。
9. プッシュロッドを取り外す（写真7.13参照）。
警告：プッシュロッドのロックナットは緩めないこと。プッシュロッドの全長は工場生産時にあらかじめ調整されているので、変更してはならない。
10. マスターシリンダー取付ボルトを取り外す。
11. マスターシリンダーを取り外す。

オーバーホール

シングルサーキットタイプのマスターシリンダー

→写真7.13参照
12. マスターシリンダーを工業用アルコールまたはブレーキクリーナーで清掃する。
13. ラバーブーツ、ロックリングとストップワッシャーを取り外す**(写真参照)**。
14. ピストンを取り外す。ピストンが固着している場合は、ブレーキラインのすべての穴を塞いで、圧縮空気でピストンを押し出す（ピストンが飛び出してくる場合があるので、マスターシリンダーの先端には何枚ものウエスを当てて

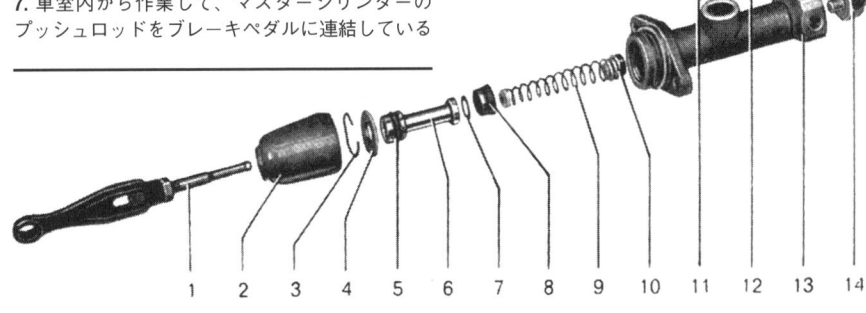

7.13 シングルサーキットタイプ・マスターシリンダーの展開図（代表例）

1 プッシュロッド	6 ピストン	11 プラグ用ワッシャー
2 ブーツ	7 ピストンワッシャー	12 シールプラグ
3 ロックリング	8 プライマリーカップ	13 シリンダーハウジング
4 ストップワッシャー	9 リターンスプリング	14 ブレーキランプスイッチ
5 セカンダリーカップ	10 チェックバルブ	

ブレーキ系統

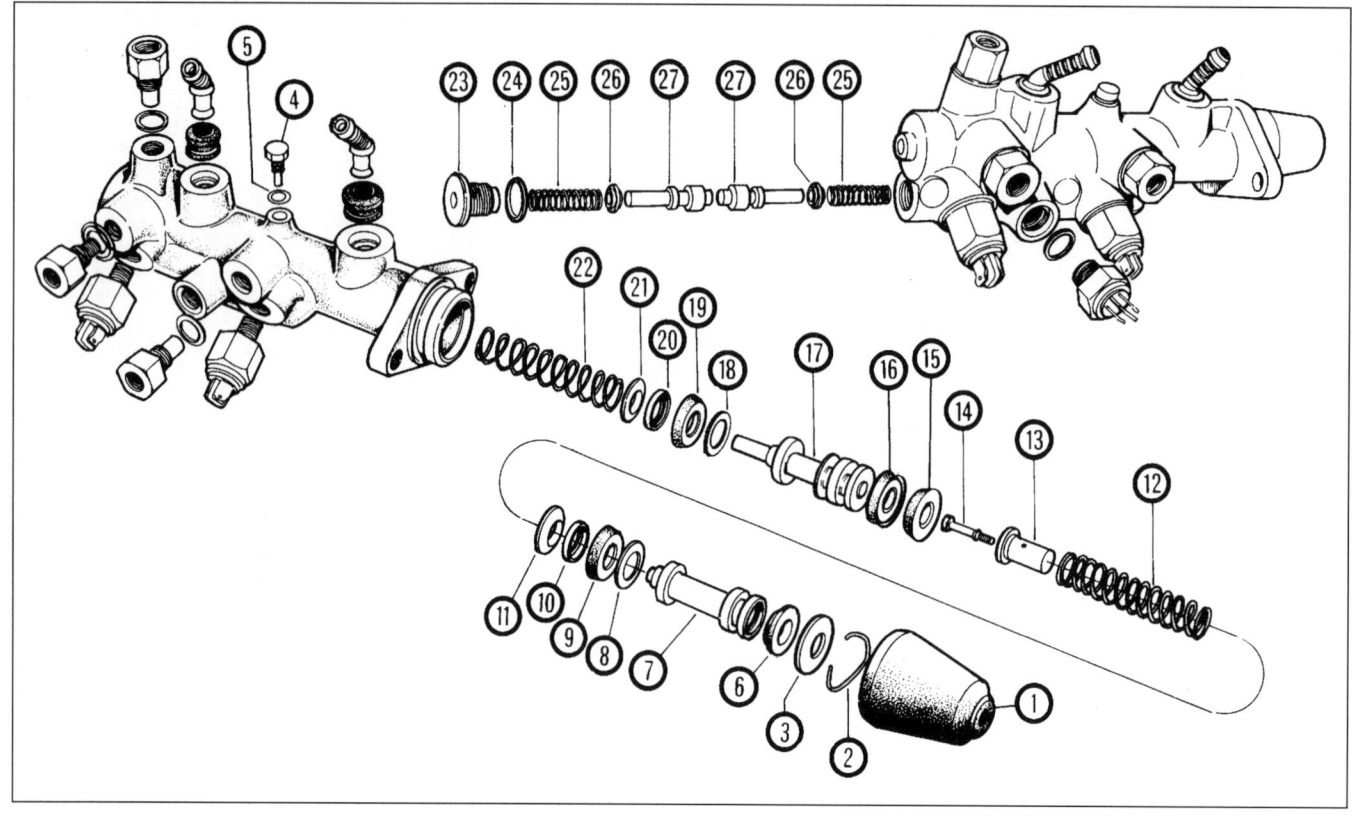

7.18 デュアルサーキットタイプ・マスターシリンダーの展開図（代表例）

1. ブーツ
2. ロックリング
3. ストップワッシャー
4. ストップスクリュー
5. ストップスクリューシール
6. セカンダリーピストンカップ
7. セカンダリーピストン
8. ワッシャー
9. カップ
10. スプリングシート
11. スプリングサポートリング
12. スプリング
13. ストップスリーブ
14. ストローク制限スクリュー
15. カップ
16. カップ
17. プライマリーピストン
18. ワッシャー
19. カップ
20. スプリングシート
21. スプリングサポートリング
22. スプリング
23. プラグ
24. シール
25. スプリング
26. カップシール
27. ピストン

おくこと）。圧縮空気は強くかけすぎないこと。ピストンを外すだけであれば手動式のエアポンプで充分である。ピストンが外れるときに、マスターシリンダー内に残っているブレーキフルードが飛び散る恐れがあるので、念のため保護メガネを着用すること。**備考**：ピストンが固着していた場合は、分解時にマスターシリンダーの内壁に腐食や錆がないかよく観察すること（手順23参照）。

15. ピストンワッシャー、プライマリーカップ、リターンスプリングとチェックバルブを取り外す。

16. ブレーキランプスイッチを取り外す。

デュアルサーキット（タンデム）タイプのマスターシリンダー

→図7.18参照

17. 工業用アルコールまたはブレーキクリーナーでマスターシリンダーを清掃する。

18. ラバーブーツ、ロックリングとストップワッシャーを取り外す（図参照）。

19. ストップスクリューとストップスクリューシールを取り外す。

20. セカンダリー（リア）ピストンカップ、ピストン、ワッシャー、カップ、スプリングシート、スプリングサポートリング、リアピストンスプリング、ストップスリーブ、ストローク制限スクリューおよび反対側のカップを取り外す。ピストンが固着している場合は、上記の手順14を

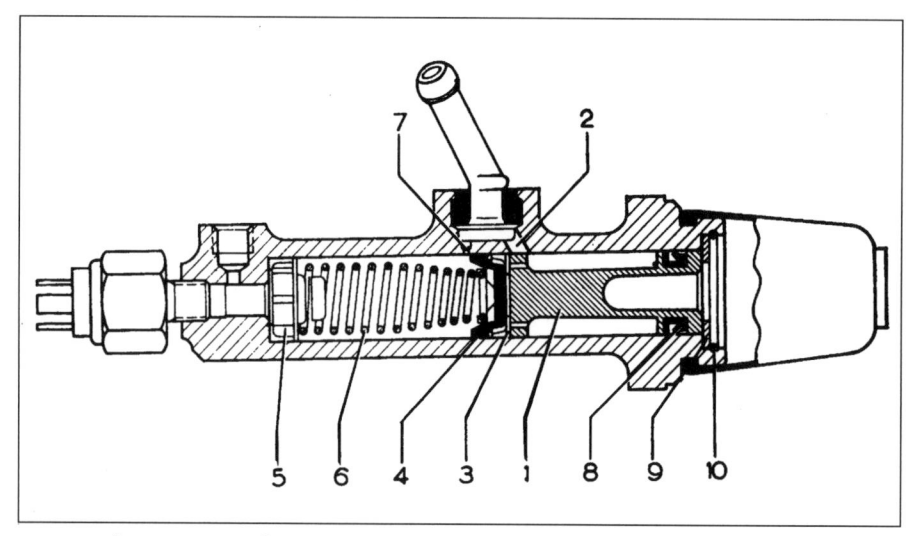

7.24a シングルサーキットタイプ・マスターシリンダーの断面図（代表例）

1. ピストン
2. インテークポート（リザーバーからのフルード流入口）
3. ピストンワッシャー
4. プライマリーカップシール
5. チェックバルブ
6. チェックバルブスプリング
7. リターンポート（余分なフルードをリザーバーに戻す）
8. セカンダリーカップシール
9. ストッププレート
10. ロックリング

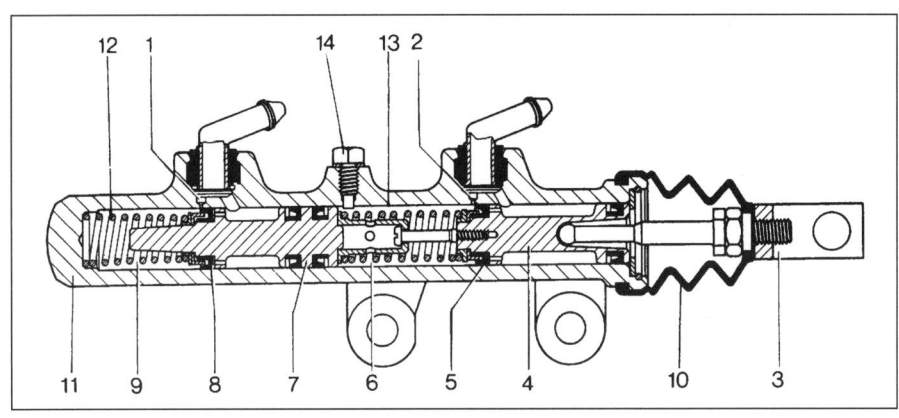

ブレーキ系統

9-15

7.24b デュアルサーキットタイプ（タンデム）マスターシリンダーの断面図（代表例）

1. セカンダリーリターンポート
2. プライマリーリターンポート
3. プッシュロッド
4. プライマリーピストン
5. カップシール
6. プライマリープレッシャーチャンバー
7. セカンダリーピストン（フロントブレーキ系統）
8. カップシール
9. セカンダリープレッシャーチャンバー
10. ラバーブーツ
11. シリンダーボディ
12. セカンダリーピストンリターンスプリング
13. プライマリーピストンリターンスプリング
14. ストップスクリュー

7.28a プッシュロッドの先端とピストン後部の凹み部の間のすき間（寸法「s」）は、プッシュロッドの全長により製造時にあらかじめ調整されている

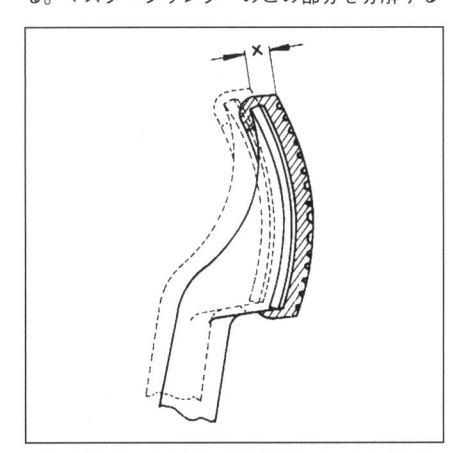

7.28b 図7.28a の寸法「s」を適正値にセットするには、ブレーキペダルストッププレートを前後に動かして、ブレーキペダル上部の遊び（寸法「x」）を5～7 mm に調整する

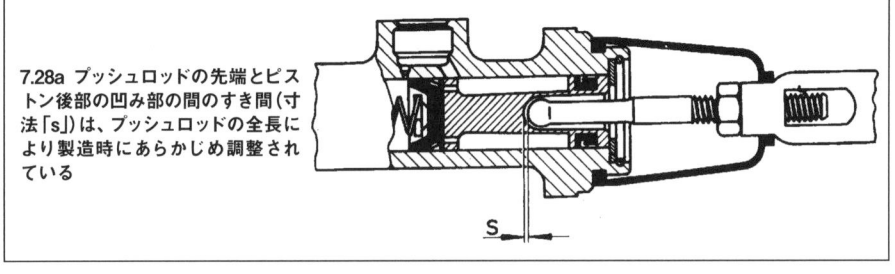

参照する。

21. プライマリー（フロント）ピストンカップ、ピストン、ワッシャー、反対側のカップ、スプリングシート、スプリングサポートリングおよびスプリングを取り外す。ピストンが固着している場合は、前述の手順14を参照する。

22. 一部のマスターシリンダー（1967年後半～1971年）では、マスターシリンダー内に補助チャンバーが設けられている。そこに組み込まれた2個の小さなピストンはインストルメントパネル上の警告灯を点灯させるスイッチを制御している。マスターシリンダーのこの部分を分解するには、プラグを緩めて、シール、スプリング、カップシール、2個のピストン、反対側のカップシールおよび反対側のスプリングを取り外す。

すべてのマスターシリンダー

→図7.24a、7.24b 参照

23. 工業用アルコールまたはブレーキクリーナーで、マスターシリンダーを清掃する。ガソリン、灯油またはガソリン系の溶剤は使用しないこと。シリンダーボアに腐食、錆または傷がないか点検する。傷や腐食が軽度であれば、酸化鉄の微粉末を使った特殊な研磨布（紙）で磨く。磨いてもボアがきれいにならない場合は、マスターシリンダーを交換する。

24. リターンポートとインテークポートに細い銅製の針金（スチールは不可）を挿入する（**図参照**）。スチール製の針金は、ポートの壁面を損傷する恐れがある。これらのポートの底部にバリがないことを確認する。バリがあると、カップが損傷する原因となる。

25. マスターシリンダーのボア壁面にブレーキフルードを塗布する。鉱物油やグリスは使わないこと鉱物油やグリスは、ブレーキのゴム部品の劣化を早める。

26. 組み立ては分解の逆手順で行なう。マスターシリンダーの組み立ては、分解したときの正確に逆の手順で行なうこと。

取り付け

→図7.28a、7.28b 参照

27. 取り付けは取り外しの逆手順で行なう。新しいクリップを使って、プッシュロッドをブレーキペダルに連結するクレビスピンを固定する。

28. プッシュロッドの全長は、プッシュロッドの先端とピストン後部の凹み部の間のすき間が1 mmになるように、製造時にあらかじめ調整されている（**図参照**）。このすき間は、ブレーキ作動によりブレーキフルードが熱くなった（膨張した）ときに、リターンポートを開いて余分なフルードをリザーバーに戻すために設けられている。もし、このすき間がなくなると、ブレーキが引きずりを起こす原因となる。このすき間が適正であれば、ブレーキペダルを踏まない限り、ピストンは前進せずリターンポートも閉じない。したがって、プッシュロッドとピストン後部の間のすき間は非常に重要である。マスターシリンダーを取り外したときは、必ずこのすき間を点検して、必要に応じて調整する。ただし、プッシュロッドのロックナットを緩めることで、このすき間を調整しないこと。ブレーキペダルの遊びが5～7 mmになるように、ブレーキペダルのストッププレートの位置を調整する（**図参照**）。これにより、プッシュロッドとピストンの凹み部分の間のすき間は適正になる。

8. ブレーキホースとラインの点検、交換

点検

→写真8.1 参照

1. 6カ月毎に、または故障のためにブレーキの整備を行なう場合は、車を持ち上げて、リジッドラックで確実に支えて、ブレーキパイプとフロントまたはリアのブレーキ・アセンブリー間のラバーホースを必ず点検すること。ブレーキホースは、重要であると同時に傷みやすい部品なので、念入りに点検する（懐中電灯と鏡が役に立つ）。亀裂、被覆のすり切れ、フルード漏れ、膨れ等の不具合がないか点検する（**写真参照**）。上記の不具合のいずれかが認められる場合は、ホースを交換する。

8.1 ブレーキホースがこのように硬化して亀裂が入っている場合は、ただちに交換する

交換

ブレーキホース

→写真8.3a、8.3b 参照

2. 各ホイールボルトを緩める。車体の前部または後部（作業する方）を持ち上げて、リジッドラックで確実に支える。車輪を取り外す。

8.3a ブレーキパイプからフロントブレーキホースの接続を外す場合は、フレアナットレンチでフィッティングを緩めて、メス側ホースフィッティングをブラケットに固定しているU字形クリップをこじって外し、ブラケットから外す

8.3b フロントと同様に、リアブレーキホースとブレーキパイプの接続を外す

9.7 ブレーキのエア抜きを行なう場合は、ホイールシリンダー（またはキャリパー）のエア抜きバルブに適当なホースを接続して、そのホースのもう一端を容器内に少量入れたブレーキフルードの中に差し込む。ブレーキペダルを踏んだままエア抜きバルブを開けると、エア（泡）を含んだフルードがホースと容器の中に出てくる

3. フレアナットレンチを使って、ホースフィッティングからブレーキパイプの接続を外す（写真参照）。フレーム側のブラケットまたはブレーキパイプを曲げないように注意すること。フィッティングが固くて、緩めようとするとブラケットが曲がり始める場合は、ホースフィッティングのホース側をスパナで固定する。
4. ブラケット側のメス側フィッティングからU字形クリップをこじって外してから、ブラケットからホースを外す。
5. ホイールシリンダーまたはディスクブレーキキャリパー（一部モデル）からブレーキホースを外す。
6. ホースを取り付ける場合は、ホイールシリンダーまたはキャリパーにフィッティング部を取り付けて、確実に締め付ける。
7. ホースをねじらないように注意しながら、ホースブラケットにメス側フィッティングを取り付ける。
8. メス側フィッティングをフレームブラケットに固定するU字形クリップを取り付ける。
9. フレアナットレンチを使って、ブレーキパイプをホースフィッティングに接続する。
10. ブレーキホースの取り付けが終了したら、ホースにねじれがないことを確認する。また、ホースがサスペンションの各部品に接触しないかどうか確認する。これは、ステアリングを左右いっぱいまで切ってみれば分かる。接触する場合は、ホースをいったん取り外して、必要に応じて取り付け位置を修正する。
11. マスターシリンダーリザーバーにブレーキフルードを注入して、エア抜きを行なう（セクション9参照）。

金属製ブレーキパイプ

12. ブレーキパイプを交換する場合は、必ず正しい部品を使用すること。ブレーキ系統のパイプとして銅管は使用しないこと。必ず、専門店で鋼鉄製のブレーキパイプを購入する。
13. 専門店では適正な長さに切断し、先端のフレア加工がしてあり、あらかじめフィッティングが取り付けられたブレーキパイプも用意されている。曲げてないパイプの場合は、専用の曲げ工具（パイプベンダー）を使って、内径が潰れないように注意して曲げること。
14. 新しいブレーキパイプを取り付けるときは、ブラケットに確実に固定するとともに、可動部品や熱を発生する部品に近づけないように取り回しに注意する。
15. 取り付け後は、マスターシリンダーリザーバーのフルードレベルを点検して、必要に応じてフルードを補充する。次のセクションの説明に従ってブレーキ系統のエア抜きをしてから、通常走行に戻る前に、ブレーキの作動を念入りに点検する。

9. ブレーキ系統のエア抜き

→写真9.7参照
警告：ブレーキ系統のエア抜きをするときは、保護メガネを着用すること。誤ってフルードが目に入った場合は、すぐに水で洗い流して、医師の診断を受ける。**注意**：ホース、パイプ、キャリパーまたはマスターシリンダーの脱着に伴いブレーキの油圧系統を外した場合は、エア抜きを行なう必要がある。

1. フルードのレベル（液面）が低下してブレーキ系統内にエアが混入した、またはマスターシリンダーからブレーキパイプを外した場合は、4輪すべてのブレーキでエア抜きが必要となる。
2. いずれか1輪だけのブレーキホースを外した場合は、その車輪のキャリパーまたはホイールシリンダーだけをエア抜きすればよい。
3. マスターシリンダーと4輪いずれかのブレーキの中間にあるフィッティングからブレーキラインを外した場合は、その該当するブレーキとマスターシリンダーまでの間のエア抜きをしなければならない。
4. マスターシリンダーのリザーバーからカバーを取り外して、リザーバーに推奨ブレーキフルードを注入する（第1章参照）。カバーを取り付ける。
備考：エア抜き作業中はフルードレベルを頻繁に点検するとともに、必要に応じてフルードを補充して、フルードレベルの低下によりマスターシリンダー内にエアが混入しないようにする。
5. 新しいブレーキフルード、少量のきれいなブレーキフルードが入った透明な容器、エア抜きバルブに取り付ける透明なビニールホース（適正な長さで、内径がエア抜きバルブに合ったもの）、およびエア抜きバルブを開閉するためのレンチを用意する。なお、エア抜き作業は他の人に手伝ってもらい、二人で行なう。
6. 最初にマスターシリンダーから最も遠い車輪（右ハンドル車の場合は通常、左後輪。配管の取り回しによって異なる）から始める。エア抜きバルブ（ブリードプラグなどとも呼ぶ）を少し緩めて、少し固くなる位置まで締めておく（すぐに緩めることができるように強く締めすぎないこと）。
7. エア抜き用ホースの一端をエア抜きバルブに取り付けて、もう一端を容器内に入れた少量のブレーキフルードの中に差し込む（写真参照）。
8. 他の人にブレーキペダルを数回ゆっくりと踏んでもらい、ブレーキ系統内のフルードに圧力をかけてから、ブレーキペダルをいっぱいまで踏み込んだまま保持してもらう。
9. ペダルを踏み込んだままで、エア抜きバルブを開けて、フルードを容器内に抜く。容器内に差し込んだエア抜き用ホースの先端から出る泡を観察する。1～2秒して、フルードの出てくる勢いが衰えたら、エア抜きバルブを閉じてから、ブレーキペダルを放してもらう。
10. エア抜きホースの先端から泡が出てこなくなるまで手順8と9を繰り返してから、エア抜きバルブを締め付ける。残る車輪についても、マスターシリンダーから遠い順で同じ要領で作業する。エア抜き作業中は、マスターシリンダーリザーバー内のフルードレベルを頻繁に点検すること。
11. 抜き取った古いブレーキフルードは決して使わないこと。古いブレーキフルードは湿気を含み、性能が低下しており、危険である。
12. エア抜き作業がすべて終了したら、マスターシリンダーリザーバーにフルードを補充する。
13. ブレーキの作動を点検する。ブレーキペダルを踏み込んだときに、フワフワとした感じがなくしっかりと踏み込めることを確認する。必要に応じて、再度エア抜き作業を実施する。
警告：ブレーキの作動に疑問な点があれば、通常走行はしないこと。

10. ブレーキペダルの脱着

ブレーキペダルの脱着手順については、第8章のセクション3を参照する。

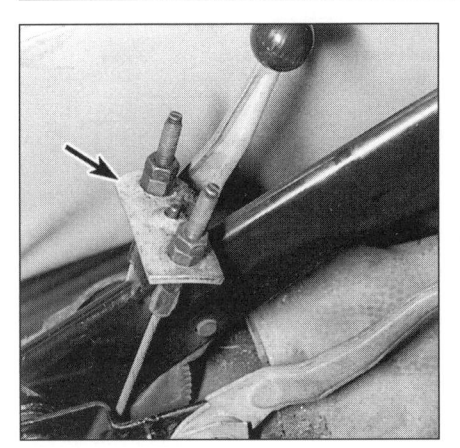

ブレーキ系統　9-17

11.3 ハンドブレーキケーブルからロックナットとアジャストナットを取り外して、補正レバー（矢印）を取り外す

11.5 ハンドブレーキレバーのピボットピンからスナップリングを取り外して、ピンを抜き取る

11.6 リリースボタンを押さずに、ハンドブレーキレバーを持ち上げる（レバーを取り外す前に、ボタンを押すと、ラチェットセグメントがトンネル内に落下してしまう）。レバーを持ち上げた後に、ラチェットセグメントの下に手を当ててから、リリースボタンを押して、レバーからラチェットセグメントを外す

11. ハンドブレーキレバーの脱着

→写真/図 11.3、11.5、11.6、11.9 参照

取り外し

1. 1967年以前のモデルの場合は、フロントシート（第11章参照）とリアフロアカバーを取り外す。
2. ハンドブレーキレバーからラバーダストブーツを取り外す。
3. 各ケーブルからロックナットとアジャストナットを取り外す（写真参照）。
4. 補正レバーを取り外す。
5. レバーのピボットピンからスナップリングを取り外して、ピンを抜き取る（写真参照）。
6. レバーを後方に押しながら、持ち上げて取り外す（写真参照）。注意：レバーを持ち上げるときは、リリースボタンを押さないこと。誤ってボタンを押すと、レバー・アセンブリーの底部の内側にあるラチェットセグメントがトンネル内に落下してしまう。
7. ラチェットセグメントの下側に片手を当てて、リリースボタンを押して、ラチェットセグメントを取り外す。
8. レバーを分解して、ロッド、リリースボタン、スプリングおよびラチェットセグメントを清掃する。すべての部品にグリスを塗布してから組み立てる。

取り付け

9. レバーの穴（図のA点）と位置が合うようにラチェットセグメントを挿入して、セグメントの歯にツメをかみ合わせる。ツメの丸くなった端部が正しい位置（図のB点）にはまっていることを確認する。
10. ハンドブレーキレバーを取り付けて、各ケーブルガイドチューブにケーブルの先端を挿入する。ハンドブレーキレバーを挿入するときは、ラチェットセグメントの前側にある切り欠きをフレームの端部にはめること（図11.9のC点）。
11. レバーピンにグリスを塗布した上で、ピンを挿入して、スナップリングで固定する。
12. 補正レバーを取り付ける。
13. ケーブルアジャストナットとロックナットを仮に取り付ける。
14. 両方のケーブルを調整する（セクション12参照）。

15. レバーのダストブーツを取り付ける。
16. 1967年以前のモデルの場合は、リアフロアカバーとフロントシートを取り付ける。
17. ハンドブレーキの作動を点検する。

12. ハンドブレーキケーブルの交換、調整

備考：カチッという音が4〜5回間こえるまでハンドブレーキレバーを引き上げているのに、ハンドブレーキが利かなくなった場合は、必ずハンドブレーキを調整する。ハンドブレーキレバーの上部に取り付けられている補正レバーは、左右のケーブルの長さが若干違う場合にその補正を行なうためのものであるが、ハンドブレーキレバーを引いたときにこのレバーが水平になるようにケーブルを調整することは非常に重要である。リアブレーキシューを正しく調整して、ハンドブレーキケーブルを調整したにもかかわらず、補正レバーが水平にならない場合は、どちらかのケーブルが伸びていると考えられる。そのまま放置しておくと、最後にはケーブルが切れてしまう。2本のケーブルの片方だけが損傷または切れている場合は、もう片方は必ずしも交換する必要はないが、使用するに従って新しいケーブルは古いケーブルよりも余計に伸びる。それに対して、同じ時期から使用し始めた2本のケーブルを調整することは比較的容易なので、片方だけが切れてしまった場合でも両方のケーブルを交換することを勧める。

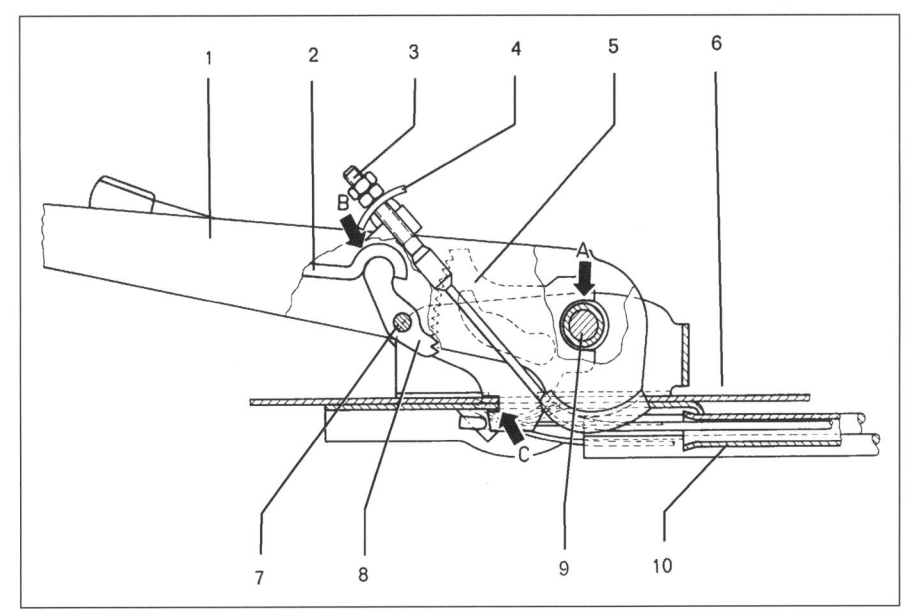

11.9 ハンドブレーキレバーの取り付け詳細図（代表例）

1 ハンドブレーキレバー
2 ロッド
3 ブレーキケーブル
4 補正レバー
5 ラチェットセグメント
6 フレーム
7 ピン
8 ツメ
9 レバーピン
10 ケーブルガイドチューブ

9-18 ブレーキ系統

13.2 1967年式ビートル：デュアルサーキットブレーキ用ブレーキランプスイッチの電気配線図。ブレーキ警告灯はまだ付いていない。配線「a」は端子15に、配線「b」はブレーキランプにそれぞれつながっている。左側のスイッチが前輪用で、右側のスイッチが後輪用である

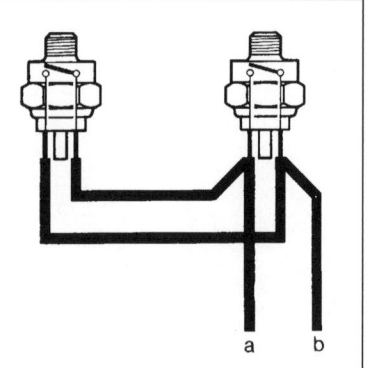

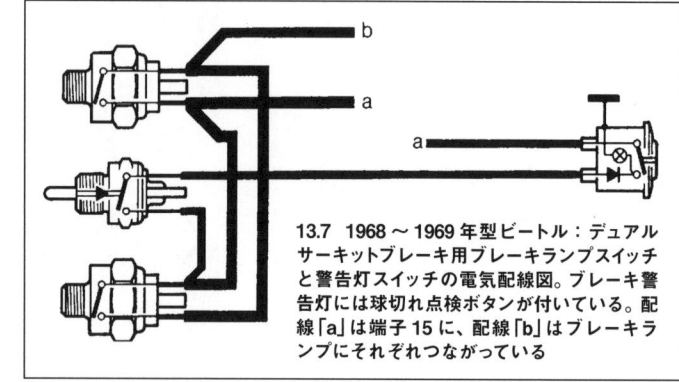

13.7 1968〜1969年型ビートル：デュアルサーキットブレーキ用ブレーキランプスイッチと警告灯スイッチの電気配線図。ブレーキ警告灯には球切れ点検ボタンが付いている。配線「a」は端子15に、配線「b」はブレーキランプにそれぞれつながっている

交換

1. ハンドブレーキレバーからケーブルを外す（セクション11参照）。
2. 各ホイールボルトを緩めて、車の後部を持ち上げて、リジッドラックで確実に支えてから、後輪を取り外す。
3. ブレーキドラムとブレーキシューを取り外す（セクション2参照）。
4. バックプレートからケーブルクリップを外す。
備考：両方のケーブルを交換する場合は、片方ずつ作業して、他方を組み立て時の参考とする。
5. バックプレートからケーブル／ガイドホースの後端を引っ張って外してから、ケーブルガイドチューブからケーブルの前端を引き抜く。
6. ケーブルとガイドチューブを清掃する。
7. 1966年8月1日以降に製造されているモデルの場合は、リアホイールのトレッドが広くなっている。これらのモデルでは、それまでよりも長いハンドブレーキケーブルが使われている。新しいケーブルと古いケーブルの長さを比較して、新しいケーブルが正しい部品であることを確認する。
8. 新しいケーブルに汎用グリスを塗布する。
9. ガイドチューブにケーブルの前端部を通して、ブレーキバックプレートにケーブルの後端部を通す。
10. ブレーキシューを取り付けて、ハンドブレーキケーブルを各ブレーキの後ろ側のシューのレバーに接続する。
11. ハンドブレーキレバーにケーブルアジャストナットとロックナットを仮に取り付ける。
12. 両方のケーブルを交換する場合は、他方のケーブルも手順4〜11の作業を繰り返す。
13. ハンドブレーキケーブルを調整する（下記参照）。

調整

14. リアブレーキを調整する（セクション2参照）。
15. ハンドブレーキレバーのラバーダストブーツのスリット部を折り返して、ケーブルのロックナットとアジャストナットが見える状態にする。
16. ケーブル先端の溝にスクリュードライバーを挿入して、ケーブルロックナットを緩める（セクション11参照）。
17. 1972年以前のモデルの場合、リアブレーキシューが広がって後輪が回らなくなるまで両方のケーブルのアジャストナットを締まる方向に回してから、アジャストナットを半回転または車輪がスムーズに回るようになるまで戻す。ハンドブレーキレバーを2ノッチ引き上げた時に、両方の後輪に均等にブレーキがかかり始めることを確認する。さらに2〜3ノッチ分レバーを引き上げると、車輪を手で回すことができなくなるはずである。
18. 1973年以降のモデルの場合は、ハンドブレーキレバーを3ノッチ引き上げて、ケーブルの先端をスクリュードライバーで固定して、何とか手で後輪を回すことができる位置までアジャストナットを締める。ブレーキ力は、両側の車輪で均等にかかっていなければならない。
19. 補正レバーが水平になっていることを確認する。水平になっていない場合は、ケーブルを交換する（上記参照）。
20. 各ロックナットを確実に締め付ける。
21. ラバーブーツを元に戻して、取り付ける。

13. ブレーキランプスイッチ、ブレーキ警告灯スイッチの点検、交換

ブレーキランプ・スイッチ

シングルサーキットタイプ

イグニッションスイッチをONにして、ブレーキを踏んでブレーキランプが点灯するか点検する。

デュアルサーキットタイプ

→図13.2（13.7、13.11）参照
1. 車体前部を持ち上げて、リジッドラックで確実に支える。運転席側の前輪を取り外す。
2. マスターシリンダーを確認して（セクション7参照）、前輪用ブレーキ油圧系統のブレーキランプスイッチから配線を外す（図参照）。
3. イグニッションスイッチをONにして、ブレーキペダルを踏み、ブレーキランプの点灯を確認する（＝後輪用スイッチの動作確認）。
4. 配線を接続する。今度は後輪用のブレーキランプスイッチから配線を外して、手順3を繰り返す（＝前輪用スイッチの動作確認）。
5. どちらかの確認作業でブレーキランプが点灯しなかった場合は、そのスイッチを交換する。
6. ブレーキ系統のエア抜きをする（セクション9参照）。

ブレーキ警告灯スイッチ

別体型警告灯スイッチ

→図13.7参照

7. イグニッションスイッチをONにして、警告灯レンズのプッシュボタンを押して警告灯の球切れを点検する（図参照）。点灯しない場合は、警告灯の電球を交換する。
8. マスターシリンダーから警告灯スイッチを取り外す（セクション7参照）。注意：誤ってブレーキスイッチを取り外さないこと。
9. 警告灯スイッチのプランジャーを押して、警告灯の点灯を確認する。点灯しない場合はスイッチを交換する。警告灯スイッチの交換の場合、作業後のブレーキのエア抜きは不要である。

一体型警告灯スイッチ

→写真13.11参照

10. 後期のモデルでは、警告灯スイッチは廃止され、その機能はブレーキランプスイッチに組み込まれている。この場合、警告灯の球切れは、チャージ警告灯や油圧警告灯と同様に、イグニッションスイッチをONにすると点灯し、エンジン始動後に消灯することで点検できる。
11. 前輪のホイールシリンダーまたはブレーキキャリパーのエア抜きバルブを開く（セクション9参照）。
12. エンジンを始動して、ブレーキペダルを踏み込む。ブレーキ警告灯が点灯するはずである。
13. 前輪のエア抜きバルブを閉じて、今度は後輪で同じ作業を繰り返す。
14. リザーバーのフルード量を点検して、必要に応じて補充する。
15. 警告灯が点灯しなかった場合は、そのブレーキランプスイッチを交換し、エア抜きを行なう。

13.11 後期のデュアルサーキットブレーキ用ブレーキランプ／警告灯コンビネーションスイッチの電気配線図

A ブレーキランプ／警告灯コンビネーションスイッチ
B デュアルサーキットブレーキ用警告灯
C 電子スイッチ
a 端子15へ
b ブレーキランプへ
c レギュレータースイッチ（端子61）から
d アースへ

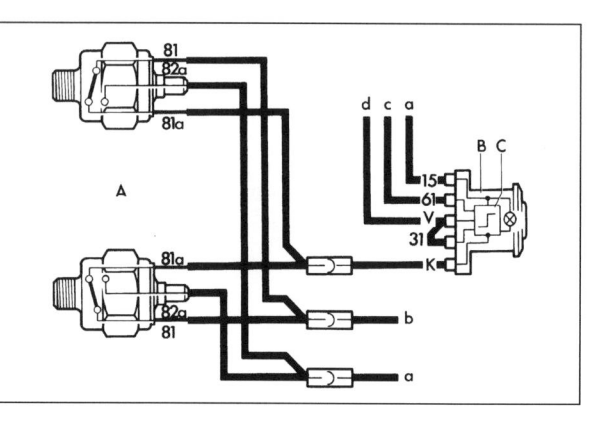

第10章
サスペンション/ステアリング

目次

1. 概説 10-2
2. フロントショックアブソーバーの脱着 10-4
3. ストラットの脱着 10-5
4. ストラットの交換 10-6
5. ステアリングナックルの脱着、オーバーホール 10-7
6. スタビライザーバーの脱着 10-11
7. トーションアームの脱着 10-13
8. フロントトーションバーの脱着 10-13
9. フロントアクスルビーム・アセンブリーの脱着 10-14
10. コントロールアームの脱着
    (ストラットタイプ・フロントサスのみ) 10-15
11. ボールジョイントの点検、交換 10-15
12. リアショックアブソーバーの脱着 10-17
13. スプリングプレートとリアトーションバーの脱着、調整 ... 10-17
14. イコライザースプリングの脱着、点検 10-20
15. ダイアゴナルアームの脱着 10-21
16. ステアリングホイールの脱着 10-21
17. ステアリングギアリンケージの脱着 10-22
18. ステアリングギアの脱着 10-26
19. ステアリングギアの調整 10-28
20. ホイールとタイヤに関する全般的な注意事項 10-29
21. ホイールアライメントに関する全般的な事項 10-30

整備情報

アッパーおよびロアのトーションアーム間のオフセット量	5〜9 mm
トーションアーム/ナックル間のボールジョイントの遊び	
アッパーボールジョイント	2.0 mm
ロアボールジョイント	1.0 mm
スプリングプレートの取付角度	
スイングアクスル車	
イコライザースプリングなし	17° 30' ± 50'
イコライザースプリング付き	20° ± 50'
ダブルジョイント車	20° 30' ± 50'

締付トルク kg-m

トーションバータイプ・フロントサスペンション

トーションアーム/ナックル間のボールジョイントのセルフロックナット	
M10	4.0〜5.0
M12	5.0〜7.0
フロントアクスルビーム・アセンブリーの取付ボルト	
アクスルビームとフレームヘッド間のボルト(4本)	5.0
ボディとアクスルビーム間のボルト(2本)	2.0

マクファーソンストラットタイプ・フロントサスペンション

ストラット上端とボディ間のナット	2.0
ステアリングナックルとストラット間のボルト(1968〜73年)	4.0
ステアリングナックルとストラット間のボルト(1974年以降)	8.5
ストラット下端のボールジョイントスタッドのセルフロックナット(1973年以前)	4.0
ストラット下端のボールジョイントスタッドの締付ボルト(1974年以降)	3.5
ストラットのピストンロッド上端のセルフロックナット	
1973年以前	7.0〜8.5
1974年以降	6.0
コントロールアーム	
スタビライザーバー用キャッスルナット	3.0
キャンバーアジャスト用偏心ボルトのセルフロックナット	4.0

リアサスペンション

スプリングプレートの取付ボルト	11.0
ダイアゴナルアームのピボットボルト(ヘキサゴンボルト)	12.0

サスペンション／ステアリング

ステアリング
ステアリングホイールの固定ナット	5.0
タイロッドエンド（ボールジョイント）のキャッスルナット（全モデル）	3.0
ステアリングコラム・ユニバーサルジョイントのセルフロックナット（ストラット車）	2.5

ウォーム＆ローラー式ステアリングギア
ピットマンアームのナット	10.0
アイドラーアームのセルフロックナット	4.0
ステアリングウォームアジャスターのロックナット	5.0～6.0
ローラーシャフトアジャストスクリューのロックナット	2.5
ステアリングギアクランプの締付ボルト（トーションバー車）	2.5～3.0
ステアリングギアの取付ボルト（ストラット車）	4.0

ラック＆ピニオン式ステアリングギア
タイロッドエンド／ステアリングラック間のボルト	5.5
ステアリングラック／ブラケット間のボルト	2.5
ブラケット／サイドメンバー間のボルト	4.5

1. 概説

フロントサスペンション

→図1.2, 1.5 参照

1967年までの全モデル、1968年以降のビートルおよびカルマンギアの大部分には、トーションバー・タイプのフロントサスペンションが採用されている。スーパービートルについては、1968年型セミオートマチック仕様にはマクファーソンストラット・タイプのフロントサスペンションが採用されたが、1968年型のマニュアルトランスミッション仕様と、1969年および1970年モデルの一部はトーションバー・タイプとなっている。1971年以降のスーパービートルとコンバーチブルモデルは、マクファーソンストラット・タイプとなっている。

トーションバー・モデル：上下に配置された2本のアクスルビームは鋼製のチューブで、4本のプレス成型鋼鉄製メンバーで溶接されている。外側のメンバーはサイドプレート（またはショックタワー）と呼ばれ、ショックアブソーバーの上部取付点となっている。アクスルビームの中には、何枚ものリーフスプリングを重ねたトーションバーが組み込まれている。そのため、アクスルビームはトーションバーチューブ、トーションチューブとも呼ばれるが、本書では原則としてアクスルビームと表記する。

アクスルビームの両端には、トレーリングアームが取り付けられている。これをトーションアームと呼ぶ。トーションアームの内端部には、トーション

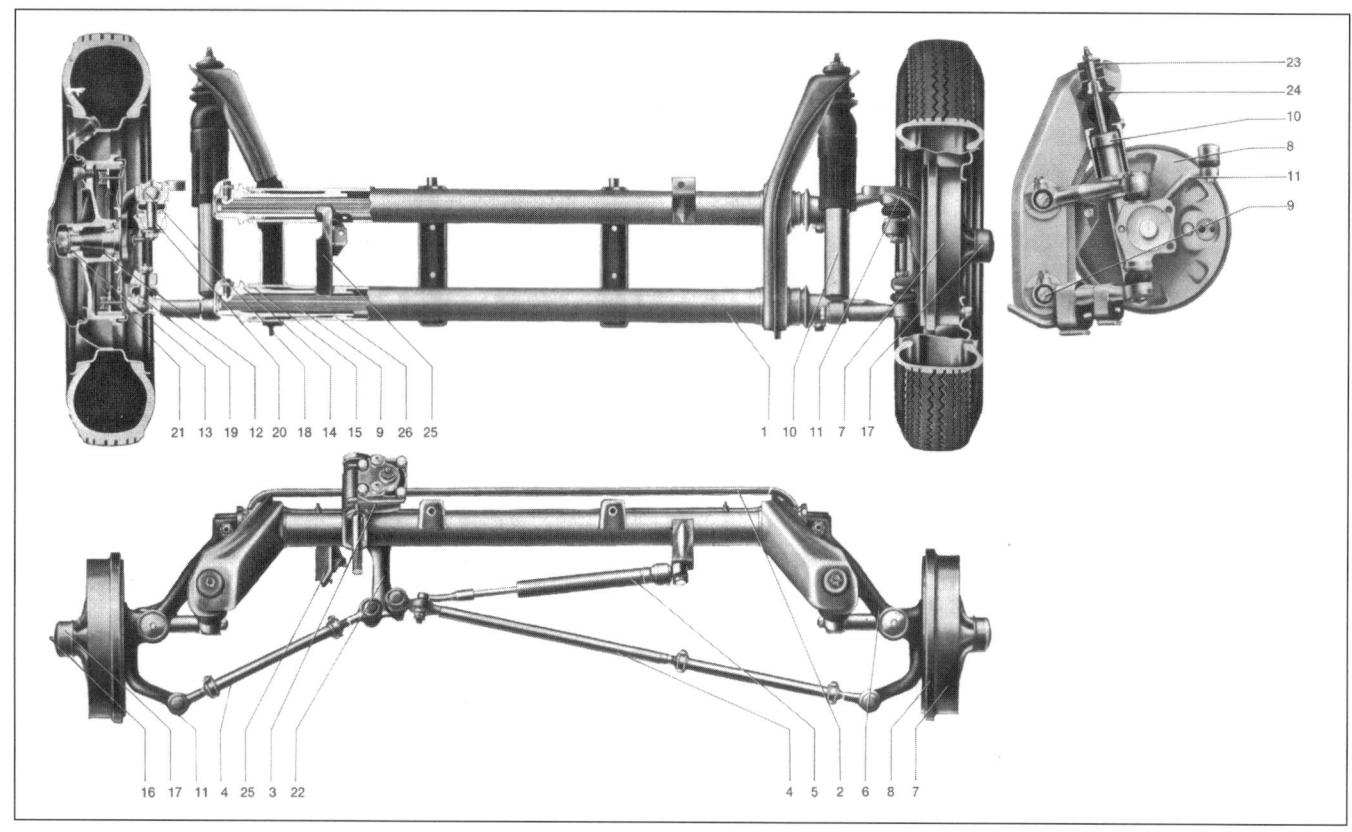

1.2 ボールジョイントを使ったトーションバータイプ・フロントサスペンションの詳細図

1　フロントアクスルビーム
2　スタビライザーバー
3　ステアリングギア
4　タイロッド
5　ステアリングダンパー
6　トーションアーム
7　ブレーキドラム
8　ブレーキバックプレート
9　トーションバー
10　ショックアブソーバー
11　ステアリングナックル
12　インナーホイールベアリング
13　アウターホイールベアリング
14　トーションアームシール
15　トーションアームのニードルベアリング
16　スピードメーターケーブル
17　ダストキャップ
18　アッパーボールジョイント
19　ロアボールジョイント
20　キャンバー調整偏心ブッシュ
21　ホイールベアリング調整用クランプナット
22　ピットマンアーム
23　ダンパーリング
24　ラバーストップ
25　ホイールロックストップ
26　プラスチックシールと金属ブッシュ

サスペンション／ステアリング

バーの外端部にはめるための四角形の穴が設けられている。各トーションアームは、セットスクリューによりトーションバーに固定される。1965年以前のモデルの場合、トーションアームの外端部は、キングピン（およびキングピンキャリアとリンクピン）を介してステアリングナックルに取り付けられているが、1966年以降のモデルでは、ボールジョイントを介して取り付けられている。左右のロアトーションアームは、スタビライザーバーで連結されている。ショックアブソーバーは、ロアトーションアームと上側のショックアブソーバーマウント（つまり、サイドプレート）の間に取り付けられている。

アクスルビーム、ボディまたはフレームが事故により変形または損傷した場合は、フロントサスペンションをフレームヘッドからアセンブリーで取り外して、新品に交換または修理することができる（セクション9参照）。

マクファーソンストラット・モデル：従来のトーションバーサスペンションとそれが取り付けられているフレームヘッドに代わって、新しいフレームヘッドが採用されている。このフレームヘッドは、左右のコントロールアームの内側の取付箇所となっている（図参照）。コントロールアームの外端部は、ボールジョイントを介してステアリングナックルの下端に取り付けられている。ステアリングナックルは、マクファーソンストラットの下端にボルトで固定されている。ストラットの上端は、車体にボルトで固定されている。左右のコントロールアームは、スタビライザーバーで連結されている。

リアサスペンション
→図1.8参照

リアサスペンションは、1968年のスーパービートルのセミオートマチックモデルを除いた1968年以前の全モデルに、「スイングアクスル」が採用されている。1968年のスーパービートルのセミオートマチックモデルと1969年以降のモデルでは、内側と外側にCV（等速）ジョイントを持つドライブシャフトとなっている（通称「ダブルジョイント」）。

フレームのリアクロスメンバーに溶接されたチューブ内には、トーションバーの内端が固定されている。スプラインの付いたトーションバーの外端には、トレーリングアームが取り付けられている。これをスプリングプレートと呼ぶ。このスプリングプレートの後端にリアアクスルを保持するアクスルチューブ（スイングアクスル車）またはダイアゴナルアーム（ダブルジョイント車）が取り付けられる。スプラインはスプリングプレート前端のハブにも付いており、サスペンションの調整ができるようになっている。ショックアブソーバーは減衰力を制御する。

1967年と1968年のスイングアクスル車には、

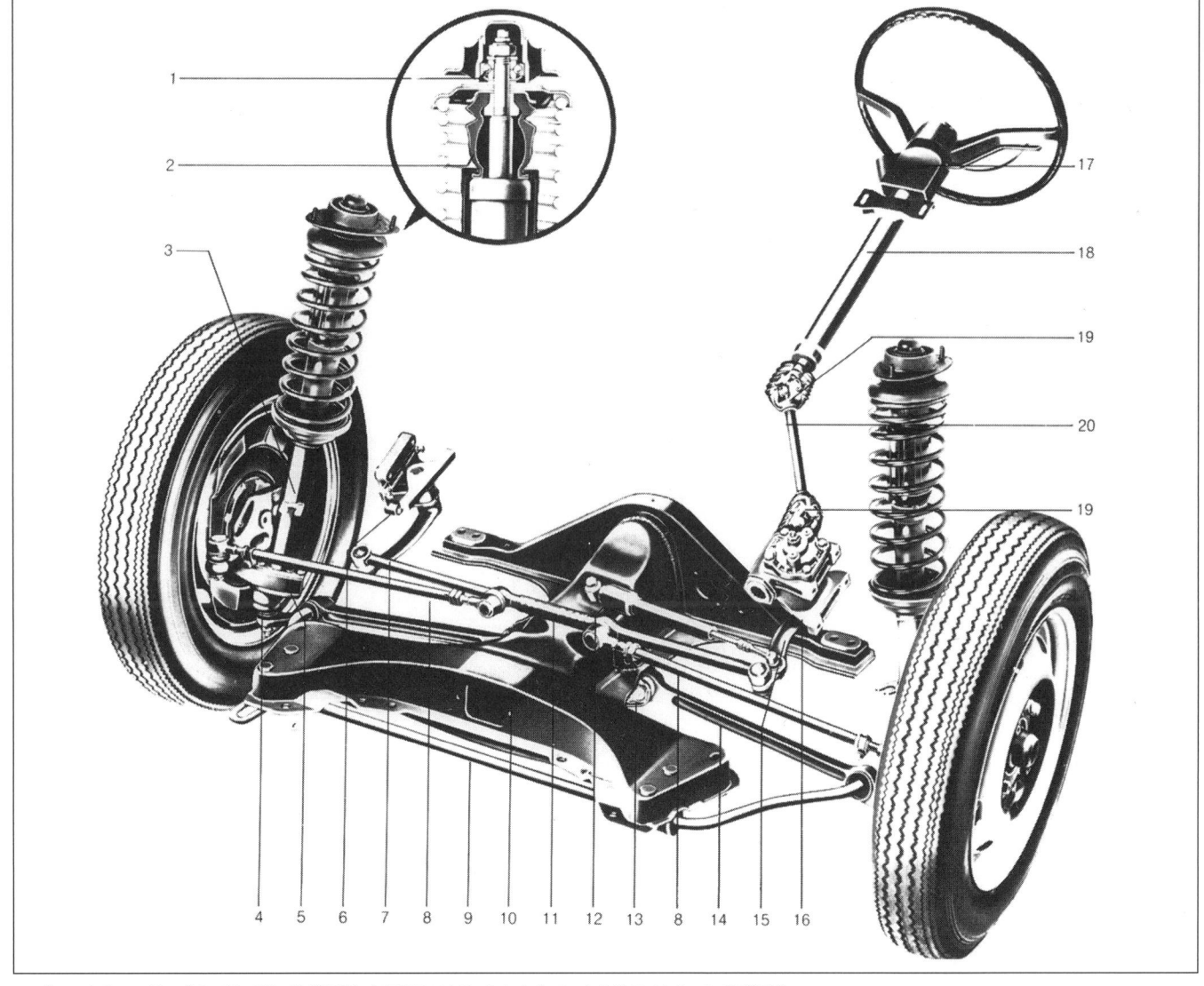

1.5 ウォーム＆ローラー式のステアリングを装着した初期のストラットタイプ・フロントサスペンションの詳細図

1 ボールスラストベアリング	7 アイドラーアーム	13 キャンバー調整用偏心ボルト	18 ステアリングコラムチューブ
2 ラバーバンプストップ	8 タイロッド	14 コントロールアーム	19 ユニバーサルジョイント
3 ストラット・アセンブリー	9 スタビライザーバー	15 ピットマンアーム	20 インターミディエイトシャフト
4 ボールジョイント	10 フレームヘッド	16 ステアリングギア	
5 ステアリングナックル	11 センタータイロッド	17 ステアリングコラムスイッチハウジング	
6 アイドラーアームブラケット	12 ステアリングダンパー		

サスペンション／ステアリング

車に荷重がかかったときにトーションバーを補助するイコライザースプリング（図参照）が設けられた。イコライザースプリングの作動レバーはお互いに反対方向を向いているため、ロールを抑える働きはないが、ロードホールディングが向上した。

CVジョイント付きの後期モデル（＝ダブルジョイント車）の場合、ダイアゴナルアームと呼ばれる大きなトレーリングアームが、ドライブシャフトの外端部で発生する横方向の力を吸収して、その力をフレームに伝達する。その他の点については、初期と後期モデルのリアサスペンションは、ほぼ同じである。

ステアリング

1954～1974年の全ビートルには、ウォーム＆ローラー式のステアリングギアが使われている。ステアリングギアのピットマンアームが、左右のタイロッドを介してステアリングナックルを動かす。ステアリングダンパーは、ステアリングホイールに伝わる路面からのショックを低減する。

1971～1974年のスーパービートルもウォーム＆ローラー式のステアリングギアだが、リンケージがビートルのものとは異なっている。ピットマンアームは、反対側をアイドラーアームによって固定されたセンタータイロッドを動かす。センタータイロッドは、左右のアウタータイロッドを介してステアリングナックルを動かす。ステアリングダンパーの位置も異なる。

1975年以降のスーパービートルには、ラック＆ピニオン式のステアリングが使われている。左右に伸びたタイロッドが、ラックの動きをステアリングナックルに伝達する。

2. フロントショックアブソーバーの脱着

1. 各ホイールボルトを緩めて、車の前部を持ち上げて、リジッドラックで確実に支えて、後輪に輪止めをする。
2. 両方の前輪を取り外す。

1965年以前のモデル（キングピンタイプ）

→写真2.3a、2.3b参照
3. ショックアブソーバーの上下の取付ボルト（写真参照）を取り外して、ショックアブソーバーを取り外す。取り付けは取り外しの逆手順で行なう。

1966年以降のモデル（ボールジョイントタイプ）

→写真2.4a、2.4b、2.7a、2.7b、2.12参照
4. トーションアームの下にフロアジャッキを置いて、トーションバーのテンションがちょうどかからなくなる位置まで持ち上げる。ショックアブソーバーをショックタワーに固定しているナットを取り外す。ナットを緩める際にエア工具を使わない場合は、ダンパーロッド（写真参照）先端のバッファースタッドにレンチ（42 mm）をかけて回り止めをする必要がある。上部のナットを緩められない場合は、シャフトからプラスチックカバーとラバーバッファーをずらして、バッファースタッドの下端をプライヤーで固定してから、スパナを使ってバッファースタッドからダンパーロッドを緩める（写真参照）。
5. ロアトーションアームの取付ピンからナットを取り外す。
6. ショックアブソーバーを取り外す。

7. 新しいショックアブソーバーを取り付ける場合は、古いショックアブソーバー（写真参照）からバッファーとバッファースタッドを取り外して、新しいショックアブソーバー（写真参照）に付け替える。ただし、摩耗している場合は交換すること。
8. 古いショックアブソーバーを再使用する場合は、上下の取付ブッシュを点検して、必要に応じて交換する。
9. ロアトーションアームの取付ピンを点検する。損傷している場合は交換する。
10. ロアトーションアームの取付ピンに汎用グリスを薄く塗布する。
11. 取付ピンにショックアブソーバーの下端をはめて、ナットを取り付ける。ただし、この段階ではいっぱいまで締め付けないこと。
12. ブッシュ内径部が突き出た方を上に向けて、バッファースタッドにブッシュ（ダンパーリング）を取り付ける（写真参照）。

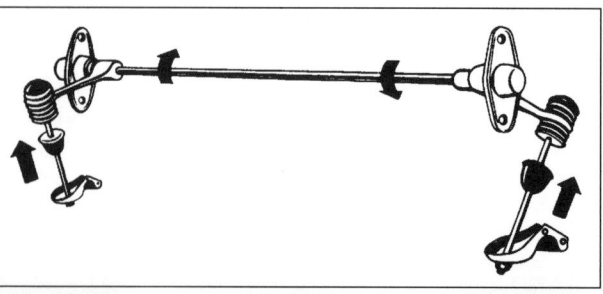

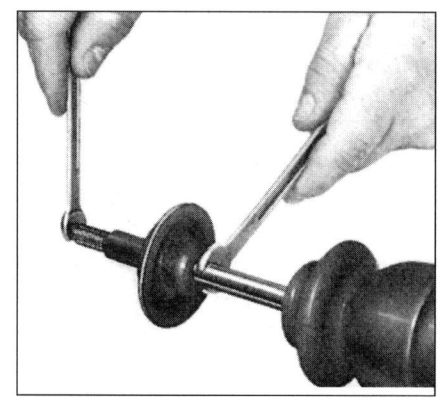

1.8 1967年と1968年のスイングアクスル車には、車に荷重がかかったときにトーションバーを補助するイコライザースプリングが設けられている

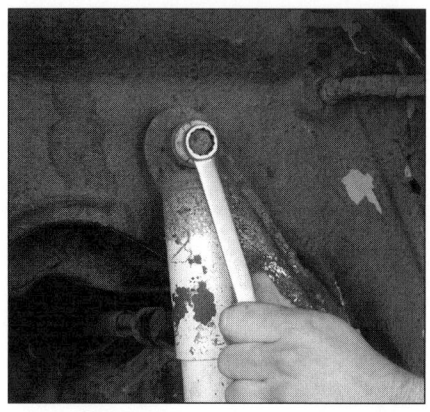

2.3a キングピンタイプ・フロントサスのショックアブソーバーを交換する場合は、上側の取付ボルトを取り外して...

2.3b ...下側の取付ボルトを取り外してから、ショックアブソーバーを取り外す

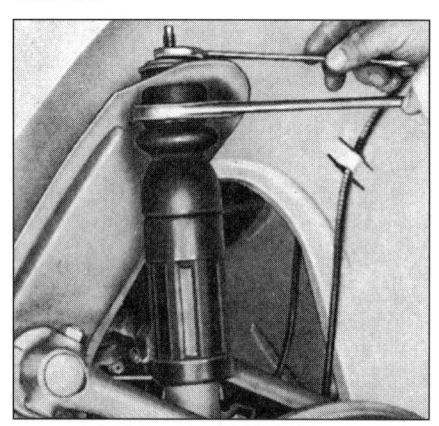

2.4a ボールジョイントタイプ・フロントサスの場合、バッファースタッドにレンチを当てて回り止めをしてから、上部のナットを取り外す

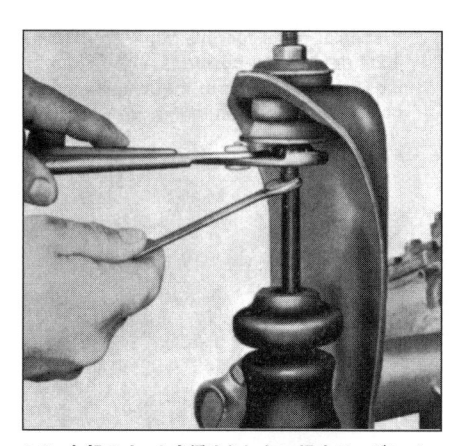

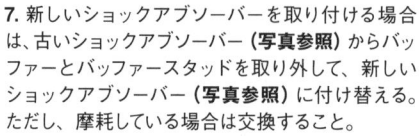

2.4b 上部のナットを緩められない場合は、ダンパーロッドからプラスチックカバーとラバーバッファーをずらして、バッファースタッドの下端をプライヤーで固定してから、スパナを使ってバッファースタッドからダンパーロッドを緩める

2.7a バッファースタッドを外す場合は、反対側にレンチを当てて回り止めをする

サスペンション／ステアリング

13. ピストンのダンパーロッドを伸ばして、ショックタワーの穴に差し込む。ショックタワーの上にプレートと上部の取付ナットを取り付ける。
14. ショックアブソーバーのバンプストップがショックタワーの下面にしっかりと押し付けられるまで、フロアジャッキを上げる。上下の取付ナットを確実に締め付ける。

全モデル

15. フロアジャッキを下ろして、ジャッキを取り外す。ホイールを取り付けて、各ホイールボルトを手いっぱいまで締める。リジッドラックを取り外して、慎重に車を下ろす。第1章の「整備情報」に記載されている規定トルクで各ホイールボルトを締め付ける。

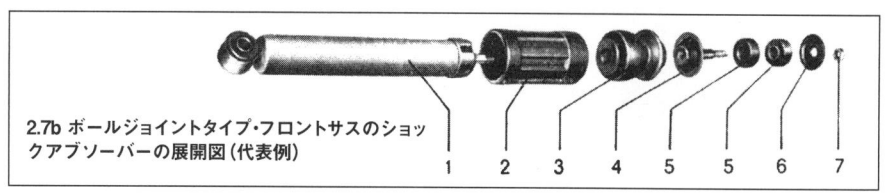

3. ストラットの脱着

→写真 3.4, 3.5, 3.6, 3.7 参照

取り外し

1. 各ホイールボルトを緩めて、車の前部を持ち上げて、リジッドラックで確実に支えてから、車輪を取り外す。
2. 左側のブレーキドラムからスピードメーターケーブルのクリップをこじって、ステアリングナックルの後ろからスピードメーターケーブルを引き抜く。
3. ブレーキホースとブレーキパイプの間のフィッティングからU字形クリップをこじって外してから、ストラットのブラケットからフィッティングを外す。フィッティングの接続は外さないこと。外してしまうと、ブレーキのエア抜きが必要になる。
4. 1968～1973年モデルの場合は、ロックプレートを曲げ戻して、ボールジョイントとステアリングナックルに固定している3本のボルトを取り外す（写真参照）。
5. 1974年以降のモデルの場合は、ストラットをステアリングナックルに固定している2本のボルトとナットを取り外す（写真参照）。
6. ステアリングナックルからストラットを引っ張って外す。1968～1973年モデルの場合は、1本のボルトを仮付けしてストラットを取り外している間ナックルを支えておく（写真参照）。
7. トランクルーム内から作業して、3個の上部取付ナットを取り外す（写真参照）。3個目のナットを取り外すときは、ストラットが落下しないようにフェンダーの下側からストラットを支えておく。

取り付け

8. 取り付けは取り外しの逆手順で行なう。1968～1973年モデルの場合は、3本の下側取付ボルトに新しいロックプレートを使う。3個の上部取付ナットと、3本または2本の下側取付ボルトを、この章の「整備情報」に記載された規定トルクで締め付ける。
9. 反対側の車輪についても、手順2～8を繰り返す。
10. ストラットを取り付けた後、必要に応じて、専門業者でホイールアライメントの点検／調整をしてもらう。

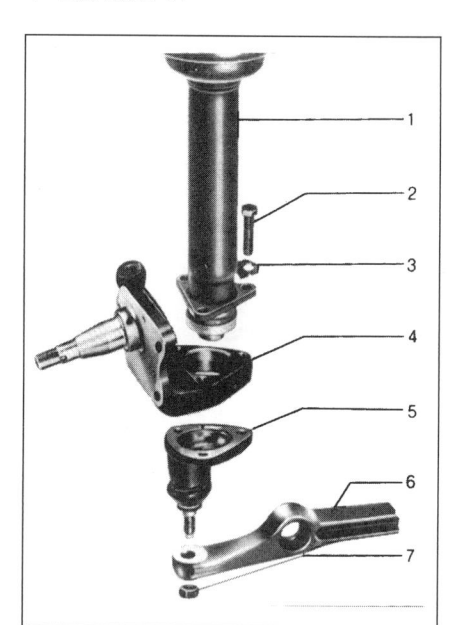

2.7b ボールジョイントタイプ・フロントサスのショックアブソーバーの展開図（代表例）

1 ショックアブソーバー
2 アウターチューブ
3 バッファー
4 バッファースタッド
5 ブッシュ（ダンパーリング）
6 ブッシュ用プレート
7 上側の取付ナット

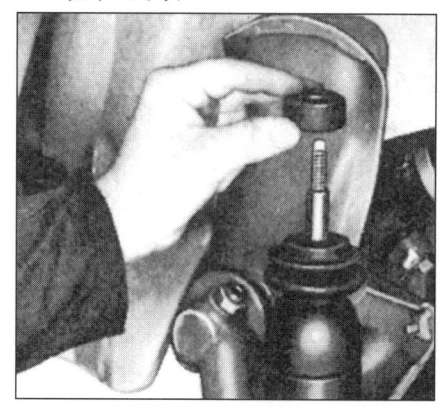

2.12 ショックタワーの上側の取付穴にダンパーロッドをはめる前に、ショックアブソーバーにダンパーリングを取り付ける

3.4 1968～1973年のマクファーソンストラットとステアリングナックル・アセンブリの展開図

1 ストラット
2 ストラットとナックル間のボルト
3 ロックプレート
4 ステアリングナックル
5 ボールジョイント
6 コントロールアーム
7 セルフロックナット

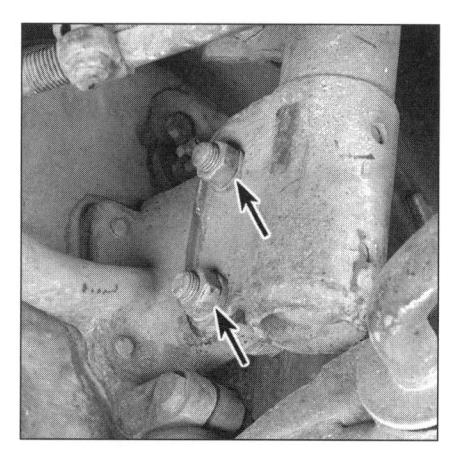

3.5 ストラットをステアリングナックルに固定しているボルト（矢印）を取り外す

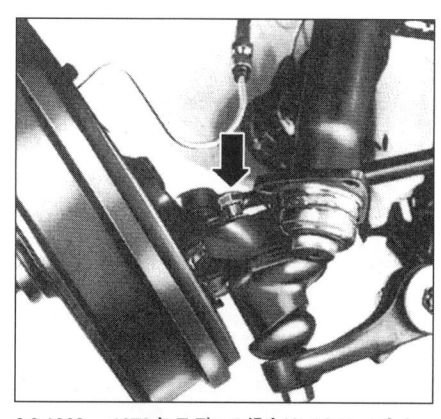

3.6 1968～1973年モデルの場合は、ストラットをナックルに固定するボルトのうちの1本をナックル取付フランジに通し、ボールジョイントフランジにねじ込んで、ストラットを取り外している間ナックルを支えておく

3.7 トランクルーム内から作業して、3個の上部取付ナットを取り外す。3個目のナットを取り外すときは、ストラットが落下しないようにフェンダーの下側からストラットを支えておく

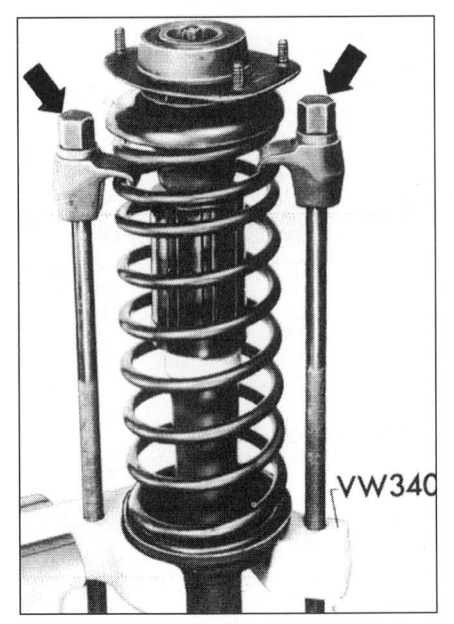

サスペンション／ステアリング

4.4 工具メーカーの説明書に従ってスプリングコンプレッサーを取り付けて、アッパースプリングシートにスプリングのテンションがかからなくなるまで、スプリングを圧縮する

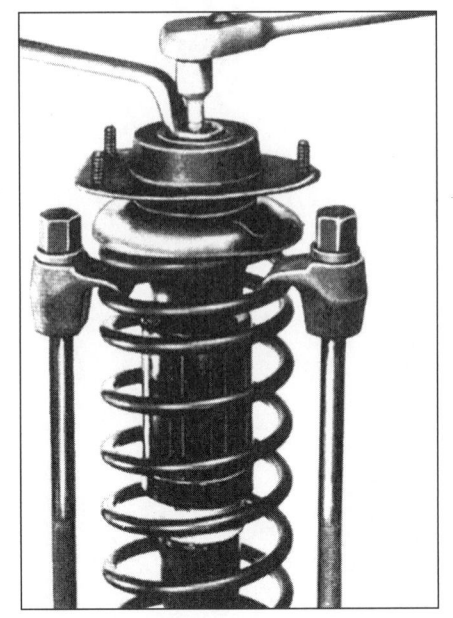

4.6 写真に示すようにオフセットボックスレンチとヘキサゴンレンチを使って、ピストンロッドからナットを取り外す

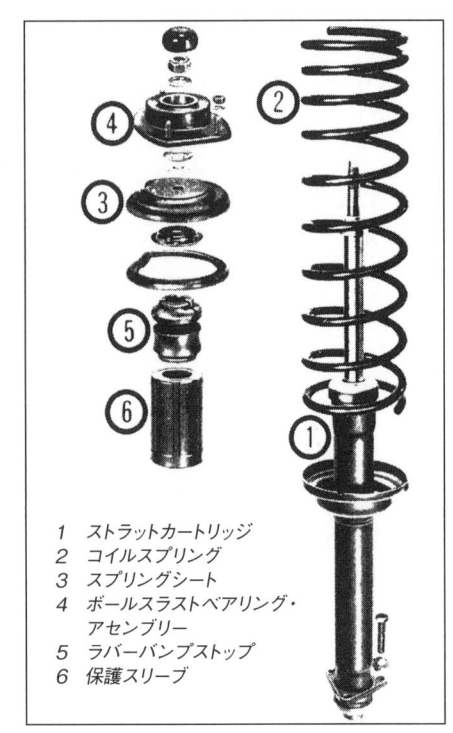

1 ストラットカートリッジ
2 コイルスプリング
3 スプリングシート
4 ボールスラストベアリング・アセンブリー
5 ラバーバンプストップ
6 保護スリーブ

4.7 ストラット・アセンブリーの展開図（代表例）

4. ストラットの交換

→写真 4.4, 4.6, 4.7, 4.13, 4.16 参照

1. ストラットを取り外す（セクション3参照）。
2. ストラット・アセンブリーにオイル漏れ、打痕、亀裂等の損傷がないか点検する。コイルスプリングに欠けや亀裂（これらの損傷があると、早期故障の原因となる）がないか点検して、ゴム部品に硬化やへたりがないか点検する。ストラットは、アセンブリー交換を前提として補用品が供給されている。アセンブリーで補用品と交換してしまえば、時間と手間を大幅に省くことができる。従って、ストラットを分解して、個々の部品を交換する前に、その部品が供給されているのか確認するとともに、ストラット・アセンブリーのリビルト品の値段と比較しておく。

警告：ストラット・アセンブリーの分解は、危険を伴う作業である。作業中は最大限の注意を払っていないと、大けがを負う原因となる。コイルスプリングを圧縮する場合は、必ず品質の確かなスプリングコンプレッサーを使うとともに、工具に付属しているメーカーの取扱説明書も熟読しておくこと。ストラットからコイルスプリングを取り外した後は、スプリングを安全な場所にしまっておく。

3. ストラットを万力に固定する。万力で挟むときは間に木片を挿入するとともに、くれぐれも万力を締め過ぎないように注意すること。締め過ぎると、ストラットが損傷する恐れがある。ストラットの頂面からダストキャップをこじって外す。
4. 工具メーカーの説明書に従ってスプリングコンプレッサーを取り付ける（**写真参照**）。
5. 2本のロッド各々にネジが付いたスプリングコンプレッサーを使っている場合は、2本のロッドを交互に数回転ずつ締め込んでいく。スプリングのテンションがスプリングシートにかからなくなるまで（スプリングをガタガタと動かすことができるようになるまで）、コンプレッサー

を締め続ける。

6. 写真に示すようにオフセットボックスレンチとヘキサゴンレンチを使って、ストラットピストンロッドからセルフロックナットを取り外す（**写真参照**）。
7. ストラットから構成部品を取り外す（**写真参照**）。コイルスプリングを交換する場合は、スプリングのテンションがかからなくなるまで、スプリングコンプレッサーの両側のロッドを徐々に交互に緩める。スプリングコンプレッサーを取り外す。
8. ラバーバンプストップの亀裂またはへたりを点検する。摩耗している場合は、交換する。
9. ストラットを点検する。点検は、ストラットを伸ばしたり縮めて行なう。ストロークの全長にわたり、ガタつきがなく一定の抵抗を感じながらスムーズに作動すれば正常である。
10. ストラットが正しく作動しない場合は交換する。
11. ピストンロッドにラバーバンプストップと保護スリーブを取り付ける。
12. スプリングを取り付ける。

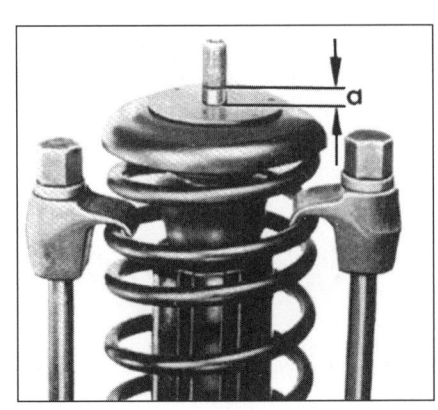

4.13 ピストンロッドのネジ山の付いていない部分（寸法「a」）がスプリングシートの上から8〜10mm突き出るまで、スプリングを徐々に圧縮する

13. ピストンロッドのネジ山の付いていない部分がスプリングシートの上から8〜10mmほど突き出るまで、スプリングを徐々に圧縮する（**写真参照**）。
14. ボールスラストベアリング・アセンブリーを取り付ける。
15. ピストンロッドに新しいセルフロックナットを取り付けて、この章の「整備情報」の項に記載されている締付トルクに従って締め付ける。
16. ボールスラストベアリングの図示箇所にリチウムグリスを充填する（**写真参照**）。

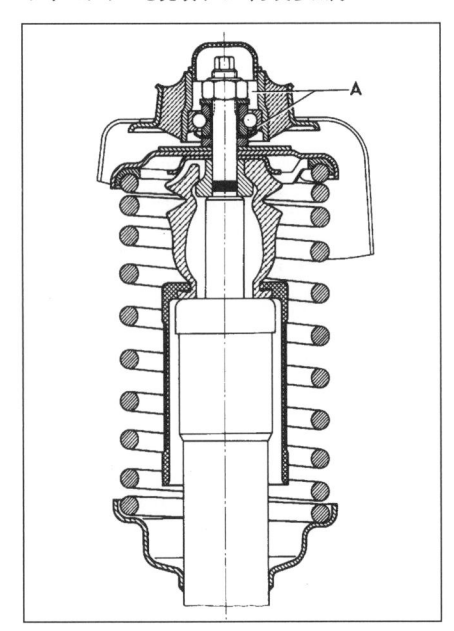

4.16 ボールスラストベアリングを適切に潤滑するために、ストラット上部のすき間（A部）にリチウムグリスを充填する

サスペンション／ステアリング

10-7

17. 車にストラットを取り付ける（セクション3参照）。

5. ステアリングナックルの脱着、オーバーホール

取り外し

1. 前輪の各ホイールボルトを緩めて、車の前部を持ち上げて、リジッドラックで確実に支えてから、車輪を取り外す。
2. 左側のダストキャップからスピードメーターケーブルの接続を外して、ステアリングナックルからケーブルを引き抜く。
3. ブラケットからブレーキホースとブレーキパイプを結合しているフィッティングの接続を外す（セクション9参照）。ブレーキホースとパイプの両方に栓をして、ホコリや湿気の侵入を防ぐ。
4. ステアリングナックルからタイロッドエンドを外す（セクション17参照）。
5. ブレーキドラム、ブレーキシュー（またはブレーキキャリパーとディスク）およびバックプレートを取り外す（第9章参照）。

1965年以前のモデル

→写真 5.6, 5.7 参照

6. リンクピン締付ボルトとナットを取り外す（写真参照）。
7. トーションアームとステアリングナックルを固定している上下のリンクピンを取り外す。リンクピンを取り外した際にキャンバーシムの取付位置と枚数が分からなくなる場合があるので、各リンクピン（写真参照）に対応するシムの枚数と取付位置をメモしておく。1959年以前のモデルの場合は、各リンクピンに10枚のシムが取り付けられている。1960年以降のモデルの場合は、8枚ずつとなっている（ただし、以前に整備した履歴があればシムの枚数が異なっている場合もある）。注意：シムを紛失したり、間違った方向に取り付けないこと。シ

5.6 トーションアームとステアリングナックルを分離するには、上下のリンクピンの締付ボルトとナットを取り外さなければならない

ムを紛失したり取付方向を間違ったままリンクピンを取り付けると、キャンバーが狂ってしまい、修理

5.7 1965年以前のステアリングナックルとトーションアーム・アセンブリーの展開図

#	部品名
1	ボディ取付ボルト
2	ワッシャー
3	プレート
4	ラバーパッキン
5	ラバーパッキン
6	アクスル・アセンブリー取付ナット
7	スプリングワッシャー
8	ベアリングダストカバー
9	タブワッシャー
10	アジャストナット
11	スラストワッシャー
12	ベアリング
13	ブレーキドラム
14	バックプレートボルト
15	ワッシャー
16	バックプレート
17	ベアリング
18	シール
19	スペーサー
20	ステアリングナックル
21	リンクピン
22	ブッシュ
23	シム
24	シール
25	シートリテーナー
26	キングピン
27	ブッシュ
28	グリスニップル
29	キングピンキャリア
30	スラストワッシャー用カバー
31	プラスチック製のスラストワッシャー
32	鋼鉄製のスラストワッシャー
33	ドエルピン
34	クリップ
35	プレート
36	ラバーブッシュ
37	クランプ
38	クリップ
39	プレート
40	ラバーブッシュ
41	スタビライザーバー
42	クランプ
43	リンクピン締付ボルトのナット
44	ワッシャー
45	リンクピン締付ボルト
46	ショックアブソーバー取付ボルト
47	ロックワッシャー
48	ナット
49	ロックワッシャー
50	スリーブ
51	ラバーブッシュ
52	ショックアブソーバー
53	ロックナット
54	トーションアーム・セットスクリュー
55	アッパートーションアーム
56	ロアトーションアーム
57	シール
58	ドエルピン
59	ショックアブソーバー取付ピン
60	バンプストップ
61	ニードルベアリング
62	トーションバー
63	ブッシュ
64	アクスルビーム（チューブ）

10-8 サスペンション／ステアリング

5.8 1966年以降のトーションバータイプのフロントサスペンション・アセンブリーの展開図

1 ステアリングナックル	13 ナット	25 アウターチューブ	37 ワッシャー
2 キャンバーアジャスター	14 ボルト	26 ダンパー	38 ボールジョイント
3 保持スクリュー	15 ボルト	27 ナット	39 セルフロックナット
4 保持スクリューのロックナット	16 スプリングワッシャー	28 スリーブ	40 ワッシャー
5 アッパートーションアーム	17 プレート	29 ブッシュ	41 クランプ
6 シール	18 ラバーパッキン	30 シール	42 ニードルベアリング
7 ベアリング	19 ラバーパッキン	31 ロアトーションアーム	
8 ブッシュ	20 ロックナット	32 スタビライザーバー	
9 バッファー	21 アクスルビーム	33 ピン	
10 ピン	22 ステアリングストップスクリュー	34 ダンパー下側取付スタッド	
11 ダンパーリング	23 グリスニップル	35 ラバーブロック	
12 プレート	24 トーションバー	36 クリップ	

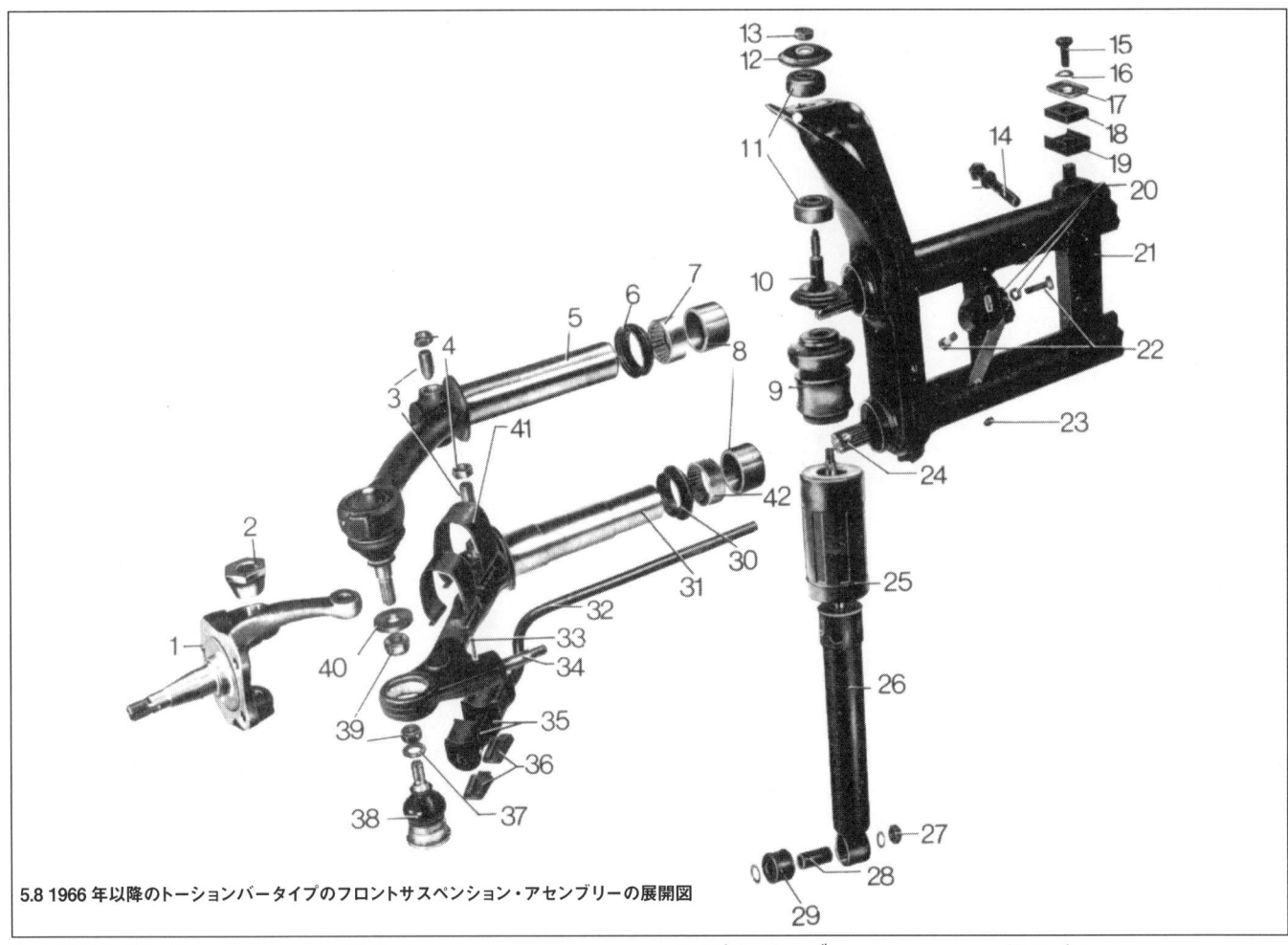

工場に調整を依頼しなければならなくなる。プラスチックハンマーを使って、トーションアームからステアリングナックルを軽く叩いて外す。

1966年以降のトーションバーモデル

→写真5.8, 5.10参照

8. ロアボールジョイントのナット（**写真参照**）を取り外す。ボールジョイントセパレーター（取り外し工具）を取り付ける。ナットを外してから、セパレーターでボールジョイントをステアリングナックルから外す。固くて外れない場合は、セパレーターで力をかけた状態で、ハンマーでステアリングナックルのボス部の側面を叩くと、外れるはずである。

9. アッパーボールジョイントのナットを取り外して、キャンバー調整用の偏心ブッシュ（キャンバーアジャスター）を緩める。手順8と同じ要領でアッパーボールジョイントを外す。

10. アッパートーションアームを持ち上げて、ステアリングナックルを取り外す。備考:アッパートーションアームを持ち上げるための特殊工具が用意されている（写真参照）。この特殊工具を使わない場合は、ロアトーションアームをジャッキで支えてから、ショックアブソーバーの下端を外して、トーションアームをできるだけ下ろす。ステアリングナックルの上部とアッパートーションアームの間にプライバーを差し込んで、キャンバーアジャスターがナックルから外れるまでトーションアームをこじって外す。

マクファーソンストラットモデル

11. スタビライザーバーを取り外す（セクション6参照）。

12. 1968年〜1973年モデルの場合は、ストラット、ステアリングナックルおよびボールジョイントを結合している3本のボルトを取り外す（セクション3参照）。コントロールアームを押し下げて、ステアリングナックルを取り外す（コントロールアームからボールジョイントを外す必要はない）。

13. 1974年以降のモデルの場合は、ボールジョイントスタッドの締付ボルトを緩めて、ステアリングナックルからボールジョイントを外す。ストラットにステアリングナックルを固定している2本のボルトを取り外す（セクション3参照）。ナックルを取り外す。

点検

14. ステアリングナックルに曲がり、亀裂等の損傷がないか点検する。曲がりまたは亀裂があれば、交換する。曲がったステアリングナックルをまっすぐにしたり、亀裂を修理しようとしないこと（不具合があれば、必ず交換すること）。ナックルの状態に疑問の点があれば、専門業者に持っていって、点検してもらう。ベアリング

サスペンション／ステアリング

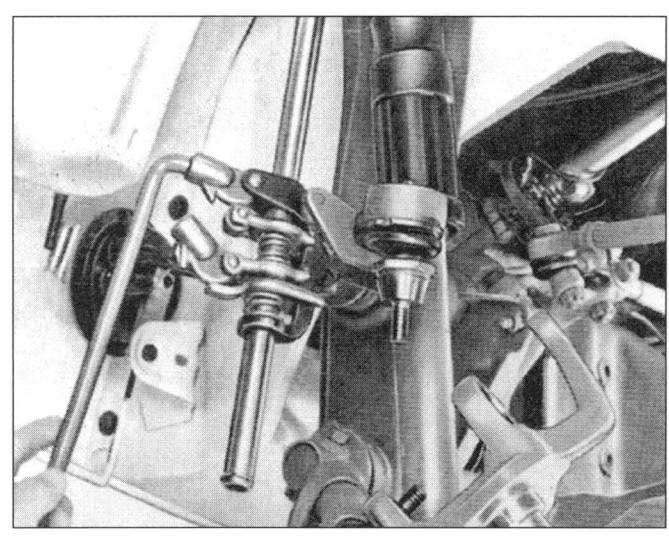

10-9

5.10 アッパートーションアームを持ち上げて、ステアリングナックルを取り外す。写真の工具はVW社の特殊工具である

5.15 キングピンキャリアから古いリンクピンブッシュを打ち抜く

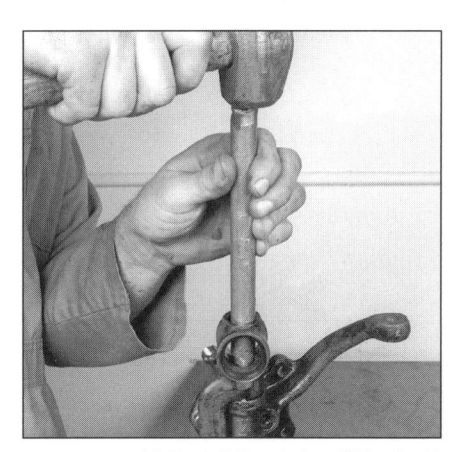

5.16 ハンマーとドリフトを使って、キングピンキャリアとステアリングナックルから古いキングピンを打ち抜く（キングピンを打ち抜けない場合は、油圧プレスが必要になる）

5.18 取り外したときと同じソケットまたはパイプを使って、新しいキングピンブッシュを打ち込む。ブッシュとキャリア上部の切り欠きの位置を揃えること（ブッシュに切り欠きがない場合は、小型のヤスリで切り欠きを作っておく）

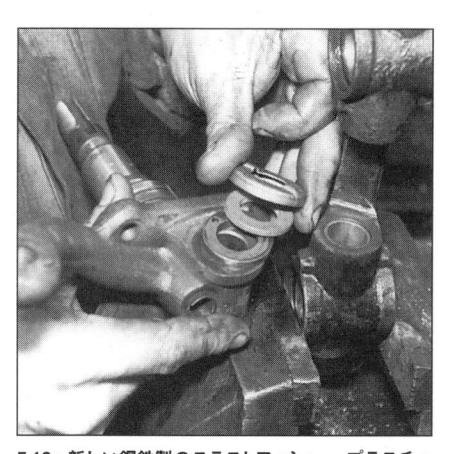

5.19a 新しい鋼鉄製のスラストワッシャー、プラスチックのスラストワッシャーおよびスラストワッシャーカバーを取り付けるときは…

5.19b …カバーとワッシャーの凹み部分をナックルの突起に合わせること

の表面を点検する。錆、腐食、傷等の不具合があれば、ナックル・アセンブリーを交換する。

オーバーホール
(1965年以前のモデルのみ)

→ 写真 5.15, 5.16, 5.18, 5.19a, 5.19b, 5.20a, 5.20b, 5.21a, 5.21b, 5.21c 参照

15. ナックルを万力に固定する。リンクピンブッシュの外径よりも若干小さいソケットまたはパイプを使って、キングピンキャリアから古いブッシュを打ち抜く（写真参照）。

16. ハンマーと大型のドリフト（打ち抜き工具）を使って、キングピンキャリアとステアリングナックルから古いキングピンを打ち抜く（写真参照）。スラストワッシャーカバー、プラスチックのスラストワッシャーおよび鋼鉄製のスラストワッシャーは捨てる。**備考：キングピンが打ち抜けない場合は、ブッシュとピンが固着している。固着している場合は、油圧プレスが必要になる。プレスを持っていない場合は、ナックル＆キャリア・アセンブリーを機械加工業者ま**

たは修理工場に持っていって、キングピンとブッシュを抜き取ってもらう。また、持ち込むときは必ずリペアキットも一緒に持っていくこと。古いキングピンとブッシュを抜き取ってもらったついでに、新しいキングピンブッシュ、キングピンおよびキングピンブッシュを圧入してもらうと良い。

17. 古いキングピンをなんとか自力で打ち抜けた場合は、ブッシュの外径よりも若干小さい外径のソケットまたはパイプを使って、キャリアからキングピンブッシュを打ち抜く。

18. 同じソケットまたはパイプを使って、新しいキングピンブッシュを打ち込む。ブッシュとキャリア上部の切り欠きの位置を揃えること（写真参照）。ブッシュに切り欠きがない場合は、小型のヤスリで切り欠きを作っておく。備考：この時点で、キングピンキャリアを機械加工業者に持っていって、キングピンブッシュの内径を適切なサイズに広げなければならない。

19. 新しい鋼鉄製のスラストワッシャー、プラスチックのスラストワッシャーおよびスラスト

ワッシャーカバーを取り付ける**（写真参照）**。ワッシャーとカバーをナックルの突起に合わせること**（写真参照）**。

サスペンション／ステアリング

5.20a キングピンキャリアとステアリングナックルを所定の位置に置いて、新しいキングピンを組み付けて…

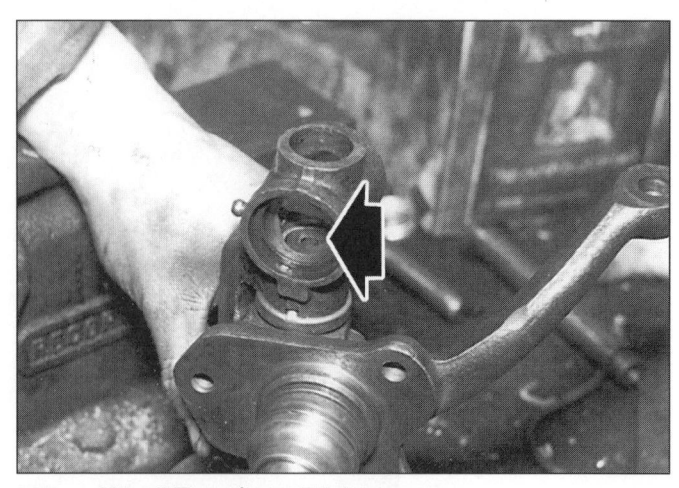

5.20b …所定の位置いっぱいまで圧入する

5.21a 新しいリンクピンブッシュを取り付けるときは、リンクピンとブッシュにグリスが行き渡るように、ブッシュの潤滑穴をグリスニップルに向けること

5.21b ブッシュ取付工具、ソケットまたはパイプを使って、新しいブッシュを叩いて打ち込む。またはこのように万力にはさんで圧入してもよい

20. キングピンキャリアとステアリングナックルを所定の位置に置いて、キャリアの上部とナックルを通してキャリアの底部に新しいキングピンを圧入する（写真参照）。キングピンは所定の位置まで確実に圧入すること（写真参照）。

21. 新しいリンクピンブッシュを取り付ける。ブッシュの潤滑穴がグリスニップル用の凹み部に向いていることを確認する。グリスは、この潤滑穴を通ってリンクピンとブッシュの間のすき間に達することができる（写真参照）。古いブッシュを取り外した時と同じ要領でソケットを使って、リンクピンブッシュを取り付けるか、万力を使って圧入する（写真参照）。正しく取り付ければ、ブッシュはキャリアの先端と面一になるはずである（写真参照）。

取り付け

1965年以前のモデル

→写真 5.22、5.23 参照

22. 上下のトーションアーム（写真参照）の先端の間のオフセット量を測定して、その測定値をこの章の「整備情報」に記載された許容値と比較する。測定値が許容値の範囲内であれば、その正確な数値を記録しておく。この数値は、あとで必要になる。許容値を外れる場合は、トーションアームの曲がりまたはアクスルビームのニードルベアリングに不

具合があると考えられる（セクション7参照）。

23. 上記の手順で測定したオフセット量の場合に必要となるシムの枚数と、手順6で取り外したときのシムの枚数を比較する。シムの枚数が合わな

5.21c 正しく取り付ければ、リンクピンブッシュはキャリアの先端と面一になるはずである

い場合は5.23の表に従ってシムの枚数を変えて、現在のアームのオフセット量に応じた設定にする（図参照）。

24. ステアリングナックルにシムとリンクピン

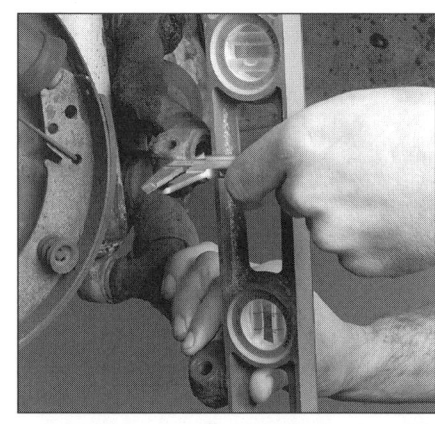

5.22 上下のトーションアーム先端のオフセット量を測定するには、2本のアームの間にストレートエッジを渡し、ストレートエッジをロアトーションアーム側に押し付け、垂直に保持する（水準器があると正確に測定できる）。ストレートエッジからアッパートーションアームの先端までの距離をノギスで測定する

サスペンション／ステアリング

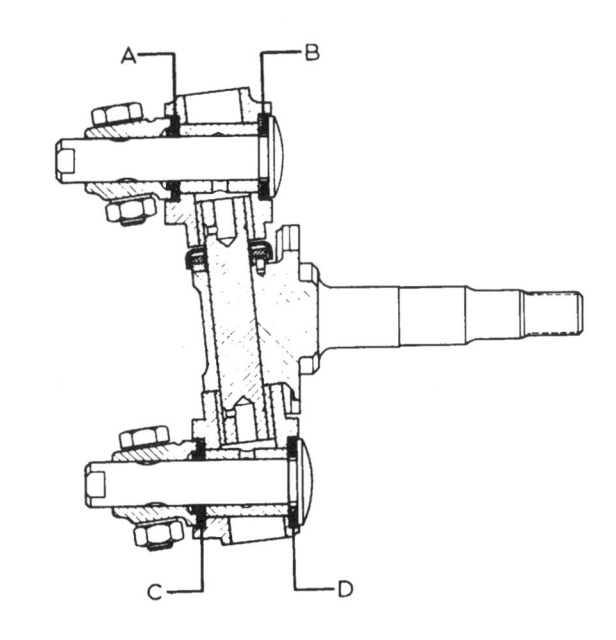

5.23 右の表は、トーションアーム間のオフセット量と、それに対するシムの組み合わせの表である。各列の「A」、「B」、「C」、「D」は、上側の2箇所と下側の2箇所の合計4箇所のシム取付位置を示している。このシムは、アームの実際のオフセット量に応じて、正しいキャンバーを設定するためのものである。オフセット量が限度値を超える場合は、このシムによる補正はできない

1959年以前のモデル（シム10枚）

リンクピンのワッシャーの位置と枚数

オフセット(mm)	A	B	C	D
5	3	7	7	3
5.5	3	6	7	3
6	4	6	6	4
6.5	5	5	6	4
7	5	5	5	5
7.5	6	4	5	5
8	6	4	4	6
8.5	7	3	4	6
9	7	3	3	7

1960年以降のモデル（シム8枚）

リンクピンのワッシャーの位置と枚数

オフセット(mm)	A	B	C	D
5.5	2	6	5	3
6	2	6	4	4
6.5	3	5	4	4
7	3	5	3	5
7.5	4	4	3	5
8	4	4	2	6
8.5	5	3	2	6

を取り付ける。

25. 上下のトーションアームにステアリングナックルを取り付ける。

26. リンクピン締付ボルトを各取付穴に挿入する。各リンクピンには、締付ボルト用の溝が設けられている。ボルトが完全に挿入される位置までリンクピンを回す。

27. 各リンクピンを締め込んでから、約1/8回転戻す。抵抗を感じる位置までピンを再度締め込む。ピンの先端を軽く叩いてから、締付ボルトを締める。各リンクピンで、この手順を繰り返す。

1966年以降のトーションバーモデル

28. 手順10の説明に従って、アッパートーションアームを持ち上げる。

29. ステアリングナックルを取り付けて、トーションアームを下ろす。キャンバーアジャスターの切り欠きは前方に向けること。

30. 各ボールジョイントナットを取り付けて、この章の「整備情報」の項に記載されている締付トルクに従って締め付ける。

マクファーソンストラットモデル

31. 1968～1973年モデルの場合は、ストラットの底部にステアリングナックルを位置決めして、コントロールアームとボールジョイントを持ち上げて、ストラット、ナックルおよびボールジョイントを固定する3本のボルトを取り付ける。この章の「整備情報」に記載されている締付トルクで各ボルトを締め付ける。

32. 1974年以降のモデルの場合は、ストラットにステアリングナックルを位置決めして、ストラットをナックルに固定するボルトを取り付けて、コントロールアームを持ち上げて、ボールジョイントのスタッドをナックルに押し込んで、締付ボルトを取り付ける。この章の「整備情報」に記載されている締付トルクで各ボルトを締め付ける。

全モデル

33. タイロッドをステアリングナックルに接続する（セクション17参照）。

34. ブレーキバックプレートとブレーキシューを取り付けて、ブレーキホースを接続する（第9章参照）。

35. ブレーキドラム（またはディスクとキャリパー）を取り付けて、フロントホイールベアリングを調整する（第1章参照）。

36. ブレーキを調整して、エア抜きを行なう（第9章参照）。

37. スピードメーターケーブル（運転席側のみ）を接続する。

38. ホイールとホイールボルトを取り付けて、車を下ろしてから、各ホイールボルトを第1章の「整備情報」に記載の規定トルクで締め付ける。

6. スタビライザーバーの脱着

トーションバーモデル

→写真6.2, 6.6, 6.7参照

1. 前輪の各ホイールボルトを緩める。ハンドブレーキを引く。車体前部を持ち上げて、リジッドラックで確実に支える。両方の前輪を取り外す。

2. スタビライザーバーのクリップ（写真参照）のツメを広げて、両方のクランプからクリップを取り外す。

3. クランプを開いて、金属プレートを取り外す。

4. スタビライザーバーを取り外す。クリップ、プレートとクランプは捨てる。

5. ラバーブッシュに亀裂、硬化またはへたりがないか点検する。ブッシュが損傷している場合は、交換する。

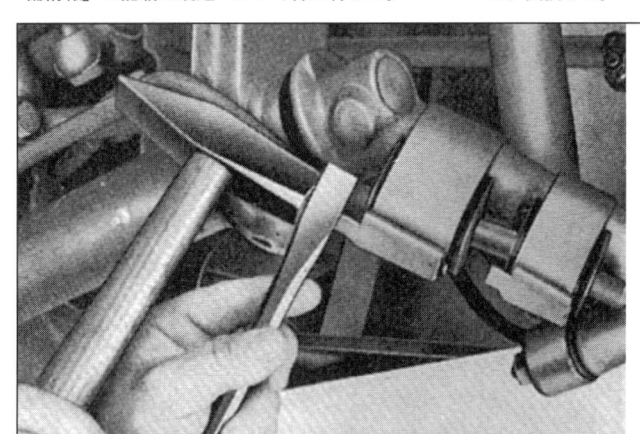

6.2 クランプを保持しているクリップを取り外すには、ツメを広げて、クリップをずらして外す

10-12　サスペンション／ステアリング

6.6 すき間の狭くなっている方をステアリングナックル側に向けて新しいクランプを取り付ける

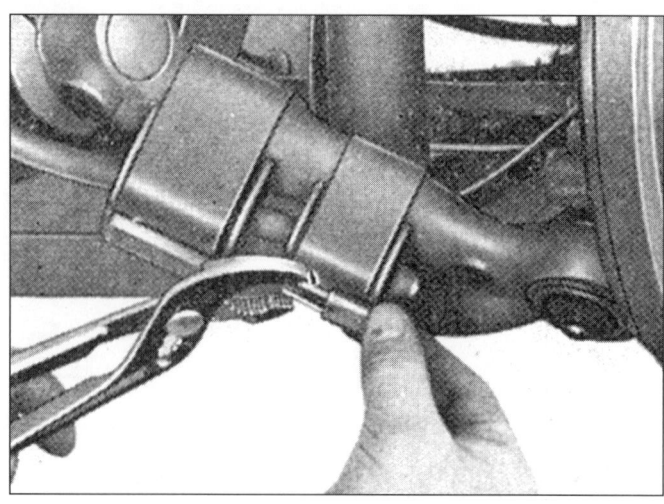

6.7 プライヤーでクランプを縮め、クリップのツメをアクスルビーム側に向けて、クリップをはめる

6. 新しいクリップ、プレートおよびクランプを使って、すき間の狭くなっている方をステアリングナックル側に向けてクランプを取り付ける**(写真参照)**。
7. プライヤーでクランプを縮めて、クリップをはめる。クリップのツメは、アクスルビーム側に向けること**(写真参照)**。
8. 残りの部品の取り付けは取り外しの逆手順で行なう。

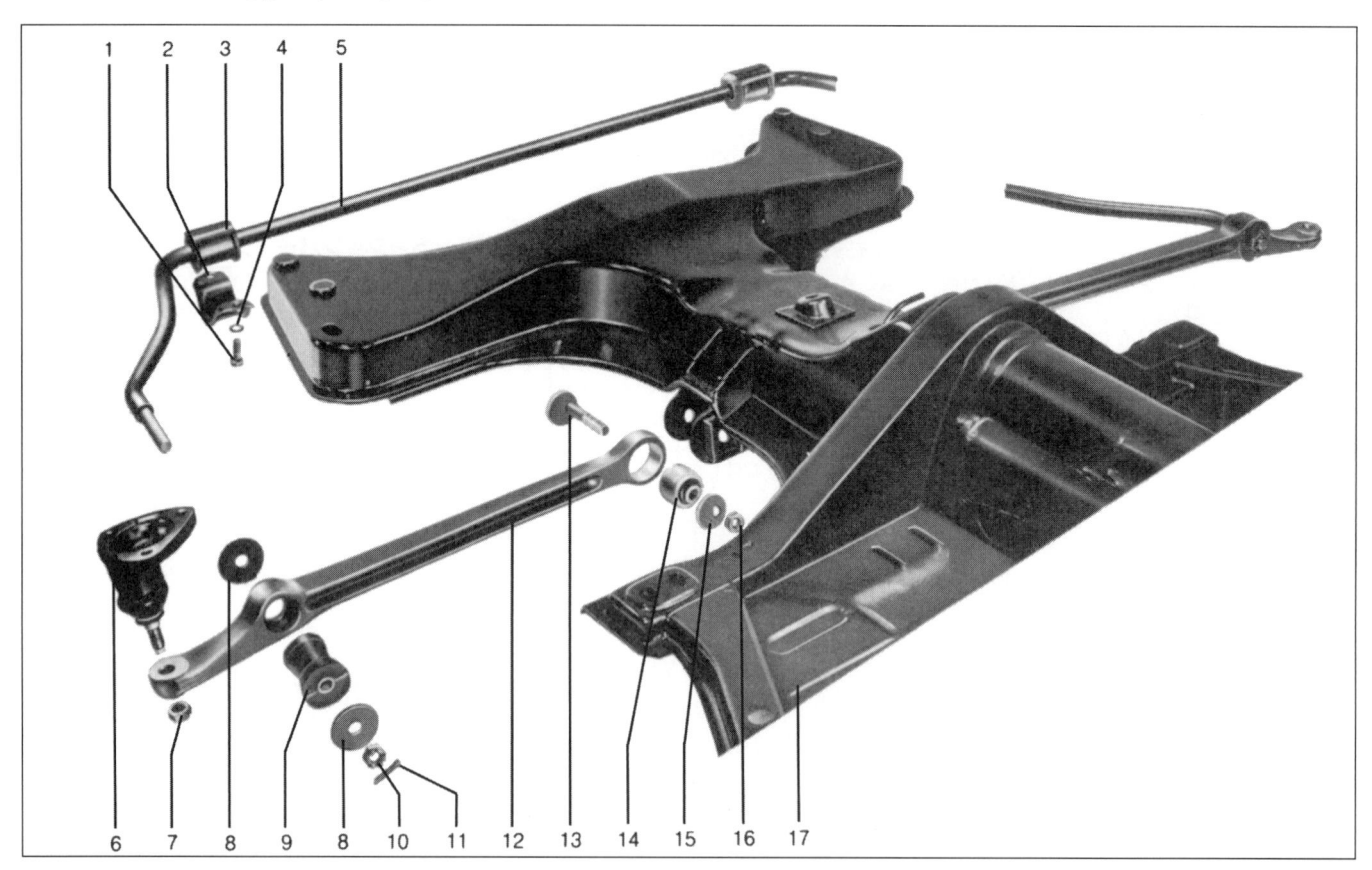

6.10 マクファーソンストラットモデルのスタビライザーバーとコントロールアーム・アセンブリーの展開図

1　スタビライザーバー取付ボルト
2　取付クランプ
3　ラバーブッシュ
4　スプリングワッシャー
5　スタビライザーバー
6　ボールジョイント(1968～1973年モデル)
7　セルフロックナット
8　ブッシュワッシャー
9　スタビライザーバー用接着ラバーブッシュ
10　キャッスルナット
11　割ピン
12　コントロールアーム
13　キャンバー調整用偏心ボルト
14　コントロールアーム用接着ラバーブッシュ
15　キャンバー調整用偏心ワッシャー
16　セルフロックナット
17　フレームヘッド

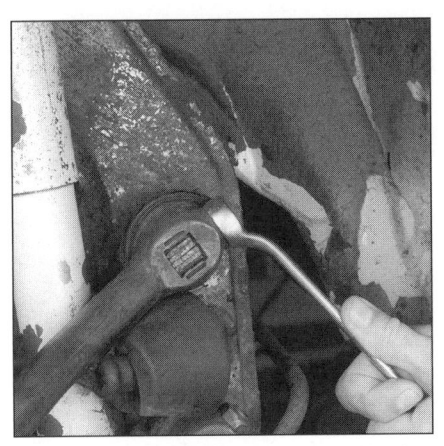

サスペンション／ステアリング

7.5a トーションバーからトーションアームを外すには、トーションアーム内側端部のセットスクリューのロックナットを緩めてから...

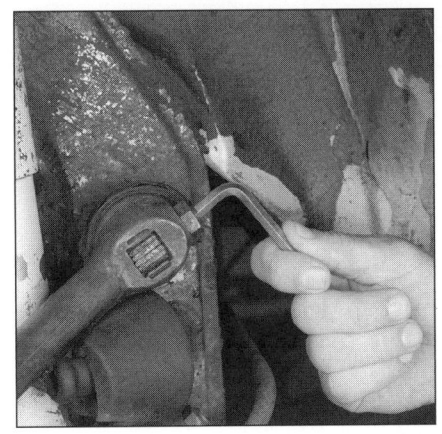

7.5b ...ヘキサゴンレンチでセットスクリューを緩めて、アームを引っ張って外す

マクファーソンストラットモデル

→写真6.10参照

備考：これらのモデルに使われているスタビライザーバーは、フロントホイールアライメントに影響する。曲がっている場合は交換しなければならない。

9. 前輪の各ホイールボルトを緩める。ハンドブレーキを引く。車体前部を持ち上げて、リジッドラックで確実に支える。両方の前輪を取り外す。
10. コントロールアームのキャッスルナットから割ピンを取り外して、ナットを取り外す（写真参照）。
11. 2個のスタビライザークランプをフレームヘッドの下側に固定しているボルトを取り外して、クランプを取り外して、スタビライザーの中央部分を下ろす。
12. コントロールアームのラバーブッシュからスタビライザーの左右の先端を引っ張って外す。
13. スタビライザーバーブッシュに硬化またはへたりがないか点検する。損傷している場合は交換する。
14. 取り付けは取り外しの逆手順で行なう。

7. トーションアームの脱着

→写真7.5a, 7.5b参照

1. 各ホイールボルトを緩めて、車の前部を持ち上げて、リジッドラックで確実に支えてから、前輪を取り外す。
2. ブレーキドラム、ブレーキシューおよびバックプレート（またはブレーキキャリパーとディスク）を取り外す（第9章参照）。
3. ステアリングナックルを取り外す（セクション5参照）。
4. ロアトーションアームを取り外す場合は、ショックアブソーバー（セクション2参照）とスタビライザーバー（セクション6参照）を取り外す。
5. トーションアームのセットスクリューのロックナットを緩め、ヘキサゴンレンチを使ってセットスクリューを緩める（写真参照）。
6. アクスルビームの先端からトーションアームを引っ張って外す。
7. トーションアームとリンクピン（またはボールジョイント）を念入りに清掃する。トーションアームのベアリング面に錆、腐食または傷がないか点検する。摩耗または損傷している場合は、交換する。
8. キングピンとリンクピンを使った初期モデルの場合は、リンクピンを念入りに清掃する。リンクピンに腐食、錆または摩耗が認められる場合は、キングピンキャリア内のリンクピンブッシュにも同様の摩耗がないか点検する。リンクピンブッシュが損傷している場合は、交換する（セクション5参照）。
9. ボールジョイントを使った後期モデルの場合は、ボールジョイントを念入りに点検する。ボールジョイントに摩耗または損傷が見られる場合は、交換する（セクション11参照）。
10. ショックアブソーバー下側の取付ピン部を点検する。腐食、錆または摩耗が認められる場合は、トーションアームを機械加工業者または修理工場に持っていって、新しいピンを取り付けてもらう。
11. 古いトーションアームを再使用するつもりでも、アームの状態に疑問な点があれば、修理工場に持っていって、点検してもらう。トーションアームを正しく点検するためには、多数の特殊工具が必要になる。
12. 取り付けは取り外しの逆手順で行なう。

8. フロントトーションバーの脱着

→写真8.5, 8.6, 8.10参照

取り外し

1. 各ホイールボルトを緩めて、車の前部を持ち上げて、リジッドラックで確実に支えてから、前輪を取り外す。
2. ブレーキドラム、ブレーキシューとバックプレート（またはキャリパーとディスク）を取り外す（第9章参照）。
3. ステアリングナックルを取り外す（セクション5参照）。
4. トーションバーからどちらか片方のトーションアームを取り外す（セクション7参照）。
5. トーションバー保持ボルトのロックナットを取り外して、保持ボルトを取り外す（写真参照）。
6. 反対側から、トーションアームとともにトーションバーを引き抜く（写真参照）。
7. トーションバーを溶剤を使って清掃する。錆、亀裂等の損傷がないか点検する。損傷が認められる場合は、トーションバーを交換する。
8. トーションアームを点検する（セクション7参照）。アクスルビーム内のニードルベアリングとブッシュを点検する。錆、腐食または摩耗があれば、フロントアクスルビーム・アセンブリーを取り外して（セクション9参照）、修理工場でベアリングとブッシュを交換してもらう。

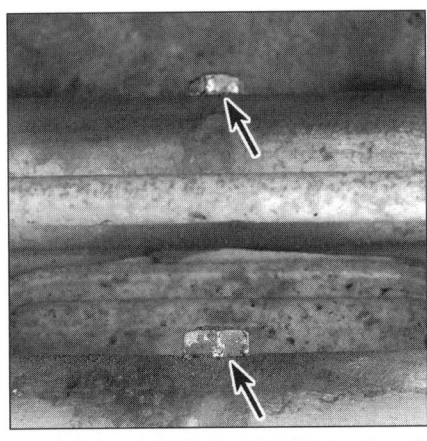

8.5 トーションバー保持ボルトを固定しているロックナットを取り外して、保持ボルト（8 mmのヘキサゴンボルトを取り外す「上側のボルトを取り外すときは、ボルトの頭にレンチをはめるために、L字形の六角棒レンチの短い方を切断しなければならないかもしれない」）

8.6 トーションアームを持って、アクスルビームからトーションバーを引き抜く

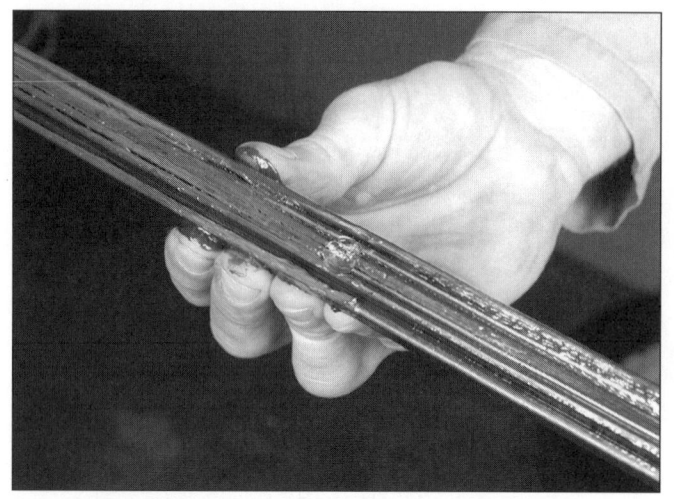

10-14　サスペンション／ステアリング

8.10 アクスルビームにトーションバーを挿入する前に、このように凹み部分と保持ボルトの穴の位置を頭に入れておく。トーションバーをアクスルビーム(チューブ)に取り付けるときは、保持ボルトをこの凹み部分に合わせなければならない

9.10 アクスルビーム上部を車体に固定している2本のボルト(矢印)を取り外す

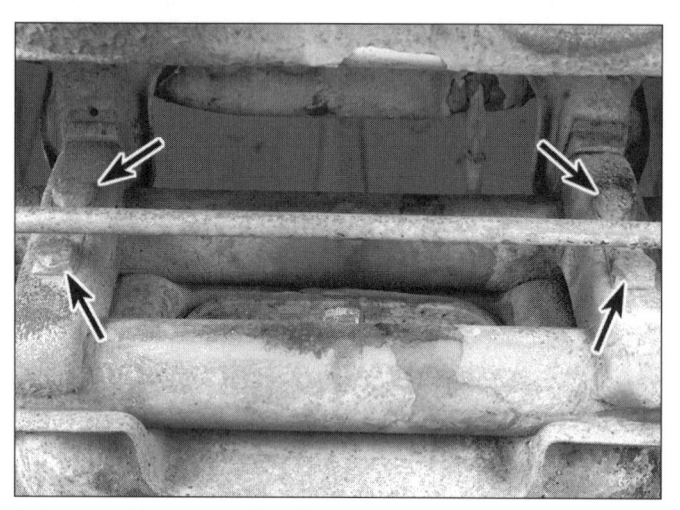

9.11 アクスルビーム・アセンブリーをフレームヘッドに固定している4本のボルト(矢印)を緩める

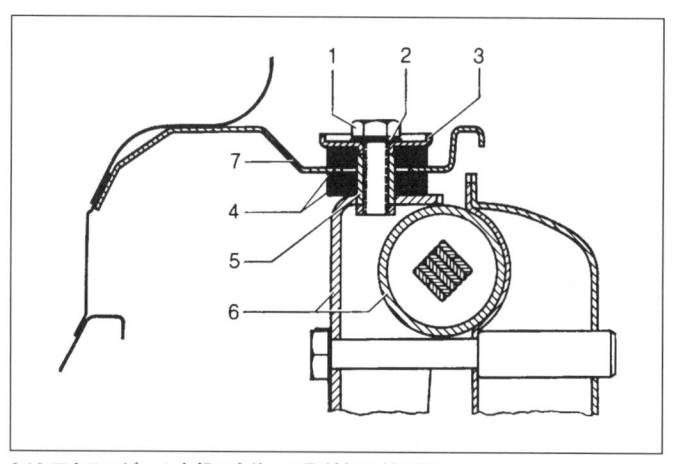

9.16 アクスルビーム上部の車体への取付部の断面図

1　ボルト
2　ロックワッシャー
3　スペーサー用ワッシャー
4　ラバースペーサー
5　ネジ山付きブッシュ
6　アクスルビーム
7　車体

取り付け

9. トーションバーに汎用グリスを軽く塗布する。グリスが1枚1枚のリーフに行き渡るように注意する。
10. アクスルビームにトーションバーを挿入する。トーションバーの凹み部分(写真参照)をトーションアームの保持ボルトに合わせる。取り外したときと同じ枚数のリーフを取り付けること。トーションバーをアクスルビームに挿入しにくい場合は、リーフの周囲を針金で縛ってみる。それでもダメな場合は、リーフの層ごとに取り付けてみる。つまり例えば、まず底部の薄いリーフ2枚を重ねて取り付けて、次に中央部の厚いリーフ4枚を1枚ずつ取り付け、最後に上部の薄いリーフ2枚を重ねて取り付ける（リーフの枚数は年式、モデルによって異なる）。
11. トーションバーの中央のくぼみ部分を固定ボルトの穴に合わせて、保持ボルトを取り付けて、ロックナットで固定する。
12. 残りの部品の取り付けは、取り外しの逆手順で行なう。

9. フロントアクスルビーム・アセンブリーの脱着

警告：ガソリンは極めて引火性が高いため、燃料系統の各部品の整備を行なう場合は充分な注意が必要である。作業中でタバコを吸ったり、作業場に裸火や裸電球を持ち込まないこと。燃料系統の整備を行なう際は、保護メガネを着用して、Bタイプ（油火災用）の消火器を手元に準備しておくこと。燃料が皮膚にこぼれた場合は、石鹸と水ですぐに洗い流すこと。**注意**：取り外しの際に、アクスルビーム・アセンブリーをフロアジャッキに載せるときは、不安定になりやすいので、他の人に手伝ってもらうこと。

取り外し

→写真9.10, 9.11 参照

1. 前輪の各ホイールボルトを緩めて、車の前部を持ち上げて、アクスルビームではなくサイドシルの補強部などをリジッドラックで確実に支えてから、前輪を取り外す。
2. バッテリーのマイナス側ケーブルを外す。
3. フューエルタンクの各ラインの接続を外して、燃料タンクを取り外す（第4章参照）。
4. フレキシブルカップリングのフランジからステアリングコラムの接続を外す（セクション18参照）。
5. フレキシブルカップリング付近のホーンの配線を外す（第12章参照）。
6. 左前輪のダストキャップ付近のスピードメーターケーブルから保持クリップを取り外して、ステアリングナックルからケーブルを引き抜く。
7. ブラケットのブレーキパイプからブレーキホースの接続を外して、ホースとパイプに栓をして異物や湿気の侵入を防ぐ（第9章参照）。
8. ステアリングダンパーをアクスル上のブラケットに固定しているボルトの回り止め用のロックプレートを広げる。ブラケットのボルトと長い方のタイロッドからステアリングダンパーの取付ボルトを外して、ダンパーを取り外す（セクション17参照）。
9. 長い方のタイロッドを、ステアリングナックルとピットマンアームから取り外す（セクション17参照）。（短い方のタイロッドも取り外しても構わないが、アクスルの取り外しには不要である）。

サスペンション／ステアリング

10. アクスルビームの上部を車体に固定している2本のボルトを取り外す**(写真参照)**。ラバースペーサー、ワッシャー、スプリングワッシャーを捨てる。
11. アクスルビームをフレームヘッドに固定している4本のボルトを緩める**(写真参照)**。
12. アクスルビームの下にフロアジャッキを当てて、4本のアクスルビーム取付ボルトを取り外して、アクスルビーム・アセンブリーを取り外す。
13. アクスルビームは重いので、フロアジャッキに載せて下ろすときは、他の人に手伝ってもらうことを勧める。不安定になりやすいので、下ろすときはアクスルビームをしっかりと支えること。アクスルビーム上部のネジ山付きのブッシュからラバースペーサーを取り外して、ラバースペーサーを捨てる。

取り付け

→図9.16参照
備考：アクスルビーム・アセンブリーを取り付けるときも、他の人に手伝ってもらう必要がある。

14. アクスルのネジ山付きの各ブッシュに新しいラバースペーサーを取り付ける。
15. フロアジャッキの上にアクスルビーム・アセンブリーを置いて、車前部の下に位置決めして、ぐらつかないように他の人に支えてもらいながら、アクスルビーム・アセンブリーを所定の位置まで持ち上げて、取付ボルトを取り付ける。各取付ボルトに新しいスプリングワッシャーを使う。この章の「整備情報」に記載されている締付トルクで各ボルトを締め付ける。
16. アクスルビームを車体に固定する上側の固定ボルトに新しいラバースペーサー、ワッシャーおよびスプリングワッシャーを取り付ける**(図参照)**。この章の「整備情報」に記載されている締付トルクで各ボルトを締め付ける。
17. タイロッドとステアリングダンパーを取り付ける（セクション17参照）。
18. ステアリングコラムをフレキシブルカップリングのフランジに取り付ける（セクション18参照）。
19. ホーンの配線を接続する。
20. フューエルタンクの各ラインを接続し直して、フューエルタンクを取り付ける（第4章参照）。
21. ブレーキホースをブレーキパイプに接続する（第9章参照）。
22. 車輪を取り付けて、ホイールボルトを取り付けて、車を下ろしてから、各ホイールボルトを第1章の「整備情報」に記載の規定トルクで締め付ける。
23. 修理工場でホイールアライメントを点検して、必要に応じて調整してもらう。

10. コントロールアームの脱着（ストラットタイプ・フロントサスのみ）

取り外し

1. 各ホイールボルトを緩めて、車の前部を持ち上げて、リジッドラックで確実に支えてから、前輪を取り外す。
2. 1973年以前のモデルの場合は、ボールジョイントのスタッドからセルフロックナットを取り外す。1974年以降のモデルの場合は、ボールジョイントスタッドの締付ボルトを緩める。
3. 1973年以前のモデルの場合は、ボールジョイントのスタッドからコントロールアームを外す（セクション11参照）。1974年以降のモデルの場合はステアリングナックルからコントロールアームを外す。
4. コントロールアームからスタビライザーバーを外す（セクション6参照）。
5. フレームヘッドからセルフロックナットとキャンバーアジャストナットを取り外す（写真6.10参照）。
6. コントロールアームを下方に引っ張って取り外す。
7. コントロールアームを点検する。コントロールアームに亀裂や曲がりのないことを確認する。コントロールアームの内側端部およびスタビライザーバーとの結合部の接着ラバーブッシュに亀裂や摩耗していないか点検する。ブッシュが損傷または摩耗している場合は、コントロールアームを修理工場に持っていって、交換してもらう。

備考：スタビライザーバー用のラバーブッシュを取り付けるときは、ブッシュの突起部分が水平になるように位置決めする（写真6.10参照）。

取り付け

8. コントロールアームのブッシュにスタビライザーバーを挿入して、キャッスルナットを手で仮に取り付ける。
9. ボールジョイントのスタッドを挿入するためのコントロールアームの取付穴とスタッド自体を清掃して乾燥させておく（潤滑剤は使用しないこと）。スタッドにコントロールアームの外側先端をはめて、キャッスルナットを取り付ける。
10. フレームヘッドの取付ブラケットにコントロールアームの内側先端をはめて、ブラケットとコントロールアームにキャンバーアジャストボルトを通す。偏心ワッシャーと新しいセルフロックナットを取り付ける。
11. この章の「整備情報」に記載の規定トルクに従って、ボールジョイントスタッドに取り付けておいたキャッスルナットを締め付ける。必要に応じて、ナットを少し締め込んで、割ピンの穴位置を調整する。新しい割ピンを取り付ける。
12. キャンバーアジャストボルトのセルフロックナットを、この章の「整備情報」の項に記載の規定トルクに従って締め付ける。
13. 1973年以前のモデルの場合は、ボールジョイントスタッドに新しいセルフロックナットを取り付けて、この章の「整備情報」に記載の規定トルクに従って締め付ける。セルフロックナットを締め付けるときは、必要に応じてボールジョイントスタッドの平坦な面にレンチをかけて、回り止めをする。1974年以降のモデルの場合は、締付ボルトをこの章の「整備情報」の項に記載の規定トルクに従って締め付ける。
14. 車輪と各ホイールボルトを取り付ける。車を下ろして、各ホイールボルトを第1章の「整備情報」に記載された規定トルクで締め付ける。
15. 修理工場でホイールアライメントを点検して、必要に応じて、調整してもらう。

11. ボールジョイントの点検、交換

トーションバーモデル

→写真11.3参照
備考：トーションアームを取り付けたままで、ボールジョイントの遊びを測定するには特殊工具が必要となる。ただし、トーションアームを取り外した後であれば、ボールジョイントの遊びの点検は特殊工具が無くてもできる。

1. トーションアームを取り外す(セクション7参照)。
2. トーションアームとボールジョイントを念入りに清掃する。
3. ボールジョイントのスタッドを上下に動かしてみて、ノギスでスタッド先端の移動量（遊び）を測定する**(写真参照)**。測定値をこの章の「整備情報」に記載された摩耗の限度値と比較する。測定値が摩耗限度値を上回る場合は、トーションアームを修理工場に持っていって、ボールジョイントを交換してもらう。

ストラットモデル

1970～1973年モデル

→写真11.5参照

4. コントロールアームの外側端部のボールジョイントスタッドからセルフロックナットを取り外す（写真3.4参照）。
5. ボールジョイントセパレーター（または2本爪のプーラー）を使って、コントロールアームからボールジョイントスタッドの結合を外す**(写真参照)**。
6. ロックプレートを広げて、ボールジョイント、ステアリングナックルおよびストラットを結合しているボルトを取り外す（写真3.4参照）。
7. ステアリングナックルとブレーキ・アセンブリーは、ブレーキホースブラケットまたはストラットに針金などで吊るしておく。ブレーキホースの接続は外さないこと。
8. ボールジョイントを取り外す。
9. 取り付けは取り外しの逆順で行なう。ボールジョイントスタッドには、必ず新しいロックプレートと新しいセルフロックナットを使用す

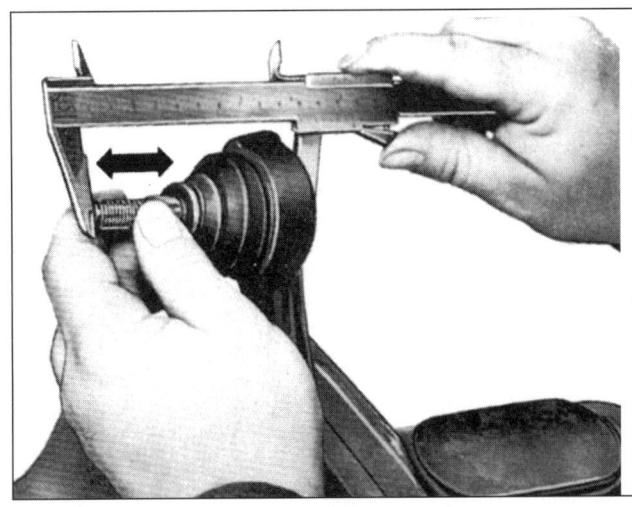

11.3 トーションアームのボールジョイントの遊びを点検する場合は、トーションアームを万力に固定して、ボールジョイントのスタッドをいっぱいまで押して長さを測定し、次にいっぱいまで引っ張って同様に長さを測定する。両者の差を求めて、この章の「整備情報」に記載の規定値と比較する

10-16　サスペンション／ステアリング

ること。セルフロックナットを締め付けるときは、スタッド底部の平坦な面にスパナをかけて、ボールジョイントスタッドの回り止めをする。ストラット／ナックル／ボールジョイント間のボルト、およびセルフロックナットは、「整備情報」に記載の規定トルクで締め付ける。

10. すべての作業が終了したら、修理工場でキャンバーとトーの点検／調整をしてもらう。

1974年以降のモデル

11. コントロールアームを取り外す（セクション10参照）。
12. コントロールアームを修理工場に持っていって、ボールジョイントを抜き取って新しいボールジョイントを圧入してもらう。
13. コントロールアームを取り付ける（セクション10参照）。

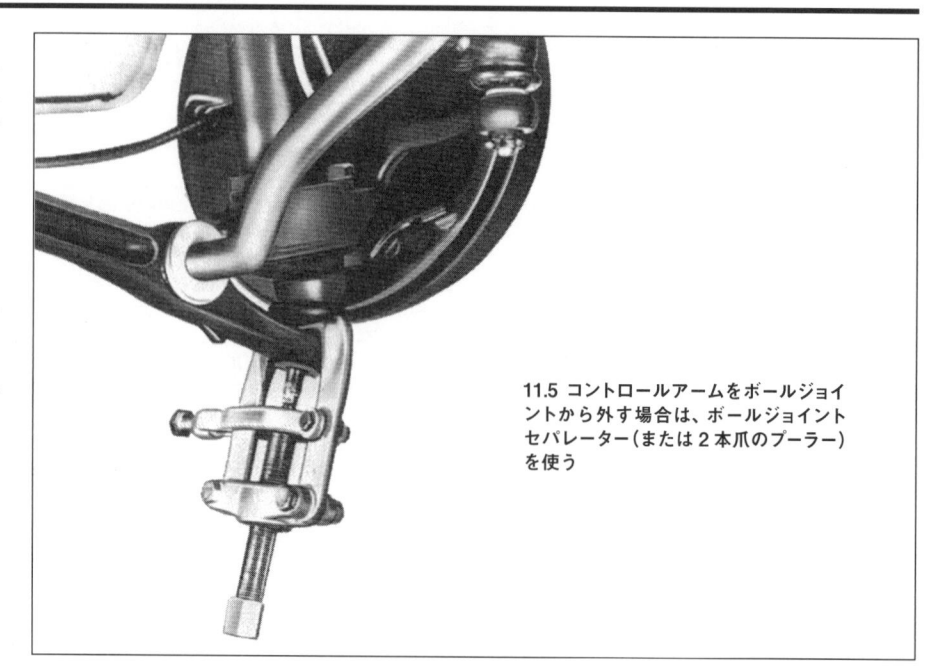

11.5 コントロールアームをボールジョイントから外す場合は、ボールジョイントセパレーター（または2本爪のプーラー）を使う

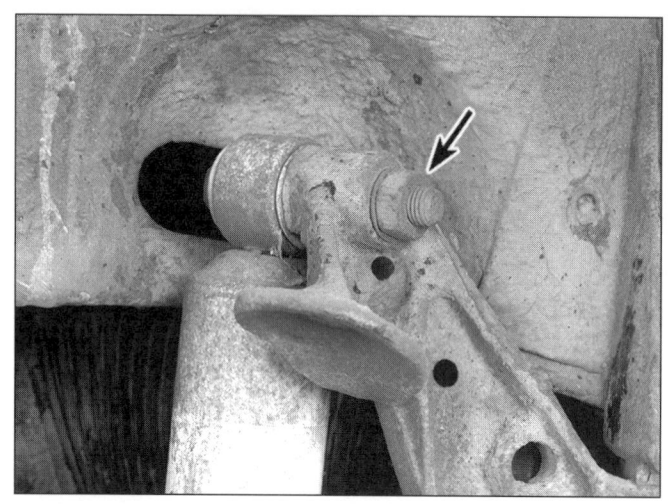

12.2a ショックアブソーバーの上側取付ナットとボルト

12.2b ショックアブソーバーの下側取付ナットとボルト

13.4 スイングアクスル車の場合は、スプリングプレートとリアアクスルベアリングハウジングに合いマークを付ける

13.5 ダブルジョイント車の場合は、スプリングプレートとダイアゴナルアームに合いマークを付ける

サスペンション／ステアリング

10-17

12. リアショックアブソーバーの脱着

→写真 12.2a, 12.2b 参照
1. 後輪の各ホイールボルトを緩めて、車の後部を持ち上げて、リジッドラックで確実に支えてから、車輪を取り外す。
2. 上下のショックアブソーバー取付ナットとボルトを取り外す**（写真参照）**。
3. ショックアブソーバーを取り外す。
4. 取り付けは取り外しの逆手順で行なう。

13. スプリングプレートとリアトーションバーの脱着、調整

取り外し

→写真 13.4, 13.5, 13.7, 13.8, 13.9a, 13.9b, 13.10 参照
1. 後輪の各ホイールボルトを緩めて、車の後部を持ち上げて、リジッドラックで確実に支えてから、車輪を取り外す。
2. ダブルジョイント車の場合は、ドライブシャフトを取り外す（第8章参照）。
3. ハンドブレーキレバーからハンドブレーキケーブルを外す（第9章参照）。
4. スイングアクスル車の場合は、取り付け時にスプリングプレートとアクスルベアリングハウジングの位置関係が分かるように、タガネで合いマークを付けておく**（写真参照）**。
5. ダブルジョイント車の場合は、取り付け時にスプリングプレートとダイアゴナルアームの位置関係が分かるように、タガネで合いマークを付けておく**（写真参照）**。
6. ショックアブソーバーの下端を外す（セクション12参照）。
7. スイングアクスル車の場合は、スプリングプレートをアクスルチューブのベアリングハウジングに固定しているボルトを取り外す**（写真参照）**。スプリングプレートからアクスルチューブを後方に引っ張って外す。アクスルチューブを針金で吊るか、リジッドラックで支える。
8. ダブルジョイント車の場合は、スプリングプ

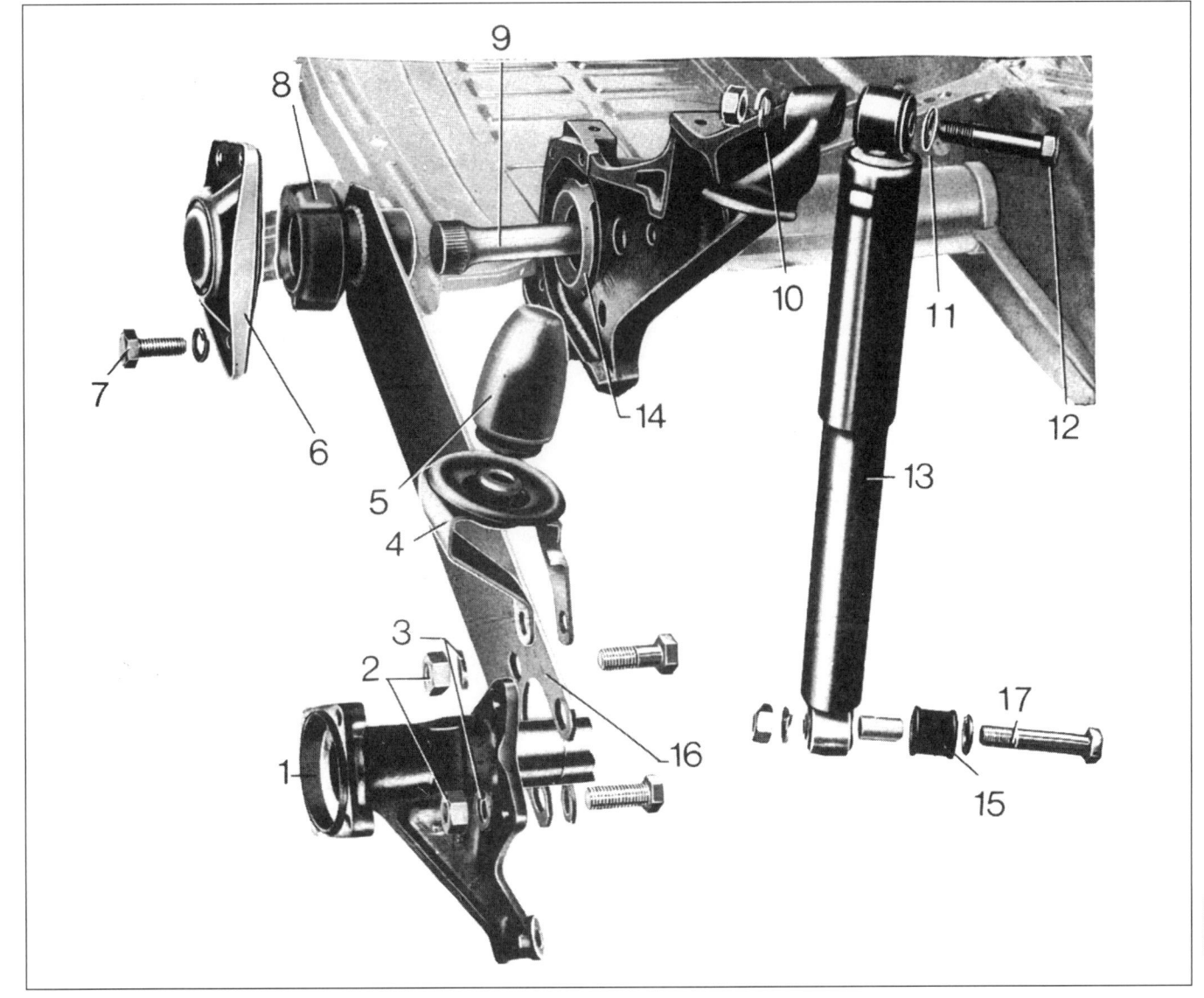

13.7 スイングアクスル車のリアサスペンションの展開図

1 ベアリングハウジング
2 ナット
3 スプリングワッシャー
4 バンプストップシート
5 バンプストップ
6 ハブカバー
7 ボルト
8 アウターラバーブッシュ
9 トーションバー
10 ナットとワッシャー
11 ワッシャー
12 ショックアブソーバー取付ボルト
13 ショックアブソーバー
14 インナーラバーブッシュ
15 ラバーブッシュ
16 スプリングプレート
17 ショックアブソーバー取付ボルト

10-18　サスペンション／ステアリング

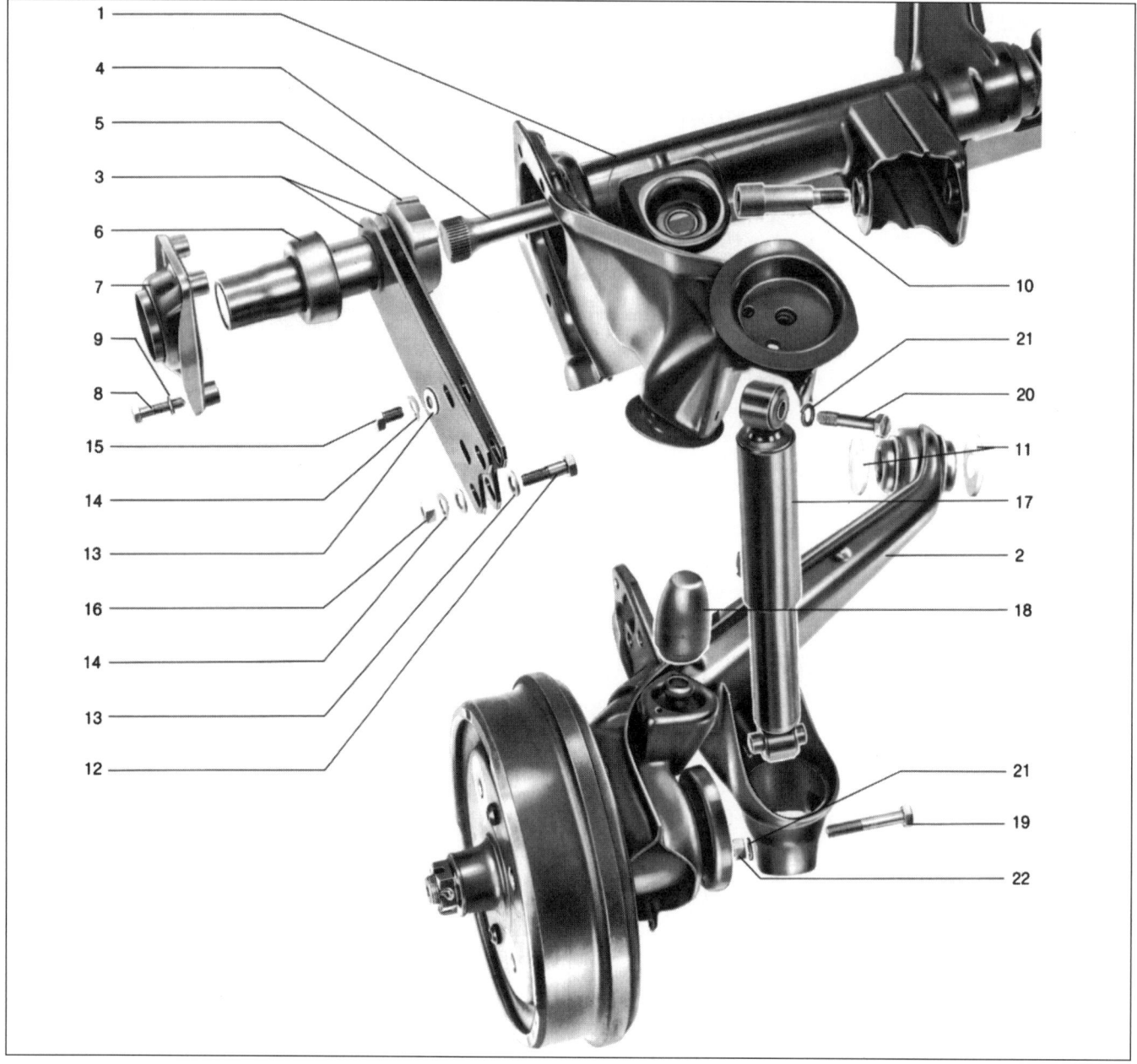

13.8 ダブルジョイント車のリアサスペンションの展開図

1 トーションハウジング
2 ダイアゴナルアーム
3 ダブルスプリングプレート
4 トーションバー
5 インナーラバーブッシュ
6 アウターラバーブッシュ
7 スプリングプレートハブ用カバー
8 ハブカバーボルト
9 ロックワッシャー
10 ダイアゴナルアームのピボットボルト
11 スペーサー
12 スプリングプレートとダイアゴナルアーム間のボルト
13 ワッシャー
14 ロックワッシャー
15 スプリングプレートとダイアゴナルアーム間のボルト
16 ナット
17 ショックアブソーバー
18 ラバーバンプストップ
19 ショックアブソーバー取付ボルト
20 ショックアブソーバー取付ボルト
21 ロックワッシャー
22 ナット

レートをダイアゴナルアームに固定しているボルトを取り外す（**写真参照**）。ダイアゴナルアームのピボットボルトとダイアゴナルアームを取り外す（セクション15参照）。

9. スプリングプレートのハブカバーを固定しているボルト（**写真参照**）を取り外して、カバーを取り外す。ラバーブッシュも取り外す（**写真参照**）。

警告：スプリングプレートには、非常に大きなスプリング力がかかっている。以下の作業を実施している間、あるいはスプリングプレートの

ハブカバーを取り外す際とスプリングプレートの下端がストッパーの上に載っている間は、決してスプリングプレートの下に身体を近づけないこと。

10. スプリングプレートの先端の下にフロアジャッキを置いて、プレートの下端がちょうど車体側のストッパーから離れるだけプレートを持ち上げる。プライバー（タイヤレバー）を使ってスプリングプレートをストッパーから外側に少しこじり（**写真参照**）、ジャッキを慎重に下ろ

し、スプリングプレートが作動ストロークの終わりに達するまで下げて、トーションバーにかかっているテンションを抜く。トーションバーからスプリングプレートを外す。

11. フェンダーを取り外す（第11章参照）。

12. トーションバーを慎重に抜き取る。傷や亀裂がないか点検する。目に見えない細かい亀裂が入っている場合もあるので、細かい亀裂を点検するための設備を持った自動車専門の機械加工業者または修理工場に点検を依頼すると良い。

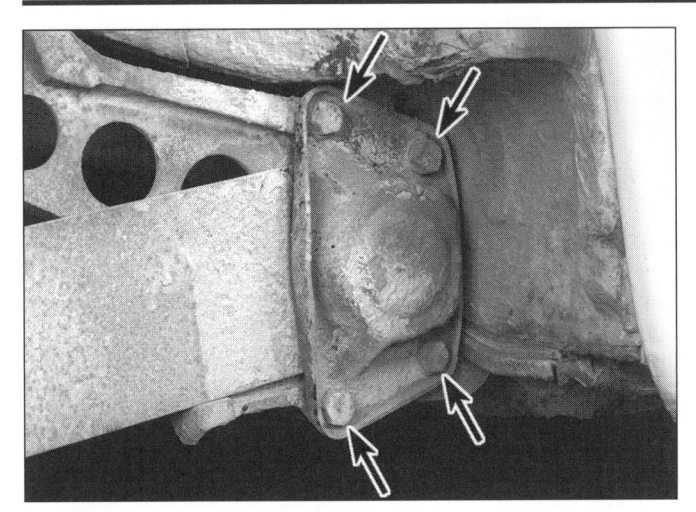

サスペンション／ステアリング

13.9a スプリングプレートのハブカバーを取り外す

13.9b ハブからラバーブッシュを取り外す

13.10 タイヤレバーを矢印の方向に動かして、スプリングプレートをストッパーから慎重にこじる（注：この写真は写真 13.9a と 13.9b とは異なる車）

13.19 フレームトンネルの上に分度器（角度測定器）を置いて、車体の傾きを測定する

取り付けと調整

→写真 13.19、13.20 参照

13. トーションバーのスプライン部にグリスを塗布して、スプラインがかみ合うまでトーションハウジングに慎重に挿入する。**注意**：トーションバーは、左右で異なり、それぞれL（左）とR（右）の印が付いている。両方のトーションバーを取り外したときは、左右を間違えないように注意すること。

14. インナーおよびアウターのラバーブッシュにタルカムパウダー（タルク、滑石粉）を塗布して、スプリングプレートとブッシュがいっしょに回らないようにする。

15. インナーブッシュは、「Oben（上の意味）」の印を上に向けて取り付ける。インナーブッシュはアウターブッシュと異なるので、混同しないこと。

16. スプリングプレートを取り付ける。

17. 変化する荷重に応じて充分なスプリングストロークと適切なホイールアライメントを確保するために、スプリングプレートのトーションバーへの取付角度を調整しなければならない。無荷重時に規定の角度で取り付けると、荷重がかかった時に、トーションバーから適正な張力が得られる。トーションバーの内側先端には 40 歯分、外側先端には 44 歯分のスプラインがそれぞれ切ってある。トーションバーの内側先端のスプラインを1歯分ずらすと、スプリングプレートの取付角度は 9°0' 変化する。トーションバーの外側先端のスプラインを1歯分ずらすと、スプリングプレートの取付角度は 8°10' 変化する。従って、内側と外側のスプラインを互いに反対方向にずらせば、スプリングプレートの取付角度は 0°50' ごとに調整することができる。VW 社は、取付角度の調整用に特殊工具を設定しているが、高価な上に入手が困難である。以下の手順に従えば、比較的簡単に入手できる一般工具を使ってスプリングプレートの取付角度を調整することができる。

備考：たとえ、片側のスプリングプレートしか取り外していない場合でも、特に走行距離数の長い車の場合は、両方のスプリングプレートを調整すること。

18. 車体（フレームトンネルまたはドア開口部）に対するスプリングプレートの取付角度を測定する。車体後部を持ち上げているので、車体は水平にはなっていない。そこで、まず最初にフレームトンネルまたはドア開口部が水平位置からどれだけ傾いているのかを測定する必要がある。

19. フレームトンネルの上に分度器（角度測定器）を置いて（**写真参照**）、フレームトンネルの傾いている角度を測定し、記録する。

20. 次に、スプリングプレートの上に分度器（角度測定器）を置いて、手でスプリングプレートをわずかに持ち上げて遊びを取り除いてから、スプリングプレートの取付角度を測定し（**写真参照**）、記録する。

21. 手順 20 で測定した角度から手順 19 で測定した角度を引く。この値が、車のモデルや年式に

13.20 スプリングプレートをわずかに持ち上げて遊びを取り除いてから、スプリングプレートの上に分度器（角度測定器）を置いて、スプリングプレートの取付角度を測定する

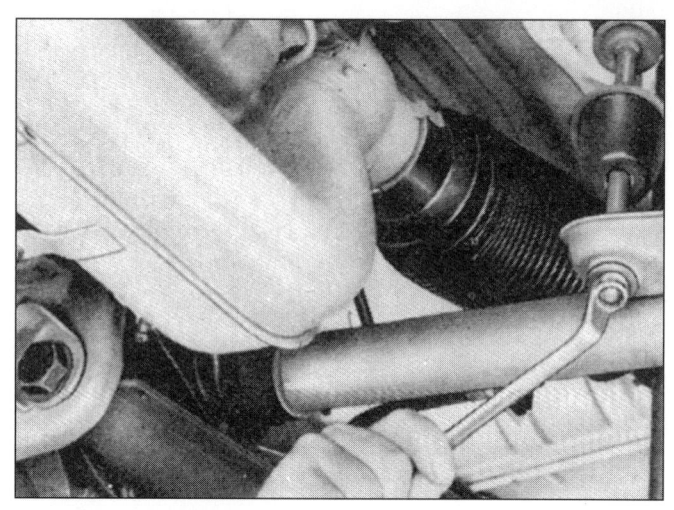

10-20　サスペンション／ステアリング

14.2 作動ロッドの下端からナットを取り外す

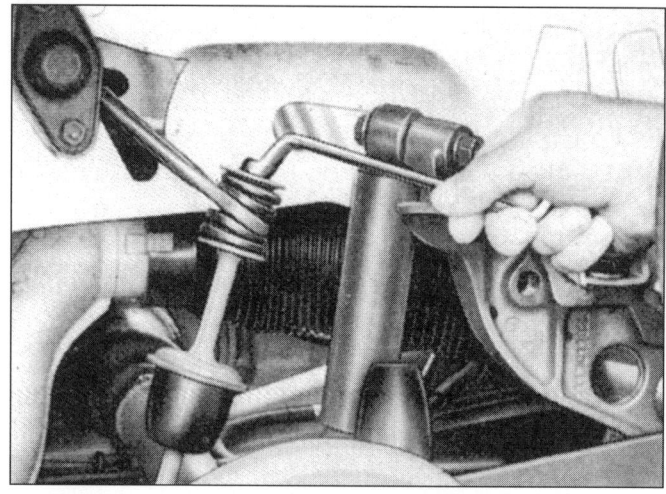

14.3 保護ラバーキャップを取り外して、作動ロッドの上端からナットを取り外す

応じて、この章の「整備情報」に記載されたスプリングプレートの取付角度に一致していれば正常である。一致しない場合は、トーションバーの内側または外側端部（またはその両方）のスプラインをずらして、取付角度を調整する。

22. アウターラバーブッシュにタルカムパウダーを塗布して、「oben」の印を上に向けて取り付ける。
23. スプリングプレートのハブカバーを取り付けて、ボルトを仮に取り付ける。
24. フロアジャッキを使い、スプリングプレートを持ち上げて、プレートの下端をストッパーに載せる。
25. スプリングプレートのハブカバーのボルトをしっかりと締め付ける。
26. スプリングプレートとアクスルベアリングハウジングまたはダイアゴナルアーム間の合わせ面を清掃する。
27. スプリングプレートとベアリングハウジング間のボルト、またはスプリングプレートとダイアゴナルアーム間のボルト（およびダイアゴナルアームのピボットボルト）を取り付けて、取り外し時にタガネで付けておいた合いマークの位置を合わせて、各ボルトをこの章の「整備情報」に記載の規定トルクで締め付ける。
28. ダブルジョイント車の場合は、ドライブシャフトを取り付ける（第8章参照）。
29. ハンドブレーキケーブルを接続して調整する（第9章参照）。
30. フェンダーを取り付ける。
31. 車輪を取り付けて、車を下ろしてから、各ホイールボルトを第1章の「整備情報」に記載の規定トルクで締め付ける。
32. 新しいスプリングプレートを取り付けた場合は、修理工場でホイールアライメントの点検／調整をしてもらう。

14. イコライザースプリングの脱着、点検

取り外し

→写真 14.2, 14.3 参照
1. 後輪の各ホイールボルトを緩めて、車の後部を持ち上げて、リジッドラックで確実に支えて、後輪を取り外す。
2. 作動ロッドガイドからナットを取り外す（写真参照）。
3. 作動ロッドの上端から保護ラバーキャップを取り外して、ナットを取り外す（写真参照）。
4. 作動ロッドとラバーダンパーリングを取り外す。
5. インナーおよびアウターのサポートを固定しているナットを取り外す。各サポートとブッシュを取り外す。
6. ロックナットを緩めて、左側のスプリングレバーを固定しているヘキサゴンスクリューを取り外す。レバーを取り外す。
7. 右側のスプリングレバーとイコライザースプリングをアセンブリーで取り外す。

点検

8. 作動ロッドガイドのリングを点検する。損傷または摩耗している場合は、交換する。リングを交換する場合は、スクリュードライバーでこじって外す。
9. イコライザースプリング、ブッシュおよびラバーストップに摩耗またはヘタリがないか点検する。必要に応じて交換する。

取り付け

→写真 14.14 参照
10. イコライザースプリングに左側のスプリングレバーを取り付ける。ヘキサゴンスクリューとロックナットを締め付ける。備考：左側のスプリングレバーには「L」の印が付いており、右側のレバーには何の印も付いていない。クランプスクリューを車両前方に向けて、左側のスプリングレバーを後方下側に向けること。
11. クランプスクリューとロックナットを確実に締め付ける。
12. 車両の右側からイコライザースプリングと左側のスプリングレバーを取り付ける。
13. 右側のスプリングレバーを取り付ける。取り付けるときは、右側のスプリングレバーを車の前方下側に向けること。
14. 各ラバーワッシャー、サポートおよびラバーブッシュを取り付ける（写真参照）。
15. 各スプリングレバーに、作動ロッドを取り付ける（長い方のロッドを右側にする）。スプリングレバーの上下のダンパーリングを忘れないように注意する。ナットを締め付けて、ラバーキャップを取り付ける。
16. 各ガイドに作動ロッドを挿入して、ワッシャーを取り付けて、ナットを締め付ける。
17. 車輪とホイールボルトを取り付ける。車を下ろして、各ホイールボルトを第1章の「整備情報」に記載された規定トルクで締め付ける。

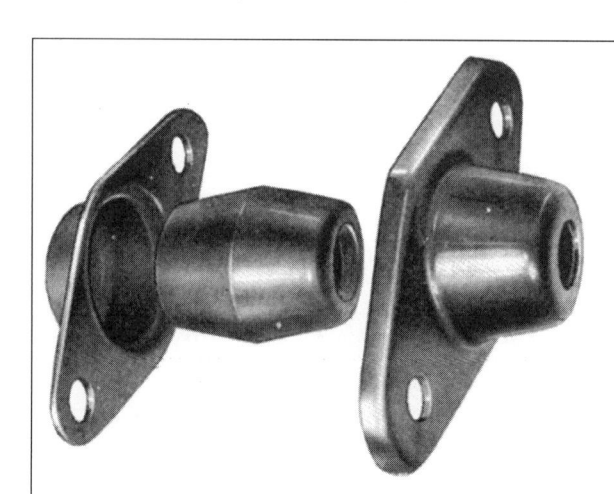

14.14 このようにインナーとアウターのサポートおよびラバーブッシュを組み立てる（フランジが平らな方がアウターサポートで、フランジが折り曲げ加工されている方がインナーサポートである）

サスペンション／ステアリング

15.9 ダイアゴナルアームの前端部からピボットボルトを取り外す

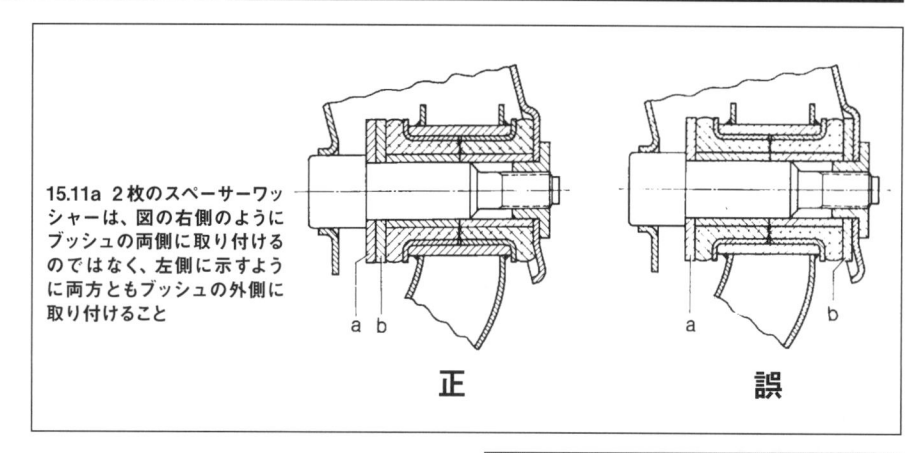

15.11a 2枚のスペーサーワッシャーは、図の右側のようにブッシュの両側に取り付けるのではなく、左側に示すように両方ともブッシュの外側に取り付けること

正　　誤

15. ダイアゴナルアームの脱着

取り外し

→写真 15.9 参照

1. 後輪の各ホイールボルトを緩めて、車の後部を持ち上げて、リジッドラックで確実に支えてから、後輪を取り外す。
2. ブレーキドラムを取り外す（第9章参照）。
3. ドライブシャフトを取り外す（第8章参照）。
4. ブレーキバックプレートからブレーキホースとハンドブレーキケーブルの接続を外す（第9章参照）。
5. ベアリングカバーとバックプレートを取り外す（第8章参照）。
6. スプリングプレートとダイアゴナルアームの位置関係が分かるように、タガネで合いマークを付けておく（写真 13.5 参照）。
7. ショックアブソーバーの下端を外す（写真 13.8 参照）。
8. スプリングプレートをダイアゴナルアームに固定しているボルトを取り外す（写真 13.8 参照）。
9. ダイアゴナルアームの前端部をトーションバーチューブのマウントブラケットに固定しているピボットボルトを取り外す（**写真参照**）。ダイアゴナルアームを取り外す。
10. ダイアゴナルアームの前側のラバーブッシュを点検する。硬化または亀裂があれば、交換する。ベアリングを点検する。傷、腐食または摩耗があれば、交換しなければならない。ダイアゴナルアームを修理工場に持っていって交換してもらう。

取り付け

→図 15.11a, 写真 15.11b 参照

11. ピボットボルトで、ダイアゴナルアームをトーションバーチューブの取付ブラケットに取り付ける。スペーサーワッシャーは、2枚ともラバーブッシュの外側に取り付けること（**図参照**）。ボルトを、この章の「整備情報」に記載の規定トルクで締め付ける。接着ラバーブッシュのねじれを防ぐために、ボルトを締めるときは、ダイアゴナルアームを下側にいっぱいまで引っ張った位置にする。タガネを使って、ピボットボルトをブラケットにかしめておく（**写真参照**）。
12. 取り外し時にタガネで付けておいた合いマークの位置を合わせて、スプリングプレートとダイアゴナルアーム間のボルトを取り付けてから、この章の「整備情報」の規定トルクで締め付ける。
13. ショックアブソーバーの下端をダイアゴナルアームに取り付ける（セクション 12 参照）。
14. ベアリングカバーを取り付ける（第8章参照）。
15. ブレーキホースとハンドブレーキケーブルを接続する（第9章参照）。
16. ドライブシャフトを取り付ける（第8章参照）。
17. ブレーキドラムを取り付ける（第9章参照）。
18. 車輪とホイールボルトを取り付けて、車を下ろしてから、各ホイールボルトを第1章の「整備情報」に記載の規定トルクで締め付ける。修理工場でリアホイールアライメントの点検／調整をしてもらう。

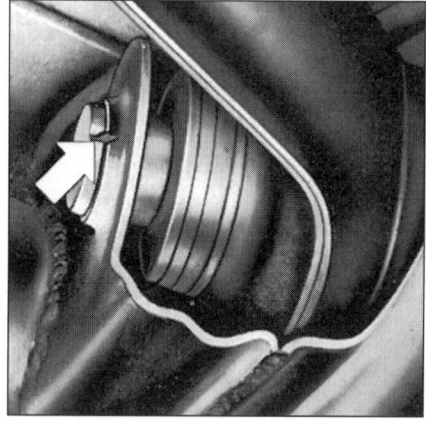

16. ステアリングホイールの脱着

取り外し

→写真 16.2, 16.3 参照

1. バッテリーからマイナス側ケーブルを外す。
2. ステアリングホイールからホーンリングまたはホーンパッド（**写真参照**）をこじって外して、

15.11b 図示のように端部をかしめて、ピボットボルトの緩み止めをする

ホーンスイッチの配線を外す。

3. ステアリングホイールのナット（**写真参照**）とスプリングワッシャーを取り外す。
4. （合いマークがない、またはあっても取り外し前からマークがずれていた場合は）取り付け時

16.2 後期モデルのステアリングホイール・アセンブリーの展開図（代表例）

1 パッド付きホーンリング
2 ステアリングホイール
3 トリム
4 コンタクトリング

10-22　サスペンション／ステアリング

にステアリングホイールを元の位置に戻すために、ステアリングホイールの中心部とステアリングシャフトに合いマークを付けておく。

5. プーラーを使って、ステアリングシャフトからステアリングホイールを取り外す。ステアリングホイールを外そうとして、ステアリングシャフトを叩かないこと。

取り付け

→写真 16.6 参照

6. ステアリングホイールのナットの下に真鍮製のワッシャーがはまっている古いモデルの場合は、車輪を直進位置にしたときにワッシャーの切り欠きが右側を向くようにワッシャーを取り付けること（**写真参照**）。

7. ステアリングホイールを取り付けるときは、ステアリングシャフトとステアリングホイール中心部の合いマークの位置を合わせて、シャフトにステアリングホイールをはめ込む。**備考：**以前の整備でステアリングホイールを間違った位置で取り付けている場合は、合いマークの位置を揃えても、ステアリングホイールのスポークが水平にならない場合がある。そのような場合は、車輪を直進位置にして、ステアリングギアが中心位置になっていることを確認の上、スポークを水平にしてステアリングシャフトにステアリングホイールをはめ込む。なお、ステアリングギアボックスのサークリップの切り込みが盛り上がったボス部と位置が合っていれば、ステアリングギアは中心位置になっている。

8. スプリングワッシャーとナットを取り付ける。ナットをこの章の「整備情報」に記載の規定トルクで締め付ける。

9. ホーンの配線を接続してから、ホーンリングまたはパッドを取り付ける。

10. バッテリーのマイナス側ケーブルを接続する。

17. ステアリングギアリンケージの脱着

1. 以下の各作業では、必要に応じて、最初にホイールボルトを緩めて、車の前部を持ち上げ、リジッドラックで確実に支えてから、後輪に輪止めをして、ハンドブレーキをかける。必要に応じて前輪を取り外す。

トーションバーモデル

ステアリングダンパー

→写真 17.2a, 17.2b, 17.3 参照

16.3 ステアリングホイールの固定ナットとスプリングワッシャーを取り外す

16.6 ステアリングホイールのナットの下に真鍮製のワッシャーがはまっている古いモデルの場合は、車輪を直進位置にしたときにワッシャーの切り欠きが右側を向くようにワッシャーを取り付けること

2. ステアリングダンパーをアッパーアクスルビームの取付ブラケットに固定しているボルトを取り外す（**写真参照**）。

3. ダンパーのピストンロッドを長い方のタイロッドに固定しているナットを取り外して、ステアリングダンパーを取り外す。

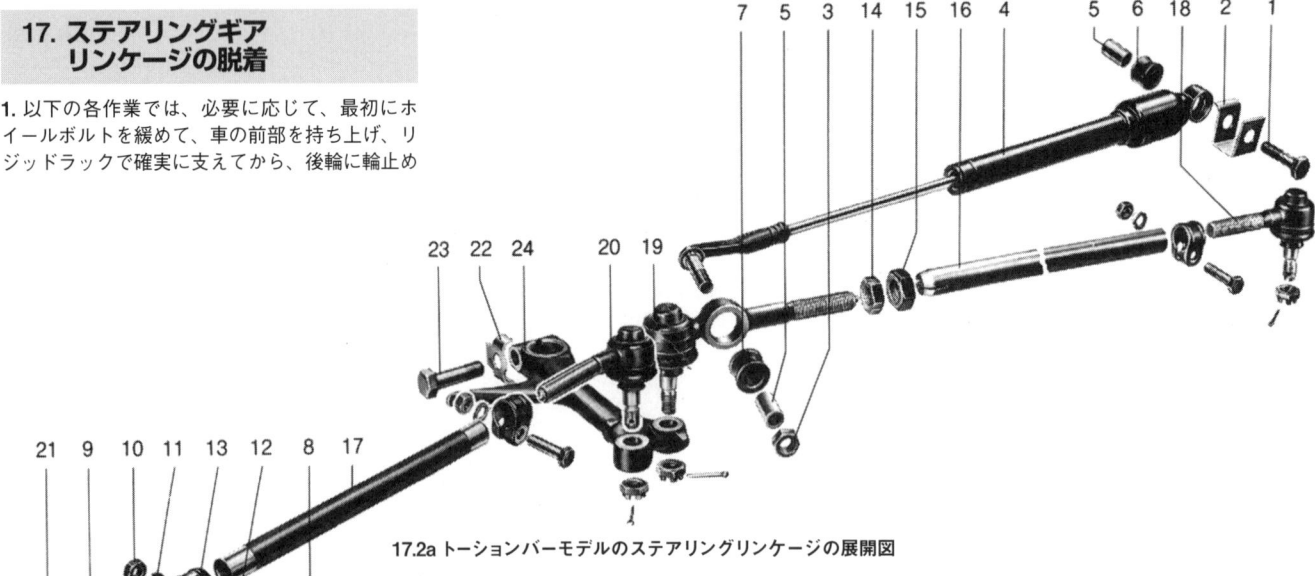

17.2a トーションバーモデルのステアリングリンケージの展開図

1 ステアリングダンパーとブラケット間のボルト
2 ロックプレート
3 セルフロックナット
4 ステアリングダンパー
5 ラバーブッシュ用スリーブ
6 ステアリングダンパー用ブッシュ
7 タイロッドエンド用ブッシュ
8 割ピン
9 キャッスルナット
10 ナット
11 スプリングワッシャー
12 アウタータイロッドクランプ用締付ボルト
13 アウタータイロッドクランプ
14 テーパーリング用ナット
15 テーパーリング
16 長い方のタイロッド
17 短い方のタイロッド
18 右側のアウタータイロッドエンド
19 右側のインナータイロッドエンド
20 左側のインナータイロッドエンド
21 左側のアウタータイロッドエンド
22 ロックプレート
23 ボルト
24 ピットマンアーム

サスペンション／ステアリング

10-23

17.2b ステアリングダンパーをアッパーアクスルビーム上のブラケットに固定しているボルト（矢印）を取り外す

17.3 ダンパーのピストンロッドを長い方のタイロッドに固定しているナット（矢印）を取り外す

4. ステアリングダンパーを点検する場合は、ピストンロッドを手で伸縮させる。ロッドを動かすときは、ゆっくりかつ一定の速度で動かすこと。動かしている途中に緩いまたは固い箇所があれば、ダンパーを交換する。オイル漏れも点検する。オイルがシールから漏れている場合は、ダンパーを交換する。ダンパーの修理はできない。

5. ダンパーのブラケット側およびタイロッド側のラバーブッシュとスリーブに亀裂や損傷がないか点検する。どちらかを交換しなければならない場合は、ダンパーまたはタイロッド（あるいはその両方）を修理工場に持っていって、古いスリーブとブッシュを抜き取って新しい部品を圧入してもらう。

6. 取り付けは取り外しの逆手順で行なう。タイロッド側のナットとステアリングダンパーのブラケット側のボルトを確実に締め付ける。

タイロッドとタイロッドエンド

→写真 17.9 参照

7. 右側（長い方）のタイロッドを取り外す場合は、ステアリングダンパー（上記参照）を外す。

8. タイロッドエンドから割ピンとキャッスルナットを取り外す。

9. ボールジョイントセパレーターまたは2本爪のプーラーを使って、ピットマンアームおよびステアリングナックルからタイロッドエンドの結合を外す。

10. タイロッドに損傷または摩耗がないか点検する。タイロッドが曲がっている場合は、交換する。修理してまっすぐにしようとしないこと。ボールジョイントに遊びがある、またはどちらかのボールジョイントのスタッドを手で動かすことができない場合は、タイロッドエンドを交換する（次の手順を参照）。ラバーブーツの亀裂を点検する。ブーツが破れているまたは穴が開いている場合は、タイロッドエンドを交換する。ブーツに穴や破れがあれば、ボールジョイント内にホコリが入ってボールジョイントがダメになっていると考えられる。長い方のタイロッドを取り外した場合、ステアリングダンパー用のブッシュを点検する（上記参照）。

11. タイロッド本体のみを交換し、タイロッドエンドは再使用するつもりであれば、組み立て時の参考とするため、インナーおよびアウタータイロッドエンドのネジ部のタイロッドとの接触位置にそれぞれ（ねじ込み量を示す）ペイントマークを付けておく。タイロッドエンドを交換するのであれば、合いマークではなく、古いタイロッドエンドの露出しているネジ山の数を数えておく。締付ボルトを緩めてクランプをずらしてから（またはロックナットとテーパーナットを緩めてから）、古いタイロッドエンドを緩めて取り外す。

12. 古いタイロッドエンドを再使用する場合は、タイロッドエンドのペイントマークがタイロッドに接触するまで、タイロッドにタイロッドエンドをねじ込んでいく。新しいタイロッドエンドを取り付ける場合は、露出しているネジ山の数が古いタイロッドと同じになるまで、タイロッドにタイロッドエンドをねじ込んでいく。クランプを元の位置に戻して、締付ボルトを確実に締め付ける。

13. 取り付けは取り外しの逆手順で行なう。この章の「整備情報」に記載の規定トルクに従って、ボールジョイントスタッドのキャッスルナットを締め付ける。

14. 修理工場に車を持っていって、フロントホイールアライメントの点検／調整をしてもらう。

ウォーム＆ローラー式ステアリング装着のマクファーソンストラットモデル

ステアリングダンパー

→写真 17.15, 17.17 参照

15. ピットマンアームとステアリングダンパー間のボルトを取り外す（写真参照）。

17.9 2本爪のプーラーを使って、ステアリングナックルとピットマンアームから各タイロッドエンドを外す

17.15 ステアリングダンパーとピットマンアーム間のボルトを取り外す

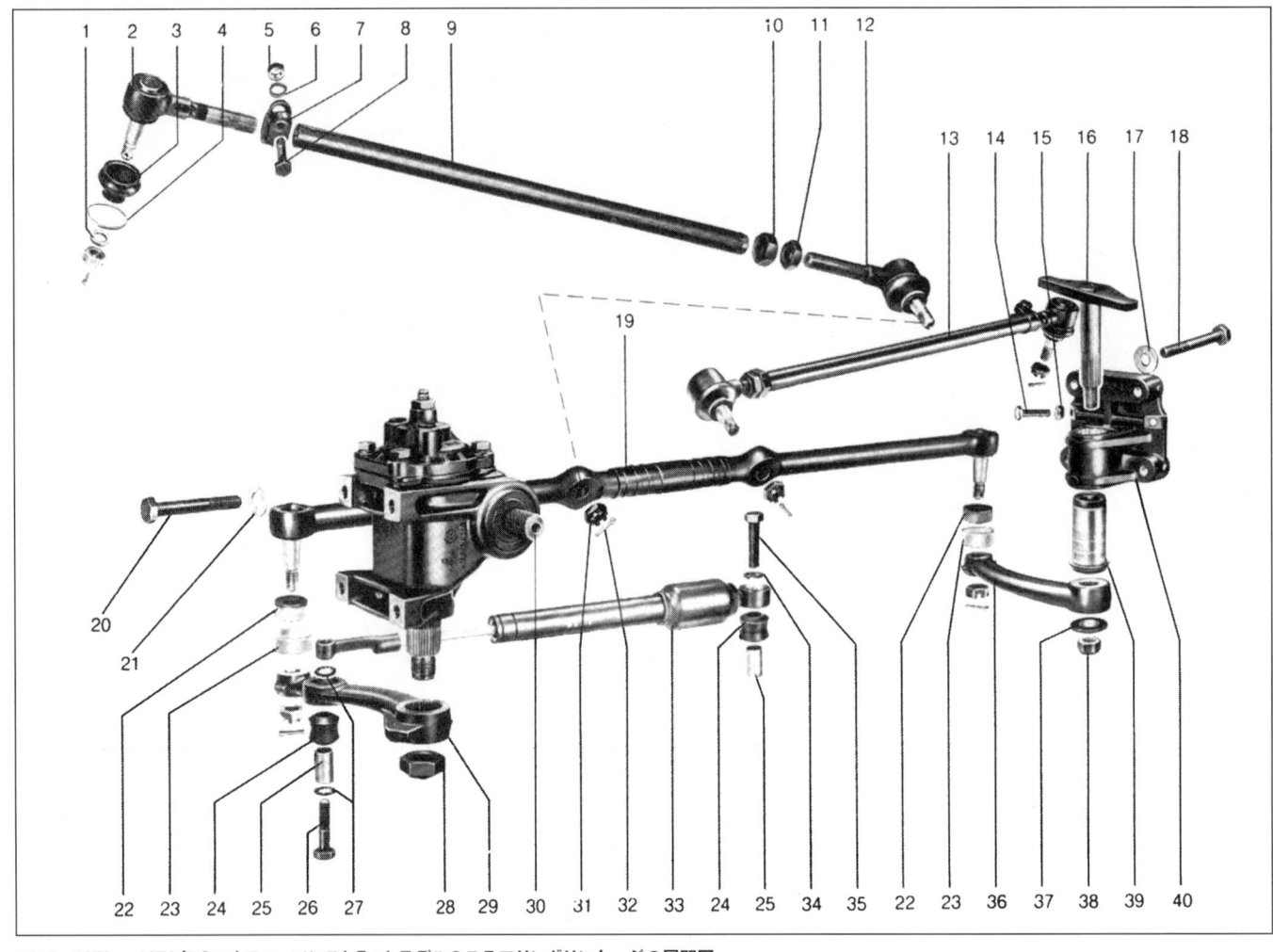

10-24 サスペンション／ステアリング

17.17 1970～1974年のマクファーソンストラットモデルのステアリングリンケージの展開図

1 ブーツ用Oリング
2 タイロッドエンド
3 ブーツ
4 ブーツ固定リング
5 ナット
6 スプリングワッシャー
7 タイロッドクランプ
8 タイロッド締付ボルト
9 左側のタイロッド
10 テーパーリング
11 ナット
12 タイロッドエンド
13 右側のタイロッド・アセンブリー
14 アジャストボルト
15 ロックナット
16 アイドラーアームシャフト
17 平ワッシャー
18 ボルト
19 センタータイロッド
20 ボルト
21 平ワッシャー
22 スペーサー
23 シールリング
24 ラバーブッシュ
25 ブッシュスリーブ
26 ボルト
27 ロックワッシャー
28 ナット
29 ピットマンアーム
30 ステアリングギアボックス
31 キャッスルナット
32 割ピン
33 ステアリングダンパー
34 ロックワッシャー
35 ボルト
36 アイドラーアーム
37 ワッシャー
38 セルフロックナット
39 アイドラーアームブラケット用ブッシュ
40 アイドラーアームブラケット

16. ステアリングダンパーをフレームヘッドに固定しているボルトを取り外すために、フロントトランクルームからスペアタイヤを取り外して、作業穴から点検カバーをこじって外す。

17. ステアリングダンパーをフレームヘッドに固定しているボルト**(写真参照)**を取り外して、ステアリングダンパーを取り外す。

18. ステアリングダンパーを点検する場合は、ピストンロッドを手で伸縮させる。ロッドを動かすときは、ゆっくりとかつ同じ速度で動かすこと。動かしている途中に緩いまたは固い箇所があれば、ダンパーを交換する。オイル漏れも点検する。少量のオイルがシールから漏れている場合は交換の必要はない。ただし、ダンパー内のオイルがなくなっている場合はダンパーを交換する。ダンパーの修理はできない。

19. 取り付けは取り外しの逆手順で行なう。ダンパーをフレームヘッドに固定するボルトおよびダンパーをピットマンアームに固定するボルトを確実に締め付ける。点検カバーの周囲にシール剤を塗布する。

タイロッド

→写真17.22参照

20. ウォーム＆ローラー式のステアリングを装着したモデルには、センタータイロッドがあるため、センタータイロッドと左右のタイロッドをアセンブリーで取り外してから、それぞれを分解する方が作業は簡単である。ただし、必要に応じて、左右のタイロッドのどちらだけを取り外すこともできる。

21. タイロッド外側のタイロッドエンドから割ピンとキャッスルナットを取り外す（写真17.17参照）。

22. ボールジョイントプーラーまたは2本爪のプーラーを使って、左右のステアリングナックルからタ

イロッドエンドの結合を外す**(写真参照)**。タイロッドエンドを叩いて外さないこと。叩くと、ネジ山をダメにしてしまう。

23. ピットマンアームとアイドラーアームからセンタータイロッドのエンドを外す（写真17.17参照）。

24. タイロッド・アセンブリーを分解せずに取り外して、センタータイロッドを万力に固定する。左右のタイロッドとセンタータイロッドを結合しているタイロッドエンドの割ピンとキャッスルナットを取り外す。タイロッドエンドの結合を外す。

25. ワイヤーブラシでタイロッドを清掃してから、亀裂がないか点検する。タイロッドを平坦な面の上で転がして、曲がっていないか点検する。タイロッドエンドのブーツに亀裂がないか点検する。ブーツが損傷している場合はタイロッドエンドを交換する。タイロッドエンドが摩耗してガタが生じている場合は交換する。タイロッドからタイロッドエンドを取り

サスペンション／ステアリング

10-25

17.22 2本爪のプーラーを使って、左右のステアリングナックルからそれぞれタイロッドエンドを外す。タイロッドエンドを叩いて外さないこと。叩くと、ネジ山をダメにしてしまう

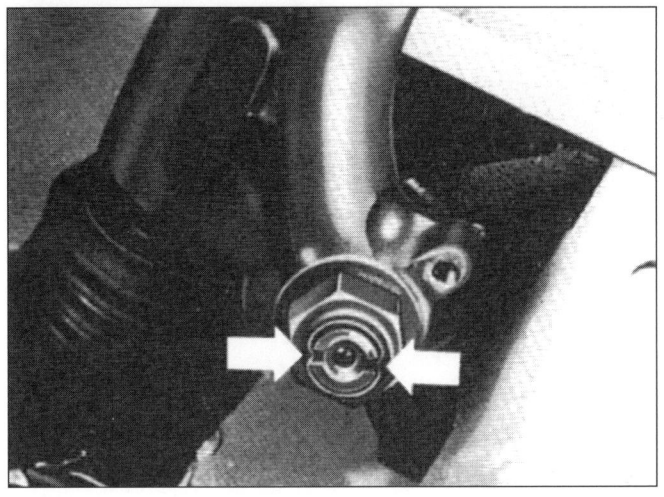

17.32 ピットマンアームをステアリングギアのシャフトに固定するナットを締め付けた後は、ナットの下部(矢印)をかしめて、シャフトの溝に固定しておく

17.34 アイドラーアームとブラケット・アセンブリを取り外す場合は、ボディから3本のボルトを取り外す。最後のボルト(矢印)を取り外すときは、アイドラーアームを支えながら取り外すこと

17.38 シャフトにアイドラーアームを取り付けるときは、シャフト側とアーム側のそれぞれスプラインの間隔が広くなっている部分の位置を合わせること

外す前に、組み立て時に同じ位置までタイロッドエンドをねじ込むために、露出しているネジ山の数を数えておく。

26. 取り付けは取り外しの逆手順で行なう。

ピットマンアーム

→写真17.32参照

27. ピットマンアームからステアリングダンパーのピストンロッドの接続を外す(手順15～19参照)。
28. 割ピンとキャッスルナットを取り外す。
29. ピットマンアームからセンタータイロッドエンドの結合を外す。タイロッドエンドを叩いて外さないこと。叩くとネジ山が損傷する原因となる。
30. ピットマンアームをステアリングボックスのシャフトに固定しているナットを取り外して、シャフトからピットマンアームを引っ張って外す。
31. ステアリングダンパーをピットマンアームに固定しているボルト用のラバーブッシュと金属スリーブを点検する。どちらかが摩耗している場合は、抜き取って新しいブッシュにシリコン潤滑剤を塗布してから、圧入する。プレスを持っていない場合は、ピットマンアームと新しい部品を修理工場へ持っていって、作業を依頼する。

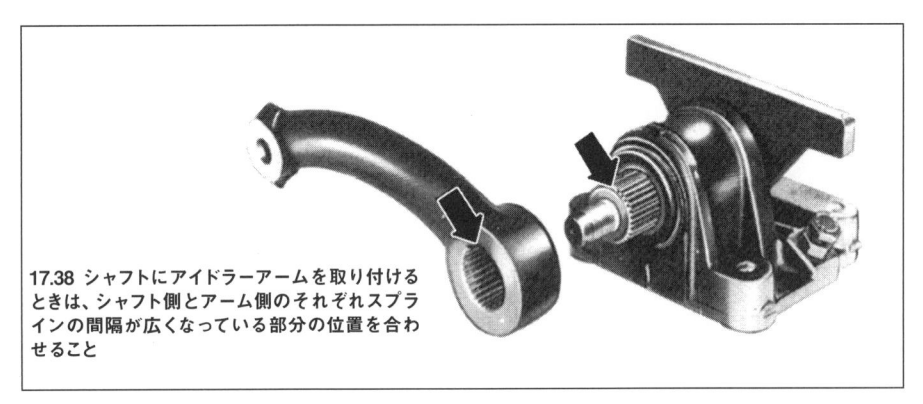

32. 取り付けは取り外しの逆手順で行なう。組付け位置を常に同じにするため、シャフトとアームのスプラインは一箇所だけ間隔が広くなっているので、取付時はその位置を合わせること。ピットマンアームを交換する場合は、新しいアームのスプラインが古いアームと同じサイズであることを確認する。この章の「整備情報」に記載の締付トルクでナット類を締め付ける。ピットマンアームをローラーシャフトに固定するナットを締め付けた後、ナットをかしめておく(写真参照)。

アイドラーアーム

→写真17.34、17.38参照

33. アイドラーアームからタイロッドエンドの接続を外す。
34. アイドラーアームをボディに固定している3本のボルトを取り外す(写真参照)。
35. アイドラーアームとブラケットをアセンブリで取り外す。
36. ブラケットからアイドラーアームを取り外すには、セルフロックナットとワッシャーを取り外して、シャフトからアームを引っ張って外す。
37. ブラケット内の接着ラバーブッシュを点検する。摩耗している場合は、内側の金属ブッシュと一緒にラバーブッシュを抜き取って、外側の金属ブッシュを抜き取る。新しい内側の金属ブッシュ、接着ラバーブッシュおよび外側の金属ブッシュをブラケットに同時に圧入する。プレスを持っていない場合は、ブラケットと新しい部品を修理工場へ持っていって、作業を依頼する。

38. 取り付けは取り外しの逆手順で行なう。スプラインの位置を合わせること(写真参照)。新しいセルフロックナットとタイロッドエンドのナットは、この章の「整備情報」の項に記載の規定トルクに従って締め付ける。

ラック&ピニオン式ステアリング装着のマクファーソンストラットモデル

タイロッドとタイロッドエンド

39. 左右のタイロッド外側のタイロッドエンドから、割ピンとキャッスルナットを取り外す。
40. ボールジョイントセパレーターかプーラーを使って、ステアリングナックルからタイロッドエンドの結合を外す。タイロッドエンドを叩いて外さないこと。叩くと、ネジ山が損傷してしまう。
41. タイロッドエンドを交換する場合は、ロックナットを緩めて、タイロッドエンドの露出しているネジ山の数を数えてから、タイロッドエンドを緩める。
42. タイロッドをステアリングラックから取り外す場合は、ロックプレートを広げて、タイロッドエンドをステアリングラックに固定しているボルトを取り外す。
43. 内側のタイロッドエンドを取り外す場合は、ロックナットを緩めて、タイロッドエンドの露出しているネジ山の数を数えてから、タイロッドエンドを緩める。
44. 取り付けは取り外しの逆手順で行なう。内側のタイロッドエンドのボルトは、この章の「整備情報」に記載の規定トルクで締め付ける。

10

サスペンション／ステアリング

18.5 ステアリングコラム底部のユニバーサルジョイントの下にあるクランプ(矢印)を緩める

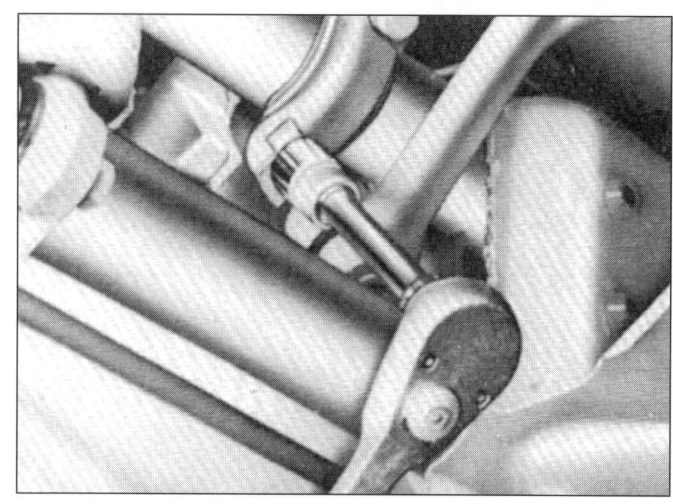

18.9 取付クランプのボルト、取付クランプおよびステアリングギアを取り外す

18. ステアリングギアの脱着

トーションバーモデル

→写真 18.5, 18.9, 18.10 参照

1. フューエルタンクを取り外す(第4章参照)。
2. 前輪の各ホイールボルトを緩めて、車の前部を持ち上げて、リジッドラックで確実に支えてから、ハンドブレーキを引いて、前輪を取り外す。
3. ピットマンアームからタイロッドエンドの結合を外す(セクション17参照)。
4. 新しいステアリングギアを取り付けるつもりであれば、ピットマンアームを取り外す(セクション17参照)。
5. ステアリングコラム底部のユニバーサルジョイントの下にあるクランプを緩める (写真参照)。
6. ステアリングカップリングの接点からホーンの配線を外す。
7. カップリングフランジがステアリングギアのシャフトから離れるまで、ステアリングコラムを引っ張って外す。
8. 取り付け時の参考とするため、アッパーアクスルビームの上のステアリングギア取付クランプの取付位置に合いマークを付けておく。
9. 取付クランプのボルト(写真参照)、取付クランプおよびステアリングギアを取り外す。
10. アッパーアクスルビームに溶接された2箇所のストップの間にステアリングギアを位置決めする。取付クランプのボルトの下には新しいロックプレートを使用すること。ただし、この段階ではボルトをいっぱいまで締め付けないこと。クランプの端の切り欠きは車種に応じた取付方向を示しているので注意する。車種に応じてクランプを正しい方向にすること(写真参照)。
11. ステアリングホイールのスポークを水平にして、ステアリングを中心(直進)位置にしてから、ステアリングギアのシャフトにステアリングコラムカップリングをはめ込む。
12. ピットマンアームに各タイロッドを接続する(セクション17参照)。
13. ステアリングホイールを中心位置にして、ブレーキドラム(またはディスク)を直進位置にしてから、ステアリングコラムクランプのボルトを確実に締め付ける。ボルトには新しいロックプレートを使用する。
14. ステアリングギアクランプの各ボルトを、この章の「整備情報」に記載された規定トルクで締め付ける。
15. 車輪を取り付けて、車を下ろしてから、各ホイールボルトを第1章の「整備情報」に記載の規定トルクで締め付ける。
16. ステアリングの作動を確認する。ステアリングホイールを左右いっぱいまで切って、前輪がそれぞれの方向にいっぱいまでスムーズに操舵できることを確認する。動きが悪い場合は、ステアリングギアの位置が不適正である。

マクファーソンストラットモデル

ウォーム&ローラー式ステアリングギア

→写真 18.20, 18.21, 18.23, 18.24 参照

17. 前輪の各ホイールボルトを緩めて、車の前部を持ち上げて、リジッドラックで確実に支えてから、ハンドブレーキを引いて、前輪を取り外す。
18. ピットマンアームからステアリングダンパーの

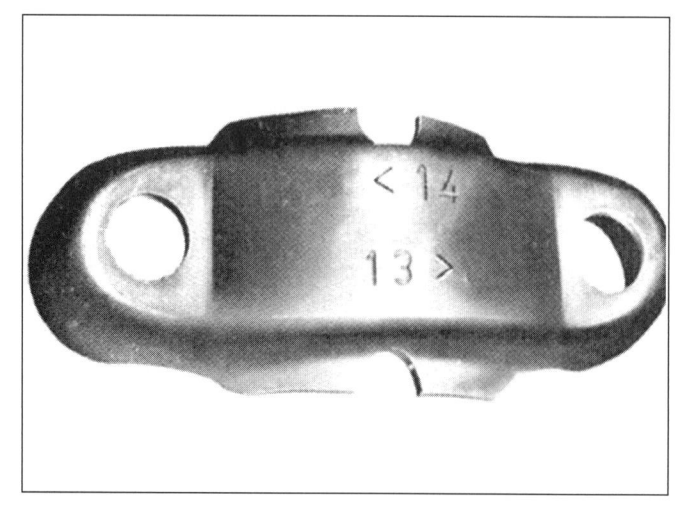

18.10 ステアリングギア取付クランプには2箇所の切り欠きが設けられている。一方はビートル用で他方はカルマンギア用である。ビートルのアクスルビームにクランプを取り付ける場合は「13」の矢印がカルマンギアの場合は「14」の矢印が、それぞれ前方を向くように取り付けること

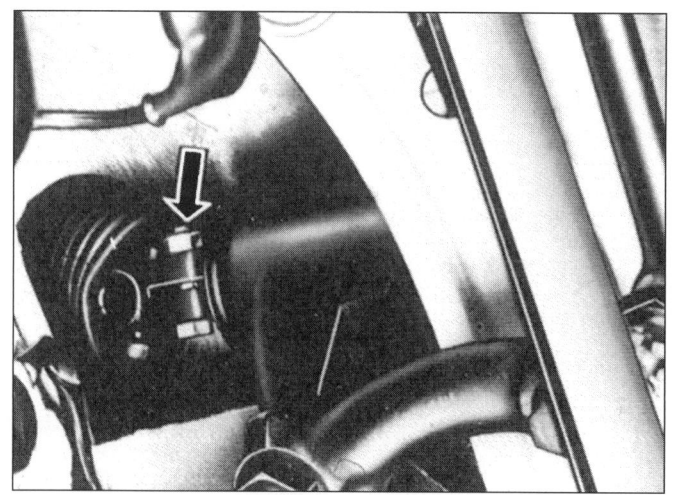

18.20 ステアリングコラムの下端のユニバーサルジョイントに被っているブーツをめくって、ステアリングコラムをステアリングギアのシャフトに固定している締付ボルト(矢印)を緩める

サスペンション／ステアリング

10-27

18.21 ステアリングギアを車体に固定している3本のボルトを取り外す

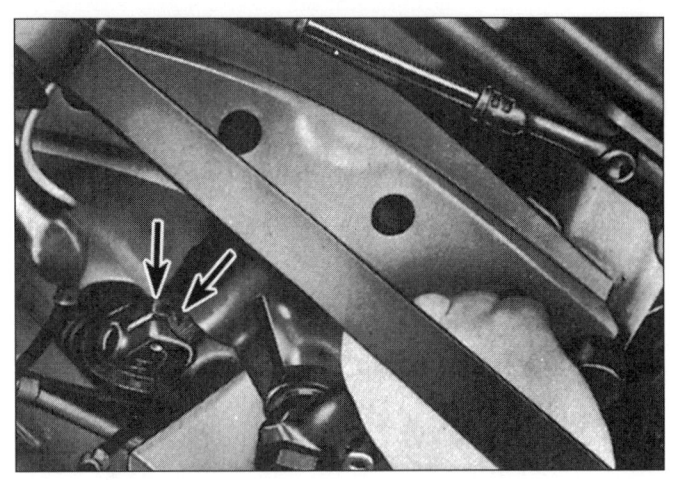

18.23 ステアリングコラムをステアリングギアに取り付けるには、ステアリングギアのシャフトの溝（右矢印）とユニバーサルジョイントのボルト穴（上矢印）の位置を合わせること

18.24 ウォームシャフトに新しいブーツ固定リングを取り付ける場合は、ステアリングを中心位置にして、リングのツメを合いマーク（矢印）の位置に合わせる

接続を外す（セクション17参照）。作業スペースを確保するために、ピストンロッドはダンパーにいっぱいまで押し込むか、他の部品に当たらないようにダンパーを車両前方に向けること。

19. ピットマンアームからセンタータイロッドの接続を外す（セクション17参照）。
20. インターミディエイトシャフトのユニバーサルジョイントに被っている下側のブーツをめくって、ジョイントの下部分が見える状態にしてから、ユニバーサルジョイントをステアリングギアのシャフトに固定しているボルトを取り外す（写真参照）。
21. ステアリングギアを車体に固定している3本のボルトを取り外す（写真参照）。
22. ステアリングギアを下方に引っ張って、ユニバーサルジョイントからシャフトを外して、車からステアリングギアを取り外す。
23. ステアリングギアを取り付ける場合は、シャフトをロアユニバーサルジョイントにはめ込む。シャフトの溝とユニバーサルジョイントのボルト穴の位置を合わせること（写真参照）。
24. ウォームシャフトに新しいブーツ固定リングを取り付ける場合は、ステアリングを中心位置にして、リングのツメを合いマークの位置に合わせる（写真参照）。
25. ステアリングギアを車体に固定する3本のボルトを取り付ける。この章の「整備情報」に記載されている締付トルクで各ボルトを締め付ける。
26. 新しいセルフロックナットを使って、ユニバーサルジョイントにボルトを取り付けて、「整備情報」に記載の締付トルクに従って締め付ける。
27. ブーツを元に戻して、固定リングの溝にはめ込む。
28. センタータイロッドをピットマンアームに接続する（セクション17参照）。
29. 車輪を取り付けて、車を下ろしてから、各ホイールボルトを第1章の「整備情報」に記載の規定トルクで締め付ける。

ラック＆ピニオン式ステアリングギア
→図18.34参照
30. ユニバーサルジョイントに被っている下側のブーツをめくって、ロアユニバーサルジョイントが見える状態にする。
31. ロアユニバーサルジョイントをステアリングギアシャフトに固定しているボルトを取り外す。
32. ステアリングギアシャフトからユニバーサルジョイントをこじって外す。
33. ロックプレートを広げて、内側のタイロッドエンドをステアリングラックに固定しているボルトを取り外して、内側のタイロッドエンドをラックから外す（セクション17参照）。
34. ボディサイドメンバーのブラケットにステアリングラックの両端を固定しているナットとボルトを取り外す（写真参照）。

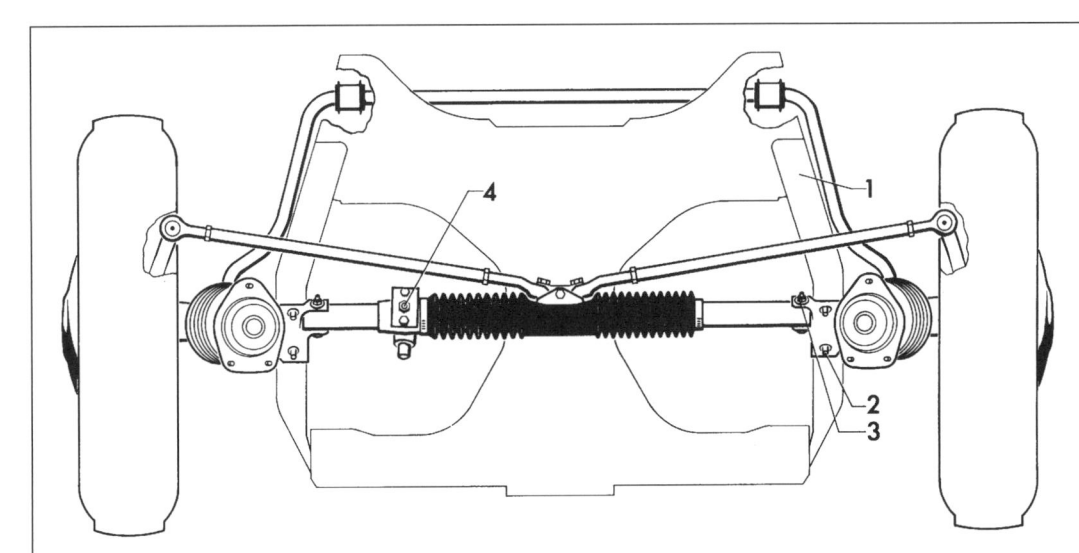

18.34 後期モデルのマクファーソンストラットモデルのラック＆ピニオン式ステアリングギアの取付詳細図

1 ボディサイドメンバー
2 マウントブラケットとサイドメンバー間のボルト
3 ステアリングラックとマウントブラケット間のボルト
4 アジャストスクリュー

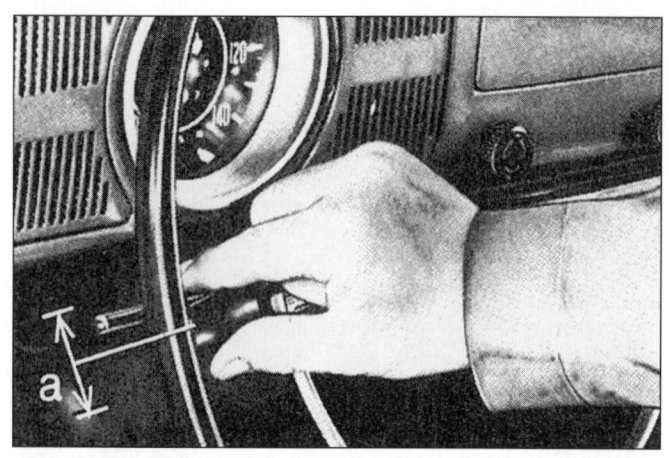

10-28 サスペンション／ステアリング

19.2 ステアリングの遊びを点検する場合は、車輪が直進位置になるまでステアリングホイールを回してから、写真のように指でステアリングホイールを左右に回す。抵抗なく動かせる範囲がステアリングホイール外周部で約25 mm以内であれば正常である

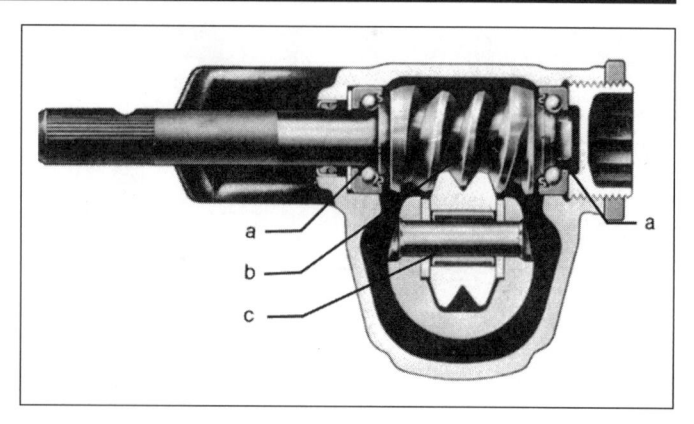

19.3 ステアリングギアの遊びは3箇所で発生する。

a)ウォームの軸方向の遊び
b)ローラーとウォーム間の遊び
c)ローラーの軸方向の遊び

35. 車からステアリングラックを取り外す。
36. 取り付けは取り外しの逆手順で行なう。各ブラケットを固定する2本のボルト、ステアリングラックをブラケットに固定する各ボルトおよびタイロッドをステアリングラックに固定する各ボルトを、それぞれこの章の「整備情報」に記載の規定トルクで締め付ける。
37. 車輪を取り付けて、車を下ろしてから、各ホイールボルトを第1章の「整備情報」に記載の規定トルクで締め付ける。
38. 修理工場でホイールアライメントを点検して、必要に応じて、調整してもらう。

19. ステアリングギアの調整

→写真19.2, 図19.3参照

備考：以下の手順は、トーションバーモデルまたはマクファーソンストラットモデルのウォーム＆ローラー式ステアリングに適用される。

1. 接地した状態で、前輪を直進位置にする。
2. 前輪を直進位置にした状態で、ステアリングホイールを指で軽く左右に動かしてみる（**写真参照**）。左右に動かして抵抗なく動く範囲（つまり遊び）が、ステアリングホイール外周部で約25 mm以内であれば正常である。
3. 中心（直進）位置でのステアリングの遊びが大きい場合は、タイロッドエンドの摩耗（セクション17参照）またはピットマンアームのガタ（セクション18参照）がないか点検する。また、ステアリングギアの取付ボルトが確実に締まっているかどうかも確認する。これらの不具合がないにもかかわらず、ステアリングの遊びが大きい場合は、ステアリングギア内のウォームの軸方向の遊び、ローラーとウォーム間の遊びまたはローラーの軸方向の遊びが大きくなっていると考えられる（図参照）。

19.4 ステアリングコラムのユニバーサルジョイントカップリングをつかんで、左右（左の矢印方向）に回して、ジョイントとステアリングギア間のシャフトを観察する。シャフトが上下（右の矢印方向）に動く場合は、ウォームの軸方向の遊びを調整する

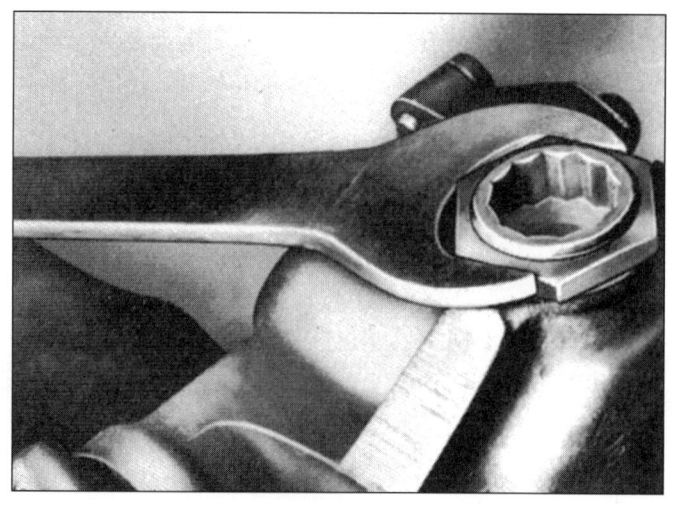

19.5 ステアリングウォームアジャスター用のロックナットを緩める

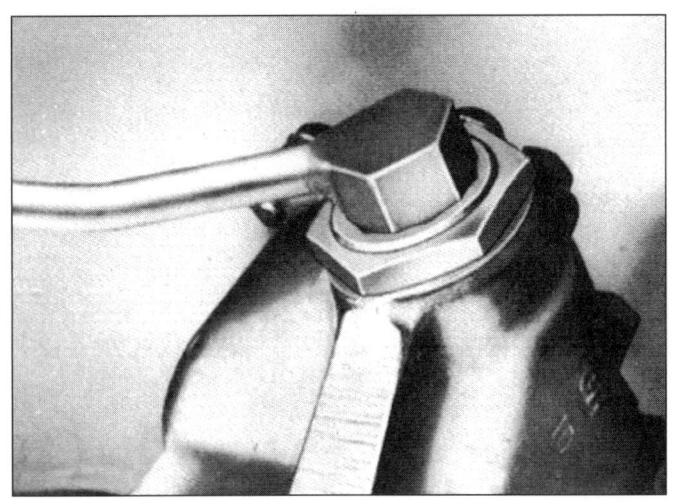

サスペンション／ステアリング

19.6 ステアリングコラムのユニバーサルジョイントカップリングを左右に回しながら、ウォームシャフトの前後の遊びがなくなるまでアジャスターを締め込む

19.11 ローラーシャフト用アジャストスクリューのロックナットを緩め、アジャストスクリューを約1回転緩めてから、ローラーがウォームに接したのが感じられる位置まで、アジャストスクリューを締め込む

ウォームの軸方向の遊びの調整

→写真 19.4, 19.5, 19.6 参照

4. 車の前部下側から、ステアリングコラムのユニバーサルジョイントカップリングを左右に回して、ジョイントのフランジとステアリングギア間のシャフトの前後の遊びを観察する（**写真参照**）。

5. ステアリングウォームアジャスター用のロックナットを緩める（**写真参照**）。

6. ステアリングコラムのユニバーサルジョイントカップリングを左右に回しながら、ウォームシャフトの遊びがなくなるまでアジャスターを締め込む（**写真参照**）。

7. 遊びがなくなった位置でアジャスターを固定して、ロックナットを、この章の「整備情報」の項に記載されている締付トルクに従って締め付ける。

8. ウォームシャフトを左右いっぱいまで回す。固くなる箇所がなく、スムーズに回れば良好である。固い箇所があれば、アジャスターの締め込みがきつ過ぎる。少しアジャスターを緩めて、再度点検する。ウォームを調整してもステアリングの遊びが大きい場合は、以下の手順に従ってローラーとウォーム間の遊びを調整してみる。

ローラーとウォーム間の遊びの調整

→写真 19.11 参照

9. ステアリングホイールを中心位置から右または左に90°回す。

10. フロントフードを開けて、スペアタイヤを取り外して、ステアリングギアの点検パネルを取り外す。

11. ローラーシャフト用アジャストスクリューのロックナットを緩める（**写真参照**）。アジャストスクリューを約1回転緩める。

12. ローラーがちょうどウォームに接したのが感じられる位置まで、アジャストスクリューを締め込む。

13. その位置でアジャストスクリューを保持して、確実にロックナットを締める。

14. 車輪が接地した状態で、ステアリングホイールを左右それぞれに90°回し、その位置でステアリングホイールの遊びを点検する。ステアリングホイール外周部の遊びが約25mm以内が正常である。左右のどちらかで規定よりも遊びが大きい場合は、その方向でのローラーとウォーム間の遊びを再度調整する。

15. ロードテストを行なう。15～20 km/hで慎重にカーブを曲がってみる。曲がり終えた後、ステアリングホイールが自然に中心位置から45°の範囲内に戻れば正常である。戻らない場合は、ローラーがきつすぎる（遊びが少ない）。もう一度調整を行なう。調整しておかないと、ウォームとローラーが損傷する原因となる。

16. ウォームとローラー間の遊びを数回調整しても、カーブを曲がった後にステアリングホイールが正常に戻らない場合は、ローラーの軸方向の遊びを点検しなければならない。この調整作業には、ステアリングギアを分解した上で特殊工具が必要となるので、修理工場に依頼すること。

20. ホイールとタイヤに関する全般的な注意事項

本書が対象とするほとんどのモデルには、ガラス繊維またはスチールベルトを使ったラジアルタイヤが装着されている。規定のサイズおよびタイプ以外のタイヤを使用すると、乗り心地およびハンドリングに悪影響を及ぼす場合がある。また、ハンドリングに著しい悪影響を及ぼす恐れがあるので、1台の車でラジアルタイヤとバイアスタイヤなど、異なったタイプのタイヤを混用しないこと。タイヤを交換するときは、基本的に左右同時に交換することを勧める。

ハンドリングとタイヤの摩耗はタイヤの空気圧によって大きく左右されるので、長距離ドライブの前あるいは少なくとも月に1度はすべてのタイヤの空気圧を点検すること（第1章参照）。

ホイールに曲がり、凹み、エア漏れがある、ホイールボルト穴が広がっている、ひどく腐食している、左右対称でない、またはホイールボルトがしっかりとはまらないなどの不具合があれば、ホイールを交換しなければならない。溶接やハンマーで叩いてホイールを修理することは勧められない。

タイヤとホイールのバランスは、その車の性能、ハンドリングおよび制動力を大きく左右する。バランスの取れていないホイールは、ハンドリングや乗り心地だけでなくタイヤの寿命にも悪影響を及ぼす。タイヤをホイールに取り付けた状態で、専門の設備を持った修理店でタイヤとホイールのバランス調整をしてもらうこと。

21. ホイールアライメントに関する全般的な事項

→図21.1 参照

　ホイールアライメントの調整とは、サスペンションを調整して、ホイールを路面に対して適切な角度にすることである。フロントホイールのアライメントが不良の場合、操縦性に悪影響を及ぼすだけでなく、タイヤの摩耗も早めることになる。ほとんどのモデルで通常必要となるフロントのホイールアライメント調整は、キャンバー、キャスターおよびトーインである（**写真参照**）。また、リアのホイールアライメントは、キャンバーとトーインの調整である。

　ホイールのアライメント調整は、精度を要求される作業で、複雑で高価な設備も必要とする。従って、アライメント調整は専用の設備を持った専門業者に依頼しなければならない。作業を依頼する業者に技術的な相談をする際には、以下のホイールアライメントに関する簡単な解説を参考にする。

　トーインとは、車を上から見たときにホイールの前側が内側に向いていることを示す。トーインを設ける目的は、直進安定性の確保である。トーインがゼロの車では、左右のフロントホイールの前端同士の距離と、後端同士の距離が同じである。トーインの場合は、前者が後者よりも（通常、数mm）短いことを示す。

　フロントホイールのトーインは、タイロッドに対するタイロッドエンドの位置を変えて調整する。リアホイールのトーインは、ベアリングハウジング（または後期モデルではダイアゴナルアーム）とスプリングプレートの位置関係を変えることにより調整する。トーインが不適正だと、タイヤと路面との接触状態が不良になりタイヤが偏摩耗する原因となる。

　キャンバーとは、車を前から見たときの鉛直線に対するホイールの傾きである。前から見てホイールの上部が外側に傾いている場合をポジティブキャンバーと呼ぶ。逆に上部が内側に傾いている場合をネガティブキャンバーと呼ぶ。キャンバーは鉛直線に対する角度で表示され、その値をキャンバー角と呼ぶ。キャンバー角は、路面に接触するタイヤトレッドの面積を左右し、旋回時または凸凹路を走行しているときに発生するサスペンションの姿勢変化を補正している。

　キャスターとは、車を横から見たときの鉛直線に対するキングピン軸上側の傾きである。このキングピン軸が後方に傾いているものをポジティブキャスター、前方に傾いているものをネガティブキャスターと呼ぶ。

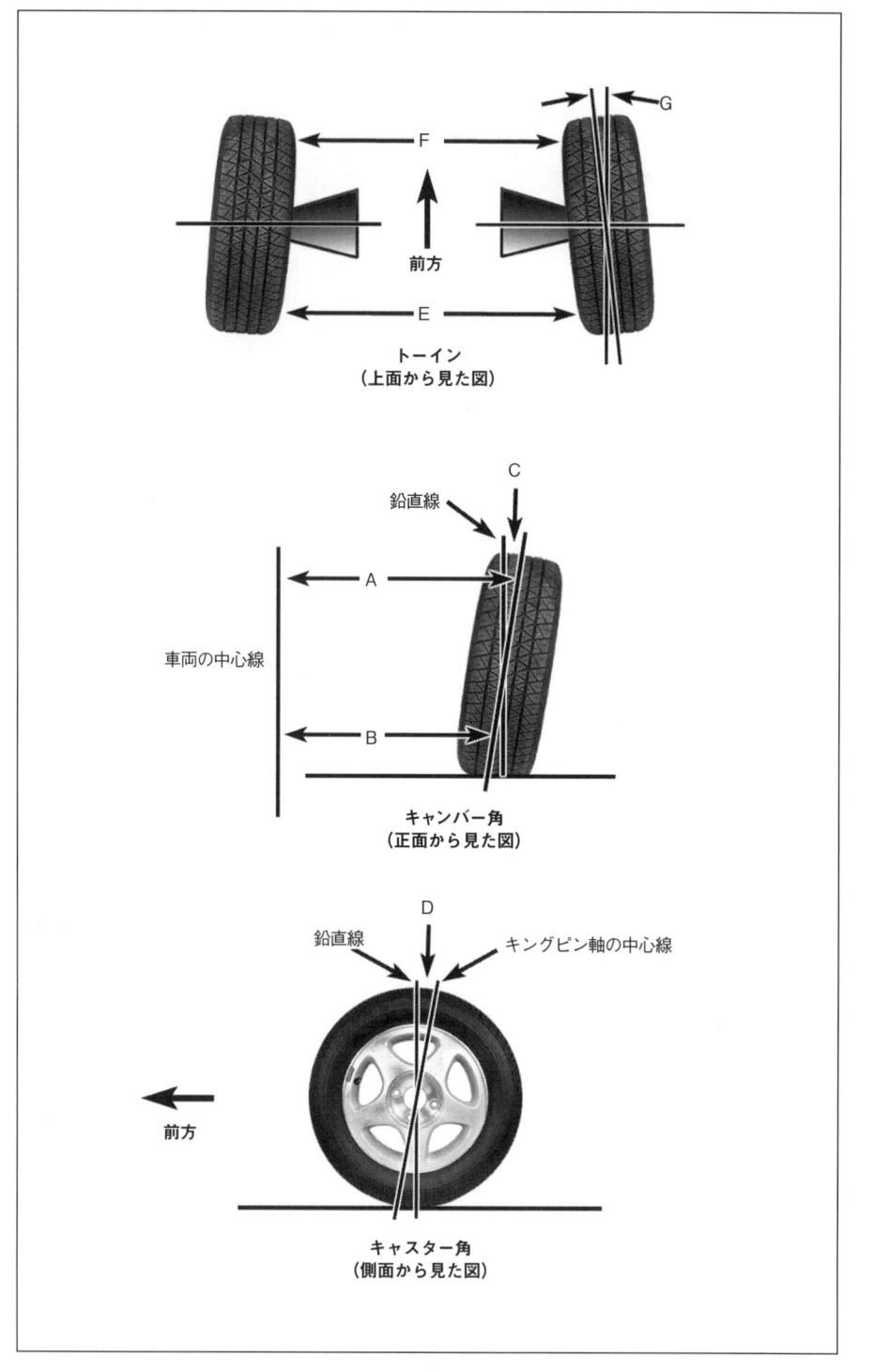

トーイン
（上面から見た図）

キャンバー角
（正面から見た図）

キャスター角
（側面から見た図）

21.1 フロントホイールアライメントの詳細

E－F＝トーイン（mm）
G　トーイン（角度）
C　キャンバー角
D　キャスター角

第11章
ボディ

目次

1. 概説 11-1
2. ボディのメンテナンス 11-1
3. ビニール製トリムの手入れ 11-2
4. 内装とカーペットの手入れ 11-2
5. ボディの軽い損傷の補修 11-3
6. ボディの大きな構造的損傷の修理 11-4
7. ヒンジとロックのメンテナンス 11-4
8. ガラスの交換 11-4
9. フロントフードの脱着、調整 11-4
10. フロントフードロックの脱着、調整 ... 11-4
11. エンジンフードの脱着 11-5
12. エンジンフードロックの脱着、調整 ... 11-6
13. バンパー、バンパーブラケット、ダンパーの脱着 11-6
14. フェンダーの脱着 11-8
15. ランニングボードの脱着 11-8
16. ドアラッチストライカープレートの交換、調整 11-8
17. ドアトリムパネルの脱着 11-11
18. ドアウィンドーとレギュレーターの脱着 11-12
19. 三角窓の脱着 11-13
20. ドアアウトサイドハンドル、ラッチ機構、インサイドハンドルの脱着 11-14
21. ドアミラーの脱着 11-15
22. ドアの脱着 11-15
23. シートの脱着 11-15
24. シートベルトの点検 11-16

1. 概説

→図1.1参照

ボディは、多くの独立した部品を溶接により一つにしたボディシェルから構成され、フレームトンネル、フロアパン、前後のクロスメンバーおよびエンジンを支えるフレームフォークから成るプラットフォームにボルトで固定されている。プラットフォームのフロアパンと中央のトンネル部分は、荷重を支える上で重要な部分である。トーションバーを収めたアクスルビーム（または、スーパービートルでは、マクファーソンストラットの前端部）は、プラットホーム前端のフレームヘッドにボルトで固定されている。後部はトーションバーチューブがフレームフォークに溶接されている**（図参照）**。プラットフォームはそれ単体で走行可能なほど頑丈なものだが、ボディをボルトで固定することでさらに剛性が増す構造になっている。

バンパー、フロントフード、エンジンフード、ドア、フェンダーおよびランニングボードなどの一部のボディパネルは、修理や交換のために取り外すことができる。

この章では、サンデーメカニックが自分でできる範囲の一般的なボディメンテナンス、ボディパネル修理および簡単な部品交換の要領を説明している。

2. ボディのメンテナンス

1. 自分の車のボディを常に良好な状態に維持することは非常に重要である。メンテナンスを怠ったあるいは損傷してしまったボディを修理することは、機械的な部品を修理するよりずっと難しい作業である。外から見える部分ほど注意を払う必要はないが、ホイールハウス、フレームおよびエンジンルームなどのボディの隠れた部分も重要である。

2. 年に一度または2万km毎に、ボディの下まわりをスチーム洗浄すると良い。ホコリやオイルの汚れをきれいに取り除くとともに、錆、ブ

11-2　ボディ

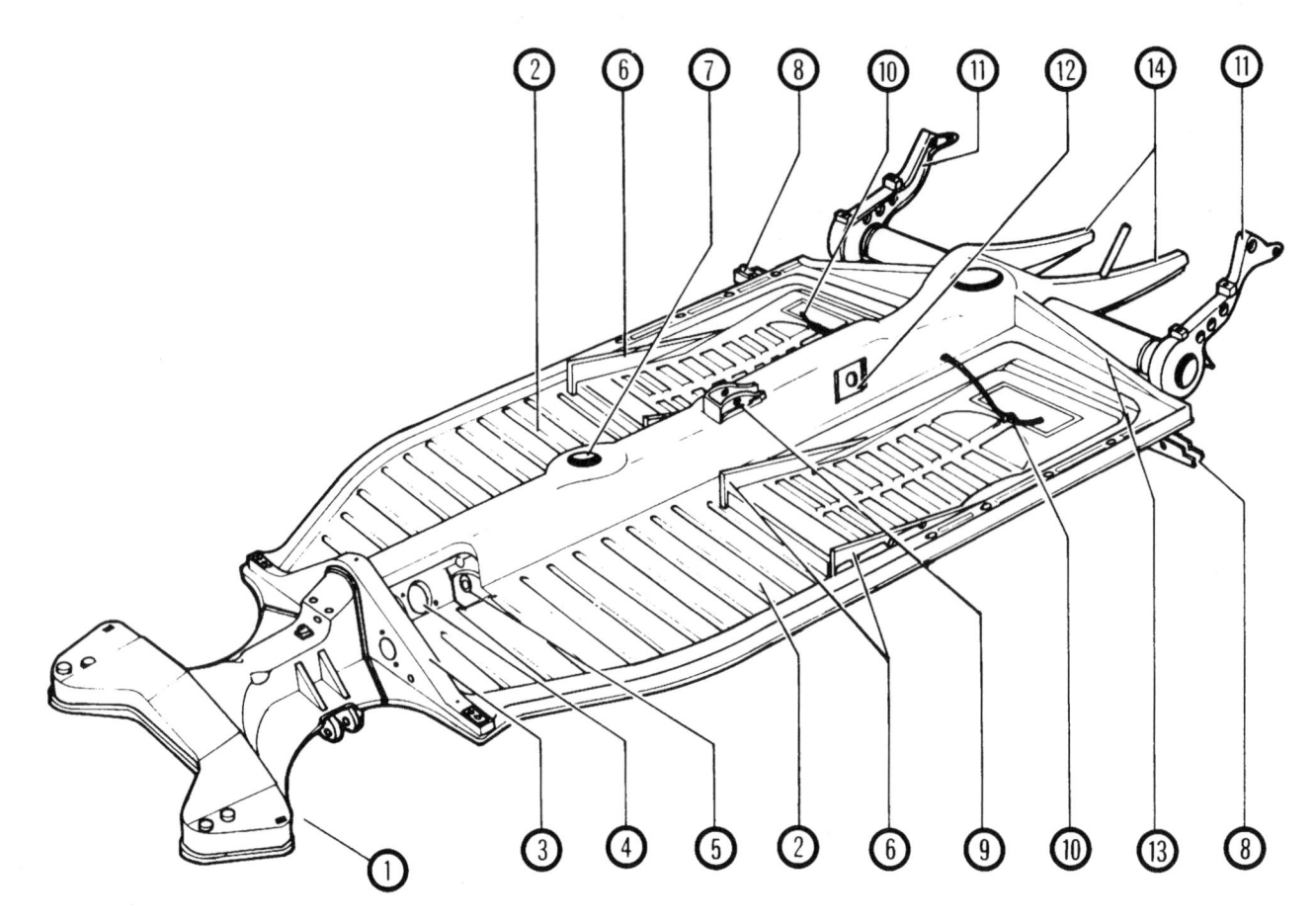

1.1 マクファーソンストラットタイプのフロントサスペンションを装着するスーパービートル用のフレームヘッド付きフロアパン（代表例）

1　フレームヘッド
2　フロアパン
3　フロントクロスメンバー
4　ペダルクラスターシャフト取付用開口部
5　スロットルペダルマウント
6　シートレール
7　シフトレバー穴
8　ジャッキアップポイント
9　ハンドブレーキ取付ブラケット
10　ヒーターコントロールケーブル用チューブ
11　スプリングプレートブラケット
12　シートベルトアンカーポイント
13　リアクロスメンバー
14　フレームフォーク

レーキラインの損傷、電気配線の劣化、ケーブルの損傷等の不具合がないか点検しておく。フロントサスペンションの構成部品は、スチーム洗浄後にグリスアップしておく。

3. また、同時にスチームクリーナーまたは水溶性の脱脂剤を使って、エンジンとエンジンルームを洗浄しておく。

4. アンダーコート（ボディ下まわりの防錆塗装）が剥がれたり、タイヤが跳ね上げる小石や砂により塗装面が傷ついて、錆が発生している場合があるので、ホイールハウスは特に注意が必要である。錆が発生している場合は、金属の地肌が出るまで研磨して、防錆塗料を塗布しておく。

5. 週に一度は洗車すること。まずボディ全体に水をかけて、ホコリを浮き出させてから、柔らかいスポンジとカーシャンプーを使って洗浄する。丹念に洗っても取れない頑固な汚れは、塗装面まで浸食している場合がある。

6. 路面から跳ね上げられたタールやピッチは、ピッチクリーナーなどの溶剤を浸したウエスを使って取り除く。

7. 6カ月毎に、ボディとクロムメッキ製のトリム類にワックスをかける。メッキ部品から錆を取り除くためにクロムクリーナーを使用する場合は、メッキ自体もはがれてしまうので、控えめに使用すること。

3. ビニール製トリムの手入れ

ビニール製トリムは、普段は固く絞ったウエスで水拭きして、頑固な汚れには中性洗剤を溶かしたぬるま湯と柔らかいブラシを使うと良い。車の残りの部分と同じようにビニールもこまめに手入れすること。

なお、清掃後は、酸化と亀裂を防止するために高品質のビニール保護剤を塗布しておく。こうした保護剤は、しばしば劣化により不具合が発生するウェザーストリップ、バキュームライン、ラバー製ホースおよびタイヤなどにも使用できる。

4. 内装とカーペットの手入れ

1. 3カ月に一度は（または必要に応じて）、カーペットまたはマットを取り外して、車内を清掃する。シートとカーペットは掃除機を使って、ホコリやゴミを取り除く。

2. 革張りシートの場合は、特別な注意が必要である。しみは、中性洗剤を溶かしたぬるま湯を使って拭き取ること。なお、清掃後はきれいなウエスで水拭きしてから、乾いたウエスで乾拭きする。革張りシートの清掃に、アルコール、ガソリン、除光液またはシンナーは決して使わないこと。

3. 清掃後は、定期的に革張りシートにレザーワックスをかける。革張りシートには、決して車体用のワックスをかけないこと。

4. 長時間戸外に駐車する場合は、革張りシートの直射日光が当たる部分にカバーなどをかけておく。

5. ボディの軽い損傷の補修

ボディの軽い擦り傷の補修

擦り傷が表面的なもので、ボディの金属地肌まで達していない場合は、補修は比較的簡単である。水アカ取り剤あるいは目の非常に細かいコンパウンドを使用して傷の周囲を軽くこすって、はがれかけた塗装の破片を落とし、またワックスを落とす。そして水をかけて洗い流す。

タッチアップペイントを使って、付属のブラシで薄く重ね塗りして傷の部分を周囲の塗装と同じ高さまで盛り上げる。塗装が完全に乾くまで1週間ほどかかる。完全に乾いたら水アカ取り剤あるいは目の非常に細かいコンパウンドなどを使って、補修部分と周囲の塗装との境い目が目立たなくなるように磨く。磨きすぎないように注意する。仕上がったらワックスを塗っておく。

擦り傷がボディの金属地肌まで達し、錆が発生している場合は、別の補修テクニックが必要となる。スクレーパーや紙ヤスリで表面の錆を落とし、錆止め剤を塗って錆の進行を止める。チューブ入りのラッカーパテを、ゴムやプラスチックのヘラを使ってしごくようにして、傷の中に埋め込むようにする。傷の部分からはみ出たパテは、すばやくシンナーを付けたウェスで拭き取る。あとは前述した要領でタッチアップペイントを塗る。

ボディの凹みの補修

ボディに深い凹みができた場合は、だいたい元の形状に近くなるまで、その部分を引っ張って戻さなければならない。一度凹んだ金属は衝撃で延びているため、完全に元の形に戻すことはできない。凹みの深さを周囲から3mmぐらいの範囲で戻した方が良い。凹みが非常に浅い場合は、引っ張って戻さず、凹みの裏側に作業できる場合は、木づちやプラスチックハンマーで裏側から軽く叩き出す。この場合は必ず当て木をしっかりと外側に当てて衝撃を吸収し、全体がふくらまないようにする。

もし凹みの部分のボディが二重構造だったり、裏側に手が届かない場合は裏から叩き出せないため、外側から引っ張ってやる。凹みの部分(特に凹みの深い部分)に幾つかドリルで小さな穴をあけ、長いタッピング・ネジをネジが金属に食い付くまでねじ込む。そのネジの頭をプライヤーで引っ張って凹みを戻す。

次に、凹んだ部分とその周囲2～3cm程の部分の塗装を削り取る。この作業はサンドペーパーを使って手で行なってもよいが、ワイヤーブラシや、電動ドリルに研磨パッドを付けて行なうと簡単である。パテ埋めの準備として、塗装を剥がした部分の金属にマイナスドライバーやヤスリの先などで引っかき傷を無数に付けておく。あるいはドリルで小さな穴をたくさんあけておくと、パテがその表面によく"食いつく"ようになる。以降の作業は、パテ埋めと再塗装の項目を参照する。

ボディの錆であいた穴や亀裂の補修

まず、損傷した部分の周囲2～3cm程の部分の塗装を削り取る。この作業にはワイヤーブラシ、または電動ドリルに研磨パッドを取り付けて行なう。こうした道具がない場合は、紙ヤスリを使う。塗装を剥がすと損傷の度合いがよくわかるので、パネルの交換が必要なのか(可能な場合)、その部分のみの修理で良いのか判断できる。新品のボディパネルの値段は一般的に思われているよりも安いため、損傷が大きい場合はその方が簡単で、また仕上がりも良い。

損傷した部分の周囲の部品(バンパーやウインカーなど)を全て取り外す。但し、元の形状を知る上で参考になるもの(ヘッドライトのシェル)などはそのまま残しておく。そして損傷した部分とそれ以外に錆が発生している部分のボディを、金切りバサミや金ノコなどで切断する。切断した穴の縁はハンマーで内側に曲げ、パテを盛るためにわずかな凹みを作っておく。

ワイヤーブラシをかけて、粉状になった錆を全て取り除く。錆止め剤を塗る。錆びた部分の裏側にも手が届く場合は、裏側にも錆止めを塗っておく。

次に、パテ埋めをする前に、穴を何らかの方法でふさぐ必要がある。

それが小さい場合は、アルミやプラスチックの網あるいはアルミテープを使うとよい。穴や亀裂が大きい場合には、アルミかプラスチックの網、あるいはグラスファイバーのマットが最適である。それを穴の形状に合わせておおよそのサイズに切断してから、穴の上にのせ、パテを使ってその位置に固定する。縁の部分が周囲のボディよりも低くなるようにする。穴や亀裂が小さい場合には、アルミテープを使うとよい。それを穴の形状に合わせておおよそのサイズに切断してから、裏紙(ある場合)を剥がし、穴の部分を塞ぐように貼る。1枚では足りない場合は重ね貼りしてもよい。ドライバーの柄などでしっかりと押し付け、下の金属地肌に確実に貼り付ける。以降の作業は、パテ埋めと再塗装の項目を参照する。

ボディのパテ埋めと再塗装

この作業に移る前に、凹みや、錆による穴や亀裂の補修の項目を参照して、下準備を行なう。

ボディの補修用パテはいろいろな種類なものが出回っているが、一般的にはパテ(主剤)と硬化剤がセットになった(二液性の)ものが、この作業には適している。幅が広くて柔らかいゴムやプラスチック製のヘラがあると、美しく仕上げるのに重宝する。あらかじめ、下準備後、その補修部分をシンナー等を含ませたウェスで拭き取って、表面の油分などをきれいに取り除いておく。

きれいな紙などの上で少量のパテを出し、メーカーの指示に従って規定量の硬化剤と混ぜる。指示通り正確に行なわないと、パテが固まらなかったり、必要以上に早く固まったりする。ヘラを使って、パテを下準備をした補修部分に塗る。ヘラをうまく使って、元の形状と高さにする。おおよそ元の形状ができたら、すぐに作業を終える。時間をかけすぎるとパテがベタつくようになり、ヘラに付着してうまくいかなくなる。20分程度の間隔をあけて薄く塗り重ね、周囲より少し高くなればよい。

パテが固まったら、余分なパテをおおまかにヤスリなどで削り取る。そして紙ヤスリ(耐水ペーパー)で仕上げて行くが、目(番手)を粗いものから細かいものへと徐々に変えてゆく。最初は40番手程度のものから始め、最後は400番の紙ヤスリで仕上げる。ペーパーは必ずゴム片や木片などに巻いて使用すること。こうしないと表面が平らにならない。作業中は、ペーパーを時々水に付けてすすぐ。

この段階では、補修部分の周囲に塗装が剥がされた金属部が露出しているため、塗装が剥がされた部分と塗装が残っている部分との境界部分に、目の細かいペーパーをかけて、境界を目立たなくする。補修部分を水で洗い流し、削りカスを全て取り除いて、完全に乾燥させる。

次に、金属の地肌を露出させておかないために、プライマー(下地処理ペイント)を塗る。これはスプレー式のものを使うため、周囲に飛散しないように、ボディの不要な部分をマスキングする(専用のマスキングテープと新聞紙等を使う)。マスキングしたら、補修部分とその周囲2～3cmにプライマーを薄く吹き付ける。こうすると、パテ埋めが完全でない部分がはっきりとわかる。その場合、もう一度パテを塗り付け、乾いてからペーパーで仕上げる。そして、再度プライマーを吹き付ける。必要に応じて、コンパウンドを使用するとよい。仕上がりが完全になるまでこの作業を繰り返す。そして、水で洗って完全に乾燥させる。

あとは、いよいよ本塗装を行なう。一般的には、スプレー缶入りの塗料を使用するが、できるだけ温かく乾燥して風がなく、ホコリの飛んでいない日に行なうこと。ガレージの中などで作業ができれば問題ないが、外で作業しなければならない場合は、慎重に日を選ぶ必要がある。ガレージの中などで行なう場合は、フロアに水をまいておくと、ホコリが飛びにくくなる。また、ガレージで行なう場合は、換気に充分注意する。念のため、補修部分をシンナーを含ませたきれいなウェスでさっと拭いて、汚れや油分を取り除く(脱脂する)。ボディの不要な部分をマスキングする。

塗装を始める前に、スプレー缶を充分に振ること(そのスプレーの使用説明をよく読む)。そして不要な空き缶などに試し塗りをしてみる。完全な仕上がりを望む場合は、再度補修部分にプライマーを吹き付ける。一度に厚く塗るより、薄く何度にも分けて塗り重ねた方が良い。400番のペーパーで、表面がスムースになるまで磨く。この作業中、補修部分には水をかけ、ペーパーは時々水ですすぐ。最後に全体を充分に乾燥させる。

そして、ボディと同じ色のペイントを吹き付けるが、同じように薄く何度か塗り重ねる。まず補修部分の中心に吹き付け、横方向の動きで次第に外側を塗っていく。補修部分全体と周囲の塗装にも5cm程吹き付ける。最後に吹き付けてから、10～15分後にマスキングを外す。塗装が完全に乾くまで少なくとも1週間はかかる。その後、水アカ取り剤か目の非常に細かいコンパウンドで磨き、新しい塗装と古い塗装の境い目を目立たなくする。最後に、ワックスをかけて仕上げる。

6. ボディの大きな構造的損傷の修理

1. 損傷が大きい場合は、板金工場に修理を依頼しなければならない。板金工場は、修理を適切に行なうための専門的な設備を備えている。
2. 損傷が広範囲に渡っている場合は、ボディ各部のアライメントを点検しなければならない。アライメントが狂っていると、ハンドリングに悪影響を与えるだけでなく、各構成部品の摩耗も早くなる。
3. 主なボディパネル（フードやフェンダーなど）は、単品で交換することが可能なので、損傷がひどい場合は、修理するよりも交換してしまった方が良い。

7. ヒンジとロックのメンテナンス

5000 kmまたは3ヶ月毎に、ドア、フロントフードおよびエンジンフードの各ヒンジ＆ラッチ・アセンブリーに、マシン油またはエンジンオイルを数滴垂らしておく。ドアラッチストライカーにも、摩耗を防いで動きを良くするため、グリスを薄く塗布しておく。ドアおよびフロントフードのロックには、一般（住宅用）の鍵穴潤滑剤（パウダースプレー）を使用するとよい。鍵穴にオイルやグリスを塗布すると、ホコリが付着して、かえって動きが悪くなる恐れがある。

8. ガラスの交換

フロントウインドーおよび嵌め殺しのガラスを交換するには、特殊工具と専門的な技術が要求される。従って、この作業は修理工場またはガラス交換の専門業者に依頼すること。

9. フロントフードの脱着、調整

→写真9.2参照
備考：フードは重たくて大きいので、脱着は2人で行なうこと。

脱着

1. フードを開ける。ボディのフェンダーに保護カバーまたは古い毛布などを掛けておく。こうすることで、フードを持ち上げるときにボディと塗装面に傷が付かないようにする。
2. 取り付け時の位置合わせのために、ヒンジに取り付けられた各ボルトのワッシャーの周囲に合いマークを付けておく（写真参照）。
3. 取り外しに邪魔になるケーブルやハーネスを外しておく。
4. フードはかなり重いので、他の人に支えてもらうこと。ヒンジをフードに固定しているナットまたはボルトを取り外す。
5. フロントフードを持ち上げて外す。
6. 取り付けは取り外しの逆手順で行なう。

9.2 取り付け時の位置合わせのために、ヒンジに取り付けられた各ボルトのワッシャーの周囲に合いマークを付けておく。フードを調整するときは、各ヒンジプレートの全周にけがき棒で印を付けて、フードをどれだけ動かしたのかが判断できるようにしておく

調整

7. フードの前後左右の建て付けは、ボルトを緩めて、ヒンジプレートに対するフードの位置を変えることで調整する。
8. ヒンジプレートの全周にケガキ棒で印を付けておけば、フードをどれだけ動かしたのかが判断できる（写真9.2参照）。
9. ボルトを緩めて、フードを正しい位置にずらす。フードは少しずつずらすこと。各ヒンジボルトを締めて、フードを慎重に閉めて、建て付けを点検する。
10. 取り付け後は必要に応じて、フードが確実に閉まり、かつフェンダーと面一になるまで、フードロック・アセンブリーを上下に調整する（セクション10参照）。
11. フードヒンジには、リチウム系グリスを定期的に塗布すること。

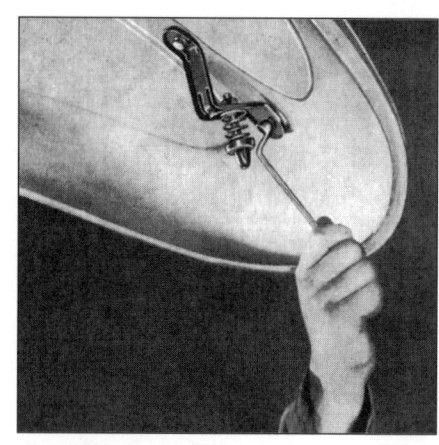

10.1 旧型ロックの上側のラッチを取り外すときは、取付ボルトを取り外すだけである

10. フロントフードロックの脱着、調整

1967年以前のモデル

取り外し

→写真10.1, 10.2, 10.3, 10.7参照
備考：古いモデルのフードロックは、ケーブル式のロック機構だけで作動するので、ケーブルは必ず正しく調整しなければならない。正しく調整していないと、フロントフードを開けられなくなる。

1. フードを開ける。ロック機構の上側（写真参照）からボルトを取り外して、ラッチとハンドルを取り外す。
2. ロックの下側を固定しているボルトを取り外す（写真参照）。
3. ロックの下部からカバープレートを取り外して、ケーブル固定スクリュー（写真参照）を緩めて、ケーブルを外して、ケーブルガイドからケーブルを外して、ロックを取り外す。

取り付け

4. ケーブルガイドにケーブルを通して、ケーブル固定スクリューが付いたレバーをスプリングの力に逆らって押し、レバーがロックボルト用

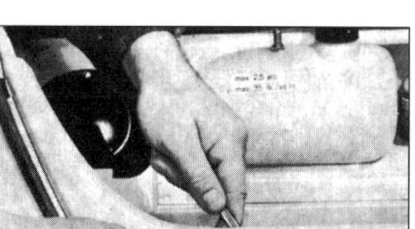

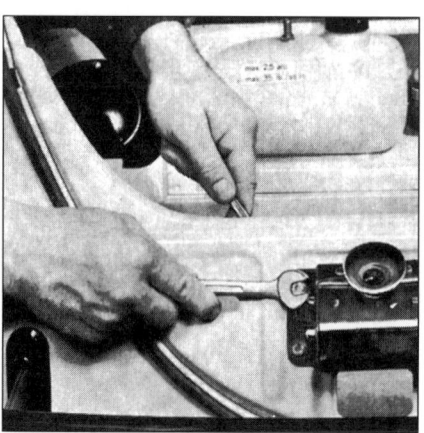

10.2 旧型ロックの下側を取り外す場合は、取付ボルトを取り外して…

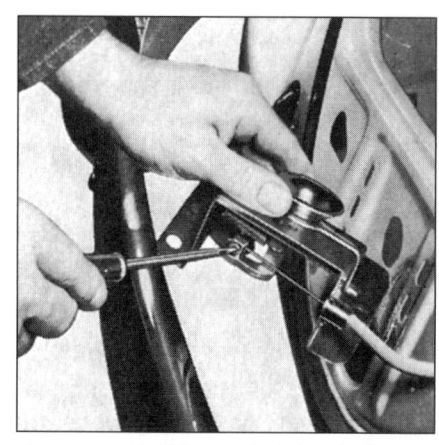

10.3 …ロック機構を引き出して、ケーブル固定スクリューを緩めて、ケーブルを外す

ボディ

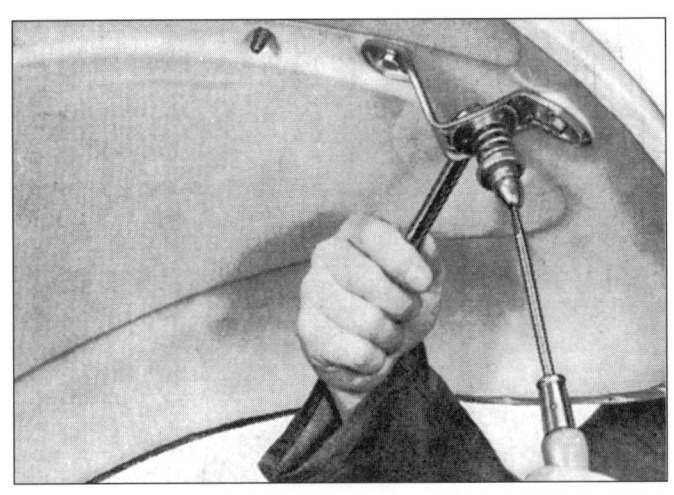

10.7 旧型ロックのロックボルトを調整する場合は、ロックナットを緩めて、ボルトを調整する。ボルトを締め込めば（フードを閉めた時に）フードが沈み、戻せば逆に持ち上がる

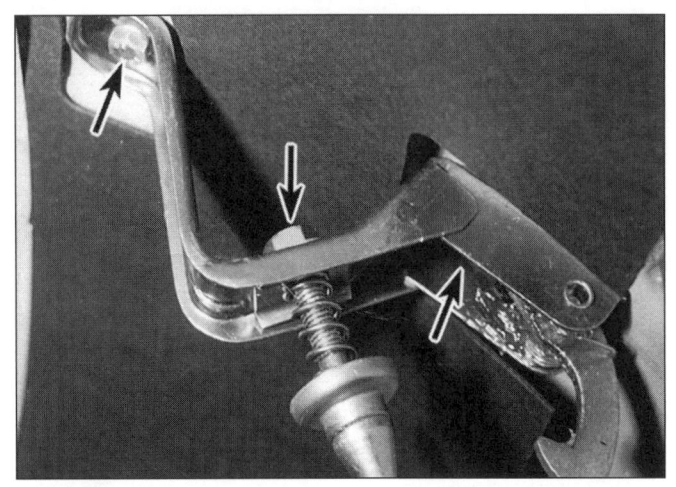

10.10 新型ロックの上部を取り外す場合は、各ボルト（上向きの矢印）を取り外す。ロックボルト（下向きの矢印）を調整する場合は、ボルトを締め込むか緩める。ボルトを締め込めば（フードを閉めた時に）フードが沈み、戻せば逆に持ち上がる

の開口部の下に来るようにする。ケーブルをレバーに挿入して、ケーブル固定スクリューをしっかりと締め付ける。備考：常時レバーにスプリングの力がかかっているのは、万が一、ケーブルが切れた場合に、スプリングの力によりロックボルトとの噛み合いが自動的に外れて、フードを開けることができるようにするためである。

5. 残りの部品の取り付けは、取り外しの逆手順で行なう。

調整

6. フードを数回開閉して、下側のロックが正しく中心位置になっていることを確認する。ずれている場合は、ボルトを緩めて、ロックを中心位置に調整する。

7. 上部のロックボルトが、適切な長さ（突出部の長さ）で下部のレバーに確実に噛み合うことを確認する。短かすぎるまたは長すぎる場合は、ブラケットの上のロックナットを緩めて、ロックボルトを調整する。ボルトを締め込めば（フードを閉めた時に）フードが沈み、戻せば逆に持ち上がる（**写真参照**）。ロックボルトの調整が終了したら、ロックナットを確実に締めておく。

8. ロックケーブルを操作して、フードが正しくロックまたはロック解除されることを確認する。必要に応じて、カバープレートを取り外して、ケーブルを再度調整する。ケーブル先端の余分は、折り曲げておく。

9. ロックにリチウム系グリスを塗布しておく。

1968年以降のモデル

取り外し

→写真 10.10, 10.11, 10.12 参照

備考：後期モデルのロックの上部は、初期モデルと基本的に同じである。従来と同じように、ロックの上部に付いた調整可能なロックボルトをケーブルでロックする機構となっているが、さらにプッシュボタンを押すとフードを開く安全ラッチを備わった。

10. フードを開ける。ロックの上部から各固定ボルトを取り外す（**写真参照**）。ハンドル、樹脂製のグロメットおよびロックの上部を取り外す。

11. ケーブル固定スクリューを緩める（**写真参照**）。

12. ロックの下部を車体に固定しているリベットを、タガネを使って外す（**写真参照**）、またはドリルでもんで外す。車の下側からロックの下部を取り外す。

取り付け

13. 外したロックの下部を再使用する場合は、リチウム系グリスを塗布する。

14. ロックの下部のガイドにロックケーブルを通して、固定スクリューで仮止めする。

15. ロックの下部を位置決めして、リベットで固定する。リベットガンを持っていない場合は、適当な長さと径の4組のナットとボルトを使って固定する。

16. ケーブル固定スクリューを少し緩めて、ケーブルを引っ張ってたるみを取り除く。ケーブル固定スクリューを締め直す。

17. 樹脂製のグロメット、フードハンドル、ロックの上部および固定ボルトを取り付ける。各固定ボルトを確実に締め付ける。

調整

18. フードを数回開閉して、正しく作動することを確認する。必要に応じて、ロックナットを緩めて、ボルトを締め込むまたは戻すことで、ロックボルトの長さを調整する（写真 10.10 参照）。

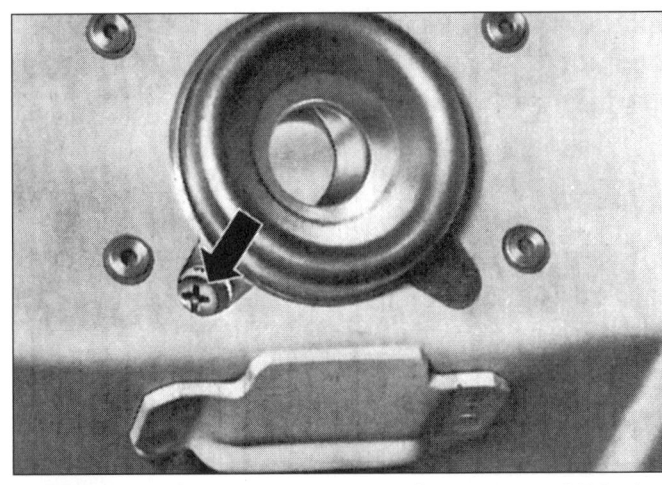

10.11 新型ロックの下部を取り外す場合は、ケーブル固定スクリューを緩めてケーブルを取り外す

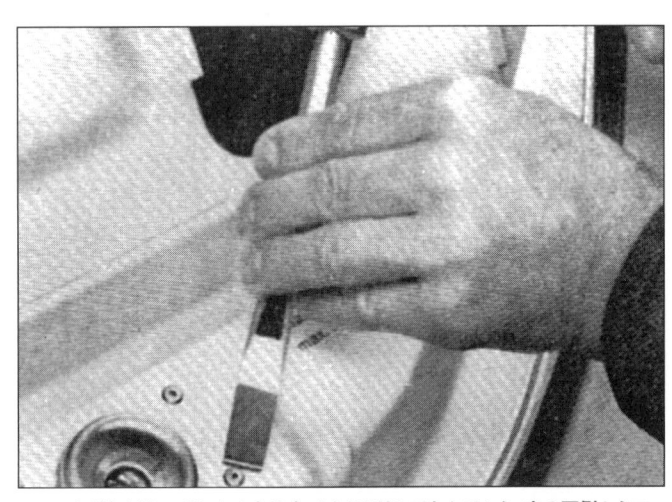

10.12 タガネを使ってリベットを外す、またはドリルでもんでから、車の下側からロックを取り外す

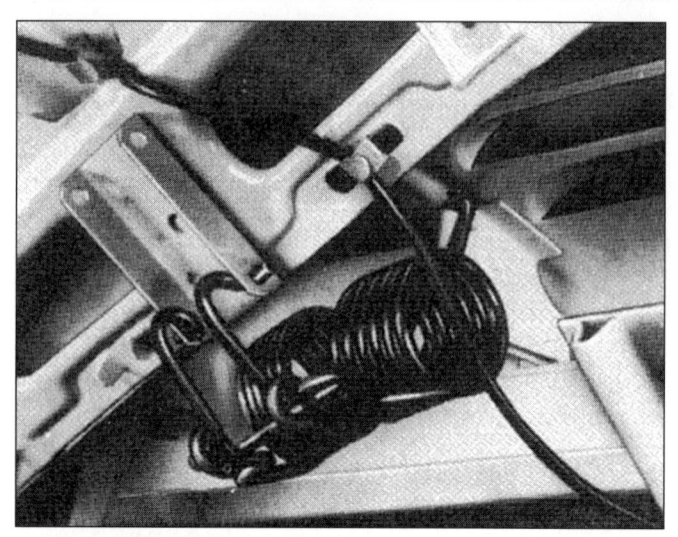

11.4 ヒンジブラケットからフードを持ち上げて外して、ルーフパネルのブラケットからスプリングを外す

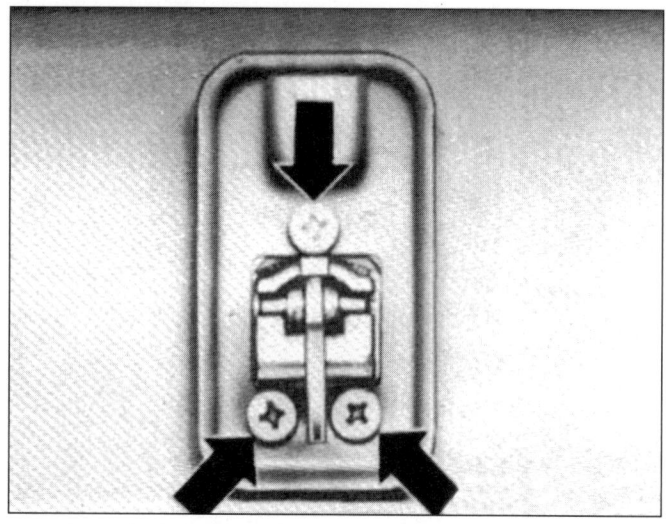

12.1a 古いモデル（1967年以前）のエンジンフードロックは、3本のスクリューで固定されている

11. エンジンフードの脱着

取り外し

→写真11.5参照

1. フードを開ける。ボディのバルクヘッド部とフェンダーを保護するために、古い毛布などを当てておく。こうすることで、フードを持ち上げるときにボディと塗装面に傷が付かないようにする。
2. 一部の比較的新しいモデルでは、エアクリーナーを取り外さなければならないかもしれない（第4章参照）。エアクリーナーを取り外した場合は、必ずキャブレター（あるいはエアフローメーター）にカバーをして、エンジン内にゴミなどが入らないようにする。
3. ナンバープレートランプ用の配線ハーネスを外して、フードからハーネスのクリップを外して、ハーネスを邪魔にならない位置に退けておく。
4. フードヒンジを車体側のヒンジブラケットに固定している4本のボルトを取り外す。
5. フードを持ち上げて、車体側のブラケットからスプリングを外す（フードを取り外すときに、このスプリングはフード側に残る）（写真参照）。
6. 必要に応じて、各ブラケットの3本のボルトを取り外して、車体から各ヒンジブラケットを取り外す。

取り付け

7. ウェザーストリップの状態を点検する。はがれていれば、接着剤で補修しておく。硬化または亀裂があれば、交換する。新しいウェザーストリップを貼り付けるときは、溶剤を使って古い接着剤をきれいに取り除いてから作業する。
8. 車体側のブラケットに片方のフードヒンジを仮付けする。
9. フードの裏側から手が入る程度にフードを傾けておいて、車体側のブラケットにスプリングをはめる。
10. フードを立てて、前方に寄せる。もう一方のヒンジを仮付けする。
11. ボルト穴は長穴になっているので、ウェザーストリップの全周に均等に接触するまで、フードの位置を調整する。調整が済んだら、各ヒンジボルトを確実に締め付ける。

12. エンジンフードロックの脱着、調整

→写真12.1a, 12.1b, 12.3参照

1. エンジンフードを開ける。ロックとハンドルをエンジンフードに固定しているスクリューを取り外す（写真参照）。ロック、ハンドルおよび樹脂製のグロメットを取り外す。
2. 取り付けは取り外しの逆手順で行なう。
3. フードを数回開閉して、ロックが正しい位置にあることを確認する。ずれている場合は、ストライカープレートを動かす（1967年以前のモデル）（写真参照）、または上部のロックを動かして（1968年以降のモデル）、位置を調整する。

13. バンパー、バンパーブラケット、ダンパーの脱着

→写真／図13.1a, 13.1b, 13.3a, 13.3b, 13.5参照

備考：ビートルとカルマンギアには、数種類のバンパーとバンパーブラケットが使われているが、バンパーの高さやバンパーブラケットのサイズは別として、1974年以降のアメリカ仕様を除いてすべて基本的には同じである。1974年以降のアメリカ仕様では、連邦規制に対応するためにバンパーにエネルギー吸収ユニットが追加になっている。

1. バンパーをブラケットまたはエネルギー吸収ユニット（写真参照）に固定しているボルトを取り外して、バンパーを取り外す。備考：1967年モデルの場合は、リアバンパーに取り付けられているバックアップランプの配線を外して、バンパーからバックアップランプを取り外してから、バンパーを取り外す。1968～1973年モデルの場合は、両側のバンパーブラケット間にリーンフォースメント（補強）ストラップが設けられている。これらのモデルでは、そのストラップ／ブラケット・アセンブリを車体側に残したままストラップからバンパーを取り外すことも可能であるが、最初にバンパーをアセンブリで取り外してから、ストラップからバンパーを外す方が作

12.1b 新しいモデル（1968年以降）のエンジンフードロックは、1本のスクリューで固定されている

12.3 1967年以前のモデルの場合は、ストライカープレートを動かしてロックを調整する（1968年以降のモデルでは、ストライカープレートが溶接されているので、ストライカープレートの代わりに上部のロックを動かして調整しなければならない）

ボディ　11-7

13.1a 1967年以前のビートルのバンパー・アセンブリー（代表例）。バンパーを取り外すには、ブラケット（図示は右側のブラケット）からバンパーの固定ボルトを緩める。ブラケット自体を取り外す場合は、スペアタイヤを取り外して、車体から固定ボルト（矢印）を緩めて取り外す

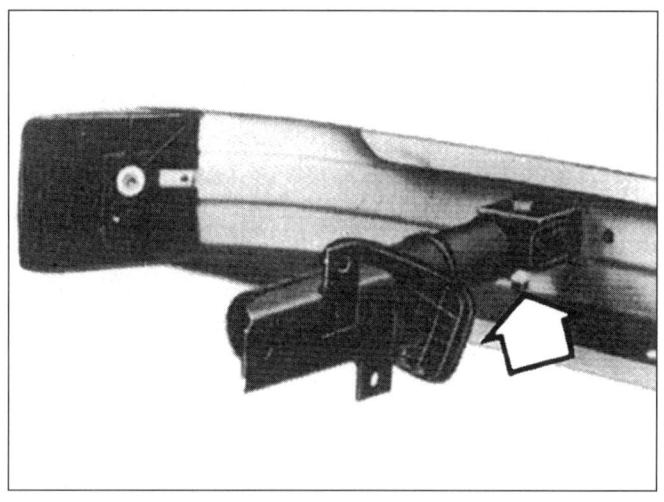

13.1b エネルギー吸収ユニットが追加された後期モデルのビートルのバンパー（代表例）。バンパーを取り外す場合は、各クレビスボルトとナット（矢印）を取り外すだけである

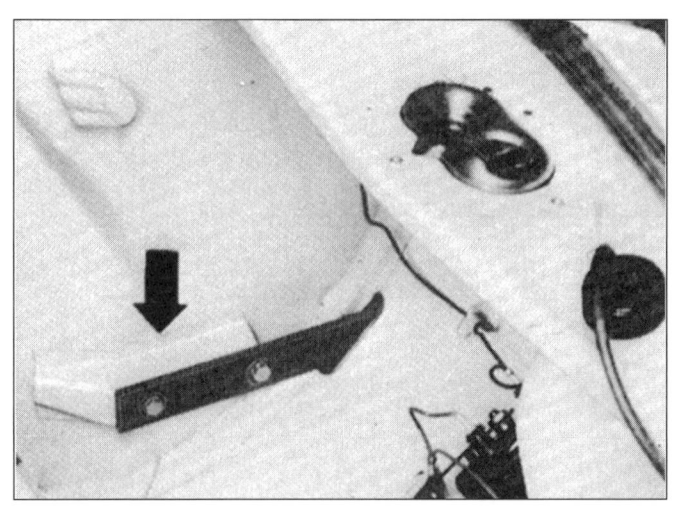

13.3a 1967年以前のビートルおよび1971年以前のカルマンギア（この写真）において、バンパーブラケットの固定ボルトを取り外す場合は、フードを開けてスペアタイヤを取り外さなければならない

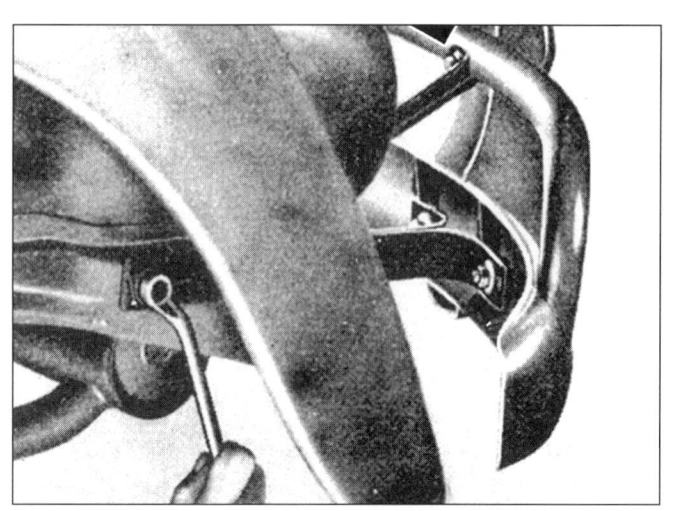

13.3b 1967年以前のリアバンパーブラケットの取付箇所（代表例）

業が簡単である（ステップ5参照）。

2. 1967年以前のモデルのバンパーは、1本または2本のバー（ダブルバンパー仕様）、オーバーライダー（バンパーガード）で補強されている。ボーとオーバーライダーを取り外す場合は、取付ボルトとナットを取り外すだけである。

3. 1967年以前のビートルまたは1971年以前のカルマンギアのフロントバンパーブラケットを交換する場合は、フロントフードを開けて、スペアタイヤを取り外す（写真参照）。これらのモデルのリアバンパーブラケットの取付ボルトは、リアホイールハウス内にある（写真参照）。その他のすべてのモデルでは、フロントブラケット、エネルギー吸収ユニットおよびリアブラケットの各固定ボルトはホイールハウス内にある。

備考：1968～1973年モデルの場合、固定ボルトのうち2本を使って、ホーンブラケットが左側のフロントバンパーブラケットに共締めされているので、ホーンの配線を外して、ホーンを慎重に取り外しておく。配線を接続したままホーンをぶらさげておかないこと。バンパー・アセンブリーを取り外す。

4. バンパーブラケットまたはエネルギー吸収ユニットを外せば、フェンダーの穴からバンパーを引っ張って外すだけである。

5. 1968～1973年モデルの場合、バンパー・アセンブリーを取り外した後は、各ブラケットをストラップに固定している3個のナットを取り外してから、バンパーをストラップに固定している各固定具を取り外して、バンパーを取り外す（写真参照）。

6. フェンダーのラバーグロメットを必ず点検する。亀裂、硬化またはへたりがあれば、交換する。

7. 取り付けは取り外しの逆手順で行なう。バンパーブラケットの取付穴は溝（スロット）になっているので、ブラケットのボルトを締め付ける前に、バンパーの両端とボディの間のすき間を均等にしておくこと。

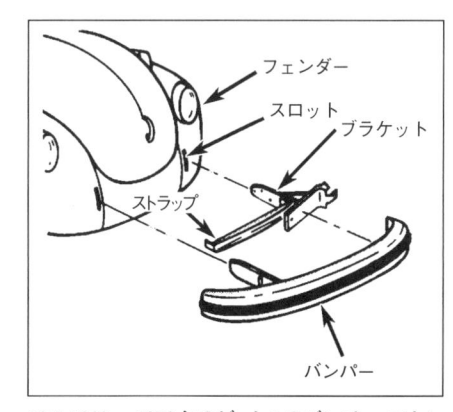

13.5 1968～1973年のビートルのバンパー・アセンブリー展開図（代表例）。これらのモデルの場合、部品の最も簡単な交換方法は、まずバンパー／ストラップ／ブラケットをアセンブリーで取り外してから、各部品を分解する方法である

（フェンダー、スロット、ブラケット、ストラップ、バンパー）

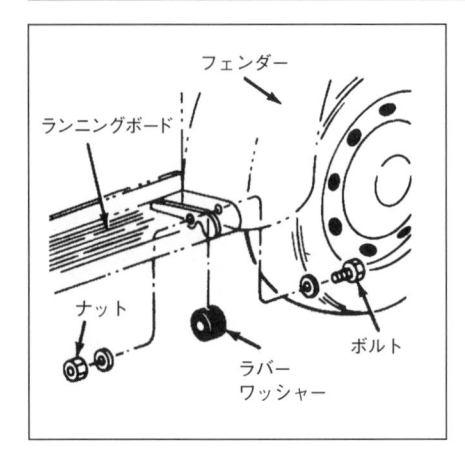

11-8 ボディ

14.5 フェンダーをランニングボードに固定しているナット、ワッシャー、ボルトおよびラバースペーサーワッシャーを取り外す

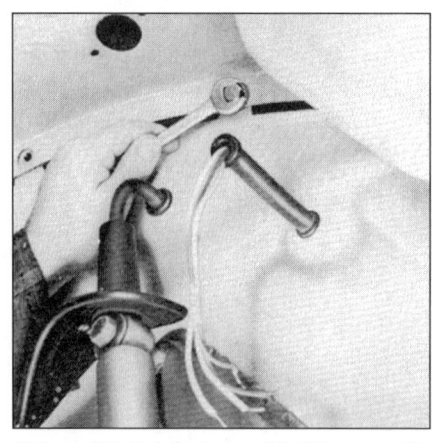

14.6 ヘッドライトとウィンカー／サイドマーカーランプまたはテールランプを取り外して、各配線を外してから、フェンダーを車体に固定している各ボルトを取り外す

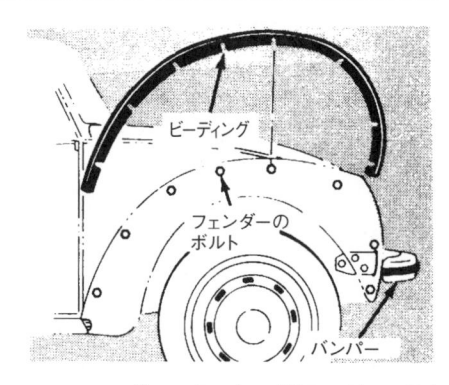

14.11 フェンダーにビーディングを取り付ける場合は、フェンダーを位置決めして、各ボルトを仮止めしてから、フェンダーと車体の間にビーディングをはめ込む。ビーディングの切り欠きが各固定ボルトに確実にはまっていることを確認してから、各ボルトを均等にかつ段階的に締め付ける

14. フェンダーの脱着

取り外し

→図14.5、写真14.6参照
備考：以下の手順は、ビートルのフェンダーだけを対象としている。カルマンギアのフェンダーはボディに溶接されているので、交換が必要な場合は、専門のボディ修理店に依頼する。

1. 車を持ち上げて、リジッドラックで確実に支える。
2. 1968～1973年モデルの左側のフロントフェンダーを取り外す場合は、ホーンの配線を外して、ホーンを取り外しておく。配線を接続したままでホーンをぶら下げておかないこと。
3. バンパーとバンパーブラケット（または、両方のフェンダーを交換する場合はブラケット）を取り外す（セクション13参照）。
4. フロントフェンダーを交換するつもりであれば、ヘッドライトとウィンカー／サイドマーカーランプを取り外す。リアフェンダーを交換するつもりであれば、テールランプ・アセンブリーを取り外す（第12章参照）。
5. フェンダーをランニングボードに固定しているナット、ワッシャーおよびボルトを取り外す（図参照）。
6. フェンダーを車体に固定しているボルト／ナットを取り外す（図参照）。
7. フェンダーとビーディング（図14.11参照）を取り外して、フェンダーとランニングボード間のラバースペーサーワッシャーを取り外す。ビーディングとラバースペーサーワッシャーを点検する。硬化、亀裂またはへたりがあれば、交換する。
8. 車体側のネジ穴を点検して、必要に応じてタップを使って清掃しておく。ボルトのネジ山に潤滑剤を塗布する。

取り付け

→図14.11参照
9. ビーディングを取り付けずにフェンダーを車体に位置決めして、上部の1本のボルトを仮付けしてフェンダーを保持する。次に、残りのボルト（および必要に応じてナット）を締める。ボルトは、フェンダーが落ちない程度に締め付ける。
10. フェンダーとランニングボードの間に新しいラバースペーサーワッシャーを取り付けてから、フェンダーをランニングボードに固定するボルト、ワッシャーおよびナットを取り付ける。ただし、まだいっぱいまで締め付けないこと。
11. ビーディングは手で押し込む。ビーディングの切り込みは、各ボルトに挟む（図参照）。フェンダーのボルトを均等にかつ段階的に手で数回締め込むときは、このビーディングがずれないよう充分注意すること。
12. すべてのボルトを均等にかつ段階的に締め付ける。
13. 残りの部品の取り付けは、取り外しの逆手順で行なう。

15. ランニングボードの脱着

1. 車を持ち上げて、リジッドラックで確実に支える。
2. ランニングボードをフェンダーに固定しているナット、ワッシャー、ボルトおよびラバースペーサーワッシャーを取り外す（図14.5参照）。
3. ランニングボードを車体に固定しているボルトとラバーワッシャーを取り外す。
4. ランニングボード固定ボルトのネジ山を清掃して、腐食を防止するためネジ山に潤滑剤を塗布しておく。
5. 新しいランニングボードを位置決めして、新しいラバーワッシャーを使って、まずランニングボードを車体に固定するボルトを取り付けてから、各ボルトを均等にかつ段階的に締め付ける。
6. ランニングボードをフェンダーに固定するボルト、ラバースペーサーワッシャー、ワッシャーおよびナットを取り付ける。
7. 車を下ろす。

16. ドアラッチストライカープレートの交換、調整

1. ドアがカタカタいう、または閉まりにくい場合は、ドアラッチストライカープレートの調整不良が考えられる。

1966年以前のモデル

→写真／図16.4、16.5a、16.5b、16.6参照
2. ストライカープレートを交換する場合は、スクリューを取り外して、新しいものを取り付けるだけである。必要に応じて、ストライカープレートを動かして調整できるように、スクリューはいっぱいまで締め付けないこと。
3. ウェッジアジャストスクリューのロックナットを緩めて、ストップブッシュがストライカープレートに当たるまでスクリューを時計方向に回す（図16.5b参照）。
4. 横方向にストライカープレートを調整する（写真参照）ときは、ドアとリアクォーターパネルが互いに面一になるようにプレートを動かす。
5. 縦方向にストライカープレートを調整する場合は、ウェザーストリップをはがして、半ドアまで閉めてから、ラッチとストライカープレートのはまり具合（すき間）を観察する（写真参照）。図示のようにプレートを調整する（図参照）。
6. ドアを数回開閉して、ストライカープレートとラッチハウジングのはまり具合を点検する。ストライカープレートの支持面が、ラッチハウジングと均等に接触していなければならない（写真参照）。ラッチがストライカープレートに均等

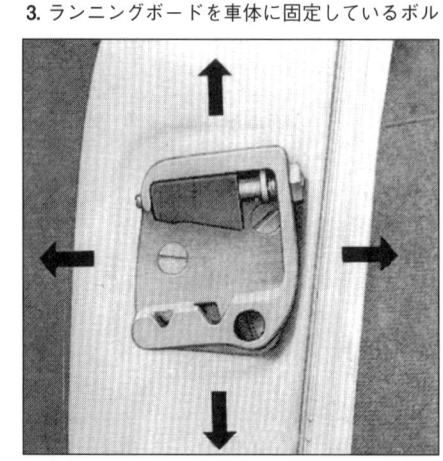

16.4 ドアの建て付けを調整するために、ストライカープレートは、上下左右に動かすことができるようになっている

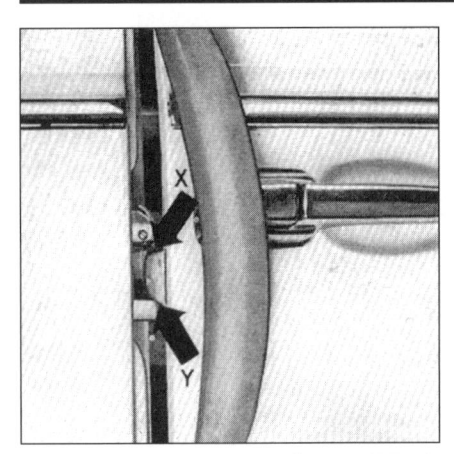

ボディ

16.5a ラッチおよびストライカープレートの周囲からウェザーストリップをめくって、半ドアまで閉めて、上下のすき間（X と Y）を観察し…

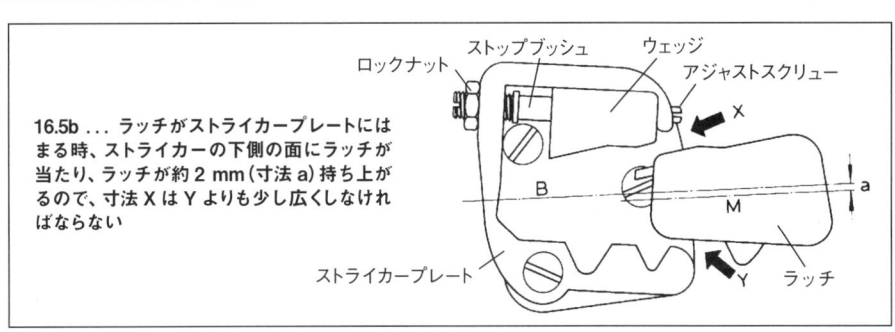

16.5b … ラッチがストライカープレートにはまる時、ストライカーの下側の面にラッチが当たり、ラッチが約 2 mm（寸法 a）持ち上がるので、寸法 X は Y よりも少し広くしなければならない

に噛み合わない場合は、プレートを少し傾けて、ラッチとのはまり具合を調整する。

7. ラッチとストライカーのはまり具合を正しく調整できたら、ストライカープレートの固定スクリューをいっぱいまで締める。

8. プラスチック製のウェッジは、調整式のストップブッシュによってストライカープレートに保持されている。このウェッジを調整するには、まずアジャストスクリューをスクリュードライバーで保持しながら、アジャストスクリューのロックナットを緩める。次にアジャストスクリューを反時計方向に回して、ストップブッシュをウェッジ側に動かす。これでドアを開けるときの抵抗が増えたと感じれば、ウェッジは正しい位置になっている。ドアを開けるときの抵抗が強すぎる、またはドアを閉めようとするとドアが跳ね返る場合は、ストップを動かし過ぎている。アジャストスクリューを時計方向に回して、ウェッジの抵抗を減らす。スクリュードライバーでアジャストスクリューを保持しながら、ロックナットを締め込む。

9. ドアラッチとウェッジの接触面にグリスを薄く塗布する。余分なグリスは拭き取っておく。

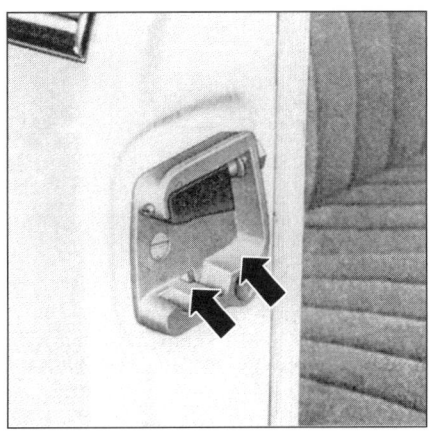

16.6 ドアを数回開閉してから、ストライカープレートの接触面（矢印）を観察する：ストライカーの接触面がラッチハウジングと均等に接触していなければならない。均等に接触していない場合は、ラッチとストライカーのはまり具合が不良なので、プレートを若干傾けて調整する

1967 年以降のモデル

→写真／図 16.10, 16.11, 16.12, 16.13a, 16.13b, 16.17a, 16.17b, 16.20, 16.21 参照

10. ストライカープレートを取り外す（写真参照）。
11. 外したストライカープレートをドアラッチに噛み合わせて、ラッチを押し下げてロック位置にしてから、ストライカープレートの上部をドアの外側に向かって動かす（写真参照）。
12. ストライカープレートを上下に動かしてみる（写真参照）。ガタが感じられれば、ウェッジにシムを入れるか交換しなければならない。
13. ウェッジにシムを入れる場合（1967〜1971 年モデル）は、ストライカープレートから 2 本のスクリューを取り外して、アームとウェッ

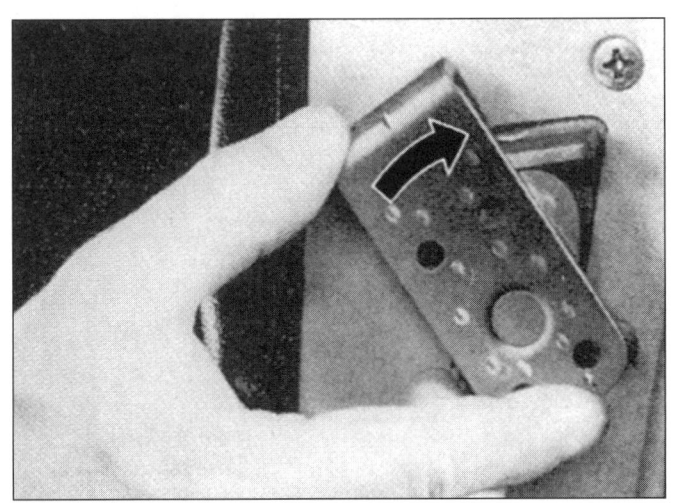

16.10 ストライカープレートを固定している 4 本のスクリューを取り外す場合は、インパクトドライバーが必要になるかもしれない

16.11 車体からストライカープレートを取り外した後は、ドアのラッチにストライカーを噛み合わせて、ラッチをロック位置まで押し下げてから、ストライカープレートの上部をドアの外側に回す

16.12 ストライカープレートを上下に動かしてみる。このとき、ガタが感じられれば、ウェッジにシムを入れる（1967〜1971 年モデル）かウェッジを交換（1972 年以降のモデル）しなければならない

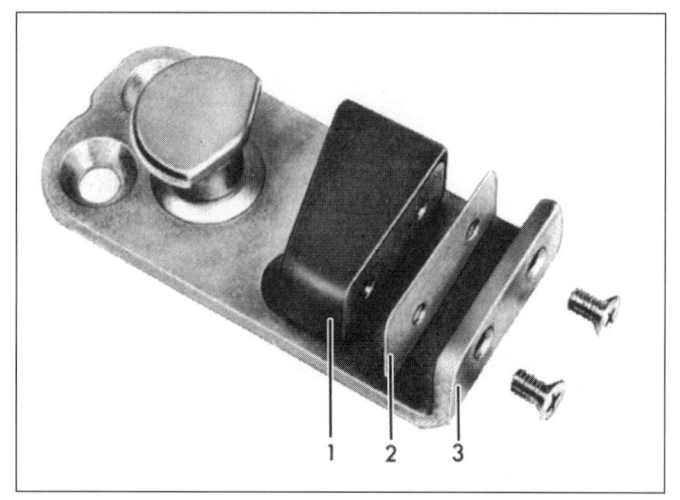

11-10　ボディ

16.13a ストライカープレート・アセンブリー（1967～1971年モデル）
1　ラバーウェッジ　　2　シム　　3　ストライカープレート

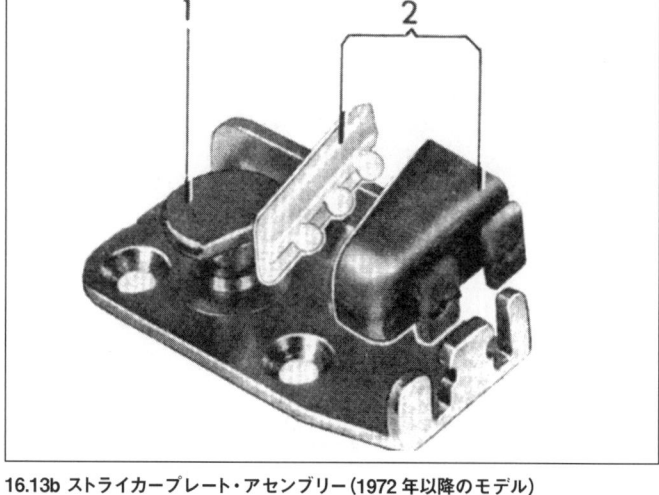

16.13b ストライカープレート・アセンブリー（1972年以降のモデル）
1　ストライカープレート　　2　ラバーブロックとウェッジ

ジの間にシムを挿入して、スクリューを取り付ける**(写真参照)**。ウェッジを交換する場合(1972年以降のモデル)は、古いウェッジとラバーブロックを取り外してから、ラバーブロックを新しいウェッジに取り付けて、新しいウェッジをストライカープレートに取り付け直す**(写真参照)**。

14. ウェッジにシムを入れる、または交換した後は、以下の手順に従ってドアの建て付けを調整する。

15. ストライカープレートを取り外したままで、ドアを閉めて、ドアの前端部がフロントクォーターパネルと面一になっているかどうか確認する。段付きがあれば、ヒンジを緩めて、必要に応じてドアを上下左右に動かす(セクション22参照)。

16. ドアのボディモールとフロントクォーターパネルのボディモールの位置（高さ）が合っているか点検する。うまく合っていない場合は、上記の手順に従ってドアを調整する。

17. ストライカープレートを位置決めして**(写真参照)**、スクリューを取り付けて、プレートを適切な位置に固定する。ただし、まだ位置を調整しなければならないのでスクリューはいっぱいまで締め込まないこと。

18. ドアを閉める。ドアがリアクォーターパネルと面一になっているか確認する。面一になっていない場合は、ストライカープレートを左右に動かして調整する。

19. リアクォーターパネルのボディモールとドアのボディモールの位置を点検する。合っていない場合は、ストライカープレートを上下に動かす。

20. ドアが閉めにくく、プッシュボタンも固い場合は、ストライカープレートの上部が内側に傾きすぎて、ウェッジとラッチの接触がきつ過ぎると考えられる。スクリューを緩めて、ストライカープレートを若干外側に回して**(図参照)**、もう一度点検する。

21. ドアをバタンと閉めるとドアが跳ね返って、ロックが半ドアになってしまう場合は、ストライカープレートの上部が外側に傾きすぎて、ラッチがウェッジに充分接触していないと考えられる。スクリューを緩めて、プレートを若干内側に回して**(図参照)**、もう一度点検する。

16.17a ストライカープレートの上部と底部の切り欠き(矢印)は、ドアフレームの凹み部分にプレートを位置決めするときの目安となる

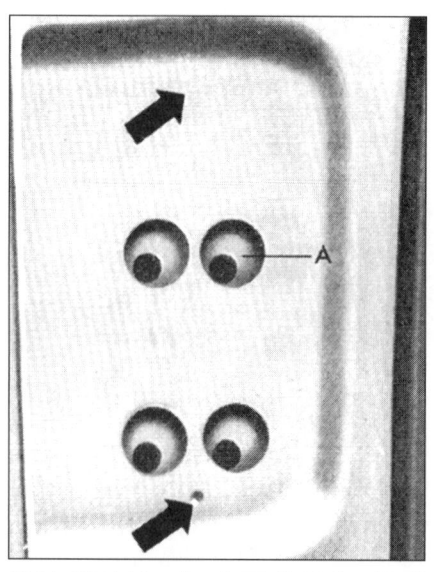

16.17b ストライカープレートの取付スクリューは、リアクォーターパネル内のこの可動プレート(A)にねじ込まれる。車体側の凹み部分(矢印)は、ストライカープレートの切り欠き(左の写真を参照)を位置決めする際の合いマークとなる

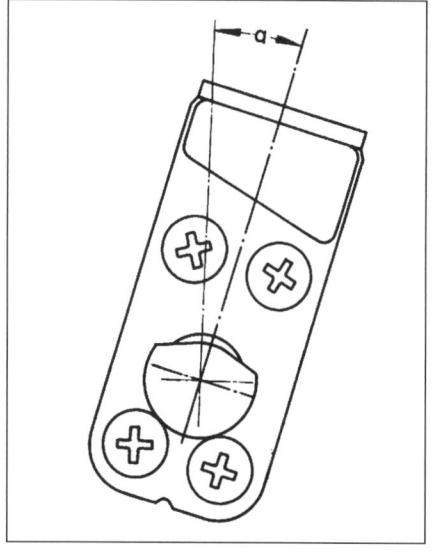

16.20 ストライカープレートを内側に傾けすぎると(図は右側ドアを示す)、ドアが閉まりにくくなりプッシュボタンも固くなる。調整する場合は、プレートの上部を「a」の分だけ外側に回す(つまり、スタッドの中心位置はずらさない)。その後、再度点検する

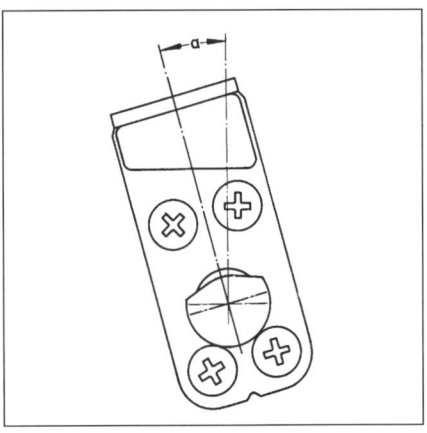

ボディ

16.21 ストライカープレートを外側に傾けすぎると(図は右側のドアを示す)、閉めたときにドアが跳ね返ってくる原因となる。調整する場合は、プレートの上部を「a」の寸法だけ内側に回す(つまり、スタッドの中心位置はずらさない)。その後、再度点検する

17.2 1967年以降のモデルのウィンドーレギュレータークランクを取り外す場合は、ウィンドークランクからプラスチックのカバーをこじって、スクリューを取り外す

17.4 1967年以降のモデルのハンドルの周囲のトリムを取り外す場合は、プラスチックカバーをこじって外し、スクリューを取り外す

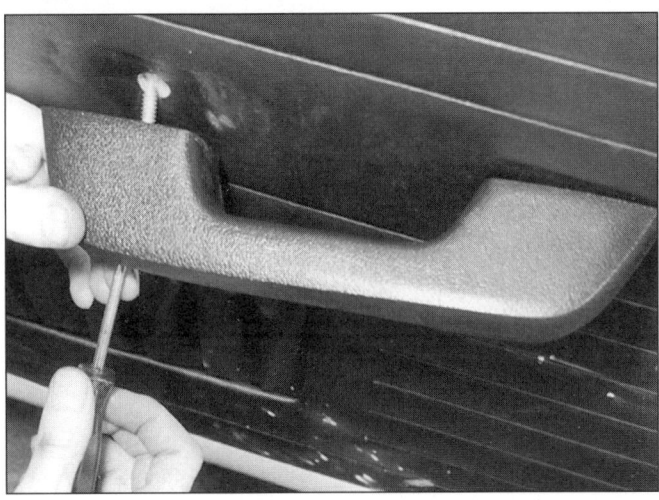

17.5 1973年以降のモデルの場合は、アームレスト(兼ドアグリップ)の下部からスクリューを取り外して、アームレストを取り外す

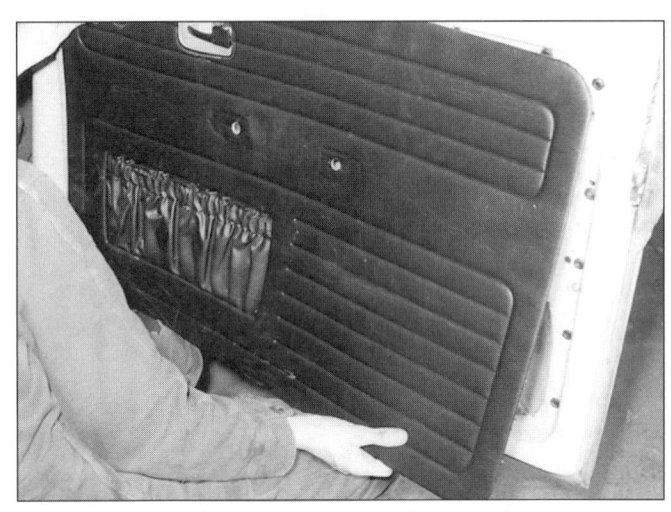

17.6a すべてのクリップを外したら、ドアトリムパネルを取り外して…

22. プッシュボタンを押してもドアが開きにくく、開けたときにドアが少し下がってしまう場合は、ストライカープレートの位置が高すぎる。ストライカープレートの位置を下げる。

23. ドアをバタンと閉めたときにドアが跳ね返って、ロックが半ドアになってしまう場合は、ストライカープレートの位置が低すぎる。ストライカープレートの位置を上げる。

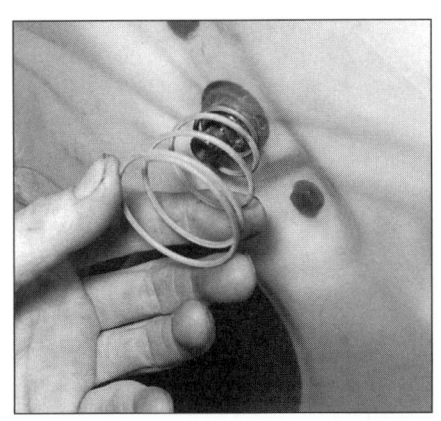

24. ドアがドアピラーと面一になり、ドアのボディモールとリアクォーターパネルのボディモールの位置が合い、ハンドルでドアを開閉したときにロックとストライカープレート間のガタがなく、ドアが内側から楽に開くようになれば、ストライカープレートは正しく調整されている。

17. ドアトリムパネルの脱着

→写真 17.2, 17.4, 17.5, 17.6a, 17.6b, 17.6c 参照

1. ウィンドーレギュレータークランクを取り外す。1966年以前のモデルの場合は、ウィンドークランク・エスカッション(クランクの根本の周囲にはまっているリング)をドアトリムパネルに押し付けて、ポンチでクランク固定ピンを打ち抜く。

2. 1967年以降のモデルの場合は、ウィンドークランクからプラスチックのカバーをこじって、スクリューを取り外して**(写真参照)**、クランク・アセンブリーを取り外す。

3. 1966年以前のモデルのドアハンドルを取り外す場合は、ドアトリムパネルにハンドル・エスカッションを押し付けて、ポンチで固定ピンを打ち抜く。

4. 1967年以降のモデルの場合は、スクリュードライバーでプラスチックのカバーをこじって、取り外してから**(写真参照)**、スクリューを取り外して、ハンドルトリムを取り外す。

5. 1972年以前のモデルの場合、アームレストはドアトリムパネルだけに固定されているので、アームレスト自体を交換する、またはアームレストを新しいドアトリムパネルに取り付けるのでなければ、アームレストを取り外す必要はない。1973年以降のモデルの場合は、アームレストの下部からスクリューを取り外して、アームレストを取り外す**(写真参照)**。

6. 先端の幅の広いスクリュードライバー、パテ用のヘラ等をドアトリムパネルの端に差し込んで、最も近くにあるクリップを外す。トリムパネルの全周にこの作業を繰り返して、すべてのクリップが外れるまで、慎重に作業する。トリムパネルに差し込むスクリュードライバー等の先端にはテープなどを巻いて、塗装面を傷つけないようにしておくと良い。トリムパネルとウィンドーレギュレータークランクのスプリングを

17.6b …ウィンドーレギュレータークランク用のスプリングを取り外す

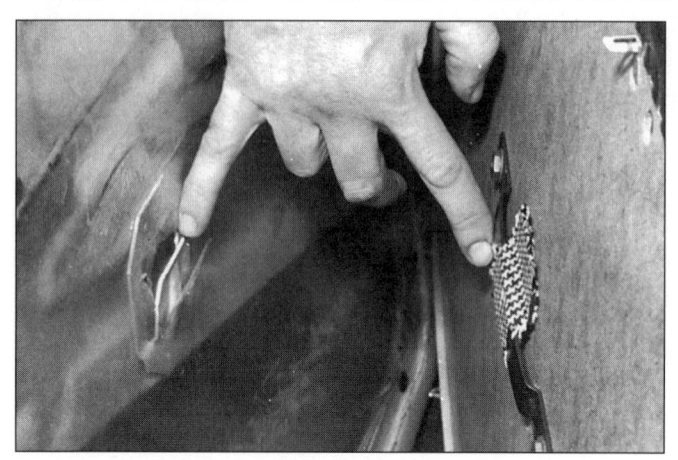

17.6c 1972年以前のモデルの場合は、ドアトリムパネルを少し持ち上げて、パネルの裏側のこのアームレストサポートストラップをドアのフックから外さなければならない。トリムパネルを取り付ける場合は、必ずこのストラップをフックにかけること

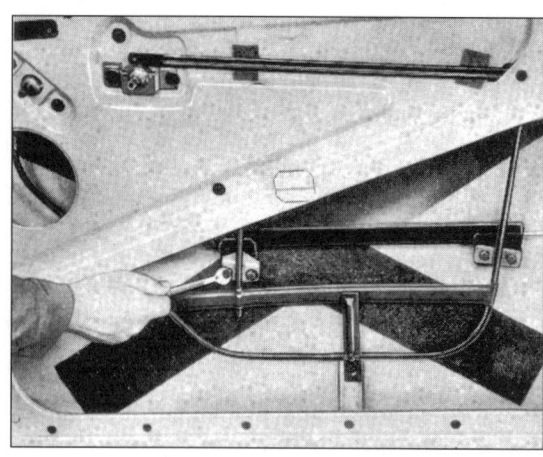

18.4 ウィンドーガラスを下ろして、ウィンドーリフターチャンネルをウィンドーレギュレーター機構に固定しているボルトを取り外す

取り外す（**写真参照**）。備考：1972年以前のモデルでは、トリムパネルを少し持ち上げて、裏側のアームレスト・サポートストラップを外す必要がある（**写真参照**）。

7. 取り付けは取り外しの逆手順で行なう。取り外し時に損傷したり紛失してしまった場合は、新しいクリップを準備して、必ずすべてのクリップを取り付けること。また、ウィンドーレギュレータークランク用のスプリングも忘れずに取り付けること。

18. ドアウィンドーと レギュレーターの脱着

1. この作業のためにドアをいっぱいまで開くには、ドアチェックストラップ（ドアのあおり止め）用ピンの先端の小さなクリップを取り外して、ピンを抜き取る。
2. ドアトリムパネルを取り外す（セクション17参照）。
3. ドアから防水フィルムを取り外す。取り外すときに防水フィルムが破れてしまった場合は、必ず新しいものと交換する。破れたフィルムは再使用しないこと。防水フィルムは、（破れたフィルムを型紙として）耐久性のあるポリビニールシートから自作することも可能である。

初期モデル

→写真／図18.4, 18.5, 18.6, 18.7, 18.8 参照

4. ウィンドーガラスを下ろして、ウィンドーリフターチャンネルをウィンドーレギュレーター機構に固定しているボルトを取り外す（**写真参照**）。
5. ガラスを押し上げて、ウィンドーレギュレーターをドアに固定している5本のボルトを取り外す（**写真参照**）。
6. ウィンドーガラスをいっぱいまで押し上げた後に、レギュレーター・アセンブリーをドアの外側パネルに向けて押してから、下に引っ張りながらドアパネルの開口部から手前に取り外す（**写真参照**）。
7. ウィンドーガラスとリフターチャンネルを下に引っ張って、手前に取り外す（**写真参照**）。
8. 取り付けは取り外しの逆手順で行なう。固定

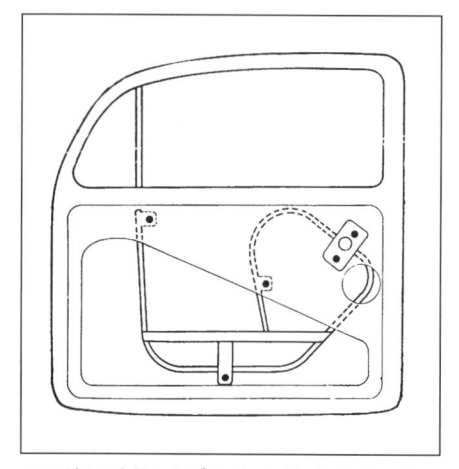

18.5 ガラスを押し上げて、ウィンドーレギュレーター・アセンブリーをドアに固定している5本のボルトを取り外す

具を締め付ける前に、リフターチャンネルを正しい位置に位置決めする（**写真参照**）。また、ド

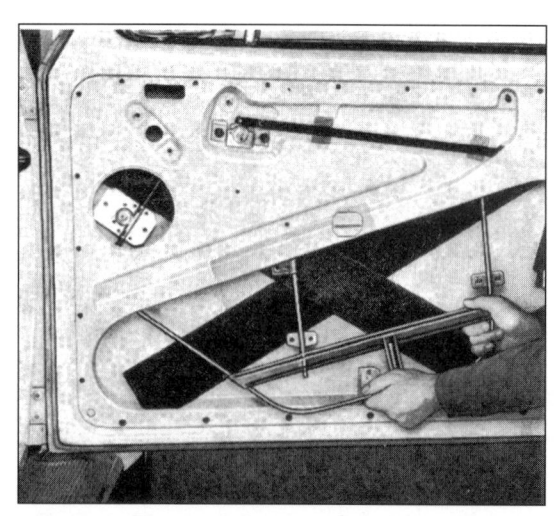

18.6 ドアからウィンドーレギュレーター・アセンブリーを取り外す場合は、ウィンドーとリフターをいっぱいまで押し上げた後に、レギュレーター・アセンブリーをドアの外側パネルに向けて押してから、下に引っ張りながらドアパネルの開口部から手前に取り外す

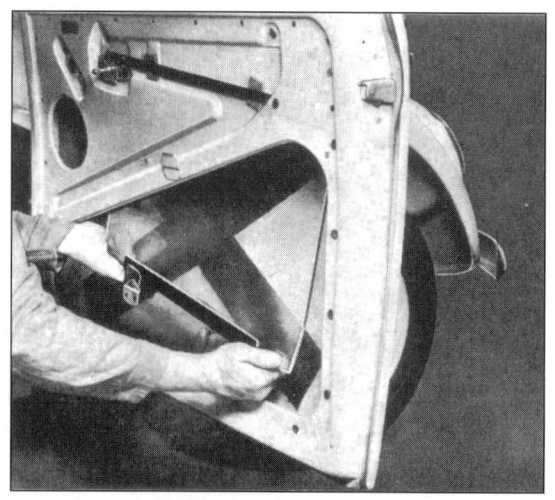

18.7 ウィンドーガラスを取り外す場合は、下に引っ張って、ドアの開口部から手前に取り外す

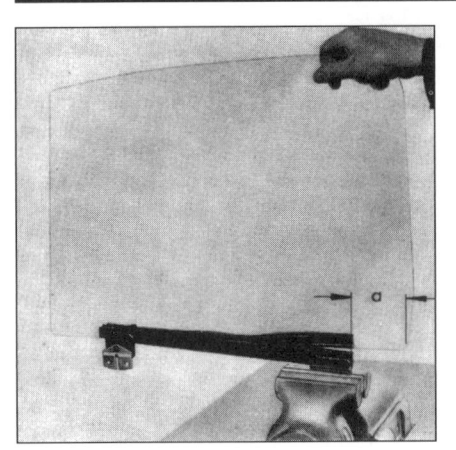

ボディ

11-13

18.8 ここの寸法は約 80 mm にする

18.9 ウィンドーガラスを下ろして、ウィンドーリフターチャンネルをレギュレーターに固定しているボルトを取り外す

18.10 レギュレーターをドアに固定しているボルトを取り外して、レギュレーターを前方に外して、ウィンドーガラスを下に引っ張りながら取り外す

アトリムパネルを取り付ける前に、必ずレギュレーターの作動を点検する。

後期モデル

→写真 18.9, 18.10, 18.11, 18.12 参照

9. ウィンドーガラスを下ろして、ウィンドーリフターチャンネルをレギュレーターに固定しているボルトを取り外す（**写真参照**）。
10. レギュレーターをドアに固定しているボルトを取り外して、レギュレーターを前方に外して、ウィンドーガラスを下に引っ張りながら取り外す（**写真参照**）。
11. ワインダー機構をドアに固定しているボルトを取り外す（**写真参照**）。
12. レギュレーター・アセンブリーを下方に引っ張って、ドアの開口部から取り出す（**写真参照**）。
13. レギュレーターを取り付ける場合は、ドアの開口部から最初にワインダー機構を挿入して、次にレギュレーター取付ブラケットの穴とドアの穴の位置が合うまでレギュレーターの残りの部分をドアの中に入れる。ただし、ボルトはまだ取り付けないこと。
14. 他の人にレギュレーター・アセンブリーを支えてもらいながら、ドアの開口部からウィンドーガラスを慎重に挿入して、リフターチャンネルに合わせる。
15. ガラスを支えておいて、ウィンドーリフターチャンネルをレギュレーターに固定するボルトを取り付ける。レギュレーターの底部をドアに位置決めしてから、レギュレーター取付ブラケットをドアに固定する他の3本のボルトを取り付ける。すべての固定具を手で締めてから、レギュレーター・アセンブリーの作動を点検する。必要に応じて、リフターチャンネルをレギュレーターに固定しているボルトを緩めて、ウィンドーガラスの位置を調整してから再度点検する。レギュレーターが正常に作動するまで、この作業を繰り返す。
16. 残りの部品の取り付けは、取り外しの逆手順で行なう。

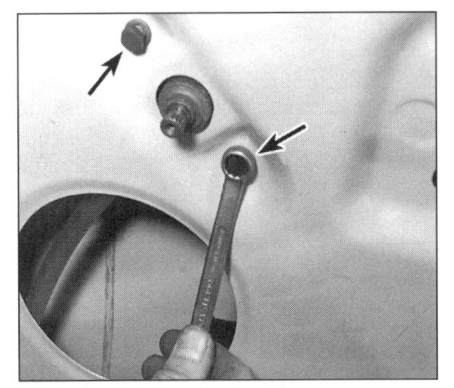

19. 三角窓の脱着

初期モデル

1. ドアトリムパネルを取り外す（セクション17参照）。
2. ウィンドーレギュレーターとドアガラスを取り外す（セクション18参照）。
3. 三角窓フレームの上部をドアフレームに固定しているスクリューを取り外して、三角窓＆フレーム・アセンブリーを取り外す。
4. 取り付けは取り外しの逆手順で行なう。

後期モデル

→写真 19.5 参照

5. ドリルでもんで三角窓の上部のピボットピンを外して（**写真参照**）、三角窓ガラスとフレームを取り外す。

18.11 ワインダー機構をドアに固定している2本のボルトを取り外す

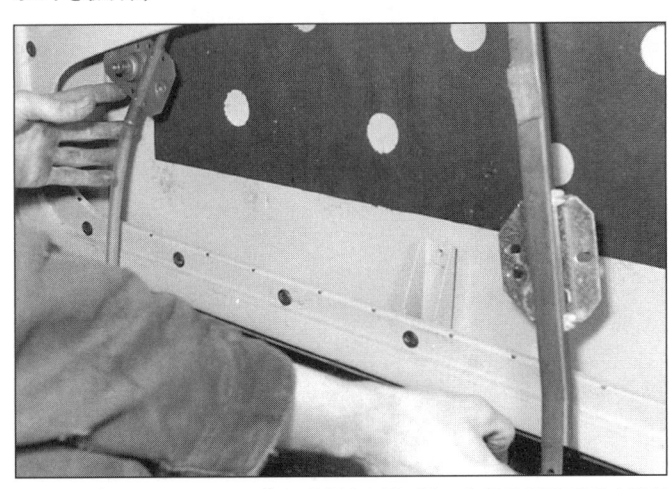

18.12 レギュレーター・アセンブリーを下方に引っ張って、ドアの開口部から取り外す

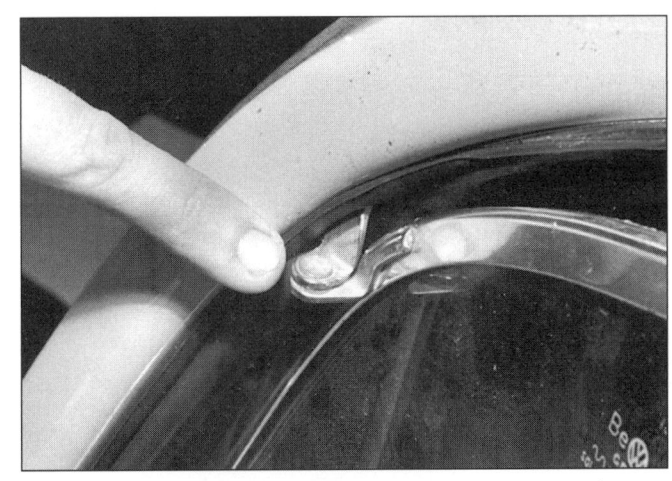

19.5 後期モデルの三角窓を取り外す場合は、ドリルを使って上部のピボットからこのリベットを外して、三角窓ガラスとフレームを取り外す

11-14　ボディ

20.9a インサイドハンドルから固定ボルトを取り外して、ハンドルを外して...

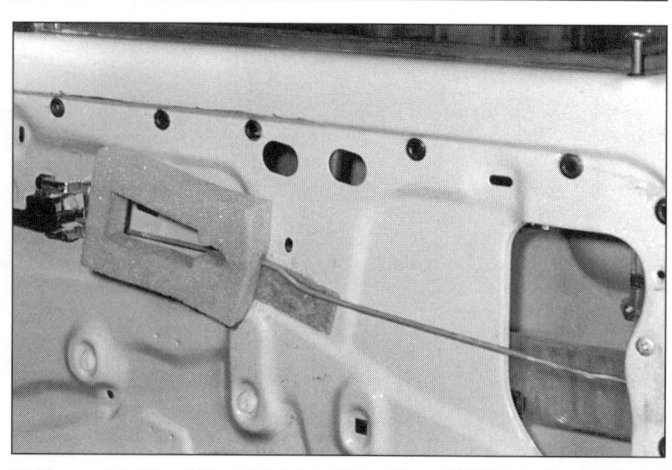

20.9b ...ハンドル、リモートコントロールロッドおよび発泡材パッキンをアセンブリーで取り外す

6. 新しい三角窓ガラスとフレームを位置決めして、上側のピボットにリベットを取り付ける。
備考：リベットガンを持っていない場合は、小さなスクリューとナットで代用できる。ただし、盗難防止の面からは好ましいことではない。

20. ドアアウトサイドハンドル、ラッチ機構、インサイドハンドルの脱着

1. ドアウィンドーレギュレーターハンドル、インサイドハンドル（初期型）またはインサイドハンドル・エスカッション（後期型）およびドアトリムパネルを取り外す（セクション17参照）。

初期型

2. ウィンドーレギュレーターを取り外す（セクション18参照）。
3. ウェザーストリップをめくって、アウトサイドハンドルを固定している2本のスクリューを取り外して、ハンドルとラバーシールを取り外す。
4. ドアから4本のロック固定スクリューを取り外す。
5. ドアハンドルの近くにある2本のスクリューを取り外す。
6. 後部ガラスチャンネルを固定しているスクリューを取り外す。ガラスを持ち上げて、ロックとリモートコントロール・アセンブリーを取り外す。
7. すべての可動部品を清掃して、グリスを塗布する。
8. 取り付けは取り外しの逆手順で行なう。

後期型

→ 写真 20.9a、20.9b、20.10、20.11、20.12a、20.12b、20.13 参照

9. インサイドハンドルから固定ボルトを取り外して（写真参照）、ハンドル、リモートコントロールロッドおよび発泡材パッキン（写真参照）をアセンブリーで取り外す。
10. インサイドロック機構の接続を外す（写真参照）。
11. ウェザーストリップをめくって、ロック固定スクリュー（写真参照）とロックを取り外す。
12. アウトサイドハンドル固定スクリュー（写真参照）を取り外して、アウトサイドハンドル（写真参照）を取り外す。

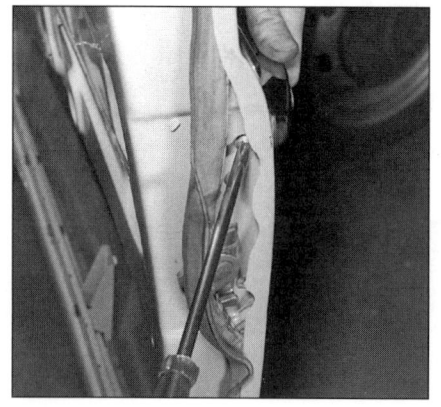

20.10 ロック機構からインサイドロックコントロールロッドのクリップを外す

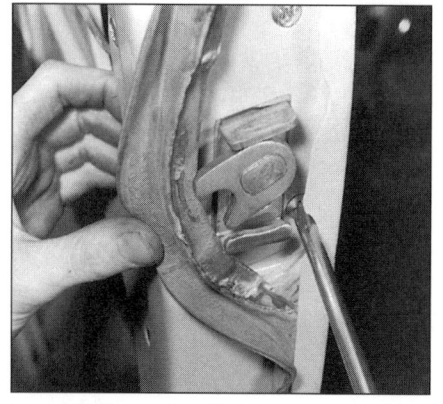

20.11 ウェザーストリップをめくって、ロックの固定スクリューを取り外す

20.12a アウトサイドハンドル固定スクリューを取り外して...

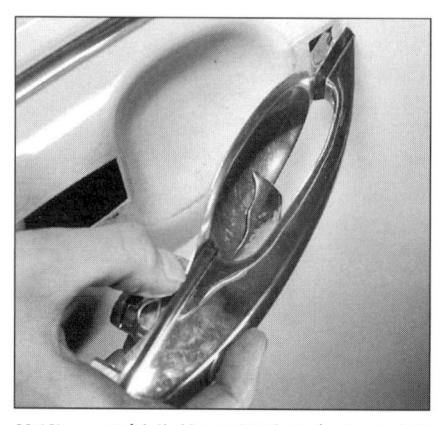

20.12b ...アウトサイドハンドルとラバーシールを取り外す

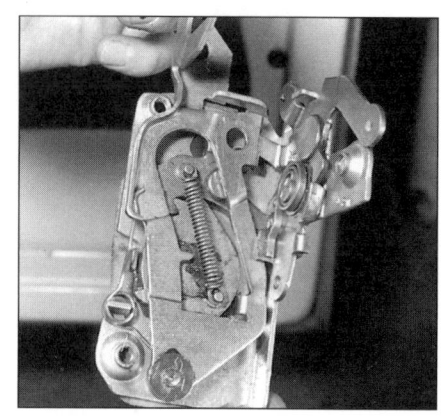

20.13 ロック機構（代表例）損傷している場合は、修理しようとせず必ず交換すること

ボディ　　11-15

21.1 ドアのネジ穴にミラーを取り付ける場合は、この保護プラグ（矢印）をこじって外す

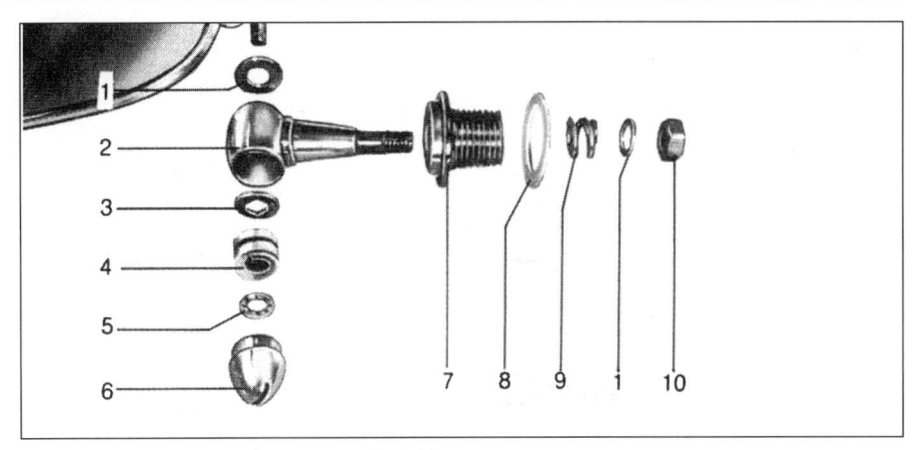

21.2 ミラーマウント・アセンブリーの展開図（代表例）

1　ワッシャー
2　ミラーアーム
3　六角穴付きワッシャー
4　コイルスプリング
5　ロックワッシャー
6　キャップナット
7　ミラーソケット
8　シールワッシャー
9　スパイラルスプリング
10　ミラーアームナット

13. ロック機構を取り付ける**（写真参照）**。ロックは複雑な構造をしているので、正常に作動しなくなった場合は、交換する。
14. 取り付けは取り外しの逆手順で行なう。

21. ドアミラーの脱着

→写真21.1, 21.2参照

1. ドアミラーは、ドアのネジ穴に取り付けられている。新たにミラーを取り付ける、または既存のミラーを交換するために、ドアトリムパネルを取り外す必要はない。後付け品のミラーを取り付ける場合は、保護プラグをこじって外して、新しいミラーを取り付けるだけである。既存のミラーを交換する場合は、レンチを使ってドアからミラーマウント・アセンブリーを取り外す。
2. 古いミラーを新しいドアに付け替える場合は、必ずミラーマウント・アセンブリー**（写真参照）**を分解して、各部品に潤滑剤を塗布する。ミラーマウントを組み立てた後は、ミラーをドアに取り付ける前に必ずミラーアームナットをかしめておく。

22. ドアの脱着

取り外し

1. ドアチェックストラップのピンからクリップを取り外して、ピンを取り外す。
2. ヒンジスクリュー用のカバープラグを取り外す。
3. インパクトドライバーでヒンジスクリューを緩めてから、スクリューを取り外す。
4. ドアをしっかりと持って、ピラーから上下のヒンジを外して、ドアを取り外す。

取り付け

→写真22.6参照

5. ドア開口部周囲のウェザーストリップを点検して、亀裂、硬化または劣化があれば交換する。
6. 基本的に、ビートルには2つのタイプのドアが使われている。（解体工場などで探してくる場合を除き）現在、部品として入手可能なは新

22.6（現在新しい部品として入手できる）1973年以降のモデル用のドアには、それ以前のモデルに使われていたアームレスト用のブラケットは設けられていない。新しいドアに古いタイプのトリムパネル／アームレストを取り付ける場合は、このブラケットを溶接する必要がある（ドアにはブラケットの取付位置を示す突起が4箇所設けられている）

しいタイプだけである。従って、古い車に新しいドアを取り付けて、そのドアに古いドアトリムパネルを取り付ける場合は、インナーパネルにアームレスト用のブラケットを溶接する必要がある**（写真参照）**。

7. ヒンジを差し込んで、ヒンジスクリューを取り付けて、ドアが動かないように固定する。
8. 慎重にドアを閉めて、ドアとルーフの間およびドアの後端とピラー並びにリアクォーターパネルの間の建て付けを点検する。必要に応じて上下のヒンジを調整する。また、必要に応じてストライカープレートも調整する（セクション16参照）。
9. ヒンジスクリューをいっぱいまで締め付けて、カバープラグを元通り取り付ける。各ヒンジに汎用グリスを塗布する。

23. シートの脱着

1972年以前のモデル

→写真23.2, 23.4参照

1. シートベルト警告ブザーを装着した1972年

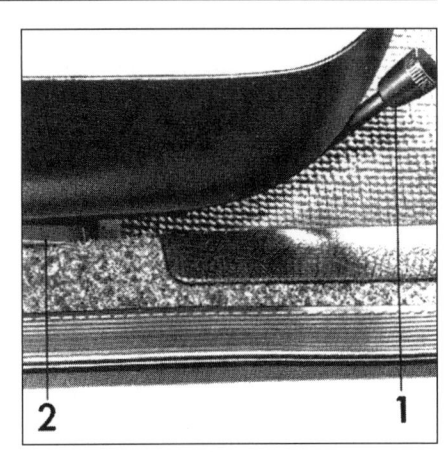

23.2 アジャストレバー(1)を上げてスライダーがリーフスプリングストッパー(2)に接触するまでシートを前に引き出す

モデルの場合は、配線コネクターを外す。

2. アジャストレバーを上げて、スライダーがリーフスプリングストッパーに接触するまでシートを前にずらす**（写真参照）**。

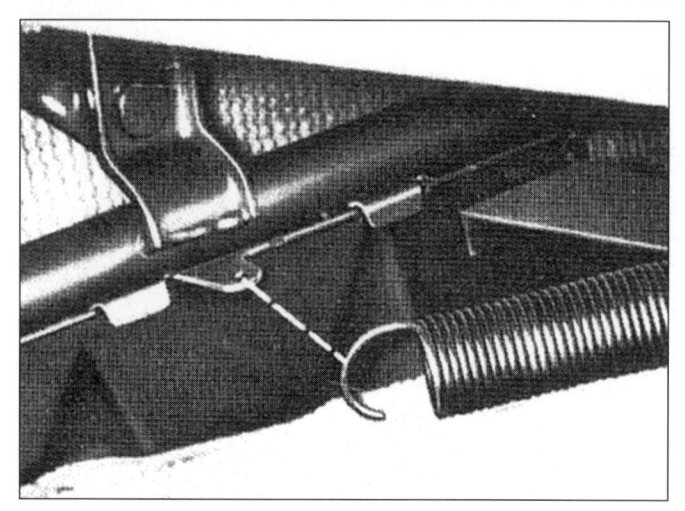

23.4 シートの下に手を入れて、テンションスプリングを外す

23.10 各シートレールの後端からプラスチックのカバーをこじって外す

3. スクリュードライバーでストッパーを押し下げ、アジャストレバーを上げて、シートを約4cm前に出す。
4. シートの下に手を入れて、テンションスプリングを外す（**写真参照**）。
5. シートを前に出して、左右のシートレールから外して、シートを取り外す。
6. シートを取り付ける場合は、シートバックを前に畳んでから、車室内に運び込んで、左右のレールに位置決めして、内側のスライダーをレールにはめる。シートをわずかに手前に引っ張って、外側のスライダーをレールにはめる。
7. アジャストレバーを引き上げて、シートを後ろにずらしてから、テンションスプリングを接続する。
8. 装着車の場合、シートベルト警告ブザー用の配線コネクターを接続する。

1973年以降のモデル

→写真 23.10, 23.12 参照
9. シートベルト警告ブザー用の配線コネクターの接続を外す。
10. 各シートレールの後端からプラスチックのカバーをこじって外す（**写真参照**）。
11. アジャストレバーを引き上げて、シートを最後端より1つ前の位置にする。
12. シートブラケットの前部にスクリュードライバーを挿入して（**写真参照**）、そのスクリュードライバーをてこにして、リーフスプリングストッパーを押し下げる。
13. シートアジャストレバーを引き上げて、シートを後方にずらして、レールから外す。
14. シートレール上の4枚の摩擦パッドを点検して、2個のスプリングクリップが上側の摩擦パッドに確実にはめ込まれていることを確認する（クリップが摩耗、紛失していたり、所定の位置にはまっていないと、シートがガタガタする）。
15. シートをレールの後端にはめ込む。
16. シートアジャストレバーを引き上げて、シートを前にずらして、中央のブラケットにはめる。
17. レールの後端にプラスチックのカバーを取り付ける。
18. シートベルト警告ブザー用の配線コネクターを接続する。

24. シートベルトの点検

1. シートベルト、バックル、ラッチプレートおよびガイドループに、損傷または亀裂がないか点検する。
2. 1972年以降のモデルの場合、運転席または助手席のシートベルトを着用せずに、イグニッションキーを RUN または START 位置にして、シフトレバーを操作すると、シートベルト警告ブザーが鳴って、シートベルトの着用を促す警告灯が点灯する。**備考**：1974年モデルの一部モデルでは、ブザーが鳴っている間、エンジンを始動することができない。
3. 後期モデルに採用されている巻き取り機構付きのシートベルトの場合、通常は自由にシートベルトを引き出すことができるが、急停車または事故による衝撃を受けるとシートベルトが自動的にロックされる構造となっている。巻き取り機構が正常に作動して、着用時にはシートベルトが身体にフィットし、バックルを外すとシートベルトがいっぱいまで巻き戻ることを確認する。
4. 上記の各点検で、シートベルトシステムに不具合があれば、必要に応じて部品を交換する。

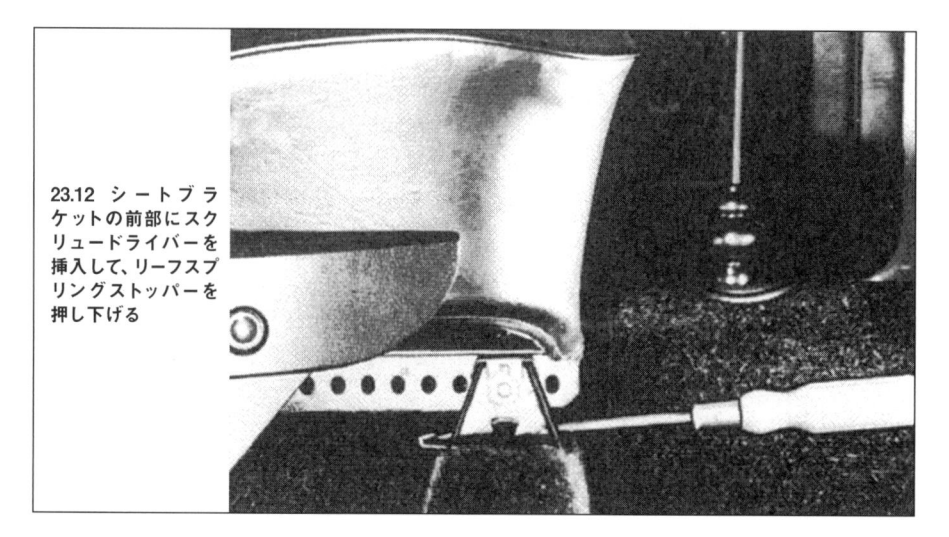

23.12 シートブラケットの前部にスクリュードライバーを挿入して、リーフスプリングストッパーを押し下げる

… 12-1

第12章
ボディ電装系統／配線図

目次

1. 概説 12-1
2. 電気系統の故障診断に関する概説 12-1
3. ヒューズの概説 12-3
4. リレーの概説 12-3
5. ウィンカー／ハザードフラッシャーリレーの点検、交換 12-4
6. ウィンカースイッチ／ハザードスイッチの点検、交換 12-5
7. イグニッションスイッチ／ロックシリンダーの点検、交換 .. 12-6
8. ヘッドライトの脱着 12-8
9. ヘッドライトの光軸調整 12-8
10. ヘッドライトスイッチの点検、交換 12-8
11. バルブ（電球）の交換 12-10
12. インストルメントクラスターの脱着 12-12
13. スピードメーターケーブルの交換 12-12
14. 計器類の交換 12-12
15. ワイパーモーターの点検、交換 12-14
16. ワイパースイッチの脱着 12-15
17. ホーンの点検、交換 12-16
18. リアウィンドー熱線の点検、スイッチ交換、熱線の補修 .. 12-16
19. 配線図に関する全般的な事項 12-17
配線図 12-18

1. 概説

ビートル／カルマンギアの電装系統は、6V（1966年以前のモデル）または12Vのマイナスアースとなっている。灯火類およびすべての電装品の電源は、ダイナモまたはオルタネーターによって充電される鉛蓄電池（バッテリー）によって供給される。

この章では、エンジンに関連しない、各種の電気部品の修理および整備手順を説明する。バッテリー、ダイナモ／オルタネーター、ディストリビューターおよびスターターに関しては、第5章を参照する。

電気系統の整備を行なう場合は、短絡、短絡による火災を防止するために、必ず最初にバッテリーのマイナス側ケーブルの接続を外すこと。

2. 電気系統の故障診断に関する概説

電気回路は、電装品、およびその電装品に関連したスイッチ、リレー、モーター、ヒューズ、その電装品をバッテリーと車体の両方に接続する配線とコネクターから構成されている。電気回路の故障を特定する場合は、本書の巻末に載っている配線図を参考にする。

電気系統の不良を診断する前に、まずざっと配線図を調べて、該当する回路を構成している部品類を完全に把握する。もしその回路に他にも関連する部品類が含まれていたら、それらが正常に作動しているか確かめることで、不良の原因箇所を狭められる。もし複数の部品類や回路が同時に不良になった場合は、それらに共通して使われているヒューズやアース線が原因である可能性が高い。

電気系統のトラブルはたいてい単純な原因で起こる。例えば、接続部の接触不良や腐食、アース不良、ヒューズ切れ、リレーの不良などである。

まずトラブルが発生した回路の全てのヒューズ、配線、接続部の状態を目で点検してから、問題の部品類の点検を行なう。

点検機器を使用する場合は、不良個所を正確に特定するために、あらかじめ配線図を参照して、どの配線接続部を点検すればよいのか把握しておく。

電装系統の故障診断に必要な基本工具は「サーキットテスター」である。これ1台で電圧や通電の有無（電気が来ているかどうか）、導通などを調べることができる。通電の有無だけであれば「検電テスター」が便利である（6Vまたは12Vの電球と2本のリード線でも代用できる）。電池を内蔵し、導通を調べられる「導通テスター」も市販されている。電気回路をバイパスするときに使用する「ジャンパーワイヤー」もあると便利だ（適当なリード線の両端にワニロクリップを付けたもの。ヒューズを組み込むとなお良い）。

点検機器を使って不良個所の特定に取りかかる前に、配線図を参照して、その機器をどこに

12

12-2　ボディ電装系統

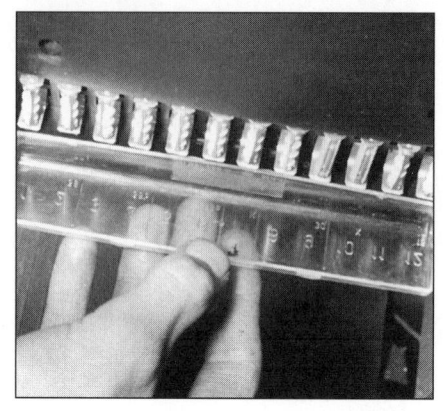

3.1a ヒューズボックスの一例。ヒューズを交換する場合は透明のプラスチックカバーを取り外す(カバーにはヒューズの番号が記載されており、本書のヒューズレイアウト表と比較すれば、どのヒューズがどの電気部品を保護しているのか分かる)

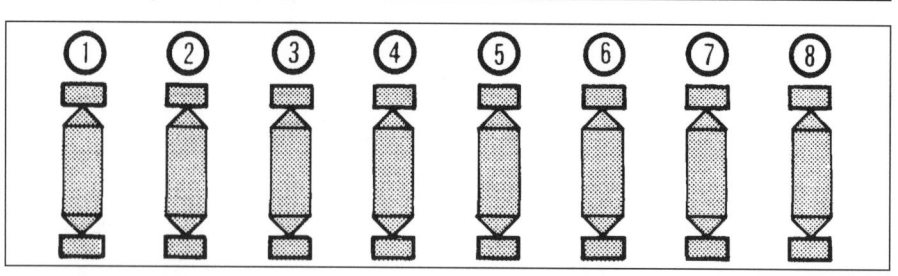

3.2a 1966年以前のモデル(6V車)のヒューズボックス内、ヒューズ配置の一例

1. ブレーキランプ、ウィンカー、フロントウィンドーワイパーとホーン(1961年を除く)(16A)
2. 左側のハイビームとハイビーム警告灯(8A)
3. 右側のハイビーム(8A)
4. 左側のロービーム(8A)
5. 右側のロービーム(8A)
6. 左側のテールランプと左側のフロントサイドランプ(8A)
7. 右側のテールランプ、ナンバープレートランプと右側のフロントサイドランプ(1966年を除く)(8A)
8. ラジオ、ルームランプ、ホーン(1961年のみ)とハザードフラッシャー(1966年のみ)(1965年までは8A、1966年だけは16A)

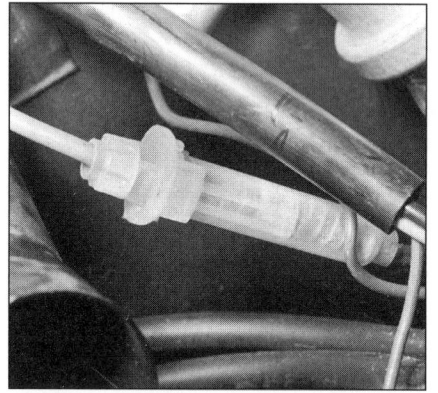

3.1b インライン型ヒューズの一例

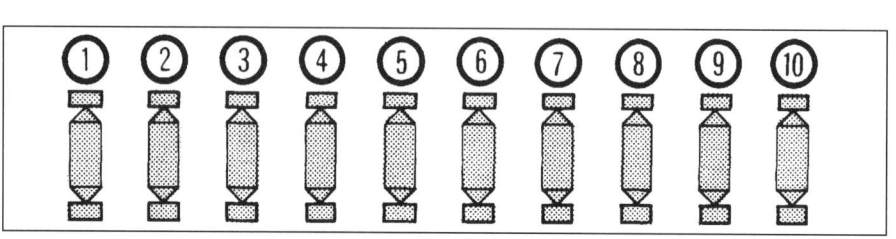

3.2b 1967～1972年のスタンダードビートルと1970年のコンバーチブルモデルのヒューズボックス内、ヒューズ配置の一例

1. ホーン(1968年を除く)、ウィンカー、ブレーキランプ(1969年と1970年を除く)、フューエルゲージ(1967年を除く)、セミオートマチック警告灯(1967年を除く)とリアウィンドー熱線スイッチ(1969年と1970年のみ)(8A)
2. ワイパー、ブレーキランプ(1969年と1970年のみ)とホーン(1967年のみ)(8A)
3. 左側のハイビームとハイビーム警告灯(8A)
4. 右側のハイビーム(8A)
5. 左側のロービーム(8A)
6. 右側のロービーム(8A)
7. 右側のテールランプ(1967年と1968年のみ)、左側のテールランプ(1969年と1970年のみ)、ナンバープレートランプ(1967年のみ)と左側のフロントサイドランプ(1967年を除く)(8A)
8. 左側のテールランプ(1967年のみ)、右側のテールランプ(1967年を除く)、右側のフロントサイドランプ(1967年を除く)とナンバープレートランプ(1967年を除く)(8A)
9. ラジオ(1967年のみ)、ルームランプ(1967年を除く)、ハザードフラッシャー(1967年を除く)、イグニッション警告灯(1969年と1970年のみ)(1967年は8A、1968～1971年は16A)
10. ルームランプ(1967年のみ)、ハザードフラッシャー(1967年のみ)とラジオ(1967年を除く)(1968～1971年は8A、1967年のみ16A)

通電点検(検電)

電気部品が正常に働かない場合は、まず通電の有無を点検する。検電テスター(またはサーキットテスターの電圧測定レンジ)の一方のリード線をバッテリーのマイナス端子または車体の金属部分に確実にアースする。検電テスター本体(またはもう一方のリード線)を点検を行なう電気部品の回路の接続箇所やコネクターに、バッテリーやアースに近い位置から順に接触させる。スイッチを入れて検電テスターが点灯すれば電気が来ている。つまりその接続箇所とバッテリー間の回路には問題がない。回路の残りの部分も同様に点検していく。電気が来ていない箇所があれば、その点検箇所とその一つ前の点検箇所の間に問題がある。ほとんどの場合、接触不良が原因となっていることが多い。備考：イグニッションキーをアクセサリーまたは走行位置にしないと、電気が流れない回路があるので注意する。

短絡(ショート)箇所の特定

回路がどこかで短絡(ショート)している場合、その箇所を特定するための方法の1つは、ヒューズを取り外して、その端子に検電テスター(またはサーキットテスターの電圧測定レンジ)を接続

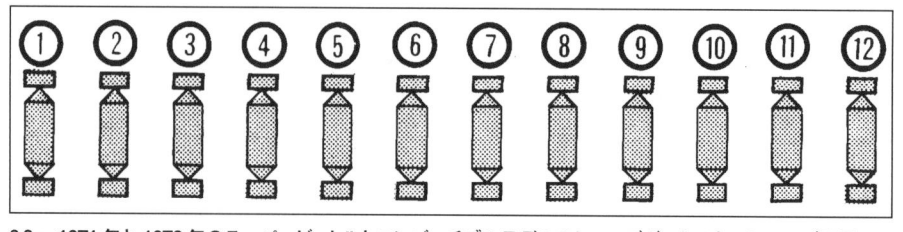

3.2c 1971年と1972年のスーパービートルとコンバーチブルモデルのヒューズボックス内、ヒューズ配置の一例

1. ウィンカー、スピードメーター警告灯とフューエルゲージ(8A)
2. フロントウィンドーワイパー、ブレーキ警告灯、セミオートマチック警告灯とリアウィンドー熱線スイッチ(8A)
3. ブレーキランプとホーン(8A)
4. ハザードフラッシャー(8A)
5. 未使用(8A)
6. ルームランプとイグニッション警告ブザー(8A)
7. 左側のハイビームとハイビーム警告灯(8A)
8. 右側のハイビーム(8A)
9. 左側のロービーム(8A)
10. 右側のロービーム(8A)
11. 左側のテールランプ(16A)
12. 右側のテールランプ、サイドマーカーランプとナンバープレートランプ(8A)

ボディ電装系統

することである。短絡している回路の場合、通電はないはずである。検電テスターを観察しながら、配線ハーネスを揺らしてみる。このとき、検電テスターが点灯すれば、そのハーネスのどこかに絶縁不良があり、短絡が発生していると考えられる。配線を手でたどって揺らす位置を変えながら、短絡箇所を探していく。

アース点検

各部品が正しくアースされているかどうか点検するには、バッテリーの接続を外した後、電池を内蔵した導通テスター（またはサーキットテスターの抵抗測定レンジ）のリード線を車体アースに接続する。もう一方のリード線を、点検を行なう部品や回路の配線またはアース（金属製部品の場合、本体がアースになっていることが多い）に接続する。導通テスターが点灯すれば、アースは正常である。点灯しない場合は、アースが不良である。

導通点検

回路に電流が正常に流れるか（回路に断線や接触不良の箇所がないか）どうか点検するには、バッテリーの接続を外して、電池を内蔵した導通テスター（またはサーキットテスターの抵抗測定レンジ）を使用する。テスターのリード線を点検したい回路の両端（つまり、電源側とアース側）に接続する。導通テスターが点灯すれば回路は正常である。導通テスターが点灯しない場合は、回路のどこかに断線や接触不良がある。同じ要領で、スイッチの端子にテスターを接続すれば、スイッチの良否も確認できる。スイッチをオンにしたときに導通テスターが点灯すれば、スイッチは正常である。

断線・接触不良箇所の特定

端子の腐食や接触不良はコネクターによって隠れていて、その箇所を目視で特定することは困難な場合が多い。配線ハーネスやコネクターを揺らしてみるだけで、断線や接触不良が解消される場合もある。ときどき発生する一過性の接触不良は、コネクター接続部の腐食または緩みが原因となっている場合もある。

すべての電気回路は、基本的にバッテリーから配線、スイッチ、リレー、ヒューズを経由して（電球、モーターなどの）各電装品に電流が流れ、最後にアースを介して再びバッテリーに戻ることで成立している。そのことを理解していれば、電気系統の故障診断は決して難しいものではない。

3. ヒューズの概説

→写真 3.1a, 3.1b, 3.2a, 3.2b, 3.2c, 3.2d, 3.2e, 3.3 参照

車の電気回路はヒューズで保護されている。ヒューズボックスは、ステアリングコラムの右側または左側（スーパービートル）のダッシュボードの下に取り付けられている。ヒューズを交換する場合は、ヒューズボックスの透明なプラスチックカバーを開けて（写真参照）、溶断したヒューズを取り外して、同じ容量の新しいヒューズを取り付ける。エアコン装着車の場合、ヒューズボックスは計器パネルの前方に設けられている。このヒューズボックスを開ける場合は、バルクヘッドから保護カバーを取り外す。

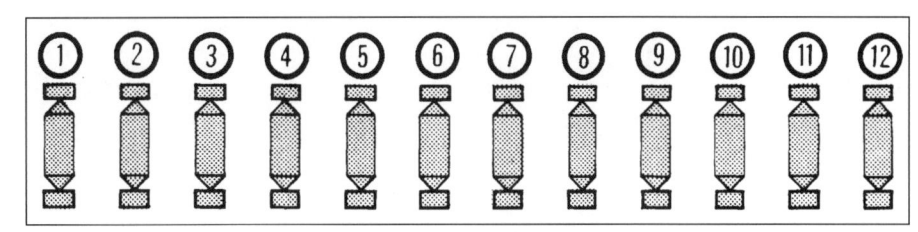

3.2d 1973年以降のビートルのヒューズボックス内、ヒューズ配置の一例

1　フロントウィンカー＆サイドランプ、フロントサイドマーカーランプ、右側のテールランプとナンバープレートランプ（8A）
2　左側のテールランプ（8A）
3　左側のロービーム（8A）
4　右側のロービーム（8A）
5　左側のハイビームとハイビーム警告灯（8A）
6　右側のハイビーム（8A）
7　未使用
8　ハザードフラッシャー（8A）
9　ルームランプとイグニッション警告ブザー（16A）
10　フロントウィンドーワイパー（16A）
11　ホーンとブレーキランプ（8A）
12　ウィンカー、フューエルゲージとシートベルト警告灯（8A）

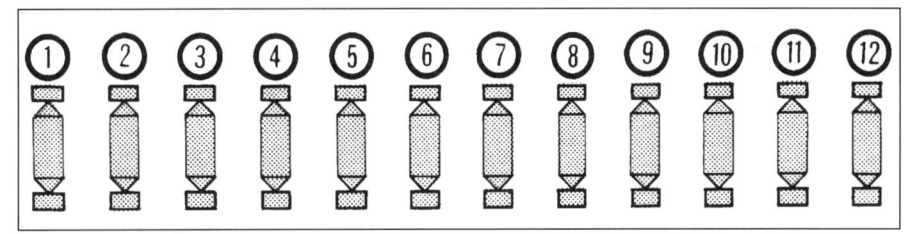

3.2e 1973年以降のスーパービートルとコンバーチブルモデルのヒューズボックス内、ヒューズ配置の一例

1　左側のテールランプ、左側のフロントウィンカー＆サイドマーカーランプとナンバープレートランプ（8A）
2　右側のテールランプ、右側のサイドマーカーランプと右側のフロントウィンカー＆サイドランプ（8A）
3　左側のロービーム（8A）
4　右側のロービーム（8A）
5　左側のハイビームとハイビーム警告灯（8A）
6　右側のハイビーム（8A）
7　未使用
8　ハザードフラッシャー（8A）
9　ルームランプ（16A）
10　リアウィンドー熱線リレー、外気導入ファンとフロントウィンドーワイパー（16A）
11　ホーン、ブレーキランプとコントロールバルブ（セミオートマチック車のみ）（8A）
12　シートベルトインターロック機構、インストルメントクラスター照明、フューエルゲージとウィンカー（8A）

インライン型ヒューズ（写真参照）も設けられている（トランクルームまたはエンジンルーム内に設けられている場合が多い）。

ヒューズは特定の回路を保護している。本書の表には、ビートル／カルマンギアに使われているヒューズのほとんどが載っている（図参照）。

電装品が故障した場合は、必ず最初にヒューズを点検する。ヒューズ切れは簡単に分かる。ヒューズ中央の金属片が溶断していれば、そのヒューズは切れている（写真参照）。

交換用のヒューズには、正しいアンペア容量のものを使用すること。異なった容量のヒューズでも大きさや差込部の形状は同じため物理的に差し込むことは可能だが、規定容量よりも低いまたは高いヒューズと交換することは勧められない。各電気回路に流れる電流は、ヒューズによって規定の範囲内に抑えられている。各ヒューズのアンペア容量は、ヒューズ本体の色によって区別されている。例えば、赤は16アンペアで白は8アンペアである。

ヒューズを交換しても再びすぐに切れてしまう場合は、問題の原因を特定して修正するまでヒューズを交換しないこと。ほとんどの場合、配線の破損や劣化によって発生する短絡が原因である。

4. リレーの概説

→写真 4.2a, 4.2b, 4.2c 参照

リレーは、小さな電流によって大きな電流を制御する一種のスイッチである。後期モデルの場合、灯火類、ホーン、ウィンカー／ハザードフラッシャーリレー、間欠ワイパー、フォグランプ、イグニッションキーおよびシートベルト

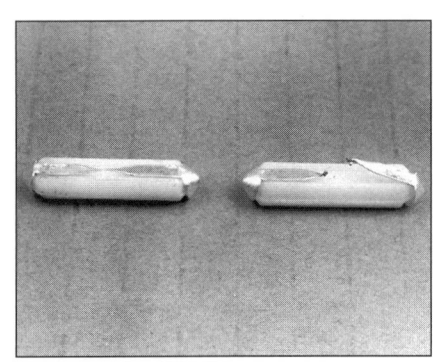

3.3 ヒューズ切れ（右側）は、中央の金属片が溶断しているので、すぐに分かる

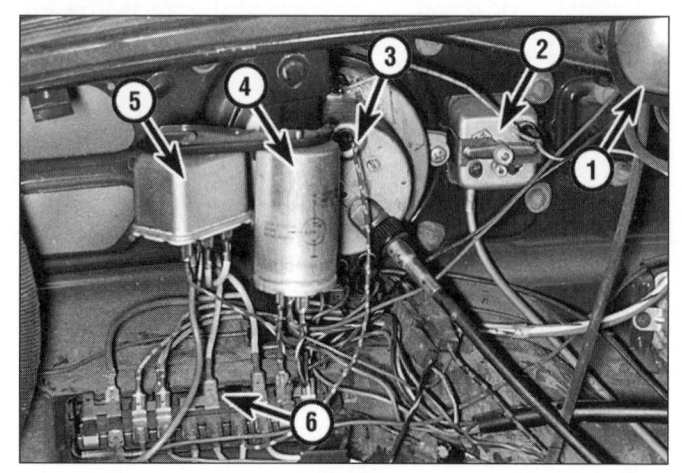

12-4　ボディ電装系統

4.2a 一部のリレーは、バルクヘッド上、保護カバーの下に取り付けられている(写真では、保護カバーは取り外してある)

1　フロントウィンドーワイパーモーター
2　フューエルゲージ
3　スピードメーター
4　ウィンカーフラッシャーリレー
5　ヘッドライトディマー／パッシングリレー
6　ヒューズボックスの端子(ヒューズはこの裏面にあたる車内にある)

4.2b 一部のリレー(矢印)は、ヒューズボックスの裏面のパネルに取り付けられている

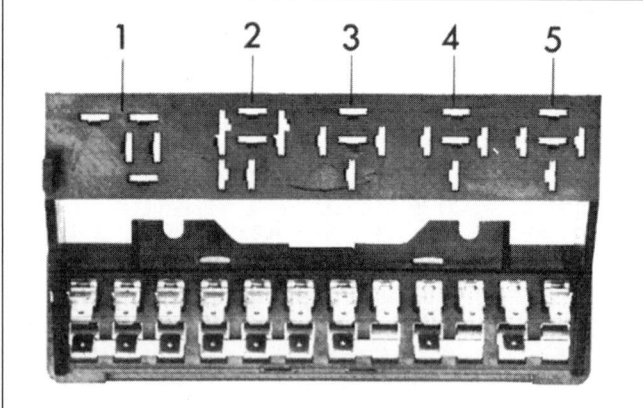

4.2c ヒューズボックスのリレー配置(代表例)(スーパービートルおよび1971年以降のコンバーチブルモデル)

1　ヘッドランプロービーム
2　空き
3　ウィンカー／ハザードフラッシャー
4　空き
5　ブザー

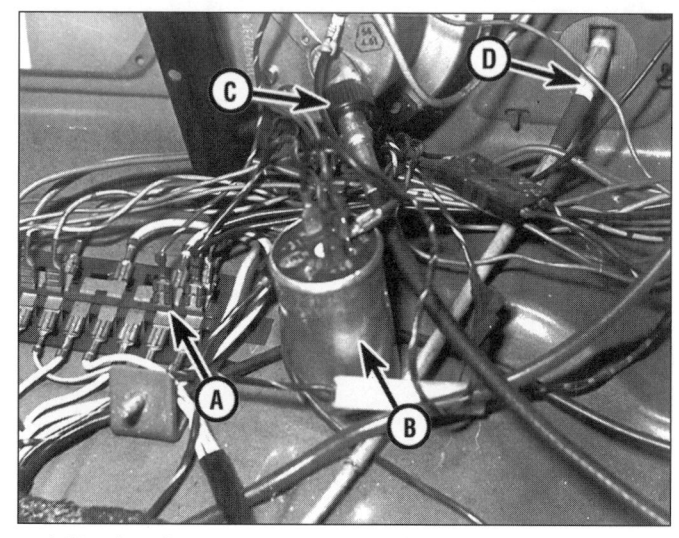

5.1 初期モデルのウィンカーフラッシャーリレー(代表例)

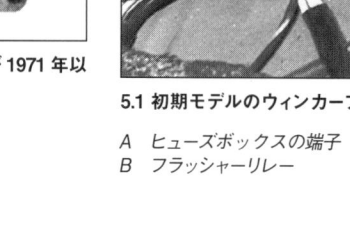

A　ヒューズボックスの端子
B　フラッシャーリレー
C　スピードメーターケーブル保持カラー
D　フューエルゲージ用ケーブル

警告システムなどの各種電装品において、リレーが使われている。

リレーは、フロントバルクヘッド(写真参照)、インストルメントパネル裏側のステアリングコラムサポート、またはヒューズボックス裏側の専用ブラケット(写真参照)に取り付けられている。リレーの交換は、トランクルーム内のバルクヘッドからインストルメントカバーを取り外して、古いリレーを取り外して新しいものを取り付けるだけの場合もあれば、インストルメントパネルからヒューズボックス自体を外して、いっぱいまで下ろしてからでないと、リレーの交換ができない場合もある。リレーが故障すると、そのリレーが制御している回路は正常に作動しなくなる。

リレーが故障していると考えられる場合は、取り外した上で修理工場で点検してもらうか、新しいリレーと交換して、回路が正常に作動するかどうか確認する。

5. ウィンカー／ハザードフラッシャーリレーの点検、交換

ウィンカーフラッシャーリレー

→写真5.1参照

1. ウィンカーフラッシャーリレー(写真参照)はウィンカーを点滅させる。初期モデルの場合、フラッシャーリレーは小さな缶のような形で、バルクヘッドに取り付けられている。後期モデルの場合は、小さなプラスチックの箱で、インストルメントパネル裏側のステアリングコラムサポートに取り付けられ、隣にはヘッドライトディマー(切替)リレーがある。スーパービートルの場合は、ヒューズボックスの裏側に取り付けられている(セクション4参照)。

2. 汚れ、腐食または接続部の緩みにより、バルブ(電球)が接触不良になると、ウィンカーが正常に作動しなくなる。ウィンカーが正常に作動しなくなった場合は、フラッシャーリレーが故障の原因だと考える前に、必ずすべてのバルブの接点がきれいで確実に取り付けられているかどうか確認すること。

3. ウィンカーが正常に作動しているときは、フラッシャーリレーから「カチカチ」という作動音が聞こえるはずである。左右どちらかのウィンカーが故障して、フラッシャーリレーから作動音が聞こえなくなるか、または通常よりも「カチカチ」という音のピッチが速くなった場合は、ウィンカーのバルブが切れている。備考：ウィンカーの点滅速度はその時に回路に流れている電圧によって若干変動する。電圧はエンジン回転数によって変動するため、ウィンカーの点滅速度は、エンジン高回転時よりもアイドル時の方が遅い。正常なリレーは1分間に約60～120回ウィンカーを点滅させる。

4. ウィンカーが左右とも点滅しなくなった場合

ボディ電装系統

6.18 ステアリングコラム構成部品の展開図

1. コンタクトリング
2. ウィンカースイッチ
3. スナップリング
4. ベアリング
5. リテーナー
6. スイッチハウジング
7. イグニッションスイッチ
8. ステアリングロックボディ
9. ロックシリンダー
10. ステアリングホイール

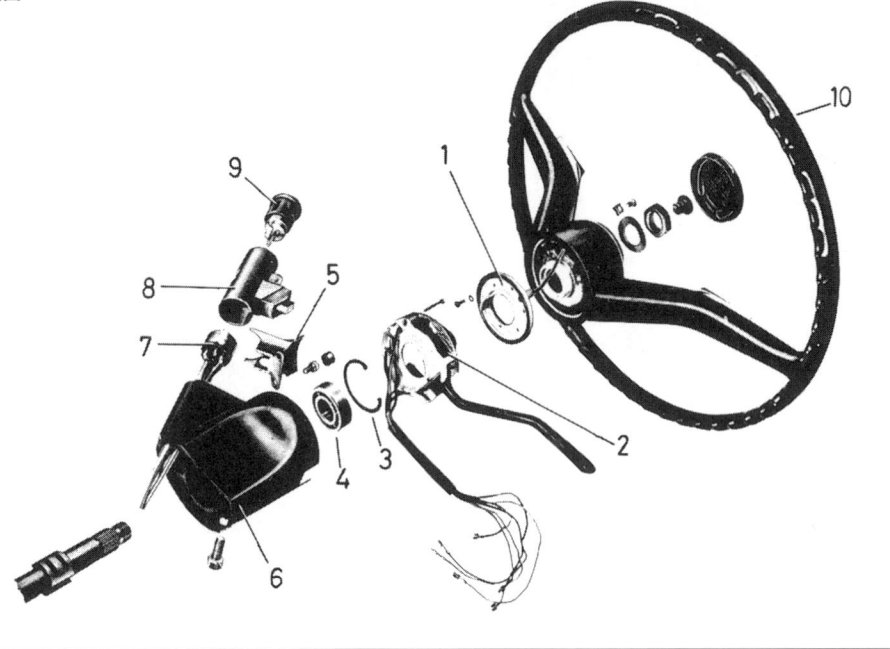

は、ヒューズ切れ、接続部の緩み、断線、フラッシャーリレーまたはウィンカースイッチの不良が考えられる。ヒューズボックスを調べて、ウィンカー用のヒューズが切れている場合は、新しいヒューズを取り付ける前に、配線に短絡がないか点検する。

5. スーパービートル以外のモデルでフラッシャーリレーを交換する場合は、バッテリーのマイナス端子からバッテリーケーブルを外して、フロントフードを開けて、インストルメントパネルの保護カバーを取り外して、フラッシャーリレーの3本の配線にそれぞれ識別用の荷札等を付けた上で、接続を外して、フラッシャーリレー取付ブラケットを緩めて、フラッシャーリレーを取り外す。取り付けは取り外しの逆手順で行なう。交換用のフラッシャーリレーは、古いものと同じ仕様のものを使うこと。

6. スーパービートルのフラッシャーリレーを交換する場合は、ヒューズボックスを下ろして、ヒューズボックスの背面からフラッシャーリレーを外して、新しいユニットを差し込む。交換用のフラッシャーリレーは、古いものと同じ仕様のものを使うこと。

7. ヒューズ、配線およびリレーが正常な場合は、ウィンカースイッチを点検する（セクション6参照）。

ハザードフラッシャーリレー

8. 1966年8月以降に製造されているモデルには、ハザードフラッシャー（非常点滅表示灯）が取り付けられている。これは、ダッシュボード上のスイッチを操作すると、4個のウィンカーが同時に点滅する。元々、このシステムはウィンカー回路に接続されたハザードスイッチおよびハザードフラッシャーリレーから構成されていた（つまり、ハザード専用のリレーがあった）。その後、1968年1月にハザードフラッシャー機能はウィンカーフラッシャーと一体となった。このウィンカー／ハザード共用リレーを採用している初期モデルの場合、リレーはバルクヘッ

ド上、インストルメントパネルの保護カバーの下に取り付けられている。後期モデルでは、ヒューズボックスの裏面に取り付けられている。

9. ウィンカーとハザードフラッシャーは、ほとんどのモデルで1つのリレーを共用しているので、ハザードフラッシャーは作動するが、ウィンカーは作動しないという場合、故障の原因はリレーではない。逆に、ウィンカーは作動するが、ハザードフラッシャーが作動しないという場合も、リレーが原因でない。以下の点検に従えば、リレーの不必要な交換を避けることができる。

10. イグニッションスイッチをオフにして、リレーの「+」または「49」端子とヒューズボックスの「30」端子の間にジャンパーワイヤーを接続して、ウィンカースイッチを左右両方向に操作する。左右両方でウィンカーが正常に作動すれば、リレーとスイッチは問題ない。どちらかで点滅しない場合は、ハザードフラッシャースイッチを点検してから、ウィンカースイッチを点検する（セクション6参照）。

11. ハザードフラッシャーリレーの交換は、上記のウィンカーフラッシャーリレーの場合と同じである。交換用のフラッシャーリレーは、古いものと同じ仕様のものを使うこと。

6. ウィンカースイッチ／ハザードスイッチの点検、交換

点検

ハザードスイッチ

1. すべてのウィンカーバルブの接点が正しく接触し、バルブホルダーに腐食がないことを確認する。
2. ステアリングホイールを取り外す（第10章参照）。
3. ハザードスイッチを取り外して、スイッチをオンにする。
4. ヒューズボックスの「30」と「+」端子の間、並びにスイッチの「49a」、「R」と「L」端子の間にサーキットテスター（抵抗計）を接続して、導通を確認する。
5. 抵抗があれば（導通がなければ）、ハザードスイッチを交換する。

ウィンカースイッチ

6. ウィンカースイッチにつながっている黒／緑／白の配線を外す。
7. サーキットテスター（抵抗計）を使って、「54BL」（1970年モデル）または「49a」端子（1971年以降のモデル）とウィンカースイッチの「R」と「L」端子間の導通を点検する。
8. 抵抗があれば（導通がなければ）、ウィンカースイッチを交換する。

交換

ハザードスイッチ

9. バッテリーのマイナス側ケーブルを外す。
10. フロントフードを開けて、インストルメントパネルの保護カバーを取り外す。1968年以降のモデルの場合は、外気導入ボックスも取り外す。
11. 識別用の荷札等を付けた上で、スイッチの各配線を外す。
12. スイッチノブを引き出して、ノブを緩める。
13. ロックリングを取り外して、スイッチを取り外す。
14. 取り付けは取り外しの逆手順で行なう。

ウィンカースイッチ

→写真6.18, 6.20, 6.25 参照

15. バッテリーのマイナス側ケーブルを外す。
16. イグニッションスイッチをON位置に回す。ウィンカーレバーを中立位置にする。
17. ステアリングホイールを取り外す（第10章参照）。
18. 1971年以前のモデルの場合は、コンタクトリングを取り外す（**写真参照**）。また、ウィンカー

ボディ電装系統

6.20 ウィンカースイッチを取り外す場合は、これらの4本の取付スクリュー（矢印）を取り外す

スイッチにつながっている配線をダッシュボードの背面から外して、スイッチハウジングの開口部からスイッチに向かって配線を押し出す。

19. 1972年以降のモデルの場合は、ステアリングコラムシャフトのステアリングホイール取付用スプラインの下の溝からサークリップを取り外す。
20. ウィンカースイッチを固定している4本のスクリューを取り外す（**写真参照**）。
21. スイッチハウジングからウィンカースイッチを取り出す。
22. ウィンカースイッチから配線コネクターを外して、スイッチを取り外す。
23. 1972年以降のモデルの場合は、フロントウィンドーウォッシャーリザーバーからエアを抜いて、ウォッシャースイッチからウォッシャーホースの接続を外す。
24. 1972年以降のモデルの場合は、とりあえずウィンカーとフロントウィンドーワイパースイッチを一緒に取り外した後で、それぞれを分離しなければならない。これらのスイッチの配線は、ガイドチャンネルに取り付けられている。このガイドチャンネルは、ステアリングコラムスイッチハウジング底部のコネクターから外す。

25. 取り付けは取り外しの逆手順で行なう。ステアリングコラムベアリングとステアリングコラム間のコンタクトリングを正しい位置にして、ウィンカースイッチレバーを中立位置にしておくこと。この作業を怠ると、ステアリングホイールを取り付けるときに、キャンセルカムがコンタクトリングのツメに当たって損傷してしまう。1972年以降のモデルの場合は、ウィンカースイッチ用の配線がフロントウィンドーワイパースイッチに接して、図示の箇所（**写真参照**）でかみ込まないように注意する。
26. スイッチを取り付けた後に、ステアリングコラムスイッチハウジングとステアリングホイール中心部の間のすき間を調整する。ステアリングホイール中心部とコラムスイッチハウジングの間のすき間は、2～3mmが正規である。このすき間を調整する場合は、スイッチを車体またはステアリングコラムチューブに固定している2個のスクリューを緩めて、スイッチハウジングを長穴に沿って移動する。**注意**：ウィンカースイッチを動かすときは、必ずレバーを中立位置にしておかないと、キャンセルカムが損傷する恐れがある。

7. イグニッションスイッチ／ロックシリンダーの点検、交換

1967年以前のモデル

1. バッテリーのマイナス側ケーブルを外す。
2. フロントフードを開けて、インストルメントパネルの保護カバーを取り外す。
3. 識別用の荷札等を付けた上で、イグニッションスイッチの端子につながっている配線を外す。
4. スイッチブラケットを固定しているスクリューを取り外して、スイッチを取り外す。
5. 取り付けは取り外しの逆手順で行なう。

1968～1971年モデル

→写真7.9参照
6. バッテリーのマイナス側ケーブルを外す。

7. ステアリングホイールを取り外す（第10章参照）。
8. ステアリングコラムからサークリップとプラスチックのブッシュを取り外す。
9. ウィンカースイッチを緩めて、保持プレートを固定している2個のスクリューを取り外す（**写真参照**）。
10. イグニッションキーを挿入して、少し回す。開口部に保持スプリングが見えるまで、ロックシリンダーを引き出す。
11. 開口部に固い針金などを差し込んで保持スプリングを押し付けながら、ロックシリンダーを引き抜く。
12. 取り付けは取り外しの逆手順で行なう。

1972年以降のモデル

ロックシリンダー

→写真7.19, 7.21, 7.22, 7.23参照
13. バッテリーのマイナス側ケーブルを外す。
14. ステアリングホイールを取り外す（第10章参照）。
15. ステアリングコラムからサークリップとプラスチックのブッシュを取り外す。
16. ウィンカースイッチおよびワイパースイッチ（該当する場合）を取り外す。
17. ステアリング／イグニッションロック保持

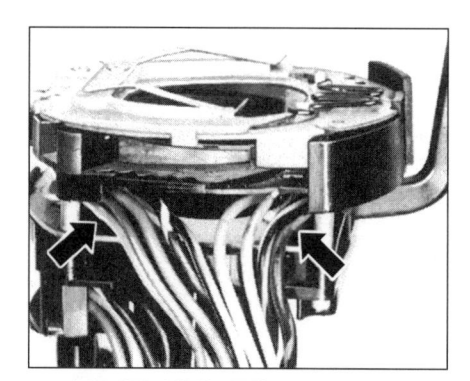

6.25 矢印で示した箇所で配線がかみ込んでいないことを確認する

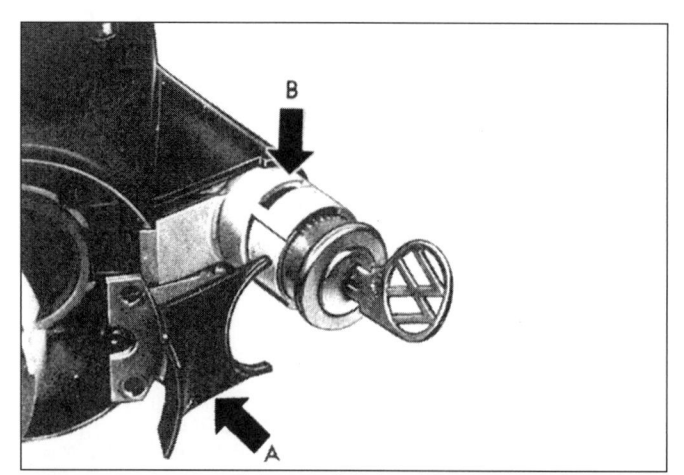

7.9 1958～1971年モデルのロックシリンダーを取り外す場合は、保持プレート（A）を取り外して、イグニッションキーを差し込んで、少し回して、保持スプリングが開口部（B）に見えるまでロックシリンダーを引き出してから、固い針金などを開口部から差し込んで保持スプリングを押し付けながら、ロックシリンダーを取り外す

7.19 1976年以降のモデルの場合、ロックシリンダーに保持スプリングを外すための穴がないので、図示寸法「a」と「b」が交差する箇所に小さな穴を慎重にあけなければならない（aとbは、それぞれ11mmである）

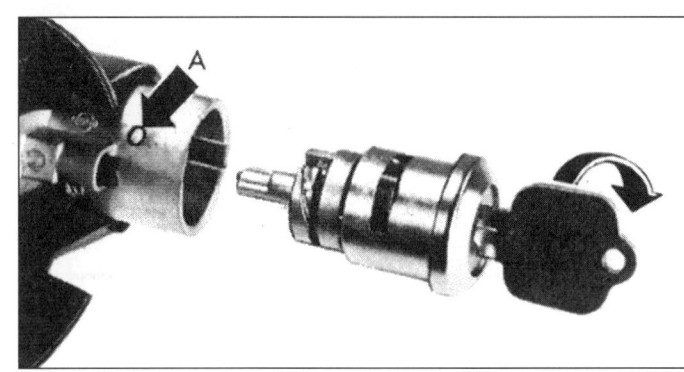

ボディ電装系統

12-7

7.21 ロックシリンダーを取り外す場合は、Aの穴にクギまたは固い針金を差し込んで、保持スプリングを押し付けて、キーを回してから、ハウジングからシリンダーを取り出す

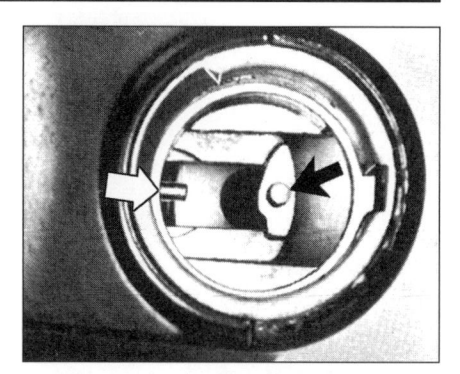

7.22 新しいシリンダーを取り付ける前に、ガイドピン(左矢印)が曲がったり損傷しておらず、スライドピン(右矢印)が自由に動くことを確認する

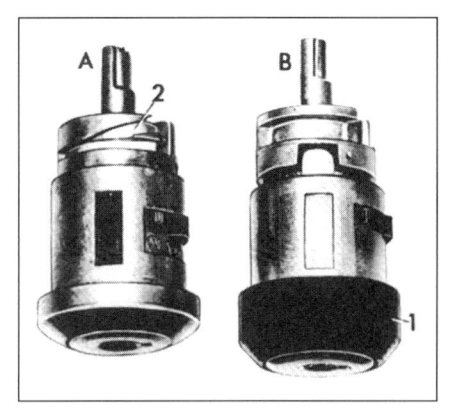

7.23 左の初期型のロックシリンダーには、黒いプラスチックリングがなく、ピン用に螺旋状の溝が設けられている。右の後期型のシリンダーには黒いプラスチックリングが付いており、螺旋状の溝はない

7.28 ステアリングコラムをダッシュボードの下面に固定している2本のボルト(矢印)を取り外して、ステアリングコラムを下ろしてから、ステアリングコラムハウジングを固定しているスクリューを取り外す

プレートを取り外す。

18. 1972年以降のモデルの場合は、スイッチから配線ハーネスを外す。それ以前のモデルの場合は、ロックシリンダーをいっぱいまで引き出しながら、配線を抜き取る。

19. 1976年以降のモデルの場合は、ロックシリンダーハウジングを点検する。図示箇所(写真参照)に穴がなければ、ドリルで慎重に穴をあける。

20. その穴にクギまたは固い針金を差し込んで、ロックシリンダーの保持スプリングを押し付ける。

21. イグニッションキーを回して、写真に示すようにハウジングからロックシリンダーを引き出して、取り外す(写真参照)。

22. シリンダーを取り付ける前に、ガイドピンを点検する(写真参照)。ガイドピンを少し押すと、スライドピンがハウジングと面一になるまで、ステアリングコラムロックのスライドを右に動かすことができるはずである。

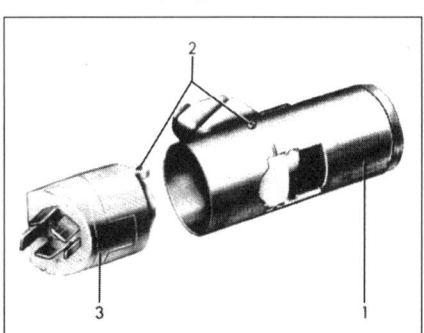

23. (黒いプラスチックリングが付いていない)初期のロックシリンダーを取り付ける場合は、イグニッションキーを差し込んだままでロックシリンダーをハウジングに挿入して、キーをいっぱいまで左に回して、キーを抜き取る。ロックシリンダーに黒いプラスチックリングが付いている場合は(写真参照)、キーを差し込まずにロックシリンダーを取り付ける。次に、イグニッションキーを差し込んで、シリンダーを左にいっぱいまで回して、キーを抜き取る。

24. ピン用に螺旋状の溝が設けられている初期型のロックシリンダーを取り付ける場合は、ロックシリンダーを回したときにイグニッションキーがロックシリンダーハウジング自体に正しくかみ合うことを確認すること(黒いプラスチックリングが付いている後期型の場合、この確認は不要である)。

25. 残りの部品の取り付けは、取り外しの逆手順で行なう。

イグニッションスイッチ
→写真7.28、7.30参照

26. バッテリーのマイナス側ケーブルを外す。
27. ステアリングホイールを取り外す(第10章参照)。
28. ダッシュボードからステアリングコラムを取り外して(写真参照)、ステアリングコラムハウジングを取り外す。
29. イグニッションスイッチから配線ハーネスを外す。
30. ロックシリンダーハウジングからセットスクリューを取り外して(写真参照)、イグニッションスイッチを取り外す。
31. 取り付けは取り外しの逆手順で行なう。

7.30 ロックシリンダーハウジング(1)からイグニッションスイッチ(3)を取り外す場合は、セットスクリュー(2)を取り外す

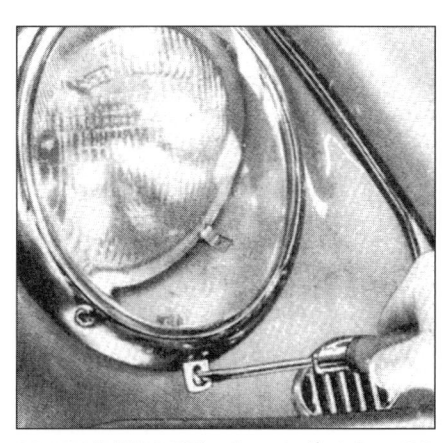

8.2 1966年以前のモデルで、フェンダーからヘッドライト・アセンブリーを取り外す場合は、ヘッドライトのトリムリングの底部から保持スクリューを取り外す

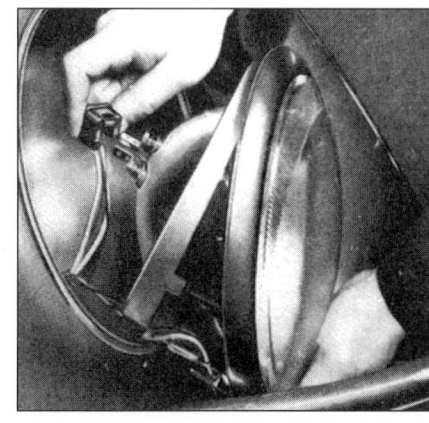

8.3 ヘッドライトユニットの配線コネクターを外して、(底部にある)サイドランプ用の配線を外す

12

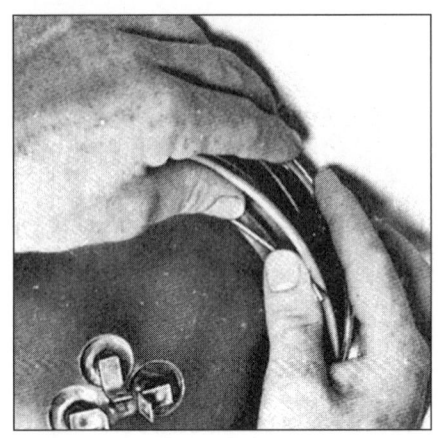

12-8　ボディ電装系統

8.6 シールドビームユニットを取り外す場合は、片方の親指で保持スプリングの一方を押さえながら、もう一方の親指で保持スプリングを慎重にこじって外す。スプリングには、かなりの張力がかかっているので注意する

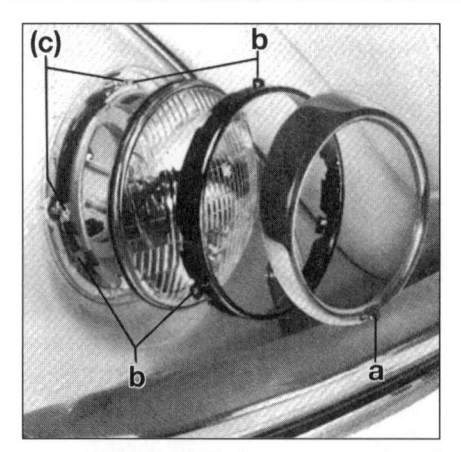

8.11 1967年以降のモデルのヘッドライト・アセンブリーの展開図

a　トリムリング保持スクリュー
b　シールドビームユニット用の保持リングのスクリュー
c　ヘッドライトの光軸調整スクリュー（上側のスクリューが縦方向の調整用、下側が横方向の調整用）

9.1a 1966年以前のモデルの光軸調整スクリューの位置：スクリューAが縦方向の調整用、スクリューBが横方向の調整用

8. ヘッドライトの脱着

1966年以前のモデル

→写真8.2, 8.3, 8.6参照
1. バッテリーのマイナス側ケーブルを外す。
2. ヘッドライトのトリムリング（写真参照）から保持スクリューを取り外して、ヘッドライト・アセンブリーを取り外す。
3. ヘッドライトから配線コネクターを外す（写真参照）。
4. サイドランプのバルブソケットから2本の配線を外す。
5. サイドランプバルブを取り外す。
6. ヘッドライトユニットを保持して、片方の親指で保持スプリングの一方を押さえながら、もう一方の親指で保持スプリングをこじって外す（写真参照）。スプリングには、かなりの張力がかかっているので注意する。
7. 保持リングとシールドビームユニットを取り外す。
8. 取り付けは取り外しの逆手順で行なう。
9. 取り付け後は、ヘッドライトの光軸調整を行なう（セクション9参照）。

1967年以降のモデル

→写真8.11参照
10. バッテリーのマイナス側ケーブルを外す。
11. トリムリングの底部からスクリューを取り外して、トリムリングを取り外す（写真参照）。
12. 保持リングを固定している3個のスクリューを取り外して、保持リングを取り外す。
13. ヘッドライトを取り出して、配線を外す。
14. 取り付けは取り外しの逆手順で行なう。
15. 取り付け後は、ヘッドライトの光軸調整を行なう。

9. ヘッドライトの光軸調整

→写真9.1a, 9.1b参照
注意：ヘッドライトは、常に正しく光軸調整しておかなければならない。光軸が狂っていると、（眩しい光で）対向車のドライバーに迷惑をかけ事故の原因となったり、走行中の路面を充分に確認できなくなる恐れがある。ヘッドライトの交換あるいは車両前部のボディ修理を行なった場合には、ヘッドライトの光軸を必ず点検・調整しなければならない。
1. ヘッドライトには2個の光軸アジャストスクリューがあり、上側にあるスクリューが縦（垂直）方向の調整用で、下側にあるスクリューが横（水平）方向の調整用である（写真参照）。
2. 上側のアジャストスクリューを時計方向に回すと明るい部分（光軸）が高くなり、反時計方向に回すと低くなる。下側のアジャストスクリューを回すと光軸が左右に移動する。
3. 夜間にヘッドライトを点灯して、その照射距離と範囲を確認する。ロービームで約40m、ハイビームで約100mが目安である。これより遠くが照らされる場合は光軸が高すぎる。
4. サンデーメカニックでも大まかな光軸調整は可能であるが、できるだけ早い機会に専門機器を備えた整備工場で正確な点検・調整を行なうこと。

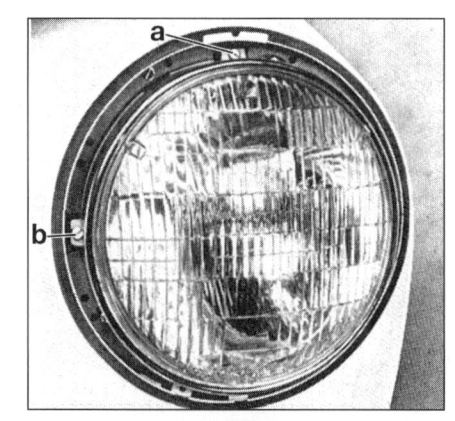

9.1b カルマンギアの光軸調整スクリューの位置（代表例）スクリューaが縦方向の調整用で、スクリューbが横方向の調整用である（1967年以降のビートルも同様）

10. ヘッドライトスイッチの点検、交換

点検

1. ヘッドライトスイッチを操作してもヘッドライトが点灯しない場合は、ヘッドライトスイッチを取り出して、スイッチ背面の端子に検電テスターまたはサーキットテスター（電圧計）を接続して（下記参照）、バッテリーからスイッチまでの電圧の有無を点検する。スイッチまで電圧が来ていれば、端子間の電圧を点検する。スイッチ内で断線している場合は、スイッチを交換する。端子間に電圧があれば、スイッチからヘッドライトまでの電圧を点検する。必要に応じて回路を修理する。

交換

プッシュ／プル型とローターリー型

→写真10.3参照
備考：ヘッドライトスイッチをダッシュボードに固定しているロックリングを取り外すには、特殊工具が必要となる。
2. リアシートを取り外して、バッテリーからマイナス側ケーブルを外す。
3. スイッチからノブを緩める（写真参照）。
4. 特殊工具を使って、ロックリングを取り外す。
5. フロントフードを開けて、ダッシュボードのアクセスパネルをバルクヘッドに固定している2個の溝付きナットを取り外して、アクセスパネルを取り外す。
6. ダッシュボードからヘッドライトスイッチを取り出す。

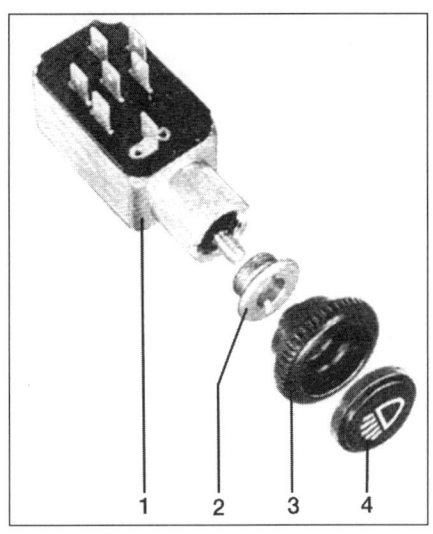

ボディ電装系統

10.3 プッシュプルおよびロータリー型のヘッドライトスイッチの展開図（代表例）

1 ライトスイッチ
2 ロックリング
3 ライトスイッチノブ
4 ライトスイッチキャップ

7. 識別用の荷札等を付けた上で、スイッチの端子につながっている配線を外す。
8. 取り付けは取り外しの逆手順で行なう。スイッチ本体の切り欠きとダッシュボードの穴の突起の位置を合わせること。

ロッカー型

→ 写真 10.10, 10.11, 10.12, 10.13a, 10.13b, 10.15 参照

9. バッテリーのマイナス側ケーブルを外す。
10. インストルメントパネルのスイッチパネルの両端から細長いカバー（**写真参照**）を慎重にこじって外す。
11. ステアリングコラムの上にあるプラグをこじって外す（**写真参照**）。
12. ダッシュボードにスイッチパネルを固定している（左右に2個ずつと中央の1個の）5本のスクリューを取り外す（**写真参照**）。各スクリューのスペーサースリーブを紛失しないこと。
13. ダッシュボードからスイッチパネルを取り外してから（**写真参照**）、ヘッドライトスイッチの上下のツメを縮めて、スイッチパネルの背面側にスイッチを取り出す（**写真参照**）。
14. 識別用の荷札等を付けた上で、スイッチの端子につながっている配線を外す。
15. 取り付けは、取り外しの逆手順で行なう（**写真参照**）。

10.10 スイッチパネルの両端からこれらの細長いカバーを取り外す

10.11 ステアリングコラムの右上のこのプラグを取り外して、隠れているスクリューを取り外す

10.12 スイッチパネルの両端からこれらのスクリューを取り外す

10.13a ダッシュボードからスイッチパネルを取り外す

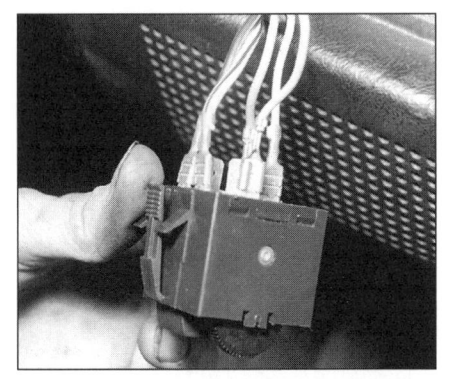

10.13b ロッカー（ヘッドライト）スイッチの上下のツメを縮めて、スイッチを取り外してから、各配線に識別用の荷札等を付けた上で、接続を外す

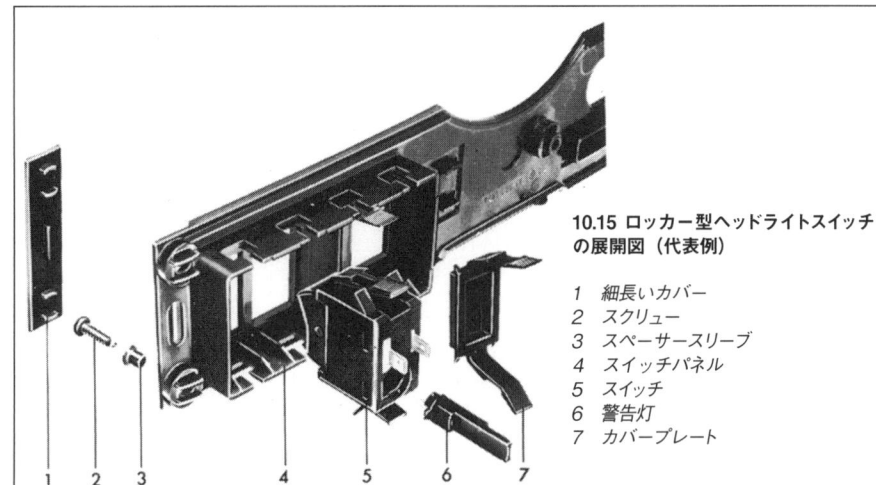

10.15 ロッカー型ヘッドライトスイッチの展開図（代表例）

1 細長いカバー
2 スクリュー
3 スペーサースリーブ
4 スイッチパネル
5 スイッチ
6 警告灯
7 カバープレート

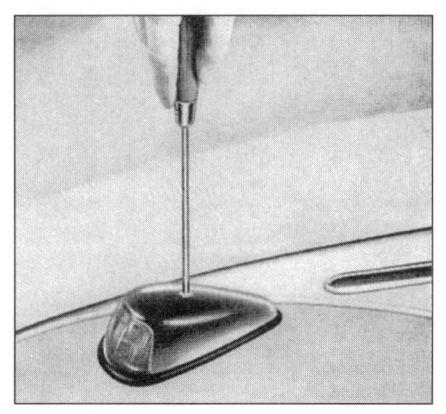

12-10　ボディ電装系統

11.1a フロントウィンカーのバルブを交換する場合は、ハウジングの上部から保持スクリューを取り外すだけである...

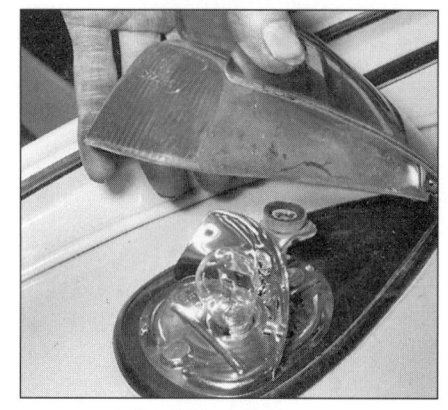

11.b ... ハウジングを取り外して...

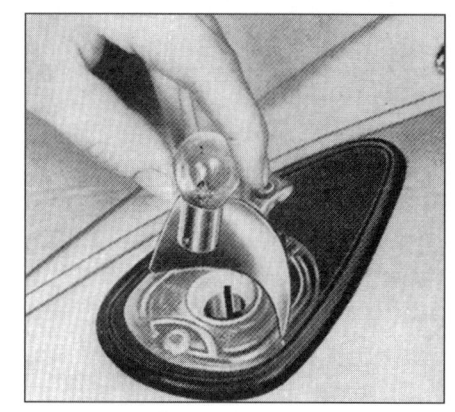

11.1c ... バルブを少し押しながら、反時計方向にひねって取り外す

11. バルブ（電球）の交換

→写真 11.1a ～ 11.4e 参照

1. ほとんどのバルブは、レンズのスクリューを取り外してから、レンズとガスケットを取り外し、バルブを少し押しながら、反時計方向にひねれば取り外すことができる（写真参照）。新しいバルブを取り付けるときは、ソケットにバルブを取り付けて、少し押しながら時計方向にひねる。

2. ただし、ルームランプなどの一部のバルブは、ソケットからまっすぐに引っ張るだけの場合もある（写真参照）。

3. ダッシュボード上の警告灯や表示灯のバルブを交換する場合は、インストルメントクラスターを取り外す（セクション 12 参照）。

4. フロントウィンカーランプをアセンブリーで交換する場合は、通常、フェンダー内側からボルトを外すだけでランプ・アセンブリーを取り外すことができる（写真参照）。

11.1d リアウィンカー（A）のバルブまたはブレーキ／テールランプ（B）のバルブを交換する場合は、レンズ保持スクリューとレンズを取り外してから...

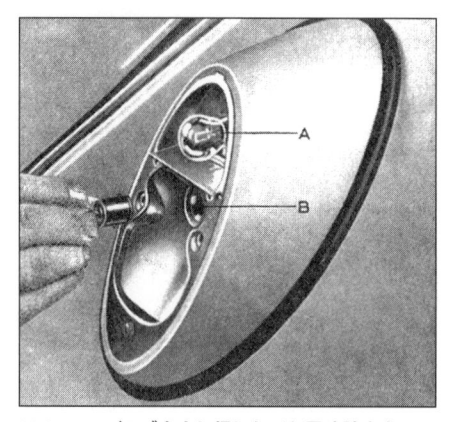

11.1e ... バルブを少し押しながら反時計方向にひねって取り外す

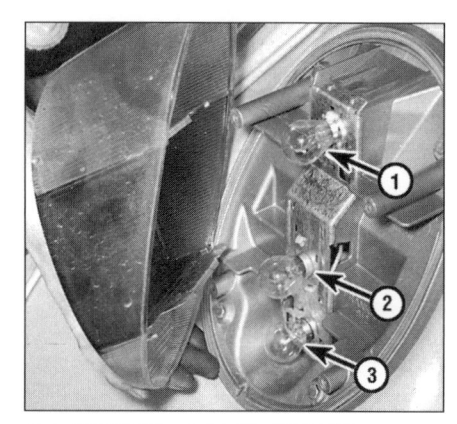

11.1g 後期型のテールランプ・アセンブリー

1　ウィンカーバルブ
2　ブレーキ／テールランプのバルブ
3　バックアップランプのバルブ

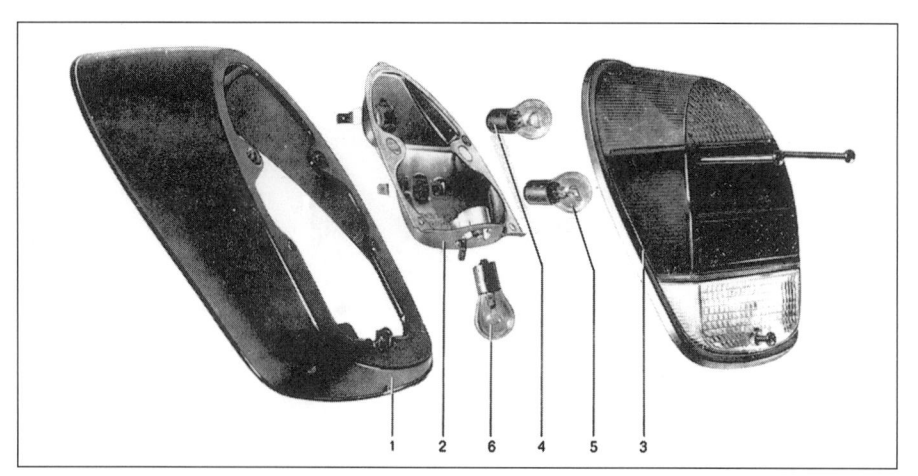

11.1f バックアップランプが組み込まれた後期型のテールランプ・アセンブリーの展開図（初期型の場合、バックアップランプはバンパーに単独で取り付けられている）

1　ハウジング　　　　3　レンズ　　　　　　　　　5　ブレーキ／テールランプのバルブ
2　バルブホルダー　　4　ウィンカーバルブ　　　　6　バックアップランプのバルブ

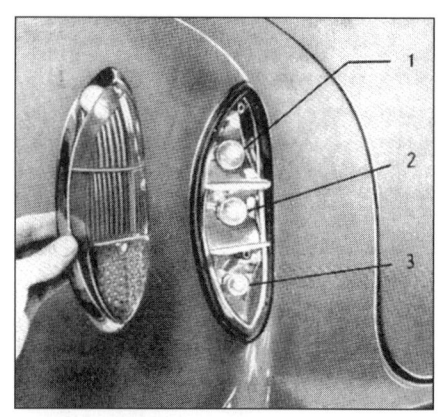

11.1h 初期のカルマンギアのテールランプ・アセンブリー（代表例）

1　ウィンカーバルブ
2　ブレーキランプバルブ
3　テールランプバルブ

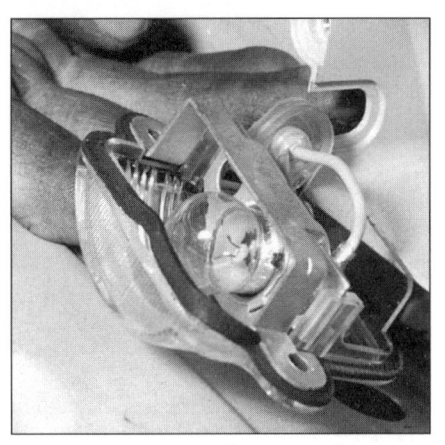

ボディ電装系統

11.1l ビートルのナンバープレートランプを交換する場合は、エンジンフードを開けて、レンズスクリューとレンズを取り外してから、ソケットにバルブを押し付けながら、反時計方向にひねって取り外す

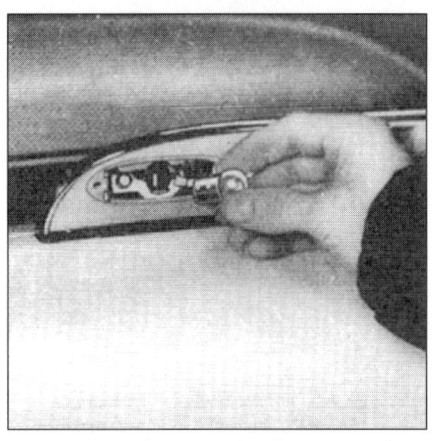

11.1j カルマンギアのナンバープレートランプを交換する場合は、エンジンフードを開けて、レンズスクリューとレンズを取り外してから、ソケットにバルブを押し付けながら、反時計方向にひねって取り外す

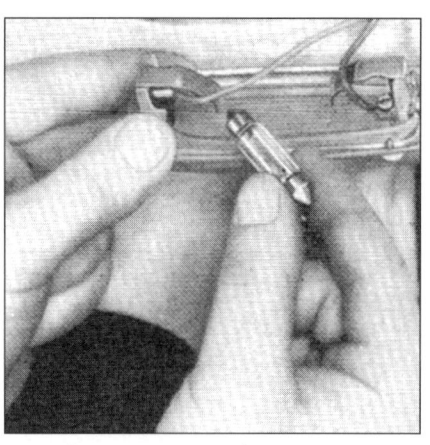

11.2a ビートルのルームランプを交換する場合は、小型のスクリュードライバーでレンズをこじって外し、バルブをソケットから引き抜く

11.2b カルマンギアのルームランプを交換する場合は、両手でレンズの端をつかんで、ヘッドライニングから外してから、ソケットからバルブを引き抜く

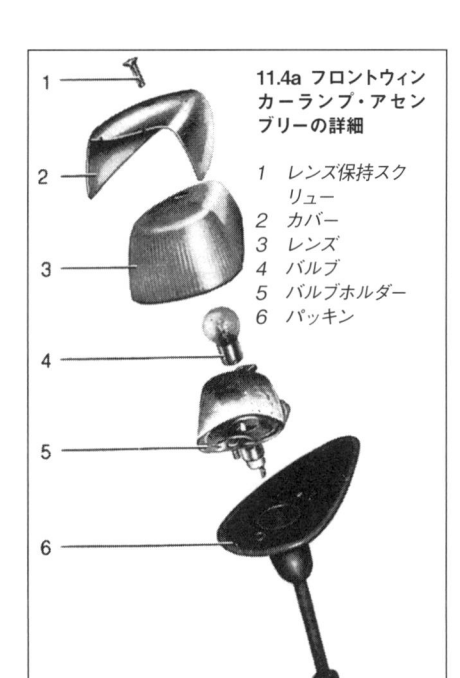

11.4a フロントウィンカーランプ・アセンブリーの詳細
1 レンズ保持スクリュー
2 カバー
3 レンズ
4 バルブ
5 バルブホルダー
6 パッキン

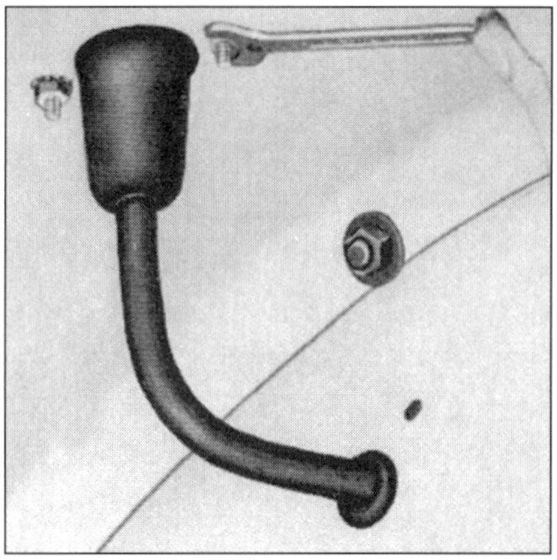

11.4b フェンダーからバルブホルダーを外す場合は、ホイールハウス内側からこれらの2個のナットを取り外す

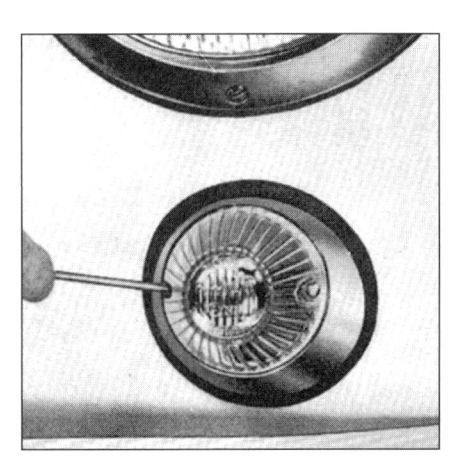

11.4c カルマンギアからウィンカー・アセンブリーを取り外す場合は、レンズスクリュー、レンズおよびトリムリングを取り外して…

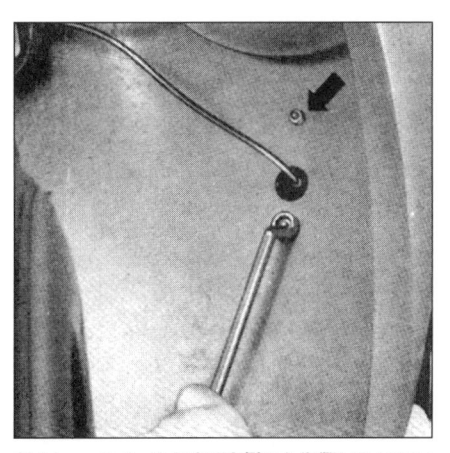

11.4d …ホイールハウス内側から作業して、フロントフェンダーから2個のナットを取り外して…

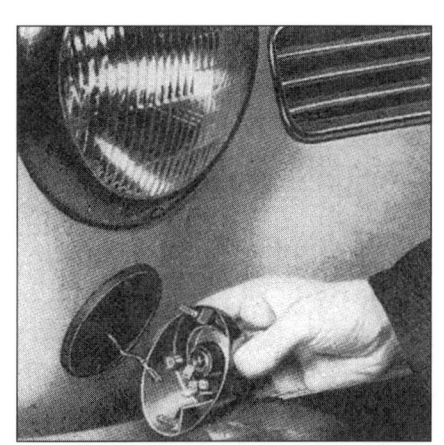

11.4e …フェンダー内のハウジングからバルブホルダーを引き抜いて、配線コネクターの接続を外す

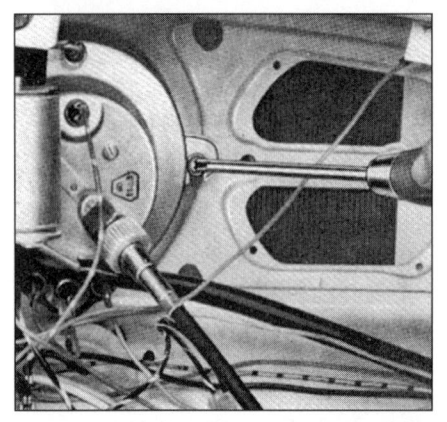

12.6 スーパービートル以外のインストルメントクラスターを取り外す場合は、警告灯または計器類の照明用の配線を外すか、バルブを引き抜いて、スピードメーターケーブルの接続を外して、2個の溝付きスクリューを取り外すだけである

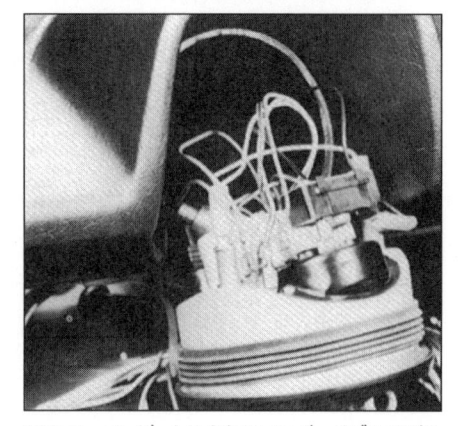

12.7 スーパービートルまたはコンバーチブルモデルのインストルメントクラスターをダッシュボードから取り外す場合は、スピードメーターケーブルの接続を外して、ラバーグロメットからクラスターを押して、識別用の荷札等を付けた上で、すべての配線を外す

13.4 ホイールベアリングのダストキャップからスピードメーターケーブルを外す場合は、割ピン(初期モデル)またはサークリップ(後期モデル)を取り外してから、ホイール背面のステアリングナックルからケーブルを抜き取る

12. インストルメントクラスターの脱着

→写真 12.6, 12.7 参照

1. バッテリーのマイナス側ケーブルを外す。
2. 1973年以降のスーパービートルおよびコンバーチブルモデルの場合は、ダッシュボードからスイッチパネルを取り外す(セクション10参照)。
3. フロントフードを開けて、バルクヘッドからインストルメントパネルの保護カバーを取り外す。
4. 1973年以前のモデルと1973年以降のスーパービートルを除くモデルの場合は、インストルメントクラスターの背面から警告灯および計器類照明のバルブを取り外す。
5. スピードメーターからスピードメーターケーブルを外す(セクション13参照)。
6. 1973年以前のモデルと1973年以降のスーパービートルを除くモデルの場合は、インストルメントクラスターをインストルメントパネルに固定している2個の溝付きスクリューを取り外す(**写真参照**)。ダッシュボードからインストルメントクラスターを取り出す。
7. 1973年以降のスーパービートルおよびコンバーチブルモデルの場合、インストルメントクラスターは、蛇腹の付いたラバーブーツによって所定の位置に固定されている。ダッシュボードからインストルメントクラスターを引き出して(**写真参照**)、すべての配線に識別用の荷札等を付けた上で、接続を外す。インストルメントクラスターを取り外す。
8. 取り付けは取り外しの逆手順で行なう。

13. スピードメーターケーブルの交換

→写真 13.4, 13.7 参照

1. 1973年以前のモデルと1973年以降のスーパービートルを除くモデルの場合は、フロントフードを開けて、インストルメントパネルの保護カバーを取り外す。
2. 1973年以降のスーパービートルおよびコンバーチブルモデルの場合は、ダッシュボードからスイッチパネルを取り外す(セクション10参照)。

13.7 この断面図は、ステアリングナックル内部のスピードメーターケーブルとラバースリーブの組み付け位置を示している。ラバースリーブは、ホイールベアリングに水やホコリが侵入するのを防いでいる

1 ケーブル
2 ケーブルのビニール被覆
3 メタルスリーブ
4 ラバースリーブ
5 四角形の駆動部先端
6 割ピン
7 四角形の穴の付いたダストキャップ

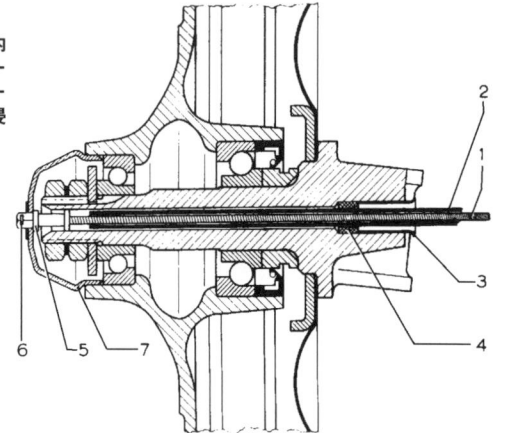

3. 1973年以前のモデルと1973年以降のスーパービートルを除くモデルの場合はトランクルーム側から、1973年以降のスーパービートルおよびコンバーチブルモデルの場合はスイッチパネル用の開口部から、それぞれ作業してスピードメーターケーブルをスピードメーター・アセンブリーに固定しているネジ山付きフィッティングを緩める。
4. スピードメーターケーブルの先端をホイールベアリングのダストキャップに固定しているサークリップまたは割ピンを取り外す(**写真参照**)。
5. ホイールの裏側から作業して、ステアリングナックルからスピードメーターケーブルを引き抜く。
6. 1973年以前のモデルと1973年以降のスーパービートルを除くモデルの場合は、ガイドチャンネルから車体のグロメットを介してトランクルーム側にケーブルを引き抜く。1973年以降のスーパービートルおよびコンバーチブルモデルの場合は、ダッシュボードの開口部から車室内側にケーブルを引き抜く。
7. できれば、ステアリングナックルのラバースリーブは新品と交換しておくことを勧める(**写真参照**)。ナックルに水が入ってしまうと、ベアリングが損傷して、冬期にはケーブルが凍結し固着する原因となる。

8. 取り付けは取り外しの逆手順で行なう。ケーブルは、急な曲がり(半径にして15cmより小さい曲がり)がないように取り回すこと。前輪を操舵して、ケーブルがねじれたり引っ張られたりしないことを確認する。また、新しいスピードメーターケーブルを通すときは、グロメットが外れないように注意すること。最後に、ダストキャップの割ピンまたはサークリップは必ず新品と交換すること。

14. 計器類の交換

警告: ガソリンはきわめて引火性が高いため、燃料系統の各部品の整備を行なう場合は充分な注意が必要である。作業場でタバコを吸ったり、作業場に裸火や裸電球を持ち込まないこと。燃料が皮膚に付いた場合は、すぐに水と石鹸で洗い流すこと。燃料系統の整備を行なう際は、保護メガネを着用して、Bタイプ(油火災用)の消火器を手元に準備しておくこと。

機械式フューエルゲージ

センダーユニット

→図 14.1, 写真 14.7 参照

1. 機械式のフューエルゲージは、フューエルタ

ボディ電装系統　　12-13

14.1 機械式フューエルゲージ・センダーユニットの取付詳細図

1　ケーブル
2　タンク
3　コルクガスケット
4　スクリュー
5　ストップ
6　フロート

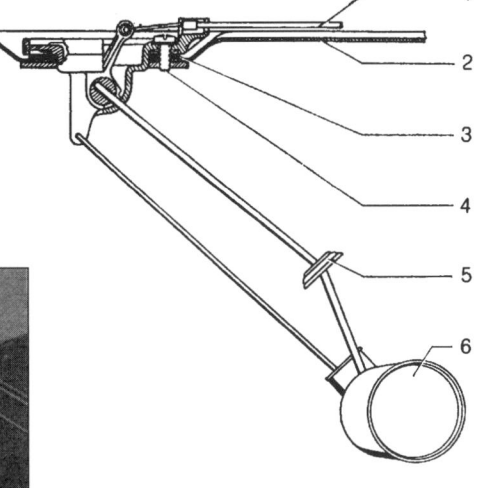

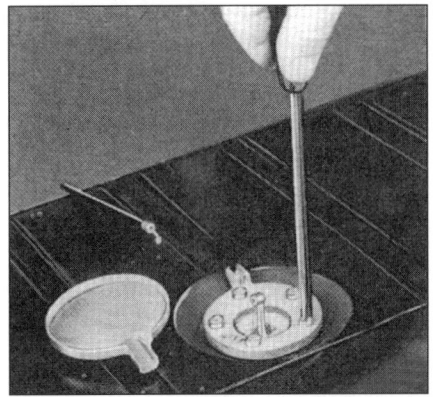

14.7 機械式のフューエルゲージ・センダーユニットを取り外す場合は、カバーを取り外して、ゲージにつながるケーブルを外し、フランジ取付スクリューを取り外す

ンク内に取り付けられたセンダーユニットからケーブルによって機械的に作動する（図参照）。センダーユニットは、フューエルタンク内のフロートの動き（つまりタンク内の燃料量）をインストルメントパネルのフューエルゲージに伝達する。点検する場合は、センダーユニットを取り外さなければならない。

2. センダーユニットの取り外しは、燃料がこぼれないようにするため、燃料の量が少ないときに行なう。
3. バッテリーのマイナス側ケーブルを外す。
4. トランクルームからスペアタイヤ、ジャッキおよび工具を取り出す。トランクルームのカーペットを取り外す。
5. センダーユニットのカバーを取り外す。
6. ゲージからケーブルを外す。
7. フランジ取付スクリュー（**写真参照**）を取り外して、センダーユニットとガスケットを取り外す。
8. 取り付けは取り外しの逆手順で行なう。取付スクリュー用のワッシャーおよびフランジ用のガスケットは必ず新品と交換すること。取り付け後は、ゲージを調整する（手順17～19参照）。

フューエルゲージ
→写真 14.14, 14.19 参照

9. トランクルームのカーペットを取り外す。
10. センダーユニットカバーを取り外す。
11. フューエルゲージからケーブルを外す。
12. トランクルーム床面のフェルトパッドの下からケーブルを引き抜く。
13. ゲージからバルブを取り外す。
14. 溝付きナットを取り外して、ゲージの取付ブラケットを取り外す（**写真参照**）。
15. 車室内側から作業して、ダッシュボードからゲージを取り外す。
16. 取り付けは取り外しの逆手順で行なう。取り付け後は、ゲージを調整する。
17. ゲージを調整する場合は、センダーユニットからカバーを取り外して、ゲージのケーブルが固定されているレバーが見える状態にする。
18. レバーを押して、フューエルタンクのフロートを強制的に一番低い位置にする。
19. レバーを押したままで、ゲージの針が目盛の一番低い位置で止まるまでゲージの溝付きスクリューを時計方向に回してゲージを調整する（**写真参照**）。この調整により、フューエルゲージの針が「R」マークを示したときに、少なくとも5リットルの燃料が残るようになる。
20. センダーユニットのカバーを取り付ける。

電気式フューエルゲージ
→写真 14.28, 14.32 参照

21. このフューエルゲージは、タンク内に取り付けられた電気式のセンダーユニットによって制御される。ゲージが不正確な場合は、交換するか専門の業者で修理してもらう。
22. ゲージが1/1位置から動かなくなった場合は、回路がショートしている。フューエルタンクの上部にあるセンダーユニットから（ゲージへ繋がる）配線を外す。これでゲージが1/1位置から下がる場合は、センダーユニットが故障している。下がる場合は、配線がセンダーユニットとゲージの間のどこかでショート（アース）している。
23. ゲージがまったく動かない場合は、センダーユニットから（ゲージへ繋がる）配線を外して、それを車体の金属部分にアースさせる。ゲージが1/1まで上昇する場合は、センダーユニットが故障しているか、ユニットのアース不良である。ゲージがまだ動かない場合は、ゲージまたは配線が不良である。
24. センダーユニットの端子とアースの間にサーキットテスター（抵抗計）を接続したときに、無限大を示す場合は、センダーユニットが内部で断線している。この場合は、センダーユニットを交換する。
25. バッテリーのマイナス側ケーブルを外す。
26. トランクルームからカーペットを取り外す。1972年のスーパービートルとコンバーチブルモデルの場合は、外気導入ボックスを取り外す。
27. センダーユニットから配線を外す（1972年に、アース線用に独立した端子を持つ新しいセンダーユニットが採用された）。
28. 5本のフランジ取付ボルト（初期型）、またはソケットタイプの固定フランジ（後期型）を取り外す（**写真参照**）。
29. センダーユニットを取り外す。
30. センダーユニットを点検する場合は、センダーユニットハウジング（またはアース端子）とゲージ用配線の端子の間に直列にバッテリーとサーキットテスター（電圧計）を接続する。最も高い位置か

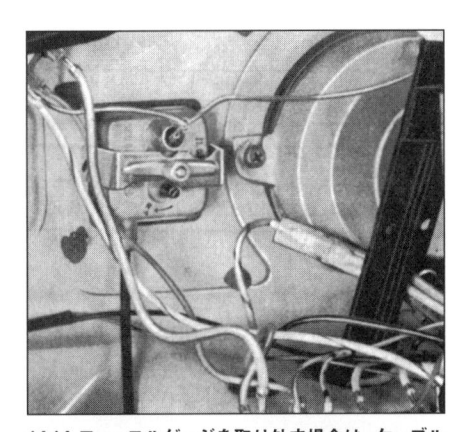

14.14 フューエルゲージを取り外す場合は、ケーブルを外して、フェルトパッドの下からケーブルを引き抜いて、照明のバルブを取り外して、溝付きナットを外して、ゲージ取付ブラケットを取り外してから、ダッシュボードからゲージを引き出す

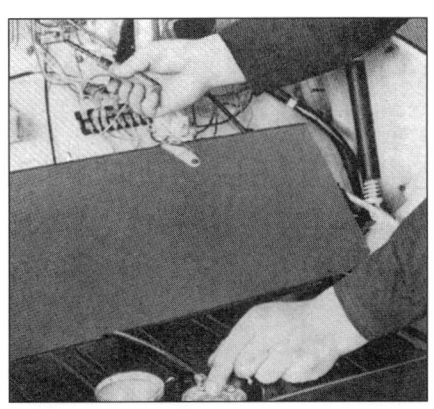

14.19 ゲージを調整する場合は、センダーユニットからカバーを取り外して、レバーを押して、フューエルタンクフロートを強制的に一番低い位置にして、ゲージの針が目盛の一番低い位置で止まるまでゲージの溝付きスクリューを時計方向に回す

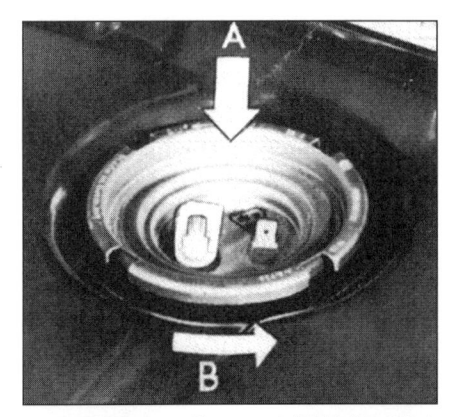

14.28 後期型のセンダーユニット（**写真**）を取り外す場合は、(A)部を押して、ソケットフランジ(B)を反時計方向に回して、ロックを外す（初期型の場合は、これとは違い、5本のフランジ取付ボルトを取り外す）

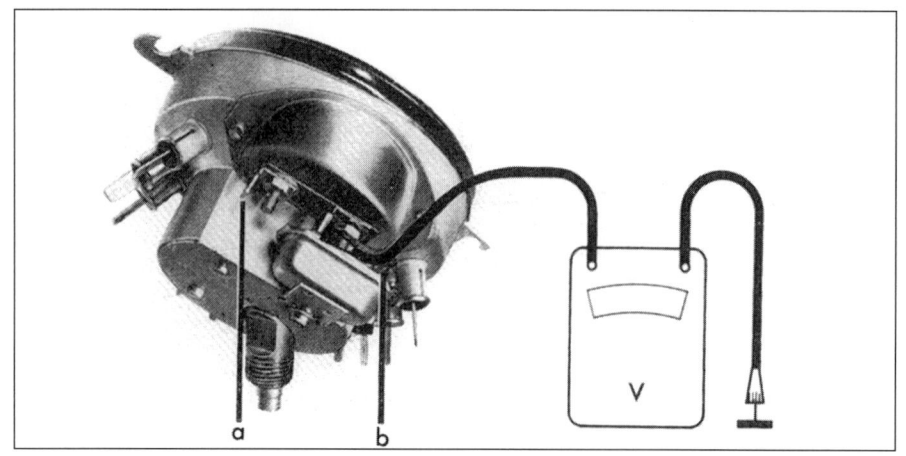

14.32 スタビライザーを点検する場合は、イグニッションスイッチをONにして、端子bとアースの間にサーキットテスター（電圧計）を接続する。スタビライザーが正常であれば、電圧計は周期的に振れて、電圧を表示するはずである（不良であれば、針が周期的に振れない）。ゲージ自体を点検する場合は、電圧計を端子aに接続して、ゲージからセンダーユニットの配線を外して、ゲージの端子を一時的にアースさせる。アースしたときに値を表示しない場合は、ゲージが不良である

ら低い位置までフロートを手で動かしてみる。センダーユニットのフロートを動かしたときに、サーキットテスター（電圧計）の値がスムーズに変化すれば正常である。電圧計の針がスムーズに動かない場合は、センダーユニットが不良である。この場合は、センダーユニットを交換する。警告：フューエルタンクの近くでこれらのテストをしないこと。電気火花により、爆発を引き起こす危険がある。

31. 取り付けは取り外しの逆手順で行なう。ラバーガスケットの端には、必ずアース接続用のクリップを取り付けておくこと（このクリップは、アース線が独立している後期型では不要である）。このクリップは、タンクの錆びたり汚れたりしていない金属露出面に確実に接触していなければならない。

32. フューエルゲージは、取り外さずに点検できる。初期のゲージでは、ゲージの隣に外付けのボルテージスタビライザー（電圧安定器）が取り付けられている（**写真参照**）。このスタビライザーを点検する場合は、イグニッションスイッチをONにして、図示のようにサーキットテスター（電圧計）を接続する。スタビライザーが正常であれば、電圧計は周期的に振れて、電圧を表示するはずである。周期的に電圧を表示しない場合は、ボルテージスタビライザーを交換する。

33. ゲージ自体を点検する場合は、イグニッションスイッチをONにして、ゲージからセンダーユニットの配線を外して、ゲージの端子を一時的にアースさせる。アースしたときに値を表示しない場合は、ゲージが不良である。この場合は、ゲージを交換する。アースしたときに針が動く場合は、ゲージからセンダーユニットまでの回路またはセンダーユニット自体に問題がある。

34. ボルテージスタビライザーまたはフューエルゲージを交換する場合は、インストルメントクラスターを取り外してから（セクション12参照）、クラスターから故障したスタビライザーまたはゲージを取り外して、新しいものと交換する。

時計（カルマンギア）

→写真14.37参照

35. フロントフードを開けて、トランクルームの後部からインストルメントパネルの保護カバーを取り外す。

36. 2個のバルブを引き抜いて、配線を外す。

37. 2個の取付スクリューを取り外す（**写真参照**）。
38. 時計を取り外す。
39. 取り付けは取り外しの逆手順で行なう。

15. ワイパーモーターの点検、交換

点検

1. 初期のワイパーモーター（6V車）は、1段階の作動速度しかないが、1967年以降のモデル（12V車）では、低速と高速の2段階となっている。
2. ワイパースイッチをオンにして電源が供給され、アースも正常なのに、フロントウィンドーワイパーモーターが作動しない場合は、ワイパーモーターを交換する。一般的に、モーターの内部が故障している場合は、修理を考えるよりも、新品またはリビルト品と交換してしまった方が簡単で安くつく。

交換

1969年以前のモデル

→写真15.9参照

3. バッテリーのマイナス側ケーブルを外す。
4. ワイパーアームブラケットの締付スクリューを緩めて、左右のワイパーアームを取り外す。
5. ワッシャーおよびアウターベアリングシールと一緒に両方のワイパーベアリングナットを取り外す。
6. トランクルーム内からインストルメントパネルの保護カバーを取り外す。
7. ワイパーモーターから配線を外す。
8. グローブボックスを取り外す。
9. ワイパーフレームを固定しているボルトを取り外す。モーターとリンケージ付きでワイパーフレームを取り外す（**写真参照**）。
10. 駆動シャフトからロックワッシャーとスプリングワッシャーを取り外して、駆動リンクを外す。
11. ワイパーシャフトナットを緩めて、1個のモーター保持ナットを取り外して、フレームからモーターを取り外す。
12. 取り付けは取り外しの逆手順で行なう。

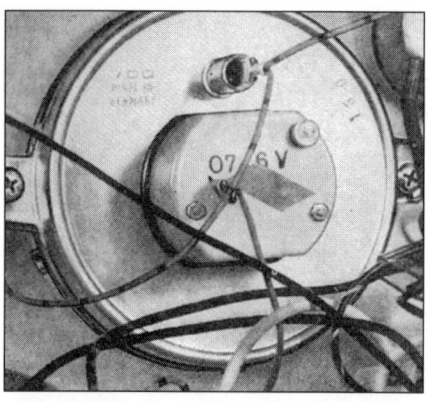

14.37 カルマンギアの時計を交換する場合は、2個のバルブを引き抜いて、配線を外して、2個の取付スクリューを取り外す

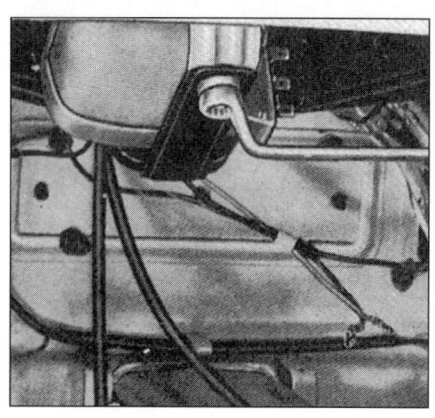

15.9 1969年以前のモデルのフロントウィンドーワイパーモーターを取り外す場合は、ワイパーフレームを固定しているボルトを取り外す

1970年以降のモデル

→写真15.14a, 15.14b, 15.15a, 15.15b, 15.16, 15.18a, 15.18b, 15.20, 15.21参照

13. バッテリーのマイナス側ケーブルを外す。
14. ワイパーアームキャップとナットを取り外して（**写真参照**）、両方のアームを取り外す。
15. ワイパーシャフトカバーとナット（**写真参照**）、ワッシャーとベアリングシールを取り外す。
16. 1970～1973年モデルと1973年以降のスーパービートルを除く場合は、インストルメントパネルの保護カバーを取り外す。

15.14a ワイパーアームキャップと…

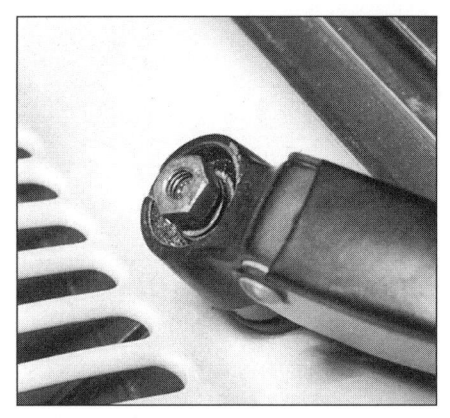

ボディ電装系統

15.14b ...ナットを取り外す

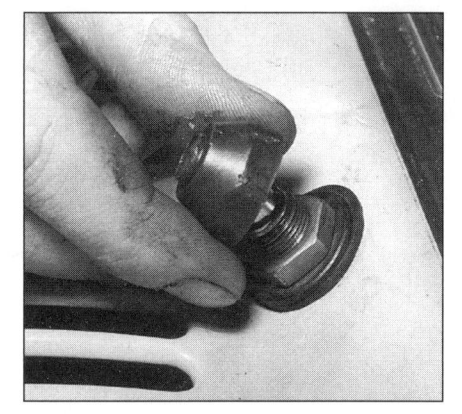

15.15a ワイパーシャフトカバーと...

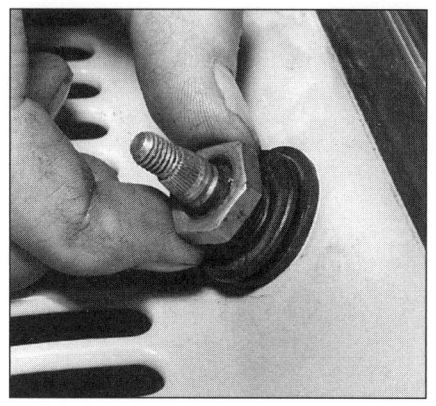

15.15b ...ナットを取り外す

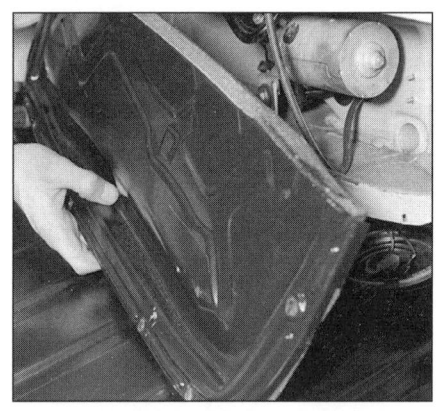

16. ワイパースイッチの脱着

初期モデル

1. バッテリーのマイナス側ケーブルを外す。
2. フロントウィンドーウォッシャー液ホースからウォッシャー液を抜き取る。
3. スイッチノブを緩めて、フロントウィンドーウォッシャー用のプッシュボタンを取り外す。
4. スイッチのエスカッション（保持リング）を取り外す。この作業には、特殊なレンチが必要な場合がある。
5. トランクルームからインストルメントパネルの保護カバーを取り外す。
6. 外気導入ボックスと外気導入吹き出し口の間の2本のホースを取り外す（装着車のみ）。
7. ダッシュボードからワイパースイッチを外して、配線とウォッシャー液ホースを外す。
8. ワイパー速度が1段階しかない6Vモーターを装着した（1967年以前の）初期モデルに新しいタイプ（プッシュプル型）のスイッチを取り付ける場合は、新しいスイッチを取り付ける前に端子53を端子53bに接続する（初期モデルに使われていたプッシュプルタイプのスイッチは部品として入手できないが、この措置によりローターリースイッチで代用できる）。1967年以降のモデルの場合、この措置は不要である。巻末の配線図を参照して、各端子を接続する。ウォッシャー液ホースも忘れずに接続すること。
9. 残りの部品の取り付けは、取り外しの逆手順で行なう。

15.16 1973年以降のスーパービートルとコンバーチブルモデルの場合は、外気導入ボックス用のカバーからスクリューを取り外して、カバーを取り外す

15.18a 1973年以降のスーパービートルおよびコンバーチブルモデルの場合は、バルクヘッドに通っているワイパーモーターのハーネスを確認して...

1973年以降のスーパービートルとコンバーチブルモデルの場合は、外気導入ボックス用のカバーからスクリューを取り外して、カバーを取り外す（**写真参照**）。

17. 1970〜1973年モデルと1973年以降のスーパービートルを除くモデルの場合は、外気導入ボックスを取り外してから（第3章参照）、グローブボックスを取り外して、右側の吹き出し口を取り外す。
18. 1970〜1973年モデルと1973年以降のスーパービートルを除くモデルの場合は、ダッシュボードのワイパースイッチからモーターの配線を外す。1973年以降のスーパービートルとコンバーチブルモデルの場合は、バルクヘッドに通っているワイパーモーターのハーネスを確認して、ステアリングコラムの下にあるコネクターを外す（**写真参照**）。
19. ワイパーモーター取付ボルトを取り外す。
20. 1973年以降のスーパービートルとコンバーチブルモデルの場合は、プラスチックの防水カバーを取り外す（**写真参照**）。
21. モーターを取り外す（**写真参照**）。
22. 取り付けは取り外しの逆手順で行なう。

15.18b ...ステアリングコラムの下にあるコネクターを外す

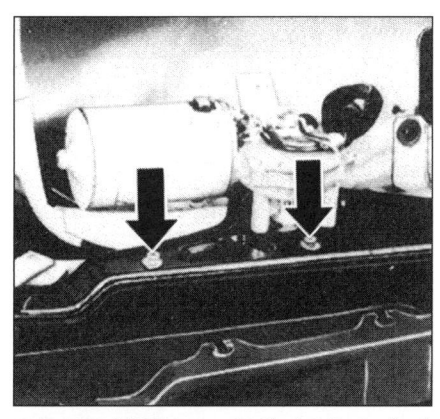

15.20 1973年以降のスーパービートルとコンバーチブルモデルの場合は、防水カバーを取り外す

15.21 モーターを取り外す（写真は1973年以降のタイプを示すが、他も同様）

12-16　ボディ電装系統

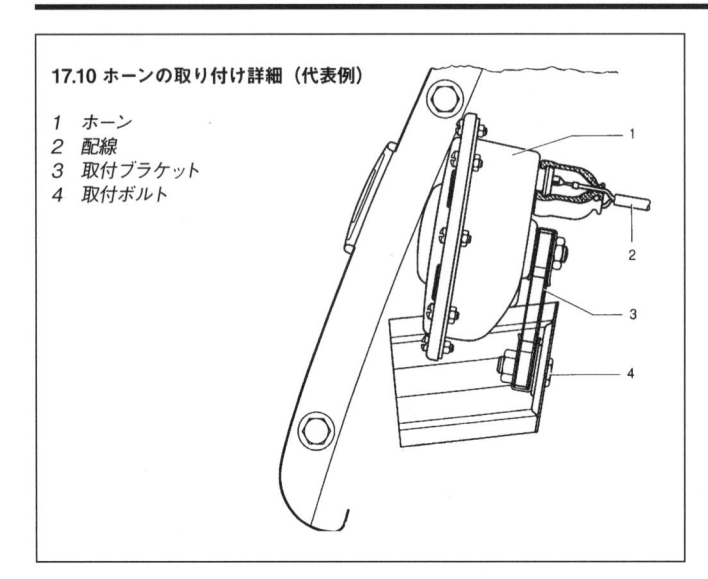

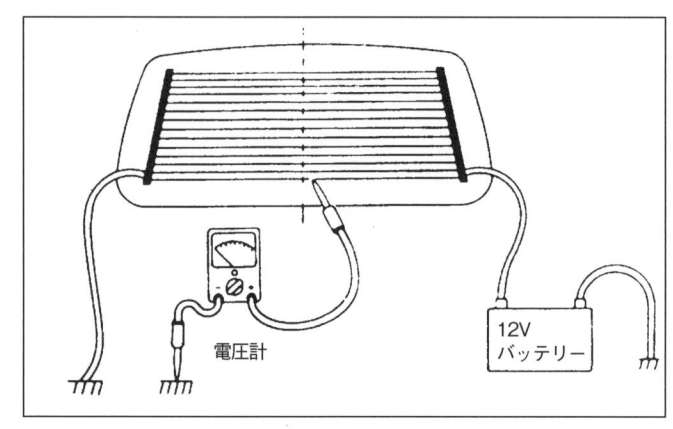

17.10 ホーンの取り付け詳細（代表例）

1 ホーン
2 配線
3 取付ブラケット
4 取付ボルト

18.6 リアウィンドーの熱線を点検する場合は、サーキットテスター（電圧計）のマイナス側リード線を車体アースに接続して、プラス側リード線を各熱線の中央に接触させる。熱線が切れている場合、サーキットテスターは0Vまたはバッテリー電圧のどちらかを表示する。熱線が切れていない場合は、約6Vを表示するはずである。熱線の切断箇所を特定するには、サーキットテスターの針が急激に振れるまで、熱線に沿ってサーキットテスターのプラス側テスター棒を動かしていく

後期モデル

10. 後期型のフロントウィンドーワイパースイッチは、ウィンカースイッチと一体になっている。スイッチの交換についてはセクション6を参照する。

17. ホーンの点検、交換

点検

1. ビートルおよびスーパービートルの場合、ホーンは左側のフロントフェンダーの下に取り付けられている。カルマンギアの場合はツインホーンとなり、スペアタイヤコンパートメントの中に取り付けられている。ビートルおよびスーパービートルの場合、ホーンへの電流はホーンリングの接触によって制御されている。カルマンギアの場合は、スペアタイヤコンパートメントの左側にあるホーンリレーによって制御されている。

2. ホーンが鳴らない場合は、まずホーンリングを取り外して、接点に汚れ、摩耗または腐食がないか点検する（ビートルおよびスーパービートルの場合）。カルマンギアの場合は、ホーンリレーを点検する。一般的に、ホーンが鳴らなくなった場合は、接点の緩みや腐食が原因である。必要に応じて、布ヤスリで接点を磨く。

3. 接点に問題がなければ、検電テスターまたはサーキットテスター（電圧計）を使って、ホーンにバッテリー電圧が来ていることを確認する。

4. ホーンに電圧が来ていない場合は、ジャンパーワイヤーを使って、バッテリーから直接電源を取ってホーンを鳴らしてみる。ホーンが鳴れば、ホーン回路のどこかに短絡または断線がある。ホーンが鳴らない場合はホーンを交換する。

5. ホーンからヒューズまでの配線（通常は黒／黄色）に断線または短絡がないか点検する（通常は、モデルによって異なるが、ヒューズボックス内のNo.1, No.3またはNo.11のヒューズがホーンを受け持っている。詳しくはセクション3を参照する）。ヒューズが正常であれば、ホーンリングのアースを点検する。

6. 1970年以前のモデルの場合、ステアリングホイールのコンタクトリングは、ステアリングコラム内を通る配線によって、ステアリングコラム底部のユニバーサルジョイントにアースされている。ステアリングコラムには、ホーンからの茶色の線が繋がっている。ホーンリングを押すと、ステアリングホイールのコンタクトリングとステアリングコラムチューブが接触し、アースが成立して、ホーンが鳴る。

7. 1971年以降のモデルの場合、ステアリングホイールはステアリングコラムと接触し、アースされている。ステアリングコラムは、ステアリングカップリングのフレキシブルディスクをバイパスする短いリード線によってアースされている。ホーンスイッチは、ホーンからの茶色の線が接続されたコンタクトスプリングと接している。ホーンスイッチを押すと、ホーンスイッチがステアリングホイールのコンタクトリングに接触してアースされ、ホーンが鳴る。

8. カルマンギアの場合、他の部品がすべて正常であれば、ホーンリレーを交換する。ホーンリレーにはコンデンサーも内蔵されている。コンデンサーが正常なのにリレーが正常に作動しないという場合もあるが、特別な器具がないとコンデンサーの点検は出来ないので、コンデンサーも一緒に交換しておくことを勧める。

交換

→図17.10 参照

9. バッテリーのマイナス側ケーブルを外す。
10. ホーンの配線を外す（**写真参照**）。
11. 取付ブラケットのボルトを取り外す。
12. ホーンを取り外す。
13. 取り付けは取り外しの逆手順で行なう。

18. リアウィンドー熱線の点検、スイッチ交換、熱線の補修

点検

→図18.6 参照

1. 1969年以降のモデルには、リアウィンドー熱線が取り付けられている。リアウィンドーの熱線を作動させる場合は、ダッシュボード下の灰皿の左側にあるON／OFFスイッチを押す。リアウィンドー熱線は、リアシートの左下に取り付けられたリレーによって制御されている。リアウィンドー熱線リレーは、熱線の温度（抵抗）が高くなると、電源を遮断することにより熱線の温度を制御している。リアウィンドー熱線の回路が作動しているときは、スピードメーター内の緑色の表示灯が点灯する。

2. スイッチを点検する場合は、まずスイッチにバッテリー電圧（約12V）が来ているかどうかを確認する。バッテリー電圧が来ていなければ、スイッチの電源側の線を点検する。バッテリー電圧が来ていれば、スイッチをオンにして、スイッチ端子間の電圧を点検する。端子間に電圧がなければ、スイッチを交換する。電圧があれば、リレーを含む熱線までの回路を点検する。

3. 巻末の配線図を参考にして、スイッチからリレーまでの回路に短絡または断線がないか点検する。

4. リレーを点検する。リレーの接点が閉じたままで固着していたり、リレー内部に短絡や断線が発生していないことを確認する。2本の太い配線が電源回路用で、2本の細い配線がスイッチにつながる制御回路用である。バッテリーのマイナス側ケーブルを外し、車からリレーを取り外す。サーキットテスター（抵抗計）を使って、リレーの電源回路端子間の導通を点検する。導通がなければ、正常である。導通があれば、リレーを交換する。2つの制御回路端子の一方とバッテリーのプラスターミナル間にヒューズ付きのジャンパーワイヤーを接続する。もう一方の制御回路端子とアース間に、もう1本のジャンパーワイヤーを接続する。アースを接続したときに、リレーからカチッという作動音がするはずである。作動音が聞こえない場合は、制御回路端子に対するジャンパーワイヤーの接続を入れ替えてみる（極性が逆になっている場合がある）。ジャンパーワイヤーを接続したままで、電源回路端子間の導通を点検する。このとき導通があれば、リレーは正常である。上記の点検のいずれかで不具合が確認された場合は、リレーを交換する。

5. リレーからリアウィンドー熱線までの回路に断線または短絡がないか点検する。

6. 熱線自体を点検する。サーキットテスター（電圧計）のマイナス側リード線を車体アースに接

続する。サーキットテスター（電圧計）のプラス側リード線を各熱線の中央に接触させる。熱線が切れている場合、サーキットテスターは０ＶまたはバッテリΤ電圧のどちらかを表示する。熱線が切れていない場合は、約６Vを表示するはずである**（図参照）**。熱線の切断箇所を特定するには、サーキットテスターの針が急激に振れるまで、熱線に沿ってサーキットテスターのプラス側テスター棒を動かしていく。必要に応じて修理する。

スイッチの交換

7. バッテリーのマイナス側ケーブルを外して、トランクルーム内からインストルメントパネルの保護カバーを取り外して、エスカッション（ロックリング）を緩めて、スイッチを取り外して、配線を外す。取り付けは取り外しの逆手順で行なう。

熱線の補修

8. 熱線の切断箇所の幅が広い場合は、補修はできないので、リアウィンドーを交換しなければならない。
9. 切断箇所の幅が狭い場合は、市販の熱線補修剤などを使って、切断箇所の補修ができる。補修する場合は、補修剤の説明書に従う。

19. 配線図に関する全般的な事項

→図 19.0 参照
　本書が対象とする全年式の配線図をすべて収録することは実質的に不可能なため、以降のページには代表的な配線図だけを載せている。
　回路の故障診断に入る前に、必ずヒューズを点検して、切れたり接触不良になっていないことを確認する。バッテリーの充電状態が良好で、バッテリーケーブルが確実に接続されていることを確認する（第 1 章参照）。
　回路を点検するときは、すべてのコネクターがきれいで、端子に損傷や緩みがないことを確認する。コネクターを外すときは、配線部分でなく、必ずコネクター本体を引っ張ること。
　配線図には 2 種類ある。初期モデルの配線図では、各構成部品が絵として描かれている。後期モデルの配線図では、電流の流れが分かるように編集されており、各構成部品は系統別に記載されている。VW の純正マニュアルでは、どちらの場合も配線の色が分かるようにカラーで印刷されている。しかしながら、本書はモノクロ印刷のため、配線の色ではなく各配線の機能（つまり、配線の接続先）を調べるために配線図を参照することになる。
　各配線にの中に記載されている小さな数字は、その配線の太さ（断面積）を平方ミリメートルで表わしている。
　1971 年以降に製造された車両の配線図では、VW 電子診断システム用の端子が記載されている。注意：VW 電子診断システム以外の機器をエンジンルーム内の点検端子に接続すると、回路または部品が損傷する恐れがある。
　1973 年以降のモデルの配線図では、各構成部品が記号で表示されている。配線図中の細い黒い線は実在する配線ではなく、車体アースへの接続を示している。
　各配線図の最下部に記載されている連番は、各電気部品を探す際に役に立つ。配線図最下部の連番は、各配線図に付属する電気部品リストの「対応番号」と対応している。従って、ある電気部品の配線がどうなっているか見る際は、まず部品名から「対応番号」を調べ、配線図最下部からその対応番号を探し、その線を上にたどっていけばよい。

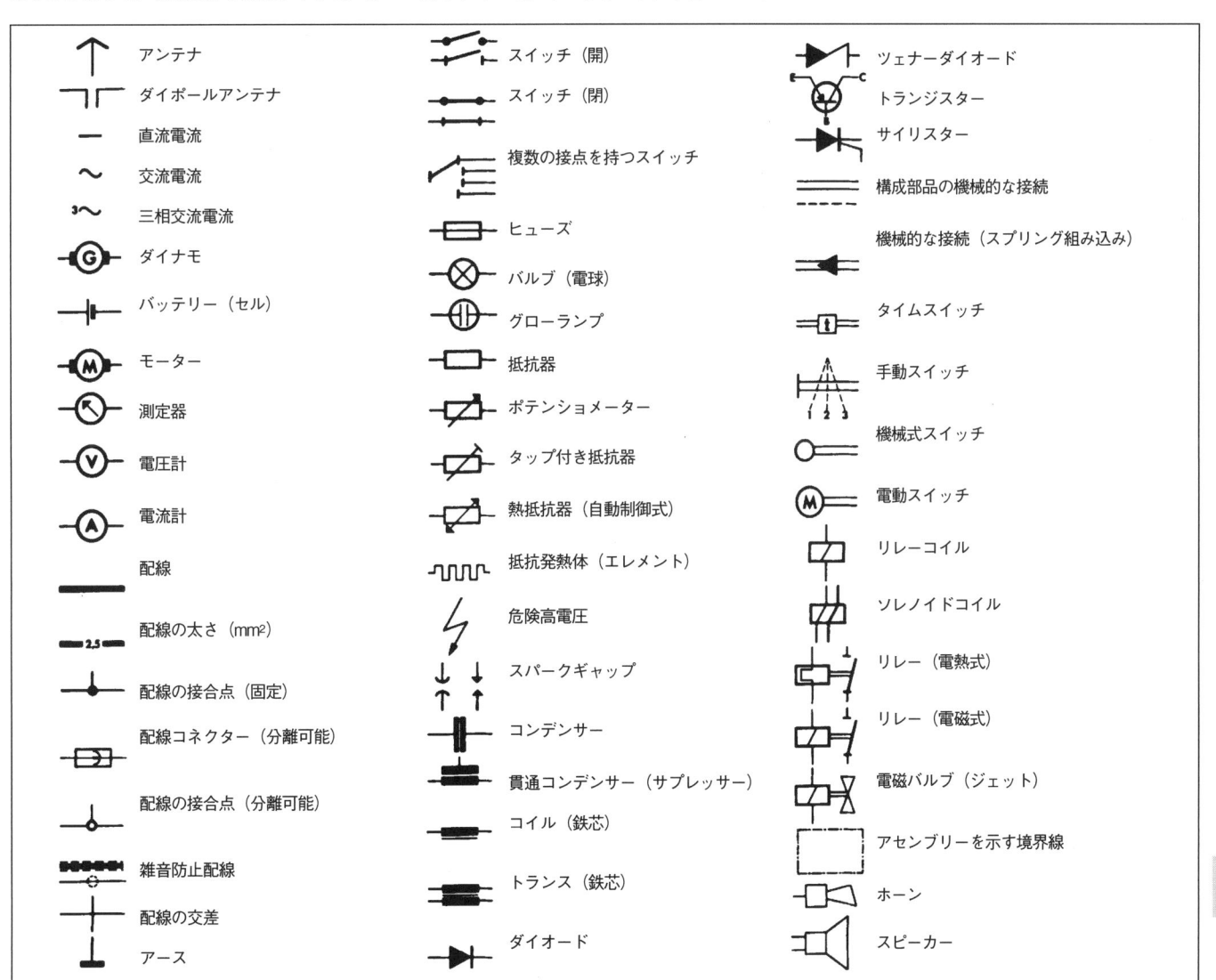

↑	アンテナ		スイッチ（開）		ツェナーダイオード
	ダイポールアンテナ		スイッチ（閉）		トランジスター
—	直流電流				サイリスター
～	交流電流		複数の接点を持つスイッチ		
3～	三相交流電流		ヒューズ		構成部品の機械的な接続
Ｇ	ダイナモ		バルブ（電球）		機械的な接続（スプリング組み込み）
	バッテリー（セル）		グローランプ		タイムスイッチ
Ｍ	モーター		抵抗器		手動スイッチ
Ｋ	測定器		ポテンショメーター		機械式スイッチ
Ｖ	電圧計		タップ付き抵抗器		
Ａ	電流計		熱抵抗器（自動制御式）	Ｍ	電動スイッチ
	配線		抵抗発熱体（エレメント）		リレーコイル
2.5	配線の太さ（mm²）		危険高電圧		ソレノイドコイル
	配線の接合点（固定）		スパークギャップ		リレー（電熱式）
	配線コネクター（分離可能）		コンデンサー		リレー（電磁式）
	配線の接合点（分離可能）		貫通コンデンサー（サプレッサー）		電磁バルブ（ジェット）
	雑音防止配線		コイル（鉄芯）		アセンブリーを示す境界線
	配線の交差		トランス（鉄芯）		ホーン
	アース		ダイオード		スピーカー

19.0 後期モデルの配線図についての凡例

配線図

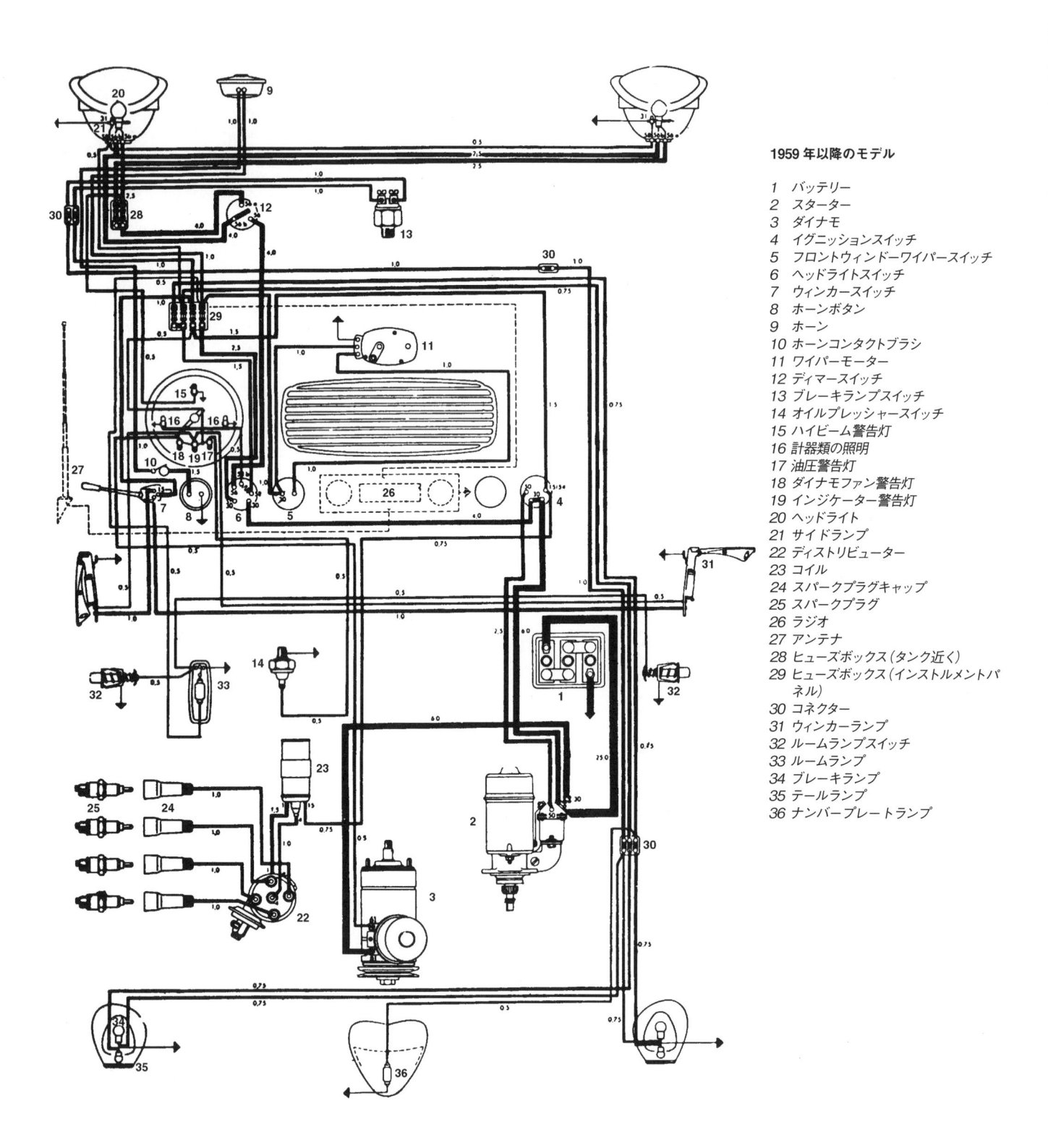

1959年以降のモデル

1. バッテリー
2. スターター
3. ダイナモ
4. イグニッションスイッチ
5. フロントウィンドーワイパースイッチ
6. ヘッドライトスイッチ
7. ウィンカースイッチ
8. ホーンボタン
9. ホーン
10. ホーンコンタクトブラシ
11. ワイパーモーター
12. ディマースイッチ
13. ブレーキランプスイッチ
14. オイルプレッシャースイッチ
15. ハイビーム警告灯
16. 計器類の照明
17. 油圧警告灯
18. ダイナモファン警告灯
19. インジケーター警告灯
20. ヘッドライト
21. サイドランプ
22. ディストリビューター
23. コイル
24. スパークプラグキャップ
25. スパークプラグ
26. ラジオ
27. アンテナ
28. ヒューズボックス(タンク近く)
29. ヒューズボックス(インストルメントパネル)
30. コネクター
31. ウィンカーランプ
32. ルームランプスイッチ
33. ルームランプ
34. ブレーキランプ
35. テールランプ
36. ナンバープレートランプ

配線図

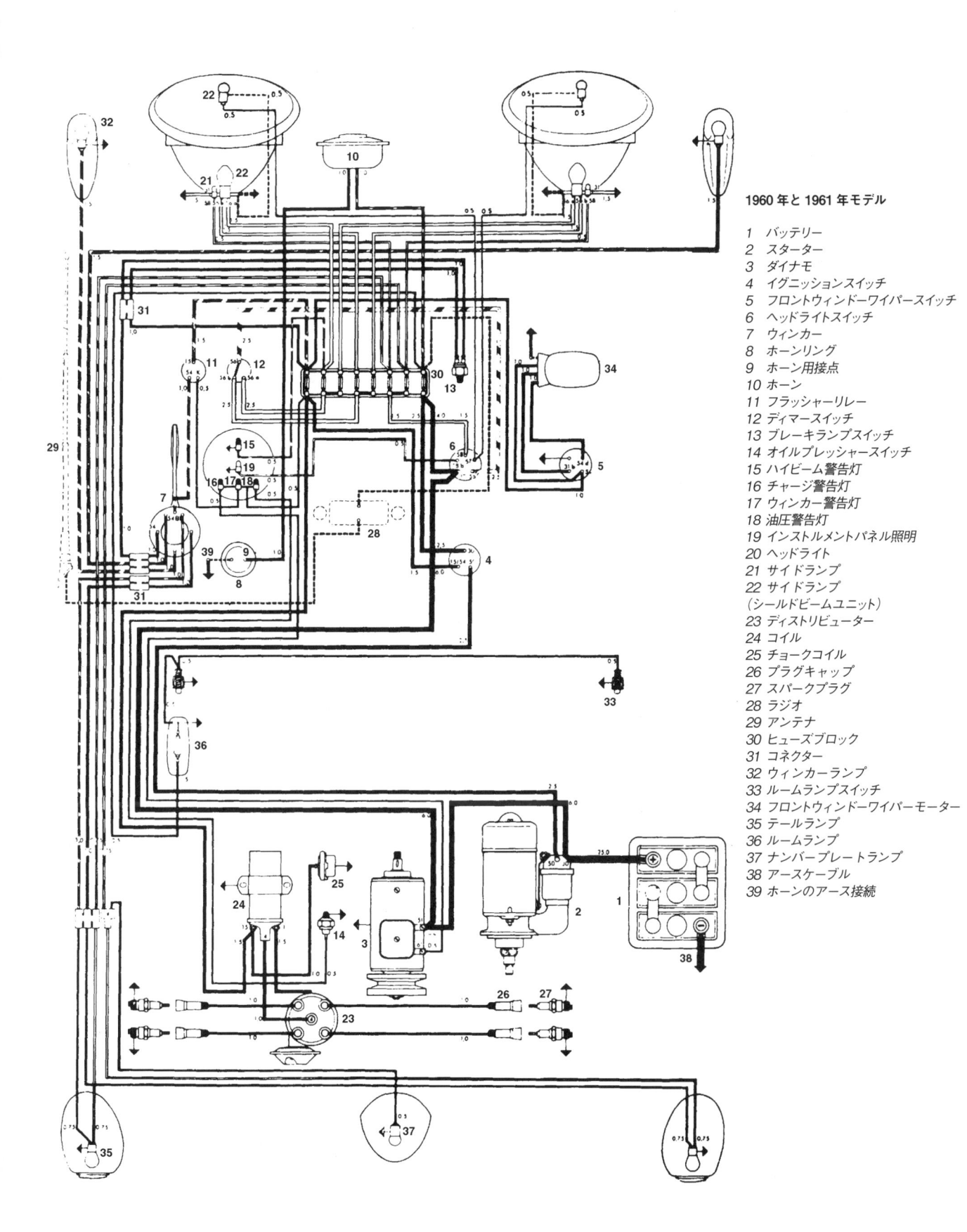

1960年と1961年モデル

1 バッテリー
2 スターター
3 ダイナモ
4 イグニッションスイッチ
5 フロントウィンドーワイパースイッチ
6 ヘッドライトスイッチ
7 ウィンカー
8 ホーンリング
9 ホーン用接点
10 ホーン
11 フラッシャーリレー
12 ディマースイッチ
13 ブレーキランプスイッチ
14 オイルプレッシャースイッチ
15 ハイビーム警告灯
16 チャージ警告灯
17 ウィンカー警告灯
18 油圧警告灯
19 インストルメントパネル照明
20 ヘッドライト
21 サイドランプ
22 サイドランプ
　 （シールドビームユニット）
23 ディストリビューター
24 コイル
25 チョークコイル
26 プラグキャップ
27 スパークプラグ
28 ラジオ
29 アンテナ
30 ヒューズブロック
31 コネクター
32 ウィンカーランプ
33 ルームランプスイッチ
34 フロントウィンドーワイパーモーター
35 テールランプ
36 ルームランプ
37 ナンバープレートランプ
38 アースケーブル
39 ホーンのアース接続

配線図

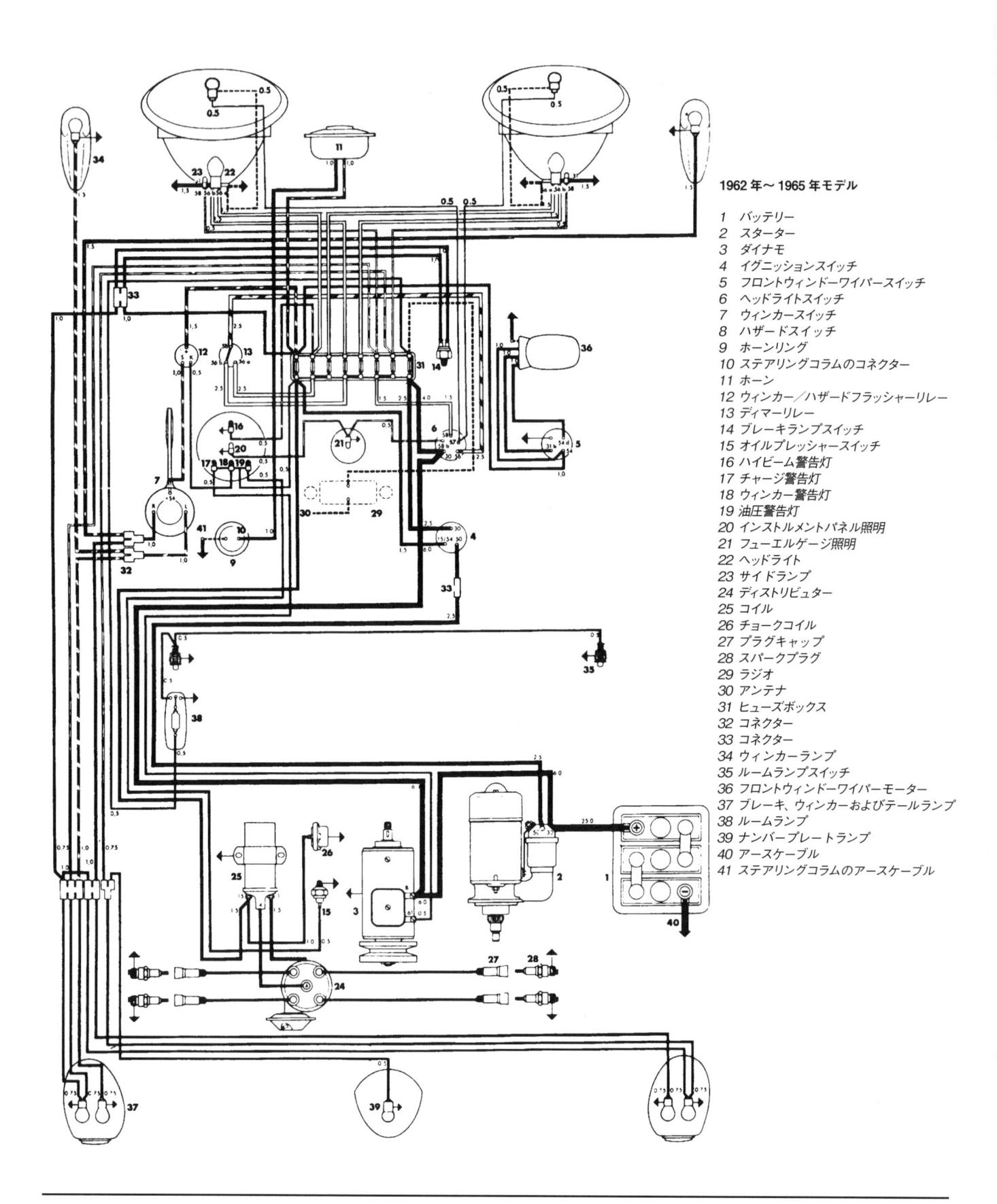

1962年～1965年モデル

1 バッテリー
2 スターター
3 ダイナモ
4 イグニッションスイッチ
5 フロントウィンドーワイパースイッチ
6 ヘッドライトスイッチ
7 ウィンカースイッチ
8 ハザードスイッチ
9 ホーンリング
10 ステアリングコラムのコネクター
11 ホーン
12 ウィンカー／ハザードフラッシャーリレー
13 ディマーリレー
14 ブレーキランプスイッチ
15 オイルプレッシャースイッチ
16 ハイビーム警告灯
17 チャージ警告灯
18 ウィンカー警告灯
19 油圧警告灯
20 インストルメントパネル照明
21 フューエルゲージ照明
22 ヘッドライト
23 サイドランプ
24 ディストリビューター
25 コイル
26 チョークコイル
27 プラグキャップ
28 スパークプラグ
29 ラジオ
30 アンテナ
31 ヒューズボックス
32 コネクター
33 コネクター
34 ウィンカーランプ
35 ルームランプスイッチ
36 フロントウィンドーワイパーモーター
37 ブレーキ、ウィンカーおよびテールランプ
38 ルームランプ
39 ナンバープレートランプ
40 アースケーブル
41 ステアリングコラムのアースケーブル

配線図 12-21

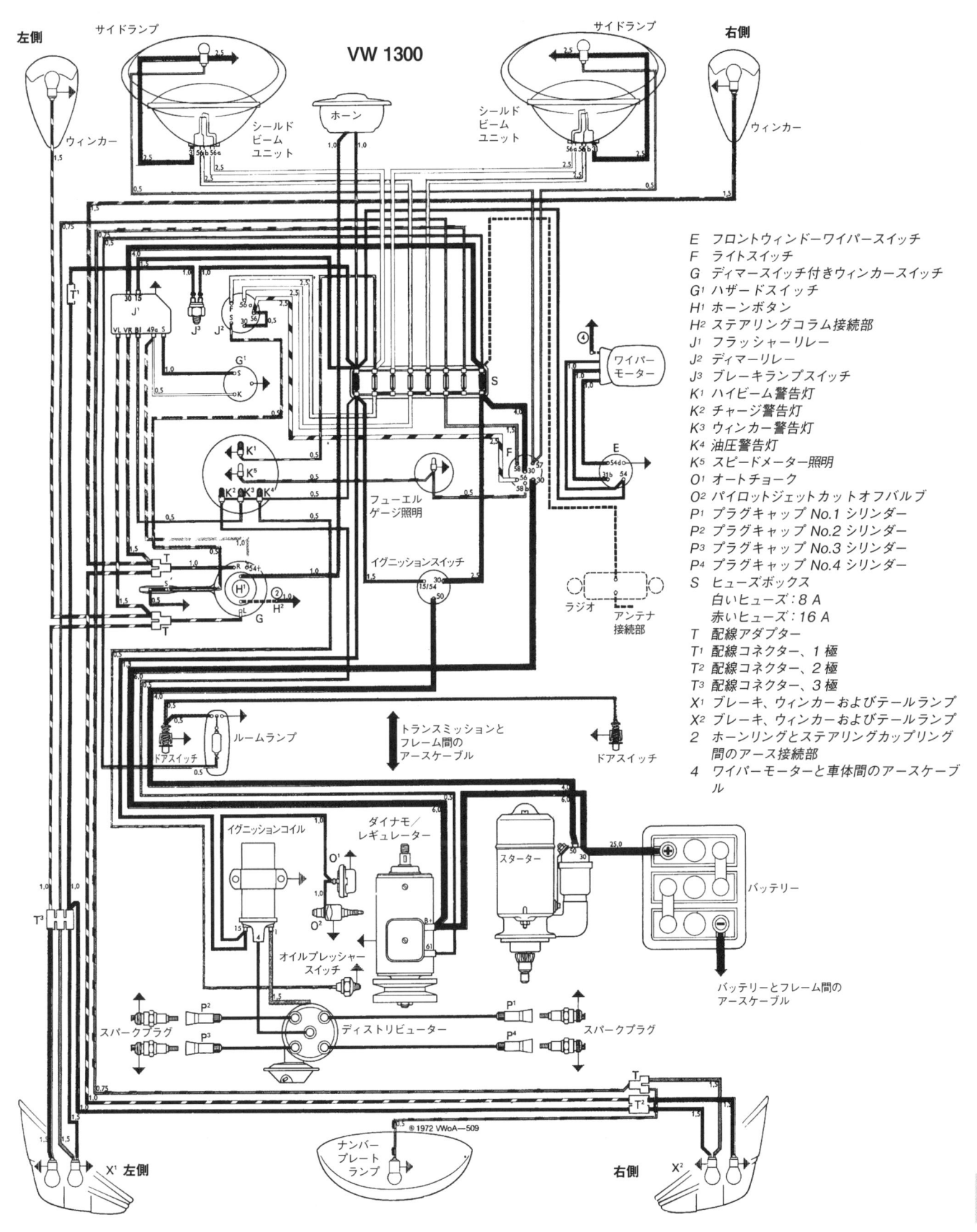

VW 1300

左側 サイドランプ　　　　　　　　サイドランプ　右側
ウィンカー　　　　　　　　　　　　　　　　　ウィンカー
シールドビームユニット　ホーン　シールドビームユニット

E	フロントウィンドーワイパースイッチ
F	ライトスイッチ
G	ディマースイッチ付きウィンカースイッチ
G¹	ハザードスイッチ
H¹	ホーンボタン
H²	ステアリングコラム接続部
J¹	フラッシャーリレー
J²	ディマリレー
J³	ブレーキランプスイッチ
K¹	ハイビーム警告灯
K²	チャージ警告灯
K³	ウィンカー警告灯
K⁴	油圧警告灯
K⁵	スピードメーター照明
O¹	オートチョーク
O²	パイロットジェットカットオフバルブ
P¹	プラグキャップ No.1 シリンダー
P²	プラグキャップ No.2 シリンダー
P³	プラグキャップ No.3 シリンダー
P⁴	プラグキャップ No.4 シリンダー
S	ヒューズボックス
	白いヒューズ：8 A
	赤いヒューズ：16 A
T	配線アダプター
T¹	配線コネクター、1極
T²	配線コネクター、2極
T³	配線コネクター、3極
X¹	ブレーキ、ウィンカーおよびテールランプ
X²	ブレーキ、ウィンカーおよびテールランプ
2	ホーンリングとステアリングカップリング間のアース接続部
4	ワイパーモーターと車体間のアースケーブル

ワイパーモーター
ラジオ　アンテナ接続部
フューエルゲージ照明
イグニッションスイッチ
ルームランプ
トランスミッションとフレーム間のアースケーブル
ドアスイッチ
イグニッションコイル　ダイナモ／レギュレーター　スターター　バッテリー
オイルプレッシャースイッチ
バッテリーとフレーム間のアースケーブル
スパークプラグ　ディストリビューター　スパークプラグ
X¹ 左側　ナンバープレートランプ　右側 X²

黒い点線＝オプション部品または後付け部品

1966年式ビートル

12-22 配線図

VW 1500 セダンとコンバーチブル

左側 / 右側

- E フロントウィンドーワイパースイッチ
- G ウィンカー／ヘッドライトディマースイッチ
- H1 ホーンボタン
- H2 ステアリングコラム接続部
- J1 ウィンカー／ハザードフラッシャーリレー
- J2 ディマーリレー
- J3 ブレーキランプスイッチ（2）
- K1 ハイビーム警告灯
- K2 チャージ警告灯
- K3 ウィンカー警告灯
- K4 油圧警告灯
- K5 スピードメーター照明
- O1 オートチョーク
- O2 パイロットジェットカットオフバルブ
- P1 プラグキャップ No.1 シリンダー
- P2 プラグキャップ No.2 シリンダー
- P3 プラグキャップ No.3 シリンダー
- P4 プラグキャップ No.4 シリンダー
- T 配線アダプター
- T1 配線コネクター、1極
- T2 トランクルームカーペットの下にあるホーン用の配線コネクター
- T3 配線コネクター、3極
- X1 ブレーキ／テールランプ
- X2 ブレーキ／テールランプ
- X3 ウィンカー
- X4 ウィンカー
- 2 ホーンリングとステアリングカップリング間のアース接続部
- 4 ワイパーモーターと車体間のアースケーブル

1967年式ビートル

黒い点線＝オプション部品または後付け部品

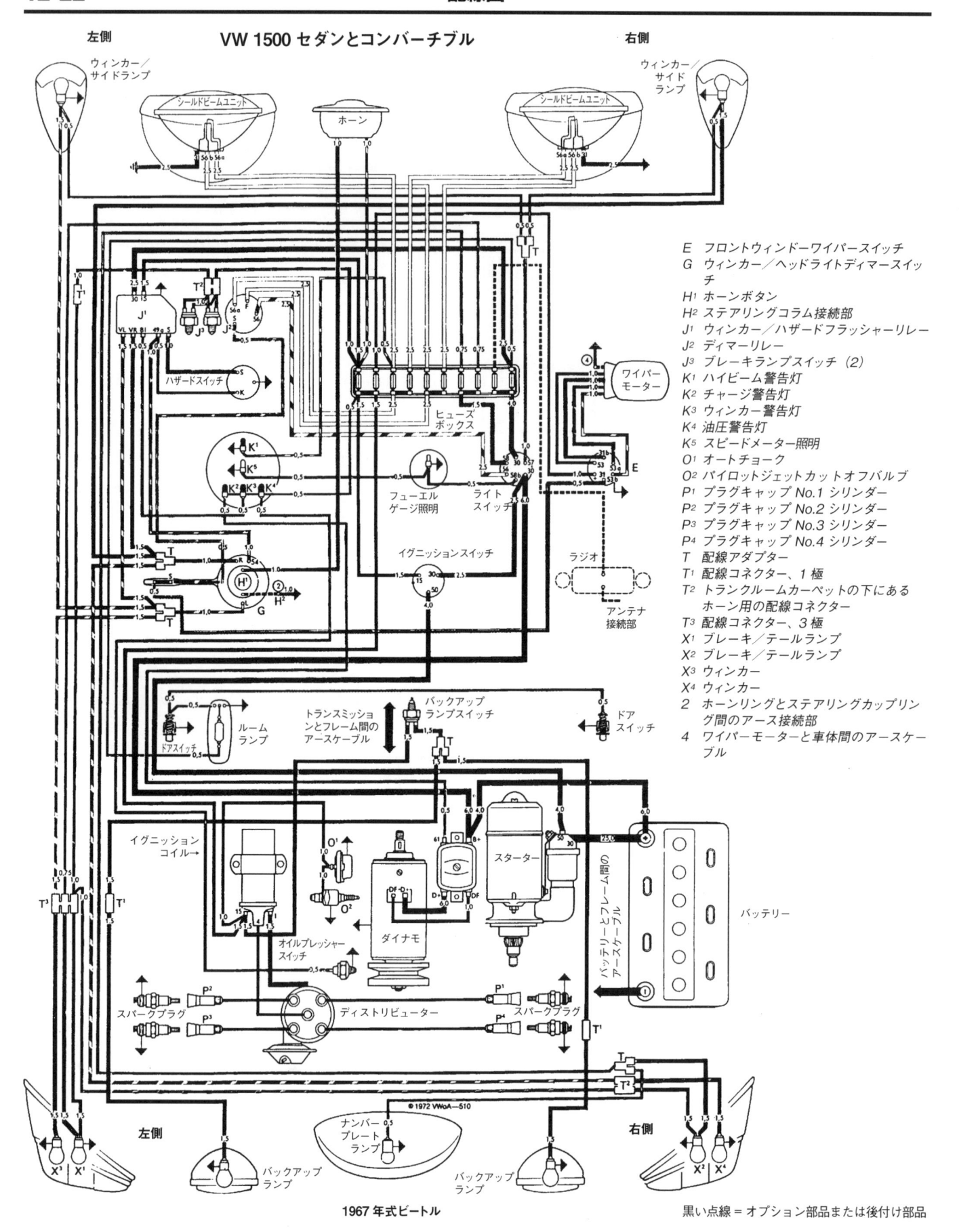

配線図　　　　　　　　　　　　　　　　　　　　　　　　　　　　　　　12-23

VW 1500 セダンとコンバーチブル

E	フロントウィンドーワイパースイッチ
G	ウィンカー／ヘッドライトディマースイッチ、イグニッションスイッチ
H1	ホーンリング
H2	ステアリングコラム接続部
J1	ウィンカー／ハザードフラッシャーリレー
J3	ブレーキランプスイッチ（2）
J6	ブレーキ系統の警告スイッチ
K1	ハイビーム警告灯
K2	チャージ警告灯
K3	ウィンカー警告灯
K4	油圧警告灯
K5	バックアップランプスイッチ
K6	フューエルゲージ照明
K7	フューエルゲージ用抵抗器
K8	ブレーキ警告灯スイッチ用点検ボタン
O1	オートチョーク
O2	パイロットジェットカットオフバルブ
P1	プラグキャップ No. 1 シリンダー
P2	プラグキャップ No. 2 シリンダー
P3	プラグキャップ No. 3 シリンダー
P4	プラグキャップ No. 4 シリンダー
S1	バックアップランプ用インラインヒューズ
T	配線アダプター
T1	配線コネクター、1極
T2	トランクルームカーペットの下にあるホーン用の配線コネクター
T3	配線コネクター、3極
T4	配線コネクター、4極
2	ホーンリングとステアリングカップリング間のアース接続部
4	ワイパーモーターと車体間のアースケーブル

黒い点線 = オプション部品または後付け部品

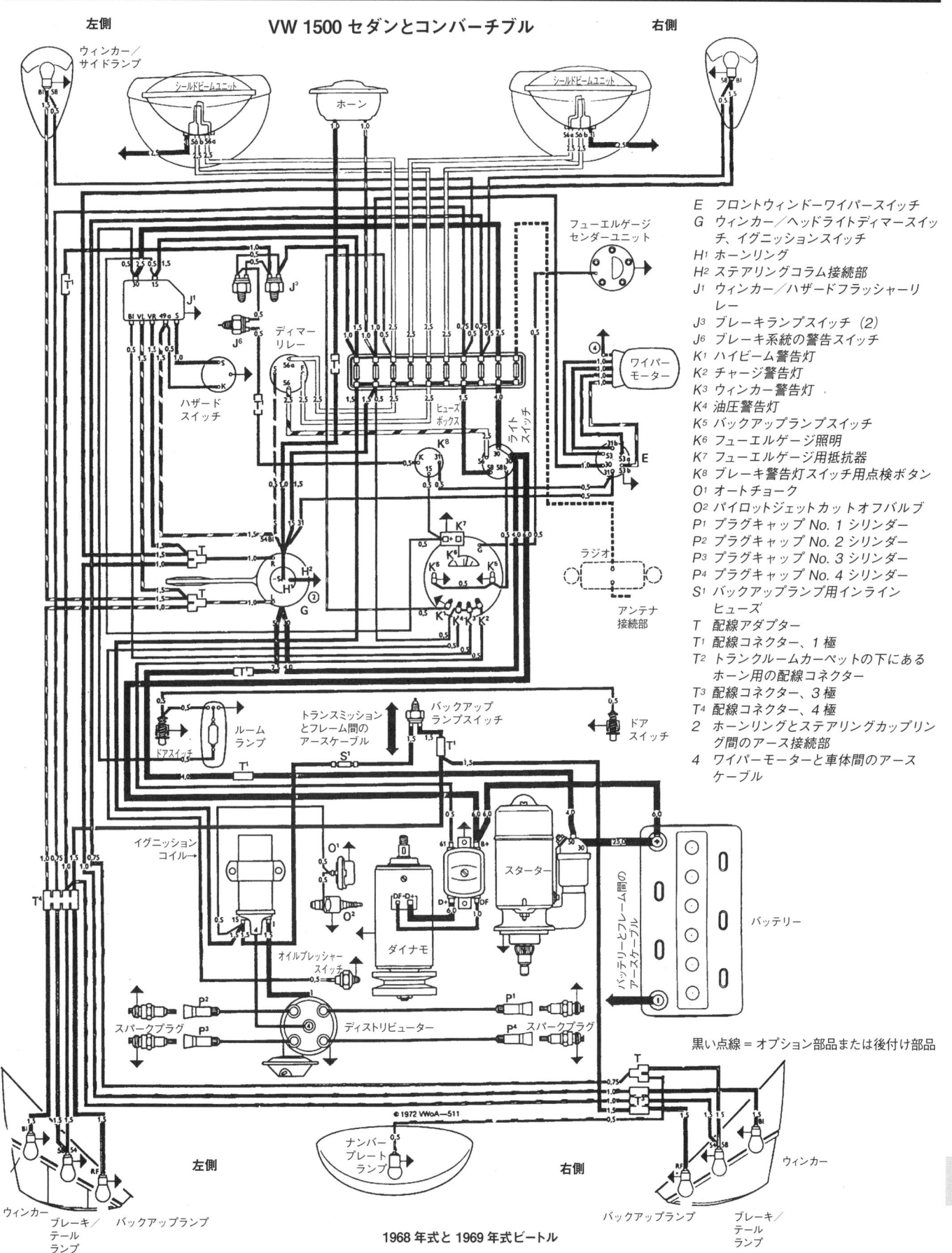

1968年式と1969年式ビートル

配線図

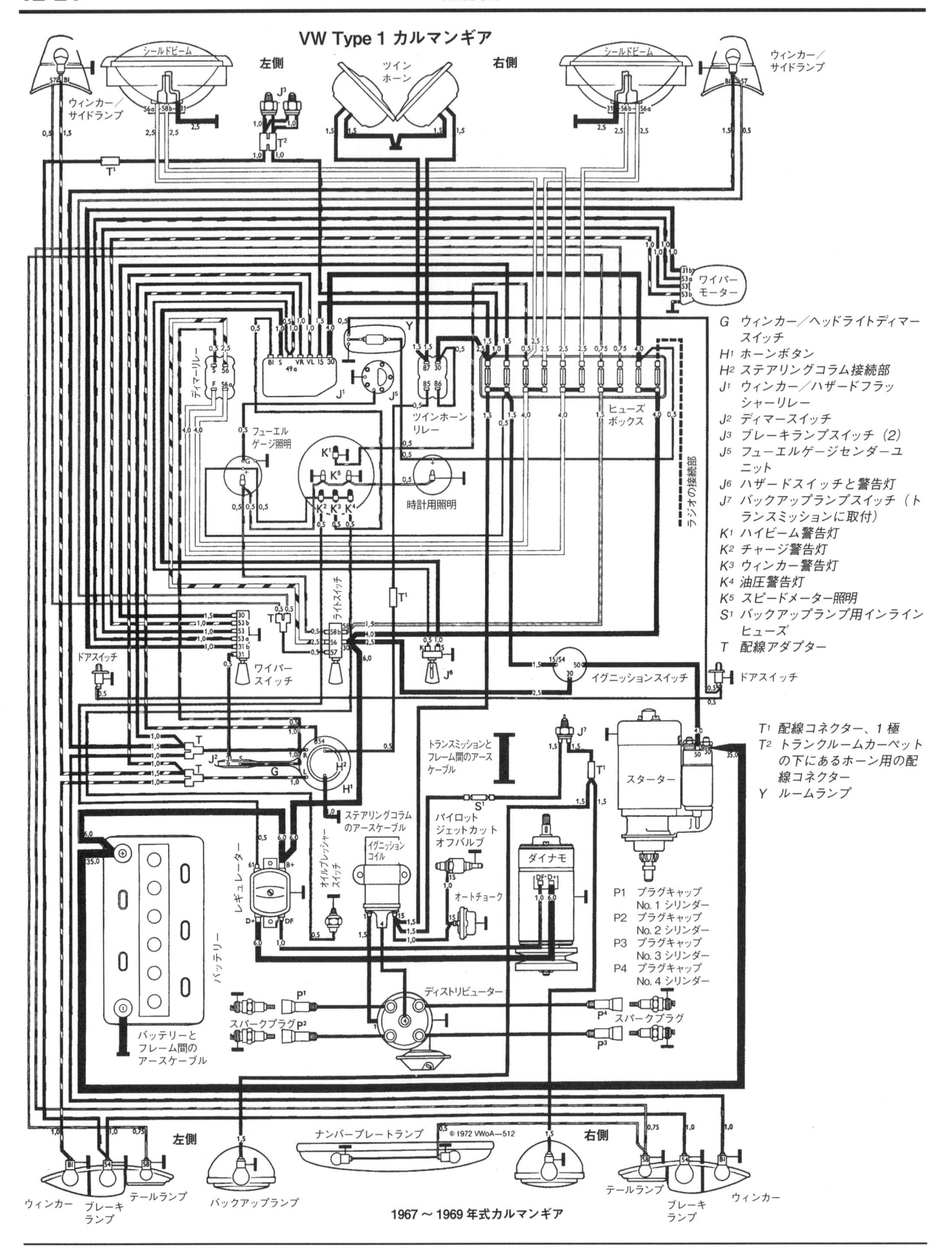

VW Type 1 カルマンギア

G ウィンカー／ヘッドライトディマースイッチ
H1 ホーンボタン
H2 ステアリングコラム接続部
J1 ウィンカー／ハザードフラッシャーリレー
J2 ディマースイッチ
J3 ブレーキランプスイッチ（2）
J5 フューエルゲージセンダーユニット
J6 ハザードスイッチと警告灯
J7 バックアップランプスイッチ（トランスミッションに取付）
K1 ハイビーム警告灯
K2 チャージ警告灯
K3 ウィンカー警告灯
K4 油圧警告灯
K5 スピードメーター照明
S1 バックアップランプ用インラインヒューズ
T 配線アダプター
T1 配線コネクター、1極
T2 トランクルームカーペットの下にあるホーン用の配線コネクター
Y ルームランプ

P1 プラグキャップ No.1 シリンダー
P2 プラグキャップ No.2 シリンダー
P3 プラグキャップ No.3 シリンダー
P4 プラグキャップ No.4 シリンダー

1967～1969年式カルマンギア

配線図 12-25

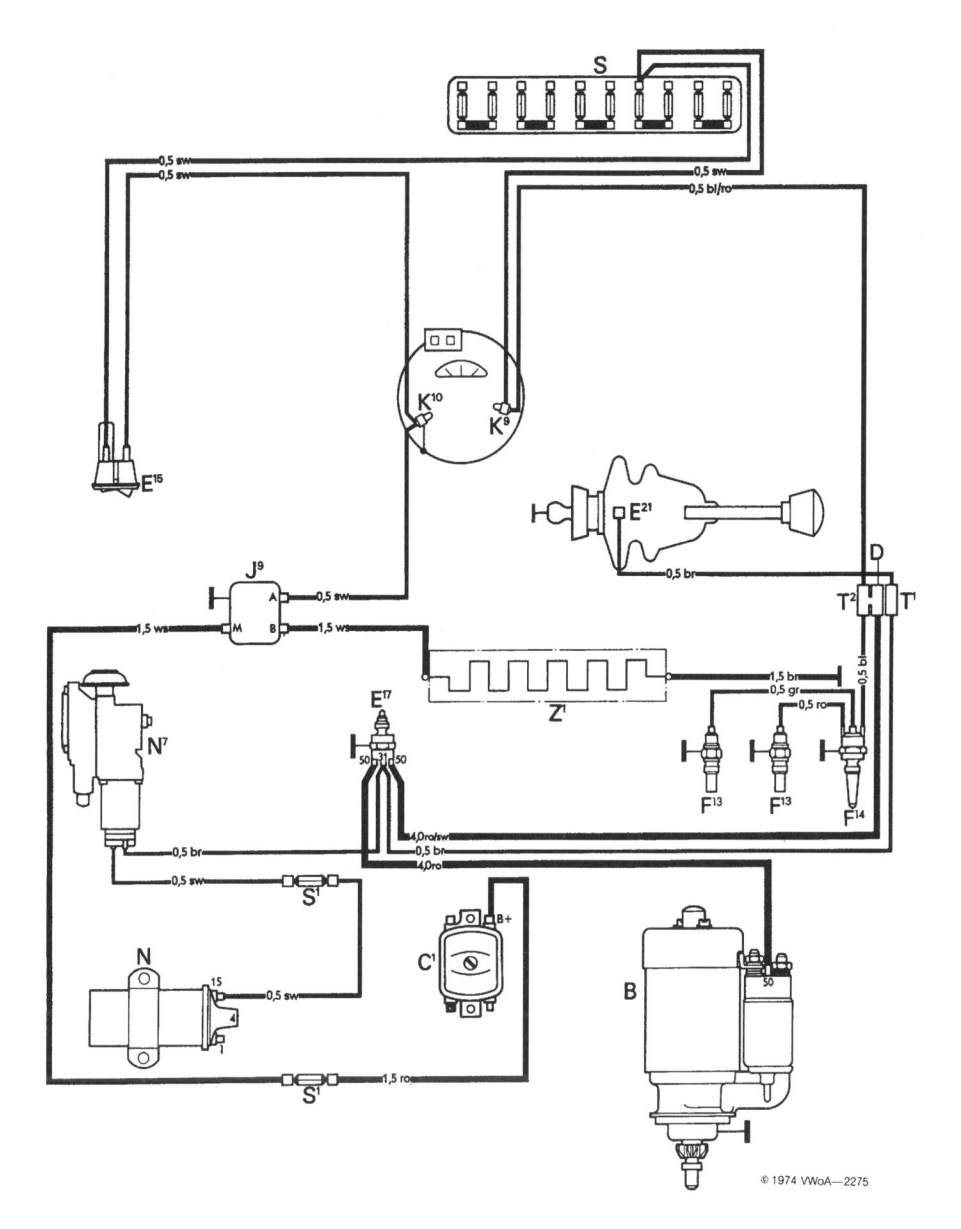

- B スターター
- C レギュレーター
- D イグニッションスイッチの端子50へ
- E15 リアウィンドー熱線用スイッチ
- E17 スターター遮断スイッチ
- E21 シフトレバーの接点
- F13 ATF温度スイッチ
- F14 ATF温度スイッチ切替スイッチ
- J9 リアウィンドー熱線リレー
- K9 ATF温度警告灯
- K10 リアウィンドー熱線警告灯
- N イグニッションコイル
- N7 セミオートマチックコントロールバルブ
- S ヒューズボックス
- S1 リアウィンドー熱線、セミオートマチックコントロールバルブ用ヒューズ
- T1 配線コネクター、1極
- T2 配線コネクター、2極
- Z1 リアウィンドー熱線

配線色：
- sw = 黒
- ws = 白
- ro = 赤
- br = 茶色
- gr = 灰色
- bl = 青

1970年式と1971年式ビートル：セミオートマチックトランスミッションとリアウィンドー熱線

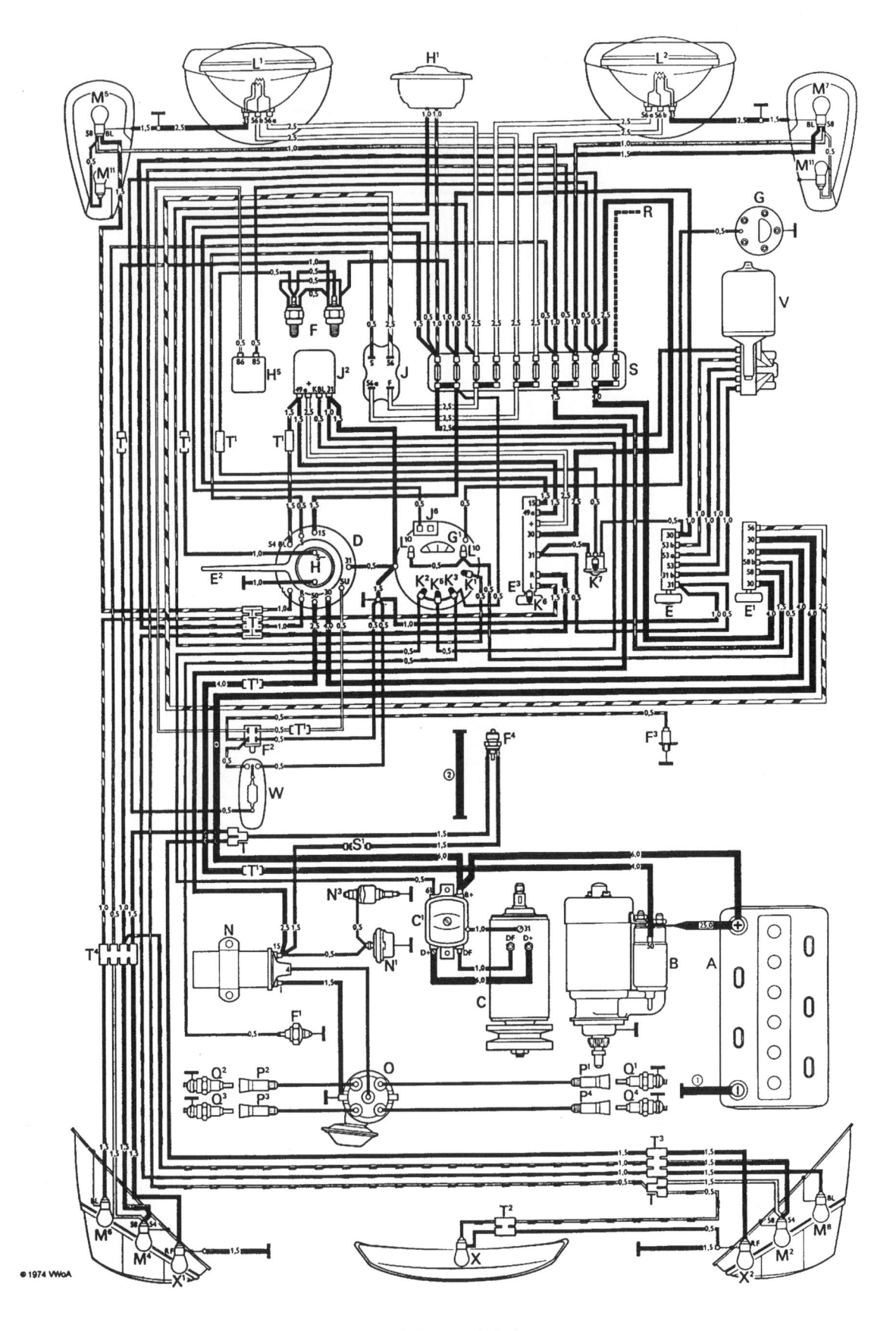

1970年式と1971年式ビートル

A バッテリー	A バッテリー
B スターター	B スターター
C ダイナモ	C ダイナモ
C^1 レギュレーター	C^1 レギュレーター
D イグニッションスイッチ	D イグニッションスイッチ
E フロントウィンドーワイパースイッチ	E フロントウィンドーワイパースイッチ
E^1 ライトスイッチ	E^1 ライトスイッチ
E^2 ウィンカー／ヘッドライトディマースイッチ	E^2 ウィンカー／ヘッドライトディマースイッチ
E^3 ハザードスイッチ	E^3 ハザードスイッチ
F 警告灯スイッチ付きブレーキランプスイッチ	F ブレーキランプスイッチ
F^1 オイルプレッシャースイッチ	F^1 オイルプレッシャースイッチ
F^2 ブザー H^5 用のドアスイッチ、左	F^2 ドア／ブザーアラームスイッチ、左
F^3 ドアスイッチ、右	F^3 ドアスイッチ、右
F^4 バックアップランプスイッチ	F^4 バックアップランプスイッチ
G フューエルゲージセンダーユニット	G フューエルゲージセンダーユニット
G^1 フューエルゲージ	G^1 フューエルゲージ
H ホーンボタン	H ホーンボタン
H^1 ホーン	H^1 ホーン
H^5 イグニッションキー警告ブザー	H^5 イグニッションキー警告ブザー
J ディマーリレー	J ディマーリレー
J^2 フラッシャーリレー	J^2 フラッシャーリレー
J^6 フューエルゲージ用安定器	J^6 フューエルゲージ用安定器
K^1 ハイビーム警告灯	K^1 ハイビーム警告灯
K^2 チャージ警告灯	K^2 チャージ警告灯
K^3 油圧警告灯	K^3 油圧警告灯
K^5 ウィンカー警告灯	K^5 ウィンカー警告灯
K^6 ハザードフラッシャー警告灯	K^6 ハザードフラッシャー警告灯
K^7 デュアルサーキット・ブレーキ系統の警告灯	K^7 デュアルサーキット・ブレーキ警告灯
L^1 シールドビームユニット、左側ヘッドライト	L^1 シールドビームユニット、左側ヘッドライト
L^2 シールドビームユニット、右側ヘッドライト	L^2 シールドビームユニット、右側ヘッドライト
L^{10} インストルメントパネル照明	L^{10} インストルメントパネル照明
M^2 テール／ブレーキランプ、右	M^1 サイドランプ、左
M^4 テール／ブレーキランプ、左	M^2 テール／ブレーキランプ、右
M^5 ウィンカーとサイドランプ、フロント、左	M^4 テール／ブレーキランプ、左
M^6 ウィンカー、リア、左	M^5 ウィンカーとサイドランプ、フロント、左
M^7 ウィンカーとサイドランプ、フロント、右	M^6 ウィンカー、リア、左
M^8 ウィンカー、リア、右	M^7 ウィンカーとサイドランプ、フロント、右
M^{11} サイドマーカーランプ、フロント	M^8 ウィンカー、リア、右
N イグニッションコイル	M^{11} サイドマーカーランプ、フロント
N^1 オートチョーク	N イグニッションコイル
N^2 パイロットジェット カットオフバルブ	N^1 オートチョーク
O ディストリビューター	N^3 パイロットジェット カットオフバルブ
P^1 プラグキャップ No.1 シリンダー	O ディストリビューター
P^2 プラグキャップ No.2 シリンダー	P^1 プラグキャップ No.1 シリンダー
P^3 プラグキャップ No.3 シリンダー	P^2 プラグキャップ No.2 シリンダー
P^4 プラグキャップ No.4 シリンダー	P^3 プラグキャップ No.3 シリンダー
Q^1 スパークプラグ No.1 シリンダー	P^4 プラグキャップ No.4 シリンダー
Q^2 スパークプラグ No.2 シリンダー	Q^1 スパークプラグ No.1 シリンダー
Q^3 スパークプラグ No.3 シリンダー	Q^2 スパークプラグ No.2 シリンダー
Q^4 スパークプラグ No.4 シリンダー	Q^3 スパークプラグ No.3 シリンダー
R ラジオの接続部	Q^4 スパークプラグ No.4 シリンダー
S ヒューズボックス	S ヒューズボックス
S^1 バックアップランプヒューズ	S^1 バックアップランプ用インラインヒューズ
T 配線アダプター	T 配線アダプター
T^1 配線コネクター、1極	T^1 配線コネクター、1極
T^2 配線コネクター、2極	T^2 配線コネクター、2極
T^3 配線コネクター、3極	T^3 配線コネクター、3極
T^4 配線コネクター、4極	T^4 配線コネクター、4極
V フロントウィンドーワイパーモーター	T^5 配線コネクター、5極
W ルームランプ	T^{20} 電子診断システム用点検プラグ
X ナンバープレートランプ	V フロントウィンドーワイパーモーター
X^1 バックアップランプ、左	W ルームランプ
X^2 バックアップランプ、右	X ナンバープレートランプ
① バッテリーとフレーム間のアースケーブル	X^1 バックアップランプ、左
② トランスミッションとフレーム間のアースケーブル	X^2 バックアップランプ、右
	① バッテリーとフレーム間のアースケーブル
	② トランスミッションとフレーム間のアースケーブル
	④ フロントアクスルとフレーム間のアースケーブル

配線図

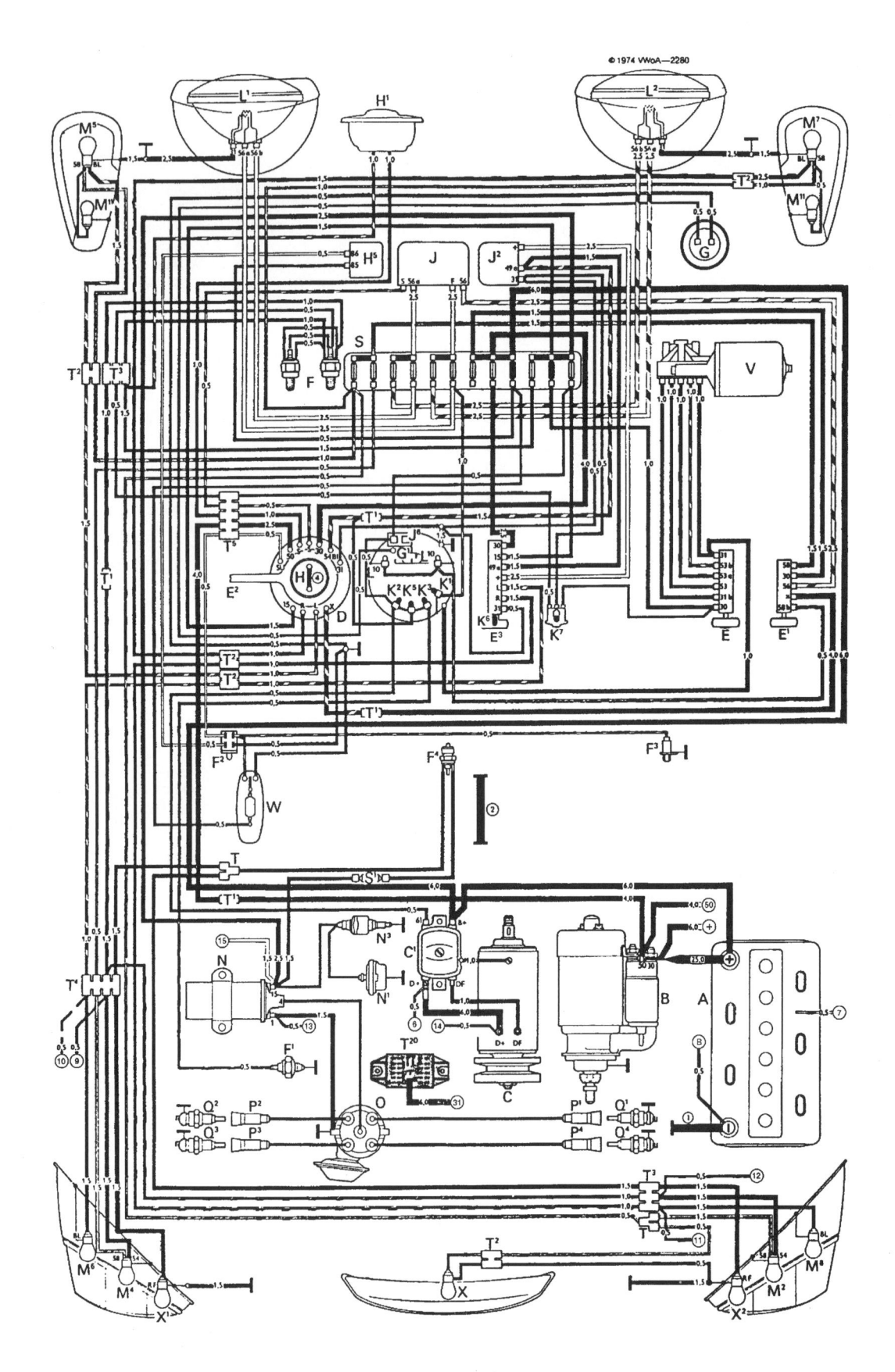

1971年式スーパービートル

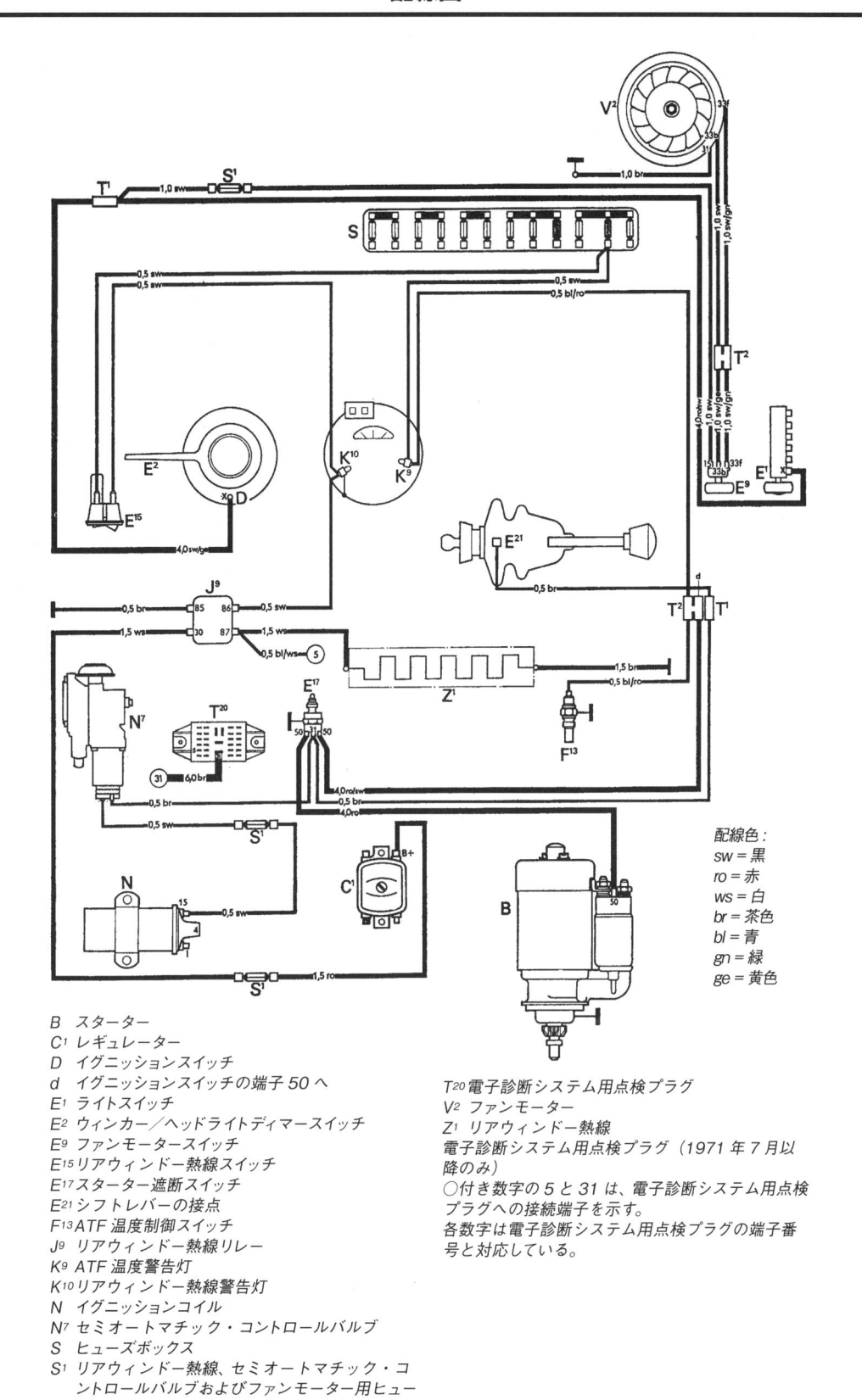

配線図

12-29

配線色：
sw = 黒
ro = 赤
ws = 白
br = 茶色
bl = 青
gn = 緑
ge = 黄色

B　スターター
C1　レギュレーター
D　イグニッションスイッチ
d　イグニッションスイッチの端子50へ
E1　ライトスイッチ
E2　ウィンカー／ヘッドライトディマースイッチ
E9　ファンモータースイッチ
E15　リアウィンドー熱線スイッチ
E17　スターター遮断スイッチ
E21　シフトレバーの接点
F13　ATF温度制御スイッチ
J9　リアウィンドー熱線リレー
K9　ATF温度警告灯
K10　リアウィンドー熱線警告灯
N　イグニッションコイル
N7　セミオートマチック・コントロールバルブ
S　ヒューズボックス
S1　リアウィンドー熱線、セミオートマチック・コントロールバルブおよびファンモーター用ヒューズ
T1　配線コネクター、1極
T2　配線コネクター、2極

T20　電子診断システム用点検プラグ
V2　ファンモーター
Z1　リアウィンドー熱線

電子診断システム用点検プラグ（1971年7月以降のみ）
○付き数字の5と31は、電子診断システム用点検プラグへの接続端子を示す。
各数字は電子診断システム用点検プラグの端子番号と対応している。

1971年式スーパービートル：セミオートマチックトランスミッション、リアウィンドー熱線および外気導入ファン

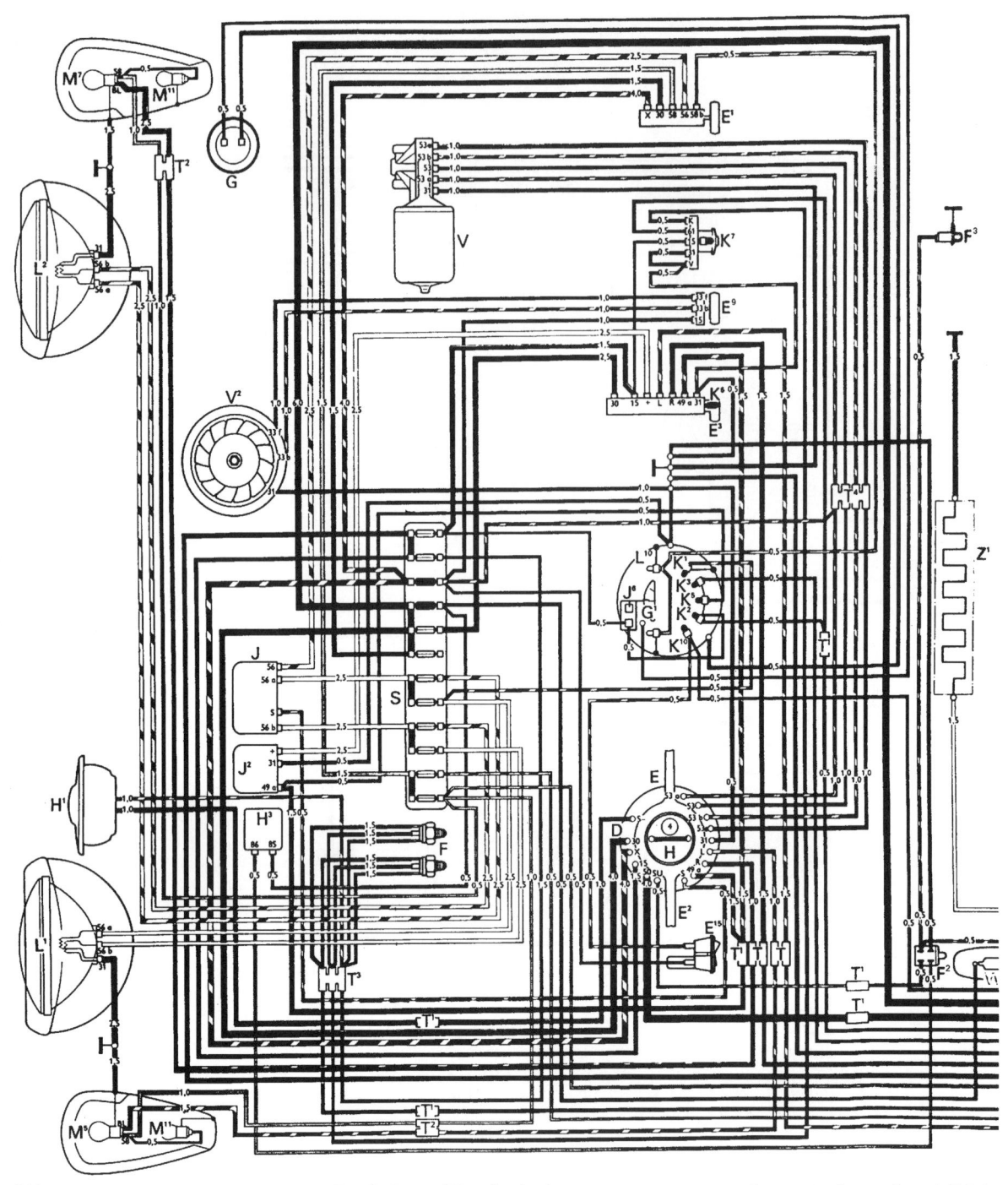

配線図

A バッテリー	F4 バックアップランプスイッチ	K7 デュアルサーキット・ブレーキ警告灯
B スターター	G フューエルゲージセンダーユニット	K10 リアウィンドー熱線警告灯（セダン113のみ）
C ダイナモ	G1 フューエルゲージ	L1 シールドビームユニット、左側ヘッドライト
C1 レギュレーター	G4 点火時期センサー	L2 シールドビームユニット、右側ヘッドライト
D イグニッションスイッチ	H ホーンボタン	L10 インストルメントパネル照明
E フロントウィンドーワイパースイッチ	H1 ホーン	M1 サイドランプ、左
E1 ライトスイッチ	H5 イグニッションキー警告ブザー	M2 テール／ブレーキランプ、右
E2 ウィンカー／ヘッドライトディマースイッチ	J ディマーリレー	M4 テール／ブレーキランプ、左
E3 ハザードスイッチ	J2 フラッシャーリレー	M5 ウィンカーとサイドランプ、フロント、左
E9 ファンモータースイッチ（セダン113のみ）	J6 フューエルゲージ用安定器	M6 ウィンカー、リア、左
E15 リアウィンドー熱線スイッチ（セダン113のみ）	J9 リアウィンドー熱線リレー（セダン113のみ）	M7 ウィンカーとサイドランプ、フロント、右
F ブレーキランプ／デュアルサーキット・ブレーキ系統警告灯スイッチ	K1 ハイビーム警告灯	
F1 オイルプレッシャースイッチ	K2 チャージ警告灯	
F2 ドア／ブザーアラームスイッチ、左	K3 油圧警告灯	
F3 ドアスイッチ、右	K5 ウィンカー警告灯	
	K6 ハザードフラッシャー警告灯	

1972年式ビートルとスーパービートル（1／2）

ボディ電装系統　12-31

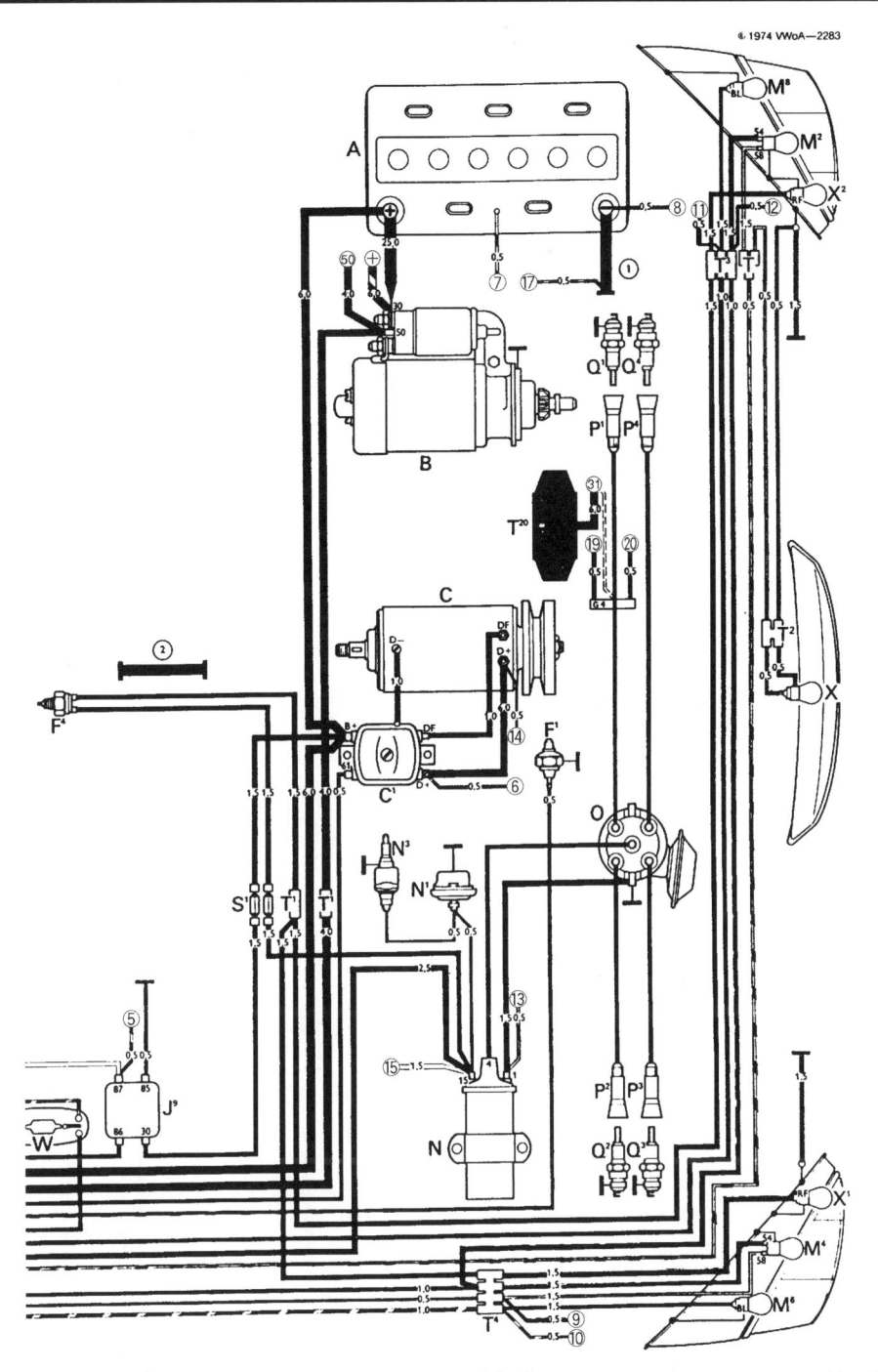

M⁸　ウィンカー、リア、右
M¹¹　サイドマーカーランプ、フロント
N　イグニッションコイル
N¹　オートチョーク
N²　パイロットジェットカットオフバルブ
O　ディストリビューター
P¹　プラグキャップ No.1 シリンダー
P²　プラグキャップ No.2 シリンダー
P³　プラグキャップ No.3 シリンダー
P⁴　プラグキャップ No.4 シリンダー
Q¹　スパークプラグ No.1 シリンダー
Q²　スパークプラグ No.2 シリンダー
Q³　スパークプラグ No.3 シリンダー
Q⁴　スパークプラグ No.4 シリンダー

S　ヒューズボックス
S¹　リアウィンドー熱線、バックアップランプ用ヒューズ（8A）
T　配線アダプター
T¹　配線コネクター、1極
T²　配線コネクター、2極
T³　配線コネクター、3極
T⁴　配線コネクター、4極
T⁵　配線コネクター、5極
T²⁰　電子診断システム用点検プラグ
V　フロントウィンドーワイパーモーター
V²　ファンモーター（セダン113のみ）
W　ルームランプ
X　ナンバープレートランプ

X¹　バックアップランプ、左
X²　バックアップランプ、右
Z¹　リアウィンドー熱線（セダン113のみ）

① バッテリーとフレーム間のアースケーブル
② トランスミッションとフレーム間のアースケーブル
③ ステアリングカップリングのアースケーブル

1972年式ビートルとスーパービートル（2／2）

12-32 配線図

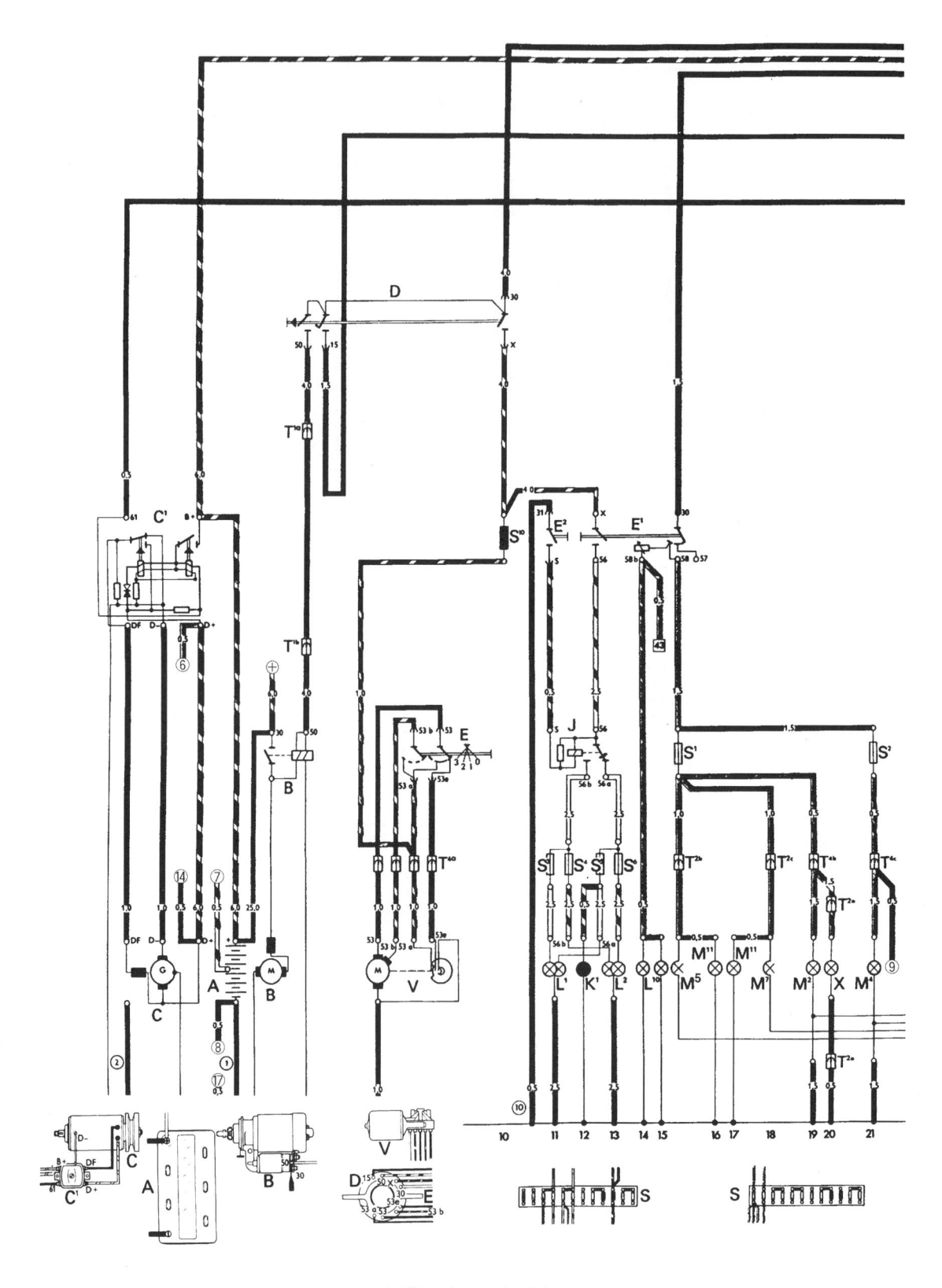

1973年以降のビートル (1 / 3)

配線図 12-33

1973年以降のビートル（2／3）

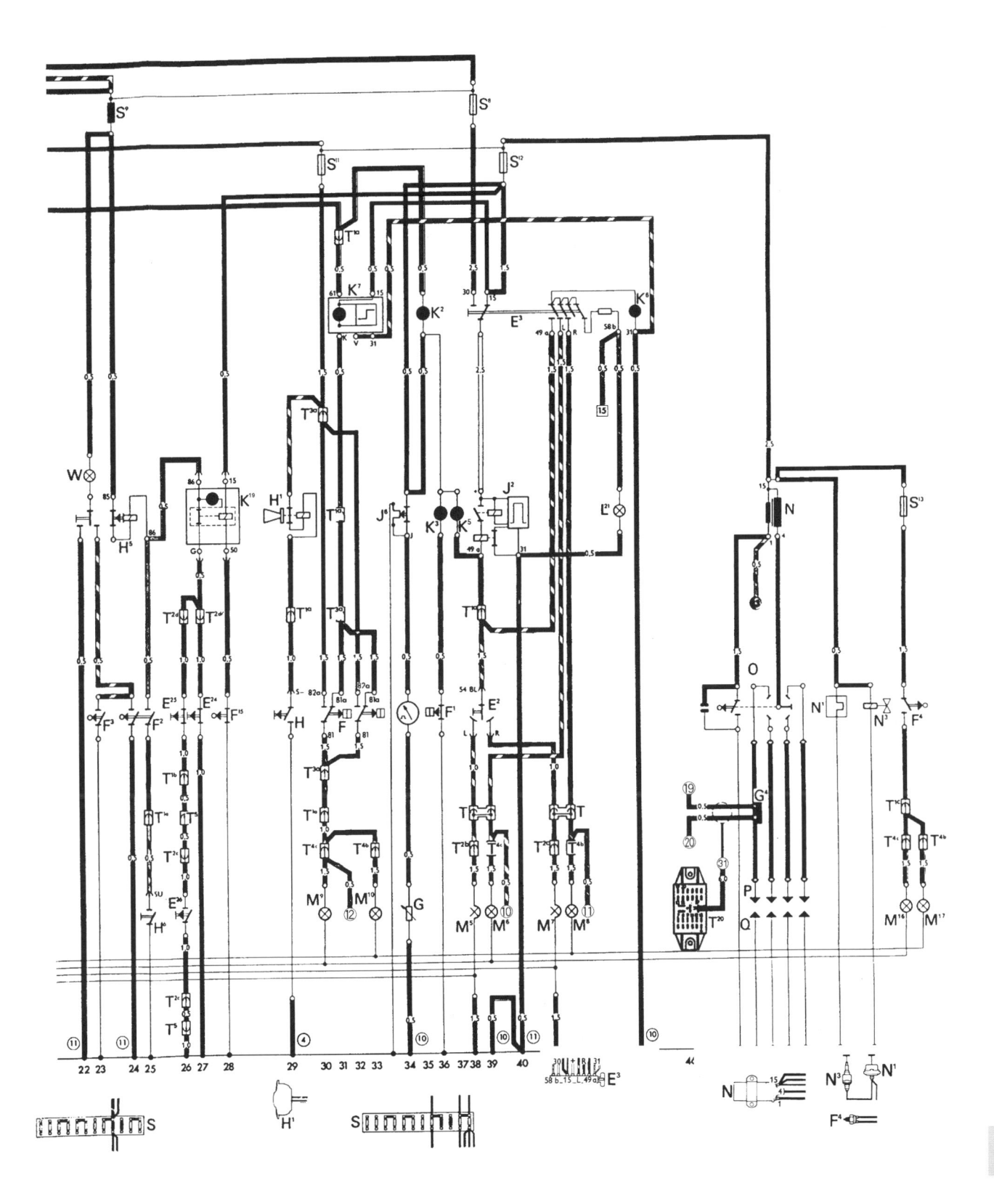

部品名称	対応番号
A バッテリー	4
B スターター	5, 6
C ダイナモ	1, 2, 3
C^1 レギュレーター	1, 2, 3
D イグニッションスイッチ	6, 7, 10, 25
E フロントウィンドーワイパースイッチ	9
E^1 ライトスイッチ	12, 14, 15
E^2 ウィンカー／ヘッドライトディマースイッチ	11, 38, 39
E^3 ハザードスイッチ	38, 39, 42, 44, 45
E^{24} シートベルトロック、左	27
E^{25} シートベルトロック、右	26
E^{26} 助手席シートの接続端子	26
F ブレーキランプスイッチ	30, 31, 32, 33
F^1 オイルプレッシャースイッチ	36
F^2 ドア／ブザーアラームスイッチ、左	24, 25
F^3 ドアスイッチ、右	23
F^4 バックアップランプスイッチ	51
F^{15} シートベルト警告システム用伝達スイッチ	28
G フューエルゲージセンダーユニット	34
G^1 フューエルゲージ	34
G^4 点火時期センサー	47
H ホーンボタン	29
H^1 ホーン	29
H^5 イグニッションキー警告ブザー	24, 25
H^6 イグニッションキー警告システム用のステアリングロック接点	25
J ディマーリレー	11, 13
J^2 フラッシャーリレー	39, 40
J^6 フューエルゲージ用安定器	34
K^1 ハイビーム警告灯	12
K^2 チャージ警告灯	35
K^3 油圧警告灯	36
K^5 ウィンカー警告灯	37
K^6 ハザードフラッシャー警告灯	45
K^7 デュアルサーキット・ブレーキ警告灯	31, 33
K^{19} シートベルト警告灯	27, 28
L^1 シールドビームユニット、左側ヘッドライト	11
L^2 シールドビームユニット、右側ヘッドライト	13
L^{10} インストルメントパネル照明	14, 15
L^{21} ヒーターレバー照明	44
M^2 テールランプ、右	19
M^4 テールランプ、左	21
M^5 ウィンカーとサイドランプ、フロント、左	15, 38
M^6 ウィンカー、リア、左	39
M^7 ウィンカーとサイドランプ、フロント、右	18, 41
M^8 ウィンカー、リア、右	42
M^9 ブレーキランプ、左	30
M^{10} ブレーキランプ、右	33
M^{11} サイドマーカーランプ、フロント	16, 17
M^{16} バックアップランプ、左	51
M^{17} バックアップランプ、右	52
N イグニッションコイル	48
N^1 オートチョーク	49
N^3 パイロットジェット カットオフバルブ	50
O ディストリビューター	48
P プラグキャップ	48
Q スパークプラグ	48
S^1〜S^{12} ヒューズボックス	10, 11, 13, 15, 21, 24, 30, 38, 40
S^{13} バックアップランプ用ヒューズ（8 A）	51

T 配線コネクター（ヒューズボックスの近く）
T^1 配線コネクター、1 極
　a ヒューズボックスの近く
　b リアシートの下
　c エンジンルーム断熱材の裏側、前
T^2 配線コネクター、2 極
　a エンジンルーム内
　b トランクルーム内の左前側
　c 助手席シート
　d リアシートの下
T^3 配線コネクター、3 極
　a トランクルーム内の左前側
T^4 配線コネクター、4 極
　a ヒューズボックスの近く
　b エンジンルーム断熱材の裏側、右
　c エンジンルーム断熱材の裏側、左
T^5 配線コネクター、2 極（助手席シートレールの上）
T^{20} 電子診断システム用点検プラグ　46
V フロントウィンドーワイパーモーター　8, 9
W ルームランプ　23
X ナンバープレートランプ　20

① バッテリーとフレーム間のアースケーブル　4
② トランスミッションとフレーム間のアースケーブル　1
④ ステアリングカップリングのアースケーブル　29
⑩ アースコネクター、ダッシュボード
⑪ アースコネクター、スピードメーターハウジング

1973 年以降のビートル (3／3)

配線図

12-35

1973年式スーパービートル：
セミオートマチックトランスミッション回路

- B スターター
- D イグニッションスイッチ
- E17 スターター遮断スイッチ
- E21 シフトレバーの接点
- N7 コントロールバルブ
- S11 ヒューズボックス内のヒューズ
- T1 配線コネクター、1極
  - a ダッシュボードの下
  - b リアシートの下
  - c フレームトンネル、右

部品名称	対応番号
A バッテリー	4
B スターター	5, 6
C ダイナモ	1, 2, 3
C1 レギュレーター	1, 2, 3
D イグニッションスイッチ	6, 7, 12, 29
E フロントウィンドーワイパースイッチ	10 11
E1 ライトスイッチ	16, 18, 20
E2 ウィンカー／ヘッドライトディマースイッチ 15, 43	
E3 ハザードスイッチ	41, 42, 43, 45, 47, 48
E9 ファンモータースイッチ	14
E15 リアウィンドー熱線スイッチ	12
E24 シートベルトロック、左	31
E25 シートベルトロック、右	30
E26 助手席シートの接続端子	30
F ブレーキランプ／デュアルサーキット・ブレーキ系統警告灯スイッチ	34, 35, 36
F1 オイルプレッシャースイッチ	38
F2 ドア／ブザーアラームスイッチ、左	29
F3 ドアスイッチ、右	27
F4 バックアップランプスイッチ	55
F15 シートベルト警告システム用伝達スイッスイッチ（マニュアルトランスミッション）	32
G フューエルゲージセンダーユニット	40
G1 フューエルゲージ	40
G4 点火時期センサー	51
H ホーンボタン	33
H1 ホーン	33
H5 イグニッションキー警告ブザー	28
H6 イグニッションキー警告システム用のステアリングロック接点	29
J ディマーリレー	15, 16
J2 フラッシャーリレー	41
J6 フューエルゲージ用安定器	40
J9 リアウィンドー熱線リレー	8, 12
K1 ハイビーム警告灯	16
K2 チャージ警告灯	37
K3 油圧警告灯	38
K5 ウィンカー警告灯	39
K6 ハザードフラッシャー警告灯	48
K7 デュアルサーキット・ブレーキ警告灯	35, 36
K10 リアウィンドー熱線警告灯	13
K19 シートベルト警告灯	31, 32
L1 シールドビームユニット、左側ヘッドライト	15
L2 シールドビームユニット、右側ヘッドライト	17
L10 インストルメントパネル照明	18, 19
L21 ヒーターレバー照明	47
M2 テールランプ、右	24
M4 テールランプ、左	20
M5 ウィンカーとサイドランプ、フロント、左	21, 42
M6 ウィンカー、リア、左	43
M7 ウィンカーとサイドランプ、フロント、右	26, 45
M8 ウィンカー、リア、右	46
M9 ブレーキランプ、左	34
M10 ブレーキランプ、右	36
M11 サイドマーカーランプ、フロント	22, 25
M16 バックアップランプ、左	55
M17 バックアップランプ、右	56
N イグニッションコイル	52
N1 オートチョーク	53
N3 パイロットジェット カットオフバルブ	54
O ディストリビューター	50, 52
P プラグキャップ	51, 52
Q スパークプラグ	51, 52
S1～S12 ヒューズボックス	12, 15, 17, 20, 26, 27, 34, 40, 41
S13 バックアップランプ用ヒューズ（8 A）	55
S14 リアウィンドー熱線用ヒューズ（8 A）	8
T1 配線コネクター、1極	
a リアシートの下	
b ダッシュボード裏側にある8個の端子の内の1個	35
c エンジンルーム断熱材の裏側	
T2 配線コネクター、2極、8個の端子の内の1個	33
a エンジンルーム内	
b トランクルーム内の左前側	21, 42
8個の端子の内の2個	42, 45
c トランクルーム内の右前側	
d リアシートの下	
e ダッシュボード裏側にある8個の端子の内の2個	29, 34
f 助手席シート	
T3 配線コネクター、3極、トランクルーム内の左前側	
T4 配線コネクター、4極、エンジンルーム断熱材の裏側、左	
T5 配線コネクター、5極、エンジンルーム断熱材の裏側、右	
T6 配線コネクター、2極、ヒューズボックスの上、左	
T7 配線コネクター、2極、助手席シートレールの上、	
T20 電子診断システム用点検プラグ	49
V フロントウィンドーワイパーモーター	9, 10, 11
V2 ファンモーター	14
W ルームランプ	27
X ナンバープレートランプ	23
Z1 リアウィンドー熱線	8
① バッテリーとフレーム間のアースケーブル	4
② トランスミッションとフレーム間のアースケーブル	1
④ ステアリングカップリングのアースケーブル	33
⑩ アースコネクター、ダッシュボード	
⑪ アースコネクター、スピードメーターハウジング	

1973年式スーパービートル（1／3）

12-36 配線図

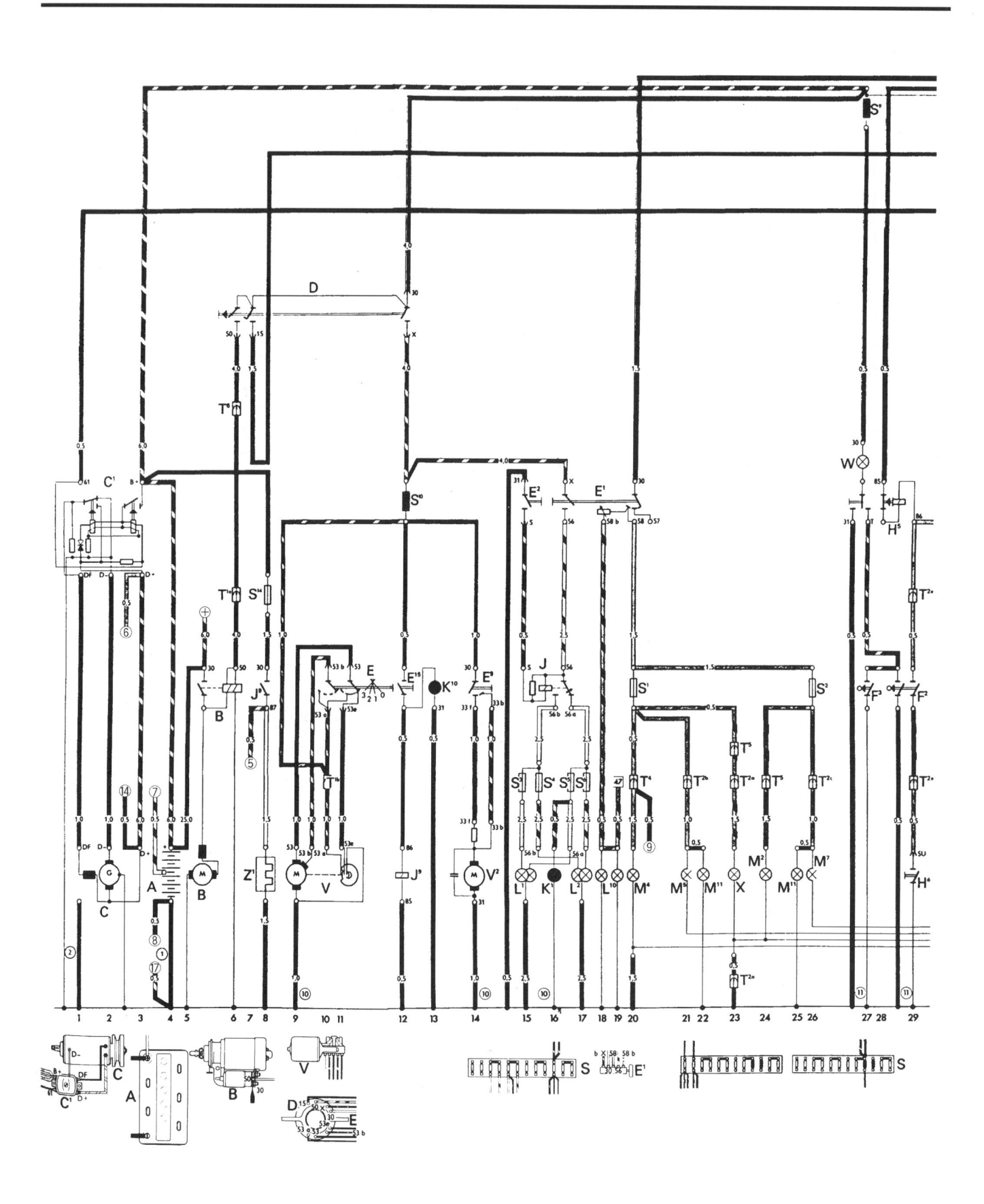

1973年式スーパービートル (2／3)

配線図 12-37

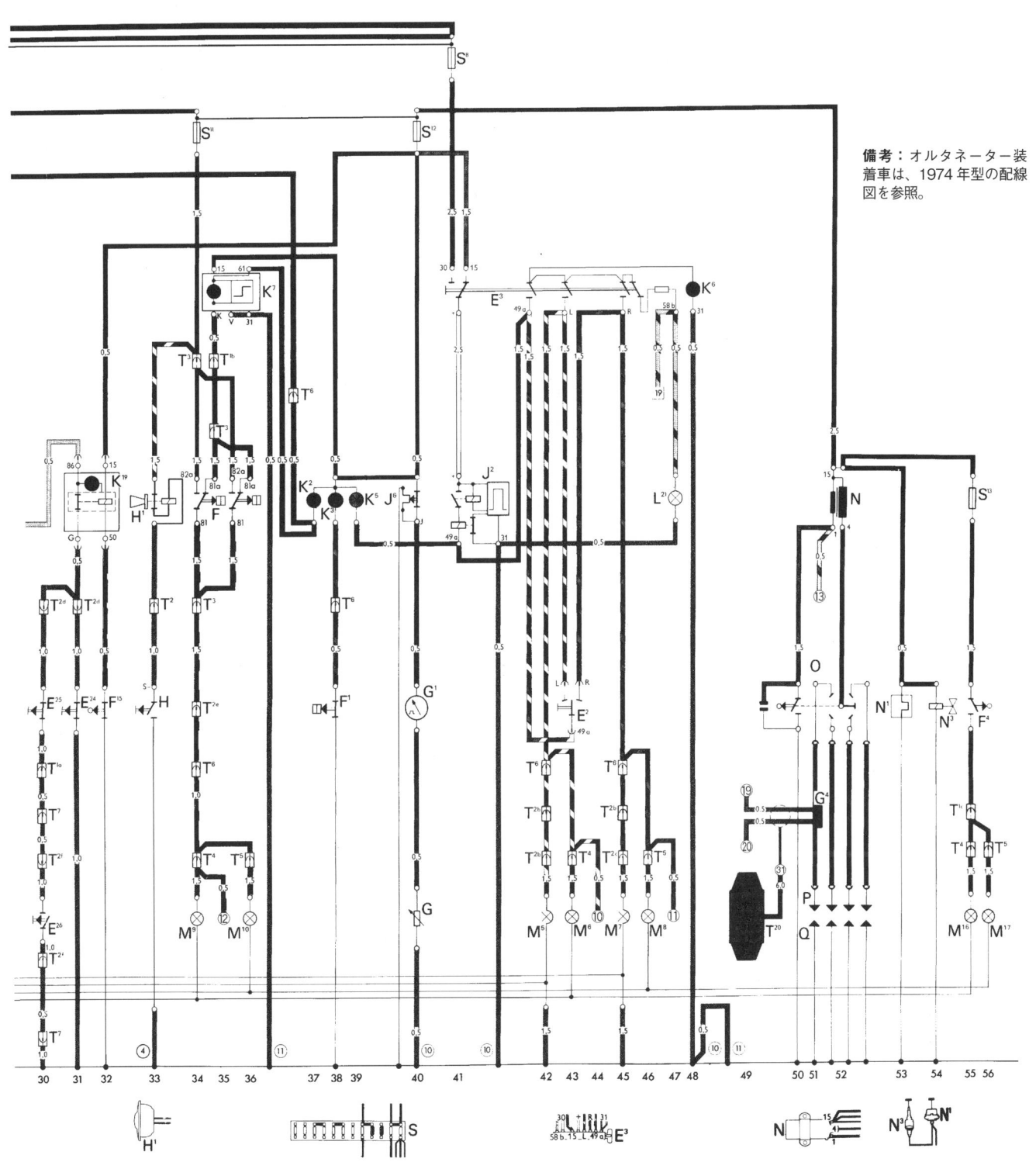

備考：オルタネーター装着車は、1974年型の配線図を参照。

1973年式ビートル（3／3）

12-38

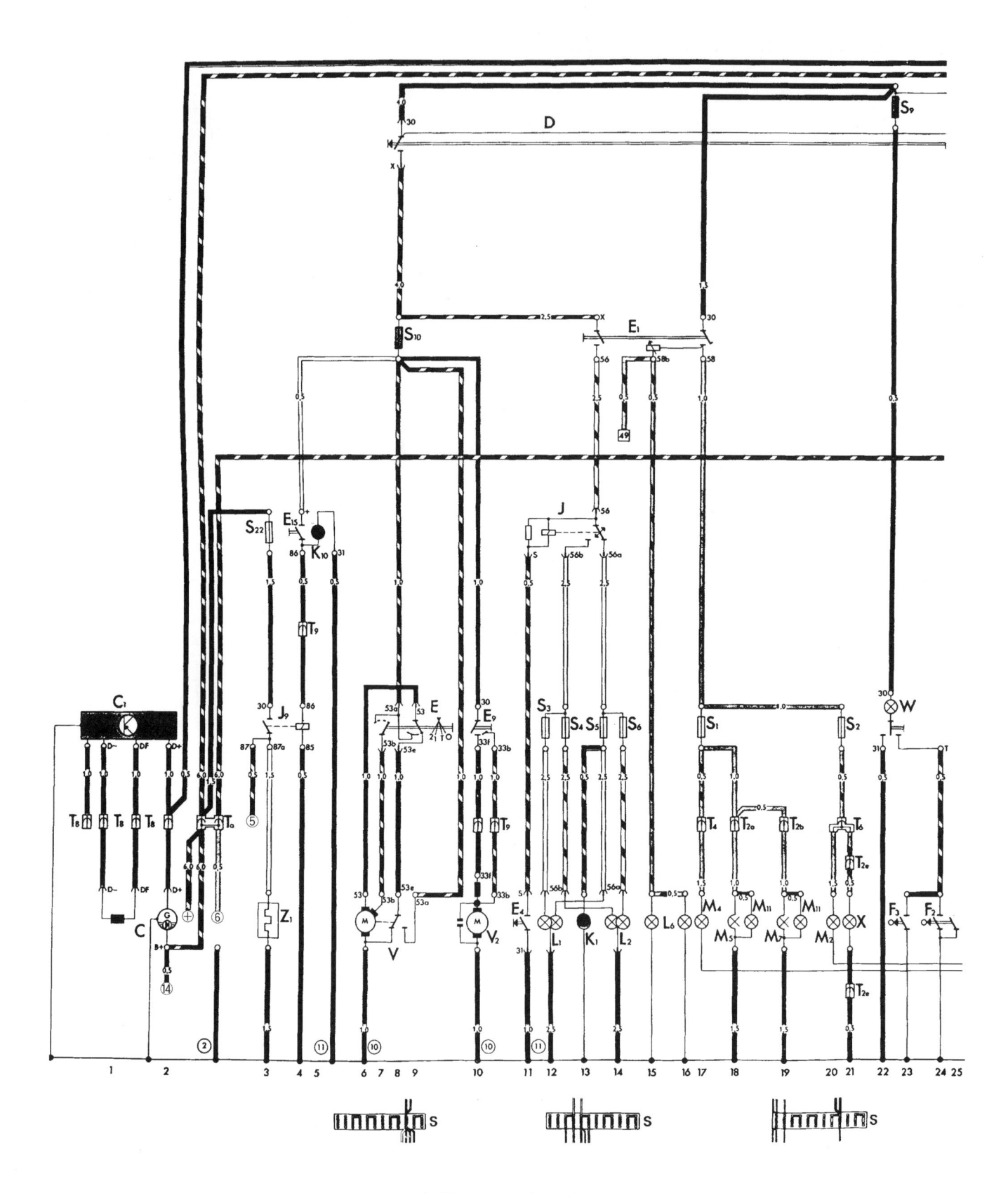

配線図

1974年以降のスーパービートル (1 / 4)

配線図

① バッテリーとフレーム間のアースケーブル
② トランスミッションとフレーム間のアースケーブル
⑩ インストルメントパネルのアース接続
⑪ スピードメーターのアース接続

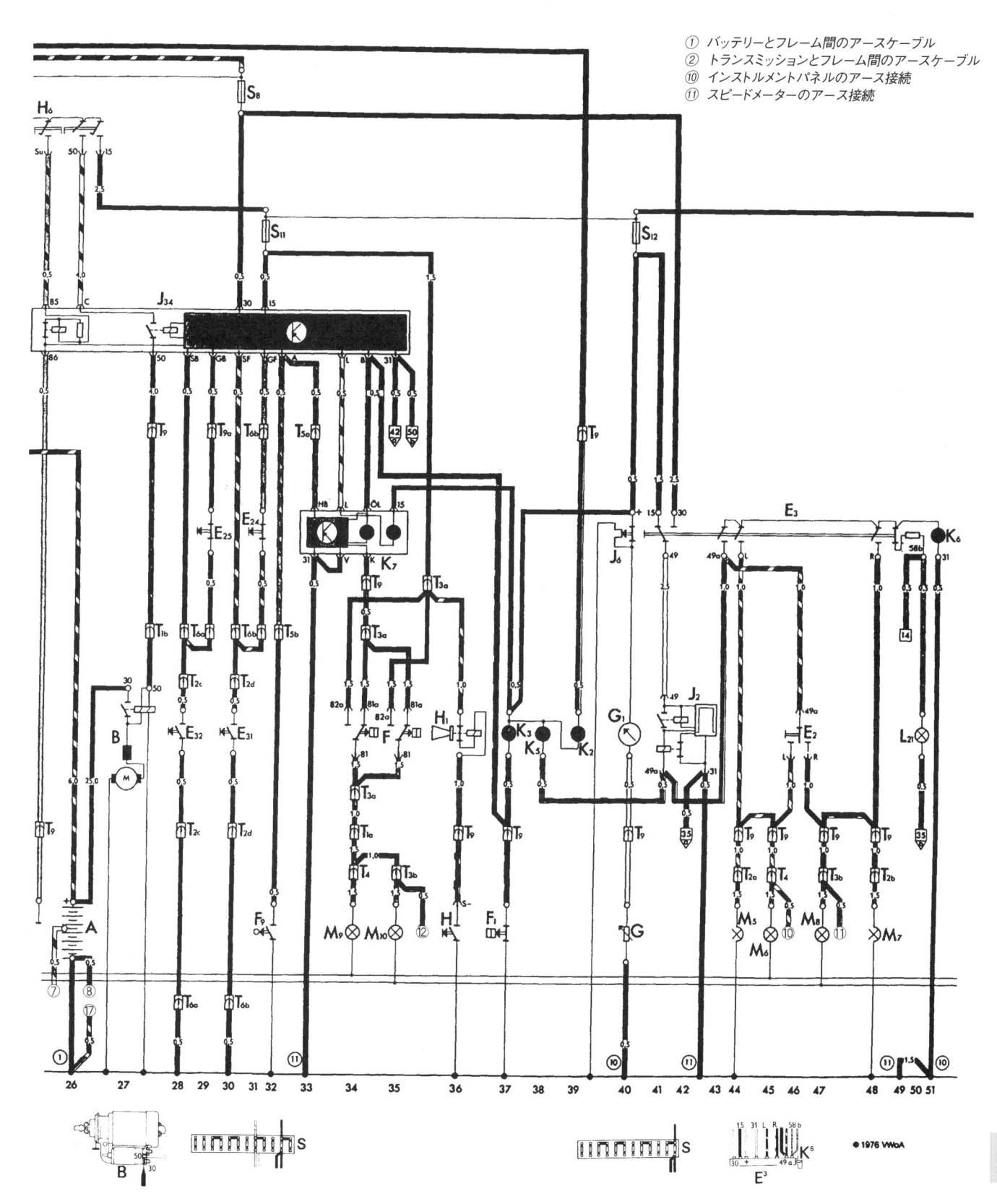

1974年以降のスーパービートル (2／4)

12-40 配線図

1974年以降のスーパービートル (3／4)

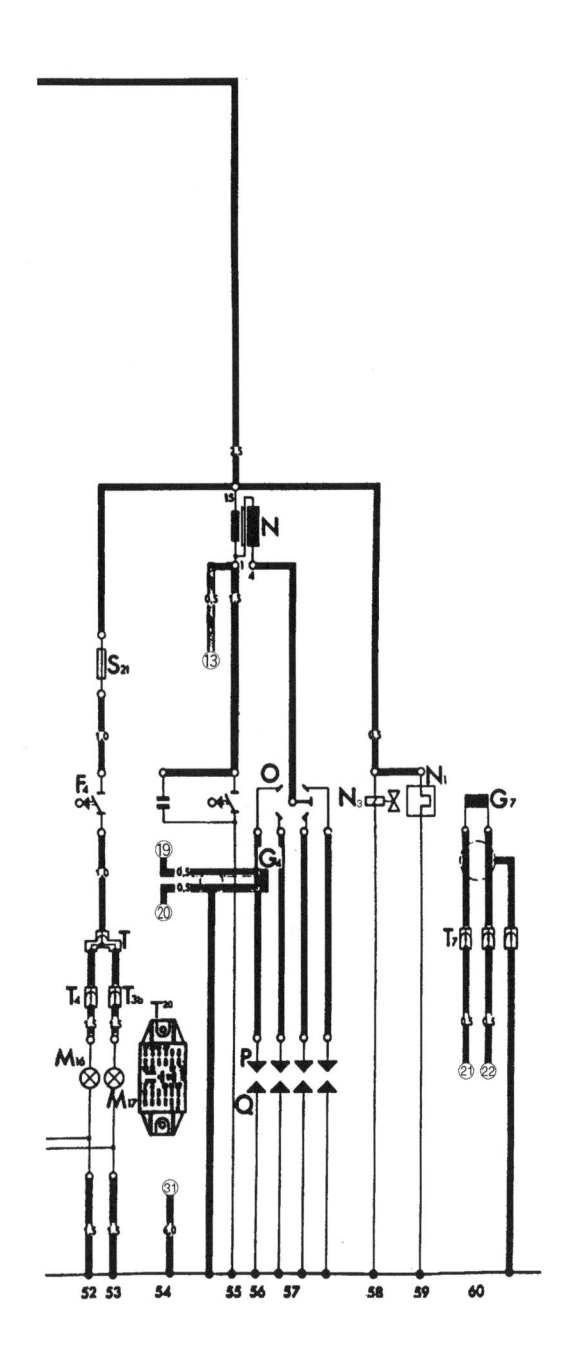

部品名称	対応番号
A バッテリー	26
B スターター	27
C オルタネーター	1, 2
C^1 レギュレーター	1, 2
D イグニッションスイッチ	8, 25, 26
E フロントウィンドーワイパースイッチ	7, 9
E^1 ライトスイッチ	13, 15, 17
E^2 ウィンカースイッチ	46
E^3 ハザードスイッチ	41, 43, 44, 48, 50
E^4 ヘッドライトディマースイッチ	11
E^9 外気導入ファンモータースイッチ	10
E^{15} リアウィンドー熱線スイッチ	4, 5
E^{24} シートベルトロック、左	31
E^{25} シートベルトロック、右	29
E^{31} 運転席シートの接続端子	30
E^{32} 助手席シートの接続端子	28
F ブレーキランプスイッチ	34, 35
F^1 オイルプレッシャースイッチ	37
F^2 ドア/ブザーアラームスイッチ、左	24, 25
F^3 ドアスイッチ、右	23
F^4 バックアップランプスイッチ	52
F^9 サイドブレーキ・コントロールランプスイッチ	32
G フューエルゲージセンダーユニット	40
G^1 フューエルゲージ	40
G^4 点火時期センサー	56
G^7 TDC マーカーユニット	60
H ホーンボタン	36
H^1 ホーン	36
H^6 イグニッションスイッチのブザー用接点	25
J ディマーリレー	11, 13, 14
J^2 フラッシャーリレー	41, 42
J^6 電圧安定器	40
J^9 リアウィンドー熱線リレー	3, 4
J^{34} シートベルト警告システムリレー	25, 26, 27 28, 29, 30, 31, 32, 33, 34, 35
K^1 ハイビーム警告灯	13
K^2 チャージ警告灯	39
K^3 油圧警告灯	37
K^5 ウィンカー警告灯	38
K^6 ハザードフラッシャー警告灯	51
K^7 デュアルサーキット・ブレーキおよびシートベルトインターロックの警告システム	33, 34, 35
L^1 シールドビームユニット、左側ヘッドライト	12
L^2 シールドビームユニット、右側ヘッドライト	14
L^6 スピードメーター照明	15, 16
L^{21} ヒーターレバー照明	50
M^2 テールランプ、右	20
M^4 テールランプ、左	17
M^5 サイドランプ、フロント、左	18
M^5 ウィンカー、フロント、左	44
M^6 ウィンカー、リア、左	45
M^7 サイドランプ、フロント、右	19
M^7 ウィンカー、フロント、右	48
M^8 ウィンカー、リア、右	47
M^9 ブレーキランプ、左	34
M^{10} ブレーキランプ、右	35
M^{11} サイドマーカーランプ、フロント、左右	18, 19
M^{16} バックアップランプ、左	52
M^{17} バックアップランプ、右	53
N イグニッションコイル	55
N^1 オートチョーク	59
N^3 カットオフバルブ	58
O ディストリビューター	55, 57
P プラグキャップ	55, 56, 57
Q スパークプラグ	55, 56, 57
S^1〜S^{12} ヒューズボックス内のヒューズ	8, 12, 14, 17, 20, 22, 30, 32, 40
S^{21} バックアップランプ用ヒューズ (8 A)	52
S^{22} リアウィンドー熱線用ヒューズ (8 A)	3
T 配線アダプター、エンジンルーム内の断熱材の裏側	
a リアシートの下	
T^1 配線コネクター、1極	
a インストルメントパネルの裏側	
b リアシートの下	
T^2 配線コネクター、2極	
a トランクルーム内、左	
b トランクルーム内、右	
c 助手席シートの下	
d 運転席シートの下	
e エンジンルーム内	
T^3 配線コネクター、3極	
a トランクルーム内、左	
b エンジンルーム内の断熱材の裏側、右	
T^4 配線コネクター、4極	
エンジンルーム内の断熱材の裏側、左	
T^5 配線コネクター、1極	
a インストルメントパネルの裏側	
b 助手席シートレールの上	
T^6 配線コネクター、2極	
a 助手席シートの下	
b 運転席シートの下	
T^7 配線コネクター、3極、エンジンルーム内	
T^8 配線コネクター、4極、リアシートの下	
T^9 配線コネクター、8極、インストルメントパネルの裏側	
T^{20} 電子診断システム用点検プラグ	54
V フロントウィンドーワイパーモーター	6, 7, 8
V^2 外気導入モーター	10
W ルームランプ	22
X ナンバープレートランプ	21
Z^1 リアウィンドー熱線	3

12-42 配線図

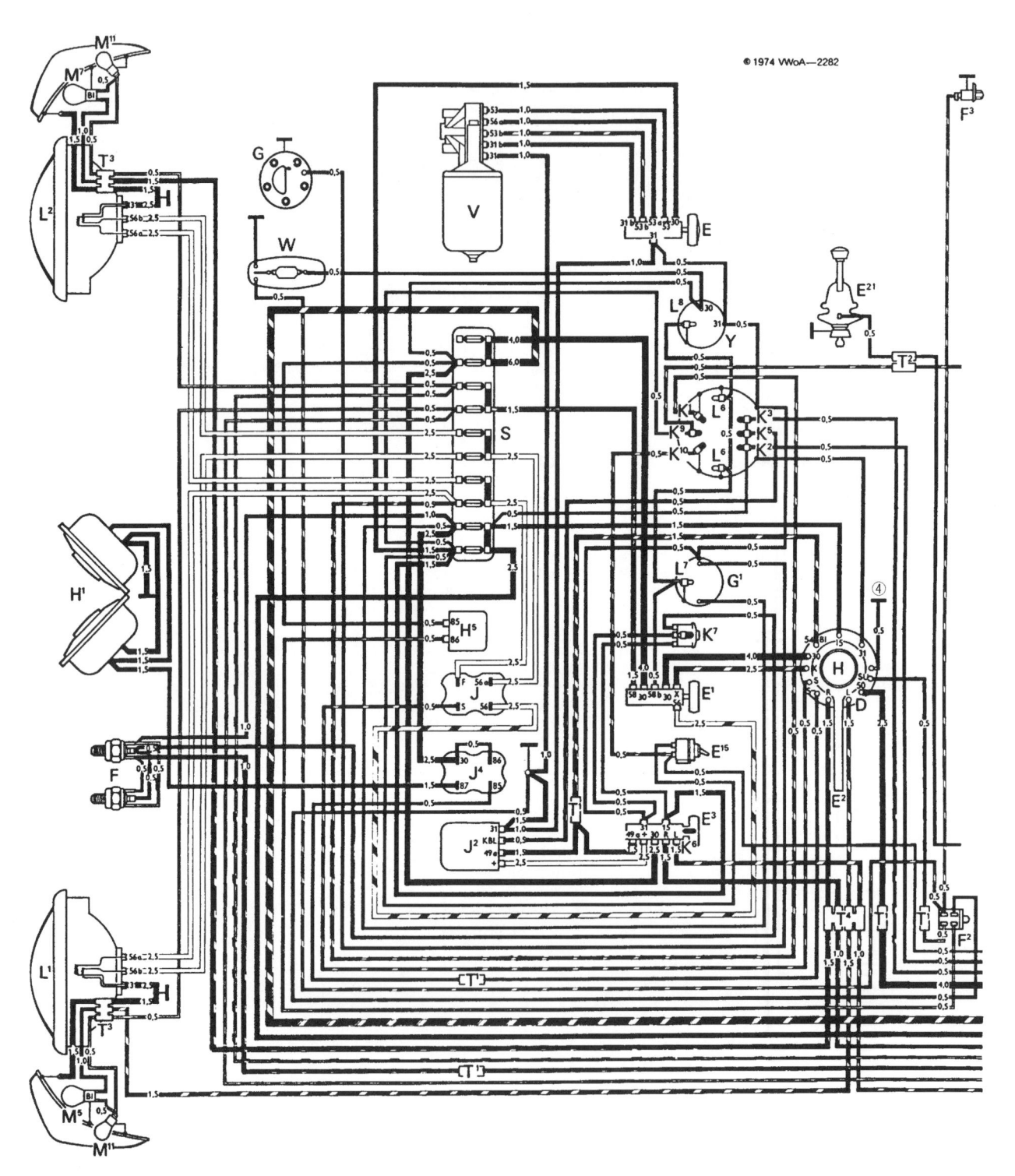

備考：
1970年モデルと1971年の初期モデル（1971年6月以前に生産）の場合、バッテリー端子からレギュレーターのB＋端子までのメインラインは、赤色の線である。また、この赤色の線はレギュレーターのB＋端子からライトスイッチの30番端子にもつながっている。この30番端子は、この配線図では端子Xに該当する。これらの初期モデルの場合、ステアリングコラムスイッチに端子Xはなく、ライトスイッチの端子Xに接続される黒/黄色の配線もない。

1970年式と1971年式カルマンギア（1／3）

配線図

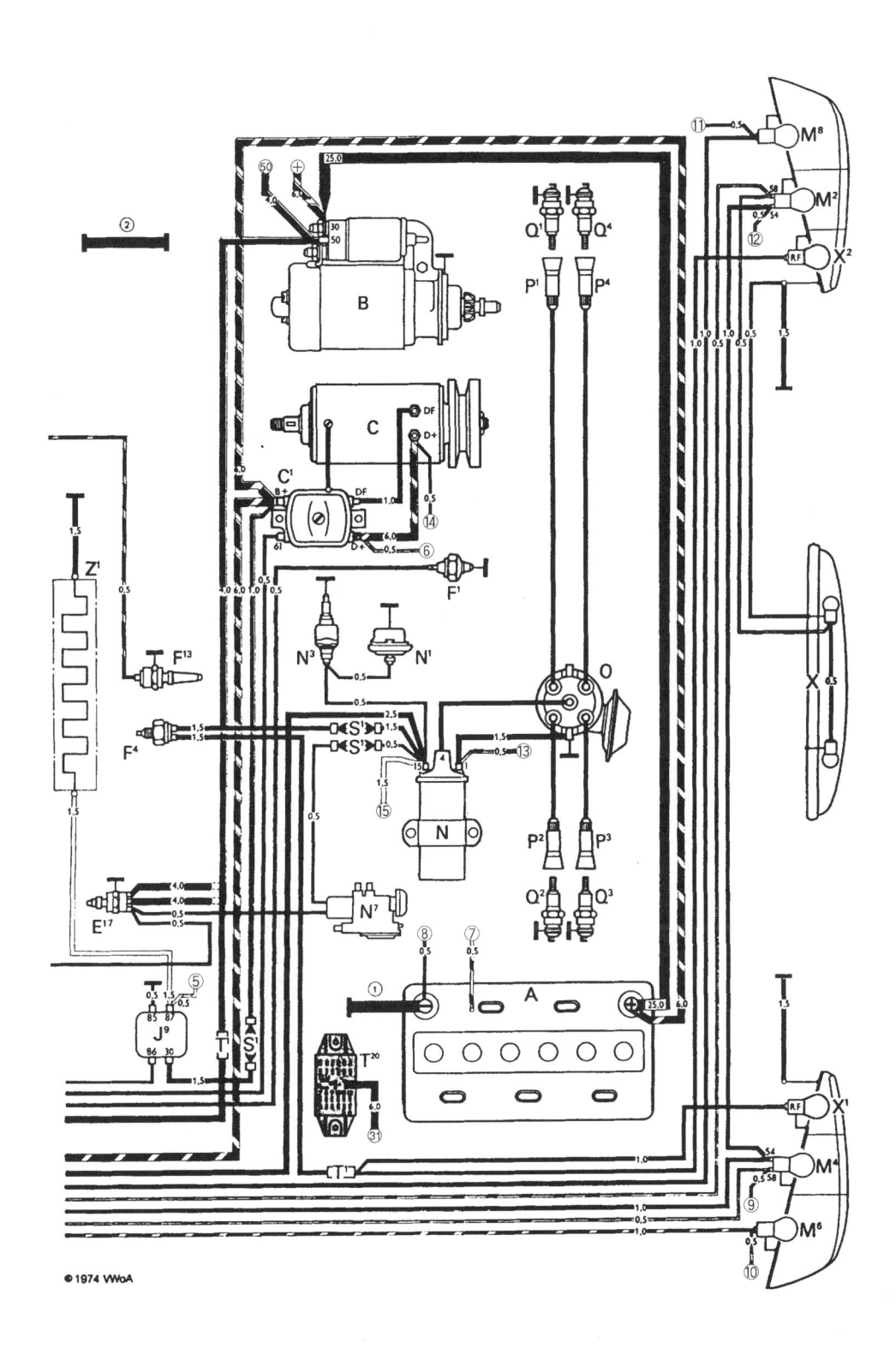

1970年式と1971年式カルマンギア (2／3)

A　バッテリー
B　スターター
C　ダイナモ
C^1　レギュレーター
D　イグニッションスイッチ
E　フロントウィンドーワイパースイッチ
E^1　ライトスイッチ
E^2　ウィンカー／ヘッドライトディマースイッチ
E^3　ハザードスイッチ
E^{15}　リアウィンドー熱線用スイッチ
E^{17}　スターター遮断スイッチ
E^{21}　シフトレバーの接点
F　警告スイッチ付きブレーキライトスイッチ
F^1　オイルプレッシャースイッチ
F^2　ブザー用のドアスイッチ、左
F^3　ドアスイッチ、右
F^4　バックアップランプスイッチ
F^{13}　ATF 温度制御スイッチ
G　フューエルゲージセンダーユニット
G^1　フューエルゲージ
H　ホーンボタン
H^1　ツインホーン
H^5　イグニッションキー警告ブザー
J　ディマーリレー
J^2　フラッシャーリレー
J^4　ツインホーンリレー
J^9　リアウィンドー熱線リレー
K^1　ハイビーム警告灯
K^2　チャージ警告灯
K^3　油圧警告灯
K^5　ウィンカー警告灯
K^6　ハザードフラッシャー警告灯
K^7　デュアルサーキット・ブレーキ警告灯
K^9　ATF 温度警告灯
K^{10}　リアウィンドー熱線警告灯
L^1　シールドビームユニット、左側ヘッドライト
L^2　シールドビームユニット、右側ヘッドライト
L^6　スピードメーター照明
L^7　フューエルゲージ照明
L^8　時計用照明
M^2　テール／ブレーキランプ、右
M^4　テール／ブレーキランプ、左

M^5　ウィンカーとサイドランプ、フロント、左
M^6　ウィンカー、リア、左
M^7　ウィンカーとサイドランプ、フロント、右
M^8　ウィンカー、リア、右
M^{11}　サイドマーカーランプ、フロント
N　イグニッションコイル
N^1　オートチョーク
N^3　パイロットジェットカットオフバルブ
N^7　セミオートマチックコントロールバルブ
O　ディストリビューター
P^1　プラグキャップ No.1 シリンダー
P^2　プラグキャップ No.2 シリンダー
P^3　プラグキャップ No.3 シリンダー
P^4　プラグキャップ No.4 シリンダー
Q^1　スパークプラグ No.1 シリンダー
Q^2　スパークプラグ No.2 シリンダー
Q^3　スパークプラグ No.3 シリンダー
Q^4　スパークプラグ No.4 シリンダー
S　ヒューズボックス
S^1　リアウィンドー熱線、バックアップランプ、セミオートマチックコントロールバルブ用ヒューズ
T^1　配線コネクター、1 極
T^2　配線コネクター、2 極
T^3　配線コネクター、3 極
T^4　配線コネクター、4 極
T^{20}　電子診断システム用点検プラグ
V　フロントウィンドーワイパーモーター
W　ルームランプ
X　ナンバープレートランプ
X^1　バックアップランプ、左
X^2　バックアップランプ、右
Y　時計
Z^1　リアウィンドー熱線

① バッテリーとエンジン間のアースケーブル
② トランスミッションとフレーム間のアースケーブル
④ ステアリングコラムのアースケーブル

ボディ電装系統

A　バッテリー
B　スターター
C　ダイナモ
C^1　レギュレーター
D　イグニッションスイッチ
E　フロントウィンドーワイパースイッチ
E^1　ライトスイッチ
E^2　ウィンカー／ヘッドライトディマースイッチ
E^3　ハザードスイッチ
E^{15}　リアウィンドー熱線用スイッチ
E^{17}　スターター遮断スイッチ
E^{21}　シフトレバーの接点
F　警告スイッチ付きブレーキライトスイッチ
F^1　オイルプレッシャースイッチ
F^2　ブザー用のドアスイッチ、左
F^3　ドアスイッチ、右
F^4　バックアップランプスイッチ
F^{13}　ATF温度スイッチ
G　フューエルゲージセンダーユニット
G^1　フューエルゲージ
G^4　点火時期センサー
H　ホーンボタン
H^1　ツインホーン
H^5　イグニッションキー警告ブザー
J　ディマーリレー
J^2　フラッシャーリレー
J^4　ツインホーンリレー
J^9　リアウィンドー熱線リレー
K^1　ハイビーム警告灯
K^2　チャージ警告灯
K^3　油圧警告灯
K^5　ウィンカー警告灯
K^6　ハザードフラッシャー警告灯
K^7　デュアルサーキット・ブレーキ警告灯
K^9　ATF温度警告灯
L^1　シールドビームユニット、左側ヘッドライト
L^2　シールドビームユニット、右側ヘッドライト
L^6　スピードメーター照明
L^{10}　インストルメントパネル照明
M^2　テール／ブレーキランプ、右
M^4　テール／ブレーキランプ、左
M^5　ウィンカーとサイドランプ、フロント、左
M^6　ウィンカー、リア、左
M^7　ウィンカーとサイドランプ、フロント、右
M^8　ウィンカー、リア、右
M^{11}　サイドマーカーランプ、フロント
N　イグニッションコイル
N^1　オートチョーク
N^3　パイロットジェット カットオフバルブ

N^7　セミオートマチックコントロールバルブ
O　ディストリビューター
P^1　プラグキャップ No.1 シリンダー
P^2　プラグキャップ No.2 シリンダー
P^3　プラグキャップ No.3 シリンダー
P^4　プラグキャップ No.4 シリンダー
Q^1　スパークプラグ No.1 シリンダー
Q^2　スパークプラグ No.2 シリンダー
Q^3　スパークプラグ No.3 シリンダー
Q^4　スパークプラグ No.4 シリンダー
S　ヒューズボックス
S^1　リアウィンドー熱線（8 A）、バックアップランプ（8 A）用ヒューズ
T　配線アダプター
T^1　配線コネクター、1極
T^2　配線コネクター、2極
T^3　配線コネクター、3極
T^4　配線コネクター、4極
T^{20}　電子診断システム用点検プラグ
V　フロントウィンドーワイパーモーター
W　ルームランプ
X　ナンバープレートランプ
X^1　バックアップランプ、左
X^2　バックアップランプ、右
Y　時計
Z^1　リアウィンドー熱線

① バッテリーとエンジン間のアースケーブル
② トランスミッションとフレーム間のアースケーブル
④ ステアリングコラムのアースケーブル

1972年式カルマンギア（1／3）

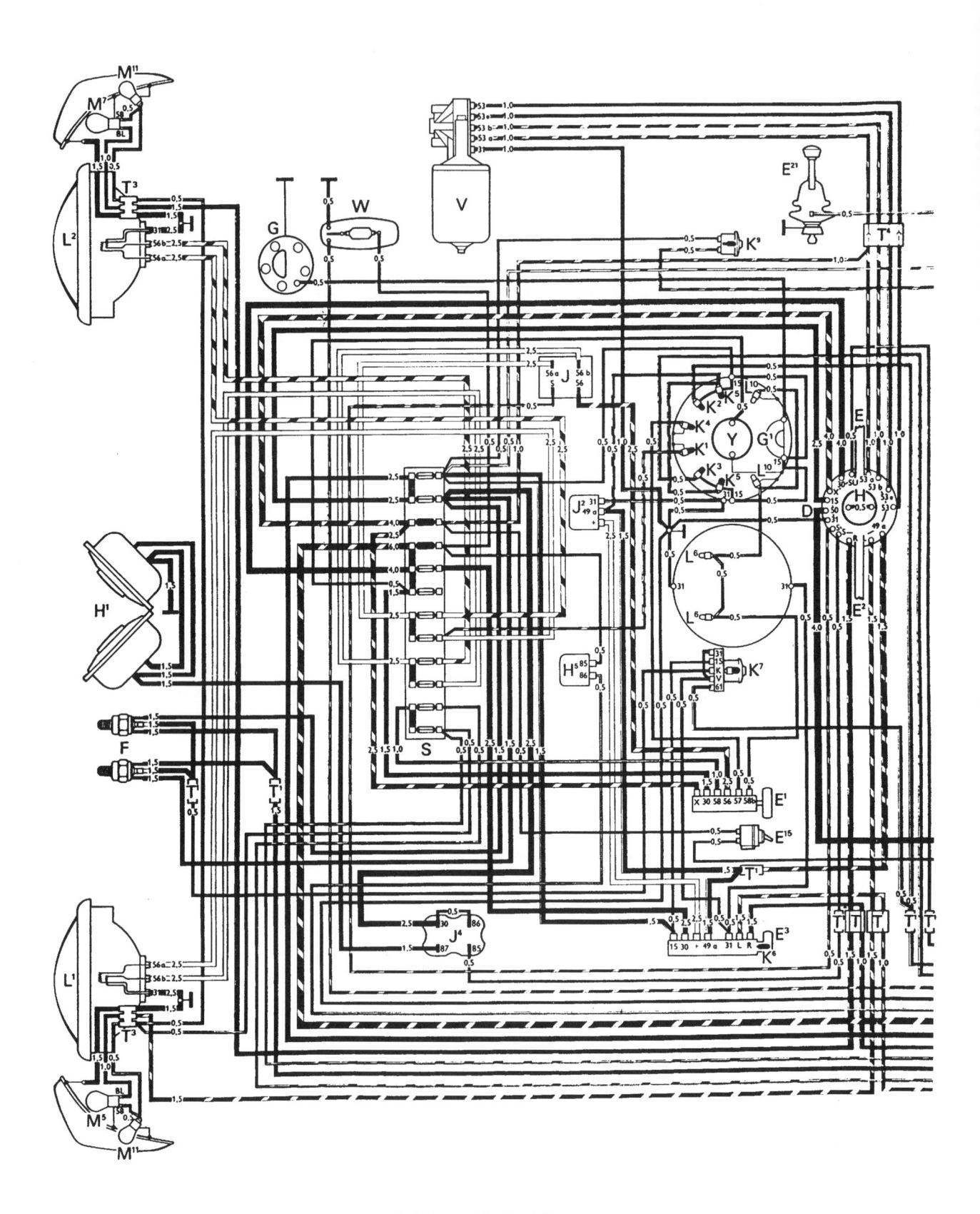

1972年式カルマンギア (2/3)

配線図　　　12-47

1972年式カルマンギア（3／3）

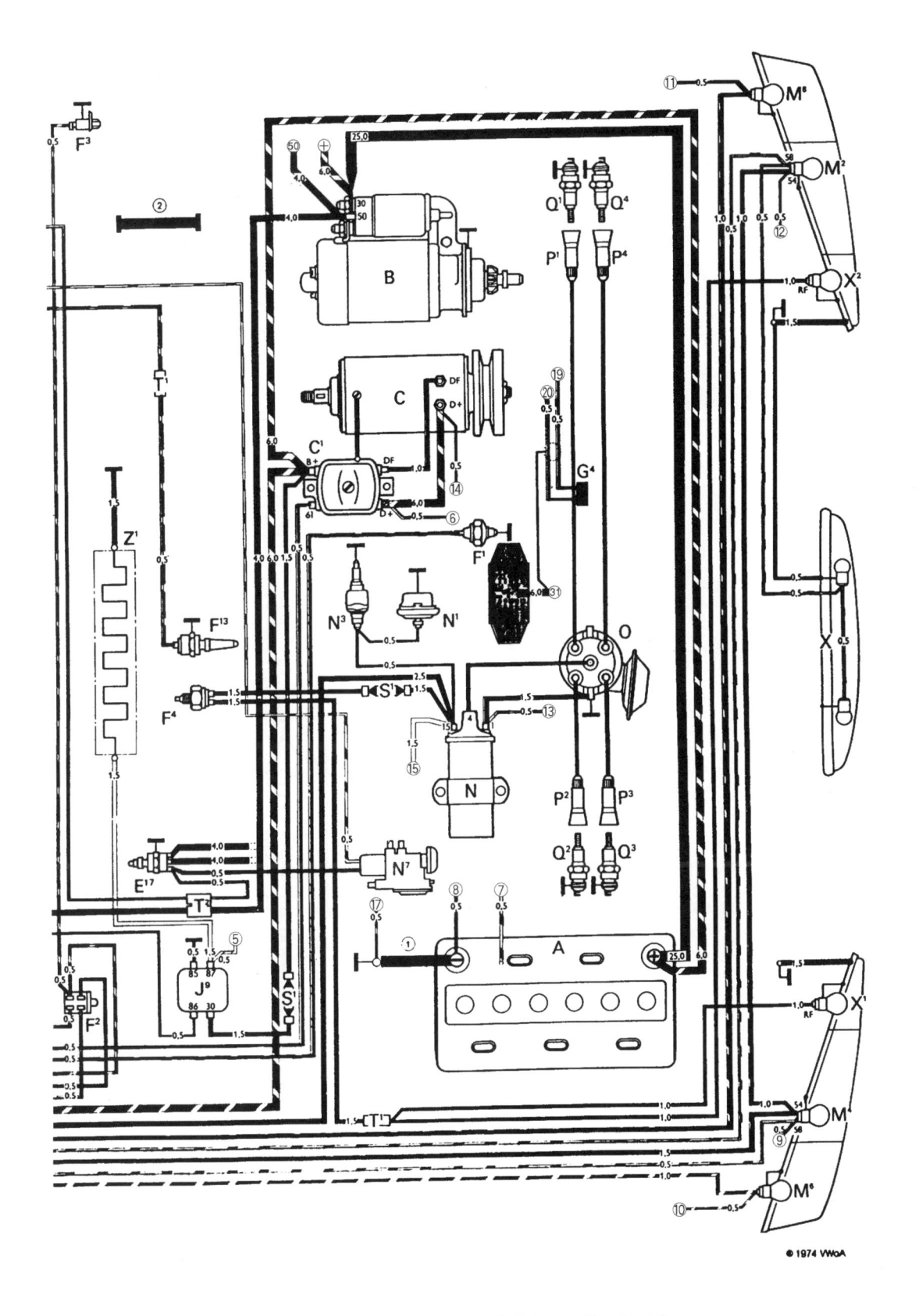

部品名称		対応番号
A	バッテリー	5
B	スターター	6, 7
C	ダイナモ	1, 2, 3
C1	レギュレーター	1, 2, 3
D	イギニッションスイッチ	7, 11, 12
E	フロントウィンドーワイパースイッチ	9, 10
E1	ライトスイッチ	16, 18, 22
E2	ウィンカー／ヘッドライトディマースイッチ	13, 50
E3	ハザードスイッチ	50, 53, 54, 56, 58
E15	リアウィンドー熱線スイッチ	11
E24	シートベルトロック、左	37
E25	シートベルトロック、右	36
E26	助手席シートの接続端子	36
F	ブレーキランプスイッチ	42, 43
F1	オイルプレッシャースイッチ	46
F2	ドア／ブザーアラームスイッチ、左	34, 35
F3	ドアスイッチ、右	33
F4	バックアップランプスイッチ	59
F15	シートベルト警告システム用伝達スイッチ	38
G	フューエルゲージセンダーユニット	48
G1	フューエルゲージ	48
G4	点火時期センサー	62
H	ホーンボタン	39
H1	ツインホーン	40, 41
H5	イギニッションキー警告ブザー	33, 35
H6	イギニッションキー警告システム用のステアリングロック接点	35
J	ディマーリレー	13, 16
J2	フラッシャーリレー	50, 52
J4	ツインホーンリレー	39
J9	リアウィンドー熱線リレー	4, 11
K1	ハイビーム警告灯	15
K2	チャージ警告灯	45
K3	油圧警告灯	46
K4	サイドランプ警告灯	22
K5	ウィンカー警告灯	47, 49
K6	ハザードフラッシャー警告灯	58
K7	デュアルサーキット・ブレーキ警告灯	42, 43
K19	シートベルト警告灯	37, 38
L1	シールドビームユニット、左側ヘッドライト	14
L2	シールドビームユニット、右側ヘッドライト	16
L6	スピードメーター照明	18, 19
L10	インストルメントパネル照明	20, 21
L21	ヒーターレバー照明	56
M2	テール／ブレーキランプ、右	28, 43
M4	テール／ブレーキランプ、左	23, 42
M5	ウィンカーとサイドランプ、フロント、左	24, 50
M6	ウィンカー、リア、左	51
M7	ウィンカーとサイドランプ、フロント、右	27, 53
M8	ウィンカー、リア、右	54
M11	サイドマーカーランプ、フロント、左右	25, 26
M16	バックアップランプ、左	59
M17	バックアップランプ、右	60
N	イギニッションコイル	62
N1	オートチョーク	64
N3	カットオフバルブ	65
O	ディストリビューター	62, 63
P	プラグキャップ	62, 63
Q	スパークプラグ	62, 63
S1～S12	ヒューズボックス内のヒューズ	11, 14, 16, 25, 28, 33, 40, 50, 51
S13	バックアップランプ用ヒューズ（8 A）	59
S14	リアウィンドー熱線用ヒューズ（8 A）	4
T	配線アダプター、ダッシュボードの裏側	
T1	配線コネクター、1極	
	a リアシートの下	
	b ダッシュボードの下側	
	c エンジンルーム断熱材の裏側	
T2	配線コネクター、2極	
	a リアシートの下	
	b 助手席シート	
T3	配線コネクター、3極	
	a ヘッドライトハウジング、左	
	b ヘッドライトハウジング、右	
T4	配線コネクター、4極、ダッシュボードの裏側	
T7	配線コネクター、2極、助手席シートレールの上、	
T20	電子診断システム用点検プラグ	61
V	フロントウィンドーワイパーモーター	8, 9, 10
W	ルームランプ	32
X	ナンバープレートランプ	29, 30
Y	時計	31
Z1	リアウィンドー熱線	4

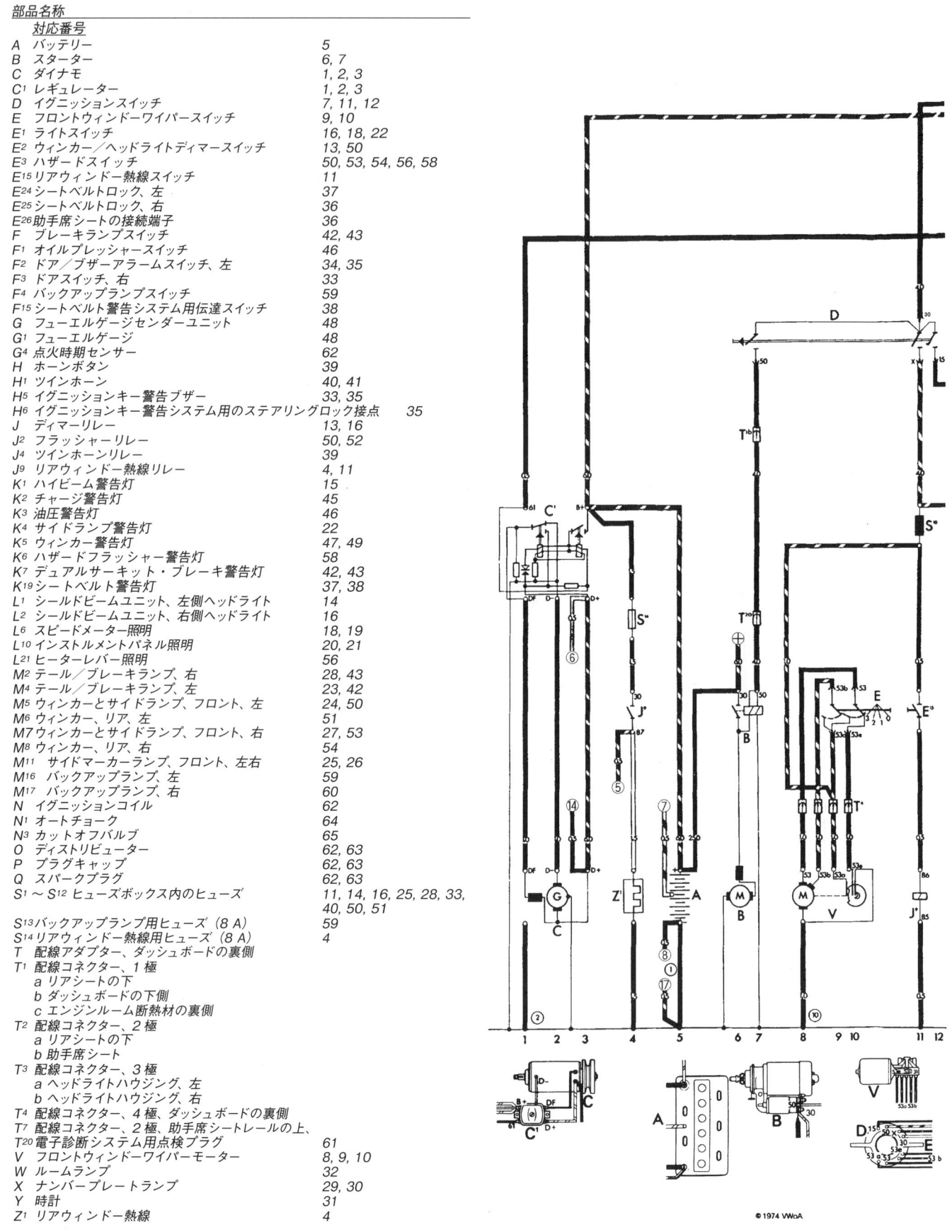

1973年式と1974年式カルマンギア（1／3）

配線図 12-49

1973年式と1974年式カルマンギア (2／3)

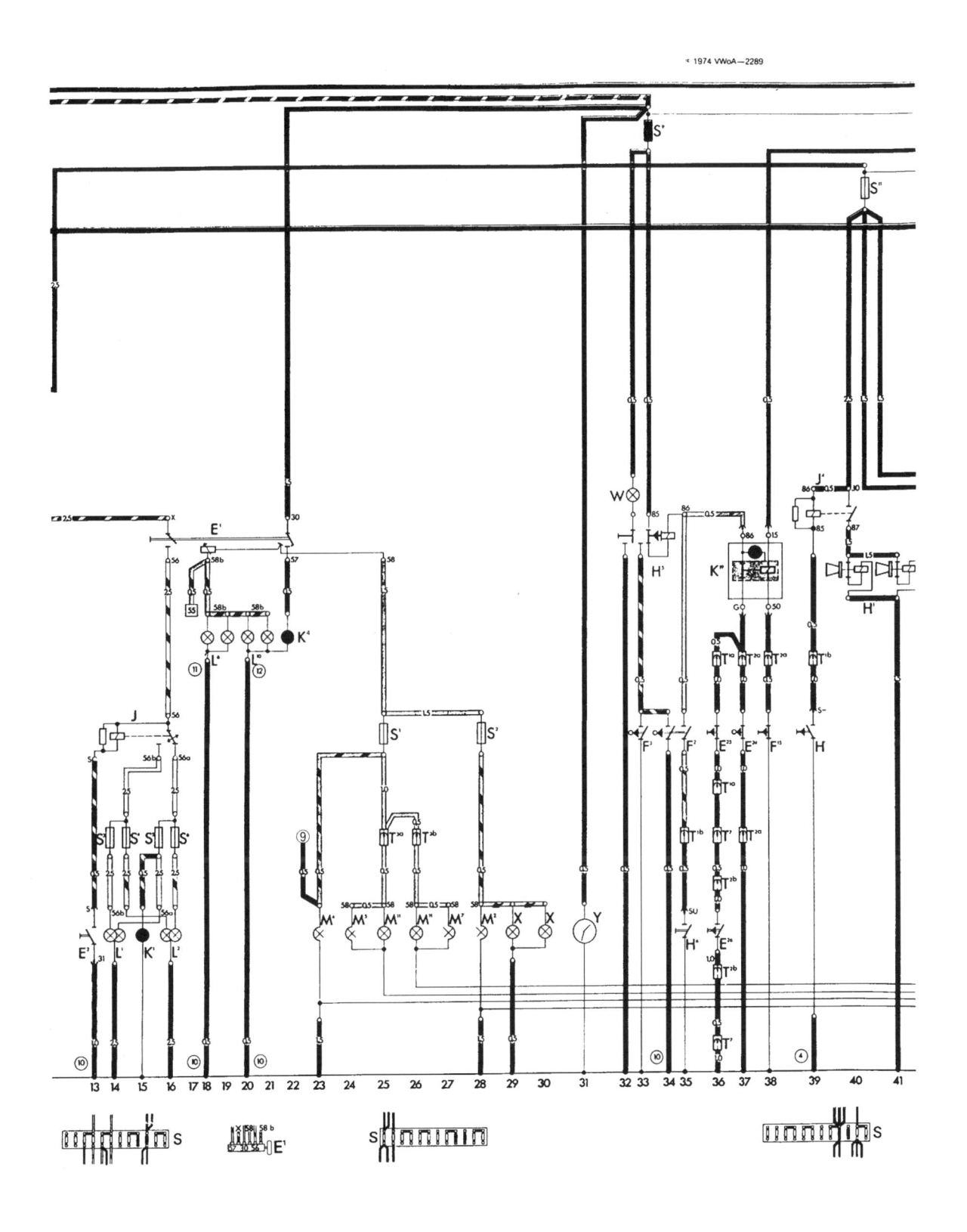

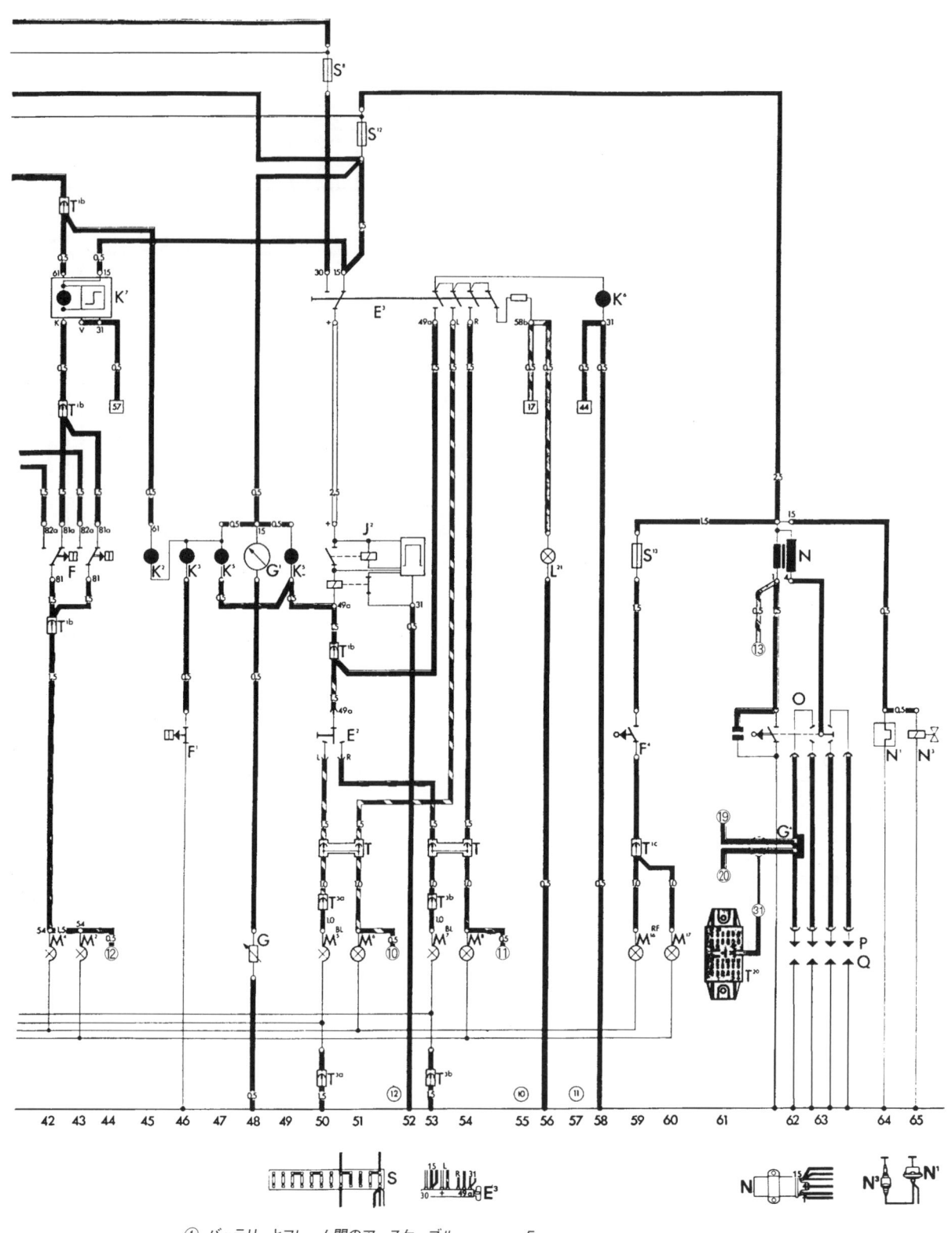

12-50 配線図

① バッテリーとフレーム間のアースケーブル
② トランスミッションとフレーム間のアースケーブル
④ ステアリングカップリングのアースケーブル
⑩ アースコネクター、ダッシュボード
⑪ アースコネクター、スピードメーターハウジング
⑫ アースコネクター、時計

© 1974 VWoA

1973年式と1974年式カルマンギア (3／3)

索引　INDEX-1

【A～Z】

CV ジョイントの点検	1-10
CV ジョイントのブーツの交換	8-15
EGR（排気ガス再循環装置）	1-17, 1-24, 6-3
TDC（上死点）の位置決め	2-11

【ア】

アース点検	12-3
アイドラーアーム	10-25
アイドル回転数の点検、調整	1-21
アクスルシャフトブーツ	1-10, 8-11
アクスルビーム・アセンブリーの脱着	10-14
圧縮圧力の点検	2-11
イグニッションコイルの点検、交換	5-3
イグニッションスイッチの点検、交換	12-6
イコライザースプリングの脱着、点検	10-20
インジェクションシステム	4-16
インストルメントクラスターの脱着	12-12
インテークマニホールドの脱着	2-5
インプットシャフトオイルシールの交換	7A-4
ウィンカースイッチの点検、交換	12-5
ウィンカーフラッシャーリレー	12-4
ウィンドーウォッシャー液のレベル点検	1-5
ウォーム＆ローラー式ステアリングギア	10-26
ウォームの軸方向の遊びの調整	10-29
エアクリーナー	1-13, 4-6
エアコントロールリングの点検、調整	3-1
エア抜き（ブレーキ）	9-16
エアフローメーターの点検、交換	4-17
エキゾーストマニホールドの脱着	2-6
エンジンオイルのレベル点検	1-4
エンジンオイルの交換	1-9
エンジンオーバーホール	2-15
エンジン番号	0-9
エンジン番号のコード	2-4
エンジンの取り付け	2-38
エンジンの取り外し	2-12
エンジンフードの脱着	11-5
エンジンフードロックの脱着、調整	11-6
エンジンベアリングの点検	2-28
エンジン冷却ファン／ハウジングの脱着	3-2
オイルクーラーの脱着	3-4
オイルシール（アクスル）の交換	8-9
オイルプレッシャーリリーフバルブの脱着	2-10
オイルポンプの脱着、点検	2-8
オルタネーターの脱着	5-11

【カ】

カムシャフトの点検	2-27
ガラスの交換	11-4
換算表	0-12
キャブレターの脱着	4-8
キャブレターの故障診断、オーバーホール	4-9
吸気温度制御システム	6-2
空気圧	1-2
クラッチ（セミ AT 車）の遊び	1-16
クラッチ（セミ AT 車）の接続速度	1-16
クラッチケーブルの脱着	8-5
クラッチ構成部品の脱着、点検	8-5
クラッチサーボ（セミ AT 車）の遊びの調整	7B-6
クラッチの概説	8-2
クラッチ（セミ AT 車）の脱着、点検、オーバーホール、調整	7B-10
クラッチの調整（セミ AT 車）	7B-13
クラッチペダルの脱着	8-3
クラッチペダルの遊びの点検、調整	1-23
クラッチレリーズシャフト（セミ AT 車）	7B-11
クラッチレリーズ・アセンブリーの脱着、点検	8-7
クランクケースの清掃と点検	2-27
クランクケースの組み立て	2-32
クランクシャフトの点検	2-27
クランクシャフトの組み立て	2-29
クランクシャフトの軸方向の遊びの点検、調整	2-36
クランクシャフトオイルシールの交換	2-37
クランクシャフトの取り外し	2-25
グリスアップ	1-15
計器類の交換	12-12
けん引	0-9
故障診断	0-13
コンデンサーの点検、交換	1-19
コントロールアームの脱着	10-15
コントロールバルブ（エンジン）の脱着	2-10
コントロールバルブ（セミ AT 車）の調整、脱着、オーバーホール	7B-7
コントロールバルブ（セミ AT 車）のフィルター	1-16
コンロッドの点検	2-27
コンロッドの取り付け	2-30

【サ】

サーモスタットの点検、交換	3-2
サスペンションの点検	1-10
三角窓の脱着	11-13
シートの脱着	11-15
シートベルトの点検	11-16
CV ジョイントの点検	1-10
CV ジョイントのブーツの交換	8-15
始動系統の概説	5-12
シフトフォークの調整	7A-13
シフトレバーの脱着	7A-2
シフトレバー（セミ AT 車）の電気接点	1-16
シフトレバー（セミ AT 車）の脱着、調整	7B-5
シフトロッドの脱着	7A-2
シフトロッド（セミ AT 車）の脱着、調整	7B-5
シャシーのグリスアップ	1-15
シャシー番号	0-5
ジャッキアップ	0-9
ジャンピング	0-10, 5-1
充電系統の概説	5-6
充電系統の点検	5-7
上死点（TDC）の位置決め	2-11
触媒コンバーターの点検	1-17
触媒コンバーター	6-6
ショックアブソーバー（リア）の脱着	10-17
ショックアブソーバー（フロント）の脱着	10-4
シリンダーの取り付け	2-35
シリンダーの取り外し、点検	2-22
シリンダーのホーニング	2-28
シリンダーヘッドの取り付け	2-36
シリンダーヘッドの組み立て	2-22
シリンダーヘッドの清掃と点検	2-21
シリンダーヘッドの取り外し	2-20

INDEX-2　　　　　　　　　　　索引

シリンダーヘッドの分解	2-20
スイングアクスルの脱着、点検	8-11
スターターマグネットスイッチの脱着	5-13
スターターモーターの点検	5-13
スタビライザーバーの脱着	10-11
ステアリングの点検	1-10
ステアリングの概説	10-4
ステアリングギアリンケージの脱着	10-22
ステアリングギアの脱着	10-26
ステアリングギアの調整	10-28
ステアリングダンパー	10-22
ステアリングナックルの脱着、オーバーホール	10-7
ステアリングホイールの脱着	10-21
ストラットの脱着	10-5
ストラットの交換	10-6
スパークプラグ	1-2
スパークプラグの点検、交換	1-17
スピードメーターケーブルの交換	12-12
スプリングプレートの脱着、調整	10-17
スロットルケーブルの交換	4-7
スロットルバルブポジショナー	6-4
セミオートマチックトランスミッションの整備	1-16
セミオートマチックフルード	1-16
セミオートマチック用フルードのレベル点検	1-6
セミオートマチックトランスミッションの概説	7B-1
セミオートマチックトランスミッションの故障診断	7B-4
センダーユニット	12-12

【夕】

ダイアゴナルアームの脱着	10-21
ダイナモの脱着	5-8
タイヤの点検	1-6
タイヤ空気圧の点検	1-6
タイヤのローテーション	1-11
タイロッド	10-24
タイロッドエンド	10-23, 10-25
断線・接触不良箇所の特定	12-3
暖房系統	3-1
短絡（ショート）箇所の特定	12-2
通電点検（検電）	12-2
ディスクブレーキキャリパーの脱着、オーバーホール	9-10
ディスクブレーキの点検	1-12
ディスクブレーキパッドの交換	9-7
ディストリビューターキャップの点検、交換	1-18
ディストリビューターの脱着	5-3
点火系統の点検（故障探求）	5-2
点火時期の点検、調整	1-20
電気系統の故障診断	12-1
電装系統（シャシー）の概説	12-1
電装系統（エンジン）	5-1
ドアの脱着	11-15
ドアウィンドーとレギュレーターの脱着	11-12
ドアトリムパネルの脱着	11-11
ドアハンドルの脱着	11-14
ドアミラーの脱着	11-15
ドアラッチストライカープレートの交換、調整	11-8
導通点検	12-3
トーションアームの脱着	10-13
トーションバー（フロント）の脱着	10-13
トーションバーの脱着、調整	10-17

時計	12-14
ドライブシャフトの脱着	8-14
ドライブシャフトブーツ	1-10, 8-11
ドライブトレーンの概説	8-2
ドラムブレーキシューの交換、調整	9-3
ドラムブレーキの点検	1-12
トランスミッションオイルのレベル点検	1-6
トランスミッションオイルのレベル点検	1-11
トランスミッションオイルの交換	1-16
トランスミッションのオーバーホール（一体型ケース）	7A-13
トランスミッションのオーバーホール（分割型ケース）	7A-7
トランスミッションの脱着	7A-4
トランスミッション（セミAT車）の脱着	7B-9
トランスミッションマウントの点検、交換	7A-2
トルクコンバーターの脱着、点検、シールの交換	7B-8

【ナ】

内装とカーペットの手入れ	11-2
ニュートラルスタートスイッチ	1-14, 7B-14
燃圧	4-1
燃圧レギュレーターの点検、交換	4-18
燃料系統	4-1
燃料系統の点検	1-13
燃料蒸発ガス排出抑止装置	1-16, 6-2

【ハ】

排気系統	4-1
排気ガス再循環装置（EGR）	1-17, 1-24, 6-3
排気系統の点検	1-11
排出ガス浄化装置の点検	1-16
排出ガス浄化装置の概説	6-1
配線図	12-17
バキュームタンク（セミAT車）の脱着	7B-14
バキューム（負圧）ホース	1-8
ハザードスイッチの点検、交換	12-5
ハザードフラッシャーリレー	12-5
バッテリー液のレベル点検	1-5
バッテリーケーブルの点検、交換	5-1
バッテリーの点検	1-7
バッテリーの脱着	5-2
バルブ	2-21
バルブ（電球）の交換	12-10
バルブクリアランス	1-2
バルブクリアランスの点検、調整	1-22
バルブまわりの構成部品	2-21
バルブまわりの修正、交換	2-22
バルブリフターの点検	2-27
ハンドブレーキ	9-3
ハンドブレーキケーブルの交換、調整	9-17
ハンドブレーキの点検	1-12
ハンドブレーキレバーの脱着	9-17
バンパーの脱着	11-6
ヒーターコントロールケーブルの脱着	3-5
ヒートエクスチェンジャーの脱着	2-6
ヒートエクスチェンジャーの脱着	3-6
ピストンの組み立て	2-34
ピストンの取り外し、点検	2-22
ピストンリングの取り外し、点検	2-22
ピストンリングの組み立て	2-34

ピットマンアーム	10-25	ボディのパテ埋めと再塗装	11-3
ビニール製トリムの手入れ	11-2	ボディの凹みの補修	11-3
ヒューズの概説	12-3	ポテンショメーターの点検	4-17
ヒンジのメンテナンス	11-4	ボルテージレギュレーターの交換	5-7
ファンベルトの点検、調整、交換	1-13		
ブースターケーブル	5-1	**【マ】**	
フェンダーの脱着	11-8	マスターシリンダーの脱着、オーバーホール	9-13
プッシュロッドの脱着	2-4	マニュアルトランスミッションの概説	7A-2
フューエルインジェクターの点検、交換	4-18	メインドライブシャフトシール（セミAT車）	7B-12
フューエルインジェクションシステム	4-16		
フューエルゲージ	12-12	**【ラ】**	
フューエルフィルターの清掃	1-15	ラック＆ピニオン式ステアリングギア	10-27
フューエルホース	1-8	ランニングボードの脱着	11-8
フューエルポンプの点検	4-2	リアアクスルの概説	8-8
フューエルポンプ回路の点検	4-3	リアウィンドー熱線の点検	12-16
フューエルポンプの脱着	4-4	リアサスペンションの概説	10-3
フューエルタンクの脱着	4-5	リアショックアブソーバーの脱着	10-17
フューエルポンプスイッチの点検	4-17	リアトーションバーの脱着、調整	10-17
フライホイール／ドライブプレートの取り外し	2-18	リレーの概説	12-3
フライホイール／ドライブプレートの取り付け	2-38	冷却系統	3-1
プラグコードの点検、交換	1-18	レベル（液量）点検	1-4
ブレーキキャリパーの脱着、オーバーホール	9-10	ローターの点検、交換	1-18
ブレーキ警告灯	9-3	ローラーとウォーム間の遊びの調整	10-29
ブレーキ警告灯スイッチの点検、交換	9-18	ロッカーアームの構成部品	2-22
ブレーキ系統のエア抜き	9-16	ロッカーアームの脱着	2-4
ブレーキディスクの点検、脱着	9-12	ロッカーカバーの脱着	2-4
ブレーキの概説	9-1	ロックのメンテナンス	11-4
ブレーキの点検	1-12	ロックシリンダーの点検、交換	12-6
ブレーキパッドの交換	9-7		
ブレーキフルードのレベル点検	1-5	**【ワ】**	
ブレーキペダルの脱着	9-16	ワイパースイッチの脱着	12-15
ブレーキホースとラインの点検、交換	9-15	ワイパーブレードの点検、交換	1-9
ブレーキ油圧系統	9-1	ワイパーモーターの点検、交換	12-14
ブレーキランプ	9-3		
ブレーキランプスイッチの点検、交換	9-18		
ブローバイガス還元装置（PCV）の点検	1-17		
ブローバイガス還元装置（PCVシステム）	6-1		
ブロワーユニットの脱着	3-4		
フロントアクスルビーム・アセンブリーの脱着	10-14		
フロントサスペンションの概説	10-2		
フロントショックアブソーバーの脱着	10-4		
フロントトーションバーの脱着	10-13		
フロントフードの脱着、調整	11-4		
フロントフードロックの脱着、調整	11-4		
ベアリング（エンジン）の点検	2-28		
ヘッドライトの脱着	12-8		
ヘッドライトスイッチの点検、交換	12-8		
ヘッドライトの光軸調整	12-8		
ホイールアライメントの概説	10-30		
ホイールシリンダーの脱着、オーバーホール	9-7		
ホイールベアリングの点検、グリス充填、調整	1-23		
ホイールベアリングの交換	8-9		
ポイントの点検、交換	1-19		
ホース類の点検、交換	1-8		
ホーンの点検、交換	12-16		
ボールジョイントの点検、交換	10-15		
ボディのメンテナンス	11-1		
ボディの大きな構造的損傷の修理	11-4		
ボディの軽い擦り傷の補修	11-3		
ボディの軽い損傷の補修	11-3		
ボディの錆であいた穴や亀裂の補修	11-3		

VW ビートル & カルマン・ギア 1954〜1979
メンテナンス & リペア・マニュアル (ヘインズ日本語版)

発行日	2013 年 5 月 29 日　第 1 版
	2023 年 11 月 26 日　第 4 版
著者	ケン・フロイント／マイク・スタブルフィールド／ジョン・H・ヘインズ
日本語版制作	ヴィンテージ・パブリケーションズ
	(日本語版制作協力(株)FLAT-4)
発行者	小 林 謙 一
発行所	三 樹 書 房
	〒 101-0051 東京都千代田区神田神保町 1-30
	電話 03 (3295) 5398
印刷・製本	シナノ パブリッシング プレス

本書の内容、写真、図版等の無断転載を禁じます。

© MIKI PRESS / Vintage Publications, 2013
ISBN978-4-89522-607-3